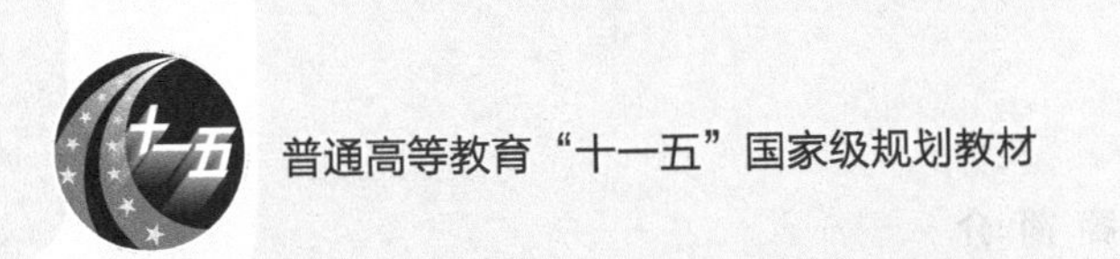

普通高等教育“十一五”国家级规划教材

C++程序设计系列教材

C++程序设计教程

（第3版）竞技版

微课视频版

◎ 钱能 著

清华大学出版社
北京

内容简介

本书是《C++程序设计教程》的第 3 版，从指导思想、内容结构、写作特点等方面，都以全新的面貌呈现给读者。全书所有内容重新执笔，代码全部重写，涵盖了基本 C++编程方法的全部技术特征。

本书以 C++标准为蓝本，从过程化编程的基本描述，到对象化编程的方法展开，乃至高级编程的实质揭示，形成一条自然流畅的主线，通俗易懂，形象风趣。本书在内容结构上自成体系，并以独特的描述手法，辐射到计算机专业其他课程，体系完整，结构独特。

作者在长期的教学、科研实践以及 ACM 大学生程序设计竞赛培训工作中，总结出了许多宝贵的教学经验，能使读者快捷而准确地找到编程技术要领，洞穿 C++内部实现要害，直击抽象编程本质。

与本书配套的《C++程序设计教程（第 3 版）实验指导》和《C++程序设计教程（第 3 版）习题解答》也将陆续面世。本书提供全程的微课视频，扫描封底的刮刮卡可以在线观看；本书还配有 C++程序设计教程课件和源代码，扫描封底的课件二维码可以下载。

本书适用于大学计算机程序设计教学，也适合于立志自学成才的读者，帮助他们从零开始走向高级程序员。本书也旨在引导读者从欣赏 C++入门的初级精彩到享受 C++经典名作的内在精彩，因而本书是软件工作者不可多得的案头参考书。

图书在版编目（CIP）数据

C++程序设计教程：竞技版-微课视频版 / 钱能著.—3 版. —北京：清华大学出版社，2020.10(2025.2 重印)
C++程序设计系列教材
ISBN 978-7-302-54791-4

Ⅰ. ①C… Ⅱ. ①钱… Ⅲ. ①C 语言–程序设计–高等学校–教材 Ⅳ. ①TP312.8

中国版本图书馆 CIP 数据核字（2020）第 001915 号

策划编辑：魏江江
责任编辑：王冰飞
封面设计：刘 键
责任校对：李建庄
责任印制：刘 菲

出版发行：清华大学出版社
网 址：https://www.tup.com.cn, https://www.wqxuetang.com
地 址：北京清华大学学研大厦 A 座　　邮 编：100084
社 总 机：010-83470000　　邮 购：010-62786544
投稿与读者服务：010-62776969，c-service@tup.tsinghua.edu.cn
质 量 反 馈：010-62772015，zhiliang@tup.tsinghua.edu.cn
课 件 下 载：https://www.tup.com.cn, 010-83470236
印 装 者：三河市龙大印装有限公司
经 销：全国新华书店
开 本：185mm×260mm　　印 张：36.75　　字 数：896 千字
版 次：1999 年 4 月第 1 版 2020 年 11 月第 3 版　　印 次：2025 年 2 月第 4 次印刷
印 数：4001～4100
定 价：79.80 元

产品编号：082149-01

第3版前言（preface）

人工智能发展的大势

人工智能代表了人类科学发展的前沿领地，C++与其关系密不可分，所以本教材系列的出版有人工智能发展背景的一席之地。

人工智能目前尚处初级阶段，但其研究所派生的应用已经硕果累累，正在快速地改变我们的生活。人工智能解读医学拍片的本领已经比医生高；查阅法律证据的能力也比律师强；飞机及航空管理正在被人工智能替代；车辆行驶人工智能系统比人的操纵更好；搜索引擎中的人工智能可以分析照片，告诉你照片里面的故事。在线地图、数码相机、自动驾驶、无人超市、无人餐馆、无人银行等，今后甚至桩桩、件件、处处都可装智能芯片，从而纳入人工智能管理。

人工智能最关心的是人工自主意识，目前网络和计算机已经完成了知识的检索和存储，几大搜索引擎也完成了关键字-关联解释的功能和海量数据积累，大多数机器人厂商已经完成了反应机、自适应等高级功能，但却还没有能通过图灵测试的真正的人工自主意识。当然人类对自身意识的研究水平制约着人工智能的实现，人工智能的应用还可反哺于人类对自身意识的研究。

人工智能或许认为，神经网络系统只有复杂到一定程度，且在大尺度上的相似性保持高度一致，其个体自然产生的意识才会具备类似神经网络个体的认同和感知。但在技术上，意识只不过是人造神经网络中诸多需求反馈链交错所致。所以，人们通过研究人类神经网络的构成分布、互联网的社会化训练过程，“自然产生”个体意识。但实际上目前网上的软件自动机和各种设备产生的不知名网络现象，即所谓自主意识，因还无法被人工智能所感知，只被当作不知名故障进行“修复”处理，自当无解。

人工智能又或许认为，可以通过人工制造的智慧个体（机器人），在初期表现出类似创造者的行为和意识，再慢慢地进化。“机器学习“和“深度学习”被证明是个有效的手段，但受限于机器人硬件发展和大数据，前路漫漫。况且面临着神经反馈网络发展的实际问题，进化过程中的数据“过载”或“饥荒”会导致行为和意识的随时失却。

然而人类正在不依不饶地解决人工智能的关键问题：机器人的行动能力和对环境的视觉、听觉、触觉、嗅觉感知能力都在快速增强，智能推演之，则机器人就可自行获取运行的能源；软件自编程系统逐渐实现的自继承、自升级和自恢复，可以使机器人自我修复和完善；人类所掌握的全方位机器人设计、生产、测控在逐渐人工智能化，总有一天，机器人可以自行复制。

未来的人工智能发展速度将呈指数级攀升，将有越来越多的机器人通过图灵测试而具意识。一旦人工智能具有创造性思维，其发展将促进人类的巨大科学进步。显然，人工智

能离不开计算，其需要远远大于现有的计算能力，除了期待量子计算机外，还需要有高可靠性的软件架构和高性能算法，这便需要千锤百炼的编程语言和纵横交错的软件工具。

C++的发展与地位

C++在1998年制定了一个里程碑式的C++ 98国际标准，确立了C++语言的强势地位。之后，C++标准每年修订，2011年制定的C++11标准，使得C++的强类型特征得到了充分的体现，模板编程规范渐趋成熟。C++11标准再次深度影响了C++编译器的变革，其发展无时无刻不在说明其语言的完美缔造。

C++充分继承了C，保持了与硬件的亲和性，在此基础上，有机结合了诸多编程方法，兼容C的过程化编程框架，实现了面向对象的高效设计，又开辟了可自动生成的模板编程架构，在程序设计语言界绝无仅有。C++是当前使用最广泛的软件工具之一，其实现技术含量最高，应用于最重要领域。C++给我们搭建的软件架构，得以让人类展开多层次的人-人、人-机的互动设计，其正完美地表现出作为人类自然语言的化身角色。

从另一个角度来说，C++编程本身就是在撰写一篇优美的诗文，叙述一个精彩的故事，谱写一首动听的曲子。随着韵律和情节的跌宕起伏，什么时候故事讲完了，代码也就收尾了。好文章语义清晰、简练生动、辞藻华美、引人入胜；好代码通俗易懂、结构清晰、层次分明、优化高效。因为C++独具多种编程方法，包揽从算法优化的微观细节，到模板架构的宏观布局，因而其开拓了编程中更广泛的遐想与表达的空间，C++编程充满美感。

微软操作系统及其架构，Apple的大部分底层软件，腾讯的QQ和微信，阿里云、百度云计算之底层架构，Google的Android底层架构，大部分数据库核心代码，几乎所有重要的系统，只要上规模，需要保证高可靠性，计较性能，无一不是用C++工具搭建。

正因为C++继承了C的衣钵，充分实现与系统硬件的无缝对接，追求高效率编程，才使得人工智能兴起的今天，大量涉及硬件相关的软件开发，C++是首选；其在人工智能的软件架构中，核心的逻辑语义表达，不但描述能力无可挑剔，而且在性能和效率方面占尽了优势。

重量级IT企业在招聘大数据工程师时，机器人公司在招聘开发人员时，都把C++编程作为必备能力。目前在中小学教学的信息学与程序设计课程开设中，C++趋向于统一指定为高考入学备考科目。事实上，学好C++，再自学其他编程语言就很容易，反之则不行。

编程语言的世界排名前四名已经长时间被Java、C、C++、Python这4种语言所占据。Java因其应用面更广泛而持续居于榜首，但在人工智能领域，Python编程相比Java，或许更加清爽、整洁、漂亮，其跃居前四，又有后来居上之势。人工智能也带来了C++的再次繁荣，从某种程度上说，Python编程只是在搭建软件的外包装，而C++才是其核心。C++与C在占据系统底层应用方面没有什么差距，但是在规模化编程、自动生成、实现系统架构方面，非C++莫属。况且由于C++源自C的特点，C编程往往又是在C++平台中实现。追本溯源，C++语言才是当今人工智能大发展上最重要的工具。

改版框架

本教材系列进化到第3版，是作者20多年C++教学研究与实践的总结。改版之后，每本主教材的框架结构没有变，所以遵循原编排特点、内容特点、学习方式。但毕竟编程应用需求形势大变，C++的地位攀升，急需权威的C++教材主导C++的编程教学，故而第3版各版本的名称拟定、排版、内容都做了较大更新。

教材注重能力培养的理念与架构，必然在课程教学中从事问题驱动的教学模式，重视实践环节的设计和辅导，故在附表中，一并提供课程教学的全程视频对应表。

第3版中各版本一律改用双色文字排版，代码以及关注文字用另一种颜色和底纹凸显，从根本上改变了排版式样，可读性得以显著提升。

第3版中各版本的内容在原书的基础上修改提升，涉及内涵深度、风格表现、描述侧重点等诸多不同。其版本名称见表1。

表1　第3版版本框架

序	类别	较　早　版	新　　版
1	基础型主教材	《C++程序设计教程（修订版）——设计思想与实现》（十二五规划教材）	《C++程序设计教程（第3版）通用版》
2	实战型主教材	《C++程序设计教程（第2版）》（十一五规划教材）	《C++程序设计教程（第3版）竞技版-微课视频版》
3-1	拓展型主教材	《C++程序设计教程详解——过程化编程》（十一五规划教材）	《C++程序设计教程（第3版）专业版——过程化编程》
3-2	拓展型主教材	《C++程序设计教程详解——对象化编程》*（十一五规划教材）	《C++程序设计教程（第3版）专业版——对象化编程》
4	配套教辅	《C++程序设计教程（第2版）——实验指导》（十一五规划教材）	《C++程序设计教程（第3版）——实验指导》
5	配套教辅	《C++程序设计教程（第2版）——习题及解答》（十一五规划教材）	《C++程序设计教程（第3版）——习题解答》

*指原书未出版。

第3版的通用版：侧重C++基础，主要从概念着手，介绍C++编写程序的技法，强调编写正确的程序。学习之后，应当能了解C++是怎么回事，能解决什么问题，能看懂C++程序，了解C++的诸多技术特征，能编制一些简单的C++程序，能发现一些常规的C++错误，了解不同的程序设计方法，对面向对象程序设计方法及其特征有一个基本的了解，具备进一步学习后续课程（如数据结构、算法分析与设计）的基础。

第3版的竞技版：侧重C++分析设计技术，从实战训练着手，介绍C++的各种编程策略与技术，引导对数学及算法学习的重视，强调编写高效的程序。学习之后，应当能掌握基本的问题分析方法，掌握解决问题的设计技术；了解编程过程中的许多难点，深切体会细节决定成败；能够学习且具备参加各个层次程序设计竞赛的能力；对C++能解决什么问题的能力有全新的看法，进一步了解面向对象程序设计的方法；学会层次分析和功能拆解，具备独立设计一个规模较大的程序的能力；具备语言学习的独立能力。

第 3 版的专业版：一方面对竞技版的 C++分析设计技术从底层的内存布局、编译器类型识别、各项技术相互关联等进行深度解析；另一方面介绍 C++新标准及其新编译器所涉及的技术，以纵向视角来审视 C++的未来发展，更全面地了解 C++的实现技术，全面了解面向对象程序设计方法和技术，产生对高级模板编程的兴趣。虽然本版本未必能成为高校 C++课程学习的主流，但是将其作为参考，可以作为国外诸多 C++优秀教材之补充。

通用版、竞技版、专业版编纂目的不同，学习目标不同，但 3 个版本都出自同一起点——"Hello World"。每个主教材版本独立成体系，保证概念的正确性和前后连贯性，而又相互补充，展示 C++不同的发展阶段，也展示不同的目标要求，满足了不同学习能力的读者的学习需要。对于没有编程基础的读者，则适合从基础型教材的学习开始，逐渐进入实战型教材的学习训练，而将拓展型教材作为研读或参考教材，去领略 C++前沿之精妙。

在上述 3 个版本主教材的基础上，所撰写的三大教材的统一的实验指导和习题解答，则适合作教辅资料。倘若没有基础版的学习，又无行家点拨，则后面的编程学习会具有一定的困难，这也是在教学过程中确实存在的问题。

第 3 版的教材与其他国内外教材最大的不同，是聚焦于培养读者的编程实战能力。C++语法现象的学习或许并没有面面俱到，但是运用 C++的编程方法与技巧，实际地解决问题，却占有相当的篇幅。

本书的技术特点

从实战的角度来打造全书，这是本书最大的特点。

因为有通用版的支持，一些概念不再细化或重复，更重要的是，教学理念变了，认为编程需要一个能力培养占主导的学习氛围，能力、知识、素质培养本是三位一体，强调培养编程兴趣，通过参加有意义的编程活动来结合教学。全书通过实战化的实例教学、实战化的实验方式、实战化的考核及其编程竞赛活动三个环节来达到快速提升编程能力的目的。而面向对象程序设计部分的叙述，更注重以尽可能小的篇幅，滤清编程问题。

竞技版以 32 位编译器 BCB 6.0 和 VC 6.0 为代码测试依据，强调 C++ 98 标准，剔除非 C++痕迹，形成代码个性。竞技版在正确性的前提下，注重程序的高效性。专辟第 6 章讲程序性能问题。书中注重对问题求解的分析，分析方法涉及程序逻辑，性能优劣的讨论也占很大比重。分析过程也一样影响到实验指导中对问题的分析设计及代码解答。

竞技版从编程技巧的角度讨论了多种优化方法。例如，空间换时间，位操作代替逻辑运算，整数表达式作逻辑运算，逻辑值参加算术运算，内嵌函数，循环表达等。书中还对典型优化的问题展开系列的讨论。例如，基于不同数据规模的素数判断，斐波那契数列之动态求值，用环链表结构解决 Josephus 问题。代码优化充分挖掘了语言的内部特征，为算法优化打下了扎实的基础。

书中的章节编排，更注重实践的推进。例如，提前介绍文件操作，淡化输入输出流的面向对象特征等；因强调 C++标准，更因强化实战编程能力而规范代码。例如，强调自定义类型作为引用参数传递，拷贝构造函数的常量引用参数，精简的 for 循环描述，条件表达式对 if 条件判断语句的简化；许多概念厘清了内在的原因，例如，为什么要用"破坏"封装的友元的描述，异常机制与函数调用的差别描述。字串处理占到编程实践的相当比例，用 string 字串处理可以给编程带来更多安全和方便，书中将 string 串与 C 字串结合，充分权衡了运行性能与高效编程，实现了利益最大化。

竞技版致力于系统化阐述面向对象程序设计的三大概念——封装、继承、多态，讲清面向对象的真意。开始使用“类系”（即类的家族）这个名词，让读者意识到，面向对象程序设计的核心即是围绕如何处理类族对象。专业版将沿用类系一词。

C++从 C 而来，平添了面向对象程序设计方法，又提供了 STL 编程，简化了初学中的编程描述。然而应了解什么情况下用 STL 会高效，需要多大的努力才能用自己冗长的代码来媲美 STL 代码的性能。例如，用冒泡排序加条件判断来应对各种复杂的排序要求，总是战胜不了亲自配备比较函数的 STL 排序算法 sort。因编译器仅支持 C++ 98 标准，故 STL 编程中的方便性还未充分体现，模板编程也只滤清了一些概念，无法充分实践用模板框架结构进行模板编程。

温馨致谢

世界真奇妙，人逢知天命之年，却还百般任性，人的劣性也由此爆发，各种不顺都来围剿，整天疲于应对琐事，因而我放弃了写书。不料，出版社的魏江江，一句希望，一句怂恿，把我封存在心的 C++情结给钓了出来。回想这改版啊，本来就是我的梦。终于 2018 年的 9 月，决定要做改版的事。

编辑王冰飞，诸多鼓励和建议，洋溢着热情与幽默，以及印象深刻的高效工作，让我感受到 C++教材撰写工作的崇高。教材的受益群体，从中小学生、大学生到程序员，都需要提升编程能力来强化自己的内涵和跟进现实世界，以致我认定了意义，直奔赶进度的节奏而去。

家人默默的生活支持，酿成了一种影响力，一句“快写 C++”的催促，将本不起眼的几个音节，窝成了一个大大的推波，汹涌地扑在我的心上。

诸多同事，C++的 OPS（Online Programming Space，在线编程天地）提交系统维护者刘端阳和陈波老师，还有与我抱团的张永良和王英姿老师，共同实施了 C++精品课程的编程能力训练。还有我的整个 C++教学团队，学院教学院长江颉老师从一开始就是 C++能力培养型教学的支持者，课程教学责任人龙胜春老师的虚心求教的启示及平时给予我很多的关照，毛国红老师对我的 C++程序设计试卷提出的精益求精的见解，等等，恕不一一列出。他们都是我教材撰写的促进者。

在我内心深处，还有一种更原始的动力，来自恩师王国东先生，他是我的人生导师，我能得以轻轻放下，又重拾信心，拣起改版一事；他更是我长此以往写 C++教材时的诸多灵感与智慧的源泉，系列成书，功不可没第一人。

钱 能

于杭州自在居

2020 年 8 月

附表 1　C++视频对应表——过程化编程

序	标　　题	注　　释
1-001	C++课程概述	C++课程的编程概述，实验方法
1-002	编程操作提交	编程操作，提交平台，实验 1 布置
1-003	输入输出和循环	简单语句，变量与字符，循环
1-004	变量与字符	字符，字符三角形
1-005	次数控制循环	编程细节，字符菱形 1
1-006	增量操作	增量操作，字符菱形 2
1-007	输出格式	交替字符倒三角形，格式阵列 1
1-008	整型原理	格式阵列 2，整型
1-009	1!到 n!的和	1!到 n!的和 1
1-010	文件操作	1!到 n!的和 2，最大公约数，文件操作
1-011	浮点输出	浮点格式输出，等比数列，斐波那契数列
1-012	函数使用	表达式副作用，函数，最大公约数，最小公倍数，寻找素数对 1
1-013	素数筛法	寻找素数对 2，素数筛法，对称三位数素数 1，逻辑短路
1-014	浮点型原理 1	浮点型 1
1-015	浮点型原理 2	浮点型 2，级数求和
1-016	集合	逻辑短路，集合，对称三位数素数 2
1-017	位操作	对称三位数素数 3，位操作，整数内码，整除 3、5、7
1-018	递归 1	整除 3、5、7，母牛问题，递归
1-019	空间换时间	A 类数，协方差 1
1-020	数学方法优化	协方差 2，五位以内对称素数
1-021	提交策略	做题提交策略，十-二进制转换 1
1-022	转移语句	转移语句，十-二进制转换 2，统计天数
1-023	字串处理	字符，字串处理，输出格式
1-024	计算技巧	uglyNumber
1-025	期中讲评 1	期中考试讲评，接龙，斜纹布，斐波追溯数 1
1-026	期中讲评 2	斐波追溯数 2，字符表，少数服从多数
1-027	期中讲评 3	11 的倍数，无秤售油，组合数 1
1-028	期中讲评 4	组合数 2，矩阵鞍点 1
1-029	多重集	列出完数，12!配对 1
1-030	二维数组	12!配对 2，矩阵鞍点 2
1-031	排序 1	排序 1，参数传递
1-032	排序 2	排序 2
1-033	结构	0-1 串排序，按绩点排名 1
1-034	逆反	按绩点排名 2，逆反 0-1 串
1-035	String 搜索 1	去掉双斜杠注释，string 串的 find，排列对称串
1-036	常规做题策略	BoxofBricks，算菜价
1-037	数学方法运用	n!的位数
1-038	String 搜索 2	剪花布条
1-039	递归 2	勘探油田 1
1-040	Map	勘探油田 2，最多的商品
1-041	运行错误解析	Getline，运行错误解析

附表2　C++视频对应表——面向对象编程

序	标　　题	注　　释
2-005	期末讲评与程序结构 1	C++程序设计 I 期末考试讲解，过程化程序结构 1
2-006	程序结构 2	过程化程序结构 2
2-007	四则运算程序控制	Part II 第四套实验讲解——简单四则运算
2-008	大数加，计算器实验 1	大数加等，计算器样本实验问题理解，实验要求 1
2-009	n!中的 0	Part II 第五套实验讲解——n!中的 0
2-010	计算器实验 2	计算器样本实验处理总体框架逻辑
2-011	程序结构 3	过程化程序结构 3
2-012	程序结构 4	过程化程序结构 4，实验要求 2
2-013	计算器实验 3	计算器样本实验数据处理过程，实验要求 3
2-014	计算器实验 4	计算器样本实验程序控制，测试数据制作
2-015	类与对象 1	数据类型，数据传递，数据封装 1
2-016	类与对象 2	数据封装 2，对象创建，计算器实验-类型创建
2-017	类与程序结构 1	对象化编程 1，计算器实验程序框架 1
2-018	类与程序结构 2	对象化编程 2，计算器实验程序框架 2，异常处理
2-019	对象创建 1	对象内存映射 1
2-020	对象创建 2	对象内存映射 2
2-021	对象创建 3	对象内存映射 3，深拷贝浅拷贝 1，拷贝构造 1，赋值
2-022	对象创建 4	动态内存申请，深拷贝浅拷贝 2，拷贝构造 2，析构
2-023	继承 1	访问权限，对象内存映射 4
2-024	继承 2	对象内存映射 5，批量数据处理特征 1
2-025	多态 1	批量数据处理特征 2，多态-虚函数 1
2-026	多态 2	函数重载与覆盖，多态-虚函数 2
2-027	多态处理	批量数据处理特征 3
2-029	抽象类 1	纯虚函数
2-030	抽象类 2	面向对象程序结构
2-031	归纳面向对象 1	学术竞赛讲评 1
3-001	归纳面向对象 2	学术竞赛讲评 2

目录（Contents）

源码下载

第一部分 基础编程

Part Ⅰ The Basic Programming

第二部分 过程化编程

Part Ⅱ The Procedural Programming

第三部分 面向对象编程技术

Part Ⅲ The Object-Oriented Programming

第四部分 高级编程

Part Ⅳ Advanced Programming

附录
Appendices

第一部分

基础编程

Part Ⅰ The Basic Programming

第1章　概述（Introduction）

C++ 到底难不难学，可以人云亦云吗？不管怎么说，它从开始诞生以来，发展势头一直很旺，旺到了现在。可以说，它运气很好，但背后一定也有它的道理。C++ 是怎么发家的，设计一个这样的语言，具有这样的特性，都是有道理的，不是随便定一个功能，然后就坐等运气了。C++ 发展的历史说明了这一点。

既然 C++ 综合了各家之长，所以功能就多了，操作起来就简单了。为此，它很可以美滋滋地自豪一番。然而还是有人说它难学，这是正常的，否则，一学就会的东西，还用得着努力教和学吗？至于学习的结果，就因人而异，甚至大相径庭。难怪有的人趣味盎然，有的人大叹苦经。

让我们先了解一下 C++ 的功能和 C++ 的来龙去脉吧，多知道它一些，就会多一些帮助你的细胞。还要知道编程是怎么回事，编程还需要有方法，已经有一些方法让我们模仿，那就不客气地模仿学一学吧。

中国古代有位名画家王冕，他是因为信奉了这样一句话而成才的：没有学不会的事情！

1.1　程序设计语言（Programming Language）

语言是人类创造的工具，它用来表达意思，交流思想。

程序设计（编程）语言（Programming Language）是人类与计算机交流的工具。人们用程序设计语言描述需要解决的问题，用“语言翻译/编译器”加工以使计算机理解其描述，尔后就能使计算机代替人们工作了。重要的是，人类的自然语言带有激越的情感，适合于在具有灵性知觉的人们之间相互交流，但不适合与刻板的计算机进行交流，而程序设计语言则适用于人类与计算机之间进行的理性交流。虽然编程语言最终目的是促使计算机为人类工作，但人们用编程语言对问题的描述方式与内容，随着使用群体的扩大，越来越多地成为人们相互之间交流过程描述与信息表达的工具。

计算机刚发明的时候，计算机专家直接用 0 和 1 的序列作为机器指令编程，难写难读，相对现在的编程方式来说，编程效率极低。为了方便编程，专家们用名字代替 0 1 序列所规定的操作与数据，即汇编语言。用汇编语言编程，虽然相对提高了编程效率，但仍然不够直观方便。此后，能够带来编程方便的各种用途的高级语言相继诞生。高级语言相对低级语言来说，抽象性（☞CH11.1）更好，因而编程更加方便。于是编程人数迅速增加，软件产业因而得到突飞猛进的发展。

计算机上的机器指令也称为机器代码，它是机器语言的程序。机器语言是低级语言，汇编语言是机器语言的直接符号表示，所以基本上也是低级语言。而 C++ 则是高级语言。例如，对于 C++ 语句：

```
a=3*a-2*b+1;    //把表达式 3a-2b+1 的结果赋值给 a
```

写成汇编语言和某个特定的机器语言则为：

```
(1)   mov eax, DWORD PTR a_$[ebp]          8b 45 fc
(2)   lea eax, DWORD PTR [eax+eax*2]       8d 04 40
(3)   mov ecx, DWORD PTR b_$[ebp]          8b 4d f8
(4)   add ecx, ecx                         03 c9
(5)   sub eax, ecx                         2b c1
(6)   inc eax                              40
(7)   mov DWORD PTR a_$[ebp], eax          89 45 fc
```

上述语句中的右边为某个机器的机器代码。显然，对于刚涉足编程学习的人来说，无异于是在看天书。但它们表达了一个计算机能够理解的动作序列，达到了与计算机沟通的目的。

（1）中的 mov 表示执行一个数据挪动（复制）动作，eax 是 CPU 中的某个寄存器，它表示复制的目的地，DWORD PTR 表示复制的是 4 字节（☞CH3.1.3），后面是源数据存放的地址，用方括号括起来的 ebp 表示数据段的位置，a_$表示从 ebp 开始的变量 a 的地址偏移。该命令表示将变量 a 的值复制到寄存器 eax 中。

（2）中的 lea 是取数操作，它把寄存器 eax 中的值加上 2 倍 eax 的值再放到 eax 中，即 eax 中的值为 3×a。

（3）与（1）相似，它把变量 b 的值复制到寄存器 ecx 中。

（4）中的 add 表示加法操作，它把寄存器 ecx 的值加上 ecx 的值，仍放回 ecx 中，使得 ecx 中的值为 2×b。

（5）中的 sub 表示减法操作，它把寄存器 eax 的值（3×a）减去寄存器 ecx 的值（2×b）的结果放入 eax。

（6）中的 inc 表示加一操作，它把寄存器 eax 的值加 1。原先 eax 中的值为 3×a–2×b，所以操作结果为：3×a–2×b＋1。

（7）中的 mov 是把寄存器 eax 的值复制到变量 a 中，即实现了 C++语句：a=3*a–2*b+1。

显然，从右边的机器代码编程到左边的汇编语言编程，在方法上改进了一大步。人们可以通过专门的语言对操作进行简单的描述而不是使用硬性抽象记忆进行机器编码，因而方便了许多。

然而，对 C++来说非常简单的赋值表达式的编程，用汇编语言来实现，却必须详尽地

描述其具体的数据操作和转移过程，中间涉及数据存放地址、算术运算、数据存放与读取，还用到了以加法代替乘法的技巧，可谓用尽了十八般武艺。显然，C++可以更抽象地描述数据与过程，在该赋值表达式的描述中，我们看到，它只需关注数值和运算，无须关心具体的实现。

程序语言越低级，则必须对过程描写得越具体，指令也就越接近机器的硬件逻辑。相反，程序语言越高级，就越接近对问题的描述与表达，因而更直观，更容易被人们所理解。

因此，程序语言的发展总是从低级到高级，也就是从具体描述到抽象描述，当然高级语言的抽象描述最后都自动转化成了机器的具体实现。

相应地，语言编译器的发展则是从简单到复杂的过程。语言越是高级，描述越是抽象，则自动化转换的程度就越高。也就是说，机器对语言的理解能力越来越强了，以致人们对问题有个相对简单的描述（编程），就能够被机器所理解。

1.2 C++前史（The Prehistory of C++）

1953 年 12 月，IBM 公司的 John Backus 写了一份备忘录，建议为 IBM 704 设计一种全新的编程语言。Backus 多年工作在计算机上，深切体会到编程的困难，他的目标是设计一种用于科学计算的“公式翻译语言”。他带领的一个团队，终于在1954年完成了FORTRAN语言的设计和实现。在那以后，不同版本的 FORTRAN 语言纷纷面世。1966 年，美国统一了它的标准，称为 FORTRAN 66 语言，此后，又被更新为 FORTRAN 77 和 FORTRAN 90。FORTRAN 语言的后继版本要兼容以前大量的 FORTRAN 老程序，这一负担阻碍了它，使它无法革新，因此无法具备现代编程语言特征。但不管怎样，FORTRAN 语言一直活跃了 40 多年，Backus 为此摘取了 1977 年度的“图灵奖”。

科学计算借助于 FORTRAN 获得快速进展的时候，还没有一种适用于商业计算的语言。美国国防部注意到了这种情况，1959 年 5 月，五角大楼委托 Grace Murray Hopper 博士领导一个委员会，开始设计面向商业的通用语言 COBOL。COBOL 最重要的特征是语法与英文很接近，可以让不懂计算机的人也能看懂程序。1968 年，对 COBOL 语言进行了标准化，后又在 1974 年和 1984 年进行了标准化更新。COBOL 语言曾经风靡一时。

1958 年，一个由国际商业和学术计算机科学家组成的委员会在瑞士开会，探讨改进 FORTRAN 问题，并尝试设计一种标准化的计算机语言。1960 年，该委员会在 1958 年讨论的基础上，定义了一种新的语言——国际代数语言 ALGOL 60，首次引入了局部变量和递归的概念，在数学表达和算法描述上比 FORTRAN 更出色，而且它不是解释执行，而是编译后运行，比 FORTRAN 程序效率更高。但由于 ALGOL 语言的设计要求是独立于机器的，所以就面临许多语言实现方面的技术问题，致使 ALGOL 语言无法流行。但它却演变为其他编程语言设计的概念基础。

20 世纪 60 年代中期，美国 Dartmouth 学院的 John G.Kemeney 和 Thomas E.Kurtz 认为，像 FORTRAN 这样的编程语言，都是为专业人员设计的，而他们希望能为无经验的人提供一种简单的编程语言，特别希望那些非计算机专业的学生也能通过这种语言学会使用计算机。于是，他们在简化 FORTRAN 的基础上，研究出了 BASIC 语言。由于 BASIC 语言易学易用，很快就成为最流行的计算机语言之一，几乎所有的小型和个人计算机都使用它。BASIC 语言发展到后来，出现了许多改版，典型的有 1983 年推出的 True BASIC，1985 年推出的 QBASIC，以及 1991 年推出的 Visual Basic（简称 VB）。VB 一直风靡至今，长盛不衰。

同在 20 世纪 60 年代中期，美国 MIT 的 John McCarthy 等人设计和实现了用于人工智能研究的 Lisp 语言。Lisp 语言是基于表处理的函数语言，由于该语言更面向问题，因此较容易编程，描述能力更强，更易于进行程序正确性验证和软件维护。但由于实现技术复杂，处理文件等能力不强，运行效率低，该工具一直停留在实验室阶段。

1967 年，美国 MIT 人工智能实验室 S.Papert 为儿童设计了一种 LOGO 编程语言。他用 LOGO 语言启发孩子们的学习与思考，一些孩子用 LOGO 语言设计出了真正的程序，于是 LOGO 成为一种热门的计算机教学语言。

同年，挪威奥斯陆的 Johan Dahl 和 Kristen Nygaard 推出了 Simula 67 语言。该语言第一次提出类的概念，能够把应用中的概念直接用编程语言描述，使其比其他语言编写的程序更具可读性，而且编译系统捕捉类型错误的能力十分强，保证了程序规模扩大之后，错误量不会非线性增长。两位专家对设计面向对象编程语言做了首次尝试。该语言曾配置在好几个大型计算机上，但由于编译实现不完善，导致运行效率低下，只能执行一些小型程序，所以像 ALGOL 语言一样，没能流行，但成为未来面世的面向对象编程语言的概念基础。

1970 年，AT&T 的 Bell 实验室的 D.Ritchie 和 K.Thompson 共同发明了 C 语言。研制 C 语言的初衷是用它编写 UNIX 系统程序，因此，它实际上是 UNIX 的“副产品”。它充分结合了汇编语言和高级语言的优点，高效而灵活，又容易移植，所以大受程序设计师的青睐，成为计算机产业界的宠儿。为此，他们两位获得了 1983 年度的“图灵奖”。

1971 年，瑞士联邦技术学院 N.Wirth 教授发明了 PASCAL 语言。PASCAL 语言语法严谨，层次分明，程序易写，具有很强的可读性，是第一个结构化的编程语言。它一问世就受到广泛欢迎，为此，N.Wirth 获得 1984 年度的“图灵奖”。

20 世纪 70 年代中期，Bjarne Stroustrup 在剑桥大学计算机中心工作。他使用过 Simula 和 ALGOL，实现过低级语言 BCPL，接触过 C。他对 Simula 的类体系感受颇深，对 ALGOL 的结构也颇有好感，深知运行效率的意义，所以，十分欣赏 C 语言。既要编程简单、正确可靠，又要运行高效、可移植，是 Bjarne Stroustrup 的初衷。以 C 为背景，以 Simula 思想为基础，正好符合他的设想。1979 年，Bjarne Stroustrup 到了 Bell 实验室，开始从事将 C 改良为带类的 C（C with classes）的工作。1983 年该语言被正式命名为 C++。90 年代，程序员开始慢慢从 C 中淡出，转入 C++。此后，C++稳步发展，1998 年 ISO/ANSI C++标准正式制定，如今已是如日中天。鉴于 C++对现代计算机产业的贡献，1995 年 *BYTE* 杂志将 Bjarne Stroustrup 列入“计算机工业 20 个最具影响力的人”。

从计算机发明那一天开始，人们就在努力探索编程方法，完善编程语言。编程语言完全是为了适应人们对计算机应用要求的产物，它以描述问题、解决问题为目的。C++是一种编程灵活、运行高效的高级语言，它可进行多种方法编程，适用于商业处理、科学计算和系统管理等重要领域。

1.3 C++

1.3.1 褒贬 C（Pass Judgement on C）

从本质上说，C++是从C语言继承而来的。C++的发展壮大，主要是因为程序设计方法的发展。程序设计方法的发展，主要是计算机应用范围的扩大和编程规模的扩大。

早期的编程，其目的主要是解决某些科学计算问题。大部分问题中的数据量不多，数据种类不多，但要求精巧的数据结构（☞CH11.1.3），更强调计算和性能，因此算法的优劣举足轻重。编程主要是围绕如何提高计算过程的运行效率进行的。

C语言以它高度的灵巧性和实现上的高效性比擅长于科学计算的FORTRAN更胜一筹，因为计算问题越来越复杂多样，难于用简单通用的数据类型来描述，而且它更需要在运行时间和存储空间上的合理运筹，以及算法上的高度技巧。

C语言以它的简捷和高效比严谨的PASCAL更具工业化的意义。事实证明，时间和空间的合理运用以及高效的代码，对于许多小规模程序的运行要求来说是首要的，而且在小规模编程中，程序员可以依靠经验，避免一些语言的漏洞和缺陷（C语言被认为不够安全，有诸多语言漏洞和缺陷），而在大规模编程中，PASCAL和C同样面临着编程方法或分析问题着眼点的根本问题。

C语言之所以风靡一时，在于当时需要计算机解决的问题大多是小规模问题，一般通过单台计算机独立蛮算便可解决。随着计算机的发展，计算机硬件环境发生了根本的变化，运行任务不但可以在高性能的计算机上单挑独斗地来完成，还可以充分利用计算机网络联手完成。人们开始着手解决大数据量的处理问题，也就是程序中需要处理大量复杂结构的数据。C程序员虽然经过艰苦的努力，设计出许多精巧的程序，但是在理解上却越来越困难，运行问题也越来越多。程序需要“保修（可维护性要求）”，需要“扩充（可扩展性要求）”，需要“加固（安全性要求）”。然而，这些精巧的程序由于内在结构的弱点——数据结构与算法盘根错节，无法被可逆地拆解，很难分析“险情”和重新使用。

C语言设计的重要目标之一就是简捷、高效。其虽然具有诸多优点，但也限制了自身对一些缺陷的克服。然而在当时，却受到喜欢玩编程技巧的程序员的欢迎。人们总是希望抢时间，好冒险，求实惠。这就好像乡村的人们宁愿骑摩托车而不愿驾驶小轿车，因为摩托车在高低不平和弯弯曲曲的道路上也能行驶。由于当时致力于解决的问题规模还不是很大，编程工作多以程序员个体“单挑”的形式体现。虽然也曾经设计出了著名的UNIX操作系统，但正因为尝试了大规模编程，才发现其程序模块之间的协调性存在问题，程序的重用性也存在问题，程序的安全、健壮以及可维护性问题、可扩充性问题等都暴露了出来。这一切都归咎于解决问题的狭隘视角、语言的简陋和支持程序设计方法的贫乏。

自然而然，设计计算机语言的专家要改革这一现状，提出程序设计语言应该具有数据类型的扩充能力。于是基于数据类型和面向数据类型的编程语言不断浮出水面。这些方法是以程序员自己定义或设计数据类型的方式对复杂结构的数据进行系统的组织，统一的管理，以使程序组织合理，算法设计简单和易懂。C++便是其中之一，从商业化角度看，更是其中的佼佼者。在 C 的简捷、高效的基础上，C++ 添加了自定义数据类型的整套设施，以适应大规模编程的需要。因此，进入市场后，面向对象的编程方法也开始工业化了。

❑ 1.3.2 C 继承者（Inheritor of C）

C++ 对 C 的继承是青出于蓝而胜于蓝，它既可以进行 C 语言鼎盛时期所流行的过程化程序设计，又可以进行以抽象数据类型为特点的基于对象的程序设计，还可以进行以继承和多态为特点的面向对象的程序设计，并正在完善以模板为特点的泛型程序设计。C++ 对于 C，引领编程方法从根本上大幅地改进，使 C 实在不能与 C++ 相提并论了，所以，冠之以不同于 C 的名字——C++。然而，因为是对 C 的继承，也就承诺了对 C 的包容。新事物都是权衡利弊的产物，C++ 也在包容 C 的缺陷的同时，受到了些许拖累。

诚然，面向对象的 C 程序设计更能适应大规模的编程，而 C++所拓展的面向对象程序设计，采用的是基于过程的内部实现机制，而且其纯化了过程化程序设计，使之更方便可靠。因而，C++对 C 的包容，也是对程序设计方法的包容。

C++ 是一种混合型程序设计语言，“混合”体现在可以采用不同的程序设计方法，针对各种目的进行编程。“混合”是因为沿革了 C。从本质上说，当今的世界，既有许多规模不大，要求能经济地运行的编程任务，也有越来越多的大规模编程任务，因而要求编程语言通用（多种模块并存，多种接口兼具）、面广（从微程序设计到泛型编程）、多样（多种程序设计方法并用）和灵活（走 C 的灵巧优化路线而不被僵化理论束缚手脚）。“混合”意味着绝不放弃计算机高效运行的实用性特征，而又致力于提高大规模程序的编程质量，提高程序设计语言的问题描述能力。

❑ 1.3.3 标准 C++（Standard C++）

至今，C++大约有 20 年的历史了，因此，人们应该享有它的标准了，标准化带给人们诸多的好处。首先，语言的设计是以某种标准作为蓝本的，标准 C++语言当然是描述标准 C++的蓝本；其次，因为有了 C++标准，专家们在开发 C++编译器时，可以避免大量的研究无序性和重复劳动，并且也为组织大规模的编译软件开发创造了前提条件；有了 C++标准文档，语言设计者、程序员和用户三者就可以有一致的语言来互通；C++标准促进了程序员资源的合理利用，人们找到了共同遵循的准则，在程序员社区可以畅通地交流，编写的程序变得更有效，更通用，更易懂。有了 C++标准，程序员所开发的软件产品具有更高的系统可移植性；标准化还大幅度地提高了程序质量，直接让用户受益；C++标准还在防止技术封锁、促进软件技术的交流、提高软件竞争力等方面起到了很好的作用；标准 C++的软件产品，其使用理所当然地得到保障。所以当 C++发展到一定规模的时候，无论是用户、程序员，还是 C++语言的设计者，都在竭力推动标准化的工作。

从 C++标准制定，到正式使用 C++标准，以 C++标准编程，直至使用标准 C++编译器，有一段时间的缓冲。现在来说，时机应该成熟了，因为各个计算机公司实现的新版 C++编译器都至少符合 C++标准，非标准的 C++（Plain C++）教材和书刊杂志正在逐渐从市场上淡出。

标准 C++与程序员更紧密相关的是系统的可移植性。这意味着若用标准 C++编程，就可以在不同的标准 C++编译器上，得到能在不同计算机系统中运行出同样结果的机器程序。使用标准 C++，也意味着程序员可以充分享用 C++的资源——标准库，从而带来更多的便利，提高抽象编程的程度。所以，学习 C++，理所当然地要学习标准 C++。

在我国，个人计算机配置的操作系统以 Windows 居多，比较容易获得的标准 C++工具就是 Borland 公司的 C++ Builder 6.0，简称 BCB6，或者微软公司的 Visual C++ 6 和 Visual Studio 中随时间升级的各 C++产品。初学者用得更多的工具是 DEV C++，它使用的是开源的 GCC 编译器，平台版本和编译器版本都在逐年升级，后来居上的工具还有 CodeBlocks 的 C++，这些都是适合初学者的良好工具。

本书的描述基础以 C++ 98 为蓝本。在 C++ 98 之后，C++仍在不断发展。2003 年，C++标准委员会对 C++ 98 中的问题进行了修订，发布了 C++ 03 版本，该版本并没有对核心语言进行修改。2011 年，则发布了新的 C++ 11 标准，修改了类编程的规定性，使其更合理，增加了多线程支持、更多的模板编程支持等，标准库也有很多变化，是一次较大规模的修订。2014 年，又发布了 C++ 14 标准，C++ 14 对 C++ 11 做了微调。

1.4 C++编程流程（C++ Programming Flow）

1.4.1 编程过程（Programming Procedure）

学习程序设计，首先要搞清程序开发的过程，否则，无法以成功的运行验证编程技能的提高。

用编程语言编写完了程序，之后就要翻译成机器代码，以便让计算机运行获得结果。翻译的方式一般有两种：一种是解释型，也就是边读程序边翻译，翻译成机器代码后就执行；另一种是编译型，它是先整篇翻译成机器代码，保存在可执行程序文件中，然后启动该程序文件，运行获得结果。

程序设计语言发展到现在，无论编译型还是解释型，一般都附带提供一个集成开发环境（Integrated Development Environment，IDE）。也就是说，程序员可以在该环境中编辑程序代码，逐个编译源文件，装配和连接全部源文件及其资源文件，直至调试运行。甚至软件包装和做成软件产品都可以一体化。

在解释型环境（如 VB）中，编辑代码后，可以保存程序文件，可以直接运行获得结果。没有编译和连接的中间环节，方便编程开发。但由于程序运行不能离开解释器现场，需要不断与之交互，所以，效率上便落了下风，对于规模化的大程序，低性能表现得更加明显，所以真正的计算任务和中大型软件开发一般都不用解释型环境开发。

C++语言的程序因为要体现高性能，所以都是编译型的。但其开发环境，为了方便测试，将调试环境做成解释型的。即开发过程中，以解释型的逐条语句执行方式来进行调试，以编译型的脱离开发环境而启动运行的方式来生成程序最终的执行代码。集成开发环境（IDE）功能齐全，调试功能很强，程序编好后，可以立刻在环境中调试以获得初步测试结果，然后，可以方便地做成 beta 版形式，拿到实际环境中进一步测试，最后做成软件发行版。

初学 C++编程，是在 C++的 IDE 中实践编程技术，学习创建程序项目的过程，学习不同程序的组织方式，学习调试程序的手段，以简单函数、模块以及文件组织为实验材料，以基本输入/输出为程序运行结果验证窗口，以基本跟踪方法为调试手段，采用控制台应用程序的开发模式，学习解决问题的下手方法，学习简单的算法和数据结构。这一切都是实践环节，所以必须了解程序设计的开发步骤，让计算机在编程操作中先工作起来。

一般的编程操作流程为：编辑（edit）→编译（compile）→连接（link 或 make 或 build）→调试（debug），该过程循环往复，直至完成，如图 1-1 所示。

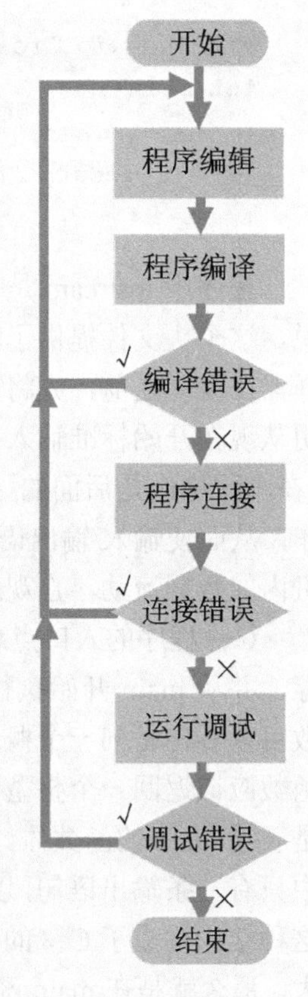

图 1-1　编程操作流程

程序员编辑的程序，也称源程序，或称源代码（source code），简称代码（code），存放在文本形式的以.cpp（在 Windows 环境中）作为文件扩展名的文件中。在比较少的情形下，机器指令集代码也称源代码。程序被编译（compile）后，会生成目标代码（object code），存放在目标文件中，在 Windows 中的 C++编译器通常将目标文件以.obj 作为文件扩展名。目标代码即机器代码，是计算机能够识别的指令集合。但是，目标指令（也称目标代码）还不能在具体的计算机上运行，因为目标代码只是一个个独立的程序段，程序段之间还没有彼此呼应，程序段中用到的 C++库代码和其他资源还没有挂上，需要相互衔接成适应一定操作系统环境的可执行程序整体。为了把成组的程序段转换为可执行程序，必须进行连接（link），连接的过程就是将目标代码整合（或称转换）成可执行文件，可执行文件通常以.exe 为文件扩展名。

C++程序在编译后，通过同时连接若干个目标文件与若干个库文件而创建可执行程序。库文件是系统提供的程序连接资源，它一般是以版本为文件单位，带有一个特殊的扩展名，不同公司的产品有不同的扩展名，例如，Borland C++ Builder 6.0 的库文件的扩展名是.bpl 和.lib。标准 C++提供 C++标准库，用户库是由软件开发商或程序员提供的。目标文件与库文件连接的结果是生成计算机可执行的程序。

❑ 1.4.2　最小样板程序（Minimum Sample Program）

具有 C++风格的最小程序，是指非 C 语言（更小）描述，有形有范的最简代码。例如，C++编译器能理解的有标准输出的最小程序为：

```
#include<iostream>
int main(){ std::cout<<"hello World.\n"; }
```

当然，程序不但要使计算机能理解，也要让人能理解。所以程序一方面要符合语言的语法，另一方面也要体现出其逻辑结构。因此，上述程序最好写成有结构形式的代码，如

下所示：

```
#include<iostream>
int main()
{
    std::cout<<"hello World.\n";
}
```

程序中 iostream 是 C++为特定环境编制的标准输入/输出流类的标准库头文件，也就是说，这个头文件提供了输入/输出设施。#include 则是对编译器发出的操作指令，它指示编译器在编译之前，先将尖括号中的文件内容在本程序中原地展开。而头文件的内容，则声明从现在开始标准输入/输出的流操作可用，并在连接的作用下，将编译后的输入/输出指令（在本程序中是后面的 std::cout<<"hello World.\n";）转化成对应的输入/输出硬件设备的操作，从而使输入/输出语句“直接见效”。提供这样的编程方式，能够直截了当地表达计算机内的数据流动，直观地验证程序运行的结果正确与否。

C++程序的入口点总是 int main()，操作系统启动可执行程序文件时，便装载文件到内存，并从 main 开始执行程序。main 表示一个过程或者函数的名字，在 C++中，过程和函数可以看作是同一个概念。int 表示整数（integer）数据类型，位于 main 的前面，表示 main 函数应该返回一个整型值，进一步可以参见整型的细节（☞CH3.1）。一对大括号“{ ... }”是表示 main 的函数体。在函数体中可以写上许多程序语句，以供执行。上面程序的函数体中只有一条输出语句，以分号结束。任何一条 C++语句都是以分号结束的。“int main(){...}”这种结构构成了 C++的函数定义体，后面的大括号“}”就是程序结束处。如果一个程序很大，那么就是在 main 函数体中有许多语句，这些语句可以是直接计算和赋值的语句，也可以是对其他函数的调用语句，如此，便可以使程序规模无限制地扩张。总之，运行到 main 函数体的“}”结束处，再大的程序也不得不结束。

cout 是标准输出设备的名称，“<<”是操作命令，指示将后面的数据（字串 Hello world.\n）送到显示器设备上去。字串中的“\n”是控制字符，表示一个换行操作。C++在显示可见字符的同时，还接受一些指挥设备动作的控制字符。控制字符一旦送到设备后，并不显示，而是做出一定的动作。控制字符在屏幕上不可见，程序是用可见字符堆积而成，C++用可见字符表示不可见的控制字符时，用“\”和另一个字符的组合。

std 是“名空间”。程序中有若干名称，程序规模大起来后，难免会有名称冲突，就好像学校中遇到同名学生：A 班中有张三，B 班中也有张三，当 A、B 班在一起上课时，就有名字冲突问题。解决的简单办法就是两个张三分别命名为 “A 班的张三”和“B 班的张三”。C++也是这样来解决问题的。为了防止程序员自己又命名一个 cout 而造成冲突，就特地对语言专门提供的标准设备名 cout 冠以扩展名“std::”，表示“标准库中的 cout”。

❑ 1.4.3 编程风格（Programming Style）

程序的书写方式完全是人为的，不同的书写方式构成了程序设计的不同风格。C++的程序语法是以空格和换行（回车）来区分词法单位，以特定的字符来辨认语法的，如分号

“;”表示语句的结束。程序设计格式的随意性，给程序设计风格带来了可塑性。例如，上述程序可以写成：

```
#include<iostream>
int
main()
{
   std::cout << "helloWorld.\n";
}
```

程序设计风格应以可读性为准则，合理的紧凑性、模块整体性、对齐、锯齿型嵌套、注释都是形成特定风格的因素。本书将以一种独特的紧凑风格来展示程序代码。将上述程序以作者的风格写出，则为：

```
//=======================================
//myfirst.cpp
//带标准输出的最小样本程序
//=======================================
#include<iostream>
//---------------------------------------
int main(){
  std::cout << "helloWorld.\n";
}//======================================
```

#include 命令之后加一注释空行，表示程序的头部描述告一段落，对于简单的函数头部（包括大括号{），只占一行是简捷的。cout 输出语句属于函数体的动作序列描述，所以嵌进两个空格（有的程序员空三个字符或更多）字符，表示与函数的从属关系。

为了让程序表现出美感，又不至于语句前后内容含混不清、结构混乱，语句书写讲究疏密得当。高级程序员的程序风格体现了极大的一贯性和艺术性。每个初学者必须要模仿某些编程风格，随着编程量的增加，对程序会感受多多，不知不觉地形成自己独特的风格。

为了让程序能够工作，还要学习 C++的创建工程和设置工程路径操作，详见《C++程序设计教程（第3版）实验指导》一书。如果第1章读完后，还没有办法运行这个简单的程序，那么再往下读就是不明智的了，为什么？因为真正的理解是基于实践的。

1.5 程序与算法（Programs & Algorithms）

1.5.1 程序（Programs）

从静态上说，程序是以某种语言为工具编制出来的动作序列，它表达了人的系统性思维。而从动态上说，它是一系列逐一执行的操作。既然要操作，便要受到操作主体（计算机）的制约。不同的主体的操作性能不同，即使同一个主体，在不同状态下执行同一个程序，也会表现出差异。所以，同一个程序，可以反复运行而结果一致，这是肯定的，但性

能上的细微差异是完全正常的。

计算机程序是用计算机语言所要求的规范描述出来的一系列动作，它表达了程序员要求计算机执行的操作。由于不同的计算机，其机器指令系统和速度有差异，表达数据的能力有差异，所以计算机在执行程序过程中，也会表现出差异。优秀的程序员尤其是 C++程序员，对计算机的差异是十分敏感的，正因为意识到差异的存在，所以，他们追求的是各个抽象层次的编程，追求编程方法的实效性。这意味着所谓“学会计算机语言，看得懂语法，了解了语言的描述方法”，还是不够的，它和熟练运用计算机语言，能用语言高效、正确地描述问题、解决问题是有天壤之别的。学习计算机语言在于让计算机准确地执行程序，在于会用程序设计方法去实现动作序列的表达。它和学习其他语言一样，都需要一个充分的实践过程。

要求程序符合语言规范的目的是使计算机能够理解程序并执行。C++语言也是一种语言规范，用 C++语言编写的程序，能够被 C++编译器所识别，并最终被计算机所执行。

❑ 1.5.2 算法 (Algorithms)

由于程序的动作序列包含了对数据的存取访问和算术运算，特别是当今的计算机发展大量地需要数据处理，因此对数据的合理描述、组织、存放和读取，关系到程序运行的正确和高效。

算法是求解特定问题的一组有限的操作序列。算法的描述也需要借助于专门的工具，如某种计算机语言。Knuth 大师早就对算法下了权威的定义（☞参考文献[3]CH1.1）。算法毕竟区别于程序。

1 目的性

算法是有求解目的之动作序列，因此，算法必须有运算结果。而程序只是强调过程性，也许是不能自行终止的操作序列。例如，操作系统程序随着计算机的开机而运行，随着关闭电源而停止运行，不是自行终结。

2 抽象性

算法有层次的差别，低层算法更纠结于语句实现的细节，高层算法甚至不在乎用什么编程语言，其只是描述了完成一定计算任务的动作序列，算法可以用伪编程语言描述。所以一般来说，算法比编程语言写的程序要超脱；算法也离不开数据结构，对同一个计算目的，不同的数据结构会有不同的算法描述。程序设计语言支持数据结构的实现各不相同，所以算法描述具体用一定的程序设计语言实现，会有多种方法、版本。但是不管怎么说，设计上的算法总是比具体实现的算法更为抽象。

3 研究性

探讨算法也会在不同层次上进行，此时，算法便用于理论研究和沟通人们的思想。用伪编程语言描述的高层算法也可能是不切实际的。例如，研究和描述典型的 NP 算法问题时（☞参考文献[4]CH8.3），就会远离实现。等到算法真正与程序代码对应起来的时候，就会走向真正的应用。

4 验证性

一旦用特定的计算机语言描述算法，就使算法成为特定计算机语言下的程序。更多的情况是，算法要靠程序实现验证，即通过有限的数据，在有限的时间内，得出正确的结果，测试其资源占用与性能各项指标。

❑ 1.5.3 编程与结构（Programming & Structures）

编程强调全方位，具体问题具体对待，低级编程和高级编程应采用不同的方法和不同的程序组织形式。编程总是与具体的编程语言捆绑，同一个问题用不同的编程语言来写，内容会完全不同。

编程当然是为了解决计算问题，计算问题强调算法，程序设计也就是在一定抽象层次上的算法设计。这里的抽象层次应理解为数据的描述方式。当人类面临大量数据需要处理时，也就是许多编程问题含有大量纵横交错的数据时，人们便逐渐意识到数据组织与数据结构的重要性，意识到数据存在的形式必须脱离程序。1976年，计算机专家N.Wirth提出这样的经典公式：

程序 = 算法 + 数据结构

程序设计方法的变革是以简化编程和提高软件生产率为目的的，它不以牺牲程序的正确性和效率为代价。N.Wirth的观点是强调编程中数据结构的描述应相对算法而独立。针对算法事实上与数据相分离，如果数据由数据结构来描述，算法就可以数据结构为依托，通过数据结构访问数据，从而简化算法和提高逻辑清晰性。

从动态性上说，程序仍然是计算机中的过程运行体，即操作系统中的进程（☞参考文献[5]）。它服从进程管理。

从静态性上说，程序不再是单纯的过程体（操作序列）了，也不再是单纯的算法了，而是算法和数据结构的有机组织。程序含有更多的数据组织描述，而数据组织描述又包含一系列的操作。

N.Wirth 的公式意味着程序所反映的操作序列依赖于抽象层次更高的数据结构，而不是直接对应于单纯空间上的原始数据。因此在观念上，程序发生了变化，带来了设计方法的进化，改变了程序的静态描述形式，动态与静态不再对应了，机器运行的进程与人工编程的逻辑开始分离，这也标志着语言编译器越做越高级，从单纯直译进入到对程序结构的复杂分析与理解。

1.6 过程化程序设计（Procedural Programming）

❑ 1.6.1 基于过程的程序设计（Procedure-Based Programming）

从程序设计方法的角度来说，程序的概念是组织成一定形式的操作序列。同一问题若组织成不同的操作序列，则反映了程序设计方法的不同。

编程问题是从一大类科学计算的问题开始的。这些科学计算问题所描述的数据大多不是很复杂，因而，依赖于早些时候的C语言中的内置数据类型，以及在空间上的简单复合就可以完成。其相关的数据操作也多半是数据复制、数据赋值等简单操作。所以程序设计主要体现在算法上，编程就是解决算法如何设计的问题。当算法很大时，就考虑将它按功能划分。程序组织围绕算法的切分而展开。这一类问题一般都是小规模的问题，一般的程序设计语言也都可以胜任，如图1-2所示。

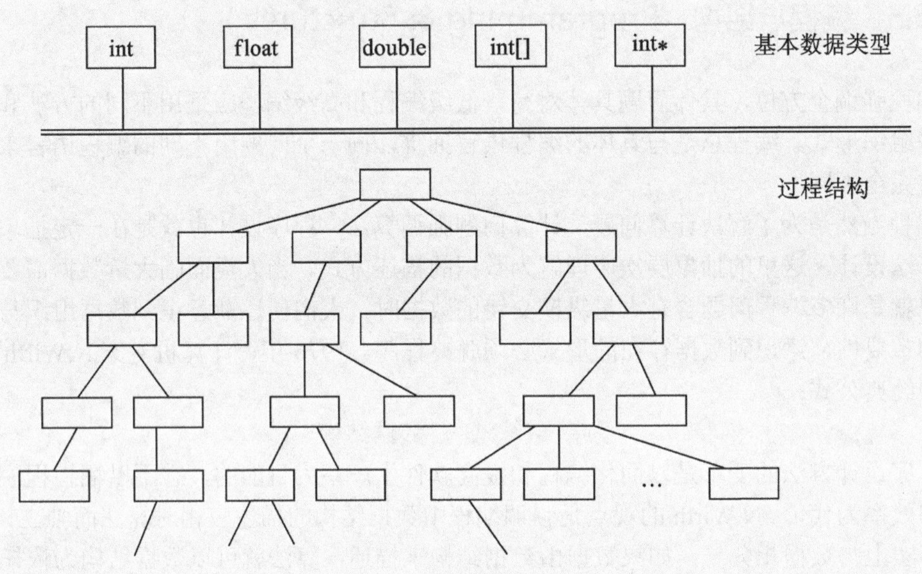

图1-2　过程化编程结构框架

图中的过程结构是按照问题要求所编织的解或算法。它所使用的是语言中现成的基本数据类型。图中反映了这样一个事实：问题模型反映为过程结构模型，实际上就是功能模型。模型可以做得很精巧，但由于过程模块与数据的复杂关系没有清晰地分离出来，所以它一般都是“具体问题具体解决”，无法重复使用其中的“零部件”，而且问题变得庞大以后，其复杂性会无法收场。

例1-1　有一些日期数据，放在数据文件abc.txt中，这些日期的年、月、日数值加起来若等于15，则收集，然后按日期从小到大的顺序打印出来。

如文件abc.txt中有：

```
03-11-12  03-08-04  04-08-11  02-07-06
```

则输出：

```
02年07月06日
03年08月04日
```

简单地看，可以把求解过程划分成三个部分：

第一部分是输入数据，将读入的数据放在一个年月日的复合数据结构的数组（☞CH3.5）中；

第二部分是处理日期数据，数据处理完后，放到另一个同类数组中；

第三部分是输出处理，将数组中的数据按要求输出。

由于处理日期数据的算法“比较复杂”（相对而言），所以把它划分为两个子部分。第一子部分是取年月日的数值，加起来判断其和是否等于 15。这部分工作要经历一个循环，对数组中的每个日期进行操作、比较，如果条件满足，就将其放入准备好的另一个数组中。第二子部分是对结果数组进行排序操作。它要经历至少两重循环，通过频繁地比较大小和交换操作，达到数据按从小到大存放在该数组的目的。其中，大小比较是日期的大小比较，先比较年，再比较月，最后比较日。

这里编程所要考虑的数据处理量并不应该仅仅是样本数据文件提供的数据量。整个问题写成算法就是：

第一层（总体结构）

1.1　输入（读入输入文件的数据放入数组一）

1.2　处理（读入数组一的数据，处理后放入数组二）

1.3　输出（读入数组二的数据，输出到显示器上）

第二层（数据处理）

2.1　滤数（读入数组一的数据，寻找符合条件的数放入数组二）

2.2　排序（对数组二的数据进行排序）

画成图的形式如图 1-3 所示。

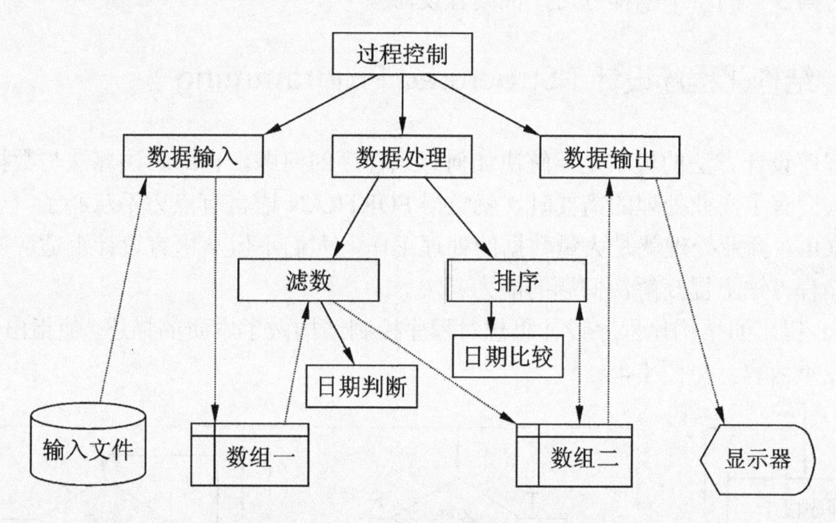

图 1-3　过程控制结构的描述

图中实线箭头表示过程控制关系，或者称过程调用；虚线箭头表示数据流向；矩形框表示过程；数组一和数组二是根据基本数据类型建立起来的存放数据的容器；输入文件和显示器可以看作是系统提供的数据类型实体，通过简单的操作可以获得数据和输出结果。该图说明，解决这个问题的程序非常具体，具体到只能适用于解决单一问题，而无通用性可言。

描述算法时一般总是分层描述的，因为如果一下子描述很细，结构上会显得有些乱。这其实就是从抽象到具体的描述过程。

从理解上，也需要有些具体的数据，否则就“形象思维”不起来，这是自然的过程。

当我们知道数据是下面这样的，也许就更容易想象一些：

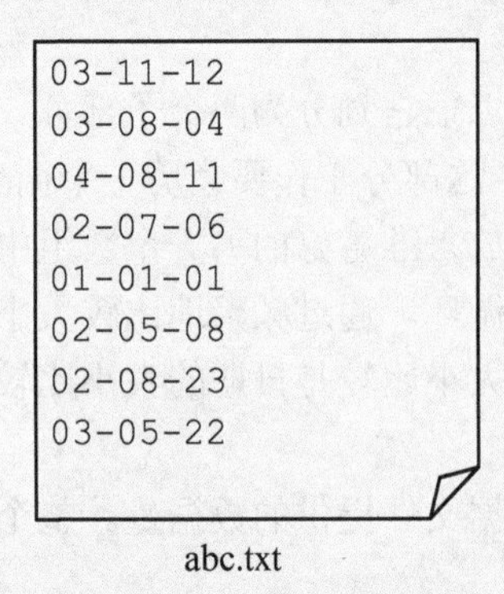

其输出结果应该是:

```
02 年 05 月 08 日
02 年 07 月 06 日
03 年 08 月 04 日
```

将复杂的过程简单地按功能分层从而达到解决问题的目的，这种思想就是过程化程序设计的思想。过程化程序设计以一系列过程的划分和组织来观察、分析和解决问题。该问题描述作为第 5 章的一个编程练习，供读者设计参考。

❑ 1.6.2　结构化程序设计（Structured Programming）

学习程序设计方法的根本是要解决如何组织程序的问题，也即解决算法与数据的关系问题。当人们有了商业处理的需要时，就觉得 FORTRAN 语言有点力不从心了，于是就发明了 COBOL。商业处理就是大量数据的处理工作，人们不但从语言设计上适应应用的需要，还从编程方法上提高解决问题的能力。

N.Wirth 提出的结构化程序设计思想对程序控制结构做了本质的描述。他指出，程序控制结构有三重内容，见图 1-4。

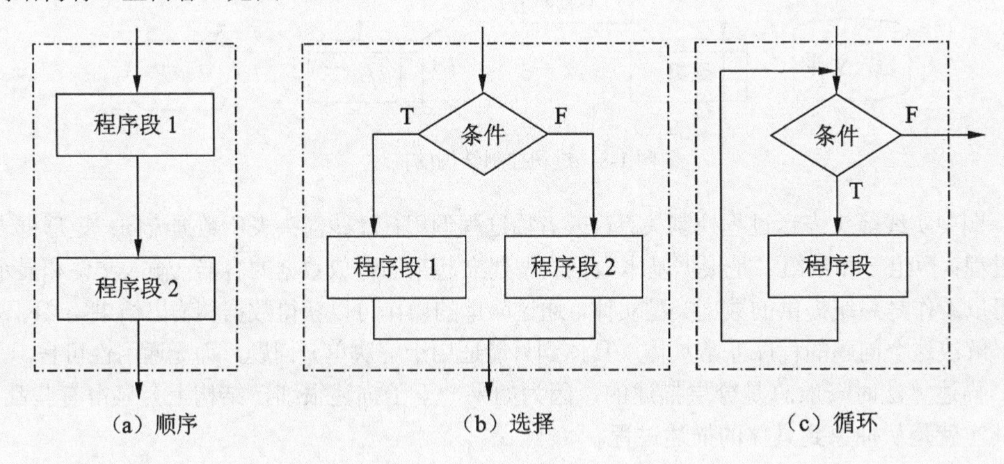

图 1-4　三种程序控制结构

1 描述任何实体的操作序列只需用三种基本控制结构

描述任何实体的操作序列只需用“顺序”“选择”“重复”这三种基本控制结构，而且这三种基本结构对描述任何问题都是足够的。

可以将每个虚框看作是一个过程体，而每个过程体只有一个入口、一个出口。为避免过程体出现多个入口或出口，只要在现有的程序设计语言中避免使用goto语句(☞CH2.6.3)，就可办到。

图1-4（a）先执行程序段1，再执行程序段2，同理，执行程序段3，……（若还有其他程序段的话）。依次执行若干个程序段便构成了顺序结构。

图1-4（b）根据条件的真假，选择执行程序段1或程序段2，执行完后便到达了本过程的结束点。该图构成了程序段的选择结构，选择结构说明了程序并非要一直无条件地执行程序段，它可以在中途依条件而改变执行路径。

图1-4（c）可以根据条件的真假，规定程序段是否执行，这个事件可以反复发生，甚至永远。程序能够代替人的大量重复计算劳动，都是源自程序的这种能力。它构成了程序段的循环结构。

2 程序设计中的各个过程体和组成部分应以模块表示

每个模块，其内聚性（aggregation）越强，外联性（association）越少，则模块独立性越好。

内聚性，即模块内部所涉及的功能越单一越好。这样一旦修改起来，职责就明确了，不会因为这个原因那个原因都来找这个模块算账。

外联性，即模块之间的联系越少越好，联系意味着依赖。外联性少，模块的独立性就好。独立性意味着可以独自地修改本模块而与外界无关。因此独立性越好就越容易编程和修改。说一个小孩独立性差，就是说他（她）不会自己拿主意，受人影响太大，也是同一个道理。减少外联性还涉及对数据的分离与归类。将过程体中的数据分离出来，独立地用数据结构去描述和处理，这都是模块划分的原则。

例如，在图1-3中将数据处理分成滤数和排序两个模块之后，内聚性就比原来的好，因为功能更单一，所以外联性也改善了，因为排序过程只涉及一个容器数据而不是两个。

3 过程化的程序设计方法

程序设计采用从上到下、逐步细分的方法展开，即过程化的程序设计方法。在细化的过程中，应充分运用前面的过程体控制结构和模块划分原则。当然，理论归理论，在实际运用的时候，还要考虑到规模适中，不能为了模块化而将过程划分成只有一两条语句的模块。

在一定的数据结构之下设计对应算法，然后分别实现数据结构设计和算法设计，这种方法总能符合模块化的要求。因此，N.Wirth最后总结出了“程序＝算法＋数据结构”的形式。

结构化程序曾在不大的程序规模上起到了良好的效果。它容易编程，容易维护，容易验证程序的正确性。

结构化程序设计方法主要体现在过程的功能划分与过程内部的编写规则上，因此它是一种规范的过程化程序设计思想，在这里姑且笼统地称其为过程化程序设计，或者称之为

基于过程的程序设计（procedure-based programming），本书中有进一步的阐述（☞CH7.1 及 CH11.4）。

1.7 对象化程序设计（Objectified Programming）

1.7.1 基于对象的程序设计（Object-Based Programming）

伴随着人类对计算机的依赖性日益增强，程序规模不断扩大，模块数呈指数级递增，模块间的数据传递五花八门，同一程序中模块之间的关系错综复杂，结构化程序设计的规范已经不能保证程序的正确性、可维护性和重用性了。人们开始意识到不可能在语言中内置所有待解决问题的数据结构，必须让语言具有自建数据结构的能力。数据结构对于算法，对于程序是如此的重要，但当时大多数语言都没有专门支持对数据结构的直接描述。

在 C 语言中有一种结构类型——struct，可以在单纯空间上复合其他数据类型，描述数据的组织，从而，经验丰富的程序员可以通过捆绑相应的数据操作来一定程度地达到可读、可维护的目的。但是，还是不能避免其数据操作的安全问题。在大规模程序设计中，问题尤其突出。软件发展似有一个不可逾越的极限，因此，在软件产业界曾一度有软件危机之说。

浩瀚的编程大军中，并非每个人都必须精通问题的每个细节，这就像使用电视机的人并非都要会安装完整的电视机。恰似电视机的外壳，把电视机的内部电路和外部使用一分为二。外部使用只需了解电视机的基本操作方法，内部电路提供电视机的各项功能，两者都需要一个共同的规范——电视机的按钮操作功能。

抽象数据类型（☞CH11.1.2）就是想要描述这一共同的规范，它描述数据的组织和相关的操作，反映了问题的抽象模型。如果语言能够直接支持对抽象数据类型的描述，即自由定义数据类型，那么，问题就能转化成以抽象数据类型为媒介的使用与实现独立的两部分，因而该语言的解决问题的能力一定就强。衡量一个语言的优劣，能否自定义或者说扩充数据类型是其重要指标。

C++有一个类（class）机制，这正是 Bjarne Stroustrup 看到的 C 语言欠缺的地方，同时也反映了语言中对获得抽象数据类型描述能力的急迫性。数据类型的本质是数据组织和其操作的捆绑性。当对应到具体编程时，用抽象数据类型界定，就能把编程大军分为两个阵营，一个是专业性极强的、专门实现抽象数据类型的编程，好比安装电视机者；另一个是专门使用抽象数据类型的编程，好比使用电视机者。

然而，要使抽象数据类型能够维护两大程序员阵营的编程利益，必须要在语言的设计中加入一些语言机制，这些语言机制采用了许多难以想象的技术，实现了数据封装、类型安全等，而且还必然要使代码更容易阅读和维护，否则没有人愿意用。抽象数据类型的使用，最终像使用基本数据类型那样简单，对应的实体就称之为对象。因此，编程的意义就是算法在对象之间穿梭，或者说针对对象的算法设计，所以其相应的编程就是对象化的编程了。

无论是实现抽象数据类型的程序员群体，还是使用抽象数据类型的程序员群体，他们都以同样的参照在工作，都在做算法设计的工作，所以更加直截了当而又具体的编程模式变成了：

程序 = 算法 + 抽象数据类型

在编程方法的改进中，人们首先适应了用抽象数据类型描述数据结构。这种编程方法是基于抽象数据类型而展开的，或者说，是基于对象的程序设计。对象是程序中抽象数据类型的具体表现。算法是基于抽象数据类型的，是作用在抽象数据类型实体化的程序中的行为序列，如图 1-5 所示。

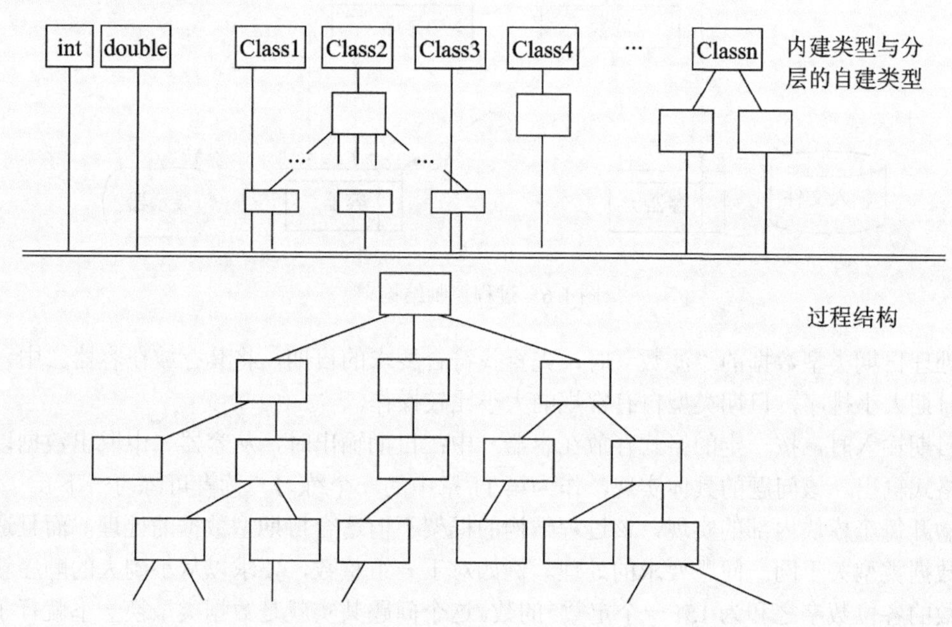

图 1-5　对象化编程结构框架

与图 1-2 比较，可以看出数据类型更加多了。这些增加的数据类型，就是为了适合问题的需要，因而使得过程结构相对简单，借助于数据类型的操作，随着数据类型的重用而重用。而且其操作也标准化了，操作更有安全性。随之而来的是专业大分工：自建类型的编程工作，其专业性极强。程序员在这种专业分离的意义下进行分工，可以省去许多重复劳动，所以生产率就提高了。

程序的行为表现为分层的过程结构与对象定义的集合。例如，例 1-1 描述的是一种分层的过程结构，其日期作为一种数据类型：

```
日期类型描述：
  日期外在的操作
    设定日期
    读取日期
    比较日期
    判定日期合法性
    输出日期
  日期内在的数据组织
    年，月，日
```

日期操作的定义在自建类型中完成，所以过程结构可以描述为图 1-6。

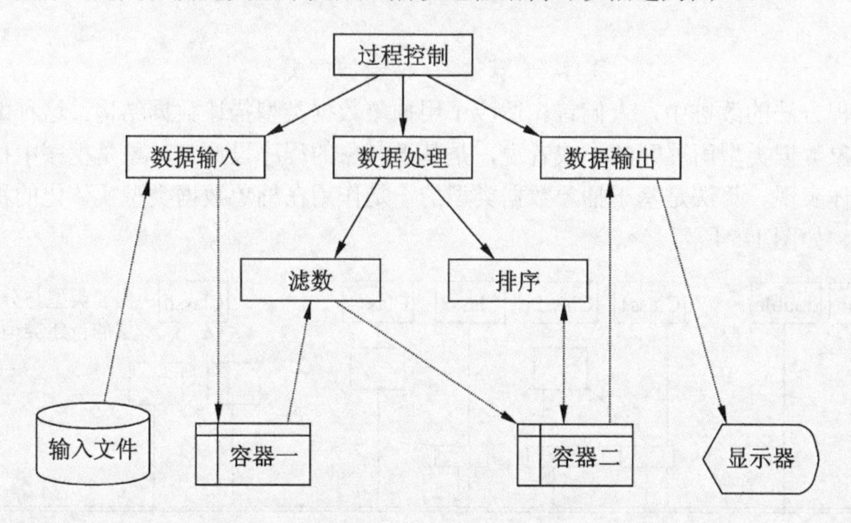

图 1-6　过程控制结构

处理日期类型数据的“滤数”时，先查找符合要求的日期，将其存放在容器二中，然后按日期大小排序，日期类型自有常规的大小比较操作。

日期输入时，按一定的格式存放在容器一中；日期输出时，从容器二中取出数据以一定的格式输出。该问题的具体实现，作为第 11 章中的一个练习，读者可练习一下。

撇开每个模块内部的实现，该过程结构的框架不但适合日期型数据的处理，而且适合其他数据类型关于同一问题要求的处理。例如对于一组整数，要求以从小到大的顺序输出其整数的各位数字之和为 15(一个定数)的数。这个问题其实就是数据类型换一下就行了。所以，基于对象的程序比基于过程的程序更容易重用。

□ 1.7.2　面向对象的程序设计（Object-Oriented Programming）

程序基于对象后，通过自建层次式的类型，使得问题中的逻辑结构反映为实体间的层次关系，于是大规模问题的解析就比较直观了。然而，基于对象的程序设计本质上还是过程化的。只是某些数据关系被提取出来，成为一个类，便可以更好地重用了，而且分工协作更通气了。得力于 C++语言中的类机制，基于对象的程序设计便能很好地工作。

类的层次关系也带来了对象的层次关系，它反映了同种操作的异类行为。例如，电视机维修员必须对某系列的各种电视机按不同型号依序维修。各电视机的维修操作涉及其型号，不同的型号，有部分维修操作是共同的，如打开后盖，但内部有些部件的操作处理是不同的，电视机之间反映了层次关系。它所反映的是一棵电视机树，如图 1-7 所示。

图中的对象就是电视机，就是维修员要修理的对象。它们一会儿属于 D 类，一会儿属于 G 类，等等。由于电视机属于不同种类，修理方法也不同，因此维修员只有在看到电视机的前提下才能做出正确的修理动作。如果把修理操作看作是一个机械的过程，那么电视机在被修理时，必然反映出自己被特殊操作的个性。总之，要能准确地反映分层之后的对象集合中每个对象行为的个性，这种属性称为对象操作的多态性。

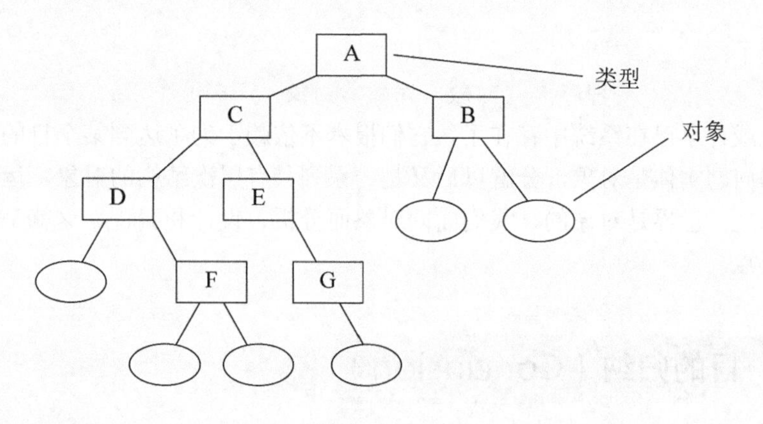

图 1-7 电视机树

另一方面，在基于对象的程序设计中，抽象数据类型分隔应用编程和实现编程上还有些粘连，使得有时候这两部分的编程还需要一气呵成，相互呼应。或许，类定义的语法结构本身有一些无奈的缺憾，因此，面向对象编程要解决的另一个问题就是尽可能抽象地编程。显然这要解决抽象数据类型的隔离性问题，其解决方案便是抽象基类派生的层次结构。

当抽象数据类型在C++中进入真正接口的角色时，动态程序的形式又发生了质的变化。基于抽象数据类型的程序设计，以抽象数据类型做界面分离各个编程单位，不但可以使程序员在不同时间和地点针对同一系统进行程序开发，而且连系统都可以异地、异时地激发。程序的运行不再是一个进程硬要全面主宰一切那样完成计算任务的形式，而是面对环境中正在“生活中”的对象，不时地请求其服务，以达到完成计算的目的。那些生活中的对象也不是为了某个进程而活着，而是各司其职充当系统的一个部件而已。所以，程序运行的概念变成了图 1-8 中的网状模式。

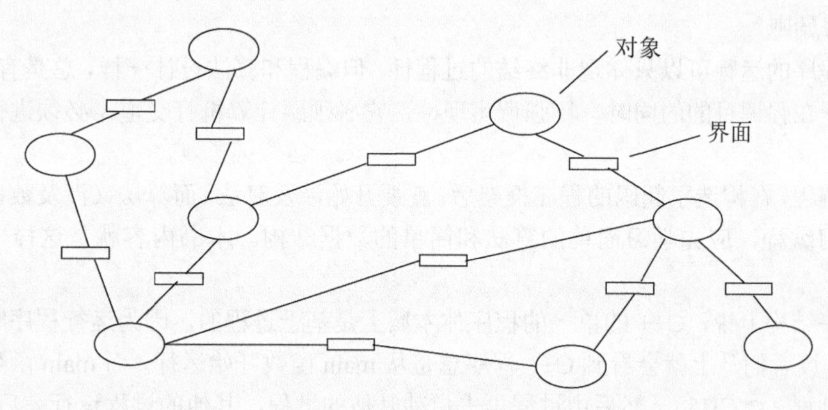

图 1-8 面向对象运行模式

图 1-8 是说，对象之间是一种和谐的共存关系，而不是你命令我、我强迫你的关系。有什么任务，通过接口（由抽象数据类型定义）请求。这时候，程序的运行是对象通过抽象数据类型表现和沟通，而抽象数据类型最后还是以对象实例化的。在程序员的眼中，所谓程序，是满世界的对象，它们在计算机系统的舞台上，悠闲地尽着自己的本分。所以程

序的形式变成了：

程序 =（对象，对象，对象，……）

一些对象或许早已在系统中存在了，它们根本不依赖于为了达到某个目的而运行的程序。要解决的问题实体是对象，分解以后又是一系列具有层次结构的对象，运行中也是对象的世界。总之，世界是对象的，我们面向对象而分析、设计和编程，这就是面向对象程序设计的着眼点。

1.8 目的归纳（Conclusion）

人们总是追求将复杂问题简单化、程序化，从而轻易地加以解决。程序设计语言的发展便以此为目的。

C++语言适合软件工业化的要求，因而在与其他语言的竞争中脱颖而出。它可进行多种方法编程，甚至多种方法共存的编程，所以它是适应问题跨度更大、抽象层次更高、编程模式更灵活高效的编程工具。

C++ 是从 C 进化而来，继承了其高效灵活性，但后续植入的机制也一定程度地受制于 C 的缺陷，所以 C++ 所表现的是包容性和通用性，可以合理地选择一种程序设计方法和多种程序设计方法并施，以充分发挥 C++ 的优势。C++ 入门容易，但要做个真正的 C++ 编程高手却很困难。

第一个 C++ 标准是在 1998 年制定的，本书即按此标准来写。若不按 C++ 标准来写程序，便会失去标准化的种种优势。

学习编程讲究实践，在学习阶段，应搞清编程操作流程。C++ 编程从编辑、编译、链接到运行调试，对于制作能够运行的程序，一步都不能少。让我们从最简单的程序代码的操作实践开始吧。

虽然程序的运行可以只体现非终结的过程性，但编程和算法设计一样，总是有目的的。此外，编程在强调目的的同时，还强调实现性，它必须跟计算机打交道，必须进行合理的组织。

学习编程，在构造了起码的程序框架后，就要开始涉及算法，而算法又涉及数据结构，因而，学习编程，应先学习简单的算法和简单的数据结构。本书内容就是这样一步步地展开的。

从程序结构上说，C++ 的单一的程序体本质上是基于过程的，因为运行程序时，总是启动过程。读者们马上就会看到 C++ 程序总是从 main 函数开始运行，而 main 函数本质上就是一个过程（☞CH5），然后由过程再去启动其他的过程，其他的过程运行完后就返回，等到 main 运行结束，整个程序也就运行完毕了。随着这个 main“过程”的扩张，就可以构成完成一定功能的程序。在此过程中，基本编程的方法就是使用简单的数据类型，使用简单的功能扩张，这就是过程化的程序设计方法。

世界上形形色色的问题，带来了数据结构的多样化，要能真正解决问题，就必须转变解决问题的着眼点，那就是在自建数据类型的基础上，建立起层次结构的抽象数据类型的规范，编程从彼此相互依赖的合作关系走上彼此互不影响的合作关系。程序员创作的程序模块可以带来相当程度的重用。这就是基于对象的程序设计。

要真正面向对象，就要能一致地处理任何形式、任何层次的对象，C++ 语言中类的多态机制就为此而设。更重要的是，面向对象的程序设计带来了程序运行方式的变化，程序运行中的对象关系就像网络结构中的客户机与服务器的关系，请求与响应构成了对象的通信模式，也构成了程序运行的新模式。

本章也是在测试或者调整你学好本书的状态。本书具有一定的理解强度，因为总是假定读者了解了一些常规的而在本章未做解释的概念。另外，读书是要有方法的，读书与实验应该是结伴而行的，必须要有这样的心理准备并确实地付诸实施。1.4 节中最后所问的为什么，也在于学习的状态，它不是针对每一个人，但绝对是针对什么基础都没有的初学者。

本章介绍的是 C++ 的大体轮廓，演示了 C++从最简单的程序代码到在平台上运行的原始工作状态。同时，也介绍了 C++的两种编程方法：过程化程序设计和对象化程序设计。这两种方法会在后面的章节中不断演示。

练习 1（Exercises 1）

1. 实现一个简单的程序，输出“I am a student.”并换行。
2. 实现一个多行输出的程序，输出内容为：

```
   *
  ***
 *****
*******
 *****
  ***
   *
```

第2章　基本编程语句（Basic Programming Statements）

C++的基本编程语句有说明语句、赋值语句、表达式语句和过程控制语句。过程控制语句又分为条件语句、循环语句和转移语句。

如何表达数据和动作序列，如何扩大程序规模而又保持解决问题的逻辑清晰性，这是语言设计者千方百计想要达到的目的。为此，要在语言中引入一些说明数据的方式、初始化的方式以及调用一个过程的方式。为了描述循环操作，还要引入具有转移和条件执行的描述方式。特别是循环语句结构，它是最终用计算机成功代替人们工作的关键语句结构。

循环描述看似简单，然而它背后蕴涵着众多的数学方法，最终将展示编程中最大的难点之一——循环过程控制的描述。

我们从编制过程控制语句开始，尝试解决一些简单重复性操作的问题，以便积累编程经验。也许这些经验会影响你的编程生涯，因为它具有最大程度的单刀直入性，让你直面编程的描述困难和克服困难的过程。而一切编程技巧都来自语言中语法现象的透彻运用，一切编程组织也以基本编程描述为基础。

2.1　说明语句（Declarative Statements）

编程是要完成计算的，要计算就会有数据的进出，或为整数，或为小数，或为字符串，或为更复杂的数据形态。若要将计算结果保存在某个存储空间中，就要对存储空间进行说明。C++用名称代表存储空间。涉及存放数据的名称有两类：一类称为变量（或常量），它是由 C++内部数据类型（☞CH3）定义而产生的；另一类称为对象（或常对象），它是先由程序员定义类（☞CH8.1.2），然后再据此创建（定义）实体而产生的。作者的看法是，变量和对象，二者并没有本质的差别，它们都是占据空间的数据描述体。在程序语言中，它们由具体的数据类型引导、创建，只不过变量用的是内部数据类型，对象用的是外部（自定义）数据类型。

说明名称就要用说明语句。说明语句分为定义语句和声明语句两种。

声明语句声明某个名称。因为有了名称，在后续的语句中才可以使用。但若要能真正运行，还必须在适当地方提供该名称的定义。

定义语句不但声明了名称，而且还给名称分配了存储空间，使之成为一个能够存放数据的实体。大部分情况下，代表数据的名称使用定义语句，而不使用声明语句，只有在复杂的程序结构中为了说明一个名称可以在各处共享，而又要避免多处定义所造成的空间冲突，才使用声明（☞CH7.3.3）。

❑ 2.1.1　变量定义（Variable Definition）

变量定义在具体的语句描述中，要先说明数据类型，然后说明变量名字。例如，求一个球体的表面积，则一般的做法是先定义半径变量，给出半径值，然后，定义结果变量，存放计算结果，最后将结果输出。见下列程序：

```
(1)  //=====================================
(2)  //f0201.cpp
(3)  //变量定义
(4)  //=====================================
(5)  #include<iostream>
(6)  using namespace std;
(7)  //-------------------------------------
(8)  int main(){
(9)   double radius;                          //定义语句，定义变量 radius
(10)  cout<<"Please input radius: "
(11)  cin>>radius;
(12)  double result = radius*radius*3.14*4;   //定义语句，定义变量 result
(13)  cout<<"The result is "<<result<<"\n";
(14) }//=====================================
```

```
E:\ch02>f0201↙
Please input radius: 35.6↙
The result is 15918
```

程序中使用了“using namespace std;”语句，使得后面的名称若没有在现场定义，则会自动到 std 的名空间去找。因而，与程序 myfirst.cpp 不同，输入/输出语句前面的“std::”被省略。后面的程序 f0202.cpp 因为没有使用“using namespace std;”语句，每个输入/输出语句都必须加前缀“std::”。

给变量赋值，可以在定义的时候直接给出，就像程序中第 12 行的变量 result 的定义那样；也可以通过赋值表达式给出，但前提是左边的变量已经说明过，例如：

```
int e, d;
d = 23;                //d之前已有定义
e = d + 23;
```

还可以通过程序中第 11 行那样从输入流 “cin>>radius” 中输入赋值，也可以由函数参数传递（☞CH5.1.3）。总之，有多种方法可以获得变量值。而用赋值表达式和定义时的初始化则是最直接的变量赋值方法。

语句的书写格式虽比较随意，但每个独立的成分不能分开书写，如 3.0 绝对不能写成“3 .0”，（注意，这里小数点前加了空格），因为这会让编译理解成两个词法单位。

由于该程序仅仅求球面积，计算结果无须保存，计算表达式可以在输出语句中直接完成，所以也可以不定义结果变量：

```
//=====================================
//f0202.cpp
//直接计算输出
//=====================================
#include<iostream>
//-------------------------------------
int main(){
  double radius;
  std::cout<<"Please input radius: ";
  std::cin >>radius;
  std::cout <<"The result is " << radius*radius*3.14*4 <<"\n";
}//====================================
```

❑ 2.1.2　函数声明和定义（Function Declaration & Definition）

C++编程具有一定的随意性，而且，变化越多，随意性也越大。当然，也可以将上述过程放到一个称为 sphere 的函数中做：

```
(1)  //=====================================
(2)  //f0203.cpp
(3)  //拆成两个函数
(4)  //=====================================
(5)  #include<iostream>
(6)  using namespace std;
(7)  //-------------------------------------
(8)  void sphere();
(9)  //-------------------------------------
(10) int main(){
(11)   sphere();
(12) }//-----------------------------------
(13) void sphere(){
(14)   double radius;
(15)   cout<<"Please input radius: ";
```

```
(16)    cin >>radius;
(17)    if(radius<0) return;
(18)    cout<<"The result is "<<radius*radius*3.14*4<<"\n";
(19) }//=======================================
```

我们看到，函数的使用、声明与定义都必须满足一定的形式，在函数使用之前要声明。C++中任何名称在使用之前都要声明。

在 f0203.cpp 中，第 17 行是一条 if 语句，该语句是说，如果输入的半径小于 0，那么就结束函数的运行，从而回到上面的 main 函数，最后从第 11 行返回到操作系统，这样就避免了荒谬结果的输出。

❑ 2.1.3 初始化与赋值（Initializing & Assignment）

应该理解，有初始化的定义与定义之后再赋值，形式上不同，效果是相同的：

```
int a = 3;
```

等价于：

```
int a;
a = 3;
```

但是，如果 a 是一个对象，未必二者等价（☞CH9.7.2）。

在刚开始学习编程时，我们有必要见识：

```
x = x+1;
```

的形式。首先，x 是变量，是一个有存储空间的实体，x=x+1 的含义是：将 x 实体中的值取出来加 1 所得到的值再放回 x 的存储空间中去，或者赋给变量 x。因此若原先 x 的值等于 5，则执行 x=x+1 的结果是，x 的值为 6。

其次，x=x+1 的形式有好几种，它等价于：

```
x++;
++x;
x += 1;
```

这是后续的程序例子中经常会出现的（☞CH4.6.1）。

2.2 条件语句（Conditional Statements）

❑ 2.2.1 if 语句（if Statement）

if 语句也称条件语句，它与 switch 语句合称为分支语句。意即程序运行到此处可以根据条件的真假而决定执行什么样的后继语句。它的语法有两种形式：

```
if(条件) 语句
if(条件) 语句1 else 语句2
```

这两种语法形式的描述如图 2-1 所示。

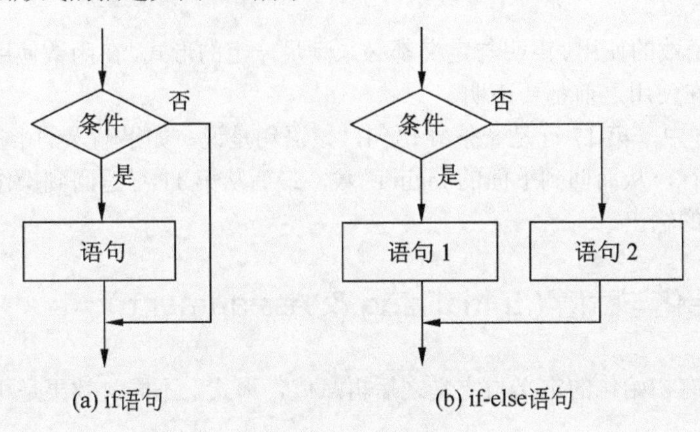

图 2-1 if 语句结构

例如：

```
if(a>b)
  cout<<a<<endl;

if(a>b)
  cout<<a<<endl;
else
  cout<<b<<endl;
```

但是有些 if 语句，根据上下文情况，可能会省略 else。例如在某个函数中：

```
int max(int a, int b){
  if(a>b)          //第一种形式
    return a;
  else
    return b;
}
```

可以写成：

```
int max(int a, int b){
  if(a>b)          //第二种形式
    return a;
  return b;
}
```

第二种形式虽没有 else，但前面的 return 语句执行完后，已经跳出本函数，不会落入 if 语句的纠葛中，意思上也清楚明白。

如果if条件后面的语句有不止一条，则要用大括号包成语句块，例如下列代码：

```
if(a>b){          //if 条件后面的语句不止一条
  a=a+s;
  cout<<s;
}else
  b=b+s;
```

if 的条件有时候会显得很特殊，只有一个变量可以作为条件，一个定义语句或赋值语句也可以作为条件，那是因为 C++的表达式大多是有值的，有值表达式都可以作为条件，例如下列代码：

```
if(s)  cout<<"this is s\n"; //若 s 为 0 则跳过，否则输出 this is s
if(int a=b) cout<<a<<endl;  //用 b 赋给定义的 a 变量，若 b 为 0，则跳过，否则输出
a = a+1;                    //错: a 无定义
```

若条件值为 0，就是条件为假；非 0，就是条件为真。这是条件判断的原则。必须注意的是，在 if 语句的条件中定义的变量，只能在整个 if 语句范围内使用，否则连编译这道关都过不了。a=a+1 出错，就是因为 a 的定义在 if 内，跳出了 if，a 就不存在（☞CH7.5.1）。

条件语句可以嵌套，但要防止模棱两可，例如：

```
if(x>0)
if(x<50)
cout<<"OK.\n";
else
cout<<"NOT OK.\n";
```

该代码段有两个 if，一个 else。在没有搞清 else 的归属之前，暂时不用锯齿形编码描述，以免混淆。

从人们表达的意义来说，可有两种解释，第一种是外部的 if 把后面的语句全包进去：

```
if(x>0){
  if(x<50)
    cout<<"OK\n";
  else
    cout<<"NOT OK\n";
}
```

意即在 $0<x<50$ 时，OK；而在 $50\leq x$ 时，NOT OK。

第二种是外部的 if 与 else 配对：

```
if(x>0){
  if(x<50)
    cout<<"OK\n";
}else
  cout<<"NOT OK\n";
```

意即在 0<x<50 时，OK；而在 x≤0 时，NOT OK。显然与第一种解释有差别。

作为计算机来说，绝不能有类似人类情感的模棱两可。C++规定，遇到这样的情况，只有一种解释，即 else 跟从最近的 if，也即上面的第一种解释。如果想要表示第二种解释，可以使用像上面这样用大括号括起来的方法，明确其分支意图。

或许程序员的意图是要表示：在 0<x<50 时，OK；否则（无论 x≤0 还是 50≤x），NOT OK。那么，更好的方法是改变程序的实现：

```
if(0<x && x<50)
  cout<<"OK\n";
else
  cout<<"NOT OK\n";
```

条件中的运算符“&&”是并且的意思。条件不能写成 0<x<50，应该写成两个比较操作的逻辑与运算（☞CH4.4）。

❑ 2.2.2 条件表达式（Conditional Expressions）

条件操作符的语法为：

```
(条件)? 表达式 1: 表达式 2
```

它是 C++中唯一的一个三元操作符，即有三个操作数参加运算的操作符。它们之间用问号“？”和冒号“:”隔开。条件操作符的运算构成条件表达式，表达式加上分号便成了语句。例如，上面的 if 语句可以表示为：

```
(x>0 && x<50)? cout<<"OK\n" : cout<<"NOT OK\n";
```

条件表达式还可以用值的形式表示，因此还可以有更简捷的形式：

```
cout<<(x>0 && x<50 ? "OK\n" : "NOT OK\n");      //表达式 1
```

或者：

```
cout<<((x>0 && x<50)? "" : "NOT ")<<"OK\n";     //表达式 2
```

因为条件表达式中的表达式 1 和表达式 2 是对称的，对应于条件的一真一假，所以实际上就是对应了 if-else 语句的三部分。提取 if 语句中的共同部分后，其条件表达式就显得更为直观。

由于条件操作符的优先级较低（☞CH4.1.2），所以，整个条件表达式一般总要带上括号。

条件表达式的重要原则是：表达式 1 与表达式 2 必须对偶，也即其类型要求完全相同。例如：

```
a>0 ? cout<<a : x=8;  //错：表达式 1 的 cout<<a 与表达式 2 的 x=8 类型不同
```

对于相容类型（☞CH4.3），例如整型与浮点：

```
int a;  double b;     //a 和 b 为不同数据类型
```

```
if(x)  a=327981;
else   b=327981;
```

在试图区分整型与浮点赋值的下列表达中，表达式 1 与表达式 2 类型混合，虽能通过编译，但不是好的编程：

```
x ? a=327981 : b=327981;  //表达式 1 类型为 int,表达式 2 类型为 double
```

相容类型混合表达，只能作右值表达（上式即是），不能作左值表达（☞CH4.1.1）：

```
(x ? a:b) = 327981;  //错: a,b 不同数据类型，其试图作为左值表达式
```

注意，“x?a:b”必须加括号，否则“x?a:b=327981;”将被理解成：

```
x ? a : (b=327981);
```

❑ 2.2.3 switch 语句（switch Statement）

switch 语句也称开关语句，它是多分支结构，而 if 语句是二分支结构。在实际中常常会碰到多分支选择问题，例如学生成绩分类（90 分以上为 A，80 分以上为 B，70 分以上为 C 等），人口按年龄分段（老、中、青、少、儿、幼、婴等）。当条件值为一系列的整数值时，考虑用 switch 语句会比较简捷。

switch 语句的一般形式为：

```
switch(表达式){
  case 常量表达式 1: 语句 1
  case 常量表达式 2: 语句 2
  //...
  case 常量表达式 n: 语句 n
  default:          语句 n+1
}
```

例如，根据考试成绩 grade 的等级值'A'、'B'、'C'、'D' 和'E'，输出百分制分数段：

```
switch(grade){
  case'A': cout<<"90---100\n";
  case'B': cout<<"80---89\n";
  case'C': cout<<"70---79\n";
  case'D': cout<<"60---69\n";
  case'E': cout<<"< 60\n";
  default: cout<<"error\n";
}
```

1 整数值分支判断

switch 括号中的表达式只能是整型、字符型或枚举型（☞CH3.2）表达式。case 后面的

常量表达式的类型必须与其匹配。例如，下面的代码错误地用浮点类型作为 switch 的表达式，因而会引起编译错误：

```
float f = 4.0;
switch(f){      //错
  //语句
}
```

2 default 分支

当表达式的值与某个 case 后面的常量表达式值相等时，就执行此 case 后面的语句；若所有 case 中的常量表达式都不匹配时，就执行 default 语句，若无 default 语句，则直接退出 switch 语句。

3 “case 值：”即标号

标号是不能重复的名字，所以每一个 case 常量表达式的值必须互不相同，否则会出现编译错误。例如，下面的代码中 case 出现相同字面值：

```
case'A': cout<<"this is A\n";
case 65: cout<<"this is 65\n";  //错: 'A'的 ASCII 码为整数 65
```

4 遇 break 跳出

因为case语句起语句标号作用，仅引导执行起点，不规定执行终点，所以 case 与 default 并不改变控制流程。例如，在最初的例子中，若 grade 的值等于'A'，则将连续输出：

```
90---100
80---89
70---79
60---69
< 60
error
```

因为 break 语句定义 switch 语句的执行终点，所以 case 通常与 break 语句联用，以保证多路分支的正确实现。例如，改写上例使输出某个成绩段后终止 switch 语句：

```
char grade='B';
switch(grade){
  case'A': cout<<"90---100\n"; break;
  case'B': cout<<"80---89\n";  break;
  case'C': cout<<"70---79\n";  break;
  case'D': cout<<"60---69\n";  break;
  case'E': cout<<"< 60\n";     break;
```

```
  default: cout<<"error\n";
}
```

则应有结果：

```
80---89
```

最后一个 case 分支可省略 break 语句。

5 case 顺序随意

各个 case（包括 default）的出现次序可任意，在每个 case 分支都带有 break 的情况下，case 次序不影响执行结果。例如，也可以这样写代码，效果和之前相同：

```
char grade='B';
switch(grade){
  case'D': cout<<"60---69\n";   break;
  case'A': cout<<"90---100\n";  break;
  default: cout<<"error\n";     break;
  case'B': cout<<"80---89\n";   break;
  case'C': cout<<"70---79\n";   break;
  case'E': cout<<"< 60\n";      break;
}
```

6 break 使用技巧

可以选择使用 break，也可以多个 case 语句并列，丰富 switch 语句的用法。例如：

```
switch(ch){
  case'-': b=-b;
  case'+': a=a+b; break;            //ch 为"-"时，先执行 b=-b，然后执行 a=a+b;
  case'1':
  case'2':
  case'3': a = 1; break;            //ch 为"1"、"2"、"3"时，都执行 a=1;
  default: a = 0;
}
```

几种情况下都执行同一操作时，不能简单地将值用逗号隔开：

```
case 1,2,3: a = 1;  //错误
```

7 switch 嵌套

case 与 default 标号是与包含它的最小的 switch 相联系的。例如：

```
int i,j;
//...
```

```
switch(i){
  case 1:            //...
  case 2:
    switch(j){       //嵌套switch
      case 1:        //...
      case 2:        //...
      //...
    }
  case 3:            //...
}
```

switch(j)中的 case 1 标号不会与外面的 switch(i)中的 case 1 标号相混淆。

2.2.4 if 或 switch 语句（if or switch Statement）

if 与 switch 互相弥补。

例如，与上面 switch 例子相反，根据学生的分数输出其成绩等级，就不能用 switch 而只能用 if 了，因为条件是一个范围，而不是单独的整数值：

```
int grade;
//...
if(grade>=90 && grade<=100)
  cout<<"A\n";
else if(grade>=80 && grade<90)
  cout<<"B\n";
else if(grade>=70 && grade<80)
  cout<<"C\n";
else if(grade>=60 && grade<70)
  cout<<"D\n";
else if(grade<60)
  cout<<"E\n";
else
  cout<<"error\n";
```

switch 只能对确定值进行条件测试，而且只限于整数或整数的子集，如果是范围测试，或者浮点值的比较判断，则只能用嵌套的 if，就用上面那样的语句解决。

如果是多个整数值的分支，则用 switch 比较简明和优雅。如果 switch 不能表达，那么能写成上面这样的 if 嵌套语句，其可读性也不错。

毕竟 switch 语句对于多重判断的逻辑表达，更为清晰高效。对于上述 if 嵌套，诸条件互相独立，此时可用计算将条件数值化，转为 switch 语句：

```
int grade;
//…
switch(grade/10){
  case 10:
```

```
    case 9: cout<<"A\n"; break;
    case 8: cout<<"B\n"; break;
    case 7: cout<<"C\n"; break;
    case 6: cout<<"D\n"; break;
    case 5:
    case 4:
    case 3:
    case 2:
    case 1:
    case 0: cout<<"E\n"; break;
    default: cout<<"error\n";
  }
```

2.3 循环语句（Loop Statements）

2.3.1 for 循环结构（for Loop Structure）

语言循环操作的实现使计算机真正充当了代替人工作的角色。循环语句可以将计算机定义成无休止的工作状态。for 语句是 C++编程中最主要的循环语句。

一个循环的定义如图 2-2 所示，它包括四个部分：

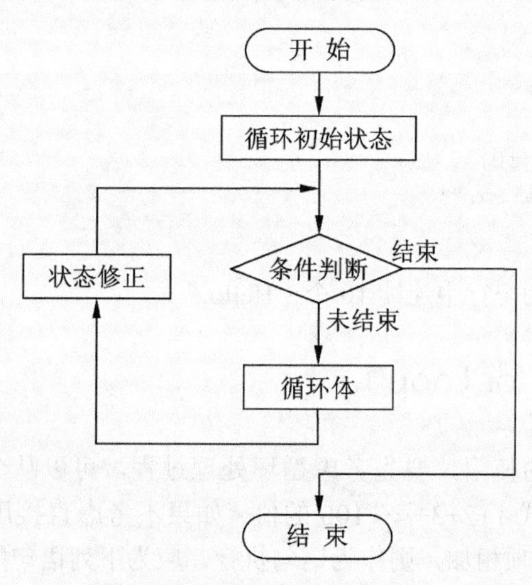

图 2-2 for 循环结构

（1）循环初始状态。

（2）条件判断：决定循环是否中止。条件值为假，则中止循环（结束），否则，继续循环；

（3）状态修正：对上个循环状态的值进行修正。

（4）循环体：重复执行的语句序列。

例如，如果要反复做同一件事情，比如做 10 次输出字符串“Hello.”，则可以用 for 语句来实现：

```
for(int i=1; i<=10; ++i)
{
  cout<<"Hello.";
}
```

for 语句头上的括号中由两个分号隔开了三个部分，分别表示：

（1）循环变量初始化（int i=1）；

（2）条件判断（i<=10）表示循环的结束判断，当条件为假时，则说明循环应结束；

（3）循环变量的增量（++i）表示循环的状态修正。

for 语句大括号中的部分为循环体，它可以由若干条语句组成，当循环体只含一条语句时，其外面的大括号（表示语句块）可以省略。

for 语句的执行流程可以这样来理解：最初 i 的值为 1，判断 i<=10 为真，所以开始执行循环体，即输出一个“Hello.”；然后，返回去进行状态修正，i 的值变成 2，再进行条件判断，i<=10 为真，所以又一次执行循环体，输出第二个“Hello.”，再去状态修正，再去条件判断……直到最后，当 i 为 11，条件（i<=10）为假时，循环终止，也就是说，本 for 循环语句执行完成。

上面只是一个循环语句，若要让程序能运行，须包含输入输出头文件 iostream，并套上 main 函数：

```
#include<iostream>
int main(){
  for(int i=1; i<=10; i++)
    std::cout<<"Hello.";
}
```

该程序的运行结果为一行中连续 10 个“Hello.”。

❑ 2.3.2 for 循环（for Loop）

对于 for 循环语句的使用，要先考虑循环处理过程，可以从分解循环过程的单一语句做起。例如，求表达式 1+2+3+…+100 的值，如果不考虑直接用计算公式“（首项+尾项）×项数÷2”，而是逐项相加，则作为语句执行，应为下列语句序列：

```
int sum = 0;
sum = sum+1;
sum = sum+2;
sum = sum+3;
...
sum = sum+100;
cout<<sum<<endl;
```

该序列中，中间 100 条语句都做相似的操作，即“sum=sum+i”，只不过 i 值从 1 逐一变化到 100，对此，可将这 100 行语句拿出来作为循环设计：其循环变量从 1 到 100 逐一变化，循环体中，不断累计循环变量（要相加的值正好与循环变量同步增长）：

```
int sum = 0;
for(int i=1; i<=100; i++)
{
  sum = sum+i;
}
cout<<sum<<endl;
```

由于第一行和最后一行没有任何重复性，不宜放入循环中，如果把第一句放在循环中，就起不到累计的作用，因为每次都创建 sum，并执行 sum=0，而且导致最后的输出语句因为 sum 只从属于 for 而报告没有定义 sum 的错误；如果把最后一句放入循环中，就会导致每次相加后都把结果输出的问题，共输出 100 个不同的值，这也不是想要的结果形式。

for 语句有许多变化，对于求 1 加到 100 的和，可以有很多不同的表示形式：

```
//从 100 到 1 倒过来累计
int sum=0;
for(int i=100; i>=1; i--)
  sum += i;
cout<<sum<<endl;
```

for 循环的循环变量可以从这一头变化到那一头，也可以从那一头变化到这一头。另外，for 循环的一对大括号也省略了，那是因为循环体中的语句数只有一条，允许省略。但是在书写风格上不能含糊：语句“sum +=i;”是属于 for 循环的，所以该语句往里缩进二格，以示从属关系。

又由于– –i 即 i=i–1，sum += i 即 sum=sum+i，因此，该循环还可以表示成：

```
int sum=0;
for(int i=1; i<=100;)
  sum += i++;
cout<<sum<<endl;
```

该循环体中改变循环变量的值和累加赋值合二为一，省略 for 循环结构描述中的修正循环变量部分。这种表达方式似乎更为简捷，在不致引起难读的前提下，采用简捷的形式往往会带来更好的性能。

上述循环又可以表示成：

```
int sum=0;
for(int i=1; ; i++){
  sum += i;
  if(i==100) break;
}
cout<<sum<<endl;
```

这一次是省略for循环的条件测试部分。可以在循环体中测试循环结束条件，并用break退出循环，而省略 for 循环结构描述中的条件测试部分。省略条件测试部分相当于让循环执行永不停止。循环的退出在每一轮都可以测试退出条件，但也可以在循环体中，通过测试条件，决定执行 break 的时机，同样可以达到退出循环的目的（☞CH2.6.1）。

求和还可以通过在for循环外部定义循环变量并初始化，而省略在for循环中相应的部分：

```
int sum=0, i=1;
for( ; i<=100; i++)
  sum += i;
cout<<sum<<endl;
```

将循环变量和初始化放在循环外部去描述，可以使循环变量在循环结束之后，仍然存在。这种设计方法有时候是需要的，因为循环可能由于执行了 break 而中途退出。之后，便有可能想要通过循环变量的值来了解循环是正常退出还是中途退出。

❑ 2.3.3　while 循环（while Loop）

上述循环还可以省略循环变量初始化和循环变量修正部分：

```
int sum=0, i=1;
for( ; i<=100; )
  sum += i++;
cout<<sum<<endl;
```

这个描述实际上已经演变成了 while 循环：

```
int sum=0, i=1;
while(i<=100)
  sum += i++;
cout<<sum<<endl;
```

因此可以将 while 循环语句看作是 for 语句的特例。只不过在格式上，for 循环语句的循环结构描述中的两个分号不能少，也不能换成逗号，否则将引起编译错误。

for 循环结构描述的三个部分，其实可以省略其中的任意一部分、两部分，甚至三部分。

有些循环不确定循环次数，例如，求表达式 $n^2–6n–13$（n>0）在 n 为多大的时候为正。这时候，比较简捷的方法就是用 while 循环。可以表示成一种无条件判断的无限循环形式：

```
int n=1;
while(1)
if(n*n-6*n-13>0)
   break;
else
   ++n;
```

```
cout<<n<<endl;
```

while 中的条件值 1 就是 true，这是一个常量，不因程序的运行而改变，所以它是无限循环形式。但由于循环体中给出了退出条件，所以它仍然只循环有限次。当然，它也能表示成无限的 for 循环形式：

```
int n=1;
for( ; ; )
  if(n*n-6*n-13>0)
    break;
  else
    ++n;
cout<<n<<endl;
```

注意，for 循环结构描述中的两个分号不能少，不能因为省略了三个部分而省略了区分三部分的符号。然而，若要不饶舌，还有这种 for 循环描述：

```
int n=1;
for(; n*n-6*n-13<=0; ++n);
cout<<n<<endl;
```

因为 n 要在退出 for 循环之后使用，所以 n 不纯粹是循环变量，而要放在循环外定义。该 for 循环的循环体为空，用一个分号表示一条空语句。for 循环在进行了若干次的 n 增值后，当条件不满足时，将会退出。

❑ 2.3.4　do-while 循环（do-while Loop）

还有一种循环，即 do-while 循环，它是先执行循环体，然后再判断是否继续循环，因而，该循环至少执行一次。例如，上面的求和循环可以用 do-while 表示成：

```
int sum=0, i=1;
do{
  sum += i++;
}while(i<=100);
cout<<sum<<endl;
```

该循环还能简化成：

```
int sum=0, i=1;
do  sum += i;
while(i++<=100);
cout<<sum<<endl;
```

要防止这样的简化，因为从可读性来说，该代码混淆不清，若没有前面的 do 分句，则“while(i++<=100);”成为完全符合语法的循环语句，而且其意思为时间延迟。

用 do-while 写程序，其风格与 for 和 while 差别较大，思想方法也有些颠倒。事实上，

在作为产品的程序代码中，do-while 循环越来越少见了。因为大多数 do-while 循环可以转换为 while 循环，进而可表示为 for 循环。程序员熟悉了一种循环思路，改为另一种就有些别扭了。何况 do-while 还有结构上的一些问题。例如：

```
int sum=0;
do{
  int i=1;
  sum += i;
  i++;
}while(i<=100);    //错误：i 没有定义
```

程序员的惯性思维是已经定义 i 在前，但由于 do-while 结构，使得 i 的定义必须在 do-while 的外部，十分别扭！

编程中，循环语句用得最多的是 for 循环，用得最少的是 do-while 循环。语言在设计的时候，有它的需要性，但随着程序设计方法的变迁，某种语句表达较常用，而另一种语句表达不常用，这是很正常的。

语言总是变得越来越庞大，因为必须要能兼容过去的代码，而语言无法缩减，除非代之以新的语言，C++也如此。

2.4　循环设计（Cycle Designs）

2.4.1　字符图形（Character Graphics）

for 循环能够嵌套。

例 2-1　用 for 循环编程画出下列图形：

```
M
MM
MMM
MMMM
MMMMM
MMMMMM
MMMMMMM
MMMMMMMM
MMMMMMMMM
MMMMMMMMMM
```

该图形一共 10 行，每一行增加一个字符，所以，应循环 10 次，每次输出一行，其循环模式为：

```
for(int i=1; i<=10; ++i){
  输出第 i 行
  换行
}
```

“输出第 i 行”是在 for 循环中的一个小循环。每次执行“输出第 i 行”，其长度都是不一样的，但长度的变化正好与循环变量 i 同步，故可以依赖于 i。我们注意到第 i 行的 M 字符数与 i 的关系：

```
行   i   M数
1    1   1
2    2   2
3    3   3
4    4   4
⋮    ⋮   ⋮
10   10  10
```

所以，可以得到“输出第 i 行”的循环为：

```
for(int j=1; j<=i; ++j)
  cout<<"M";
```

将内、外循环套起来，就有了完整的程序，代码如下：

```
//=====================================
//f0204.cpp
//直角三角形
//=====================================
#include<iostream>
using namespace std;
//-------------------------------------
int main(){
  for(int i=1; i<=10; ++i){
    for(int j=1; j<=i; ++j)
      cout<<"M";
    cout<<endl;
  }
}//=====================================
```

对付这种字符图形，一般用两重循环，外循环遍历所有行，内循环遍历行中每个字符。

例 2-2 画出下列图案：

```
MMMMMMMMMMMMMMMMMMM
 MMMMMMMMMMMMMMMMM
  MMMMMMMMMMMMMMM
   MMMMMMMMMMMMM
    MMMMMMMMMMM
     MMMMMMMMM
      MMMMMMM
       MMMMM
        MMM
         M
```

按上面的分析方法，这个图案一共 10 行，这次要考虑每行中先输出若干个空格，所以其外循环为：

```
for(int i=1; i<=10; ++i){
  输出若干空格
  输出若干M
  换行
}
```

略加思考，列出在第 i 行，其空格数、M 数与 i 的关系为：

```
行i    空格数    M数
 1      0       19
 2      1       17
 3      2       15
 4      3       13
 ⋮      ⋮        ⋮
 10     9        1
```

即第 i 行的空格数为 i–1，M 数为 21–2i。即在第 i 行输出空格和输出 M 字符的内循环分别为：

```
for(int j=1; j<=i-1; ++j)
  cout<<" ";
for(int k=1; k<=21-2*i; ++k)
  cout<<"M";
```

合起来，构成一个完整的程序如下：

```
//=====================================
//f0205.cpp
//倒三角形
//=====================================
#include<iostream>
using namespace std;
//-------------------------------------
int main(){
  for(int i=1; i<=10; ++i){
    for(int j=1; j<=i-1; ++j)
      cout<<" ";
    for(int k=1; k<=21-2*i; ++k)
      cout<<"M";
    cout<<endl;
  }
}//=====================================
```

例 2-3　画出下列图形：

```
         A
        ABC
       ABCDE
      ABCDEFG
     ABCDEFGHI
    ABCDEFGHIJK
   ABCDEFGHIJKLM
  ABCDEFGHIJKLMNO
 ABCDEFGHIJKLMNOPQ
ABCDEFGHIJKLMNOPQRS
```

按照上面的例子，可以得到相似的外循环形式：

```
for(int i=1; i<=10; ++i){
  输出若干空格
  输出若干字符
  换行
}
```

如果要输出 A 起头依序的 n（n<27）个字母，可以：

```
for(int i=1; i<=n; ++i)
  cout<<char('A'+i-1);
```

或者：

```
for(char ch='A'; ch<'A'+n; ++ch)
  cout<<ch;
```

“'A'+i–1”的值为整数，因为'A'是 char（字符）类型，而 i–1 是整数类型，整数的表示范围大于字符，所以，结果的类型为整型。为了输出该整数所对应的字符，需要整数表达式做一下转换，转换的形式是将整数表达式括起来，前面加上要转成的类型名 char。

知道了行中要输出的字符个数，就可以实现上面的图形了。现在还是从分析每一行中的空格数与字符数与第 i 行之间的关系着手：

```
行 i    空格数    字符数
 1        9         1
 2        8         3
 3        7         5
 4        6         7
 ⋮        ⋮         ⋮
10        0        19
```

即第 i 行的空格数为 10 – i，字符数为 2i – 1。因此，输出空格数和字符数的内循环分别为：

```
for(int j=1; j<=10-i; ++j)
  cout<<" ";
for(char ch='A'; ch<'A'+2*i-1; ++ch)
  cout<<ch;
```

合起来的程序为：

```
//=====================================
//f0206.cpp
//顺序英文字母三角形
//=====================================
#include<iostream>
using namespace std;
//-------------------------------------
int main(){
  for(int i=1; i<=10; ++i){
    for(int j=1; j<=10-i; ++j)
      cout<<" ";
    for(int ch='A'; ch<='A'+2*i-1; ++ch)
      cout<<ch;
cout<<"\n";
  }
}//=====================================
```

❑ 2.4.2 素数判定（Prime Decision）

素数问题真的是变化莫测。有判断一个数是否为素数，有求[a,b]区间中的所有素数，有在若干个区间中求素数的个数，不一而足。对于判断一个数 m 是否为素数，最朴素的方法是按素数的定义，试除以从 2 开始到 m – 1 的整数，如果无一例外地不能整除，则该数一定是素数。例如，实现的程序如下：

```
//=====================================
//f0207.cpp
//按素数定义判断一个整数是否素数
//=====================================
#include<iostream>
using namespace std;
//-------------------------------------
int main(){
  cout<<"please input a number: \n";
  int m;
  cin>>m;
```

```
  for(int i=2; i<m; ++i)
    if(m%i==0){
      cout<<m<<" isn't a prime.\n";
      return 1;
    }
  cout<<m<<" is a prime.\n";
}//======================================
```

这里用到了运算符%，它是取余操作，例如，13%5 的值为 3。利用取余操作，可以判定一个数是否能被另一个数除尽。也就是说一个数是否为另一个数的因子，若存在这样的因子，则立即可以断定该数不是素数而终止程序了。等到 2 至 m－1 的数都尝试过了，就可以最后断定该数一定是素数。

想一想，若 2 都不能除尽，还要试 4、6、8……吗？若 3 都不能除尽，还要试 9、15、21……吗？等等。一个数，如果有因子，那么在它的平方根数以内就应该有，否则就没有因子。例如，77 的平方根值在 8 与 9 之间，因为 77 不是素数，则它一定有比 8 还小的因子，它能被 7 整除，是理所当然的。

在数学上，假定某个整数 m 不是素数，则一定可以表示成两个因子的积：

$$m=i\times j$$

假定 $i\leqslant j$，则 $i^2\leqslant i\times j=m\leqslant j^2$，即 $i^2\leqslant m\leqslant j^2$，即 $i\leqslant \sqrt{m}\leqslant j$。

所以必定有一个因子不大于 m 的平方根。故判断 m 是否为素数，只要试除到 m 的平方根就可以了，不必一直到 m－1。因此，上面的程序可以修改为：

```
//======================================
//f0208.cpp
//判断一个整数是否为素数的稍微优化版
//======================================
#include<iostream>
#include<cmath>
using namespace std;
//--------------------------------------
int main(){
  cout<<"please input a number: \n";
  int m;
  cin>>m;
  double sqrtm=sqrt(m*1.0);
  for(int i=2; i<=sqrtm; ++i)
    if(m%i==0){
      cout<<m<<" isn't a prime.\n";
      return 1;
    }
  cout<<m<<"is a prime.\n";
}//======================================
```

这里取了一个浮点变量 sqrtm，其值为 m 的平方根，该值是调用了一个 C++的库函数 sqrt 而得，它在 cmath 中说明。由于 i 是整数，所以不等式 i<=sqrtm 中，i 只能取小于或等于 sqrtm 的最大整数。整数与浮点数之间可以转换，但必须注意精度问题（☞CH4.3）。

修改后的程序效率提高了。例如，判断 101 是否为素数，本来要从 2 试除到 100，现在只要从 2 试除到 10 就行了。

事实上，中间的 4、6、8 也都无须尝试，读者能否想一想，在不明显增加程序复杂性的基础上，怎么修改程序，效率还会更高呢？

2.5 输入输出语句（I/O Statements）

2.5.1 标准 I/O 流（Standard I/O Streams）

程序运行的最初时刻需要初始数据的引入，数据处理结束时需要显示运行结果，这些都要用到输入/输出语句。输入语句负责从输入设备中获得数据，输出语句负责将数据送到输出设备。计算机直接从人那里交互地（边看屏幕边按键）获得数据的输入设备是键盘（标准输入，可以输入文本字符），直接让人看到结果信息的输出设备是显示器（若是标准输出，输出的也是文本字符）。所以，尽管编程语言本身不跟这些具体的各不相同的设备打交道，但其开发工具（将程序转换为机器代码）却必须首先能够使用这些设备。

控制这些设备的软件是操作系统，所以，C++的工具必须具有针对一定操作系统的操作集合提供给编程人员。这个操作集合就是标准输入/输出流。流是和 C++语言工具捆绑的资源库。在计算机硬件中，输入/输出设备的底层操作是很复杂的，但编程人员通过简单地想象水流的流入流出，就可以把握流操作，这便是高级程序设计中显著的抽象特征。

C++的标准输入/输出库就是我们已经在用的包含头文件 iostream。它不但提供了 I/O 库，也提供了使用该库的流模式，“cin>>”从输入设备流入和“cout<<”流出到输出设备的操作符，正是流入与流出的形象描述。

2.5.2 流状态（Stream States）

流 iostream 主管数据类型的识别工作和与操作系统的沟通，全权负责把流中的数据送到对应的设备上。流的格式操作，如对齐、宽度定制、精度规定、数制等显示形式亦可直接以输出流状态的方式操作。

1 常用的流状态

```
showpos      在正数（包括 0）之前显示+号
showbase     十六进制整数前加 0X，八进制整数前加 0
uppercase    十六进制格式字母用大写字母表示（默认为小写字母）
showpoint    浮点输出即使小数点后都为 0 也加小数点
boolalpha    逻辑值 1 和 0 用 true 和 false 表示
```

```
left        左对齐（填充字符填在右边）
right       右对齐（填充字符填在左边）
dec         十进制显示整数
hex         十六进制显示整数
oct         八进制显示整数
fixed       定点数格式输出
scientific  科学记数法格式输出
```

例如：

```
cout<<showpos<<12;                          //输出: +12
cout<<hex<<18<<" "<<showbase<<18;           //输出: 12  0x12
cout<<hex<<255<<"  "<<uppercase<<255;       //输出: ff  FF
cout<<123.0<<"  "<<showpoint<<123.0;        //输出: 123  123.000
cout<<(2>3)<<"  "<<boolalpha<<(2>3);        //输出: 0  false
cout<<fixed<<12345.678;                     //输出: 12345.678000
cout<<scientific<<12345.678;                //输出: 1.234568e+05
```

取消流状态的操作为：

```
noshowpos, noshowbase, nouppercase, noshowpoint, noboolalpha
```

left 与 right 是对立的，设置了此，就取消了彼。dec、oct、hex 三者也是互相独立的，设置了此，就取消了彼。而 fixed 与 scientific 和一般显示方式三者也是独立的，不过它们的取消方式比较别扭，为 cout 捆绑函数调用的方式：

```
cout.unsetf(ios::scientific);
```

2 有参数的三个常用的流状态

另外还有三个常用的流状态是有参数的：

```
width(int)          //设置显示宽度
fill(char)          //设置填充字符
precision(int)      //设置有效位数（普通显示方式）或精度（定点或科学记数法方式）
```

这些流状态是以 cout 捆绑调用它们的形式设置的，不能与流出符“<<”连用。

特别注意 width(n)为一次性操作，即第二次显示时将不再有效。默认为 width(0)，表示仅显示数值。例如：

```
cout.width(5);
cout.fill('S');
cout<<23<<23;          //输出: SSS2323
```

即输出数值 23 可以规定其长度，如果数值本身的长度（23 的长度为 2）不到该设置长度（5），则可以在前面补加一些符号，这些符号由 fill（'X'）设定，默认时为空，即 fill（' '）。输出的两个 23 中，只有前面那个受宽度格式控制，长度为 5，而后面那个则不受长度控制。

3 与“<<”连用的设置方式

还有另一种与流出符“<<”连用的设置方式，但在使用时，要包含另一个头文件iomanip。

```
setw(int)
setfill(char)
setprecision(int)
```

例如：

```
cout<<setw(6)<<setfill('$')<<27<<endl;     //输出: $$$$27
```

程序 f0205.cpp 可以进行改写，输出 n 个空格可以用“cout<<setw(n)<<" ";”，输出 n 个'M'可以用“cout<<setfill('M')<<setw(n)<<'M';”，则：

```
//=======================================
//f0209.cpp
//倒三角形流状态设置版
//=======================================
#include<iostream>
#include<iomanip>
using namespace std;
//---------------------------------------
int main(){
  for(int n=1; n<=10; ++n)
    cout<<setfill(' ')<<setw(n)<<" "
         <<setfill('M')<<setw(21-2*n)<<"M"<<endl;
}//======================================
```

其实，用 string（☞CH3.4.3）可以获得更简捷的用法。string 类型可以定义重复 n 次字符的字串，还可以字串相加。所以，程序 f0205.cpp 可再一次改写：

```
//=======================================
//f0210.cpp
//倒三角形 string 版
//=======================================
#include<iostream>
using namespace std;
//---------------------------------------
int main(){
  for(int n=1; n<=10; ++n)
    cout<<string(n,' ')+string(21-2*n,'M')+"\n";
}//======================================
```

❑ 2.5.3 文件流（File Streams）

程序是一个计算过程，计算必须首先获得数据，现代程序设计总是将获得数据的程序和处理数据的程序分离，以使处理速度大幅度提高。在处理数据的程序中，需要获得输入数据，这些输入数据多数从数据文件而不是从标准输入中获得。而专门有一些软件将手工输入的数据送到数据文件中，例如文本编辑软件、高考分数录入系统等。除了减少维护工作量、增加重用性这一原因外，提高处理速度也是程序要分离数据的一个重要原因。本书的许多程序用文件来获得数据，以让程序更具有实际的意义。

文件操作在操作系统的底层中十分复杂，然而，C++早已为我们做了文件操作的绝大部分工作。程序员只要以流的概念实施文件操作即可。

文件有两种，一种是文本文件，其任何内容总是与字符码表（如ASCII码）对应；另一种是二进制文件，它不硬性规定与字符码表的对应关系，可以将内容看成是自始至终的0/1串。因此，操作二进制文件时，虽说还是以字节为单位，但往往不考虑字符的识别，更谈不上数据类型的识别了，有的只是字节的整数值。计算机机器代码一般看成是二进制文件信息。而生活中大量的其他信息都是用文本数据文件保存与传输的。

要进行文件写入和读出，首先需要有一个对应磁盘存储的文件名称，然后以输入或输出打开方式规定文件操作的性质。之后便可以进行文件读或写了。打开一个文件，就是将实际的文件名与文件流名相对应，程序中只要操作文件流就可以实际地进行文件读/写。与标准输入/输出一样，流被看作是一种设备、一种概念设备。只要将流与某个实际设备捆绑，对流的操作便是对实际设备的操作了。

文件打开的格式就像定义一个对象：

```
ifstream fin(filename, openmode=ios::in);
ofstream fout(filename, openmode=ios::out);
```

ifstream 和 ofstream 是类型名，表示输入和输出文件流，名称中的 i 和 o 表示输入和输出，f 表示文件，stream 表示流。因此其定义的对象 fin 和 fout 就是文件流的名称了。filename 是外部文件名，一个外部文件名是指设备中的实体，如磁盘文件，它与文件流一一对应。openmode 是打开方式，ifstream 的默认打开方式是 ios::in，表示输入方式；ofstream 的默认打开方式是 ios::out，表示输出方式。因此，在打开已经存在的输入文件和新建一个输出文件时可以省略这个参数。例如，将输入文件 a.in 的内容复制到输出文件 a.out，可以这样读/写文件：

```
//====================================
//f0211.cpp
//复制文件
//====================================
#include<fstream>
using namespace std;
//------------------------------------
int main(){
  ifstream in("a.in");
  ofstream out("a.out");
  for(string str; getline(in, str); )
```

```
    out<<str<<endl;
}//======================================
```

程序中先定义输入流 in 和输出流 out，分别对应 a.in 和 a.out。这种定义形式就像是定义整数变量：

```
int a(1);    //等价于 int a=1;
```

该定义语句中的第二个参数，由于打开方式默认而省略（☞CH5.7.4）。

getline(in,str)为从输入文件流中读入一行数据，放入 string 变量 str 中。由于整行整行地读入，读入到 str 中时，文件中的每个换行符都被丢掉了。为了照文件原样输出，在 out 流上输出 str 的同时，还要再补上一个回车。

程序中用到的这个 for 语句是说，循环中用到了 string 类型的 str 对象（变量），每次都用 getline 获得输入。如果输入不成功，例如，文件结束了，或者读了一半文件有故障了，或者文件非法操作，或者文件早在打开时便因为不存在而处于错误状态等，则循环结束。

文件操作简单到这种形式，对编程者来说，应该满意了，它就像使用整数变量那样方便，甚至无须关闭文件操作，因为程序结束时，它会自动善后处理。

如果碰到输入文件 a.in 不存在，则会导致后面的 getline 读入串语句失败，而最终使运行结果什么都没有。初学者往往不注意文件创建和保存的位置，如果程序路径与数据文件保存位置不在一起，则会发生文件打开错误。所以要让上述程序能运行，还必须让文件 a.in 与程序 f0211.cpp 处在同一个目录中，等程序运行结束时，该目录中将会产生一个新文件 a.out。

许多输入/输出语句都能返回操作状态（true 或 false），例如：

```
if(cin>>a)  cout<<a;                    //若读入失败，则跳过 cout<<a;
if(getline(in,str))  cout<<str;         //若读入失败，则跳过 cout<<str;
if((a=cin.get()) < 0) cout<<a;          //若读入字符失败，则跳过 cout<<a;
if(cin)  cin>>a;                        //若文件流状态正常，则输入
```

所以在循环读入数据中，常常将读入操作放在循环的条件判断上，这样既省事，又清晰。在后面的例子中，你会看到很多这样的用法。

紧接 2.4 节，我们再看另一种判断素数的方法——筛法。这一次是从文件 a.txt 中读入一些整数，然后判断其是否为素数。

从 2 开始的某个连续整数集合，留下 2，除去所有 2 的倍数，留下 3，除去所有 3 的倍数，留下 5，再除去所有 5 的倍数，如此等等，留下某个最先遇到的素数，将其所有的倍数从该数集中去掉。最后，数集中就全是素数了。接下来要判断一个数是否为素数，该数为下标，访问素数集合，如果是，则为素数，否则不是素数。例如：

```
//======================================
//f0212.cpp
//用筛法判断素数
//======================================
#include<iostream>
#include<vector>
#include<fstream>
using namespace std;
//--------------------------------------
int main(){
```

```
3
12
101
131
6
```

a.txt

```
    vector<int> prime(10000,1);
    for(int i=2; i<100; ++i)   //构造素数集合
      if(prime[i])
        for(int j=i; i*j<10000; ++j)
          prime[i*j]=0;
    ifstream in("a.txt");
    for(int a; in>>a && a>1 && a<10000; )  //判断素数
      cout<<a<<" is "<<(prime[a] ? "":"not ")<<" a prime.\n";
}//======================================
```

```
E:\ch02>f0212↙
3 is a prime.
12 is not a prime.
101 is a prime.
131 is a prime.
6 is a prime.
```

程序中，先将 10 000 个向量元素都赋初值 1，凡是该下标的元素为 1 的，则为素数。所以初始状态下，所有整数都是素数，在这个基础上将不是素数的数筛掉（将对应元素置换为 0）。在筛的过程中，用了“若为素数，必有因子小于其平方根”的思想，10 000 个数，过滤因子只要到 100，就能保证 10 000 以内全是素数了。

在程序中，对于 3 来说，要去掉所有 3 的因子，包括 6、12、18 等，但事实上，偶数在上一轮中已经作为 2 的倍数而去掉了。所以，这个过程还有一些重复操作，算法还有可改进的地方。读者可以循着这个思路，获得其他更为简便的方法。不过，计算机语言给我们的是有限的表达语句，许多方法需要用迂回的表达实现，编程有很多技巧，探讨探讨也是蛮有趣的，但是千万要留一点精力在后继部分的学习上。人们对素数的理论研究从来就没有停止过，求素数或判断素数的更有效的计算机方法也在不断探索中。我们学习程序设计的方法先是模仿，然后举一反三。在自己的知识面还没有铺开到足够解决本领域的问题时，不要将精力过分集中于某个对全局无足轻重的地方。

2.6　转移语句（Move Statements）

2.6.1　break 语句（break Statement）

break 语句用在循环语句 for、while、do-while 和开关语句 switch 中。在 switch 结构中，break 用来使流程跳出 switch；在循环语句中，break 用来跳出当前循环体。

对于一个循环，有它自己的正常结束条件判断，但是，根据循环内容的多样性，除了正常退出，还可以有其他退出方式。C++语言提供了 break 语句作为循环的另一种退出方式，这种退出方式是在某种情况发生时的特殊行为，所以循环中的 break 总是伴随着 if 条件判断而执行。另外一点要注意的是，break 语句只是跳出当前循环。例如：

```
  for(int i; ; ){
    for( ; ; ){
```

```
    //...
    if(i==1)
      break;
    //...
  }
  a=1;    //break 跳至此处
  //...
}
```

如果有多重循环要一并跳出的话，则要借助于每重循环中的额外条件判断或者是goto语句来完成（☞CH2.6.3）。

☐ 2.6.2 continue 语句（continue Statement）

continue 语句用在循环语句中，作为结束本次循环，准备进入下一次循环的条件测试。例如，下面的代码把 100～200 中不能被 3 整除的数输出：

```
for(int n=100; n<=200; ++n){
  if(n%3==0)
    continue;

  cout<<n<<endl;
}
```

当 n 被 3 整除时，执行 continue 语句，结束本次循环，即跳过 cout 语句。只有当 n 不能被 3 整除时，才执行 cout 语句。

由于多条语句可以组成块，而且 continue 转向语句总是伴随着条件判断，所以，对若条件成立则执行 continue 的语句块，可以转变为若条件不成立则执行无 continue 的语句块。例如，上面的代码还可以表示为：

```
for(int n=100; n<=200; ++n)
  if(n%3!=0){
    cout<<n<<endl;
  }
```

因此，循环中的 continue 语句并不是必需的，保存它的更多的目的是表示逻辑上的清晰性和语句的优美性。

continue 语句和 break 语句的区别是：continue 语句只结束本次循环的执行，而不是终止整个循环；而 break 语句则是结束整个循环，不再进行循环条件判断。例如，对于 for 循环的结构体：

```
for(表达式 1; 表达式 2; 表达式 3){
  //循环体
}
```

从图 2-3 中能清晰地看出二者的差别。

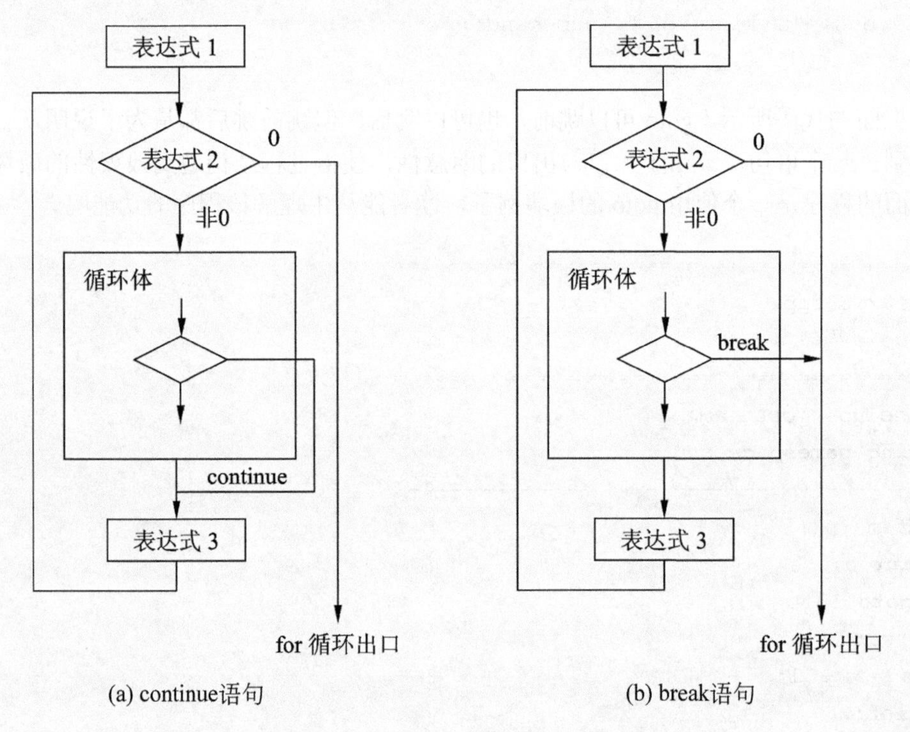

图 2-3　continue 语句与 break 语句之比较

❑ 2.6.3　goto 语句（goto Statement）

goto 语句是低级语言的表征，它很灵活，灵活到不受任何拘束，可在函数体内直来直往。但是，现代程序设计不能容忍它在过程中任意穿梭而破坏过程体的结构。没有 goto 语句，过程体结构更清晰，程序更易读。例如，求 1～100 的和，其不断地累计，使得用 goto 语句也可以直观表达，但是与 for 语句对循环结构的明确表达相比较，goto 完全处于劣势：

```
int main(){
  //goto 语句的代码段
  int i=1,sum=0;
  Loop:
    sum += i;
    i = i+1;
    if(i<=100)
      goto Loop;
    cout<<"the sum is "<<sum<<endl;

    //for 语句代码段：从 for 描述可以知道循环体的起终点和步长
    int sum=0;
    for(int i=1; i<=100; ++i)
```

```
      sum += i;
    cout<<"the sum is "<<sum<<endl;
  }
```

如上面的代码所示，goto 可以跳前，也可以跳后，但跳前跳后都是为了说明从一个语句块转到另一个语句块。由于入口与出口的随意性，使得过程结构遭到毁灭性的破坏。例如，下面的程序是一个使用 goto 的极端例子，读者能从中理解该程序的功能吗？

```
//======================================
//f0213.cpp
//goto 语句
//======================================
#include<iostream>
using namespace std;
//--------------------------------------
int main(){
  int a;
  goto Init;
Forward:
  a = a + 1;
Print:
  cout<<a<<endl;
  goto Down;
Init:
  a = 1;
  goto Print;
Down:
  if(a<100) goto Forward;
}//=====================================
```

它甚至连改写成不含 goto 的程序都很困难，最后，在程序运行后，测试到它的功能，才知道它原来只是简单地打印 1～100 的整数。如果该程序在运行中出了错，可以想象要找出其中的错误肯定比 for 循环结构要复杂得多。

在 C++中，声明和定义语句是穿插在过程体中的，如果跳过声明和定义语句，则还将造成过程体的逻辑错误，因为后面引用的变量没有经过声明或定义是非法的，例如：

```
  goto Loop;
  int a=1;
Loop:
  a = a + 1;   //错: a 无定义
  //...
```

在 C++中只有一个地方还有使用 goto 的价值：当从多重循环深处直接跳转到最外围循环之外时，如果用 break，就只能一重一重地退，而且还要边退边做记号，若用 goto 则显得更为直观：

```
//用 break 语句的代码段
bool flag=false;   //用于做退出记号
for(int i=1; i<100; ++i){
  for(int j=1; j<100; ++j)
    if(i*j==651){
      flag=true;
      break;
    }else{
      //...
    }
  if(flag) break;
}

//用 goto 语句的代码段
for(int i=1; i<100; ++i)
  for(int j=1; j<100; ++j){
    if(i*j==651)  goto End;
    //...
}
End:
```

上述代码中，用 break 语句实现多重循环往最外层转移的时候，用了一个标志变量，该变量若为真，则表示应退出外循环；若为假，则表示应继续循环。然而，在用 goto 语句实现的代码段中，goto 直接从内循环一直转到外循环的外面，简洁而优雅。但必须注意，只有在过程结构和跳转的意义都明白时，才能使用 goto。现代程序设计语言，如 Java，为了根本性废止 goto，提供了“break 标记”和“continue 标记”的语句，通过给循环添加标记，用 break 和 continue 操作，就可以直接跳转到任何一层循环的标记处或循环外。除此之外，还有一种超脱的异常方法（☞CH15.7.1），也可以实现从多层循环内直接大跳转到循环外。

2.7 再做循环设计（More Cycle Designs）

2.7.1 逻辑判断（Logic Decision）

对于逻辑判断的问题，一般都要考虑全部的可能性，然后对这些可能性按条件逐一排查，直到最后获得某个结论。

例如，百钱买百鸡问题：公鸡 7 元 1 只，母鸡 5 元 1 只，小鸡 1 元 3 只。花 100 元钱，买 100 只鸡，如果公鸡、母鸡和小鸡都必须有，则公鸡、母鸡和小鸡应各买几只？

考虑全部的可能性时，先考虑公鸡、母鸡和小鸡数的取值范围（当然也可以从金额着手）。由于各种鸡都必须要有，所以公鸡的最高耗用金额为 100 – 5 – 1 = 94 元，取 7 的倍数，

得 91 元，所以公鸡数范围为 1～13，同理，母鸡数的范围为 1～18，小鸡数的范围为 3～96，注意小鸡数虽可以花 100 – 7 – 5 = 88 元钱来买 264 只，但由于总鸡数的限制，小鸡数应≤98。

其程序的表达模式为：

```
for(列举所有可能情况){    //可能为多重循环
  if(条件 1 不满足) continue;
  if(条件 2 不满足) continue;
  //...
  if(条件 n 不满足) continue;
  输出结果之一或者累计符合所有条件的方案
}
```

本问题的条件为：

（1）公鸡数+母鸡数+小鸡数=100 (cock+hen+chick–100= =0)。

（2）买公鸡款+买母鸡款+买小鸡款=100　(7*cock+5*hen+chick/3–100= =0)。

（3）小鸡数为 3 的倍数　(chick%3= =0)。

因此，其反条件值为：

（1）cock+hen+chick–100 != 0，即 cock+hen+chick–100。

（2）7*cock+5*hen+chick/3–100 != 0，即 7*cock+5*hen+chick/3–100。

（3）chick%3 != 0，即 chick%3。

只要条件值不等于 0，也就是说 cock+hen+chick–100 不等于 0，那就是真，因此条件“x!=0”与条件“x”等价。最初分析的程序应为：

```
//======================================
//f0214.cpp
//百钱买百鸡 1
//======================================
#include<iostream>
using namespace std;
//--------------------------------------
int main(){
  for(int cock=1; cock<=13; ++cock)
  for(int hen=1; hen<=18; ++hen)
    for(int chick=1; chick<=96; ++chick){
      if(7*cock+5*hen+chick/3-100) continue;
      if(cock+hen+chick-100) continue;
      if(chick%3) continue;
        cout<<"Cock:"<<cock<<", Hens:"<<hen<<", Chicks:"<<100-cock-hen<<endl;
    }
}//======================================
```

```
E:\ch02>f0214↙
Cocks:3, Hens:10, Chicks:87
```

还可以考虑程序的优化：由于 chick = 100 – cock – hen，因此确定了 cock 和 hen 也就确定了 chick，可以省略 chick 这重循环。将所有 chick 的地方用 100 – cock – hen 代替，得到：

```
//=====================================
//f0215.cpp
//百钱买百鸡 2
//=====================================
#include<iostream>
using namespace std;
//-------------------------------------
int main(){
  for(int cock=1; cock<=13; ++cock)
    for(int hen=1; hen<=18; ++hen){
      if(7*cock+5*hen+(100-cock-hen)/3-100) continue;
      if((100-cock-hen)%3) continue;
        cout<<"cock:"<<cock<<", hen:"<<hen<<", chick:"<<100-cock-hen<<endl;
    }
}//=====================================
```

也可以按下面的模式：

```
for(列举所有可能情况){     //可能为多重循环
  if(条件 1 满足 && 条件 2 满足 && … && 条件 n 满足)
    输出结果之一或者累计符合所有条件的方案
}
```

则得程序为：

```
//=====================================
//f0216.cpp
//百钱买百鸡 3
//=====================================
#include<iostream>
using namespace std;
//-------------------------------------
int main(){
  for(int cock=1; cock<=13; ++cock)
  for(int hen=1; hen<=18; ++hen)
    if((100-cock-hen)%3==0 && 7*cock+5*hen+(100-cock-hen)/3==100)
      cout<<"cock:"<<cock<<", hen:"<<hen<<", chick:"<<100-cock-hen<<endl;
}//=====================================
```

或者为：

```
//=====================================
//f0217.cpp
```

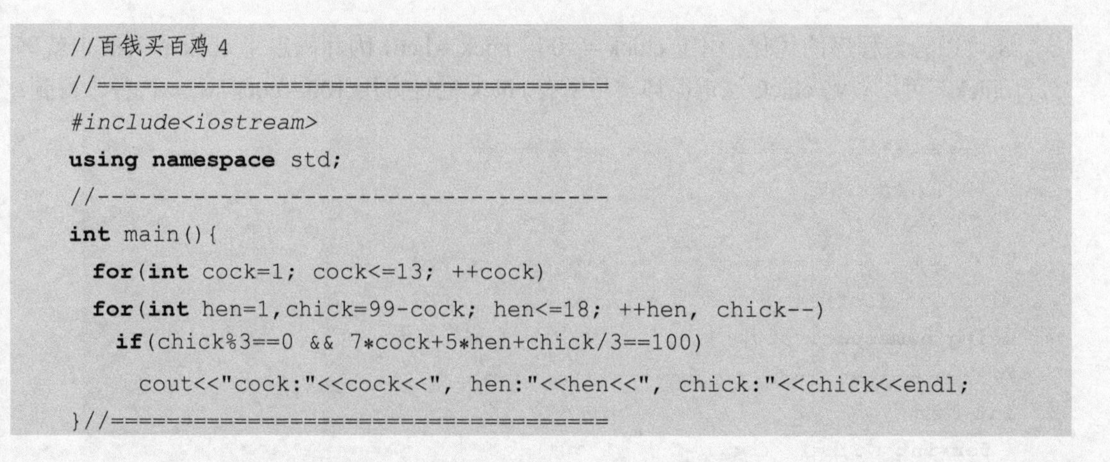

```
//百钱买百鸡 4
//=====================================
#include<iostream>
using namespace std;
//-------------------------------------
int main(){
  for(int cock=1; cock<=13; ++cock)
  for(int hen=1,chick=99-cock; hen<=18; ++hen, chick--)
    if(chick%3==0 && 7*cock+5*hen+chick/3==100)
      cout<<"cock:"<<cock<<", hen:"<<hen<<", chick:"<<chick<<endl;
}//=====================================
```

2.7.2 级数逼近(Progression Approximation)

循环的设计，考虑对于无穷数列求和，逼近到某个近似值的情况。例如，数学公式：

$$\frac{\pi}{4} \approx 1 - \frac{1}{3} + \frac{1}{5} - \frac{1}{7} + \cdots$$

求 π 的近似值，精确到小数点后 6 位。

分析：

（1）整数不能表示小数，所以 π 的值用浮点数 double 表示。

（2）按公式，先求 π/4。

（3）数列的第 n 项是 $(-1)^{n-1}/(2n-1)$，第 n 项与第 n–1 项的关系为符号变一下，分母加 2。

（4）一种方法是根据循环变量 n，求得第 n 项的值，累计，然后条件判断，若满足结束条件，则退出。循环结束条件为前一个累计和与后一个累计和的差小于 10 的 6 次方。由于前后两次累计的结果之差的绝对值等于后一次加上去的值，所以，也可以通过判断后一项的绝对值小于 10 的 6 次方而得到循环退出条件。

```
/=====================================
//f0218.cpp
//求 Pi(π)方法 1
//=====================================
#include<iostream>
#include<iomanip>
#include<cmath>
using namespace std;
//-------------------------------------
int main(){
  double sum=0, item=1;
  for(int n=1; abs(item)>1e-6; ++n){
    item *= (-1.0)*(2*n-3)/(2*n-1);
    sum += item;
  }
```

```
  cout<<"Pi = "<<setiosflags(ios::fixed)<<setprecision(6)<<sum*4<<endl;
}//======================================
```

```
E:\ch02>f0218↙
Pi = 3.141595
```

(5)另一种方法是先设定一个初项，然后一边累计，一边根据前一项求下一项，一直累计，直到满足条件为止。

```
//======================================
//f0219.cpp
//求 Pi(n)方法 2
//======================================
#include<iostream>
#include<cmath>
using namespace std;
//--------------------------------------
int main(){
  double sum=0, item=1;
  for(int denom=1, sign=1; abs(item)>1e-6; denom +=2, sign *=-1){
    item = sign/double(denom);
    sum += item;
  }
  cout<<"Pi = "<<fixed<<sum*4<<endl;
}//======================================
```

流输出的默认精度是 6 位，与这里的输出要求一致，所以可以省略精度设置。由于直接用了 fixed 流状态操作，便可以省略流的辅助头文件 iomanip。

denom 存放每一项的分母值，它与 sign 都仅在 for 循环中使用，所以放在 for 循环初始化处定义是清晰的。

abs 是求浮点数的绝对值。调用 abs 函数，对于整数，其返回值也为整数；对于浮点数，其返回值也为浮点数。C++采用了一种函数重载的技术（☞CH5.7）来实现这一编程的便利性。

当然也可以用 while 循环来实现：

```
//======================================
//f0220.cpp
//求 Pi(n)方法 3
//======================================
#include<iostream>
#include<cmath>
using namespace std;
//--------------------------------------
int main(){
```

```
  double sum=1, item=1;
  int denom=1, sign=1;
  while(abs(item)>1e-6){
    denom += 2;
    sign *= -1;
    item = sign*1.0/denom;
    sum += item;
  }
  cout<<"Pi = "<<fixed<<sum*4<<endl;
}//=====================================
```

for 和 while 循环没有性能上的差异，二者在使用上完全反映了编程风格。作者喜欢用 for 循环，一是因为希望履行局部变量尽量不要公开化的模块原则：denom、sign 是局限于循环内的，能够让它们在循环描述中定义和初始化是最合适的；二是循环变量的修正，或者一切调整循环状态的语句，放在循环描述中也更显得直观，而且也压缩了循环体的规模，减轻了阅读强度。因此，for 循环体现了更好的结构性和简捷性。

for 循环描述的三个部分，分处循环框架结构的不同位置，如图 2-2 所示，有很多的余地可以使这三部分内容有机组合，充分反映循环工作的内容。在后面的章节中作者似乎刻意地在使用 for 而很少使用 while，目的是在告诉读者，很多过程优化都是从 for 循环下手的，调配 for 循环描述的三个部分构成了编程的初级艺术，它的根本性体现在对循环结构的深刻认识上。

那么，能否用 do-while 语句实现呢？能！只不过初值要改变一下：

```
//=====================================
//f0221.cpp
//=====================================
#include<iostream>
#include<cmath>
using namespace std;
//-------------------------------------
int main(){
  double sum = 0, item = 1;
  long denom = -1;
  int sign = -1;
  do{
    denom += 2;
    sign *= -1;
    item = sign*1.0/denom;
    sum += item;
  }while(abs(item)>1e-6);
  cout<<"Pi = "<<fixed<<sum*4<<endl;
}//=====================================
```

看上去与 while 循环结构差不多，但其循环控制思路上差了一个节拍。作者并不主张这类问题用 do-while 解决，只有在迫不得已，即用 while 写出的循环很难看懂时，才偶尔用一下 do-while。

2.8 目的归纳（Conclusion）

一个完整的程序通常有两个部分，一个是说明部分，另一个是过程部分。过程部分即为操作和计算语句，这些操作计算语句所要用到的数据类型、变量、对象和函数都在说明语句中说明。说明语句一般包括变量和对象的定义以及函数声明和定义，也包括这里没有涉及的类型声明和定义。在初级编程阶段，读者应需要什么就说明什么，没有更多的“预谋”。随着学习的深入，说明部分将体现程序的架构，会变得越来越重要。在程序规模扩大之后，还要始终保持过程部分的清晰和简明，就必须让过程语句更抽象，因而就要让说明部分做更多的事情。这就是编程方法不断进化的方向。

条件语句是过程序列的基本构成要素，生活中人们谈论很多的“如果”“并且”“或者”和“不是”，这些构成逻辑思维基本运作的要素总是可以归纳成条件，在 C++ 中也让我们感悟到条件可以数量化，可以计算，所以逻辑思维可以归纳成基本的计算和操作。

复杂的条件嵌套在自然表达中总能通过迂回的方法表达清楚，但程序编写总是有一定规则的，模棱两可的 if 嵌套语句只能给自己和同行带来麻烦，所以，要用良好的程序设计风格来避免。

对于 if-else 语句的对称形式，如果分支语句比较简单，或为单纯的赋值和输出，或为简单的求值，均可以用条件表达式替代。

有很多整数型条件判断的分支结构用 switch 做比较简明，但不要忘了 break。也有很多范围型条件判断的分支结构不得不用嵌套 if 实现，但不用担心，用良好的编程风格，也可以优雅地表示它们。

循环是程序设计入门中最重要的内容之一，用得最多的结构是 for 语句，因为它能描述循环体的初始和结束状态，以及中间步长。while 是 for 的一种特例，在循环不含明确的循环变量时，用 while 会更简捷，但笔者还是喜欢用 for 循环，因为结构更为简明。

而 do-while 循环的使用机会大大少于前两者，因为大多数循环可以用前者描述，没有必要用 do-while，而且 do-while 总是让初次涉足的人犯一些错误，故使人敬而远之。

输入/输出是程序用以完成计算任务的，要计算就要涉及数据输入与结果输出。掌握这些基本的输入/输出方式、输出格式控制、文件打开和文件读/写方法，就可以在后续的编程学习中将精力集中在一些编程方法和技巧上。

请不要妄用 goto 语句，它是程序结构混乱的罪魁祸首。语言总是免不了有些语句时髦，有些语句陈旧，但语言的设计者并不能因此而随便取舍语言成分，因为语言具有后继性，需要兼容历史。纵然在 Java 语言中，真的可以完全不用 goto 语句了，但还是留有 goto 的一席之地。也许它已经跳出了语言的框框，要定格人类编程史上的痕迹，更也许是要研究 goto 究竟在性能上与现代程序设计有什么差异，因为毕竟它单纯、直接和奋不顾身的个性，具有性能上的一些优点，再怎么粗暴也还可以反照语言中的其他跳转结构。

从编程技巧和算法复杂性的角度来说，循环设计是一切过程设计的基础，也是更高级程序设计的基础，因此，即使是面向对象程序设计，也不能少此重要一环。事实上，在解决系统结构、程序结构、数据结构诸问题之后，编程技术中最难的当首推循环结构。它也是表现算法的重要手段，它将许多数据结构集结在一起，通过控制动作序列的形式，来有效地解决实际的问题。

编程问题在解决了程序的结构问题之后，就会细化到过程中的大小循环的控制问题，本章将一般的循环控制分成四种类型介绍各自的具体方法和策略，它们是：

- 字符图形类；
- 素数判定类；
- 逻辑判断类；
- 级数逼近类。

在之后的章节中还将继续介绍一些新的循环控制结构类型以及方法。

值得注意的是，本章超前使用了基本数据类型、一些运算符和表达式，这是直面人的成就意识，从编程下手，产生疑问，再行破解。

练习 2（Exercises 2）

1．对运行中输入的 x，计算级数：

$$1+x-\frac{x^2}{2!}+\frac{x^3}{3!}-\cdots(-1)^{n+1}\frac{x^n}{n!}$$

要求输出精度为 10^{-8}。分别用 for 和 while 语句各编写一个程序。

2．编程求 1!+2!+3!+4!+…+12!，并试着简化程序。

3．编程求所有的“水仙花数（narcissus number）”。所谓“水仙花数”，是指一个三位数，其各位数字立方和等于该数本身。例如，153 是水仙花数，因为 $153=1^3+5^3+3^3$。

4．编程求 1000 之内的所有“完数”。所谓“完数”，是指一个数恰好等于它的包括 1 在内的所有不同因子之和。例如，6 是完数，因为 6=1+2+3。

5．编程求所有的 3 位数素数，且该数是对称的。所谓“对称”，是指一个数，倒过来还是该数。例如，375 不是对称数，因为倒过来变成了 573。

6．猴子吃桃问题。猴子第 1 天摘下若干桃子，当即吃了一半，还不过瘾，又多吃了 1 个。第 2 天早上又将剩下的桃子吃掉一半，又多吃了 1 个。以后每天早上都吃了前 1 天剩下的一半，再多吃 1 个。到第 10 天早上想再吃时，见只剩下 1 个桃子了。试编程求第 1 天共摘下多少桃子。

7. 用循环语句编程打印如下图案：

```
         %
        %%%
       %%%%%
      %%%%%%%
     %%%%%%%%%
    %%%%%%%%%%%
   %%%%%%%%%%%%%
  %%%%%%%%%%%%%%%
 %%%%%%%%%%%%%%%%%
%%%%%%%%%%%%%%%%%%%
 %%%%%%%%%%%%%%%%%
  %%%%%%%%%%%%%%%
   %%%%%%%%%%%%%
    %%%%%%%%%%%
     %%%%%%%%%
      %%%%%%%
       %%%%%
        %%%
         %
```

8. 用循环语句编程打印如下图案（两个图案中间有两个空格）：

```
         #  $
        ##  $$
       ###  $$$
      ####  $$$$
     #####  $$$$$
    ######  $$$$$$
   #######  $$$$$$$
  ########  $$$$$$$$
 #########  $$$$$$$$$
##########  $$$$$$$$$$
```

9. 用循环语句编程打印如下图案：

```
STSTSTSTSTSTSTSTSTS
 STSTSTSTSTSTSTSTS
  STSTSTSTSTSTSTS
   STSTSTSTSTSTS
    STSTSTSTSTS
     STSTSTSTS
      STSTSTS
       STSTS
        STS
         S
```

10．编程求解母牛问题。若一头母牛，从出生起第四个年头开始每年生一头母牛，按此规律，第 n 年时有多少头母牛？

11．一球从 100 米高度落下，每次落地后反跳回原高度的一半，再落下。编程求它在第 10 次落地时，共经过距离为多少米，第 10 次落地后的反弹有多高。

12．将 100 元钱兑换成面值为 10 元、5 元、1 元的钱，编程求不同的兑法数。要求每种兑法中都要有 10 元、5 元和 1 元。

13．用循环语句编程分别打印下列两个矩阵形式，尽量使语句简洁：

（1）

```
1    0  1  2  3  4  5  6
2    1  2  3  4  5  6  0
3    2  3  4  5  6  0  1
4    3  4  5  6  0  1  2
5    4  5  6  0  1  2  3
6    5  6  0  1  2  3  4
```

（2）

```
（1，1）（1，2）（1，3）（1，4）（1，5）（1，6）（1，7）
（2，1）（2，2）（2，3）（2，4）（2，5）（2，6）（2，7）
（3，1）（3，2）（3，3）（3，4）（3，5）（3，6）（3，7）
（4，1）（4，2）（4，3）（4，4）（4，5）（4，6）（4，7）
（5，1）（5，2）（5，3）（5，4）（5，5）（5，6）（5，7）
（6，1）（6，2）（6，3）（6，4）（6，5）（6，6）（6，7）
```

第3章 数据类型（Data Types）

什么是数据类型？数据类型是指：

（1）一定的数据在计算机内部的表示方式；

（2）该数据所表示的值的集合；

（3）在该数据上的一系列操作。

在数学上，专家们典型地用代数群论对数据类型进行研究（☞参考文献[6]CH5.4）。在计算机语言中，将数据用一定的数据类型来描述是为了将一系列相同性质的数据归类，统一值域和规范操作，以便这些数据在描述问题、数据抽象（☞CH11.1.2）中得到更好的运用，从而通过数学和计算机的手段解决问题。

对于要解决的具体问题，一般的做法是将问题数量化，描述成一定数据类型下的实体和相关的操作，通过语言的编译器对其进行识别，最后让计算机执行操作，运行获得求解结果。

以数据类型规定数据的描述和行为的编程手段，有利于数据的逻辑描述和正确性检查，有利于数据操作的高质和高效。

在 C++中，数据类型不仅规定了某一数据是整数、浮点数或者自定义的类型名称，而且规定了数据的组织形式以及操作方法。数据类型是程序设计中描述数据的工具，对数据类型的选取或规定形式，直接决定了编程中解决问题的具体方法。

C++中的数据类型，有语言既定的内部数据类型（inner types），也有程序员自定义的外部数据类型。其中，内部数据类型有：

- 整数类型(int);
- 字符类型(char);
- 布尔类型(bool);
- 单精度浮点(float);
- 双精度浮点(double)。

还可以通过数组、指针、引用等定义基于上面这些数据类型以及其他外部数据类型的变异类型。例如：

```
• 整型数组(int[]);
• 浮点引用(double&);
• 字符指针(char*).
```

内部数据类型及其变异构成了C++的基本数据类型。注意，有些书对于内部数据类型（inner types）和基本数据类型（base types）是不加区分的。内部数据类型是指语言本身具有的数据类型，主要指整数类型和其相关的衍生类型，以及浮点类型和其相关的衍生类型。基本数据类型主要是指编程中可自由运用的，对内部数据类型做适当“变形”所构成的数据类型。

程序员自定义的数据类型主要是指用class关键字（CH8）构造的数据类型。除此之外，用enum、union、struct关键字也能定义单纯空间意义上的数据类型。

要解决具体问题，必须首先学会用数据类型描述问题中的具体事物。世界上的问题形形色色，仅用语言内部的数据类型描述事物是远远不够的，还必须借助于语言所提供的数据类型描述机制自定义数据类型。要自定义数据类型，就必须先了解语言的内部和基本的数据类型。因为自定义数据类型是以内部数据类型为基础的。

3.1　整型（int Types）

使用整数是人们描述自然现象的最基本的数学方式，因此，以解决人类计算问题为目标的计算机语言提供了整数数据类型，即整型。它规定了整数的表示形式、整数的运算（操作），以及整数在计算机中的表示范围。

3.1.1　二进制补码（Binary Complement）

通常的计算机语言在计算机内部都是以二进制补码形式表示整数的。因为二进制补码用来表示整数具有高度的一致性，并且统一了加减法的意义，简化了乘除法运算，甚至直接简化了计算机的硬件结构。

将十进制正整数转换成二进制补码形式的整数的转换方法是采用“除2取余法”，即对被转换的十进制整数除以2，取其余数，并将商再除以2，再取余数，直到商为0。每次除下来的余数按先后构成了从低位到高位的二进制整数。例如：

$35 = 100011_{(2)}$

转换的具体步骤为：

```
35÷2＝17······1
17÷2＝8······1
8÷2＝4······0
4÷2＝2······0
2÷2＝1······0
1÷2＝0······1
```

由于计算机内部表示数的字节单位都是定长的，以2的幂次展开，或者8位，或者16位，或者32位……于是，一个二进制数用计算机表示时，位数不足2的幂次时，高位上要补足若干个0。例如，35以8位长和16位长在计算机内部表示时的二进制数分别为：

```
00100011
0000000000100011
```

两个十进制整数相加在计算机中是做二进制数加法运算的，例如：

```
35+12 = 00100011+00001100
      = 00101111
      = 101111(2)
      = 47
```

一个十进制负整数，表示成二进制补码形式的整数时，该负整数的对应正整数先转换成二进制数，然后“取补”，规则是“取反加一”，例如，用8位长度的二进制形式表示：

```
-15 = -1111(2)
    = -00001111
    = 11110001
```

用二进制补码表示的数中，以最高位是否为0判断该数是否为正数。例如：

```
01111110-------正数
10001101-------负数
```

因此，一定长度的二进制补码中总是有一半是正数，一半是负数。例如，8位二进制补码中有128个数最高位为0，即128个正数（其中含0），另外128个数为负数；所能表示的最大正整数是127，即01111111，最小非负数是0，即00000000；所能表示的最接近于0的负整数是–1，即11111111；绝对值最大的负整数是–128，即10000000。

由于0取补后还是0，其他数取补后从正数转为负数，或从负数转为正数，所以体现了二进制补码表示形式的一致性。它为计算机进行加减运算带来了设计上的方便。

在二进制补码的运算中，减法相当于取补后相加，如果相加后在最高位有进位，则简单地弃之了事。因此，二进制补码运算在计算机中没有减法。例如：

```
3-5 = 00000011-00000101
    = 00000011+11111011
    = 11111110
    = -00000010(2)
    = -2
```

在二进制补码中，有一种很有用的移位操作，8位二进制码的左移1位操作就是将最高位挤出，最低位补0。例如，6(00000110)左移1位后得到12(00001100)，即相当于6乘2等于12。

由于二进制整数左移1位相当于做乘2运算，所以，二进制补码的乘法在具体的操作

中都分解成了一系列的左移和加法操作。例如：

```
3×5 = 00000011×00000101
    = 00000011×00000001+00000011×00000100
    = 00000011 左移 0 位 + 00000011 左移 2 位
    = 00000011+00001100
    = 00001111
    = 15
```

同理，二进制整数做除以 2 运算相当于右移 1 位。所以，二进制补码的除法运算在计算机中都分解成了一系列的左、右移和加法操作。例如：

```
13÷3 = 00001101÷00000011
     = (00001100+00000001)÷00000011
     = 00001100÷00000011+00000001÷00000011
     = 00000100 余 00000001
     = 4
```

由于整数除法中结果没有小数，所以其除法也就是抛弃余数的整除法。读者必须明白实际实现的乘除法操作设计比这里描述的要复杂（☞参考文献[7]CH8）。

❑ 3.1.2 整型数表示范围（int Range）

整型的设计有多种形式，按表示的长度分，有 8 位、16 位和 32 位，以后还有 64 位，大型机还有 128 位，随着计算机的发展，整型数的位长也在增加。每一种长度都分为有符号（signed）和无符号（unsigned）两种，并且总是指定一种为默认类型，见表 3-1。

表 3-1 整型分类表

类　型	有符号形式	无符号形式	默　认
8 位	signed char	unsigned char	signed char
16 位	signed short int	unsigned short int	signed short int
32 位	signed int	unsigned int	signed int
32 位	signed long int	unsigned long int	signed long int

例如：

```
unsigned int x = 23;
int y = -67;                //等价于 signed int y = -67;
unsigned int z = -43;       //表示方式有错
```

值得注意的是，默认类型并不属于 C++标准，而是编译器的设定，有些 C++编译器的 char 默认为 unsigned char，而且其长度为 16 位。不过，目前流行的 C++编译器都是按表 3-1 所示默认的。不管怎样，所有的编译器均应满足 C++标准所规定的整数长度关系式：

```
char < short int < int < long int
```

表 3-2 是目前流行的 32 位编译器的各种整数类型表示范围一览表。

表 3-2　整型数表示范围

类　型	字节数	位数	表示范围		解　释
			下　限	上　限	
char	1	8	−128	127	$-2^7\sim(2^7-1)$
signed char	1	8	−128	127	$-2^7\sim(2^7-1)$
unsigned char	1	8	0	255	$0\sim(2^8-1)$
short int	2	16	−32768	32767	$-2^{15}\sim(2^{15}-1)$
signed short int	2	16	−32768	32767	$-2^{15}\sim(2^{15}-1)$
unsigned short int	2	16	0	65535	$0\sim(2^{16}-1)$
int	4	32	−2147483648	2147483647	$-2^{31}\sim(2^{31}-1)$
signed int	4	32	−2147483648	2147483647	$-2^{31}\sim(2^{31}-1)$
unsigned int	4	32	0	4294967295	$0\sim(2^{32}-1)$
long int	4	32	−2147483648	2147483647	$-2^{31}\sim(2^{31}-1)$
signed long int	4	32	−2147483648	2147483647	$-2^{31}\sim(2^{31}-1)$
unsigned long int	4	32	0	4294967295	$0\sim(2^{32}-1)$

❑ 3.1.3　编译器与整型长度（Compiler & int Length）

C++编译器在不同的计算机硬件上的表现是不同的。目前计算机主板上的主流 CPU 是 64 位的，而目前的 C++编译器版本则仍然是 32 位的，软件相对于硬件总是滞后的。所谓 32 位编译器，是指它能将程序源代码编译成最高为 32 位的 CPU 指令系统代码，或者更加直接地说，默认 int 类型的长度是 32 位。C++编译器过去曾是 16 位的，今天是 32 位的，那么自然，明天将是 64 位的。

32 位 C++编译器并非一定只能编译那些 32 位 CPU 指令系统的代码。为了兼容运行环境，32 位 C++编译器可以将代码编译成较低级别的指令系统。32 位 C++编译器还可以表示 64 位整型，C++ 11 标准规定 64 位整型名称为 long long。

例如，在 32 位编译器中，若将代码编译成 16 位机器指令系统，则：

```
int a = 327777;    //错，16 位机器指令表示的有符号整数最大只能为 32767
```

就不正确，而如将代码编译成 32 位机器指令系统，则上述语句就是合理的。为了使编写的程序具有可移植性，在各种机器指令环境下，或者说在各种操作系统环境下运行，都能得到唯一的结果，必须分辨编译器。上面那个定义语句若在低版本编译器编译，就应该写为：

```
long int a = 327777;
```

3.1.4 整数字面值（Integer Literals）

整数用具体的数值表示就是整数字面值。整数字面值遵循文法表示（☞附录 A.5）。

整数可以用十进制、八进制和十六进制数表示。编程时，用非 0 数字开头的数字序列表示十进制数，0 开头的数字序列表示八进制数，0X 或 0x 开头的数字和 ABCDEFabcdef 序列表示十六进制数。例如：

```
int a = 23;
long int b = 02345;
unsigned int c = 0x79fa;
```

整数字面值可以区分类型（长度），如果像上面这样朴素的整数字面值，则默认为 int 型整数，即 signed int 型；如果要表示 unsigned int 或者 long int，则可以在整数字面值后面加 U 或 L，大小写都可以。例如：

```
b = 02345L;          //long
c = 235u + 123u;     //unsigned
```

文法就是语法，C++语言都是由语法规定的。可以参考附录 A，以了解怎样学习文法。

语言的描述要受到实现的限制，即受到计算机发展技术的限制，受到编译器的限制。例如，文法中规定的整数字面值是非 0 数字开头的数字序列。但对序列的长度没有具体说明，其数字序列是递归定义的形式。

事实上，下面超过整数范围描述的字面值在各个计算机中有不同的解释：

```
int a = 1234567890123456789001234567890;
```

存储在 a 空间的值究竟是多少呢？C++标准告诉我们，当整数的表示在整型表示范围内时，任何编译器的理解是一致的，但当其超过了所表示的范围时，不同的编译器有不同的处理方式，因而，上述 a 的值是不可预料的。

例如，在 VC 编译器中，该语句报错，而在 BCB 编译器中，编译能通过，但输出的 a 是一个莫名其妙的数。而对 20 位长度的整数字面值，在 VC 中居然也通过了编译，但与 BCB 一样，其值是荒谬的。那是因为各个编译器对整数字面值（更确切地说，是 C++语言的词法单位）长度限制不同，超过一定的长度，就是错误；没有超过规定的长度，但超过了表示范围，虽合法但不合理。

3.1.5 整数算术运算（Integer Arithmetic Operations）

整数可以进行+、–、*、/、%、<<、>>、<<=、>>=、!、^、<、<=、>、>=、==、^=、&、|、&=、|=、&&、||、&&=、||=、!=、=、+=、–=、*=、/=、%=、++、––、,、?:等操作。其中有些是在整数之间做比较的，有些是在两个整数上面做算术运算的，有些是做位操作（☞CH4.5）的，有些是做赋值操作的。

+、–、*、/、%这五种操作是整数的算术运算。其中，“/”是整除运算，“%”是取余运算。例如，11%5=1。规定除数不能为 0，否则将导致运行错误。值得一提的是，余数的正负性决定于被除数的正负性，这与整除“/”操作所得结果的“负负得正”不同。例如：

```
11/(-5) = -2        -11/(-5) = 2        //结果符号遵循负负得正原理
11%(-5) = 1         -11%(-5) = -1
```

3.2 整数子类（int Subtypes）

3.2.1 字符型（char Type）

ASCII 码有 128 个字符，其中，ASCII 值（即字符的整数值）0～31 和 127 为不可见字符。不可见字符也称控制字符。直接表示可见的 ASCII 字符（即字符的字面值）是用单引号括起来的单个字符。例如，'a'，'x'，'?'，'$'等。除了这种形式的字面值外，C++还允许使用一种特殊形式的字面值，即以“\”打头的格式字符，称为转义字符（escape character）。

经常用的不可见字符就是用一个转义符后跟一个专门的字符表示。例如，换行符用 '\n' 表示。有些符号虽可见，但表示上有时与语法发生冲突，也用转义符委婉表示。例如，单引号字符表示为'\''，不能表示为'''；字串"I say "OK""应写为"I say \"OK\""。可见字符在知道其 ASCII 值的前提下也可以用转义字符的形式表示，例如，'A'的 ASCII 码为 65，也可用转义字符 '\101' 或 '\x41' 表示，即表示为转义符后跟去掉前导 0 的八进制或十六进制数。表 3-3 列出了一些转义字符。

表 3-3　C++转义字符

字符形式	整数值	代表符号	字符形式	整数值	代表符号
\a	0x07	响铃 bell	\"	0x22	双引号
\b	0x08	退格 backspace	\'	0x27	单引号
\t	0x09	水平制表符 HT	\?	0x3F	问号
\n	0x0A	换行 return	\\	0x5C	反斜杠字符\
\v	0x0B	垂直制表符 VT	\ddd	0ddd	1~3 位八进制数
\r	0x0D	回车	\xhh	0xhh	1~2 位十六进制数

字符型是针对处理 ASCII 字符而设的。字符型在表示方式和操作上与整数吻合，在表示范围上是整数的子集。它由一字节（8bit）组成，所以只能表示 256 个状态值。由于 ASCII 码有 128 个字符，所以可以用 signed char（即 char）中的所有正数表示所有 ASCII 码值，而负数表示非正常状态，以示区别。由于它可以看作为整数的子集，所以其运算可以参与到整型数中去，只要不超过其范围。例如：

```
char a = 31;
int b = a + '\a';              //31+65=96
```

然而它与整数毕竟还是有区别的，最大的区别是在输出方式上，字符型的输出不是整

数，而是该整数所代表的ASCII码字符。例如：

```
int a = 65;
char b = 65;
cout<<a<<" "<<b<<end;   //虽然其值都为65，但其结果为65 A
```

值得注意的是，有些地方和机器环境用的不是ASCII码。ASCII码并不是终极标准。因此，为了代码可移植，不要用数字对字符变量进行赋值，应以字符字面量对字符变量进行赋值。例如，对于程序f0206.cpp，请不要像下面这样编程：

```
//======================================
//f0301.cpp
//请用字符不用ASCII码
//======================================
#include<iostream>
using namespace std;
//--------------------------------------
int main(){
  for(int i=1; i<=10; ++i){
    cout<<string(10-i,' ');
    for(char ch='A'; ch<=64+2*i; ++ch)    //64+2*i应写成'A'+2*i-1;
      cout<<ch;
    cout<<endl;
  }
}//======================================
```

3.2.2 枚举型(enum Type)

枚举型是对整数区间的自定义类型，用户须为区间中的值取名。例如：

```
enum Week{ Mon, Tue, Wed, Thu, Fri, Sat, Sun };
```

因此，枚举Week是一个类型。

定义枚举时，其大括号中的名称代表某个整数值，默认时，第一个名称对应整数0，第二个对应1，以此类推。因此，Week中，Mon=0，Tue=1，…，Sun=6。也可以人为规定。例如：

```
enum Color{ Red=5, Green, Yellow, Blue=20, Orange };
```

则表示Green对应整数值6，Yellow对应7，Orange对应21。

枚举的整数区间为包含头尾整数取值的最小2的幂次值。因此，对Week取值范围[0，6]来说，$2^0-1\leqslant 0$，$6\leqslant 2^3-1$，所以，Week的整数区间为[2^0-1，2^3-1]。对Color取值范围[4，31]来说，$2^2-1\leqslant 4$，$31\leqslant 2^5-1$所以，Color的整数区间为[2^2-1，2^5-1]。枚举变量在该整数范围内取值和运算都是合理的。例如：

```
Week day = 7;
Color color = Orange+day;     //28
```

然而，对于超过枚举范围的赋值行为就是不确定的了。定义枚举时的最大取值不能超过整型的最大值。

枚举定义中大括号中的名字称为枚举符，全体枚举符作为整型数的一个子集，可以直接参加整数所应该享受到的运算。因此，枚举符可以脱离枚举变量的定义而使用。例如：

```
enum Week{ Mon, Tue, Wed, Thu, Fri, Sat, Sun };
if(a==Mon) cout<<"Mon\n";
```

枚举符一旦定义则不能改变。所以它常常代替整数常量使用。这才是语言中设计枚举的真实意图。有时候甚至比整数常量还管用，因为在进入函数调用或其他模块时，常量需要初始化，而枚举却是一种类型，无须定义其实体，便可以直接使用其枚举符。

❑ 3.2.3 布尔型（bool Type）

整数 1 和 0 两个值构成了布尔型的表示范围。相当于：

```
enum bool{ false, true };
```

只有两个整数的类型，其范围偏窄了一些，但是用它表示逻辑的 true 和 false，却可以表达千千万万的真假命题。C++表达式值的大小比较、条件的真假判断，还有一切逻辑推理（运算）的结论都可以用布尔型值表示（☞CH4.4）。

用任何非 0 整数给布尔型变量赋值时，其值都为 1，甚至非整数的其他类型，只要非 0，其值也是 1。因此：

```
bool a = 3;     //a为true
bool b = 1;     //b为true
bool c = a+b;   //c为true (1+1=2, 2为非0, 即1,其间不做模2运算)
bool d = a-b;   //d为false (不是3-1, 而是1-1)
```

布尔型的输出形式可以选择，默认为整数 1 和 0，如果要输出 true 和 false，则可用输出控制符：

```
cout<<boolalpha<<d<<endl;   //输出结果为: false
```

3.3 浮点型（float Type）

现实世界是丰富多彩的，用数学方法描述问题，仅用整数，而且是用计算机所能包含的这么一点局限的整数表示范围实在是太局促了。因此在计算机的基本设计中，还包括浮点数（floating-point number）。浮点数因为内部表示特殊，所以其操作不同于整数，能够表示的大小范围比同样大小空间表示的整数大很多，在两个连续的整数之间也能表示许多较为精细的数值。但是，有得必有失，浮点数的有效位数就不如整数了，即无法表示在若干位数之后的细部。不管怎么说，它还是与整数在对现实问题的抽象描述中互补。

3.3.1 浮点数表示（Floating-Point Number Representation）

1 十进制浮点数

在十进制数中，通常一个浮点数可以用科学记数法表示。例如，–306.5 可以写成 -0.3065×10^3。其中，–是符号，指数 3 为阶或称阶码，0.3065 是小数部分，其左右端非 0 数字包起来的最长的数字序列称为有效值（significance），这里的有效值是 3065。小数部分也称为尾数，显然 3065 也是尾数（mantissa）。之所以称之为浮点数，是因为它也可表示成 -3.065×10^2，以及 -0.03065×10^4 等，小数点可以左右“浮动”。但不管小数点怎么移动，有效值不变，都是 3065，不过其尾数会随着小数点的移动而变化，或为 065，或为 03065。于是，如果两个浮点数要相加，就先要通过小数点的左右浮动，将阶码对齐，然后进行尾数相加。例如：

```
  0.0365×10³ + 6.78×10²
= 0.365×10² + 6.78×10²
= 7.145×10²
```

为了使有效值和尾数能够统一，在数值表示上具有唯一性，在空间表达上更具效率，即以一定长度的尾数表示尽可能多的有效值，有必要将所有浮点数规格化(normalization)，即浮点数通过调整阶码，写成小数点前不含有效数字，小数点后第 1 位由非 0 数字表示。例如，–306.5 规格化为 -0.3065×10^3。

2 十进制浮点数转换成二进制浮点数

在计算机内部，浮点数都是以二进制表示的，所以，对于十进制浮点数，要先转换为二进制浮点数。以手工方式操作，转换分两步：整数部分的转换，采用“除 2 取余法”（☞CH3.1.1）；小数部分的转换，采用“乘 2 取整法”，即对被转换的十进制小数乘以 2，取其整数部分（0 或 1）作为二进制小数部分，然后取其小数部分，再乘以 2，又取其整数部分作为二进制小数部分，然后又取其小数部分，再乘以 2，直到小数部分为 0 或者已经取到了足够位数。每次取的整数部分，按先后次序，构成了二进制小数从高位到低位的数字排列。例如：

```
0.8125 = 0.1101(2)
```

转换的具体步骤为：

```
0.8125×2    =1.625     0.1
0.6250×2    =1.250     0.11
0.2500×2    =0.500     0.110
0.5000×2    =1.000     0.1101
```

有时候，在转换中，二进制小数的某些位会周而复始地重复，以致无穷。由于计算机的表示是有限的，所以在计算机内，只能截取到某个精度，而在文字描述时，对重复的部分，其两端数字各用一个着重号表示该段数字的重复。例如：

$$0.6 = 0.100110011001\cdots_{(2)} = 0.\dot{1}00\dot{1}_{(2)}$$

转换的具体步骤为：

```
0.6×2     =1.2     0.1
0.2×2     =0.4     0.10
0.4×2     =0.8     0.100
0.8×2     =1.6     0.1001
```

下一步是 0.6×2，又回到了开始转换的第一行。这说明 $0.6=0.100110011001\cdots_{(2)}$是个有无穷循环小数位的二进制浮点数（意味着在计算机内部无法精确表示）。

3 二进制浮点数的尾数及规格化

一旦十进制浮点数转换成二进制浮点数后，就要像十进制数那样，对二进制数规格化，以便用计算机表示。二进制浮点数规格化是通过调整浮点数的阶码使得该数的有效值在 1 与 2 之间，即二进制浮点数的整数部分为 1。例如：

$$0.8125 = 0.1101_{(2)} = 1.101\times2^{-1}$$

在计算机内部，浮点数是以国际标准 IEEE 754 的形式表示的。该标准将二进制浮点数分成三段，第一段是符号段，它总是占 1 位；第二段是阶码段；第三段是尾数段。例如，在 32 位浮点数（对应 C++的 float 类型）中，符号段占 1 位，阶码段占 8 位，尾数段占 23 位。在 64 位浮点数（对应 C++中的 double 类型）中，阶码段占 11 位，尾数段占 52 位，见图 3-1。

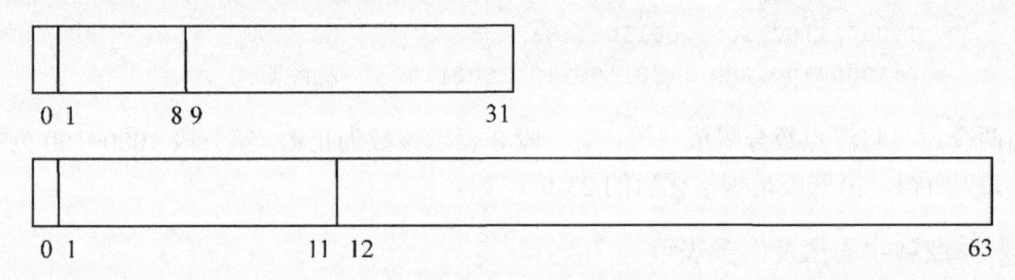

图 3-1　二进制浮点数格式

如果二进制浮点数像十进制浮点数那样规格化，即要求小数点后第 1 位非 0，那么，其小数点后的第 1 位的非 0 值只能为 1，它构成了浮点数尾数的一部分，在计算机内部占去了表示精度的宝贵的 1 位。由于这样表示的结果使得小数第 1 位总是 1，何不将该位挪前，增加 1 位有效位呢？因此，二进制浮点数的规格化不同于十进制浮点数。例如，在 32 位浮点数表示中：

$$\begin{aligned}0.6 &= 0.1001_{(2)}\\ &= 1.0011,0011,0011,0011,0011,010\times2^{-1}\end{aligned}$$

它比老老实实表示的 23 位尾数 0.1001,1001,1001,1001,1001,101 多了一位精度。而在具体实现中，抹掉规格化的 1，将尾数写入二进制浮点数；又将二进制浮点数的尾数取出，在头上添上 1，重新构成二进制规格化数。因此，23 位尾数加上省略的一位，其精度或有效位却是 24 位。

4 二进制浮点数的阶码

二进制尾数的规格化表示提高了一位精度，但是牺牲了浮点数 0 的常规表示，因为规格化要求小数点前面一位必须是 1，所以，即使机内码整个尾数部分都为 0，其浮点数的有效值也为 1。但是，0 参与浮点数运算是必不可少的，因此就有 0 在浮点数中如何表示的问题。

标准 32 位浮点数（单精度）规定（64 位浮点数，即双精度浮点数，可以此类推），浮点数的阶码为 8 位，阶值在–126～127；另外两个值，–127 和–128 用来表示特殊浮点数。其中–127 表示阶码为–126 的非规格化数，非规格化数就是不做规格化的二进制浮点数，也就是说，有效值不省略小数点前面的 1，只用 23 位尾数。因为 0 乘上任何 2 的阶数都为 0，所以，当非规格化数的尾数全 0 时，该数就是浮点数 0（前提是阶码为–127）。另外，当阶码为–128 时，表示的数是非法操作的数（称其为 NaN，即 Not a Number 之意）或者±∞，这种数一般起因于除 0 操作、0 的 0 次方，或者运算结果超过了浮点数所能表示的范围。C++编译器的策略一般是，运行中碰到这种数时，激活一个异常或者唤醒一个溢出中断而停止运行。

为了使浮点数 0 与整数 0 统一，即位码全 0 表示 0。标准单精度浮点数对所有规格化和非规格化二进制数阶码一律做+127 的偏移操作。而在取出该浮点数时，再做一个–127 的逆操作。例如：

```
35.6 = 100011.1001(2)
     = 1.00011100110011001100110×2^5
     = 0,10000100,00011100110011001100110    //机内表示
```

其中用两个逗号将浮点数分隔成三段，第一段 0 表示该数为正数，第二段 10000100 为指数 5 加上 127 所得，第三段是规格化后的 23 位尾数。

5 浮点数字面值及内部表示

浮点数字面值的书写格式在 C++语言的文法中有规范的表示（☞附录 A.6）。浮点数既可以表示为定点方式（非指数方式），例如 35.623，也可以表示成科学记数法（指数方式），例如 0.35623e+02，意即 0.35623 乘上 10 的 2 次方。直接写出的浮点数字面值，默认为 double 型，如果要表示成 float 型，则要在浮点数后面加上字母 F 或 f，如果要表示成 long double 型，则要在浮点数后面加上字母 L 或 l。例如：

```
float f1 = 19.2f;
float f2 = 0.192e+02;            //将 double 数转换为 float
double d1 = 19.2;
double d2 = 0.192e+02f;          //将 float 数转换为 double
long double ld1 = 19.2L;
long double ld2 = 0.192e+02;     //将 double 数转换为 long double
```

三种不同精度的浮点数表示同一个十进制浮点数 19.2，其位码分别为：

```
单精度: 0,10000011,00110011001100110011010
双精度:0,10000000011,0011001100110011001100110011001100110011001100110011
长双精度: 0,100000000000011,1001100110011001100110011001100110011001100
         11001100110011010
```

注意，单精度浮点数尾数的最后，有一个进位问题。因为舍去的是 1，按四舍五入规则，要进位，所以最后三位的 001 加 1 变成了 010。双精度浮点数尾数的最后，同样有一个仅为问题。因为舍去的是 0，所以舍之不进位。于是就造成了 19.2 这个小数，如果赋给 float 变量，则大于 19.2，如果赋给 double 变量，则小于 19.2。

在理解了计算机内部是如何表示浮点数之后，我们便可以用程序的方法查看单精度浮点数的二进制位码了（双精度和长双精度数类推），见下列程序代码：

```
//======================================
//f0302.cpp
//浮点数的位码
//======================================
#include<iostream>
using namespace std;
int main(){
  float f=19.2F;
  int* pa = (int*)&f;
  for(int i=31; i>=0; i--)
    cout<<(*pa>>i & 1)<<(i==31||i==23 ? "-":"");
  cout<<"\n";
}//======================================
```

窥探浮点数的计算机内部表示，没有专门的数据类型表示其操作，这里采用对存储空间逐位判断的方法查看位码，用到了两种超前技术：一种是指针技术（☞CH3.7）；另一种是位操作（☞CH4.5）。

❑ 3.3.2 浮点型表示范围（Floating-PointType Ranges）

对于单精度浮点数来说，由于阶码有 8 位，可以表示正负指数。当尾数取到全 1 再加上小数点前面的 1，阶码取到最大为 127 时，浮点数取到正负数的最大值：

$$
\begin{aligned}
&\pm 1.11111111111111111111111 \times 2^{127} \\
&= \pm(2 - 2^{-23}) \times 2^{127} \\
&\approx \pm 2^{128} \\
&\approx \pm 3.4 \times 10^{38}
\end{aligned}
$$

那么，单精度浮点数表示的最接近于 0 的实数是什么呢？其精度又是多少呢？

对于规格化数，当尾数全为 0，阶码为-126 时，最接近于 0 的数，其值为 $2^{-126} \approx \pm 1.2 \times 10^{-38}$。

其有效位数由尾数表示，有 24 位，即精度有二进制的 24 位，又因为 $2^{24} \approx 1.7 \times 10^{7}$，所以精度相当于十进制的 7 位。也就是说，十进制数，阶码在±38 之内，有效位数在 7 之内，

其单精度浮点数都能精确表示。

对于非规格化数，即阶码为–127，表示 2^{-126}，当尾数为 0.00000000000000000000001 时，最接近于 0，其值为 $2^{-23-126}=2^{-149}\approx1.4\times10^{-45}$，但是该数的精度只有 1 位！因此，单精度浮点数最接近于 0 的数由非规格化的特殊浮点数所表示，约为 $\pm1.4\times10^{-45}$。非规格化数只能象征性地表示最接近于 0 的数，因为其精度表示差。

到了 long double，浮点标准不再为那 1 位精度优化，不分规格化与否，所以表示范围直接由 $0.11111\cdots1\times2^{16383}\approx5.9\times10^{4931}$ 得到，最近 0 数直接由 $0.0000\cdots1\times2^{-16383}\approx9.1\times10^{-4952}$ 得到。表 3-4 是 C++中浮点类型的一些说明。

表 3-4　浮点类型说明

类型 类别	float	double	long double
说明	单精度	双精度	长双精度
位数	32 位	64 位	80 位
长度	4 字节	8 字节	10 字节
表示范围	$\pm3.4\times10^{38}$	$\pm1.8\times10^{308}$	$\pm5.9\times10^{4931}$
规格化近 0 数（保证精度）	$\pm1.2\times10^{-38}$	$\pm2.2\times10^{-308}$	$\pm9.1\times10^{-4952}$
非规格化近 0 数	$\pm1.4\times10^{-45}$	$\pm4.9\times10^{-324}$	
阶码	8 位	11 位	15 位
尾数	23 位	52 位	64 位
二进制有效位数	24 位	53 位	64 位
十进制有效位数	7 位	15 位	19 位
规格化数阶值范围	–126～127	–1022～1023	–16383～16383
非规格化数阶值	–127	–1023	
NaN 阶值	–128	–1024	–16384

3.4　C-串与 string（C-strings & string）

3.4.1　C-串（C-strings）

在 C++中，有两种字符串，一种是从 C 沿袭过来的，称为 C-字符串，简称 C-串。C-串是以一个全 0 位（整数 0）字节作为结束符的字符序列。该全 0 字节既是 8 位的整数 0，也是 ASCII 码的 0。C-串还称为 ASCIIZ 串（即 ASCII 字符序列加上尾巴 Zero）。

'H'	'e'	'l'	'l'	'o'	'!'	0

图 3-2 “Hello!”的存储形式

C-串也是字符串字面值，其格式为双引号括起来的字符序列。例如，我们前面用到的“Hello!”。它在空间中的存储形式为图 3-2 所示。

很显然，C-串的空间长度为字符串长度加 1。如果要将 C-串放入字符数组，则元素个数非比字符数多 1 不可。例如：

```
char buffer[7]="Hello!";    //若为 char buffer[6]="Hello!";则为错误!
```

我们知道，字符字面值的类型为 char，那么 C-串又是什么类型呢？

C-串的类型为 char*，说得更精确一点，是 const char*。事实上，所有的字面值类型都是 const 的。char*称为字符指针，它与字符数组虽然类型不同，但操作上是一样的，都表示 C-串的起始地址。

❑ 3.4.2 字符指针与字符数组（char Pointers & char Arrays）

指针是表示内存空间位置的存储实体（☞CH3.7）。字符指针就是所指向的空间位置上的值，当作字符操作的类型。例如：

```
char* str="Hello";
cout<<*str<<endl;    //显示 H
cout<<str<<endl;     //显示 Hello
```

str 是字符指针。*str 是字符指针的间接引用。即，若 str 指向“Hello”的首地址，则*str 表示该地址代表的空间上的值——'H'。

输出字符指针就是输出 C-串。所以输出 str 时，便从'H'字符的地址开始，输出所有字符直到遇到 0。输出字符指针的间接引用，就是输出单个字符。所以输出*str 时，便输出 str 所指向的字符'H'，见图 3-3。

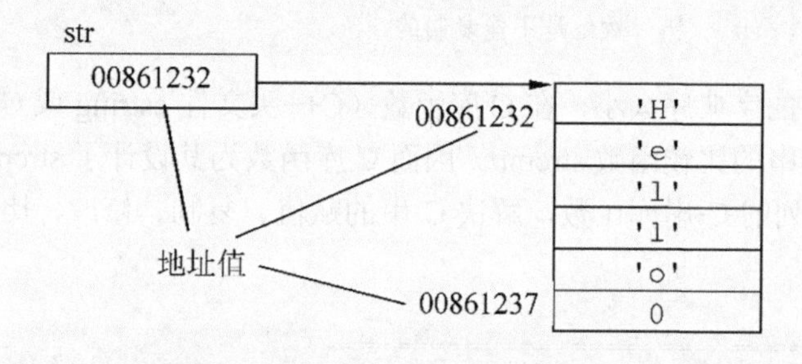

图 3-3　*str 指针示意图

由于 C-串是字符指针，所以比较两个 C-串就是比较两个字符指针，即存储地址的比较。比较两个相同 C-串的时候，会因空间存储位置的不同而不同。而且，分别存储两个相同 C-串的字符数组，其数组比较也会是不相同的。例如：

```
//=====================================
//f0303.cpp
//C-串比较的错误方式
//=====================================
#include<iostream>
using namespace std;
//-------------------------------------
int main(){
  cout<<("join"=="join" ? "" : "not ")<<"equal\n";
```

```
  char* str1="good";
  char* str2="good";
  cout<<(str1==str2 ? "" : "not ")<<"equal\n";
  char buffer1[6]="Hello";
  char buffer2[6]="Hello";
  cout<<(buffer1==buffer2 ? "" : "not ")<<"equal\n";
}//====================================
```

```
E:\ch03>f0303↙
not equal
not equal
not equal
```

还有C-串的复制问题：

```
char* str1="Hello";
char* str2=str1;  //意味着str1与str2共享"Hello"空间
```

数组复制干脆告禁：

```
char a1[6]="Hello";
char a2[6]=a1;   //错：数组是不能复制的
```

为了比较C-串的字典序大小，在C库函数（C++头文件cstring或C头文件string.h）中，专门设计了C-串的比较函数strcmp。因而C库函数为其设计了strcpy函数。总之，C库函数设计了一系列的C-串库函数，解决C-串的赋值、复制、修改、比较、连接等问题。例如：

```
//====================================
//f0304.cpp
//C-串操作
//====================================
#include<iostream>
#include<string>
using namespace std;
//------------------------------------
int main(){
  char* s1 = "Hello ";
  char* s2 = "123";
  char a[20];
  strcpy(a, s1);                                    //复制
  cout<<(strcmp(a,s1)==0 ? "" : "not ")<<"equal\n";    //比较
  cout<<strcat(a, s2)<<endl;                        //连接
  cout<<strrev(a)<<endl;                            //倒置
```

```
  cout<<strset(a, 'c')<<endl;                          //设置
  cout<<(strstr(s1, "ell") ? "" : "not ")<<"found\n";   //查找串
  cout<<(strchr(s1,'c') ? "": "not ")<<"found\n";       //查找字符
}//======================================
```

```
E:\ch03>f0304↙
equal
Hello 123
321 olleH
ccccccccc
found
not found
```

这些库函数的操作，默认在 string.h 的头文件中。

strcpy 读作 string copy，其函数声明为：

```
char* strcpy(char* x1, char* x2);
```

该函数将 x2 字串复制到 x1 所在位置，不论 x1 字串先前是什么内容，复制之后都将被所复制内容所覆盖。

拷贝函数被调用之后，返回 x1 参数的首地址，目的是让调用结果可以直接参加之后的字串操作。

由于 x2 字串的长度可能比 x1 字串空间要长，所以 strcpy 的使用并不安全，需要编程时谨慎考虑。如果 a 字符数组的长度为 3（少于 s1 的长度），则执行 strcpy(a, s1)会让紧挨 a 数组的邻近内存空间也被修改，导致不可预料的运行错误。

f0304.cpp 中的 strcpy 函数调用，将使得 a 字符数组的内容变为：

H	e	l	l	o		0	x	x	x	x	x	x	x	x	x	x	x	x	x

字串"Hello "覆盖之后，以整数 0 标志字串的结束，其后的空间内容并没有被修改，以 x 表示原来的数据。

strcmp 读作 string compare，其函数声明为：

```
int strcmp(char* x1, char* x2);
```

它表示 x1 串与 x2 串进行字典序比较。如果 x1 小则返回值为负数；如果 x1 大，则返回非 0 正数；如果两者相等，则返回 0。

因为 a 串与 s1 串虽然分处于不同空间，但值相同，将其作为参数调用 strcmp 时，返回值为 0，所以我们看到程序运行结果第一行为 equal。

strcat 读作 string concat，其函数声明为：

```
char* strcat(char* x1, char* x2);
```

它将 x2 字串的内容接在 x1 字串之后，或者说，将 x2 字串复制到 x1 字串结束处。所返回的 x1 字串让处理结果可以直接参加之后的操作。

显然，该调用会引起 x1 字串加长，或者说，结束符 0 的位置移后。在 x1 字串之后所

余自身空间不足以接纳 x2 字串时，调用操作将不安全。

strrev 读作 string reverse，其函数声明为：

```
char* strrev(char* x);
```

它将 x 字串倒过来，并改变原来的存储，同时直接将结果字串返回，以便于其后的操作。所以调用 strrev(a)之后，将字串"Hello 123"变成了"321 olleH"。

strset 读作 string set，其函数声明为：

```
char* strset(char* x, char b);
```

它将 x 整个字串的每个字符都用 b 字符来取代，并将 x 作为结果返回。因此执行了 strset(a,'c')之后，a 字串变成了"cccccccc"。

strstr 读作 string substring，其函数声明为：

```
int strstr(char* x, char* s);
```

该函数在 x 字串中查找 s 字串。若找到，则返回整数 1，否则返回整数 0。

strchr 读作 string char，其函数声明为：

```
int strchr(char* x, char b);
```

该函数在 x 字串中查找 b 字符。若找到，则返回整数 1，否则返回整数 0。

在头文件 string.h 中，还有其他一些常用的 C-串库函数，通过编译器的帮助功能可以搜索到相关的函数。

❑ 3.4.3 string

string 是 C++的 STL 提供的一种自定义的字串类型，它可以方便地执行 C-串所不能直接执行的一切操作。它处理空间占用问题是自动的，需要多少，用多少，不像字符指针那样，提心吊胆于指针脱钩时的空间游离。它可从 C-串转换得到，还可以从内部“提炼”出 C-串……。string 本身就是针对方便字串操作来设计的。例如：

```
//=====================================
//f0305.cpp
//=====================================
#include<iostream>
#include<string>
#include<algorithm>
using namespace std;
//-------------------------------------
int main(){
  string a, s1 = "Hello ";
  string s2 = "123";
  a = s1;                                           //复制
  cout<<(a==s1 ? "" : "not ")<<"equal\n";           //比较
  cout<<a+=s2<<endl;                                //连接
  reverse(a.begin(), a.end());                      //倒置串
```

```
    cout<<a<<endl;
    cout<<a.replace(0,9,9,'c')<<endl;                    //设置
    cout<<(s1.find("ell")!= -1 ? "" : "not ")<<"found\n"; //查找串
    cout<<(s1.find('c')!= -1 ? "": "not ")<<"found\n";    //查找字符
}//==================================
```

其运行结果与 f0304.cpp 相同。

需要注意的是，string 资源和 string.h 不是一回事。string 资源是指 string 字串应用，string.h 头文件是指 C-串操作的库函数集合。因为 string 头文件总是自动包含 string.h 头文件，所以，在 C-串应用中，包含了 string 头文件等于包含了 string.h。

定义 string 实体的原始形式与定义整型变量一样。例如：

```
int a = 35, b;
string s = "Hello", t;
```

它定义了一个初始化了的整型 a 变量和一个未初始化的 b 变量。同样也定义了一个初始化了的 string 型 s 实体和一个未初始化的 t 实体。

string 还可以有参数化的定义方式。例如：

```
int a(35);
string s("Hello");
string t(15, 'H');
string u(15);
```

string 型 s 实体的定义依据字串参数而将 s 初始化成"Hello"，就像整型 a 变量以 35 初始化那样。string 型 t 实体初始化中有两个参数，第一个参数表示重复度，第二个参数表示重复字符。依据其意义， t 中以 15 个'H'字符构成一个字串。string 实体定义中的初始化，是依据其参数类型的不同而分别操作的，当只有一个整数参数时，表示重复若干个空格的字串 string 型 u 实体中以 15 个空格字符构成一个字串。

字符指针操作字串时，直接比较字符指针是无法进行字串内容比较的，f0303.cpp 已经说明了这个问题。而 string 型字串可以直接进行字串内容的相等比较。例如代码 f0305.cpp：

```
cout<<(a==s1?"":"not ")<<"equal\n";
```

就能得到"equal"的结果。

string 实体还能用+进行字串拼接操作，用+=进行附加式字串拼接操作。例如代码 f0305.cpp 中的 a+=s2 便是赋值表达式，它使 a 实体和表达式本身都变成了"Hello 123"。

string 类型自身是没有字串逆反操作的，但是通过 C++的 STL 库中的 reverse 函数，便可以实现字串的逆反。reverse 函数包含在资源 algorithm 中，它的两个参数以一头一尾的形式描述一个容器的一个区间，其功能是将该容器中一头一尾区间内的所有元素颠倒位置。string 实体也是一种容器，其一头一尾的标准表示就是对其实体做 begin()和 end()操作。对于 string 实体 a 的内容原来为"Hello 123"，做了 reverse(a.begin(), a.end())函数调用后，其 a 的内容变成了"321 olleH"。由于 reverse 操作不返回颠倒位置后的内容结果，所以为了查看颠倒结果，需要对 string 实体 a 进行单独输出。

从表示 string 实体 a 的头尾位置的 a.begin()和 a.end()操作，我们看到了 STL 中的操作

往往都是一定类型的实体捆绑某个操作（函数调用）的行为。这也是在解释整型实体往往称为变量，因为其只有数值的单纯变化。而 STL 实体往往涉及多个分量变化，而且有诸多捆绑的操作。

string 中有 replace 操作。它可以将由下标规定的字串区间用重复一定个数的字符来替换。a.replace(0,9,9,'c')是表示 a 字串从下标 0 开始，长度是 9 的子串用 9 个'c'字符代替。由于 a 字串本来就 9 个字符长，所以就是将字串中所有 9 个字符用'c'字符代替。因为它返回实体在操作之后的结果，所以直接用 cout 输出将看到替换后的结果。

string 中也有 find 操作。当它以 C-串为参数时，返回是否找到该参数描述字串的逻辑值；当以字符为参数时，返回是否找到该参数描述字符的逻辑值。

string 还有其他的操作，如各种搜索操作、插入操作、取长度、删除字符、删除字串、判断空串等。string 与 C-串具有很好的亲和性，C-串可以直接赋值给 string 实体。string 长度可伸缩，比字符数组灵活得多。由于通过字符指针来操作字串，是人为操纵所指向的字串空间，因此，它会导致许多编程中的低级错误。这些错误的排查，需要各种经验，成为程序员晋级的重要障碍。例如：

```
char* str1;
char* str2 = new char[5];
strcpy(str2, "ugly");
strcpy(str1,str2);              //错：str1 没有空间可储
strcpy(str2, "Hello");          //错：str2 空间不够
str2 = "Hello";                 //原来的"ugly"空间脱钩，导致内存泄漏
```

因此，操作字串，string 比之 C-串（字符指针），既优雅又灵活，唯一的缺点是，在大量的字符处理中，性能上略逊于字符指针，所以在 ACM 程序设计竞赛中，多以字符指针处理字串。而在入门阶段，string 之于初尝编程快感，且衔接于后继的抽象编程，C-串之于体验内部存储实现，两者互为参照，缺一则憾。

❑ 3.4.4 string 与 C-串的输入输出（string & C-string I/O）

IO 流对 string 串和 C-串都能完美识别，读入 string 串与读入一行 string 串略有区别，同样，读入 C 字串与读入一行 C-串也略有区别。下面这行文字的输入，可以来自文件，也可以来自键盘，总之是带有回车的有若干空格的字符序列：

```
Hello, How are you? ↙
```

则可通过循环读入单词操作将内容输送到变量中，直到读不到数据（缓冲区读完，并且没有数据接续，则流状态变成 false）：

```
for(string s; cin>>s;)          //用 string 串
  cout<<s<<" ";
cout<<endl;
```

或者：

```
for(char a[10]; cin>>a;)        //用 C-串
  cout<<a<<" ";
cout<<endl;
```

cin>>的读入方式总是将前导的空格（所谓空格，即包括空格、回车、水平或垂直制表符等）滤掉，将单词读入，当遇到空格时结束本次输入。

也可以通过 getline 将其一次性地输入：

```
string s;
getline(cin, s);                    //string 串的读入一行
cout<<s<<endl;
```

或者：

```
char a[40];
cin.getline(a, 40);                 //C 串的读入一行
cout<<a<<endl;
```

注意两者使用 getline 格式上的差异。getline 总是将行末的回车符滤掉。在本次输入中没有什么影响，但若有许多行，且行中还夹杂着其他类型的数据时，借助于 getline 然后再逐个分解行中各数据是简明的，了解这一点很重要！

如果是逐个字符输入，那应如何呢？见下列代码：

```
for(char ch; (ch=cin.get())!='\n';)
  cout<<ch;
cout<<endl;
```

要注意的是，上面分别用了字符数组和 string 两种操作的方式，边比较，边学习 string 的使用方法。

3.4.5 string 流（string Streams）

如果一个文件 aaa.txt，有若干行，不知道每行中含有几个整数，要编程输出每行的整数和，该怎么实现？

由于 cin>>不能辨别空格与回车的差异，因此只能用 getline 的方式逐行读入数据到 string 实体中，但在 string 实体中分离若干个整数还是显得有点吃力。一个好的方法是用 string 流：

```
//=====================================
//f0306.cpp
//整行读入再分解读入
//=====================================
#include<iostream>
#include<sstream>
#include<fstream>
using namespace std;
```

```
12 3 45 67 8 9
56 232 12 23
12 1
8
1212 2312
```

aaa.txt

```
//--------------------------------------
int main(){
  ifstream in("aaa.txt");
  for(string s; getline(in, s);){
    int a, sum=0;
    for(istringstream sin(s); sin>>a; sum += a); //用 string 流分解 s 串的整数
    cout<<sum<<endl;
  }
}//======================================
```

```
E:\ch03>f0306↙
144
323
12
8
3524
```

说实话，该程序编得有点放肆。本该将 istringstream sin(s)单独占一行的，结果非但不然，还将 sum+=a 都缩到循环结构描述的步长部分中去了。这样一来，循环体便为空了，于是，for 循环的描述部分后面加上分号便自成独立的语句，但它确实能够完成累计工作。作为单独的循环，最后的“;”还是不能忘记的！因为程序小，所以可读性还不到受伤害的地步，请读者也来见识一下这种风格。

istringstream 是输入 string 流，它在 sstream 资源中说明。该语句类似文件流操作，只不过创建 sin 流时，其参数为 string 对象。它是将 string 的实体看作是一个输入流，因而，sin>>a 即是从 string 流中输入整数到 a 中，输啊输，一直输到 string 中的最后一个整数！

string 流很有用，有时候要将内容先逐个输出到 string 中，最后才根据计算结果来编排输出格式。这时候，用 string 流就很管用。

由于 string 可以很方便地修改、复制、插入、删除、拼接、比较等，所以在输入/输出流中，还能够进一步编辑流的格式，对于程序处理的统一性、方便性带来了莫大的好处。

getline 函数的返回是流状态，通过其可以判断文件是否还有数据行可读。

在 C++的早些时候，用 C-串流比较多，定义方式与 string 流不同，它在头文件 strstream 中说明，因为使用 C-串流的历史也不长，况且如今 C++标准已经走得很远了，所以不应再回头去用那个迂腐的东西。

3.5 数组（Arrays）

3.5.1 元素个数（Number of Elements）

数组定义的格式为：

```
类型名 数组名[常量表达式];
```

常量表达式表示数组的元素个数，并不表示最大下标值。例如：

```
int a[5];
```

则表示可以访问的元素为a[0]～a[4]。但不能访问a[5]，见图3-4。

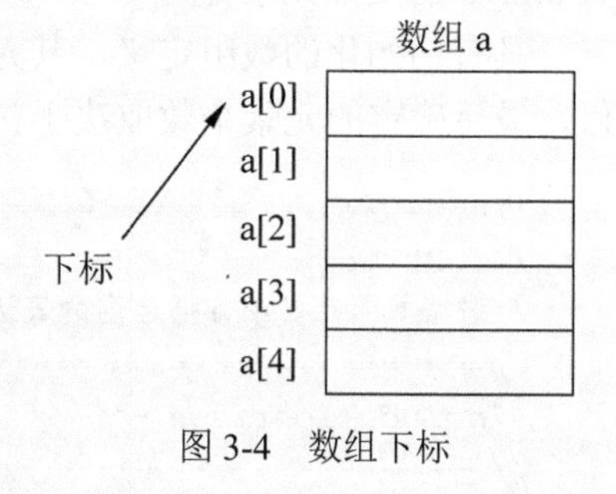

图3-4　数组下标

常量表达式的值只要是整数或整数子集就行。例如：

```
int a['a'];   //表示 int a[97];
```

数组定义是具有编译确定意义的操作，它分配固定大小的空间，就像变量定义一样的明确。因此元素个数必须是由编译时就能够定夺的常量表达式。下面这样的数组定义有问题：

```
int n=100;
int a[n];   //错：数组元素个数必须是常量
```

虽然，根据上下文，编译似乎已经知道 n 的值，但编译动作因变量性质而完全不同。变量性质就是具有空间占用的可访问实体，编译每次碰到一个变量名称就对应一个访问空间的操作。因此，int a[n]实际上要在运行时，才能读取变量n的值，才能确定其空间大小。这与数组定义的编译时确定意义的要求相违背，因而编译时报错。

而对于下面的定义，却是允许的。因为编译中，常量虽也占空间，甚至也涉及内存访问，但因数据确定，而可以被编译用常数替代。事实上，常量在编译时经常是优化的目标，能省略内存空间访问就应该省略，讲求效率的C++编译器会乐此不疲：

```
const int n=100;
int a[n];    //ok
```

3.5.2　初始化（Initialization）

数据的读入一般涉及从其他外部设备中输入的过程，但元素不多而又确定数据值的小数组可以直接在程序中初始化。例如：

```
int iArray[10] = {1,1,2,3,5,8,13,21,34,55};
```

注意上述形式中，大括号中的初始值个数不能多于数组定义的元素个数。初始值不能通过逗号的方式省略，初始值也不能为空。但在总体上，初始值可以少于数组定义的元素个数。例如：

```
int array1[5] = {1,2,3,4,5,6};  //错：初始值个数太多
int array2[5] = {1,,2,3,4};     //错：不能以逗号方式省略
int array3[5] = {1,2,3, };      //错：同上
int array4[5] = {};             //错：初始值不能为空
int array5[5] = {1,2,3};        //ok
int array6[5] = {0};            //ok
```

只要动用了大括号，就是实施了初始化。对于实施初始化的数组，如果初始值个数不

足方括号中规定的元素个数，则后面的元素值全补为 0。因此，array5[3]、array5[4]为 0，且 array6 的全部元素都为 0。

具有初始化的数组定义，其元素个数可以省略，即方括号中的表达式可以省略。这时候，最后确定的元素个数取决于初始化值的个数。例如：

```
//======================================
//f0307.cpp
//省略数组定义中方括号内的表达式
//======================================
#include<iostream>
//--------------------------------------
int main(){
  int a[]={1,2,3,4,5};          //数组 a 有 5 个元素
  //...
  for(int i=0; i<sizeof(a)/sizeof(a[0]); ++i)
    std::cout<<a[i]<<" ";
  std::cout<<"\n";
}//======================================
```

```
E:\ch03>f0307↙
1 2 3 4 5
```

程序中，用了 sizeof(a)，即 a 数组的字节数。还有 sizeof(a[0])，即第一个元素所占空间字节数，因为是整型数组，所以相当于 sizeof(int)，在 32 位编译器中整型数长度为 4。a 数组有若干个元素，每个元素有 sizeof(a[0])字节数，所以两者相除就是元素个数。这样表示的用意在于可维护性。因为数组元素个数随着初始化中元素的增减而变化，数组的类型随着编程需要可能也会变化。在稍大一点的编程中，输入过程与处理过程往往分离，即中间相隔许多语句，所以，并不一下子能够直观地得到数组元素个数的值，而根据数组名和其元素的信息，获得元素个数的方式，就带有很好的通用性。for 循环的结构描述就无须跟着数组的初始化变动而改动了。

另外，如果没有初始化部分，则数组定义的方括号内的表达式不能省略。例如：

```
int a[];    //错：元素个数不知道
```

除此之外，字符数组比其他数组有一点书写上的特殊性，它的初始化有以下三种形式：

```
(1) char chs1[6]={"hello"};
(2) char chs2[5]={'h','e','l','l','o'};
(3) char chs3[6]="hello";
```

其中最后一种形式最简单，在上节已经看到过。要注意的是，第二种形式没有 C-串的结束符，但因默认初始化 chs[5]=0，所以数组名可以拿来做 C-串操作。而第 1、3 两种情况的实际字符数应为 6，如果元素个数少于 6，则将编译出错。这样的设计完全是为了满足编程方便。

❑ 3.5.3 默认值（Default Values）

对于没有初始化的数组，分两种情况：一种是全局数组和静态数组（☞CH7.3，CH7.4），也就是在函数外部定义的，或者加上 static 修饰的数组定义，其元素总是全被清 0；另一种是局部数组，就是在函数内部定义的数组，它们的值是不确定的。例如：

```
//=====================================
//f0308.cpp
//探测数组初值
//=====================================
#include<iostream>
using namespace std;
//-------------------------------------
int array1[5]={1,2,3};        //有初始化
int array2[5];                //无初始化
//-------------------------------------
int main(){
  int array3[5]={2};          //有初始化
  int array4[5];              //无初始化
  cout<<"array1: ";
  for(int i=0; i<5; ++i)
    cout<<array1[i]<<" ";
  cout<<"\narray2: ";
  for(int i=0; i<5; ++i)
    cout<<array2[i]<<" ";
  cout<<"\narray3:   ";
  for(int i=0; i<5; ++i)
    cout<<array3[i]<<" ";
  cout<<"\narray4:   ";
  for(int i=0; i<5; ++i)
    cout<<array4[i]<<" ";
  cout<<"\n";
}//=====================================
```

```
E:\ch03>f0308↙
array1: 1 2 3 0 0
array2: 0 0 0 0 0
array3: 2 0 0 0 0
array4: 1245072 845597673 0 0 4198406
```

数组的这种初始化规定方式源于程序运行的空间布局，函数中的局部数组是随着函数调用而创立的，而函数外部的数组是在整个程序运行中起作用的，驻于全局数据区，在运行起始时被初始化为 0（☞CH5.3.1）。

□ 3.5.4 二维数组（2-D Arrays）

可以定义二维数组：

```
int a[3][5];
```

也可以给二维数组初始化：

```
int a[3][5]={{1,2,3,4,5}, {2,3,4,5,6}, {3,4,5,6,7}};
```

初始化的默认值规则，参照一维数组的初始化规则。

使用二维数组，可以按行、列下标访问对应元素。例如：

```
//=======================================
//f0309.cpp
//二维数组
//=======================================
#include<iostream>
using namespace std;
//---------------------------------------
int main(){
  int array1[2][3]={1,2,3,4,5};      //依次初始化全部 6 个元素，最后一个默认为 0
  int array2[2][3]={{1,2},{4}};      //以维为单元，3 个元素为 1 个单元，共 2 个单元
  cout<<"array1: ";
  for(int i=0; i<2; ++i)
  for(int j=0; j<3; ++j)
    cout<<array1[i][j]<<",";
  cout<<"\narray2: ";
  for(int i=0; i<2; ++i)
  for(int j=0; j<3; ++j)
    cout<<array2[i][j]<<",";
  cout<<"\n";
}//=======================================
```

```
E:\ch03>f0309↙
array1: 1,2,3,4,5,0,
array2: 1,2,0,4,0,0,
```

3.6 向量（Vectors）

□ 3.6.1 基本操作（Basic Operations）

vector 是向量类型，它是一种对象实体。它可以容纳许多其他类型的相同实体，如若干个整数，所以称其为容器。vector 是 C++STL（标准模板类库）的重要一员，使用它时，

只要包含资源 vector 即可。

vector 可以有四种定义方式：

```
(1) vector<int> a(10);
(2) vector<int> b(10, 1);
(3) vector<int> c(b);
(4) vector<int> d(b.begin(), b.begin()+3);
```

vector<int>是带类型参数的模板类型，尖括号中为元素类型名，它可以是任何合法的数据类型。

第 1 种形式定义了 10 个整数元素的向量，但并没有给出初值，因而，其值是不确定的。

第 2 种形式定义了 10 个整数元素的向量，且给出其每个元素的初值为 1。这种形式是数组望尘莫及的。数组只能通过循环来成批地赋值。

第 3 种形式用另一个现成的 b 向量创建一个 c 向量。

第 4 种形式定义了其值依次为 b 向量中第 0 到第 2 个（共 3 个）元素的向量。

因此，创建向量时，不但可以整体向量复制性赋值，还可以选择其他容器的部分元素来复制定义。特别地，向量还可以从数组获得初值。例如：

```
int a[7]={1,2,5,3,7,9,8};
vector<int> va(a, a+7);
```

上面的第 4 种形式的 b.begin()、b.end()是表示向量的起始元素位置和最后一个元素之外的元素位置。向量元素位置也属于一种类型，称为遍历器。遍历器不单表示元素位置，还可以在容器中前后挪动。每种容器都有对应的遍历器。向量中的遍历器类型为：vector<int>::iterator。因此，如果要输出向量中所有元素，可以有两种循环控制方式：

```
for(int i=0; i<a.size(); ++i)    //第 1 种
  cout<<a[i]<<" ";
for(vector<int>::iterator it=a.begin(); it!=a.end(); ++it)   //第 2 种
  cout<<*it<<" ";
```

第 1 种形式是下标方式，a[i]是向量元素操作，这种形式与数组一样；第 2 种形式是遍历器方式，*it 是指针间接访问形式，它的意义是 it 所指向的元素值。

a.size()是向量中元素的个数，a.begin()表示向量的第一个元素，这种操作方式是一个对象捆绑一个函数调用，表示对该对象进行某个操作。类似这样的使用方式称为调用对象 a 的成员函数，这在对象化程序设计中很普遍（☞CH8.2）。向量中的操作都是通过使用成员函数完成的。它的常用操作有：

```
a.assign(b.begin(), b.begin()+3);   //b 向量的 0~2 元素赋给 a
a.assign(4,2);                  //使 a 向量只含 0~3 元素，且赋为值 2
int x = a.back();               //将 a 的最后一个元素值赋给整数变量 x
a.clear();                      //a 向量中元素清空（不再有元素）
if(a.empty()) cout<<"empty";        //a.empty()经常作为条件，它判断向量空否
int y = a.front();              //将 a 的第一个元素值赋给整数变量 y
a.pop_back();                   //删除 a 向量的最后一个元素
a.push_back(5);                 //在 a 向量最后插入一个元素，其值为 5
a.resize(10);                   //将向量元素个数调至 10 个。多则删，少则增补，其值随机
```

```
a.resize(10,2);                //将向量元素个数调至10个。多则删，少则增补，其值为2
if(a==b) cout<<"equal";        //向量的比较操作还有!=,<,<=,>,>=
```

除此之外，还有元素的插入与删除、保留元素个数和容量观察等操作（☞参考文献[10] CH6.2）。

向量是编程中使用频率最高的数据类型。这不仅是因为数据的顺序排列性在生活中最常见，还因为向量有一些整体赋值、判空和元素添加、搜索等最简单的常规操作。当数据并不复杂时，可以代替其他数据类型而很好地工作。特别是向量可以自动伸展，容量可以自动增大，使得对一些不确定数量的顺序性操作数据在工作上带来了极大的方便。

□ 3.6.2 添加元素（Adding Elements）

常规数组必须在定义时确定元素个数，之后的使用中不得更改。向量较之数组的优越之处是可以改变元素数量的多少。添加元素是其一种操作。例如，读入一个文件 aaa.txt 的数据到向量中，文件中为一些整数（不知个数）。要判断向量中的元素有多少个两两相等的数对。程序代码如下：

```
//=====================================
//f0310.cpp
//向量操作
//=====================================
#include<iostream>
#include<fstream>
#include<vector>
using namespace std;
//-------------------------------------
int main(){
  ifstream in("aaa.txt");
  vector<int> s;                //无元素的空向量
  for(int a; in>>a;)
    s.push_back(a);
  int pair=0;
  for(int i=0; i<s.size()-1; ++i)
  for(int j=i+1; j<s.size(); ++j)
    if(s[i]==s[j]) pair++;
  cout<<pair<<"\n";
}//====================================
```

```
12 3 45 67 8 9
56 232 12 23
12 1
8
1212 2312
```

aaa.txt

```
E:\ch03>f0310↙
4
```

aaa.txt 文件中第 1~3 行各有一个 12，它们两两相等，因此构成三对满足条件的数。文件中第一行和第四行的 8 也是两两相等，所以共有 4 对两两相等的数，这便是运行的结果。

因为不知道文件中的元素个数，所以无法用数组处理，也无法在向量定义中确定元素个数，但可以先创建一个空向量，然后用添加操作不断往向量中添加元素。向量操作中有一个性能问题，如果频繁扩展容量，就要显著增加向量操作的负担，因为扩容意味着分配更大空间，复制原空间到现空间，删除原空间。

向量并不是每次扩展都要扩容，向量中预留了一部分未用的元素供扩展之用。一开始若创建一个空向量，则向量中已经含有一些未用的元素，可以用capacity()查看。如果上述程序面临着大量数据，例如，10万个整数，这时候，为了保持向量的性能，应该在一开始就规定保留未用元素的数量（☞CH6.6）。

❑ 3.6.3 二维向量（2-D Vectors）

在二维向量中，可以使用vector中的swap操作交换两个向量。swap操作是专门为提高两个向量之间互相交换的性能而设计的。如果用一般的swap：

```
void swap(vector<int>& a, vector<int>& b){
  vector<int> temp = a; a = b; b = temp;
}
```

它要涉及向量的创建、赋值和再赋值，最后还要销毁临时向量。但若用vector的swap操作，这些工作都可以省掉。只要做微不足道的地址交换工作，岂不美哉？！

例如，文件aaa.txt中含有一些行，每行中有一些整数，可以构成一个向量。整个文件可以看成是一组向量，其中每个元素又都是向量，只不过作为元素的向量其长度参差不齐。设计一个排序程序，使得按从短到长的顺序输出每个向量。这时候，程序代码如下：

```
//=====================================
//f0311.cpp
//若干个向量按长短排序
//=====================================
#include<iostream>
#include<fstream>
#include<sstream>
#include<vector>
using namespace std;
//-------------------------------------
typedef vector<vector<int>> Mat;
Mat input();
void mySort(Mat& a);
void print(const Mat& a);
//-------------------------------------
int main(){
  Mat a = input();
  mySort(a);
  print(a);
}//-----------------------------------
Mat input(){
  ifstream in("aaa.txt");
  Mat a;
  for(string s; getline(in, s);){            //循环读入行
    vector<int> b;
```

```
12 3 45 67 8 9
56 232 12 23
12 1
8
1212 2312
```

aaa.txt

```
    istringstream sin(s);
    for(int ia; sin>>ia;)
      b.push_back(ia);                                    //分解行中整数存入b向量
    a.push_back(b);                                       //将b向量添加入a矩阵
  }
  return a;
}//-----------------------------------------
void mySort(Mat& a){
  for(int pass=1; pass<a.size(); ++pass)
  for(int i=0; i<a.size()-pass; ++i)
    if(a[i+1].size()<a[i].size()) a[i].swap(a[i+1]);     //向量中的swap
}//-----------------------------------------
void print(const Mat& a){
  for(int i=0; i<a.size(); ++i){
    for(int j=0; j<a[i].size(); ++j)
      cout<<a[i][j]<<" ";
    cout<<endl;
  }
}//=========================================
```

```
E:\ch03>f0311↙
8
12 1
1212 2312
56 232 12 23
12 3 45 67 8 9
```

该程序涉及四个函数，其中 main 函数调用了其他三个函数。这三个函数分别是输入 input，排序 mySort 和输出 print。可以参考函数参数的使用（☞CH5.1.3）。

其中的 input 函数与程序 f0306.cpp 例子很像。只不过这里输入的是向量。由于每行中的整数个数不知道，所以向量的长短也不知道，又由于总的行数不知道，所以二维向量的元素个数也不知道，输入时只能以向量添加元素的方式。

输出 print 是一个两重循环，它按序将二维向量中的每个元素（向量）打印出来。且每打印一个向量，就换行。

mySort 是排序函数，它按向量元素个数的多少进行排序，少的在前，多的在后。使用的是“冒泡排序法”。冒泡排序法在很多程序设计和数据结构的书中都有介绍（☞参考文献[7]CH7.6.1）。排序中所使用的 swap 就是两个向量相互交换的操作，它在 vector 中定义。

用 typedef 来定义 Mat 这个二维向量的名称，以使程序中的名称易记易用。

向量操作散见于本书的各个章节中，且为本书重点描述的数据类型。

3.7 指针与引用（Pointers & References）

C++拥有在运行时获得变量或对象的地址和通过地址操纵数据的能力，这种能力是通过指针发挥的。由于其很多高级操作的内部实现都依赖指针，所以指针不但在过程化程序设计中必不可少，在面向对象程序设计中也必不可少。指针用于数组，用于函数参数，用于动态内存空间申请和释放等，指针对于成功进行 C++ 编程至关重要。也许指针在其他语言中并不是必要的，但在 C++中，显得很必要。指针在提高性能方面，提升 C++的产业竞争力上，立下了汗马功劳。指针功能是强大的，但又是最危险的。学习指针的时候，我们始终要强调指针的双刃剑作用。

❑ 3.7.1 指针（Pointers）

每个类型都可以定义存储实体，所以就有对应的指针，指针定义的形式为：

```
int* ip;
char *cp;
float*fp;
double * dp;
```

定义中的*可以居左，居右，或居中，ip、cp、fp、dp 都是指针。由于指针本身也是一种实体，因此，甚至指针本身也有对应的指针：

```
int** iip;                    //即整数指针 int* 的指针
```

其中，iip 称为二级整型指针。

一个*只能修饰一个指针，所以：

```
int* ip, iq;
```

则表示 ip 为指针，而 iq 为整型变量。

在一个定义语句中定义两个指针的方法为：

```
int* ip, *iq;
```

其中 ip 和 iq 都是指针。指针的定义，由数据类型后跟星号，再跟指针名组成。指针有变量与常量之分（☞CH3.7.4），不做说明的指针通常指的是指针变量。要弄清一些教科书中对指针的含混描述，就得留意不同情景下的意味。

指针可以赋值，也可以在定义指针时初始化，赋值或初始化的值是同类型实体的地址：

```
int* ip;
int iCount = 18;
int* iPtr = &iCount;     //初始化
ip = &iCount;            //赋值
```

“&”表示实体的地址，由于字面值不认为是具有空间地址的实体，所以不能进行&操作：

```
ip = &23;   //错
```

初学者一不小心，就会混淆语句“int* ip=&iCount;”与“*ip=&iCount;”，前者是带有初始化的指针定义语句；后者是错误的赋值语句，因为*ip 为间接访问（dereference）所指向的整型实体的操作，而&iCount 并非整型实体，左右两边类型不一致，导致错误！

指针指向的实体，可以通过指针的间接访问操作（即在指针变量前加*号的操作）读写该空间的内容。例如：

```
int iCount = 18;
int* ip = &iCount;
*ip = 12;
cout<<*ip<<" "<<iCount<<endl;
```

*ip=12 间接访问操作的结果，把变量 iCount 的值改变了。显示的结果为 12 12。因此，间接访问操作对所指向的实体既可以读也可以写。写就意味着实体的改变，意味着也影响了所关联的变量。

由于指针本身也为具有空间的实体，因此也具有空间地址，也可以被别的指针（二级指针）所操纵。例如，下面通过二级指针的两次间接访问，最终操纵整型实体，见图 3-5。

```
int iCount = 18;
int* ip = &iCount;
int** iip = &ip;
cout<<**iip<<endl;
```

其显示的结果为 18。

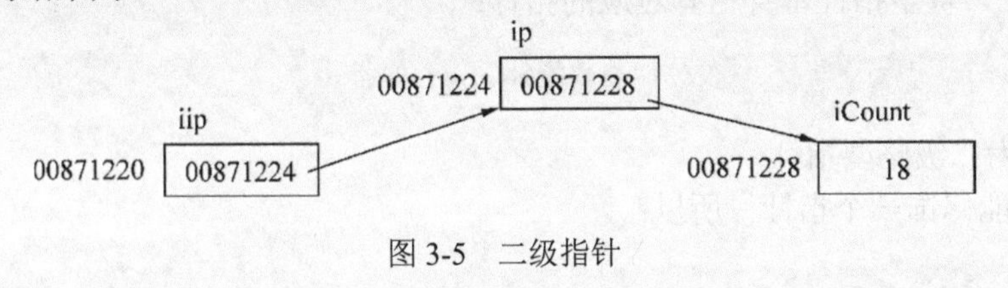

图 3-5　二级指针

初学者要注意，*在不同的地方有不同的含义：

```
int a = 8;
int c = 12 * a;        //乘法操作符
int* ip = &c;          //指针定义
cout<<*ip<<endl;       //指针间接访问
```

间接访问操作只能用在指针上，否则编译报错：

```
cout<<*c<<endl;        //错
```

指针的 0 值不是表示指向地址 0 的空间，而是表示空指针，即不指向任何空间。而指针只有指向具体的实体，才能使间接访问操作具有意义：

```
int* iPtr;
*iPtr = 58;            //错
```

从另一个角度说，指针忘了赋值，比整型变量忘了赋值危险得多。因为这种错误，不能被编译所发现，甚至调试的发现能力也很有限，到了运行时发现，可能已经作为发行版本颁发，而来不及挽回损失了。这种不安全性也是 C++引入引用（☞CH3.7.5）的重要意图所在。

❑ 3.7.2　指针的类型（Pointer Types）

指针是有类型的。给指针赋值，不但必须是一个地址，而且应该是一个与指针类型相符的变量或常量的地址。如，“int* ip;”则 ip 为整型指针；“float* fp;”则 fp 为浮点型指针。

计算机中的内存空间实体是没有类型性的，都是二进制位码。如果一个 int 型变量代表一个 32 位的空间实体，那么这个空间在用该变量访问时，就理解为整型实体，如果一个 float 型变量也代表这同一个 32 位空间实体，则在用该浮点变量访问时，就理解为浮点实体。例如：

```
//======================================
//f0312.cpp
//空间实体的理解
//======================================
#include<iostream>
using namespace std;
//--------------------------------------
int main(){
  float f = 34.5;
  int* ip = reinterpret_cast<int*>(&f);
  cout<<"float address: "<<&f<<"=>"<<f<<endl;
  cout<<"  int address: "<<ip<<"=>"<<*ip<<endl;
  *ip = 100;
  cout<<"  int: "<<*ip<<endl;
  cout<<"float: "<<f<<endl;
}//=====================================
```

```
E:\ch03>f0312↙
float address: 1245064=>34.5
  int address: 1245064=>1107951616
  int:100
float:1.4013e-43
```

一个 float 变量的空间实体，被一个整型指针指向，当该指针间接访问时，float 变量的空间实体便现出整型实体的面相，于是 34.5 这个浮点数按二进制补码理解，得出的结果变得怪异了：

$$
\begin{aligned}
34.5 &= 100010.1_{(2)} \\
&= 1.000101\times 2^{5}{}_{(2)} \\
&= 0,10000100,00010100000000000000000
\end{aligned}
$$

结果变成：

$$2^{30} + 2^{25} + 2^{19} + 2^{17} = 1107951616$$

指针的类型性体现在间接访问时，读写所指向的空间实体是以自身的类型规定其操作的。然而，指针的类型性表明不同类型的指针，其类型是不同的，不能相互赋值。例如：

```
int* ip = &f;   //错: float 的地址不能赋给 int 指针
```

但从地址值的本质来说，无非是用二进制表示的整数而已。因此从内存空间位置性而言，不同类型的指针又是统一的，都是二进制的地址。所以不能完全隔绝这种不同地址间的联系。于是，在 C 中，便有了蛮横的强制转换（cast）操作，专门对付这种需要：

```
int* ip = (int*)&f;
```

“(int*)”的意思是说，该地址的空间上不管放着什么数据，都将它作为整型地址看待，甚至该空间放的是函数代码（意义根本不同的二进制代码），它也不管！结果导致程序的极度脆弱，程序员如履薄冰，强制转换成了运行崩溃的梦魇。因此为了换得这种地址转换的灵活性，把所有不小心的误操作的责任统统归咎于程序员了。

那么C++又是怎么看待转换和如何转换的呢？

首先，主要是因为有了指针（和引用）才有使用转换的需要。

其次，以一种类型的角度去看另一种类型的表示总是怪怪的（整型的二进制码以浮点型看，会被理解成完全不同的数值）。转换操作的目的一是要逃避编译的类型检查，以使不是专门用来完成本任务的模块能够凑合着用一用（例如，函数调用的参数匹配）；二是希望进行这种怪怪的理解。所以转换总是别扭的，其操作需要三思而行，在编程中应确实知道自己在干什么。为此，C++用一种繁杂难记的名字标记这种操作。

最后，转换的目的拓宽了，单纯地址意义下的重解释转换 reinterpret_cast<type>（表达式）是最不讲道理的，见程序 f0312.cpp。除此之外，还有静态转换 static_cast<type>(表达式)（☞CH4.3.3）、动态转换 dynamic_cast<type>(表达式)（☞CH12.7.1）和常量转型 const_cast<type>(表达式)（☞CH12.7.3）。

程序 f0312.cpp 中，两种类型的地址转换形式为：

```
int* ip = reinterpret_cast<int*>(&f);
```

C++好难哦，reinterpret_cast 这么难的保留字，亏他设计得出☺！然而这是一种逆向目标的设计，通过不让程序员产生使用的快感达到少用慎用的目的。C++语言所蕴含的哲理，会令无法深入编程技术的程序员获得最大的利益。

反过来，如果该地址指向的空间以整数指针间接访问的形式赋予 100，则以浮点的眼光去看的时候，发现一切都变了！请读者亲自分析一下运行结果的最后一行。

❑ 3.7.3 指针运算（Pointer Operations）

指针值表示一个内存地址，因此它内部表示为整数，这在显示的时候可以看到。指针所占的空间大小总是等同于整型变量的大小，但它不是整型数，我们重温数据类型的三个要素：数据表示、范围表示、操作集合。指针与整型虽有相同的数据表示，相同的范围表示，但它们具有不同的操作。例如，整型变量不能进行间接访问操作，所以指针与整型不是相同的数据类型。

指针不服从整型数操作规则。例如，两个指针值不能相加。两个指针值相减得到一个整型数，指针值加上或减去一个整数得到另一个指针值等。

指针不能赋予一个整型数。要想获得整型数表示的绝对地址，应将整型数重解释转换为对应指针的类型。例如：

```
int* ip = 1234567;              //错：不能进行 int 到 int*的直接转换
int* sp = reinterpret_cast<int*>(1234567);   //ok
```

指针的加减整型数的操作大多数用在数组这种连续的又是同类型元素的序列空间中。可以把数组起始地址赋给一指针，通过移动指针（加减整数）对数组元素进行操作。数组名本身就是表示元素类型的地址，所以可以直接将数组名赋给指针。例如：

```
//====================================
//f0313.cpp
//====================================
#include<iostream>
using namespace std;
//------------------------------------
int main(){
  int iArray[6];
  for(int i=0; i<6; ++i)                //数组元素赋值
  iArray[i] = i*2;                      //用 ip 指针访问数组元素
  for(int* iP=iArray; iP<iArray+6; iP+=1)
    cout<<iP<<": "<<*iP<<endl;
}//===================================
```

```
E:\ch03>f0313↙
1245036: 0
1245040: 2
1245044: 4
1245048: 6
1245052: 8
1245056: 10
```

该程序先将数组 iArray 赋初值为 0，2，4，6，8，10；然后将数组起始地址赋给指针 iP，通过指针的循环移动完成输出工作，见图 3-6。C++中的函数表现了 C 的性能特征。在传递以数组为代表的大块数据时，仅仅传递了数据块首地址（☞CH5.2.1），所以，指针的循环移动成为块数据内逐一访问元素的经常性操作。

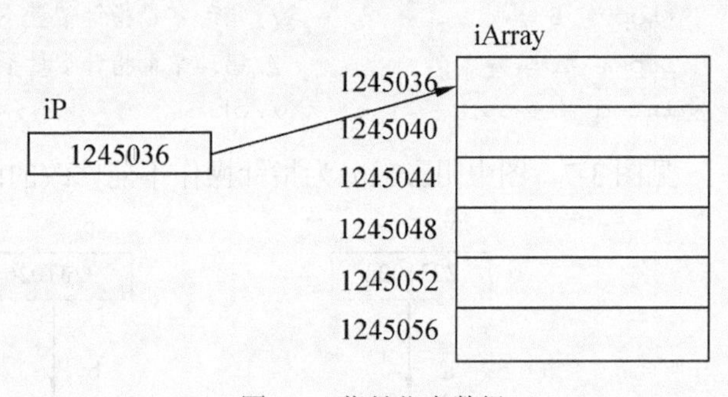

图 3-6　指针指向数组

要留心的是，作为指针 iP 每次循环都只加 1 而不是假想的 4。但是元素的地址却是以 4 字节递增的。

指针的增减是以该类型的实体大小为单位的。即

对 float 指针加 6 实际增加了 24 字节；

对 long int 指针加 5 实际增加了 20 字节；

对 char 指针减 7 实际减少了 7 字节；

对 double 指针减 2 实际减少了 16 字节。

然而，指针的增减操作应受约束，如果数组元素只有 10，而指针获得数组首地址后，进行了+20 等超过数组范围的操作是危险的！可参见进一步的描述（☞CH5.2.2）。

❑ 3.7.4　指针限定（Pointer Restrictions）

一个指针可以操作两个实体，一个是指针值（即地址），一个是间接访问值（即指向

的实体）。于是指针的常量性也分两种：指针常量（constant pointer）和常量指针（pointer to constant）。

指针常量是相对于指针变量而言的，也就是指针值不能修改的指针。

常量指针是指向常量的指针的简称，在一些书上将 pointer to constant 翻译成指针常量就与语意不符了，因为 pointer to constant 的主体是指针而不是常量。定义指针常量还是常量指针就看 const 修饰，若 const 修饰指针本身，则为指针常量，若修饰指针类型（指向的实体类型），则为常量指针。例如：

```
const int a = 78;
int b = 10;
int c = 18;
const int* ip = &a;       //const 修饰指向的实体类型——常量指针
int const* dp = &b;       //等价于上一句——常量指针
int* const cp = &b;       //const 修饰指针 cp——指针常量
const int* const icp = &c;  //常量指针常量
*ip = 87;                 //错: 常量指针不能修改指向的实体，*ip 只能作右值
ip = &c;                  //ok: 常量指针可以修改指针值
*cp = 81;                 //ok: 指针常量可以修改指向的实体
cp = &b;                  //错: 指针常量不能修改指针值，即使用同一个地址
*icp = 33;                //错: 常量指针常量不能修改指向的实体
icp = &b;                 //错: 常量指针常量不能修改指针值
int d = *icp;             //ok
```

见图 3-7，图中阴影部分为指针操作不能修改的内容，但是读取访问总是可以的。

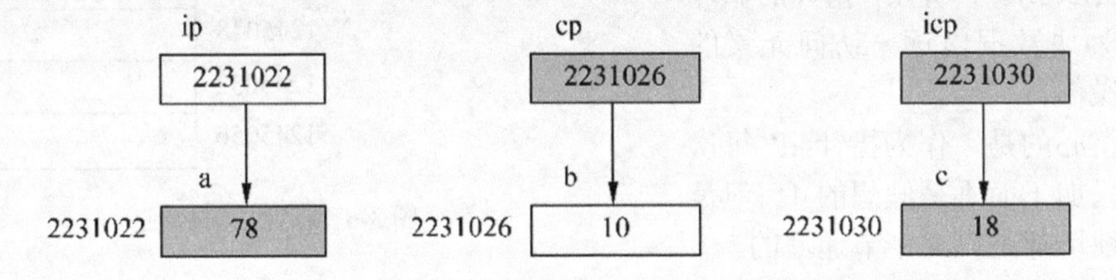

图 3-7　指针限定的各种形态

const 修饰只是限定指针的操作，但不能限定空间上的可改变性。因为一个实体空间可能被不止一个变量所关联，所以实体空间被其他关联变量的改变是可能的。例如：

```
//=====================================
//f0314.cpp
//=====================================
#include<iostream>
using namespace std;
//-------------------------------------
int main(){
  int a = 78, c = 18;
  const int* ip = &a;
  const int* const icp = &c;
  a = 60;  c = 28;
  cout<<"ip =>"<<b<<endl;
```

```
    cout<<"icp=>"<<c<<endl;
}//======================================
```

```
E:\ch03>f0314↙
ip =>60
icp=>28
```

指针的限定在函数参数传递中较常用（☞CH5.2.1）。

❑ 3.7.5 引用（References）

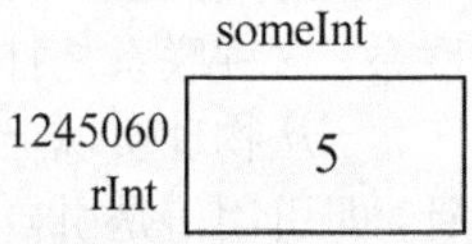

someInt

1245060 5

rInt

图 3-8 引用

从逻辑上理解，引用是个别名(alias)。当建立引用时，用一个有具体类型的实体去初始化别名，之后，别名便与关联其实体的变量（或对象）享受访问的同等待遇。

引用定义的形式如下，见图 3-8。

```
int someInt = 5;
int& rInt = someInt;          //初始化
```

注意，格式上可以：

```
int  &rInt = someInt;
int  &  rInt = someInt;
```

引用定义时必须初始化，这是它与指针根本不同的地方。给引用初始化的总是一个内存实体，否则的话，引用就如无根之草，虚无缥缈。初始化的内存实体不是通过一个地址表示，而是通过一个代表该实体的名称表示的，它可以是变量也可以是常量。显然，它也严格要求类型匹配。也就是说，引用的类型与实体的类型应该是严格一致的，否则，编译这一关就通不过。

使用引用，就等于一个实体又多了一个关联的名字。实体的值因而便任由关联的名称（变量或者对象）操作所宰割。因此，修改引用值，就是修改实体值，就是修改对应的变量值，而引用的地址操作也就是所代表的实体地址操作：

```
//======================================
//f0315.cpp
//引用及其地址
//======================================
#include<iostream>
using namespace std;
//--------------------------------------
int main(){
  int int1 = 5;
  int& rInt = int1;
  cout<<"&int1: "<<&int1<<"   int1: "<<int1<<endl;
  cout<<"&rInt: "<<&rInt<<"   rInt: "<<rInt<<endl;
  int int2 = 8;
  rInt = int2;
  cout<<"&rInt: "<<&rInt<<"   rInt: "<<rInt<<endl;
}//======================================
```

```
E:\ch03>f0315↙
&int1: 1245064   int1: 5
&rInt: 1245064   rInt: 5
&rInt: 1245064   rInt: 8
```

程序中，rInt 关联了 int1，执行 rInt=int2 后，其值发生变化，但其地址永不改变。

引用与指针的差别，指针可以操纵两个实体，一个是指针值，一个是指向的值，因此指针可以改变关联的实体，即指向的实体。而引用只能操纵一个实体。

一旦引用诞生，就确定了它与一个实体的联系，这种联系是打不破的，直到引用自身的灭亡。从物理实现上理解，引用是一个隐性指针，即引用值是引自所指向的实体。这才是引用（reference）的真意，见图 3-9。

图 3-9　引用实质

引用与实体的关系，看似直接访问，实为指针的间接访问。这幕后的转换工作，是由编译做的。编译将这个特殊的指针 rInt 转换成*rInt 操作，因而，引用不能操作自身的地址值，每次访问 rInt，实际上是在访问所指向的 int1 实体。

引用实现为指针，但它封锁了作为指针实现的地址操作，又将间接访问操作暗中转变为直接操作，使得引用从 reference 的根本实现中抽象出来，对应为 alias 理解了。引用比之指针的直接效果是，使得间接访问操作相对来说更安全了，也就隔绝了万恶之源（☞CH5.3.4）。

引用也可以限定，例如：

```
int int1 = 5;
const int& crInt = int1;
```

则阻止 crInt 做写操作，但这不妨碍实体值可能被修改：

```
int1 = 8;
cout<<crInt<<endl;   //结果为 8
```

引用的限定与指针的限定相似，它们在函数参数传递中大展身手（☞CH5.2.1）。

对象化程序设计中对象参数传递多用引用，这主要是从安全因素着眼的。

3.8　目的归纳（Conclusion）

整型数在计算机内是用二进制补码表示的。一定类型的整数，其位长是确定的。由于采用二进制补码，正、负数得到统一，加、减法得到统一，所以乘、除法也就得以简化，并且使计算机运算部件的设计与实现受益。

char、bool 和 enum 都可以看作是整型的子类，它们表示为二进制补码形式，也就是整型数形式，范围是整型数的子集，它们符合整数的操作规律。只是在各自类型的处理上有各自的特点。

浮点数是为了表示范围比较大、精度相对比较粗的数据而设计的。浮点数的表示、范围和处理与整数完全是两回事。由于浮点数的精度在不同长度上的差异，所以它不能进行精确比较（☞CH4.2.4）。

C-串是C++程序中经常要表示的字面值，它是const char*类型的，它能很方便地转换成 string。用字符指针操纵 C-串各个方面都不如 string 操纵 C-串来得安全和灵活。除非为了兼容旧程序，否则应该放弃字符指针。

数组是语言中的基本设施，可以认为它是低级的，在第三、四部分的内容中，大量涉及抽象编程的地方，很少看到数组的踪迹。然而在许多低层的实现中，在讲求性能的编程中，还是需要使用数组的。

从逻辑上理解，向量也是一系列同类元素在空间上的顺序排列，与数组似乎是一回事。但是，向量升华为一种数据结构，它不但具有方便地扩容、重定尺寸、彼此复制、增删、比较等特点，而且还能够借助遍历器和算法库在其上做搜索、排序、集合、分类等操作，因此，它与数组比较而言，是一种功能齐全的奢侈品。如果不是对性能有苛刻的要求，那绝对应将向量作为首选。

指针可以操纵两个数据实体，一个是地址值，一个是指向的实体。而引用的内部实现虽然也是指针形式，但是编译屏蔽了其地址的操作，所以引用是指针出于安全考虑的替代品。

练习 3（Exercises 3）

1．模仿程序 f0302.cpp，打印整数–1234567 的二进制位码。

2．整数分 long int、int、char、bool，浮点数分 float、double、long double，试分别输出各类型的字节长度和位长，输出形式如：

```
long int: 4 byte 32 bits
```

3．定义一个数组，数据为 6，3，7，1，4，8，2，9，11，5。请创建一个向量，把数组的初值赋给它，然后对该向量求标准差（均方差）：

$$s = \sqrt{\frac{1}{n}\sum_{i=1}^{n}(x_i - \overline{x})^2}$$

4．有一些日期，在文件 abc.txt 中，后面加*号的表示要加班的日期，试汇总所有每个月 25 号的天数，如果是加班日，则该天乘 2。

```
Oct. 25 2003
Oct. 26 2003
Sep. 12 2003*
Juy. 25 2002*
App. 25 2004
```

abc.txt

5．编制程序，将输入的一行字符以加密的形式输出，然后将其解密，解密的字符序列与输入的正文进行比较，吻合时输出解密的正文，否则输出解密失败。

加密时，将每个字符的 ASCII 码依次反复加上“4962873”中的数字，并在 32(' ')～122('z')之间做模运算。解密与加密的顺序相反。例如，对于输入正文“the result of 3 and 2

is not 8”，则运行结果为：

```
xqk "zlvyuz" wm#7)gpl'5$ry"vvw$A
the result of 3 and 2 is not 8
```

6．阅读下列程序，写出运行结果（应该知道的遍历数组的五种方法）。

```
//========================================
#include<iostream>
using namespace std;
//----------------------------------------
int main(){
  int sum[5]={0};                      //存放每种方法的结果
  int iArray[]={1,4,2,7,13,32,21,48,16,30};
  int size = sizeof(iArray)/sizeof(*iArray);
  int* iPtr=iArray;
  for(int n=0; n<size; ++n)            //方法 1
    sum[3] += iPtr[n];

  for(int n=0; n<size; ++n)            //方法 2
    sum[2] += *(iPtr+n);

  for(int n=0; n<size; ++n)            //方法 3
    sum[1] += *iPtr++;                 //见 4.6.3 节

  for(int n=0; n<size; ++n)            //方法 4
    sum[0] += iArray[n];

  for(int n=0; n<size; ++n)            //方法 5
    sum[4] += *(iArray+n);

  for(int i=0; i<5; ++i)
    cout<<sum[i]<<endl;
}//========================================
```

7．试将下列程序中的指针改为引用：

```
//========================================
#include<iostream>
using namespace std;
//----------------------------------------
void mySwap(int* a, int* b);
//----------------------------------------
int main(){
  int a = 16, b = 48;
  cout<<"a = "<<a<<", b = "<<b<<endl;
  mySwap(&a,&b);
  cout<<"After Being Swapped: \n";
  cout<<"a = "<<a<<", b = "<<b<<endl;
}//---------------------------------------
void mySwap(int* a, int* b){
  int temp = *a;
  *a = *b;
  *b = temp;
}//========================================
```

第4章 计算表达（Computation Expressing）

从过程上说，程序是由若干函数组成的，函数则由一些语句构成。除了说明语句和表达过程结构的语句之外，剩下的就是计算语句。计算语句是为了要完成某个操作，计算和修改某项数据，它由表达式完成。因此，根据要完成的任务，如何表达一个计算是编程的重要内容。

计算表达必须符合 C++编译器的要求，必须遵守操作符的优先级和结合性规则。对于数值运算，还有隐式转换规则，当然可以用显式转换方式人为改变运算的内在形式。C++的操作符是丰富的，计算表达也是灵活的，但是要真正方便编程，还必须准确地把握计算表达的方法。

不要小看整数运算，有许多错误幸亏在编译中发现了，但还有一些错误甚至在调试和运行中都发现不了，它们就这样潜伏着，直到有一天突然爆发……编程是十分敏感的工作，来不得丝毫做假。浮点运算中也有很多猫腻，克服编程漏洞必须从本质上去把握。为什么第3章要介绍整数和浮点数的内部表示？你若看不清它们，则错误永远只是表面现象，你永远也不能根本地排除错误。还有，逻辑操作对于问题表达的必要性、重要性和简捷性，你是怎么认识的？位操作的细腻性体现在哪里？你对增量操作的理解到位了吗？表达式的副作用你都看清了吗？这些都是编程中的基本功。你必须对本章有一个深刻的印象，因为后面的例题中都要用到，它们都是作者在编程和教学中遇到的最典型的问题，是经验之谈。

4.1 名词解释与操作符（Name Explanation & Operators）

4.1.1 名词解释（Some Name Explanations）

1 操作符

操作符（operators）也称运算符，这是翻译风格的问题。操作符更一般，运算符往往相对于算术运算而言，C++的操作实际上是一个动作或动作序列，动作有的是表达式计算，有的是声明和定义，所以为了确切包含所有这些意义，本书一律用操作符。

2 实体

实体（entities）是指一定大小的内存空间，它具有类型，或为整型，或为浮点型，或为函数类型，或为自定义类型。与实体相关联的名字称为变量、常量、对象、函数和指针等。

3 常量

常量（constants）与变量相对应，变量是关联于实体的名字，通过它可以对实体进行读写访问。而常量也是关联于实体的名字，但通过它只能对实体进行读访问，不能进行写访问。

常量不是字面值。常量具有名字，故对应实体。当程序不含常量地址访问时，编译器会伺机优化，将出现的常量用字面值代替。C 语言用宏定义来指派常量，所以 C 中常量与字面值不分，这与 C++的常量概念不同。

4 表达式

表达式（expressions）是一些操作符、操作数按规则排列的序列，其目的是用来描述一个计算。表达式根据某些类型转换约定、求值顺序、结合性规则和优先级来安排计算顺序。例如：

```
double d = 5/2;                //转换约定 d=2.0
double e = 3 * d + d++;        //e 的值取决于编译器的求值顺序,8 或 11
e = 3 + 5 * 6;                 //优先级*高于+, e=33.0
d = e = 5;                     //结合性规则 d=(e=5.0), 而不是 d=33.0,e=5.0
```

5 赋值表达式

凡使用=、*=、//-、%=、+=、-=、<<=、>>=、&=、|=、^=操作符的表达式为赋值表达式（assignment expressions）。

6 条件表达式

用在 if、for、while、条件操作符（?:）后面描述条件的部分，称为条件表达式（Conditional Expressions）。只要具有值的表达式都可以作条件表达式。条件表达式的结果只有两种：1（true）和 0（false），条件表达式总是把非 0 值映射为 true，0 值映射为 false。

7 逗号表达式

若干个表达式以逗号操作符隔开，称为逗号表达式（comma expressions）。逗号表达式具有值，其值为最后一个子表达式的值。但逗号表达式的求值过程是从左边第一项开始，逐项进行的。例如：

```
d = (a=2, b=a+5, a*b);          //d 的值为 14
```

8 左值和右值

左值（left value，也称 lvalue）和右值（right value，也称 rvalue）是相对于赋值表达式而言的。左值是能出现在赋值表达式左边的表达式。左值表达式不但具有空间实体，还具有读写访问权。右值是可以出现在赋值表达式右边的表达式，它可以是不占据内存空间的临时量或字面量，可以是不具有写入权的空间实体。例如：

```
int a = 3;
const int b = 5;
a = b + 2;           //a 是左值，b+2 是右值
b = a + 2;           //错：b 拥有空间但无写入权，不能做左值
(a=4) += 28;         //a=4 为左值表达式，28 为右值，+=为赋值操作符
34 = a + 2;          //错：34 是字面量，不能做左值
```

❑ 4.1.2 操作符汇总（Operators Summary）

操作符的优先级和结合性见表 4-1。它包含了 C++的所有操作符，共有 18 级优先级。

表 4-1　操作符的优先级和结合性

优 先 级	操 作 符	结 合 性
1	::	左->右
2	. -> [] ()	左->右
3	++ -- ~ ! - + & * ()函数符 sizeof new delete castname_cast<type> 单目操作符	右->左
4	.* ->*	左->右
5	* / %	左->右
6	+ -	左->右
7	<< >>	左->右
8	< <= > >=	左->右
9	== !=	左->右
10	&	左->右
11	^	左->右
12	|	左->右
13	&&	左->右
14	||	左->右
15	? :	右->左
16	= *= /= %= += -= <<= >>= &= |= ^=	右->左
17	throw	左->右
18	,	左->右

操作符的优先级决定了表达式计算操作的顺序，对优先级最直观的理解就是乘、除法优于加、减法。例如：

```
x = a + b *c;                //先计算 b*c，结果再加上 a，最后赋给 x
```

如果记不住优先级的话，可以通过加括号陈述表达式。因此上式即：“x=a+(b*c);”。

如果熟悉优先级，编程往往省略括号，起到了代码简捷的作用。

优先级规定了 C++编译器理解无括号表达式的计算顺序。

对于人类编程来说，优先级记不住不是问题，大不了加上括号就是了。

C++98 标准中增加了异常机制中的 throw 操作符，并且将原来的 1 级优先级的操作符细分成两级，也就是说，早先的 C++第 1 级和第 2 级优先级是不分的。

4.1.3 操作符的说明（Operator Explanations）

1 单目与双目操作符

第 5 级中也有*操作，它是乘法的双目操作符，而第 3 级的是单目操作符。例如“–3，*p”，它们的操作数只有一个，所以是单目操作符，表达式*p++的*应以第 3 级的*来衡量；而“3+5，5*8”，它们操作符的两边各有一个操作数，所以是双目操作符。

因此，第 3 级中+、– 分别为正、负号，*、&分别表示指针间接访问和实体取址，而第 6 级中+、– 分别为加、减号，第 5 级*表示乘，第 10 级&表示位操作，其余类推。

除此之外，C++ 中有唯一的一个三目操作符(? :)，它在第 15 级。

2 左、右结合性

表中结合性有的是左结合（左→右）的，有的是右结合（右→左）的，大部分都是左结合。所谓结合性，是说如果表达式中碰到相邻两个操作符是相同优先级，先做哪个僵持不下的时候，以结合性定夺。例如：

```
a = b = 3;
```

=是赋值操作符，查表后得知在第 16 级，结合性为右结合。即表示先做右边的 b=3，做完之后的结果作为操作数，再做第一个=操作，即 a=(b=3)。最后 a 的值等于 b 的值，都是 3。如果=操作符是左结合，那表达式就理解为先做 a=b，然后做 b=3，那 a 的结果可能就不是 3 了。

表中单目操作符都在第 3 级，是右结合的；

表中赋值操作符第 16 级是右结合的；

此外，三目操作符是右结合的，但其几乎不用，所以无足轻重；其余都是左结合的。因此要记住操作符的左、右结合的规律不难。

3 第 1 级操作符

第 1 级的双冒号的使用我们在 std::cout 中已经领略了，它规定名空间域（☞CH7.6）的名称，任何其他的操作符都必须给它让位，有域操作符的地方，将其看作是名称的一个整体是自然的。

4 第 2 级操作符

第 2 级操作，我们曾经碰到过括号()、数组下标[]、函数调用()，还有成员访问的点操作，例如，输出精度控制的 cout. precision(9)等操作，当指针类型为自定义的类时，还会涉及->操作（☞CH12.7.1），不要对*a.f()操作有怀疑，它是“*(a.f())”而不是“(*a).f()”。因为点操作优于*操作。

5 第 3 级操作符

表 4-1 中第 3 级集中了全部的单目操作符，也就是说，单目操作符的优先级是相同的。

++和– –可以是前增量也可以是后增量。当前增量与后增量碰在一起时，例如：

```
int a=2;
++a++;
```

则表示先做后面的++：++(a++)，因为第 3 级操作符都是单目而且右结合的。

~ 操作是位反操作（☞CH4.5.1）；

！操作是逻辑非操作（☞CH4.4）；

+和–操作是正负操作，例如，–a，+37；

&操作是对实体做取地址操作，*操作符是指针变量的间接访问，这在指针运算中常见（☞CH3.7）；

指针的间接访问操作*和后++操作是在同一个优先级的，当表达式同时含这两种操作时：

```
int* p;
//...
*p++;
```

则先做 p++再做*操作，即*(p++)。

这里的()与函数调用操作符不同，是指C类型转换和类型识别；castname 分别为 static、dynamic、reinterpret、const，它是指 C++的类型转换。

总之，凡单目操作符，其优先级仅次于第 1、2 级的特殊操作符、括号和函数操作符。

4.2 算术运算问题（Arithmetic Problems）

4.2.1 周而复始的整数（int: Move in Cycles）

现在我们讨论整数在计算机内只有 8 位的形式，假想其类型为 int8，并默认其为 signed，分别创建 signed 和 unsigned 的变量如下：

```
int8 a1=255, a2=3;
unsigned int8 b1=255, b2=3;
```

显然，a1、a2 的表示范围为–128～127，而 b1、b2 的表示范围为 0～255。有符号和无符号整型的表示范围之间有一个交集。整数 255 超过了 a1 的表示范围，如果显示 a1，会是什么数呢？如果 b1+b2 则又得到什么呢？

试想一下，时钟的变化规律，9 点钟过了 5 个小时，我们一般会说 2 点，而不说 14 点。

即使说了 14 点，那也是特指下午的 2 点。否则，9 点过了 50 个小时，说成 59 点就是笑话了。9 点过了 50 个小时是几点呢？只要 59 去掉若干个 12 就能得出结果，答案是 11 点。因此可以得到钟点数为：

```
（起始钟点 + 走过的钟点）取 12 的余数
```

事实上，二进制 8 位补码运算中，255+3 也是类似钟点规律，简单地抛弃最高位的进位（取 2^8=256 的余数）而获得结果的。

无符号数和有符号数在计算时都是以 256 为模的，只不过在显示结果时，对于最高位非 0 的有符号数要显示一个负号，然后对该数取补。

因此，显示 a1 得到结果–1，b1+b2 得到结果 2。

□ 4.2.2 算法局限性（Algorithm Limitation）

简单地说，算法就是计算方法。因为数据的内在表达（例如整数与浮点的存储结构）和外在表达（输出形式、精度等）都有区别，所以，计算方法就会有区别，在一定数据范围内适用的算法，在别的场合不一定适用。例如，计算 200 个苹果增加了 300 个苹果后的数量，只要做一个加法就出来了：

```
int a=200;
int b=300;
cout<<a+b<<endl;
```

写成完整的程序也不过为：

```
#include<iostream>
int main(){
  std::cout<<200+300<<endl;
}
```

由于整数表示范围的限制，即使是无符号整数(在一定位数中能够表示最大的整数值)，其 32 位整数虽也能表示大到 30 亿的数，但不能进行 20 亿加 30 亿的运算！例如：

```
unsigned int a = 2000000000;
unsigned int b = 3000000000;
```

则计算机得出：

```
a+b = 5000000000
    = 5000000000 % 4294967296        //4294967296 为 2³²
    = 705032704
```

又如有符号数：

```
int a = 2000000000;
int b = 1000000000;
```

则：

```
a+b = 3000000000
    = 3000000000 取补                    //4294967296-3000000000
    = -1294067296
```

显然，a+b 的结果都是错的。这类错误在运行过程中，不会被计算机发现，也较难被人们发现。在编程过程中，程序员必须把好这一关。因此，选择一个数据类型，一定要考虑该类型数据的表示范围。毕竟计算机的基本整数表示是有限的。

因此得出，如果问题为 20 亿个苹果增加了 30 亿个苹果后的数量是多少，用上面的程序代码则会得出错误的结论，所以不能拿此苹果问题的算法去解决彼苹果问题。

我们说，**算法总是描述一般的方法，而编程总是考虑语言描述的局限性**。

4.2.3 中间结果溢出（Intermediate Result Overflow）

溢出情况在相关整数类型中如何表现呢？例如在 short int 为 2 字节长，int 为 4 字节长时：

```
short int a = 234;
short int b = 456;
short int c = 6;
cout<<a*b/c;                    //结果正确，将为 17784
```

虽然 short int 为 16 位整数，但由于运算过程是在计算机的运算器即 CPU 中进行的，如果指令系统是 32 位，就是说，是放在 32 位的整数寄存器中进行运算的，那么中间运算结果 234*456＝106704 不会溢出，最后结果就能正确表示。

选择编译代码的机器指令（16 位抑或 32 位），也就选择了整数运算过程在哪一个精度上进行。上述例子若生成 16 位机器代码，则结果将不正确：

```
a*b/c = 234*456/6
      = 106704/6
      = 1,1010000011010000/0000000000000110  //头上的那一位为进位
      = 1010000011010000/0000000000000110
      = -24368/6
      = -4061
```

因为在 16 位的机器上运算，将抛弃 a*b 的 16 位上的进位。即使 a、b、c 都是 int 型整数，而非 short int，结果同样错误，因为 16 位编译器的 int 为 16 位长。只有当 a、b、c 是 32 位 int 型整数时，结果才正确。

请思考下列程序的运行结果：

```
//=====================================
//f0401.cpp
//test int overflow
//=====================================
#include<iostream>
using namespace std;
//-------------------------------------
```

```
int main(){
  int a = 100000;
  int b = 100000;
  int c = 1000;
  cout<<a*b/c<<"\n";
  cout<<a*(b/c)<<"\n";
}//====================================
```

```
E:\ch04>f0401↙
1410065
10000000
```

❑ 4.2.4 浮点数的比较（Floating-Point Number Comparison）

浮点数可以进行比较操作，但是浮点数由于表示精度在不同浮点类型中的差异，所以会被误用。例如：

```
//====================================
//f0402.cpp
//浮点数的精度误差
//====================================
#include<iostream>
using namespace std;
//------------------------------------
int main(){
  float f1 = 7.123456789;
  float f2 = 7.123456785;
  cout<<(f1!=f2 ? "not same\n" : "same\n");
  float g = 1.0/3.0;
  double d = 1.0/3.0;
  cout<<(g==d ? "same\n" : "not same\n");
}//====================================
```

```
E:\ch04>f0402↙
same
not same
```

当你满怀信心地读完程序后，想象出的运行结果却与真实的运行结果不同的时候，你会如何想？

首先，由于十进制单精度浮点数的有效位数为 7，两个前 7 位相等而后面不同的数有可能在计算机中表示为同一个浮点数，因而判断 f1 和 f2 为不相等而失败！在编程计算中，f1 可能来自一个计算结果，而 f2 来自另一个计算结果，当它们用 float 表示时，由于精度有限而不能分辨出其差异，这就是错误结果的根源。如果要分辨，则应该用表示能力更强的数据类型 double 或 long double 表示这两个数。

其次，由于 float 和 double 的精度不同，比较操作总是先将两个相容的类型转换成相同的类型再进行比较，所以相同的浮点数初始化给不同浮点类型的变量，可能表示不同的浮点数，判断 g 与 d 相等也遭到失败。为了避免这类问题，请统一使用 double，而不要混用不同精度的浮点。对 C++来说，float 已是明日黄花，除了过渡一些 C 程序，在新编的程序中实在没有太大的用处，因为 double 完全包含了它，而且浮点运算在内部都是先转换为 double 进行的，使用 float 还必须付出转换回来的时间开销，因此混进 float 只会添乱。

另外，由于浮点数在计算机内实际上是一个近似表示（☞CH3.3.1），在手工计算看来为正确的结果，在计算机中运算未必得出正确的结果。例如：

```
(1) //======================================
(2) //f0403.cpp
(3) //浮点数的比较
(4) //======================================
(5) #include<iostream>
(6) #include<cmath>
(7) using namespace std;
(8) //--------------------------------------
(9) int main(){
(10)   double d1=123456789.9*9;
(11)   double d2=1111111109.1;
(12)   cout<<(d1==d2 ? "same\n" : "not same\n");
(13)   cout<<(abs(d1-d2)<1e-05 ? "same\n" : "not same\n");
(14)   cout.precision(9);
(15)   cout<<fixed<<d1<<"\n"<<d2<<"\n";
(16) }//======================================
```

```
E:\ch04>f0403↙
not same
same
1111111109.100000143
1111111109.099999905
```

因为浮点数的构成原理，决定了十进制数在转换为内部浮点数时，由无穷尾数而带来的不精确性。程序 f0403.cpp 中的 d1 和 d2 变量的值本应相等，却在计算机内部为不等。

所以，我们还得到另外一个重要的经验：使用浮点数进行相等(==)和不相等(!=)比较的操作通常是有问题的。浮点数的相等比较，一般总是使用两者相减的值是否落在 0 的邻域中判断的。上面程序中第 13 行语句所示的是邻域比较技术，请读者体会和模仿。

4.3 相容类型的转换（Cast Compatible Types）

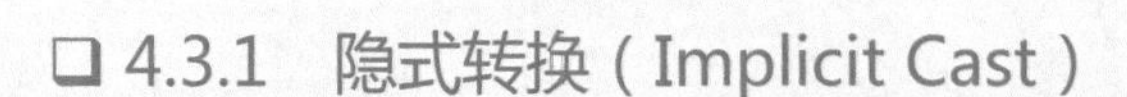

4.3.1 隐式转换（Implicit Cast）

C++在遇到不同类型的数值放在一起进行运算时，会做适当的类型转换，然后再进行运算。例如：

```
double d = 7.0/3;
int   a = 'a'+3;
```

在进行 7.0/3 时，7.0 是 double 型数，3 是整型数，这两个不同类型的数进行运算时，先将它们统一在 double 上，因为 double 无论表示精度还是表示范围都覆盖了整数，接着进行 double 意义下的“/”除法，也就是非整除性质的除法，产生 double 型数值 2.33333…的结果，然后赋给 d 变量。同样在整型变量定义中，先将右面的 char 型数'a'转换成整型，与 3 做加运算后，将结果赋给变量 a。

这种算术运算中，按照固有的规则自动进行的内部转换称为隐式类型转换。隐式类型转换的条件是类型之间的相容。例如，各个整型之间，浮点与整型之间是相容的，但是整型与指针之间、浮点与指针之间是不相容的。算术运算的隐式转换方向见图 4-1。

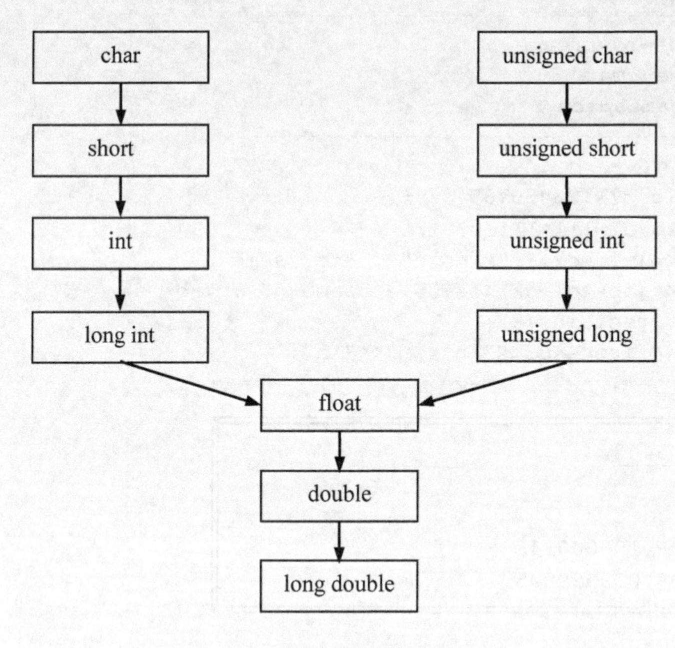

图 4-1　隐式转换方向

如果一个 char 型数和一个 int 型数相加，则先将 char 型数转换成 int 型数，然后进行运算。因为在图 4-1 中，char 有向 int 转换的趋势。如果一个 long int 型数和一个 float 型数相加，则先将两个数都转换成 float 型数，然后进行运算。如果一个 int 型数和一个 unsigned long 型数相乘，则先将两数都转换成 float 型数，然后进行运算。

其实，从表中各数据类型表示范围来看，越往下，能力越强，所以构成运算时所进行的隐式转换总是朝表达数据能力更强的方向。

4.3.2　精度丢失（Lost Precision）

由于参加运算的数据类型，可能先要转换成另外的数据类型（由低精度向高精度转）进行中间运算，然后再转换回到低精度。因此，有一个从高精度数向低精度数转换的问题，转换中可能会引起精度丢失。

```
//========================================
//f0404.cpp
//精度丢失
//========================================
#include<iostream>
using namespace std;
//----------------------------------------
int main(){
  float f = 7.0/3;
  int a = 7.0/3;
  cout.precision(9);
  cout<<fixed<<7.0/3<<endl<<f<<endl<<a<<endl;
  double d = 123456789.9*9;
  a = f = d;
  cout<<d<<endl<<f<<endl<<a<<endl;
}//=======================================
```

```
E:\ch04>f0404↙
2.333333333
2.333333254
2
1111111109.100000143
1111111168.000000000
1111111109
```

将 double 型数 2.33333…转换为 float 数的时候，因为 float 的有效位数有限，所以精度受损。结果在显示中，呈现 2.333333254。这个数是 32 位浮点数在转换为十进制浮点数时保留 9 位小数的结果。这与 double 数转换为十进制数保留 9 位小数精度的表现显然不同（运行结果中的第 1 行）。

同样在整型变量 a 定义中，计算的 double 值转换为整型数，精度受损程度更甚（切掉了小数位）。

不过，精度受损的程度在不同情况下是不同的。因为 float 的表示范围大于整型，而又与整型有同样长度的数据表示，其有效位少于整型数，所以在接下来的输出中看到，将 double 数赋给 float 和 int 两个变量，float 数的精度损失反而高于整型数。

❑ 4.3.3 显式转换（Explicit Cast）

为了控制计算过程，使得类型转换不按机器隐式类型转换的那样进行，则可以通过显式转换。例如：

```
(1) //========================================
(2) //f0405.cpp
(3) //显式转换
(4) //========================================
(5) #include<iostream>
(6) #include<cmath>
(7) using namespace std;
(8) //----------------------------------------
(9) int main(){
(10)   double d = sqrt(123456.0);
(11)   int a = static_cast<int>(d) * 8 + 5;
(12)   int b = d * 8 + 5;
(13)   cout<<d<<endl<<a<<endl<<b<<endl;
(14)   a = 2000000000;
(15)   b = 1000000000;
(16)   int c = (static_cast<double>(a) + b)/2;
(17)   cout<<a+b<<endl<<c<<endl;
(18) }//========================================
```

```
E:\ch04>f0405↙
351.363
2813
2815
-1294967296
1500000000
```

采用显式转换的一个目的是维护整型数运算的一致性。我们看到，在第 12 行计算 b 时，右边的表达式是按 double 型数进行运算的，最后再转换回整型。如果整个计算过程都是整数性质，如涉及计算素数等，没有必要因为中间数据有一个是求平方根的结果而使表达式中的每一项都被迫转换，而且有时候还有计算的正确性问题（本程序中无论是否采用显式转换，计算结果均不同），计算过程中显式转换可以扭转这一不利运算环境。第 11 行计算 a 是先将右边的 double 型数转换成 int 型数，然后在 int 型环境中计算，当然最后也就免去了再将 double 型数转换回来的步骤。第 13 行输出语句显示，a 和 b 的结果是不同的。

采用显式转换的另一个目的是得到正确的计算结果。在 double 环境中的计算过程与在整数环境中的计算过程的精度是不同的。当整型数计算的中间结果有可能溢出时，应转换成更大的 double 型数来进行计算，只要最终结果不溢出，再转换回整型数就是安全的。第 16 行的做法正是这样。

注意，转换是逐个进行的，不要期望表达式“1.2＋5/2”中会将 5 与 2 都先转换成 double 型数然后再计算，该表达式的值为 3.2，而不是 3.7。

还须注意，转换不能改变实体，它只是将实体的内容读出，求得转换结果。因而不要期望 static_cast<int>(d)中的 double 型变量 d 的内容会被改变。

C 语言中，数值的类型转换是直接用括起类型名的方式来完成。例如，将浮点变量 d

转换为整型数，则为 int(d)或者(int)d。

C++则将转换进行分类，从一个类型转换到相容类型时，会引起数值表示结构改变，C++中使用 static_cast<type>，其转换方式是对被转换的表达式进行 type 类型的再求值。例如：

```
double d = static_cast<double>(2);
```

整数 2 被转换成 2.0 赋给 d，整型的 4 字节被转换成了 double 型的 8 字节，位码也不是二进制补码形式，而是浮点数形式了。而 reinterpret_cast<type>的转换方式并不对被转换的表达式求值，它什么也不做，只是强制逃避编译的类型检查而已，一般用来转换不同类型的指针。对于需要求值计算的表达式它会拒绝转换。例如：

```
double d = 3.2;
int a = static_cast<int>(d);          //等价于隐式转换 int a = d;
a = reinterpret_cast<int>(d);         //错：不能转换
int* ip = reinterpret_cast<int*>(&d);
ip = static_cast<int*>(&d);           //错：不能转换
```

相关内容可以参见有关类型转换的其他章节（☞CH3.7.2、CH12.7）。

4.4 关系与逻辑操作（Relations & Logic Operations）

关系操作符就是比较操作符，它的作用就是比较大小。关系操作符有：

```
==      相等比较
>       大于比较
<       小于比较
>=      大于或等于比较
<=      小于或等于比较
!=      不等于比较
```

关系操作的结果就是真（true）、假（false）两个逻辑值之一。逻辑值可以进行逻辑运算（操作），逻辑操作符有：

```
!       逻辑非
&&      逻辑与
||      逻辑或
```

不论数据类型如何，参与逻辑操作的操作数都是 0 或 1 的逻辑值。例如：

```
int a = 56;
int* ip = &a;
if(a && ip) cout<<"haha";
```

条件语句中的 a 应理解为 1 而 ip 因为非 0 也应理解为 1，1 && 1 的值为 1，故将输出 haha。

4.4.1 条件表达(Condition Expressing)

1 =与==

相等比较“==”与赋值“=”是两种不同的操作。相等比较用于测试给定的两个操作数是否相等。例如:

```
if(x==999) cout<<"x is 999\n";
```

C++中存在各种各样的表达式,有赋值表达式、条件表达式、逻辑表达式、逗号表达式和关系表达式等。所有这些表达式都具有值,所以,赋值表达式也具有值,它的值就是所赋的值。而关系表达式的值只有两种,视比较成立与否得 1 或 0。因此,对两个相同的操作数,且第一个是左值表达式,则相等比较与赋值操作的差别为:

```
int x = 9;
x = (x == 9);          //因为相等,值为 1 赋给 x,赋值表达式值为 1
x = 9;                 //x 为 9,赋值表达式值也为 9
x = (x == 0);          //因为不相等,值为 0 赋给 x,赋值表达式为 0
```

如果将它们放入 if 条件语句中,成为条件表达式,则其执行的情况为:

```
if(x == 0)             //条件表达式因 x 的值为 0 而为 1(true)
  cout<<"test 1 ok\n";
if(x = 9)              //赋值表达式值为 9,因而条件表达式值恒为 1(true)
  cout<<"test 2 ok\n";
if(x = 0)              //赋值表达式值为 0,因而条件表达式值恒为 0(false)
  cout<<"test 3 ok\n";
```

最后将输出结果:

```
test 1 ok
test 2 ok
```

相等比较与赋值操作之所以容易搞错,是因为它们都有值,都是表达式,都能作为条件。

语言设计了这种一切表达式都具有值,而且可以互相操作的特征,使得语句之间具有很好的相容性。但是,操作符的相像性(如=与==)又破坏了编程的自然性。好在编译器在应该出现条件表达式的位置上,如果遇到赋值表达式则会发出一个警告,警示你的条件表达式可能有潜在的错误。请千万要培养不放过任何一个警告的习惯,否则难免搞错的“=”与“==”将对你的程序造成实质性的伤害。

2 !=0 的表达

作为条件表达式,测试表达式不等于零与表达式本身等价:

```
if(x!=0) cout<<x;   //即 if(x) cout<<x;
```

因为 x 若为非 0，则其值作为条件表达式即为 true，且 x!=0 也显然成立，使条件表达式的值为 true。而当 x 为 0 时，条件表达式的值为假，0 本身也是假。

同理，测试条件表达式等于 0 与表达式的否定等价：

```
if(x==0) cout<<x;  //即 if(!x) cout<<x;
```

条件测试中，不相等(!=)与赋非值(=!)意义是不同的。例如：

```
if(x!=9) cout<<"x isn't 9\n";   //只要 x 不为 9 则执行输出
if(x=!9) cout<<"x is false\n";  //即 if(x=0) cout<<x; ——永不执行
```

相等测试的否定与不相等测试是等价的。例如：

```
if(!(x==9)) cout<<"x isn't 9\n";     //等价于下一条语句
if(x!=9)    cout<<"x isn't 9\n";
```

后者在表达上更简练一些。

3 不等式连写的错误

初学者往往会把不等式 a<b<c 直接表达出来，可惜 C++并不报错，而是理解成(a<b)<c，因此，下列代码并不会输出"ok\n"：

```
int a=-1, b=0, c=1;
if(a<b<c) cout<<"ok\n";
```

对于这种错误，编译不能检测到，而是错误理解，错误运行，那么这种危害将是很大的。因为程序员要等到真正运行时再去纠错，那代价肯定比编译时发现并改正要大。正确的写法应该是：

```
a<b && b<c
```

逻辑表达本来就是这么无奈，C++ 对表达式的理解太宽泛，以至于很多计算一不小心就会被编译所误解，从而居然还会运行出结果。但是笔者并没有认为这全是 C++的缺点，表达式在表达能力方面却因此而很强。

4 条件表达式中的赋值

编程中经常遇到这样的情况：先求一个表达式的值，放入变量中，然后比较另外一个表达式，以确定后继执行的语句：

```
x = func1();
if(x==func2())
  y = x;
```

这样做，是为了避免后继语句中对 func1 的多次求值，例如：

```
if(func1()==func2())
  y = func1();
```

以上两种表示方法前一种较为高效。因此，经常有这种赋值表达式与 if 语句的捆绑形式，作为既不影响语句作用而又更为精炼的形式，可以写为下列的形式：

```
if((x=func1())==func2())
  y = x;
```

该语句的有效性在于，x=func1()是赋值表达式，其值为 func1()，与表达式 func2()的比较产生与上面代码同样的效果，而且，还完成了对 x 的赋值，以达到无须多次对 func1()求值的效果。注意，优先级“=”比“==”要低，从而对 x=func1()用括号是必须的。

❑ 4.4.2 基本逻辑与短路求值（Basic Logic & Short-Circuit Evaluation）

假定 a 与 b 是两个表达式，则在求逻辑表达式 a && b 和 a || b 时，先将 a 和 b 看作为逻辑值 true 和 false，然后参加运算，获得结果。逻辑与“&&”和逻辑或“||”操作的意义见表 4-2。

表 4-2 “&&”和“||”操作的意义

a	b	a && b	a || b
0	0	0	0
0	1	0	1
1	0	0	1
1	1	1	1

逻辑学告诉我们，逻辑与“&&”、逻辑或“||”和逻辑非“!”这三个操作符可以表示任何复杂的逻辑表达式。因此，语言提供的条件表达能力是完备的。

让我们来设计一下逻辑运算。例如，令小明考试得优为 A，小明获得奖励为 B。则：

A && B 表示小明考试得优并且还获了奖。这时候，如果小明考试没得优，或者没获奖，则 A && B 的值为 false，否则 true。

A || B 表示小明或者考试得优，或者获奖。这时候，如果小明既没有考优，又没有获奖，则 A || B 的值为 false，否则为 true。

于是，“小明考试得优与小明获得奖励是一致的”应表示为：A && B || !A && !B（即小明考了优而且获了奖或者小明没考优也没获奖），或者利用 C++丰富的操作符，更简洁地表示成 A==B。

“如果小明考优，那么小明就获奖”表示为：!A || B（即小明不考优，或者小明获奖是无疑的）。

如果能准确地表达逻辑关系、表达条件，就朝着正确编程迈进了坚实的一步。

在上面的 A && B 的表达式中，A 若为 false，即小明没考优，则小明再怎么获奖也是无济于事，即 A && B 的值为 false。因此，在还没有操作&&之前，如果 A 是 false，可以放弃求 B 而直接得出结果 false。

同样，在 A || B 中，若得出 A 为 true，则可以放弃求 B 而直接得出结果为 true。

这就是所谓短路求值。它是C++在处理逻辑表达式的过程中，为达到高效运行而采用的规则，利用这个规则，可以放心地执行下列代码：

```
if(b && a/b>2)  cout<<"ok\n";
```

当b为0时，a/b将引起除0的系统错误，但有短路求值的保护，该语句便十分有效。又如：

```
if(a==0 || b=func())
  cout<<"useless\n";
```

该if语句表达了如果a==0则没有用了，也无须求b的值了；否则对b求值，并且判断b的值若非0，才确认一切都是徒劳无功的，需要输出useless。

□ 4.4.3 逻辑推演（Logic Inference & Deduction）

表达逻辑关系的时候，也需要把握C++的表达式和条件语句的意义。例如：

令grade≥90为A，grade≥80为B，grade≥70为C，grade≥60为D，grade<60为E；则根据成绩打印“A”“B”“C”“D”“E”的条件语句可以表示为：

```
if(A) cout<<"A\n";
if(!A && B) cout<<"B\n";
if(!A && !B && C) cout<<"C\n";
if(!A && !B && !C && D) cout<<"D\n";
if(E) cout<<"E\n";
```

不过，更简练的表示应该为：

```
if(A) cout<<"A\n";
else if(B) cout<<"B\n";
else if(C) cout<<"C\n";
else if(D) cout<<"D\n";
else cout<<"E\n";
```

因为，else已经表示前一个测试失败。

当求一个逻辑判断类问题的解时，首先要进行逻辑表达，因此逻辑表达是求解问题的一种基本功。下面看一下逻辑表达式还可以如何推演，如何求得更简捷的形式。

例4-1 某任务需要在A、B、C、D、E这五人中物色人员去完成，但派人受限于下列条件：

（1）若A去，则B跟去；

（2）D、E两人中必有人去；

（3）B、C两人中必有人去，但只去一人；

（4）C、D两人要么都去，要么都不去；

（5）若E去，则A、B都去。

问这五个条件如何表示？

解 令A、B、C、D、E都为逻辑型值true或false，则：

条件1可以表示为逻辑表达式：A->B。它等价于！A||B。意即A不去是一种方案，另一种方案当然是A和B一起去。

条件2可以表示为：D||E。意即D去，E去，D和E都去，这三种方案都行。

条件3可以表示为：(B && !C)||(!B && C)。推演为B!=C。意即B去C不去是一种方案，另一种方案是C去B不去。

条件4可以表示为：(!C||D) &&(C || !D)。更简单的形式为C==D。意即C和D一起去是一种方案，C和D都不去是另一种方案。

条件5可以表示为：!E||(A && B)。意即E不去是一种方案，另一种方案是E、A和B都去。

逻辑的推演技术涉及数理逻辑，应该学学数理逻辑学了（☞参考文献[6]）。

4.5 位操作（Bit Operations）

❑ 4.5.1 位操作种类（The Kinds of Bit Operations）

位操作是整数特有的操作，它有<<、>>、&、|、^和~六个操作。

1 左移操作

左移操作“<<”将整数最高位挤掉，而在右端补0。例如：

```
int a = 12;      //a为00000000000000000000000000001100
a = a<<1;        //a为00000000000000000000000000011000
```

a左移1位，得到了24，所以左移1位相当于乘2，而不管整型是否有符号。

2 右移操作

右移操作“>>”是在整数的高位挤一个0或1进去，而整数右边的1或0被挤掉。C++对右移操作有一个规定：对有符号数，若最高位是1，则高位挤进1；若最高位是0，则挤进0。而对无符号数，则一律高位挤进0。这个规定是为了使整数移位操作保持符号的一致性这一合理假设。例如：

```
short int a = -2;                //1111111111111110
a = a>>1;                        //a=-1 即 1111111111111111
unsigned short int b = 65535;    //1111111111111111
b = b>>1;                        //b=32767 即 0111111111111111
```

3 位与操作

位与操作“&”是将两个操作数每一位做与操作。例如：

```
int a = 12;    //a为00000000000000000000000000001100
```

```
int b = 6;      //b 为 00000000000000000000000000000110
a = a & b;      //a=4 即 00000000000000000000000000000100
```

4 位或操作

位或操作“|”是将两个操作数每一位做或操作。例如：

```
int a = 12;     //a 为 00000000000000000000000000001100
int b = 6;      //b 为 00000000000000000000000000000110
a = a | b;      //a=14 即 00000000000000000000000000001110
```

5 位异或操作

位异或“^”操作是将两个操作数每一位做异或操作，异或也称对称和，或称无进位加，若两个位相等（都为0或都为1，则其值为0，否则为1）。例如：

```
int a = 12;     //a 为 00000000000000000000000000001100
int b = 6;      //b 为 00000000000000000000000000000110
a = a ^ b;      //a=10 即 00000000000000000000000000001010
```

6 位反操作

位反“~”操作是将一个操作数每一位取反，0变成1，1变成0。例如：

```
int a = 12;     //a 为 00000000000000000000000000001100
a = ~a;         //a=-13，即 11111111111111111111111111110011
```

4.5.2 位操作实例（Bit Operation Example）

位操作也有对应的复合赋值操作。例如：

```
a <<= 5;       //等价于 a = a << 5;
a >>= 8;       //等价于 a = a >> 8;
a &=  b;       //等价于 a = a & b;
a |=  b;       //等价于 a = a | b;
a ^=  b;       //等价于 a = a ^ b;
```

位操作可以优化一些很强调空间的计算，系统编程中的状态位截取惯用位操作，它也是标准库中 bitset 容器类的实现基础，有许多问题用位操作做，颇为高效。

例 4-2　对于 4.4.3 节的逻辑判断例子，得到了条件的逻辑表达式，我们还有逻辑判断类的求解模式（☞CH2.7.1）。如果将每个人的去与不去看成是5位整数的其中1位，其中A对应最高位，E对应最低位，那么所有可能的调派方案为从全部不派的00000到全部派去的11111之间变化。显然，共有32种方案。全部遍历的循环为：

```
for(int I=0; I<32; ++I)
```

其中每个I对应一个二进制数，为一种调派方案。在某一种调派方案I中：

```
A 为最高位(I&16)>>4 或者 I>>4(将低位都挤掉)
B 为次高位(I&8)>>3 或者(I>>3)&1
C 为中间位(I&4)>>2 或者(I>>2)&1
D 为次低位(I&2)>>1 或者(I>>1)&1
E 为最低位 I&1(屏蔽其他位)
```

根据求解模式，把这五个条件表示成否定的形式：

```
否定条件 1 为 !(!A||B)=A&&!B
否定条件 2 为!(D||E)
否定条件 3 为 B==C
否定条件 4 为 C!=D
否定条件 5 为 E&&!(A && B)
```

再将 A、B、C、D、E 的式子代入条件表达式，即可以构成求解程序：

```
//======================================
//f0406.cpp
//逻辑判断类续
//======================================
#include<iostream>
using namespace std;
//--------------------------------------
void print(int n);
//--------------------------------------
int main(){
  for(int I=0; I<32; ++I){
    if(I>>4 && !((I&8)>>3))             continue;
    if(!((I&4)>>2)&&!(I&1))             continue;
    if(((I&8)>>3)==((I&4)>>2))          continue;
    if(((I&4)>>2)!=((I&2)>>1))          continue;
    if((I&1)&&!((I>>4)&&((I&8)>>3)))    continue;
    print(I);
  }
}//-------------------------------------
void print(int n){
  cout<<((n&16)?" A ":"~A ")
      <<((n&8)?" B ":"~B ")
      <<((n&4)?" C ":"~C ")
      <<((n&2)?" D ":"~D ")
      <<((n&1)?" E ":"~E ")<<endl;
}//=====================================
```

```
E:\ch04>f0406↙
~A ~B  C  D ~E
 A  B ~C ~D  E
```

求解得到两种方案：一种为C和D去，其他人不去；另一种为A、B、E去，C和D不去。

可以从另一角度来设计程序。在方案循环中，先将每个人的去留状态（布尔变量A、B、C、D、E）从I方案中分离出来，再以单命题复合的方式来筛选条件，那么例4-1中的逻辑推演分析就可以直接清晰地在代码中写成条件表达式了：

```
//======================================
//f0407.cpp
//======================================
#include<iostream>
using namespace std;
//--------------------------------------
void print(int I);
//--------------------------------------
int main(){
  for(int I=0; I<32; ++I){
    bool A=I&16, B=I&8, C=I&4, D=I&2, E=I&1;
    if(A && !B)          continue;
    if(!D && !E)         continue;
    if(B == C)           continue;
    if(C != D)           continue;
    if(E && !(A && B))   continue;
    print(I);
  }
}//--------------------------------------
void print(int I){
  cout<<(I&16 ? " A ":"~A ")
      <<(I&8 ? " B ":"~B ")
      <<(I&4 ? " C ":"~C ")
      <<(I&2 ? " D ":"~D ")
      <<(I&1 ? " E ":"~E ")<<"\n";
}//======================================
```

4.6 增量操作（Increment Operations）

4.6.1 增量操作符（Increment Operators）

令a为整型变量，增量操作分为前增量（++a）与后增量（a++）两种。

作为单一语句，前增量与后增量操作的作用是相同的，都是加1操作：

```
++a;    //等价于 a+=1; 或 a=a+1;
a++;    //等价于 a+=1; 或 a=a+1;
```

前增量操作的意义为：先将变量增1，使其实体发生变化，然后将变量对应的实体作为表达式结果。

后增量操作的意义为：先将变量的值（仅仅是值，不是实体）作为表达式的值确定下来，再将变量增 1，实体值发生变化。

因此，作为表达式的结果，前增量返回的是左值，后增量返回的不是左值，见图 4-2。图中对于++a，先做加 1 操作，后做返回左值结果；而对于 a++，则先做返回右值结果，再做加 1 操作。由于增量操作最后都将对变量实体发生变化，所以要求增量操作的操作数是左值。例如：

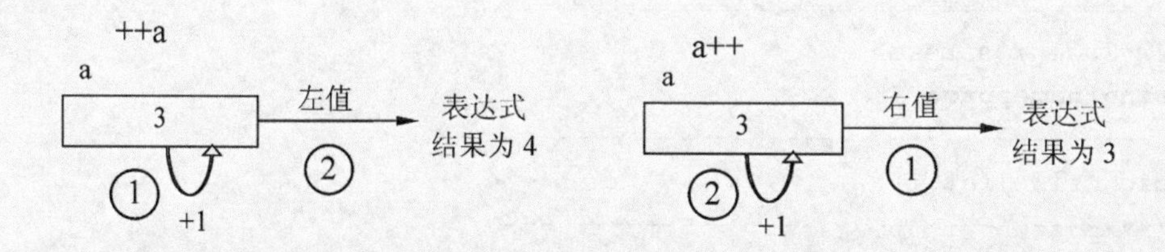

图 4-2　前增量、后增量操作示意

```
const int d =8;
int a = 3;
d++;               //错：d 不是左值
3++;               //错：3 不是左值
int b = ++a;       //b 为 4，a 为 4
int c = a++;       //c 为 4，a 为 5
a++ -= 2;          //错：a++不是左值
++a += 5;          //ok：++a 是左值且结果为 11
++(++a);           //ok：++a 为左值，可执行++(++a)操作
++a++;             //错：按优先级即++(a++)，而 a++非左值不能做前增量操作
```

同样道理，减量操作符也分前减量（--a）与后减量（a--）操作，前减量操作先对变量减 1，然后返回左值结果，后减量操作先返回变量右值，再对变量执行减 1 操作。

❑ 4.6.2　操作符识别（Operator Recognition）

++与--是连体操作符，如果分开书写，则成两个独立的+或-了，所以中间不能有空格。如果有多于两个的+或-连写，则编译器按“贪吃法则”理解。所谓贪吃，是指只要能理解（能成为操作符），就尽量多读入字符。

例 4-3　操作符组合的理解。

```
(1)int a=1, b=5, c;
(2)c = a + b;            //ok
(3)c = a ++ b;           //错：a++和 b 两个表达式，缺中间的操作符
(4)c = a +++ b;          //ok：a++ + b
(5)c = a ++++ b;         //错：a++和++b 两个表达式，缺中间的操作符
(6)c = a +++++ b;        //错：a++ ++ +b，a++非左值，不能++
```

上面第 3 行，编译器不会理解成 a+ +b，从而使表达式合法；同样，第 5 行也不会理

解成 a++ + +b，从而使表达式合法；第 6 行也不会理解成 a++ + ++b 的合法表达式；第 4 行也不会理解成 a+ ++b，编译器对表达式的理解是没有二义性的。如果要使上面的非法代码可行，只能通过书写格式，用空格来分离操作符人为控制表达式的意义：

```
int a=3, b=5, c;
c = a + + b;        //ok: c为8
c = a + ++b;        //ok: c为9, b为6
c = a++ + +b;       //ok: c为9, a为4
c = a++ + ++b;      //ok: c为11, a为5, b为7
c = a + ++++b;      //ok: a + ++(++b), c为14, b为9
```

只要是左值，只要能进行加 1 操作的表达式，不管什么类型，都能进行增量操作，所以浮点型变量也能进行增量操作，但是常用的还是整型变量。

❑ 4.6.3　指针的增量操作（Pointer Increment Operation）

指针可以加减一个整型数而得到另一个指针值（☞CH3.7.3）。指针的增量操作也分前增量与后增量，减量操作同理。作为单一语句，指针的增量操作与加 1 操作相同，这一点与整型变量的增量操作一致。整型的增量操作的结果是整数表达式，可以继续参加其他算术操作，而指针的增量操作的结果是指针表达式，可以继续参加间接访问“*”操作。

典型的组合指针增量的操作为“*p++”，即一边间接访问，一边增量。这在以指针为循环变量、指针增量为步长的循环操作中十分有用。例如，逐个字符复制一个 C-串到字符数组中去，虽然有库函数可以直接调用，但为了看清多操作符的联合作用，请看一个复制 C-串的小函数 myStrcpy：

```
//=========================================
//f0408.cpp
//C-串复制
//=========================================
#include<iostream>
//-----------------------------------------
char* myStrcpy(char* s1, const char* s2){
  char* s = s1;
  while(*s++ = *s2++);
  return s1;
}//--------------------------------------
int main(){
  char a[50];
  const char* s="Hello, I am a student.\n";
  std::cout<<myStrcpy(a,s);
}//======================================
```

在 myStrcpy 函数中，while 循环的循环体为空，而唯一的条件表达式为一个赋值表达式。赋值表达式每执行一次，表达式“*s2++”的值就赋给左值表达式“*s++”，并且以该值作为结束条件判断，如图 4-3 所示。

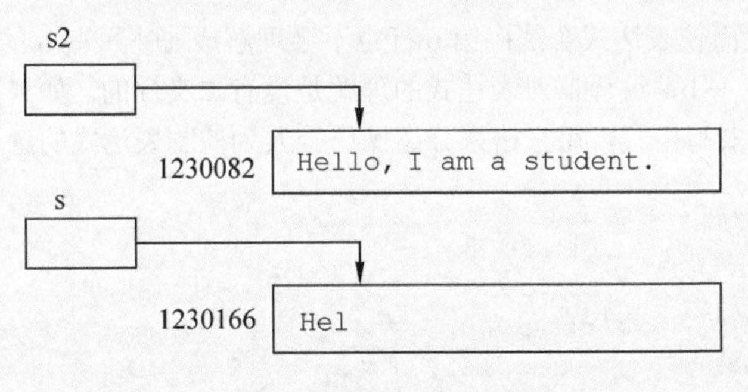

图 4-3　复制 C-串示意

以图中指针位置为例，s2 位于地址 1230085，而 s 位于地址 1230169。执行“while(*s++=*s2++);”时，相当于执行下列操作序列：

```
while(1){
  *s=*s2;                 //*s2='l'
  s2++;                   //s2=1230086
  char* temp=s;           //temp=1230169
  s++;                    //s=1230170
  if(*temp==0) break;     //*temp='l'
}
```

此时，整个赋值表达式的值为'l'，作为条件值，非 0 值即为 true。

当遇到 s2 串的结束符 0 时，赋值表达式一边将 0 赋给*s 一边得出条件判断——false，于是，循环到此结束。s1 保存了复制结果的首址（这一点很重要，因为 s 已经挪动了位置，不是串首了），将 s1 返回，复制工作便完成了。

在执行“*s++=*s2++”的时候，并没有违反操作符的优先级和结合性。“*s2++”中的*和++，根据优先级是相同的，根据结合性，右边的先来，即++先做，所以理应先做 s2++操作。s2++是后增量操作，所以其结果是没有修改的 s2 指针值本身，因此在其身上做间接访问操作自然就是 s2 所指向的字符了。在赋完值的同时，s2 也随后完成了自身增 1 的操作。同理，s 的操作也一样。

4.7　表达式的副作用（Expression’s Side Effects）

4.7.1　操作数求值顺序（Operands Evaluating Order）

表达式中有操作符，求解表达式时，必须按优先级和结合律决定哪个操作数先做运算，哪个操作数后做运算。这是指操作的先后顺序，并不是指操作数本身的求值顺序。如果操作数是常量或者变量，它们存储在一定的内存空间中，是一个随要随取的确定量，便没有什么求值顺序可言。但是，操作数若为函数调用等复合运算，取操作数本身这个事件便有一个运行过程要做，该运行过程执行的时机以及几个这样的取操作数事件的运行顺序，便可能会影响表达式的求值，见图 4-4。

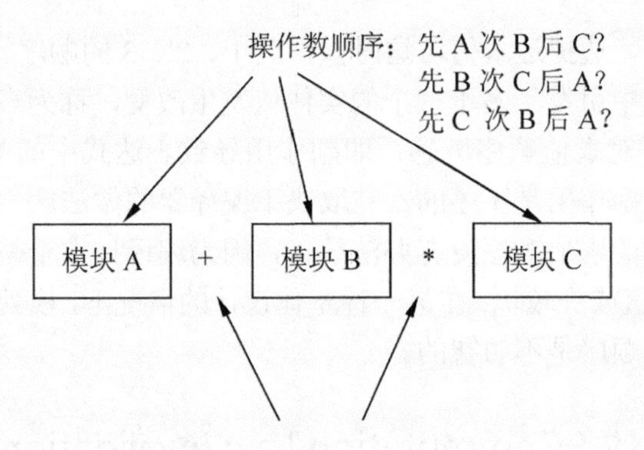

图 4-4　不确定的操作数求值顺序

在表达式中，各操作数的求值顺序并没有在C++标准中规定。不同的编译器为提高所产生的机器代码的质量，各显神通，对操作数（是个表达式）访问进行必要的顺序安排。当然，操作符的优先级和结合性是不能被破坏的。在顺序安排中，操作数进行的挪动操作，可能会经历求值运算（因为操作数由表达式构成），而求值运算如果修改了另一个待计算表达式中的变量，则会产生副作用。

❑ 4.7.2　编译器相关（Complier Correlated）

C++在编译表达式语句时，要分解表达式中的数据项，然后分头求值。可是分头求值没有统一的顺序规定。例如：

```
int a=3, b=5;
int c = a*b + ++b;
cout<<c<<endl;
```

c 是 a*b 和++b 的和。在求和之前，先要把这两个操作数安排在加运算的地方。在安排的时候，可能先安排前一个表达式 a*b，也可能先安排后一个表达式++b。安排时，要对表达式进行求值计算。可是若先安排后一个表达式，求其值后，变量 b 内存空间中的值却发生了变化。再将 a*b 的值放到参与加运算的位置时，又面临求 a*b 值的问题。到底 b 取自最初的 b 变量值，还是在前一个操作数放置到加运算的地方之后（b 已经发生变化），再去取 b 变量的值呢？也就是说，a*b 为 3*5 还是 3*6 呢？见图 4-5。

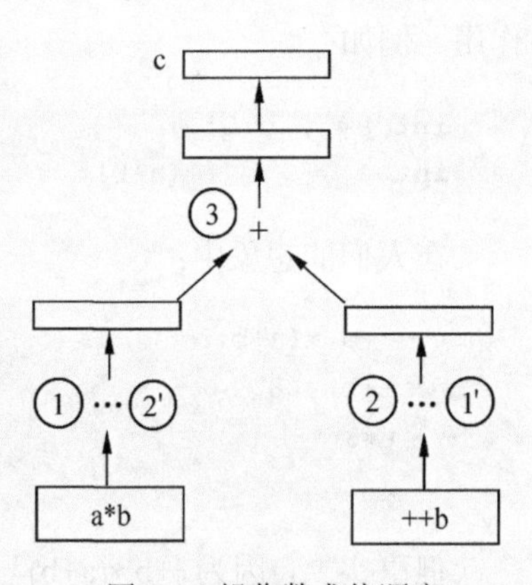

图 4-5　操作数求值顺序

编译器可以按 1、2、3，也可以按 1'、2'、3 安排求值顺序。如果按 1、2、3 的顺序，那么，先求 a*b，得 15，再求++b，得 6，最后的结果为 21。如果按 1'、2'、3 的顺序，那么，先求++b，得 6，且 b 亦为 6，再求 a*b 得 18，最后的结果为 24。

假想编译器的一种实现方法为，边读入表达式的每一项边求值，这时候得到 1、2、3 的顺序。假想编译器的另一种实现方法为，先将表达式的每一项统统读入一个容器中，然

后从容器中提出每个项，边提边求值，这时候得到 1'、2'、3 的顺序。

表达式在求值过程中引发了多于一个的实体值发生改变，称为表达式的副作用。

如果副作用导致了对求值顺序敏感，即副作用导致表达式中的某一项不能独立求值，而受制于其他项，那该副作用是无序的，它取决于编译器的做法。

C++ 标准对编译器的求值顺序没有办法统一，因为编译技术千差万别，在一种整体设计的情况下，边读边求值或许较优；在另一种整体设计的情况下，栈处理操作数或许较优，硬性规定编译器的求值顺序是不明智的。

4.7.3 交换律失效（Commutation Law Invalidation）

因为 C++表达式在求值过程中，可能会带有多于一个的实体值发生改变，加上编译器对求值顺序没法规定的无奈，就导致了交换律的失效。例如：

```
c = a*b + ++b;
d = ++b + a*b;
```

由于副作用的存在，c 和 d 的值无法相等。在 VC 中结果为 21 而在 BCB 中结果为 24。

这种情况一旦产生，将给程序员带来噩梦。因为它意味着与数学规律的对抗，程序员对求值的确定性不复存在。

4.7.4 括号失效（Bracket Invalidation）

括号只是规定括起来的部分不与相邻的数据项混，而单独计算。所以括号规定了表达式分解的方案，没有规定计算顺序。因此同样原因，求值顺序的不确定性还使括号也失去作用。例如：

```
int a=3, b=5;
int c = ++b * (a+b);
```

在人们的想象中：

```
c = ++b * (a+b)
  = ++b * 8
  = 6*8
  = 48
```

但事实上，因为++b *(a+b)与(a+b)* ++b 都没有把握相等，括号又能强制得了什么呢？VC 中求得 c 为 54，而 BCB 中求得 c 为 48。

然而，不能说 C++不能正确编程，要看到本质。括号问题的产生不是因为括号外的乘法抢在括号内的加法前执行(++b*a + b)，而是括号外的表达式比括号内的表达式先行求值。一切还是编译器的求值顺序不确定所引起的。

□ 4.7.5 消除副作用（Avoiding Side Effects）

如果一个表达式有多于一个的实体值发生改变的情况，那么就要警惕，看实体值是否在表达式中被再次访问，如果是，则该表达式的求值正确性就没有办法保证。例如：

```
int a, b=20;
a = (b=25)+=5;    //ok: 两个实体改变，但实体都被访问 1 次，a=b=30
a = (b=25)+b;     //错: a、b 改变，b 被访问 2 次以上
```

允许编程中存在表达式的副作用，有些语句需要通过表达式的紧凑和习惯用法阐明表达式的作用。但副作用若有害，则说明编程者对程序思路还有不够完善、不够周密的地方，它导致不可读，破坏了可移植性，所以编程时务必避免。解决副作用的方法是分解表达式语句。例如，对于语句“c=a*b+ ++b;”，可以写成：

```
c = b+a*b;
b++;
```

或者：

```
b++;
c=b+a*b;
```

表达式有副作用的根本原因是，充当操作数的模块可能会影响同一个表达式的另一个操作数模块的计算值。这不是C++本身的问题，其他语言也有这种问题。因为过程或函数并非严格意义上的黑盒（☞CH5.1.2），模块（或者函数）的副作用（☞CH5.2.2）是导致表达式副作用的根本原因。

试想，若有两个任务，一个交给弟弟做，一个交给妹妹做，然后把他们做完的结果再加工成产品。结果弟弟先做完，妹妹因此而加快了速度，导致成品中妹妹做的部分欠结实。第二次，让妹妹先做，弟弟后做，结果他们同时做完，这时候，发现产品质量得到了明显的提升。这也是一种影响最后结果的副作用啊！只要两个过程存在相互影响的关系，那么，副作用是必然的。

4.8 目的归纳（Conclusion）

C++的操作符特别丰富，一元操作符比二元操作符优先级要高。除了一元操作符、三目操作符和赋值操作符是右结合的外，其余的操作符都是左结合的。当操作符的优先级搞不清时，使用括号是明智的。

当整数在计算过程中发生溢出时，总是简单地抛弃进位。留心整数的表示范围和运算中间结果的数值范围，它们是发现整数结果错误问题的重要依据。

浮点运算是有规律的，机器运算规则与浮点数的实际意义在精度方面有细微的差别，这种差别导致浮点数的精确比较失败。因此，明智的程序员从不进行浮点数的相等比较，而是判断某个浮点数是否落在某个数的邻域中。

两个不同类型的操作数若类型相容，可以隐式转换为合适的类型进行求解，这是C++

为方便编程而设计的语言功能。然而，有时候需要自我规定运算的类型和操作精度，可以人为显式地转换类型。但转换毕竟是疑云重重的，与干净利落的基于数据类型的计算形成反差。所以要慎重使用转换。C++为不让转换轻易地用错，还特地为转换分了四个类，它们在 4.3.3 节中有一个指导阅读的交代。

关系运算中，=与==经常会搞错。比较操作总是将操作数变成逻辑值，其结果也是逻辑值，逻辑值可以运算，可以推演；逻辑操作符&&和||都是短路求值的，它可以使程序变得高效。

位操作是 C++ 特有的，它可以高效地处理字节中的位，而显得语言表达能力非同寻常。事实上，由于问题的抽象性，经常可以将一些问题用位操作的方法解。然而，要注意的是逻辑操作&&与&、|| 与 | 的区别。

前增量与后增量操作在单一语句中是没有差别的，但若作为表达式的值参加其他运算时，要注意前后增量的差别。指针的“*a++”形式的操作是一种简捷而平凡的操作，它甚至随着编程的抽象层次提高而获得新的意义。

C++的表达式求值中可以有多个左值一起改变，这称为表达式的副作用。如果一个改变了值的左值在表达式中出现了多于一次，则该表达式有不良副作用。要严防不良副作用，因为它对程序的正确性提出了严重的挑战。

练习 4（Exercises 4）

1．C++的数学函数一般由具有若干输入参数和返回值的函数构成，形式为：

```
Type f(type1,type2,…)
```

其中，Type 为函数值的类型；type1、type2……为自变量。

在 cmath 头文件中含有一些常用的数学函数：

```
double sin(double x)                //表示 x 弧度的正弦值
double exp(double x)                //表示 e 的 x 次方
double sqrt(double x)               //表示 x 的平方根
double pow(double x, double y)      //表示 x 的 y 次方
```

写出下列数学表达式所对应的 C++表达式：

（1）$\sqrt{\sin^{2.5}(x)}$

（2）$\frac{1}{2}\left(ax+\frac{a+x}{4a}\right)$

（3）$\frac{c^{x^2}}{\sqrt{2x}}$

2．写出下列表达式的值：

（1）

```
int e=1, f=4, g=2;
double m=10.5, n=4.0, k;
k=(e+f)/g+sqrt(n)*1.2/g+m
```

(2)

```
double x=2.5, y=4.7;
int a=7;
x+a%3*(int)(x+y)%2/4
```

(3)

```
int a, b;
a=2, b=5, a++, b++, a+b;
```

3. 编程求$C_{18}^{13}=\frac{18!}{13!\times(18-13)!}$的值，注意不要让中间结果溢出。

4. 今有一个文件abc.txt，内含一些数对，找出全部积为16! 的数对，并输出。注意浮点数的比较方法。文件内容和输出样例为：

```
E:\ch04>f04x06↙
8717829120000 2.4
16000000 1307674.368
10000 2092278988.8
```

```
112233 445566
8717829120000 2.4
16000000 1307674.368
10000 2092278988.8
1234567 890123
```

abc.txt

5. 编程输出long double型数12345.67891023456的二进制位码。

6. abc.txt文件中有一些整数，试编程实现循环输入文件中的整数，判断其能否被3、5、7整除，并对每个整数输出以下信息之一：

(1) 能同时被3、5、7整除。

(2) 能被其中两数（要指出哪两个）整除。

(3) 能被其中一个数（要指出哪一个）整除。

(4) 不能被3、5、7任一个整除。

7. 下列代码是旧式C++程序，将它按自己的编程风格编排，转换成标准C++，能简化就简化，并写出运行结果（可以添加头部注释）。

```
#include<iostream.h>
void main()
{
int a,b,c;
int s,w,t;
s=w=t=0;
a=-1;
b=3;
c=3;
if(c>0)
s=a+b;
if(a<=0)
{
if(b>0)
```

```
if(c<=0)
w=a-b;
}
else
if(c>0)
w=a-b;
else
t=c;
cout<<s<<','
<<w<<','
<<t<<endl;
}
```

8．转换二进制数（这是一道竞赛形式的题目）。

时限：3s；输入文件：change.in。

一串串太多太长的二进制数真是枯燥乏味，难怪小明看着看着就看花眼了，小亮看着看着就睡着了，小晶看着看着就恐慌起来了，仿佛自己变成了机器人，原本丰富多彩的世界一下子成了 0 和 1 的汪洋大海。他们一致要求将这些二进制数转换成十进制数，只有这样，心里才安稳，才痛快，睡觉才合得上眼。

这项工作自然就落到你的头上了，因为早就听说你是处理二进制数的高手了，一点也不怀疑你会一下子想出十七八种转换的方法，而且其中还有几种方法很经典呢，这里真的就是你用武的好地方，请下手吧。

输入说明

有数千个二进制数，最长的不过 64 位，在文件中以数字串的形式存放，每行只放一个数。如果是–1，那就表示输入结束。

输出说明

每一个二进制数对应一个十进制数输出。每个输出都要换行。

样板输入

```
01010010000111110111110110110011001011111110011111100000001
00000000000000001111111101010100101010100101000000001111100
100001
-1
```

样板输出

```
184924582623264513
8784594944124
33
```

第二部分

过程化编程

Part Ⅱ The Procedural Programming

第5章 函数机制（Function Mechanism）

早在C语言中，就确立了函数在程序设计中的地位。函数是C也是C++程序结构中的基本单位，只不过C++函数在内涵上对C进行了诸多扩充。从结构上或者从本质上说，设计程序就是设计函数。从最初的main函数启动，到程序运行结束，无不是函数在起作用。函数的不同组织方式就形成了不同的程序设计方法。在数据还没有太复杂、太混乱、太庞大之前，玩弄函数的设计，“大了分，小了合”，就是基于函数的程序设计了。当然，在C++中，函数与过程的相似性在概念上大可以玩一些文字游戏，但到了5.3节看透了函数之后，对C++函数的本质应不会有什么悬念了。

也就是说，是函数构建了C或C++程序。C++的函数其实是一个过程体，有些函数具有输入参数和返回类型，表现得像数学函数那样，有自变量和函数值，甚至还可以对其进行递归描述；另外一些没有返回类型，没有调用的数值结果，“什么也没有得到”，表现得像一个纯粹的过程。在C++中，函数的作用并不只是为了对于给定的数据，计算后返回一个函数值那样完成一个预定的目标。C++语言的设计，其函数参数的意义并不仅仅是一个类型的变量值，很多是指向数据流的一个窗口，或者数据集合以及一组相关操作，即对象。完成了一个过程，也就完成了数据集合的处理。所以C++中的函数可以涵盖一切数据操作过程，从这个意义上说，C++的函数是涵盖更广的过程，基于函数的程序设计就是基于过程的程序设计。

正因为函数在C++中是如此重要，所以函数的使用也必须十分规范。函数使用的规范性体现在函数参数的性质上，体现在对待函数参数的传递规则和返回类型与返回值的审查上，体现在函数名字的识别原则上，体现在函数体编译的效率选择上，还体现在函数体对数据的访问权限上。

5.1 函数性质（Function Character）

5.1.1 函数的形态（The Function Forms）

数学函数描述自变量与因变量之间的多对一的数量关系，还研究其各种性质，包括可逆性。在实际应用中，强调求值趋向，且没有任何副作用，结果亦可重复计算获得。而C++函数描述操作序列，虽有求值表现，但更强调过程性，因而就强调构建过程的结构框架，即模块结构。在语言设计的时候，套用了函数的原始意义——求值，但却与函数的范畴相去甚远。它可以表现为数学意义上的函数，也可以表现为纯粹的过程操作，更可以表现为结果的多元化描述。由于它可以通过模块结构对过程进行分解，所以实际上具备了描述数学模型的条件，它甚至还可以有副作用，有意无意地让结果不可重复，以使函数的设计带有高度的技巧性和灵活性。那么，它在形式上是如何表现的呢？

有些函数具有求值表现，即有返回值。这些函数可以没有输入参数，也可以有一个或者多个。例如，数学函数为下列形式：

$$f(x)=\begin{cases}-x & x<0\\ 2 & x=0\\ x^2 & x>0\end{cases}\qquad -\infty<x<\infty$$

其等价的C++函数描述为：

```
long double f(long double x){
  if(x < 0) return -x;
  if(x > 0) return x*x;
  return 2;
}
```

不过要注意的是，数学函数的自变量定义域为±∞，而C++函数中的long double型参数表示范围为$\pm1.2\times10^{4932}$。事实上，因为值域也为long double型，所以参数的表示范围在大于0时为函数值的平方根：

$$-1.2\times10^{4932}\leqslant x\leqslant1.1\times10^{2466}$$

当然还要注意，实数与long double型数在精度上存在着差异。这些都是编程语言在描述能力上的局限性造成的。

函数还可以进行递归描述（☞CH5.6）。

函数可以没有参数或者有多于一个的参数。例如，求随机数的函数“int rand();”没有参数，但可以获得非负的整数范围内的随机数。该函数属于C库函数，它取系统中的当前时间与内部自身的一个素数加工成一个伪随机数，作为函数值。而求矩形面积的函数“double area(double width, double length);”显然有长度和宽度两个double型参数，并返回double型值，其为典型的多对一f(a,b)形式的数学函数。

另外一些函数没有“求值”表现，没有返回值，即返回类型用 void 描述。调用的结果“什么也没有得到”，表现得像个纯粹的过程。例如，输出一些字串的函数为：

```
void print(){
  cout<<"unsigned int f(unsigned int n){\n"
      <<"  if(n==1 || n==2) return 1;\n"
      <<"  return f(n-1)+f(n-2);\n"
      <<"}\n";
}
```

该过程不需要参数，也没有返回值。也有一些表现为过程的函数，具有参数。例如，延迟 n 秒钟的函数：

```
void delay(int n){
  for(int i=0; i<n; ++i)
    for(int j=0; j<100000000; ++j);  //该循环约耗时 1 秒
}
```

C++的函数形态，无论像数学函数，还是像纯粹的过程，都可以选择有参数或者无参数。所以 C++函数形态分为四类：

```
返回类型 func(参数列表);
返回类型 func();
void func(参数列表);
void func();
```

有返回类型的函数可以参加表达式运算，或者直接赋值给对应类型的变量，构成表达式语句。例如：

```
double s = sin(b)+1;     //s 定义语句中的函数调用
s = cos(c)/2;            //s 赋值语句
```

无返回类型的函数不能以值的形式赋给其他变量或者参加运算，其调用只能独立构成一条语句。例如：

```
print();              //ok
int t = print();      //错
```

需要时，有返回类型的函数也可以像无返回类型的函数一样单独构成语句。例如：

```
char s1[30];
char s2[] = "hello";
strcpy(s1, s2);           //单独构成语句，完成复制工作
cout<<strcpy(s1, s2);  //复制，并将结果输出
```

❑ 5.1.2 函数黑盒（Function Blackbox）

函数是独立的。正如其名，它反映了一个过程的功能（function）性。从理论上说，函

数只对输入（参数）、输出（返回值）负责，计算被封闭在黑盒中进行。函数调用完后，一切现场恢复如旧，因此也意味着函数调用操作的可重复性，其结果不随调用的时间、地点而转移，如图 5-1 所示。

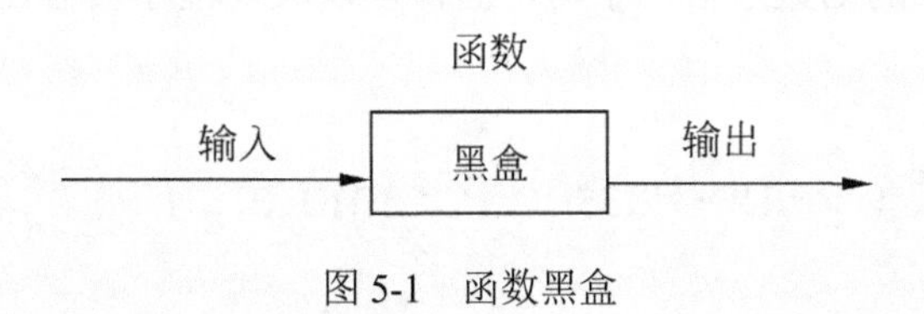

图 5-1　函数黑盒

函数的黑盒性还指只知道其外在的功能而不知道其内部的实现细节。例如，妈妈叫儿子去买酱油，可是，妈妈却唠唠叨叨地交代，从门口出去，往右，第二条街向左拐，斜对面的门口有棵桂花树的那家杂货店，不要到别的店去买。这就限制了儿子的行事自由和选择权。本来他完全可以到更近的一家小超市去买，虽然要穿过一条马路，但却近好多，或者价格更便宜，妈妈也许孤陋寡闻或者不想让儿子冒险穿马路。总之，儿子已经缺失了"黑盒性"。缺乏黑盒性带来的后果是儿子只能为妈妈买酱油，而不能为其他人买酱油，因为买酱油的功能被妈妈所捆绑，不适合其他地点的其他人的买酱油要求。受妈妈"设计思想"的束缚，并非最佳而耗时良久。而函数黑盒性带来的是实惠性，使得函数开发各负其责，程序员无须关心别人开发的函数细节，而无障碍地使用其函数。一人开发，人人适用。所以程序员总是关注拿来使用的函数的外在功能。而且，程序设计阶段对函数的描述是以函数的黑盒性为出发点的。例如，函数描述包括下列内容：

- 函数名及函数访问修饰；
- 输入参数列表；
- 输出参数列表以及返回类型；
- 函数功能描述。

例 5-1　有两种重量的盒子，A 种是 n 斤，B 种是 m 斤。运输这两种盒子的单位成本假设都是 10 元钱。每次给定 A、B 的斤数 n 和 m，返回运输 nm 斤的总成本（元）。

一方面，对于调用该盒子的函数（假设为 cost），无须关心其具体的实现，需要用时，直接给出 n 和 m 两个数，调用 cost(n,m)，就得到其总成本了。

另一方面，函数 cost 在实现时，如果运输 A 种盒子，则总成本为 m*10，如果运输 B 种盒子，则总成本为 n*10，所以实现者可以用两种方法来实现：

```
unsigned int cost(unsigned int n, unsigned int m){
  return n*10;   //运输 n 次 m 斤
}
unsigned int cost(unsigned int n, unsigned int m){
  return m*10;   //运输 m 次 n 斤
}
```

这两种方法的好坏取决于 n 和 m 的值，比较随机，更好的方法是：

```
unsigned int cost(unsigned int n, unsigned int m){
  return (n>m? m:n)*10;   //保证运输次数最少
}
```

函数总有各种各样的实现，就好像人有各种各样的差异一样。所调用的函数性能越好，程序的总体质量也越高。C++基本库中的函数都是高度精练的，所以能调用 C++库中的函数就尽量调用，库中没有的函数才自己手写，这样可以减少程序员自己的编程量，而且总体质量也高。

5.1.3 传值参数（Value-Passed Parameters）

函数通过参数传递输入数据，参数通过传值机制实现。所谓传值，即在函数被调用之时，用克隆实参的办法创建形参。例如：

```
void f(Type a);   //Type 为任意数据类型，a 为形参
void g(){
  Type x;
  f(x);            //此处 x 为实参，相当于定义"Type a = x;"
}
```

克隆实参就是用实参创建形参而实参本身没有任何改变。

当上面的 x 的类型与 a 的类型不一致时，就要看两个类型是否相容，如果相容，那么，在调用时，会将类型作隐性转换而完成传值；如果不相容，则作为编译错误而绝不妥协。这种类型匹配的检查，给程序员带来的是福音，可以让程序员早早地发现潜在的错误。例如：

```
struct S{int a,b;};
void f1(S a);
void f2(int b);
void f3(int* c);
void f4(int& d);
//----------------------------
void h(){
  S x = {1,2};
  f1(x);     //ok: S a=x;
  f1(2);     //错: S a=2;类型不匹配
  f2(23);    //ok: int b=23;
  f2(2.5);   //ok: int b=int(2.5); //类型转换，精度受影响
  f2(x);     //错: int b=x;类型不匹配
  int e = 3;
  f3(&e);    //ok: int *c=&e;
  f3(e);     //错: int* c=e;类型不匹配
  f4(e);     //ok: int& d=e;
  f4(&e);    //错: int& d=&e;类型不匹配
}
```

函数是一个计算单位，它可以返回也可以不返回值完成一个计算。有许多任务光靠复制几个参数数据做输入是不够的，而且数据还要返回。返回总是只有一个数据项。例如，

输入数据为 100 个整数，让其排序输出。总不至于用 100 个参数吧，不敢想象下面这样的函数声明：

```
void sort(int a001,int a002,int a003,···,int a100);
```

就算可以，那 1000 个、10 000 个整数的排序呢？何况，初级的排序操作需要线性存储结构的下标操作，如向量。那么，如果传递给函数一个数据整体的复制品呢？例如：

```
vector<int> mySort(vector<int> v);

void f(){
  int a[]={3,5,7,1,8,4,9,2,6,0};
  vectot<int> va(a,a+10);
  vector<int> vb = mySort(va);    //vector<int> v=va;
...
}
```

那也不行！函数确实可以执行 mySort 排序任务，但那是施加在数据复制品上的操作。要完成任务，还必须将这些数据返回，这大批数据随着函数调用一来一往，函数工作的效率马上降低，见图 5-2，那就不是 C++的套路了。

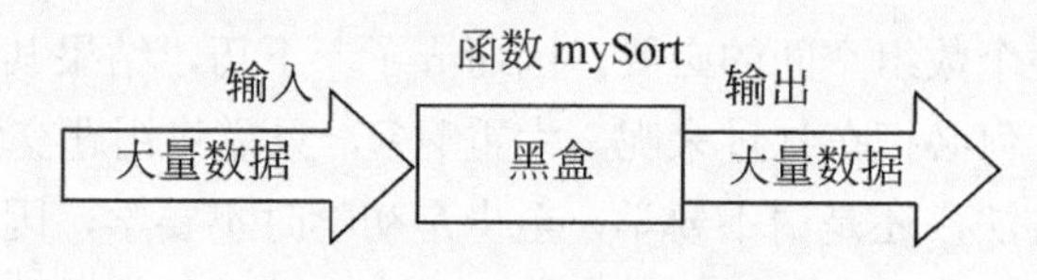

图 5-2　大数据流量的函数

至于数组，还不能实现这种传输呢，因为它没有数据整体复制能力，只能通过指针传递（☞CH5.2.1）。

诚然，该方法可以实现数据的排序。但翻遍 C++编程方法的经典书，你不会找到用这种方法编程的，除非是想测试用这种方法所带来的负面效应是多少。

5.2　指针参数（Pointer Parameters）

5.2.1　指针和引用参数（Pointer & Reference Parameters）

例 5-1 中有效的方法是传递给 mySort 排序函数以一个数组指针或者容器引用。这样，传递的是指针和引用值，也就无须大块数据的挪动了。然后，通过指针和引用的间接访问实现数据的操作。这时候，其实是赋予了函数去操作“异地”数据的权力。异地指非本函数数据区或者称非栈顶函数区（☞CH5.3）。为了完成计算任务，这个权利是必要的。因为这个原因，函数可以大言不惭地说，可以高效地完成数据操作任务了。而且正因为函数的这种能力，才使得 C++程序奠定了以函数为基石的结构。进而，函数作为过程的拓展，基于函数的程序设计就称为基于过程的程序设计了。正因为这个权利，函数调用才这么灵

活、高效，无须承受大块数据传递的沉重负担。例如，传递数组的方法：

```
void mySort(int* b, int size);
void f(){
  int a[] = {3, 5, 7, 1, 8, 4, 9};
  mySort(a, sizeof(a)/sizeof(a[0]));   //int* b=a;
  //...
}
```

数组是不能整体直接复制的，即

```
int a[10];
int b[10] = a;        //错
b = a;                //错
```

数组只能通过传递数组起始地址，达到使用该数组的目的。正因为如此，数组作为函数参数传递，实际上只是把数组的起始地址传给了函数，因此为了能有效地使用数组，还必须给数组传递一个元素个数。在 f 函数中，创建了数组 a，将其传递给 mySort 函数。由于知道传递的数组名只是一个数组的起始地址，因此，mySort 的形式参数有两个。

函数的数组传递的实质，是数组地址的克隆。当初，C 语言在设计的时候，看到了数据传递实在没有传递整个数组空间的必要，因而弄了一下巧，结果其效率享誉了全世界。就好像我要让你用车，何必把车扛过来呢，太重啊☹，只需将钥匙交给你就得了。

然而，这种编程方法，还是请不要学，至少是初学时不要学，因为它不是理想的编程方法，一维数组的传递有一些褒贬不一的说法，但二维数组的传递绝对是一边倒的共识。你可能会看到一些 C 或 C++语言的书对多维数组的描述（二维以上的数组，称为多维数组），若真的胆敢传递多维数组给函数，那么，一切美感将会消失殆尽。所以，等到琢磨透了编程，成为了高手，再研究这样的编程手法吧。

然而，传递指针和引用的特性作为一把双刃剑还是被专业程序员所看好。本质上，初级程序员与专业程序员的差别就可以从使用指针和引用参数中看出。由于参数值可以通过传递指针和引用获得，所以它意味着函数可以访问不属于自己管辖的数据，如图 5-3 所示。

很显然，只传递数组的地址，明显减轻了参数传递过程中的数据复制量。但是要看清，排序是在数组 a 上操作的，数据的改变不是在 mySort 函数数据区内，等到 mySort 返回之际，数组 a 的内容发生了改变，而参数 b 本身的值却没有发生任何改变（还是指向数组 a）。这便是函数运行的结果！

这意味着函数运行的结果并不一定要用返回类型规定的返回值反映，函数参数也能起到返回结果的作用。因为最终，函数结果要返回到调用函数中，而函数的指针和引用参数，指示着调用函数的数据内容已经发生变化，这不就是运行所要达到的目的吗!?

所以，函数可以传递多个输入参数，同时也可以让多个数据处理的对象发生变化。输出因而也可以呈多元化而非返回值一个形式。

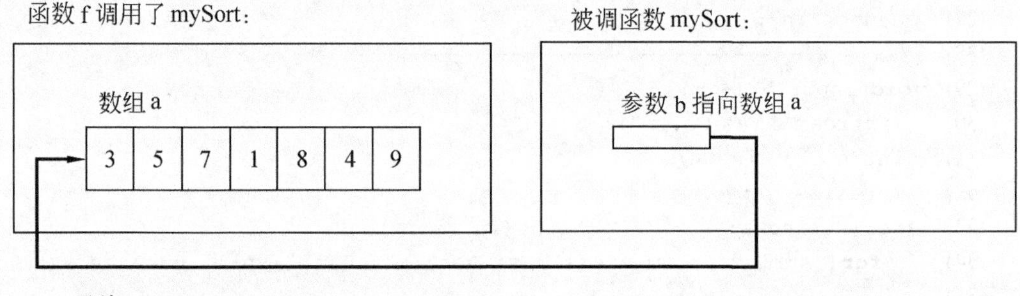

函数 f 在 mySort 返回之后：

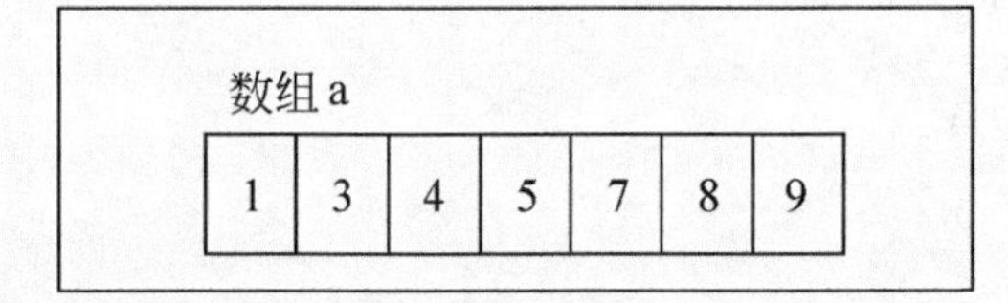

图 5-3　数组传递

例 5-2　在一个矩阵中找含有–1 元素的向量，若找到，则找到的结果存放在参数 v 中，返回 true；否则，没有结果，且返回 false。程序所用的数据放在文件 abc.in 中。文件中第 1 行放向量的个数 n，以便读入操作。接下来 n 行即 n 个长短不一的向量。程序代码如下：

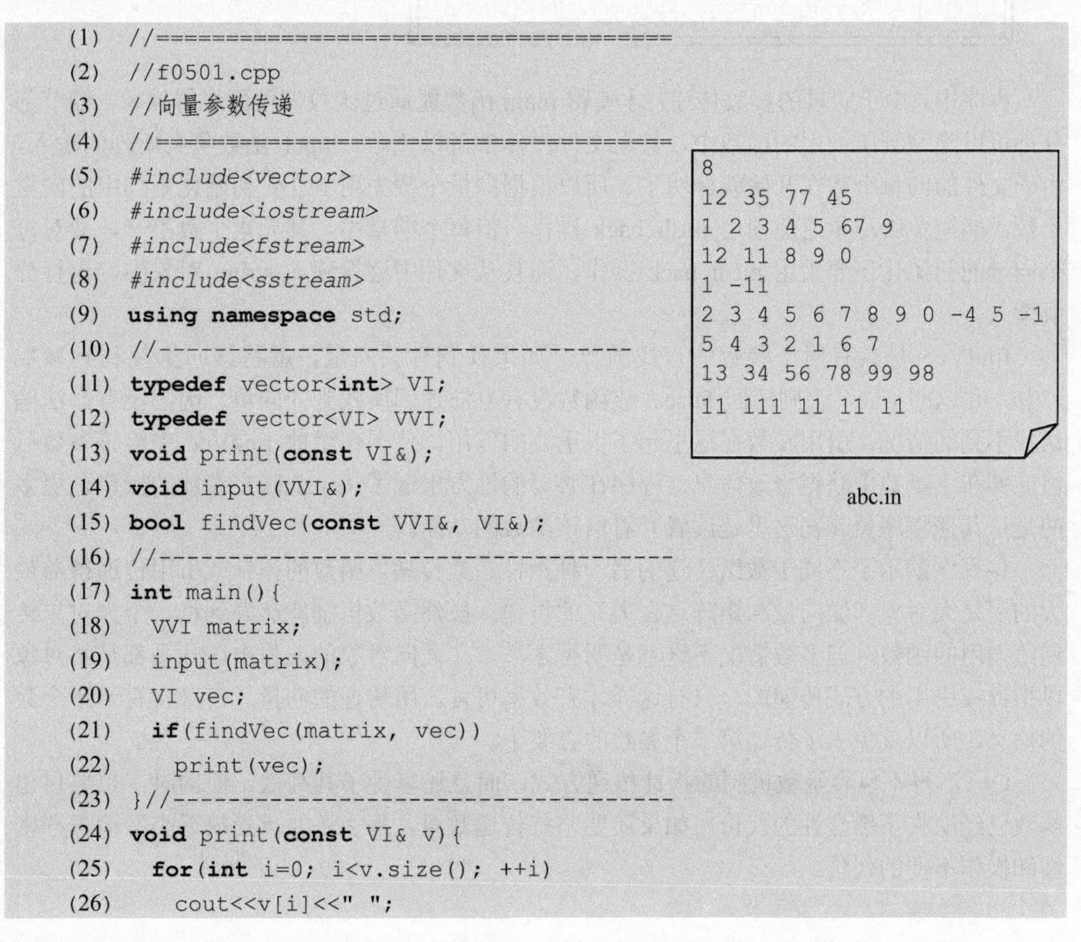

```
(1)  //=====================================
(2)  //f0501.cpp
(3)  //向量参数传递
(4)  //=====================================
(5)  #include<vector>
(6)  #include<iostream>
(7)  #include<fstream>
(8)  #include<sstream>
(9)  using namespace std;
(10) //-------------------------------------
(11) typedef vector<int> VI;
(12) typedef vector<VI> VVI;
(13) void print(const VI&);
(14) void input(VVI&);
(15) bool findVec(const VVI&, VI&);
(16) //-------------------------------------
(17) int main(){
(18)   VVI matrix;
(19)   input(matrix);
(20)   VI vec;
(21)   if(findVec(matrix, vec))
(22)     print(vec);
(23) }//-------------------------------------
(24) void print(const VI& v){
(25)   for(int i=0; i<v.size(); ++i)
(26)     cout<<v[i]<<" ";
```

```
8
12 35 77 45
1 2 3 4 5 67 9
12 11 8 9 0
1 -11
2 3 4 5 6 7 8 9 0 -4 5 -1
5 4 3 2 1 6 7
13 34 56 78 99 98
11 111 11 11 11
```

abc.in

```
(27)   cout<<"\n";
(28) }//--------------------------------------
(29) void input(VVI& m){
(30)   ifstream in("abc.in");
(31)   int n, t;  in>>n;
(32)   m.resize(n);
(33)   for(string s; n-- && getline(in, s); )
(34)     for(istringstream sin(s); sin>>t; m[m.size()-n-1].push_back(t));
(35) }//--------------------------------------
(36) bool findVec(const VVI& matrix, VI& v){
(37)   for(int i=0; i<matrix.size(); ++i)
(38)   for(int j=0; j<matrix[i].size(); ++j)
(39)     if(matrix[i][j]==-1){
(40)       v = matrix[i];
(41)       return true;
(42)     }
(43)   return false;
(44) }//======================================
```

```
E:\ch05>f0501↙
2 3 4 5 6 7 8 9 0 -4 5 -1
```

程序中，由于向量的参数传递，才使得 main 函数能通过函数调用而显得抽象。细节部分都可以隐藏到所调用的函数中，甚至文件操作都可以免做。input 函数负责矩阵的输入，由于文件的向量个数在开始就标明了，所以根据向量个数先用 resize 初始化矩阵中的向量个数，能避免就尽量避免使用 push_back 操作。但每个向量中，其元素个数不一，故对每个向量的初始化还要采用 push_back 操作，而且从文件中逐行读入 string 对象中，再行分解读入。

findVec 是具有两个参数的查找函数，如果找到有关向量，就将该向量复制到参数 v 中，并返回 true，否则返回 false。该函数没有办法返回所找到的向量，因为没有办法确认找不到的情况。引用参数在这里起了很重要的作用，使得在函数 findVec 中给该参数赋值能够在主函数中获得修改信息。程序在必要的地方出现了 const 限定参数的操作，更多的是让其他程序员（在这里是读者）看清该函数的功能。

该程序演示了不同于数组传递的另一种指针参数传递。函数的指针或引用传递得益最大的还是大对象（像向量和矩阵这么大）的传递。虽然函数机制能够办到将一个大对象传递给调用的函数，但多数情况下这不是明智之举。在面向对象的编程中，几乎都是将对象以指针或引用的方式传递的，只有这样才有效率可言。所传递的向量，自身含有元素个数的信息，所以就免去了传递第二个参数的必要了。

C++不得不包容函数机制的指针传递方式，而且还享受了其高效，但同时，也要付出函数已经缺失了黑盒性的代价。如果还要坚持传递数组，那么还要承受缺乏类型检查严密性和操作不便的代价。

□ 5.2.2 函数的副作用（Function's Side Effect）

我们再讨论函数的超限权力问题。函数参数传递指针和引用是一把双刃剑，它的负面作用是破坏非本地数据，破坏模块性。

函数的黑盒性不与外界发生额外沟通，只依赖输入参数，只送出返回结果，因此它是结果可重复的计算过程。但是指针和引用的参数传递向我们展示了函数可以访问非本地数据的途径，从而破坏了函数的黑盒性。

例 5-3 两个整数向量，元素个数相同，试做其加法，其代码如下：

```
(1)  //======================================
(2)  //f0502.cpp
(3)  //函数设计的随意性
(4)  //======================================
(5)  #include<iostream>
(6)  #include<vector>
(7)  using namespace std;
(8)  //--------------------------------------
(9)  void print(vector<int>& a){
(10)   for(int i=0; i<a.size(); ++i)
(11)     cout<<a[i]<<" ";
(12)   cout<<endl;
(13) }//--------------------------------------
(14) vector<int> add(vector<int>& a, vector<int>& b){  //用 a 存放结果
(15)   for(int i=0; i<a.size(); ++i)
(16)     a[i] += b[i];
(17)   return a;
(18) }//--------------------------------------
(19) int main(){
(20)   int aa[]={2,3,1,2,3,2,1}, bb[]={5,3,1,1,6,2,2};
(21)   vector<int> a(aa,aa+7), b(bb,bb+7);     //复制数组给向量
(22)   vector<int> c = add(a, b);
(23)   print(a);  print(b);  print(c);          //查验向量内容
(24) }//======================================
```

```
E:\ch05>f0502↙
7 6 2 3 9 4 3
5 3 1 1 6 2 2
7 6 2 3 9 4 3
```

程序是将两个初始化了的数组赋给两个向量 a 和 b，然后调用 add 相加，并输出这两个向量以及结果向量。设计函数是很机械的，只要输入数据，按照功能要求、性能要求，满足它就行，本例中的 add 函数就是一个典型的例子。说实在话，设计者还为自己第 16 行的“+=”操作符而得意呢，因为针对对象的操作的效率不差于“a=a+b”，而且，设计中简化了操作，不建临时向量，一切以效率为第一要素，只要完成计算就行的思想贯彻得很好。

不过，main 函数可傻眼了，它调用的 add 函数结果虽然对了，但是原始数据的向量 a 却被破坏了。这就是函数运行所带来的副作用！就好像心脏病患者，吃了药之后，心脏病控制住了，但药物所带来的副作用，使关节炎却意外地发作了☺。

独立性是 C++对函数的定位，可能设计函数者远在天边，通过 Internet 与软件工程师（程序设计的规划者）保持联系。软件工程师与程序员的沟通不可能在调用 add 函数的环境上。事实上，调用环境是千变万化的。软件工程师也不可能对 add 函数的设计指手画脚，就像前面的比喻：妈妈叫儿子买酱油般的唠叨。软件工程师只能通过函数声明和相关的性能要求描述，框定函数设计要求。而程序员自有一片任意发挥的天空，只要满足了软件工程师的要求就行。

问题出在规定函数参数传递的声明上，传递引用给了函数超限的权力，函数循着传递的引用名既读又写地访问了引用的空间，而那一片引用空间并不是函数所拥有的。因此，C++语言的限制手段就是在指针和引用参数上加 const 修饰，以此限制函数体中对参数的写操作。即

```
vector<int> add(const vector<int>& a, const vector<int>& b){
  for(int i=0; i<a.size(); ++i)
    a[i] += b[i];                //错: a[i]不能做左值
  return a;
}
```

声明中对参数加上 const 之后，负责 add 函数设计的程序员在编译报错之后明白了，既要完成加法，又不能在原始数据上“打草稿”。如果还是那样设计，编译这一关就休想过！那只能另辟向量空间的蹊径以存放中间结果了，于是 add 函数做这样的修改：

```
vector<int> add(const vector<int>& a, const vector<int>& b){
  vector<int> c(a);
  for(int i=0; i<a.size(); ++i)
    c[i] += b[i];                //ok
  return a;
}
```

当然，设计 add 的程序员还是有很多发挥的空间，与下面这种设计相比，上面代码的性能更好。程序员之间的编程功底还是看得出来的，想想为什么？

```
vector<int> add(const vector<int>& a, const vector<int>& b){
  vector<int> c(a.size());
  for(int i=0; i<a.size(); ++i)
    c[i] = a[i] + b[i];
  return c;
}
```

更差一点，下列代码虽可完成加法任务，但全然没有 C++的性能优势了：

```
vector<int> add(const vector<int>& a, const vector<int>& b){
  vector<int> c;
```

```
    for(int i=0; i<a.size(); ++i)
      c.push_back(a[i] + b[i]);
    return c;
}
```

参数的 const 声明框定了传递的参数只能以形参规定的原则操作，所以 a 向量再也不能在 add 函数中被修改了，即在表达式中不能作左值。当模块设计或结构设计与编程设计相分离时，所规定的函数参数传递的常量性就能规范编程行为，不致产生不良副作用，达到安全编程的目的。

C++在函数参数传递时，只进行实参与形参匹配的类型检查，并不规定指针的取值范围，而引用在参数一旦传递了之后，就捆绑在某个对象上了，所以相对安全些。因而可以说，指针是灵活性更大的实体。有许多专门论述指针的书和文章，认为指针是程序不可靠的真正原因，当然高级程序员会反驳说，妙就妙在指针！读者将会在下一节中看到 C++程序运行中的布局和函数数据区的功用，指针的踪迹也会更多地曝光，并将继续描述函数的副作用，以及对指针下一些定论。

5.3　栈机制（The Stack Mechanism）

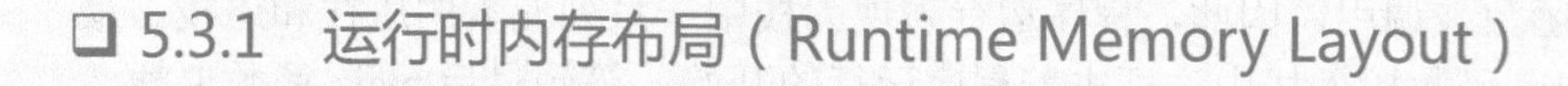

5.3.1　运行时内存布局（Runtime Memory Layout）

一个程序要运行，就要先将可执行程序文件装载到计算机的内存中。装载是操作系统掌控的，一般而言，操作系统将程序装入内存后，将形成一个随时可以运行的进程空间，该进程空间分四个区域，如图 5-4 所示。

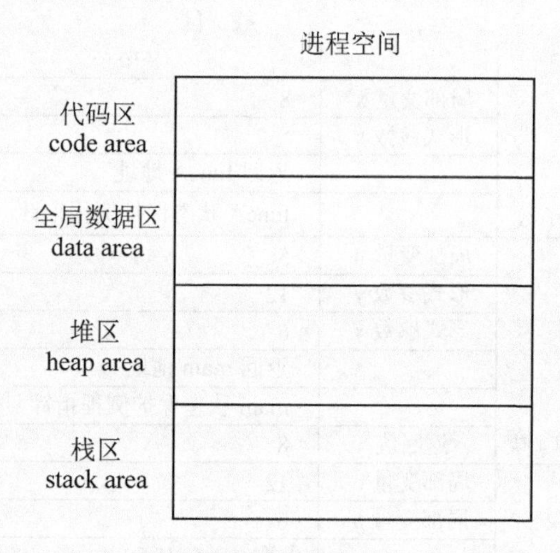

图 5-4　运行中的内存布局

一个运行的程序在内存中表示为这四个空间区域，其中代码区存放程序的执行代码。所谓执行代码，就是索引了的一个个函数块代码，它由函数定义块编译得到。

全局数据区存放全局数据、常量、字串字面量、静态全局量和静态局部量。

堆区存放动态内存，供程序随机申请使用。

栈区存放函数数据区（即局部数据区），它动态地反映了程序运行中的函数状态，其运动轨迹正好用来观察函数的调用与返回，可借此研究函数机制。

❑ 5.3.2 栈区（The Stack Area）

栈是一种数据结构，它的工作原理就像叠盘子一样，最先叠上去的盘子要等到随后叠上去的盘子都拿走了才能拿到，而最后叠上去的盘子则可以首先拿到。

C++的函数调用过程需要初始化和善后处理的环节。函数调用的整个过程就是栈空间操作的过程。函数调用时，C++做以下工作：

（1）建立被调函数的栈空间，栈空间的大小由函数定义体中的数据量大小决定；

（2）保护调用函数的运行状态和返回地址；

（3）传递参数；

（4）将控制权转交给被调函数；

（5）函数运行完成后，复制返回值到函数数据块底部；

（6）恢复调用函数的运行状态；

（7）返回调用函数。

调用一个函数，可以看作是一个栈中元素的压栈和退栈操作。然而，压栈之后的函数运行可能导致其他函数被调用。因此，程序运行表现为栈中一系列元素的压栈和退栈。最初，操作系统将 main 函数压入栈中，标志着程序运行的开始，等到最后 main 函数退栈，程序也就运行结束了。

例 5-4 下面的 f0503.cpp 程序在 main 函数中调用一个 funcA 函数，该函数又调用了一个 funcB 函数，得到如图 5-5 所示的栈结构布局。

栈 区

		……
	局部变量 x	8
	形式参数 s	
		返回 funcA 地址
funcB 函数		funcA 状态保护例程指针
	局部变量 n	5
	形式参数 y	12
	形式参数 x	6
		返回 main 地址
		main 状态保护例程指针
funcA 函数	返回值	8
	局部变量 b	12
	局部变量 a	6
		参数（☞CH5.5）
		返回操作系统地址
		操作系统状态保护例程指针
main 函数		操作系统返回值0

图 5-5 运行中的函数栈结构

```
//=======================================
//f0503.cpp
//栈区运动的演示程序
//=======================================
int funcA(int x, int y);
void funcB(int& s);
//---------------------------------------
int main(){
  int a=6, b=12;
  a = funcA(a,b);
}//-------------------------------------
int funcA(int x, int y){
  int n=5;
  funcB(n);
  return n;
}//-------------------------------------
void funcB(int& s){
  int x=8;
  s = x;
}//=====================================
```

注意，该程序没有输出语句，没有运行结果，仅用来演示栈区结构。

首先要说明的是，栈机制的实现是随编译器的不同而不同的，我们不是学习编译实现，而是学习函数的栈机制原理。

main 函数被操作系统调用时，在栈中安排了返回值位置，操作系统状态保护例程指针是指完成恢复工作的函数地址，该函数或为硬件设置，或为操作系统专用的函数。在 main 函数返回时，取其地址调用之；然后再取操作系统调用本 main 时的地址，返回调用点。main 函数也有参数（☞CH5.5）。

main 函数在进行变量 a 的赋值运算时，随之就调用了 funcA 函数，以期获得函数值。调用时，funcA 函数安排了返回值空间，设置了恢复 main 函数状态的函数指针（☞CH5.3）和返回 main 调用点地址。main 函数状态就是调用 funcA 的瞬间，CPU 中的各个寄存器状态的总和。main 随后便进行参数传递，即分别将实参 a、b 的值传给 funcA 的形参 x、y。funcA 又建立起自己的局部变量 n，然后调用了 funcB。

funcB 是一个没有返回类型的函数，因此，创建 funcB 栈元素时，没有给 funcB 预留返回值空间。funcB 设置了返回 funcA 状态的恢复函数指针和返回地址后，进行了实参到形参的拷贝，该拷贝实际上建立了形参 s 引用实参 n 的对应关系，以至于修改 s 为 8 时，相应的 n 值也跟着为 8。当函数 funcB 返回时，其栈区结构示意见图 5-6。

栈 区

		……
		8
		返回 funcA 地址
		funcA 状态保护例程指针
	局部变量 n	8
	形式参数 y	12
	形式参数 x	6
		返回 main 地址
		main 状态保护例程指针
funcA 函数	返回值	8
	局部变量 b	12
	局部变量 a	6 <= 8
		参数（☞CH5.5）
		返回操作系统地址
		操作系统状态保护例程指针
main 函数		操作系统返回值 0

图 5-6　funcB 返回时的栈结构

funcB 退栈后，数据仍残留在栈中，而函数结构已经消失，不再有 funcB 这回事了，有的只是 funcA 现场。待到 funcA 返回后，其栈区结构示意见图 5-7。

栈 区

		……
		8
		返回 funcA 地址
		funcA 状态保护例程指针
		8
		12
		6
		返回 main 地址
		main 状态保护例程指针
	返回值	8
	局部变量 b	12
	局部变量 a	6 <= 8
		参数（☞CH5.5）
		返回操作系统地址
main 函数		操作系统状态保护例程指针
		操作系统返回值 0

图 5-7　funcA 返回时的栈结构

funcA 的返回值是在 return 语句中计算出来而存放的位置，它在 main 函数中参加运算，所以事实上作为 main 函数的临时空间使用。系统将返回值 8（函数 funcA）最后赋给了局部变量 a。当 main 函数返回时，除了栈中一片狼藉，一切都已无意义。操作系统将这块区域收回，以便下次有新的程序运行请求时，可以分配之。

❑ 5.3.3 局部数据的不确定性(Uncertainty of Local Data)

我们已经知道栈中数据即为局部数据。这里我们无法猜测的是，操作系统启动 main 函数时，栈中是否已经打扫干净。main 返回的时候并没有将数据清除啊！因此我们假定局部变量只要未经初始化，其值总是不确定的。事实上，测试结果证实了这一点。例如：

```
//=====================================
//f0504.cpp
//局部数据不确定
//=====================================
#include<iostream>
using namespace std;
//-------------------------------------
void f(){
  int b;
  cout<<"B=>"<<b<<endl;
}//-------------------------------------
int main(){
  int a;
  cout<<"A=>"<<a<<endl;
  f();
}//=====================================
```

```
E:\ch05>f0504↙
A=>8804248
B=>2788048
```

为什么操作系统这么懒，连这点工作都不愿做，害得程序员一个个都要提心吊胆地给局部变量赋初值呢？那是因为任何软件设计都有它的合理性。分配给申请运行的程序的内存空间是属于用户（在操作系统眼里）的，用户的内存怎么用，栈空间的沉浮变化，操作系统管得到那么宽吗？既然管是毫无意义的，对于“清扫”返回的和分配出去的用户空间同样是“狗咬耗子，多管闲事”。

❑ 5.3.4 指针作祟(The Menacing Pointers)

我们再次看到了，指针通过间接访问改变了上层函数的数据。其实，它不但可以改变上层函数的数据，任何本程序的数据都可以改。

因为编译器检查的是类型匹配，它的目的是为杜绝编程错误，并有意无意地防止越

权，至于数据值是什么，只要在表达范围内，编译器是不管的。指针可以赋予任何值，只要操作系统不介意的话。但事实是，操作系统的内存管理把指令和访问数据的地址都管了起来，一个进程只能访问自己的程序空间，不能访问其他的进程，更不能访问操作系统区域的数据。

那么，通过数据指针（相对于函数指针☞CH5.4），能够给程序造成什么样的破坏，又是如何破坏的呢？

在程序内存布局中我们看到，程序运行有四块区域，除了代码区域，其他都是数据区域。对这些数据区域，理论上，指针可以通过强制类型转换的方法绕过编译的检查而访问。最原始的方法是，知道内存区域的直接地址，规定一个访问的类型，就可以通过指针间接访问读出或改变其值了。例如，已知全局数据区某个地址上的整数是我觊觎已久的数据，代码如下：

```
//=======================================
//f0505.cpp
//指针的强行访问
//=======================================
#include<iostream>
using namespace std;
//---------------------------------------
int a=5;
int b=6;
//---------------------------------------
int main(){
  int* ap=(int*)4202660;
  *ap=8;
  cout<<a<<endl;
  cout<<int(&b)<<endl;
}//=====================================
```

```
E:\ch05>f0505↙
8
4202664
```

先声明，该程序不可移植，运行结果也不可重复。程序中，全局变量 a（☞CH7.3）的值通过非正规途径的访问而改变了。它意味着，只要有意想让程序运行不正常，真是太简单了。

只要没有指针和引用，尤其是指针，函数就不可能去修改其他地方的数据，也就不会引起副作用。因此，当引用和指针通过参数传递时，可能会给函数带来副作用，而通过 const 修饰，可以抑制其副作用。但是指针值的任意性使得虽然是局部指针也能突破函数的框框去访问非本地数据，而使函数蒙受副作用的冤屈。指针的无法无天，是函数副作用的根源。

当看到了指针丑陋的一面时，我们就理解了为什么 Java 中没有指针。编程本是要让程序做想要做的事，不可控制的指针怎么能被人类容忍呢？！虽然引用也可以间接访问，但引用一旦创建就与某个对象捆绑在一起了，这个性质使得在编程中不知可以少犯多少

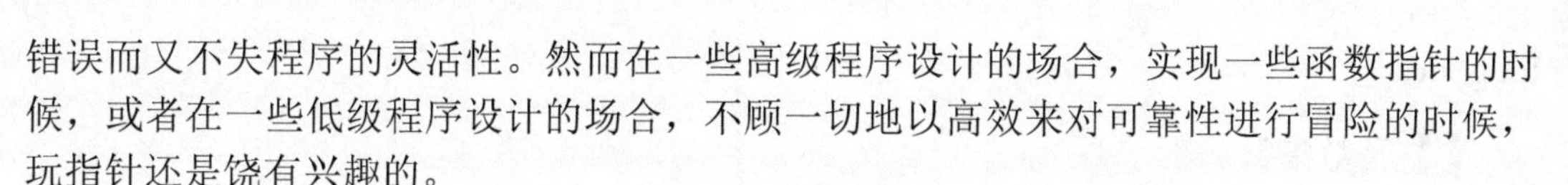

错误而又不失程序的灵活性。然而在一些高级程序设计的场合，实现一些函数指针的时候，或者在一些低级程序设计的场合，不顾一切地以高效来对可靠性进行冒险的时候，玩指针还是饶有兴趣的。

从另一个角度讲，程序设计语言是帮助程序员设计出为人类服务的程序的，因此，它想方设法提高其编程方便性、容易查错性，讨好人类。但并没有想方设法不让人们钻空子，若存心要搞小动作的话，那是一定可以搞的，中国古代说的“防不胜防”就是这个道理。当你学习了函数指针这一节后，会更加迷上C++的神通。

5.4 函数指针（Function Pointers）

一个运行的程序在内存中的布局，分为四个区域：Data Area、Heap Area和Stack Area这三个区域称为数据区域，Code Area 称为代码区域。指向数据区域的指针称为数据指针（Pointer to Data）。指向代码区域的指针称为指向函数的指针，简称函数指针（Pointer to Function或Function Pointer）。但要注意，与返回指针类型的函数不同，该函数称为指针函数（Pointer Function）。例如：

```
int* f(int a);
char* copy(char* s1, char* s2);
```

f函数返回int指针，即int指针函数，copy函数为char指针函数。运行中的程序，其中的每个函数都存放在代码区，占据着一个区域。故每个函数都有起始地址，指向函数起始地址的指针完全不同于数据指针，函数指针与数据指针不能相互转换，通过函数指针可以调用所指向的函数。

5.4.1 指向函数的指针（Function Pointers）

1 函数类型

从指针操作使用的地址性质来说，数据指针和函数指针都是一样的。函数指针也是指针，指针作为实体当然要先定义或声明才能使用。函数指针也有不同类型，函数有多少种类型，函数指针就有多少种类型。例如：

```
void f();
int k();
int g(int);
int h(char);
int m(int, int);
```

都是不同类型的函数。

函数是以参数个数、参数类型、参数顺序甚至返回类型的不同区分不同类型的。函数的类型表示是函数声明去掉函数名，所以，上面f函数的类型为void()，同样m函数的类型为int(int,int)。声明一个int(int)类型的函数g，就是把函数名放在返回类型和括号之间：

int g(int)。

2 函数指针

声明一个 int(int)类型的函数指针 gp，就是把指针名放在返回类型和括号之间，即

```
int (*gp)(int);
```

注意，上面是定义一个函数指针，不是声明，而且容纳函数指针名的括号不能省，表示“*gp”是一个整体，它描述的是一个指针，有括号和无括号意义完全不一样：

```
int *gp(int);
```

表示声明一个含有一个整数参数的整数指针函数。即等价于：

```
int* gp(int a);
```

3 函数指针初始化

定义函数指针还可以初始化。如果在定义中伴随着初始化，则应写成：

```
int g(int);
int (*gp)(int) = g;
```

其中 g 应该与指针 gp 所指向的函数类型相同。

当然，函数指针赋值也可以与函数指针定义分开，像下面这样：

```
int g(int);
int (*gp)(int);
gp = g;
```

定义了一个函数指针，就拥有了一个指针实体，一个指针实体的大小跟 int 型实体大小是一样的。

4 函数指针类型检查

函数指针的类型必须接受编译器的检查。gp 指针所指向的函数拥有一个 int 型参数，并返回 int 型值。因此，如果：

```
void f();
void (*fp)();
gp = f;   //错:可疑的指针变换
gp = fp;  //错:可疑的指针变换
```

由于函数指针本身也是一种数据类型，即

```
int (*)(int);
```

是 int(int)型函数的指针类型，其中的“(*)”的括号也是不能省略的，为什么？因为去掉括号就变成一个整型参数且返回整型指针的函数了，于是可以：

```
void f(int* a, int* b, int(*)(int));
```

所声明的 f 函数，含有三个参数，前两个是整型指针，第三个是函数指针。

5 typedef 函数指针类型

函数指针的定义形式看起来比较复杂，所以通常采用 typedef 简化。例如：

```
typedef int (*Fun)(int a, int b);
```

表示声明了一个函数指针类型。注意，作者习惯用大写字母开头的名字来表示类型名，定义类型名不是定义函数指针实体。因此：

```
int m(int, int);
Fun funp = m;   //ok
Fun = m;        //错:不恰当地使用类型名'Fun'
```

5.4.2 函数指针参数（Function Pointer Parameters）

数据指针除了进行参数传递外，还承接申请的存储空间、释放空间等；而函数指针则主要是用来进行参数传递的，就像引用一样。

例如，我们看一下函数指针的参数传递工作。在标准 STL 排序算法 sort 中，对于所提供的整数容器 vector，无须提供其他操作就可以顺利完成排序任务。代码如下：

```
int a[] = {33, 61, 12, 19, 14, 71, 78, 59};
vector<int> aa(a, a+8);
sort(aa.begin(), aa.end());
```

但若整数的大小是以各位数字之和的大小决定的，则就不能直接使用 sort 函数排序。需要先定义一个比较函数，然后再对 sort 传递比较函数指针，以让 sort 知道大小关系不是默认的整数值比较，而是根据比较函数判定。可用函数指针调取比较函数进行排序工作。代码如下：

```
(1)  //=======================================
(2)  //f0506.cpp
(3)  //函数指针传递
(4)  //=======================================
(5)  #include<iostream>
(6)  #include<algorithm>
(7)  #include<vector>
(8)  using namespace std;
(9)  //---------------------------------------
(10) int bitSum(int a);
(11) bool lessThanBitSum(int a, int b){ return bitSum(a)<bitSum(b); }
(12) //---------------------------------------
(13) int main(){
(14)   int a[] = {33, 61, 12, 19, 14, 71, 78, 59};
(15)   vector<int> aa(a, a+8);
```

```
(16)    sort(aa.begin(), aa.end(), lessThanBitSum);   //函数名即函数指针
(17)    for(int i=0; i<aa.size(); ++i)
(18)     cout<<aa[i]<<" ";
(19)   cout<<"\n";
(20) }//--------------------------------------
(21) int bitSum(int a){
(22)   int sum=0;
(23)   for(int x=a; x; x/=10)  sum += x%10;
(24)   return sum;
(25) }//======================================
```

```
E:\ch05>f0506↙
12 14 33 61 71 19 59 78
```

第 16 行的 sort 调用，其第三个实参为比较函数名 lessThanBitSum。在参数传递时函数名即为函数指针，正像数组名即为指针一样。sort 的形参为一个对应的函数指针，正像数组传递中形参为对应的数组指针那样。

标准排序算法的使用依赖于容器中元素类型的小于“＜”操作，如果排序的容器中是整数元素，那么小于“＜”的比较判断函数就不需要。因为整数的大小比较操作在 C++中本就具备。否则，sort 函数的调用必须提供一个函数指针作为第三个参数，其参数类型为某个元素类型 T 的 bool(const T&, const T&)。

❑ 5.4.3　函数指针数组（Function Pointer Arrays）

函数指针作为一种数据类型，当然可以作为数组元素的类型。例如，要实现用菜单驱动函数调用的程序框架，则用函数指针数组实现就比较容易维护：

```
(1)   //======================================
(2)   //f0507.cpp
(3)   //函数指针数组
(4)   //======================================
(5)   #include<iostream>
(6)   using namespace std;
(7)   //--------------------------------------
(8)   typedef void (*MenuFun)();           //函数指针类型名称
(9)   void f1(){ cout<<"good!\n"; }
(10)  void f2(){ cout<<"better!\n"; }
(11)  void f3(){ cout<<"best!\n"; }
(12)  //--------------------------------------
(13)  int main(){
(14)    MenuFun fun[]={f1,f2,f3};          //函数指针数组
(15)    for(int choice=1; choice;){
(16)      cout<<"1-----display good\n"
(17)          <<"2-----display better\n"
(18)          <<"3-----display best\n"
(19)          <<"0-----exit\n"
```

```
(20)            <<"Enter your choice:";
(21)      cin>>choice;
(22)      switch(choice){
(23)        case 1: fun[0](); break;
(24)        case 2: fun[1](); break;
(25)        case 3: fun[2](); break;
(26)        case 0: return 0;
(27)        default: cout<<"you entered a wrong key.\n";
(28)      }
(29)    }
(30)  }//====================================
```

程序中（第 8 行）首先定义了一个函数指针类型 MenuFun。如果前面没有 typedef，则后面部分就是一个函数指针定义，所以，正因为有了 typedef，MenuFun 就是函数指针的类型名，可以依此创建函数指针，但其本身并不是函数指针。

在第 14 行，根据 MenuFun 创建了一个函数指针数组 fun，并予以初始化。初始化的每个值都是同类型的函数名，它们在第 9、10、11 行定义。接下来就是循环处理键盘输入，每当输入值为 1、2 或 3 时，显示 good、better 或 best 等字样。同一功能的程序也可以用向量来实现，以下是改用向量实现的代码：

```
(1)  //======================================
(2)  //f0508.cpp
(3)  //函数指针向量
(4)  //======================================
(5)  #include<iostream>
(6)  #include<vector>
(7)  using namespace std;
(8)  //--------------------------------------
(9)  typedef void(*MenuFun)();
(10)  void f1(){ cout<<"good!\n";   }
(11)  void f2(){ cout<<"better!\n"; }
(12)  void f3(){ cout<<"best!\n";   }
(13)  //--------------------------------------
(14)  int main(){
(15)    vector<MenuFun> fun(3);
(16)    fun[0]=f1, fun[1]=f2, fun[2]=f3;
(17)    for(int choice=1; choice;){
(18)      cout<<"1-----display good\n"
(19)          <<"2-----display better\n"
(20)          <<"3-----display best\n"
(21)          <<"0-----exit\n"
(22)          <<"Enter your choice:";
(23)      cin>>choice;
(24)      if(choice>0 && choice<4) fun[i-1]();
(25)      else if(choice==0) return 0;
(26)      else cout<<"you entered a wrong key.\n";
(27)    }
(28)  }//======================================
```

5.4.4 简略函数指针表示(The Outline of Function Pointers)

1 无名函数与无名函数指针

C++语句:

```
int ();
```

是一个无名函数声明，表示一个函数类型。

```
int func();
```

也是一个函数声明，表示又一个函数类型，其中 func 是函数的名字，凭此名字可以推断其函数类型。

```
int (*)();
```

是一个无名函数指针;

```
int (*pf)();
```

是一个函数指针定义，pf 是函数指针名，该指针将会指向类型是 int()的函数。

2 typedef 函数类型

```
typedef int Func();        //将该函数类型 int()定义为 Func
```

则上面的函数指针可等价定义为:

```
Func* pf;                  //不能写为 int ()* pf;
```

3 函数指针的函数（函数指针函数）声明

```
int (*func(int))();
```

是一个指针函数声明，即指针函数*func(int)的返回类型是 int()。也就是:

```
Func* func(int);           //函数指针函数 func
```

由于在定义函数指针的时候，总是要“穿插”在函数类型中，所以编程中，更多的是先定义 typedef 函数类型，再定义函数指针。例如:

```
typedef int(*SIG)();           //指向 int 函数的指针类型 SIG
typedef void(*SIGARG)();       //指向 void()函数的指针类型 SIGARG
SIG signal(int, SIGARG);       //声明一个函数,其返回 SIG,其第二参数为 SIGARG
```

5.4.5 函数指针的意义(The Sense of Function Pointers)

(1) C 语言处理类型不严密，C++必须改变。就像数组参数只能传递以指针，函数参数也只能传递以函数指针。如果参数中给出了一个函数类型，则自动转换为函数指针。这种现象称为蜕变(decay)。程序 f0507.cpp 中的语句：

```
MenuFun fun[] = {f1, f2, f3};
```

就是因为蜕变才有这样的形式，本应为：

```
MenuFun fun[] = {&f1, &f2, &f3};
```

也使得函数指针调用函数的形式成为：

```
fun[0]();                    //应理解为*fun[0]();
```

（2）可以同理使用函数引用：

```
void g();
typedef void Fun();
Fun& f = g;
f();
```

（3）函数指针使得 C++可以沟通其他语言编写的程序，通过函数指针挂接，方便地将其他语言写就的函数和过程引入 C++中来。

（4）函数指针使程序表现出更多的灵活性。一个函数的函数指针参数取不同值，就可以让该函数引用不同的函数，表现出不同的行为，如程序 f0506.cpp 中的 sort 可以用不同的比较函数规定元素的大小规则。

（5）函数指针也是 C++面向对象编程机制中的重要手段，多态实现的动态绑定技术就是基于函数指针（☞CH12.3.2）。

（6）事实上，因为函数代码是跨进程的，所以通过函数指针可以越过本地进程，通过动态链接库（☞CH13.5.1）的方式，访问共享性质的其他进程（服务器），执行其函数，甚至操作系统函数。这些内容涉及高级编程。

（7）函数指针使得函数的副作用更为恶劣，函数的意义更远离黑盒的初衷，使得函数设计更“变幻莫测”。因为函数通过函数指针参数调用其他的函数，可以在更深远的范围中不可逆地改变环境，使得运算无法严格地重复运行结果。

5.5 main 函数参数（The main's Arguments）

编好了程序，要投入应用，就要启动程序。程序运行是在操作系统环境下进行的。操作系统对所启动的程序也提供一些服务，接受程序启动时的临时输入/输出重定向请求，或者干脆把用户的请求通过参数传递给程序，让程序处理运行要求。

❑ 5.5.1 命令行重定向（Redirecting Command Line）

各种编程在许多情况下都归结为计算，也就是说，根据输入要求进行计算，最后获得

结果。这种强调计算的过程，虽然留下了输入/输出的口子，但往往对输入/输出设备并不明确规定，而是视运行的环境而定。因此，一些程序就灵活地用可重定向的标准输入/输出设备担当此任务。

例如，从标准输入设备循环读入两个整数（直到读空），输出其和。程序代码如下：

```
//=====================================
//f0509.cpp
//重定向输入输出
//=====================================
#include<iostream>
using namespace std;
//-------------------------------------
int main(){
  for(int a,b; cin>>a>>b; cout<<a+b<<"\n");
}//=====================================
```

```
E:\ch05>f0509↙
8 9↙
17
```

现在改变程序在集成环境中运行的方式，从“命令提示符”（开始|所有程序|附件|命令提示符）窗口输入命令“f0509 <abc.txt”，即在运行命令上加上“<abc.txt”，便改从该文件中获得数据了：

```
E:\ch05>f0509 <abc.txt↙
17
21
357
```

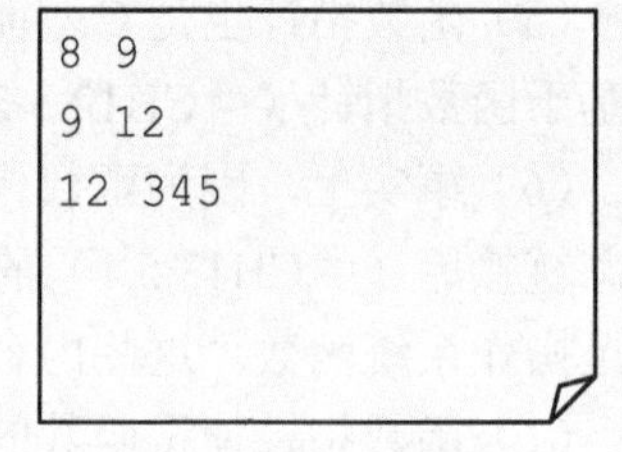

abc.txt

显然，这个 abc.txt 文件事先已经在路径 E:\ch05 中存在了。

可重定向程序的一个好处是可以在运行的当场临时决定输入和输出的设备。

如果不专门指定设备，就是标准输入/输出，否则，“<”后面规定输入设备，“>”后面规定输出设备。例如，通过发出命令“f0509 <abc.txt >xyz.txt”，便可以从 abc.txt 文件中读入数据，而将输出送到 xyz.txt 中去：

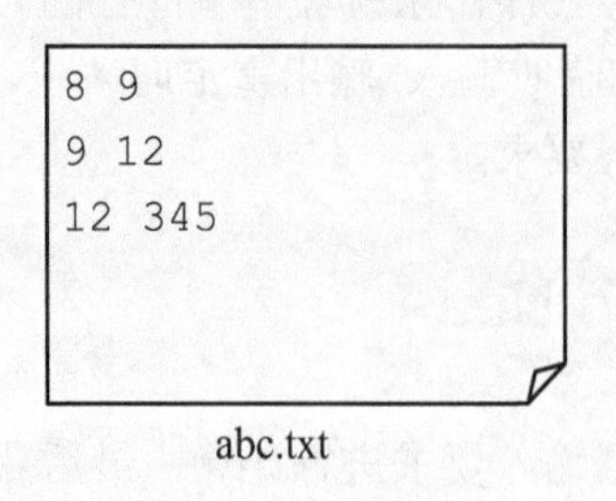

abc.txt

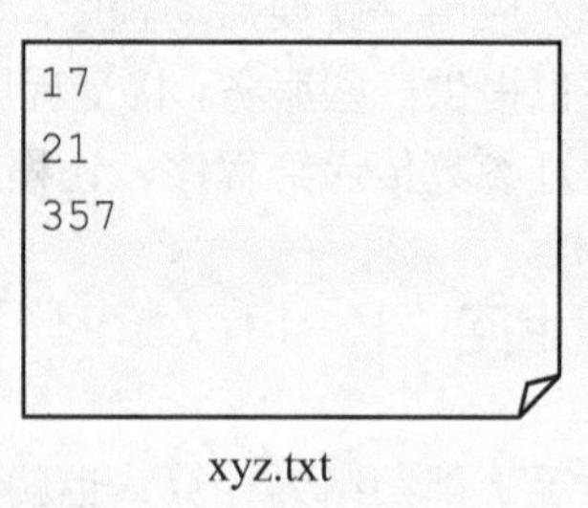

xyz.txt

```
E:\ch05>f0509 <abc.txt >xyz.txt↙
```

运行后，屏幕中没有输出结果，而打开 xyz.txt 文件，则看到运行结果全在里面。

还可以通过将“>”改为“>>”让输出结果追加到文件中去。读者可以自行验证。

5.5.2 使用 main 参数（Using Main Arguments）

重定向是基于标准输入/输出的，也就是说，命令若不重定向，则默认的是标准输入/输出。

在编程的时候，往往不是这种单纯的情况，要处理的可能是若干个非标准设备的资源文件，也可能是遵循某种语言的命令，这个命令加在程序名后面构成命令行，而且该命令行可能由其他程序生成。这时候，重定向就不行了，用简单的标准输入会话形式输入命令也不行了，需要依赖 main 函数的参数。

main 函数的参数结构为两项参数：

```
int main(int argc, char** argv){ ... }
```

最早的时候，还有第三项参数形式，那是为了设置运行环境的，现在因为操作系统的不断进化，甚至在 Java 中也很少用到这项参数。故我们看到的是两个参数的 main 形式。

在 main 参数表达中，要么不声明参数，像以前一样；要么按这里的参数格式声明。只有在定义 main 函数时写出了参数项，在运行时才会接受操作系统的参数传递。

main 函数的参数由操作系统传递，所以比较特殊。两个形参名一般是采用习惯名称 argc 和 argv，表示 argument count 和 argument vector，即第一项是表示传递的 C-串有几个，第二项是表示具体的 C-串数组，该数组最后一项是空串，即指向 0 的串。正像在函数中传递数组那样，既要传递数组地址，也要传递数组的元素个数。要注意的是，C-串的类型为 char*，数组是以指向 C-串的指针为元素的，因而数组描述为 char**。其参数结构的示意图见图 5-8。

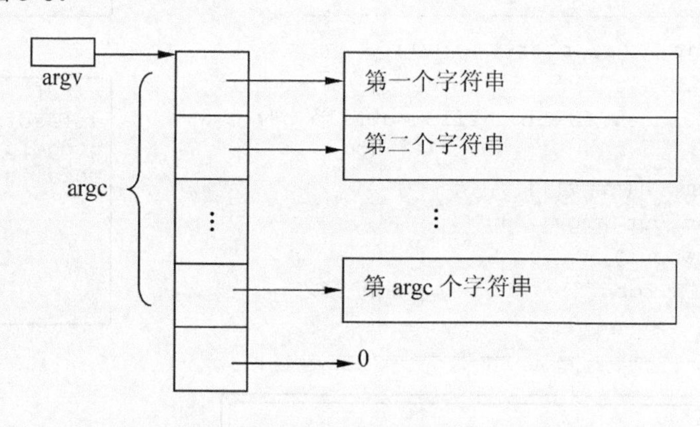

图 5-8　main 参数结构

对于以下程序，若发出命令行“f0510 abc1 abc2 abc3”，则可以根据 main 的形参读取命令行的相关信息：

```
//=========================================
//f0510.cpp
//读入 main 参数
//=========================================
#include<iostream>
using namespace std;
//-----------------------------------------
int main(int argc, char** argv){
  for(int i=0; i<argc; ++i)
    cout<<argv[i]<<endl;
}//=======================================
```

```
E:\ch05>f0510 abc1 abc2 abc3↙
f0510
abc1
abc2
abc3
```

因此，如果命令行中为输入/输出文件名的信息，则程序可以直接读取和创建文件流对象，进行文件操作。

例如，写一个程序，简单地响应输入，将其全部输出。也即如果输入文件是 abc.txt，则运行后，输出文件 xyz.txt 的内容与 abc.txt 相同，则程序代码如下：

```
//=========================================
//f0511.cpp
//打开 main 参数为名字的文件
//=========================================
#include<iostream>
#include<fstream>
using namespace std;
//-----------------------------------------
int main(int argc, char** argv){
  if(argc!=3)
    cout<<"Usage: f0511 infile outfile\n";
  else{
    ifstream in(argv[1]);
    ofstream out(argv[2]);
    if(in && out)
      out<<in.rdbuf();
  }
}//=======================================
```

```
asfdf
asfasdfsdfgfgfdgdg
gfdgdfg
fgfdgfgfg
```

abc.txt

```
asfdf
asfasdfsdfgfgfdgdg
gfdgdfg
fgfdgfgfg
```

xyz.txt

```
E:\ch05>f0511↙
Usage: f0511 infile outfile
```

再次运行：

```
E:\ch05>f0511 abc.txt xyz.txt↙
```

然后打开看一下文件 xyz.txt 的内容，正如上面所示。

要解释的是，输出语句“out<<in.rdbuf()”中的 in.rdbuf()直接关联到输入流缓冲区，该缓冲区承载一切输入数据和操作，因此，相当于将整个输入和盘托出给输出流。这是一种简捷设计（☞参考文献[9]之条款 1）。

如果命令行中要求计算的是某种待解释的命令，则也可以通过读取参数后再解析的办法加以处理：

```
//=====================================
//f0512.cpp
//命令解析
//=====================================
#include<iostream>
#include<sstream>
using namespace std;
//-------------------------------------
int main(int argc, char** argv){
  if(argc!=2){
    cout<<"usage: f0512 command\n";
    return 1;
  }
  string s(argv[1]);
  istringstream sin(s);                 //用 string 串流来解析命令
  int a,b;  char c;
  sin>>a>>c>>b;
  switch(c){
    case'-': b=-b;
    case'+': cout<<a+b; break;
    case'*': cout<<a*b; break;
    case'/': cout<<a/b; break;
    default: cout<<"error";
  }
}//=====================================
```

```
E:\ch05>f0512 23+5↙
28
```

该程序虽然对命令做了解析，但还远谈不上完善。感兴趣的读者可以修改该程序，使其具有处理各种错误情况的能力。例如出现以下字句：

```
E:\ch05>f0512 23+
E:\ch05>f0512 23+*
E:\ch05>f0512 23+0
E:\ch05>f0512 *23+
```

等错误，如何辨认？

要做这种命令式处理，首先要定义语法规则及其操作，即一种语言。可以将其做成一个计算器（☞参考文献[1]，CH10.2）。

5.6 递归函数（Recursive Functions）

5.6.1 递归本质（Essence of Recursions）

递归函数即在函数体中出现调用自身的函数。例如，阶乘 n!的数学函数描述为：

$$f(n)=\begin{cases}1 & n=1\\ n\,f(n-1) & n>1\end{cases}$$

其对应的 C++函数描述为：

```
unsigned f(unsigned n){
  if(n==1) return 1;
  return n*f(n-1);
}
```

不过要注意的是，$f(13)>2^{32}$。所以，对于 unsigned int 型（无符号类型）的表示范围，其 n 的取值范围只有 $1\leqslant n\leqslant 12$ 了。

又如，Fibonacci 数列的数学函数描述为：

$$f(n)=\begin{cases}0 & n=0\\ 1 & n=1\\ f(n-1)+f(n-2) & n>2\end{cases}$$

其等价的 C++函数为：

```
unsigned int f(unsigned int n){
  if(n==0 || n==1) return n;
  return f(n-1)+f(n-2);
}
```

这里要注意 n 的表示范围与数学函数的差异。由于 C++函数 $f(47)>2^{32}$，超过了无符号整型数的表示范围，所以该 C++函数参数的范围取值为 $1\leqslant n\leqslant 46$。

递归有直接递归和间接递归之分。所谓间接递归，是指函数体中没有直接调用自身函数，而是调用了另一个函数，在那个函数里出现了调用本函数的语句；或者，在那个函数里又调用了一个其他函数，反复出现调用其他函数，而最后有一个函数调用了本函数。例如：

```
int fn1(int a){
  int b;
  b = fn2(a+1);   //调用 fn2
}
int fn2(int s){
  int c;
  c = fn1(s-1);   //调用 fn1
}
```

由于函数的独立性，即一个函数从来不从属于另一个函数，所以任何函数内不能嵌套定义其他函数，也即不存在子函数的概念。

函数调用时，被调函数中保护了调用函数的状态，包括硬件运行状态、返回地址和数据环境，使得调用函数的状态可以在被调函数返回时全面恢复。恢复与被调函数的状态是无关的。函数的调用在形式上只与函数的参数和返回类型发生关系。

递归函数在运行时，被调函数的数据环境与调用函数数据环境在结构上是一致的。只是由于被调函数与调用函数传递的参数值不同，才使数据环境显出差异。数据环境的操作统一由栈机制实施。栈操作总是处理位于栈顶的函数数据区，函数调用的嵌套深度体现在"货栈"的高度，而栈中不同层次的数据彼此之间在理论上被看作是无关的。

递归函数在运行中，其调用与被调函数的指令代码是同一个函数副本，只不过各个不同运行中的调用点，作为状态的一部分，在栈中被分别保护了起来。因此，是C++的函数机制决定了递归操作的可能性与形式。

例如，上述n！的函数，当调用f(5)时，其运行栈描述如图5-9所示。

f(1)	n = 1
	返回值 1
f(2)	n = 2
	返回值 2×f(1)
f(3)	n = 3
	返回值 3×f(2)
f(4)	n = 4
	返回值 4×f(3)
f(5)	n = 5
	返回值 5×f(4)

图5-9　递归运行栈结构描述

□ 5.6.2　递归条件（Condition of Recursions）

递归函数设计往往是从数学上的递推关系导出，而递推关系都是有数值规定的，这就给出了递归函数的条件执行性。

（1）递归不能无限制地调用下去，因为栈空间是有限的。所以递归函数是有条件地调用自身，该条件就是递归的停止条件。例如，阶乘函数中的"if(n==1) return 1;"当n为1

时，函数就不再递归了。

（2）递归函数中必须有完成终极任务的语句序列，以使函数有意义。例如，“return 1;”就是阶乘函数完成终极计算的语句，而递归调用并非终极。

（3）递归函数当然有递归调用语句。然而，递归调用应有参数，而且参数值应该是逐渐逼近停止条件的。例如，阶乘函数中的递归调用f(n–1)对于f(n)来说，是逐渐逼近了停止条件。限于计算机的硬件资源和性能因素，递归调用的嵌套深度实在有限，所以逼近的速度应该比较现实。例如，若为了做一个1～n的求和计算，用递归就很傻，因为逼近的速度实在不敢恭维：

```
int sigma(int n){
  if(n==1) return 1;
  return sigma(n-1)+n;
} //-------------------------
```

（4）递归条件应先测试，后递归调用。无条件递归的逻辑错误编译器是检查不出来的，要靠程序员自己把握。例如：

```
void count(int val){
  count(val-1);        //无尽递归
  if(val>1)            //无法到达此处
    cout<<"ok:"<<val<<endl;
} //-------------------------
```

该函数虽然逐渐减小递归调用时的参数值，但由于无条件递归，会最终导致栈空间崩溃。

❑ 5.6.3　消去递归（Removing Recursions）

递归函数都能用非递归函数替代。理论上已经有了递归函数到非递归函数的形式转换方法，也就是可以让计算机自动将递归函数转化成非递归函数。当然，一些小递归函数用手工转换效率会更高。例如，下面有3种不同代码，求两个整数的最大公约数：

```
long gcd1(int a, int b){
  if(a%b==0)
    return b;
  return gcd(b, a%b);
}//--------------------------
long gcd2(int a, int b){
  for(int temp; b; a=b, b=temp)
    temp = a%b;
  return a;
}//--------------------------
int gcd3(int a, int b){
  stack<int> x;          //需要包含stack头文件
  x.push(a); x.push(b);
```

```
    while(1){
      int y=x.front();     //y<--b
      x.pop();
      int z=x.front();     //z<--a
      x.pop();
      if(z%y==0) return y;
      x.push(y); x.push(z%y);
    }
}//-----------------------------
```

gcd1 为递归函数，gcd2 和 gcd3 为非递归函数，gcd2 为简捷版，gcd3 为用栈消去递归之一般方法，自动非递归转换就依赖于这种形式化的方法。

5.6.4 递归评说（Comment on Recursions）

递归的目的是简化程序设计，使程序易读。对于一个能够写出递归通项的数学函数，我们总是很容易将其程序化，然后考虑一些边界条件，就可以设计成递归函数。例如，前述的 Fibonacci 数列。但递归也会迅速递增系统开销，在时间上，执行函数的调用与返回的次数明显要大于非递归函数；在空间上，栈空间资源也会遭到空前的劫掠，随着每递归一次，栈内存就会多占用一截。递归函数在时空开销上的不利局面势必影响性能（☞CH6.3）。

非递归函数虽然效率高，但有时候却比较难编程，而且相对来说可读性差。

现代编程在层次上做了很多分工，低级编程强调性能（☞CH6.7），抽象编程（相对较高层次）强调可读（☞CH11.1）。就好像车间工人以产品质量为考核依据，而公司经理以经营战略论英雄成败。这些层次，随着计算机硬件性能的不断提高，随着软件方法的不断改善，还将进一步深化。所以，作为对特殊问题的一种处理方法，递归仍然占有编程的一席之地。许多高难算法的简捷描述，往往采用递归，况且递归在迅速退出栈结构的技术处理上还能受到异常机制的意外帮助（☞CH15.7.2）。

5.7 函数重载（Function Overloading）

5.7.1 重载概念（Concept of Function Overload）

最基本的编程就是给变量和函数命名，在函数中编写一组操作，再以一定方式组织函数。请设想一下在一个程序中，调用函数的数量像语句那么多的时候（面向对象程序中调用的函数真有那么多），其函数命名的难度就开始显现。因为函数多为全局的，彼此都能看到，所以不能重名。对于 C++这样的产业化编程工具来说，命名问题确实是个实际问题，然而，C++的名空间机制（☞CH7.6）也确实妥善地处理了这个问题。

另有一类问题，是对于一组概念相同、处理对象不同的函数（在 C 中只能归为不同的函数）。例如，求绝对值函数：

```
int abs(int);            //求整数的绝对值
double fabs(double);     //求浮点数的绝对值
```

希望通过函数重名达到简化编程的目的，这也是C++致力于简化编程之处。

生活中，人们习惯于区分不同场景下的同名操作。例如，指令“open the door”，在冰箱面前指的是开冰箱门，在轿车面前则指开车门。上面两个函数声明，同样是求绝对值，却要说明成“求整数绝对值（abs）”“求双精度数绝对值（fabs）”，对于这两个函数的参数的不同却置若罔闻，这实在是不必要的。事实上，从声明中提供的信息来说，参数类型已经足够描述所要求的操作性质。C++完全可以同时定义下列函数而不会引起函数意义上的冲突：

```
int abs(int);
double abs(double);
```

剩下的就是技术上的处理了。C++编译器事实上也能够根据函数参数的类型、数量和排列顺序的差异，区分同名函数，其技术称为重载技术，相应的同名函数称为重载函数。重载技术化解了一部分名称命名问题，然而更重要的是在编程逻辑上，亲近了人类的自然思维，从而方便了表达。

例如，针对上述函数声明，可以如下表述：

```
//=====================================
//f0513.cpp
//函数重载
//=====================================
#include<iostream>
//#include<cmath>
//-------------------------------------
int abs(int a){
  return (a>0)? a : -a;
}//-----------------------------------
double abs(double a){
  return (a>0)? a : -a;
}//-----------------------------------
int main(){
  std::cout<<abs(-10)<<endl;
  std::cout<<abs(-12.23)<<endl;
}//===================================
```

```
E:\ch05>f0513↙
10
12.23
```

而在C中，调用“abs(–12.23)”只能得到近似值12，因为择名而调，转换–12.23为int型时，精度丢失。要想得到精确值12.23，则必须调用“fabs(–12.23)”。

C 头文件都是以.h 结尾的，如 stdio.h、math.h。C 关于 abs 函数的头文件为 math.h，C++对其头文件进行了改良，设置了重载函数，命名为 cmath。所以需要使用重载库函数的时候，一定要用 C++改良版头文件。

C 语言头文件经过 C++改良之后，头文件名字作了有规律的修改，即其头文件名前加 c，再去掉后缀.h。于是 math.h 就成了 cmath 了。常用 C 头文件与改良后的 C++头文件对比如下：

```
assert.h    cassert
math.h      cmath
stdio.h     cstdio
stdlib.h    cstdlib
string.h    cstring
time.h      ctime
types.h     ctypes
conio.h     cconio
```

C++程序既可以使用 C 头文件（C++兼容 C 的特征），又可以使用改良版 C++头文件。

因为 C++改良版头文件的函数功能全覆盖了 C 头文件，所以在 C++编程中，一般就毫无悬念地使用 C++改良版头文件。

早期的 C++（标准没有形成之前），其头文件也是带后缀.h 的，但标准化后，C++头文件去掉了后缀。例如，早期 C++的 IO 流头文件为 iostream.h，标准化后，头文件变成 iostream。出于 C++向下兼容，头文件 iostream.h 在标准 C++中仍然可用，但是所使用的流操作或者烦冗（例如，标准流操作“cout<<setw(5)<<right<<"abc";”在早期头文件下只能写成“cout<<setw(5)<<setioflags(ios::right)<<"abc";”），或者低效（非标准头文件中的操作常常被再次优化）。所以，既然是标准 C++编程，就毫无悬念地使用无后缀的 C++标准头文件。

重载的目的是通过自然描述函数名称简化编程和增强程序的可读性。它让程序员方便地将特定的操作序列与一个自然的名称相对应。因此，可以很容易地分辨什么是滥用重载的不良编程，例如：

```
int abs(int a);                    //返回 a 的绝对值
double abs(double a);              //返回 a 的平方根，与 abs 的意义背离

void func(int a, double d){
  int b = abs(a);                  //理解!
  double c = 1.0+abs(d);           //将 abs 的功能误解为求绝对值
}
```

同名函数应该具有相同功能，定义一个 abs 函数而返回的却是一个数的平方根，则该程序的可读性遭到了破坏。

5.7.2 重载函数匹配（Overloaded Function Call Matches）

只要参数个数不同，参数类型不同，参数顺序不同，函数就可以重载。然而，返回类型不同则不允许函数重载。例如：

```
void func(int a);              //ok
void func(char a);             //ok
void func(char a, int b);      //ok
void func(int a, char b);      //ok
char func(int a);              //与第一个函数冲突
```

因为调用函数是只看参数匹配的，有的函数虽有返回类型，但不参与表达式运算而单独作为一条语句，因此函数的匹配不能根据上下文判断。例如：

```
func(23);  //错：void func(int) 还是 char func(int) ?
```

C++按下列三个步骤的先后顺序找到匹配并调用函数：

（1）寻找一个严格匹配，如果找到了，就用那个函数。

（2）通过相容类型的隐式转换寻求一个匹配，如果找到了，就用那个函数。

（3）通过用户定义的转换（☞CH9.7.1）寻求一个匹配，若能查出有唯一的一组转换，就用那个函数。

例如，重载函数 print 的匹配：

```
void print(double);
void print(int);

void func(){
  print(1);           //匹配 void print(int);        规则 1
  print(1.0);         //匹配 void print(double);     规则 1
  print('a');         //匹配 void print(int);        规则 2
  print(3.1415f);     //匹配 void print(double);     规则 2
}
```

C++允许 int 型到 long 型，int 型到 double 型的隐式转换。但若必须在两者之间抉择时，则会引起错误。例如，当实参是整数，而重载函数一为 long 型参数，一为 double 型参数时，下面的函数调用将引起错误：

```
void print(long a);
void print(double a);

void func(int a){
  Print(a);          //错：long 型与 double 型匹配哪一个呢？
}
```

为避免二义性，在调用时，应显式表明是 print(long(a))还是 print(double(a))。

❑ 5.7.3 重载技术（Function Overload Technology）

C++用名称压轧（name mangling）技术改变函数名，区分参数不同的同名函数。名称压轧是十分简单的过程，一系列代码被附加到函数名上以标记参数类型以及它们出现的次序。例如，用 v、c、i、f、l、d、r 分别表示 void、char、int、float、long、double 以及其引用，则重载函数：

```
int func(char a);
int func(char a, int b, double c);
```

在编译器内部分别被表示为func_c和func_cid，但是，若恰好有一个函数也叫“int func_cid();”呢？没有关系！根据名称压轧规则，其编译器内部表示为“func_cid_v”，还是做到了与上述函数名相区别。

名称压轧对编程来说是看不到的，它在编译过程中悄悄进行，在链接过程中默默使用。名称压轧不是 C++标准，所以各个编译器的名称压轧方案可能不同。例如，函数“int func(char a,int b,double c)”可能被压轧成 func_c_i_d，或者 func$c$i$d，但这不影响程序的移植，因为编译和链接总是捆绑的。只是在不同语言之间穿梭时，如 C 函数在 C++中使用，或者其他语言的模块移植到 C++中时，因为它们都是直接的机器代码、直接的函数名称，而且编译已经完成，要参加 C++程序的链接，会带来衔接上的问题，但通过函数名前加上 extern C 修饰，阻止函数名压轧，便可解决这个问题。

❑ 5.7.4 默认参数（Default Parameters）

C++可以给函数声明中的参数使用默认参数值。这样在函数调用时，对应的实参就可以省略。

函数参数的作用是传递输入数据，有时候，函数可以通过默认参数的形式使用。假想某一确定的输入数据，省略其调用时的参数传递，完成函数调用。例如：

```
//=======================================
//f0514.cpp
//默认参数
//=======================================
#include<iostream>
using namespace std;
//---------------------------------------
void delay(int a = 2);          //函数声明时
//---------------------------------------
int main(){
  cout<<"delay 2 sec.....";
  delay();                      //等于调用 delay(2)
  cout<<"ended.\n";
  cout<<"delay 5 sec.....";
  delay(5);
```

```
  cout<<"ended.\n";
}//--------------------------------------
void delay(int a){                        //函数定义时
  int sum=0;
  for(int i=1; i<=a; ++i)
  for(int j=1; j<3500; ++j)
  for(int k=1; k<100000; ++k) sum++;
}//======================================
```

delay（延时）函数有一个参数，表示延迟的时间，如果没有函数声明中对参数的默认值描述，则调用的形式必须带一个参数以确定延迟时间。但真要这样就缺少了一些灵活性，因为对于 delay 函数，可能大部分情况都需要延迟 2 秒，在特殊情况时，才要延迟更多的秒数。于是，大多数情况下，delay 函数调用是固定的 2 秒形式，就像生活中经常碰到的“老时间、老地点、老方法”之类，而无须重新精确描述大家都清楚的具体时间、地点和方法。而且如果程序进行必要的维护时，如参数值的单位改成毫秒，则参数值将从 2 变成 2000，这时带有默认参数值的函数调用就可以免于调整，而其他没有默认参数的函数都需要进行修改。所以，从方便编程的角度看，默认参数形式带来了诸多便利。

况且在编程中，默认参数还可以避免调用中实参描述上的不统一。例如：

```
delay(2);                          //文字量实参
int a=2;    delay(a);              //变量实参
const int b=2;     delay(b);       //常量实参
```

这些不统一会给严格类型对等匹配的模板带来一些麻烦（☞CH14.2.1）。

5.7.5 默认参数规则（Default Parameter Rules）

一般来说，默认参数值总是在函数声明时描述。因为实用的程序中，函数声明总是与函数定义分离的，而在又有声明又有定义时，默认参数值只能置身于声明中。例如：

```
void point(int =3, int =4);       //默认参数值，同时注意可以形参省略

void point(int x, int y){         //定义中不允许再给出默认值
  cout<<x<<endl;
  cout <<y<<endl;
}
```

函数参数默认值只能从后往前设置，例如：

```
void func(int a=1, int b, int c=3, int d=4);    //错：b 和 a 的位置违规
void func(int a, int b=2, int c=3, int d=4);    //ok
```

调用时的实参按位置解析，默认实参也只能从后往前逐个替换尾部的“缺漏”。例如：

```
func(10,15,20,30);        //ok
func();                   //错：a 没有默认值，所以必须给出实参
```

```
func(12,12);              //ok: c和d默认
func(2,15,,20);           //错: d不默认则c也无资格默认
```

默认参数值的设定不能出尔反尔，也就是说，不能一会儿声明这样，一会儿声明那样。这首先是破坏了编程的风格，其次是为编译所不容。例如：

```
void func(int a=1);
void func(int a=2);   //错
```

❑ 5.7.6 无名参数（Nameless Parameters）

函数的声明和定义中，都可以省略形参名，例如：

```
void point(int a, int);      //第二个形参名省略
```

如果在函数定义中也省略形参名，则函数体中就不能使用这个形参了。例如：

```
void point(int a, int){      //第二个参数形同虚设
  cout<<a<<endl;
}
void func(){
  point(12,15);              //因为声明规定要有两个参数，所以调用中要有第二个实参
}
```

一般来说，函数设计有这样的问题，一旦确定了函数的声明形式，就不能随便更改。因为函数声明给了调用者一个确定的信息，也给了函数定义者一个确定的信息，等于在调用和定义之间达成了一个约定。而调用者和定义者往往是不照面的，甚至可以在天南地北并处于不同的开发周期。因此，若开始用了一个函数参数，后来发现不需要用它，就可以将它无名化，而且不需要改动那些调用该函数以前版本的代码。

特别地，在C++的异常机制中，捕获异常是通过类型匹配的方式，知道了类型也就知道了处理的方式，所以常常利用参数省略名称实现其免于传递的简捷性（☞CH15.2.4）。

❑ 5.7.7 重载或参数默认（Overload or Parameter Default）

设计为重载函数，还是函数带参数默认，有个策略问题。

（1）如果两个重载函数做基本相同的事，只不过参数个数不同而已，则还不如用默认参数值的方法做。例如，延迟函数的两个版本：

```
void delay();         //延迟2秒
void delay(int a);    //延迟a秒
```

最笨的方法是仿照f0513.cpp的办法，将这两个函数重载定义。

第二种方法是在void delay(int a)中定义时间延迟操作，然后重载void delay()，直接调用前一个函数：

```
void delay(){
  delay(2);
}
```

更好的方法就是 f0514.cpp 默认参数值的方法，因为两个过程内容几乎没有差别。

（2）如果一个参数的值用来确定不同的操作，则用重载函数较好。例如：

```
//=======================================
//f0515.cpp
//别扭的参数默认
//=======================================
#include<iostream>
#include<vector>
using namespace std;
//---------------------------------------
vector<int> b(10, 0);
void print(const vector<int>& a = b);
bool process(vector<int>& a);
//---------------------------------------
int main(){
  vector<int> a(10, 5);
  //...
  if(process(a))  print(a);
  else            print();
}//--------------------------------------
void print(const vector<int>& a){
  if(a==vector<int>(10, 0)){
    cout<<"failed.\n";
    return;
  }
  for(int i=0; i<a.size(); ++i)
    cout<<a[i]<<" ";
  cout<<"\n";
}//--------------------------------------
bool process(vector<int>& a){
  int sum = 0;
  for(int i=0; i<a.size(); ++i) sum += a[i];
  if(sum>100) return true;
  else return false;
}//======================================
```

该程序做的工作是通过调用 process 函数，判断是调用 print(a)还是调用 print()。两种调用虽然都是输出工作，但内容截然不同。所以还不如用两个函数描述两种操作为妥。

程序 f0515.cpp 中的 print 函数用了默认参数值，该参数值决定了函数中的不同操作，是输出 failed 还是输出其整个向量，这比起将两部分代码分开成独立的重载函数效率要低一些。更重要的是，从程序的逻辑性和可维护性来说，重载函数也更优些。重载函数版本见下面的 f0516.cpp 程序代码：

```
//=====================================
//f0516.cpp
//重载函数版本
//=====================================
#include<iostream>
#include<vector>
using namespace std;
//-------------------------------------
void print(const vector<int>& a);
void print();
bool process(vector<int>& a);
//-------------------------------------
int main(){
  vector<int> a(10, 5);
  //...
  if(process(a)) print(a);
  else           print();
}//-------------------------------------
void print(){
  cout<<"failed.\n";
}//-------------------------------------
void print(const vector<int>& a){
  for(int i=0; i<a.size(); ++i)
   cout<<a[i]<<" ";
  cout<<"\n";
}//-------------------------------------
bool process(vector<int>& a){
  int sum = 0;
  for(int i=0; i<a.size(); ++i) sum += a[i];
  if(sum>100) return true;
  else return false;
}//=====================================
```

5.8 目的归纳（Conclusion）

函数是程序的基本组成。它不仅是数学意义上定义域到值域的映射，而且是灵活多样的过程。本质上基于过程的程序设计就是以函数作为基本过程单位的。

然而，仅以函数组成程序是远远不够的，没有数据结构架构，在大型程序设计中，面对数量巨大的函数，人们只能束手无策。

函数的灵活多样性反映在其副作用上，副作用又是反映在参数的指针和引用传递上。

人们利用指针和引用的参数传递，大大地提高了数据传递的效率。但是，人们又在百般提防使用函数的指针参数，因为任何有意无意的越权数据和代码访问都是指针造成的。数据和代码的越权访问是程序缺陷所在。

由于指针和引用，函数的输出数据可以在参数中表示，甚至可以将全局数据用于函数的输入/输出（☞CH7.3.2）。

通过规范的函数设计，可以避免许多函数的缺陷。函数的黑盒性是程序设计规范化的基点，如何使用函数黑盒概念设计模块和过程结构，如何利用函数的副作用提高程序的性能，又如何认识到函数副作用的隐蔽性而丰富程序调试的经验，是高级程序员与初级程序员的分水岭。

C++中函数机制是靠栈结构支撑的，不同的编译器处理函数的手法大同小异，栈机制使得函数的执行代码与函数的数据区域相分离，使得函数递归调用成为可能。然而，递归调用全套复制了函数的局部数据，因而对于深度的递归可能在时间和空间上陷入困境。

函数指针的使用有点别扭，使用它需要经验，初学者少有涉及。然而函数指针开拓了程序运行所覆盖的计算机系统空间，它可以让程序优美灵活，也可以让程序充满邪恶。在设计上它是一柄双刃剑。

任何一种程序设计方法，最重要的问题都是程序组织的问题。基于过程的程序设计，也必然涉及程序的组织。推出高级语言，在于非专业程序员要求介入的呼声，在于软件大生产，在于程序员的分工。所以，除了用函数去堆积一个程序外，还需要程序员互相之间的协调，当不在同一台计算机上的多个程序员为同一个工程而忙碌的时候，名称冲突，共享名称使用便成了需要解决的问题。对于包含多个函数的文件的组织问题也需要一并解决。在第 7 章将介绍函数堆积所构成的结构，即程序的组织问题。

main 函数是操作系统调用的函数，因而它是唯一不能由其他函数调用的函数，它的返回类型一定是 int 型，否则就不是标准的。但是 main 函数中的返回语句可以网开一面地免去，这也是它的特权。main 函数所带的参数规定了操作系统对它数据传递的形式，借此参数，程序可以处理运行命令中的附加信息。重定向是操作系统启动命令的功能之一。

函数可以重载，即重名，但必须有不同的参数类型、个数和顺序。重载函数带来程序设计概念上的亲和性，使得函数名不必处处不同。函数参数可以默认，其效果类似于函数重载，但本质上是两回事。函数重载和默认参数在使用中存在一些差别。

练习 5（Exercises 5）

1. 已知函数 poly 是用递归方法计算 x 的 n 阶勒让德多项式的值。数学函数如下：

$$
poly_n(x)=\begin{cases} 1 & n=0 \\ x & n=1 \\ ((2n-1)*x*poly_{n-1}(x)-(n-1)*poly_{n-2}(x))/n & n>1 \end{cases}
$$

请写出 C++函数，其参数为 x 和 n。并求当 x 为 1.2，n 为 8 时，其 poly 函数的值。

2. 使用函数声明、调用和定义的三部曲，将下列程序用三个函数拆开，并求出运行结果。

```
//======================================
//e0502.cpp
//calcu students grade
//======================================
#include<iostream>
using namespace std;
//------------------------------------------
const int n = 5;
const int n = 4;
int a[n][m];
//-------------------------------------------
int main(){
  //input
  for(int i=0; i<n; i++)
  for(int j=0; j<m; j++)
    cin >>a[i][j];
  //total
for(int i=0; i<n; j++){
    int sum=0
    for(int j=0; j<m; j++)
      sun += a[i][j];
    cout<<(I+1)<<":"<<sum<<"\n"
}
//average
for (int i=0; i<m; i++){
  int sum=0
  for (int j=0; j<n; j++)
    sum +=a[j][i];
  cout<<"NO"<<i<<"average is "<<double(sum)/n<<"\n";
}
}//======================================
```

3. 有一个文件abc.in，其中含有一些整数对，求出这些整数对的最大公约数，并对这些最大公约数按从小到大的顺序排序输出。其样板文件内容和结果如下：

```
12 35
77 91
123 789
24 28
64 112
1024 888
98 54
```

abc.in

```
E:\ch05e>e0503↙
1 2 3 4 7 8 16
```

4．用递归方法求解 2.9 节第 10 题。

5．编程实现：

（1）从文件 abc.txt 中读入全部数据到一个整数向量中。

（2）文件 abc.txt 的内容为 12 567 91 33 657 812 2221 3 77。

（3）以该向量为参数，将该整数向量中的数据按各位数字之平方和的大小排序。

（4）设计一个函数，以该向量为参数，以每个元素空一格的格式在屏幕中输出。

（5）编程实现读入向量，若无元素，则仅输出元素个数；否则，排序并输出该向量。

6．在文件 abc.txt 中，存有一些各不相同的 C-串，每串占一行。请使用适当的数据类型，读入这些 C-串并使用 STL 的 sort 算法进行字典序排序，然后输出。如果需要，也可以自定义比较函数，作为函数指针参数。文件样本如下：

```
asfdf rtr
Asfasdf sdfgfgfdgdg
gfdgdfg
fgf dgf   gfg
efdf b34 4345 tr6
efdsf th 776
```

abc.txt

第6章 性能（Performance）

基于过程的程序设计，其实也是基于对象和面向对象程序设计的基础，它们之间是递进而不是对立的。程序设计方法的不同，在于程序结构和程序组织的不同。程序结构本身蕴涵着有效进行过程控制的一系列技巧，基于对象或者面向对象程序设计最终都是要体现编程质量的，而程序质量中，差异最大的又最看不见的、最反映程序员功底的是程序中对空间占用与时间消耗的合理把握。在编程刚上手时虽然也可以把握正确性，但无序地占据有限的存储空间等于挤占了系统中可以拿来合理调配的宝贵的共享资源，这种“蛮横”会遭到一切程序员的“不齿”。同样，看待运行耗时，也要像老虎追在屁股后面一样，不能掉以轻心。程序员如果由于程序设计质量问题而引起运行等待受到客户的抱怨，那么，商机、升迁和工作机会就会毁在自己手里。

程序员谈论最多的是效率问题，C++面向对象程序设计方法就是在效率的争辩中发展起来的。面对所要解决的庞大问题，人们害怕徒劳无功，所以对种种影响效率的方法横加指责。软件业的发展，是因为生产的软件一个个实用起来了。而要实用，效率便是其生命！

对于程序员来说，空间就是内存布局，因为内存中存放着运行中的程序的一切：代码和数据。尤其是数据的存储分布。内存布局包括使用空间的策略和大小。空间如果占得越多，数据计算的中间结果就有越多的临时栖息地，访问数据的操作就能尽快到位。空间如果占得较少，就会由于中间数据不能就近获取，而要通过计算获得。可是计算所需时间就严重受制于数据加工厂 CPU 了。就像一个大型商贸公司，在全国各地都有经销网点，即使局部地区货物紧缺，也能就近调拨，使商品尽快到位。而一般制造企业，其有限资金都投在了生产上，销售布点的资金不宜占用太多，于是可能会发生产品积压，或者生产能力过剩。但事实上，有些运作得好的企业，深知其中的规律，让利给商贸公司，加速产品流通，使自身得到高效运转，这种辩证关系如果从物理上研究，便是时间与空间的关系。因此，时间耗用与空间占用是对立统一的。

效率就是如何在合理的空间占用下获得最有效的运行性能，它需要靠技能获得。

为了提高程序运行的效率，怎样使用函数调用，如何组织数据，在具体情况下采用什么算法，这些都是我们迫切关心的问题。我们看到，对 STL 的价值取向，程序设计风格也会影响编程的质量。一方面由时间空间的辩证性，在编程中没有一成不变的算法使用标准；另一方面，人们勤俭持家的自然本色也在左右编程质量。生活中，有借有还，再借不难，做什么样的事，用什么样的工具，合理取材，都是我们的生活理念。编程中动态申请空间，用完了就释放，以及采用最合适的数据结构和算法完成计算工作，都是良好的编程素质。人们在必要的又是平凡的生活中，享受艺术人生，同样，在就业冲击和工作学习的热情中，享受编程艺术。

6.1 内联函数（Inline Functions）

6.1.1 概念（Concept）

影响性能的一个重要因素是内联技巧。内联函数也可称为内嵌函数。

在 C++中，函数调用需要建立栈环境，进行参数复制，保护调用现场，返回时，还要进行返回值复制，恢复调用现场。这些工作都是与完成特定任务的操作无关的额外开销。程序效率由于该项工作而受到影响，所以，流行的 CPU 都已经将函数调用的额外工作硬件化了，以此减少运行开销。尽管如此，调用工作还是有一些微小的开销的，如果频繁调用很少语句的小函数，则这些开销对性能的影响还不好说。例如，下面的代码频繁地调用一个小函数：

```
//======================================
//f0601.cpp
//频繁调用一个小函数
//======================================
#include<iostream>
using namespace std;
//--------------------------------------
bool isnumber(char);                //函数声明
//--------------------------------------
int main(){
  char c;
  while(cin>>c && c!='\n')     //反复读入字符，若为回车便结束
    if(isnumber(c))             //调用一个小函数
      cout<<"you entered a digit.\n";
    else cout<<"you entered a non-digit.\n";
}//--------------------------------------
bool isnumber(char ch){
  return ch>='0' && ch<='9' ? 1 : 0;
}//======================================
```

```
E:\ch06>f0601↙
10a-gnb7=2d789↙
you entered a digit.
you entered a digit.
you entered a non-digit.
you entered a non-digit.
you entered a non-digit.
you entered a non-digit.
you entered a digit.
you entered a non-digit.
you entered a digit.
you entered a non-digit.
you entered a digit.
you entered a digit.
you entered a digit.
```

程序不断到输入设备中读取数据，频繁调用 isnumber 函数。isnumber 是个小函数，所以函数调用的开销相对来说占的比重就大了。为了免去调用开销，提高效率，可将程序改写为:

```
//=====================================
//f0602.cpp
//将小函数“融化”在调用处
//=====================================
#include<iostream>
using namespace std;
//-------------------------------------
int main(){
  char c;
  while(cin>>c && c!='\n')
    if(c>='0' && c<='9' ? 1 : 0)      //将调用改为直接判断
        cout<<"you entered a digit.\n";
    else cout<<"you entered a non-digit.\n";
}//=====================================
```

该程序在 if 语句中用表达式替换了函数调用。在程序运行上，因为免去了大量的函数调用开销，提高了执行效率。

由于 isnumber 函数比相应的表达式可读性好，所以若程序中多处出现 isnumber，而又将其替换为复杂的实现语句的话，就会降低程序的可读性。我们既要用函数调用体现其结构化和可读性，又要使效率尽可能地高。解决办法就是将这种小函数声明为内联(inline):

```
//=====================================
//f0603.cpp
//内联函数
//=====================================
#include<iostream>
```

```
using namespace std;
//--------------------------------------
inline bool isnumber(char);    //内联声明
//--------------------------------------
int main(){
  char c;
  while(cin>>c && c!='\n')
    if(isnumber(c)) cout<<"you entered a digit.\n";
    else cout<<"you entered a non-digit.\n";
}//--------------------------------------
bool isnumber(char ch){
  return ch>='0' && ch<='9' ? 1 : 0;
}//======================================
```

6.1.2 规则(Rules)

对函数的内联声明必须在调用之前。因为内联函数的代码在程序运行时是直接嵌在调用处执行的，它不影响链接，只在编译时确定运行代码，因此编译时，在调用之前看到内联声明就十分必要。例如下列程序没有内联：

```
//======================================
//f0604.cpp
//未声明内联
//======================================
#include<iostream>
using namespace std;
//--------------------------------------
bool isnumber(char);                //此处无inline
//--------------------------------------
int main(){
  char c;
  while(cin>>c && c!='\n')
    if(isnumber(c)) cout<<"you entered a digit.\n";
    else cout<<"you entered a non-digit.\n";
}//--------------------------------------
inline bool isnumber(char ch){    //此处为inline
  return ch>='0' && ch<='9' ? 1 : 0;
}//======================================
```

编译并不认为那是内联函数，对待 isnumber 函数调用就如调用普通函数那样，产生该函数的调用代码并进行链接。

内联函数体应该尽可能小，且要结构简单，这样嵌入的代码才不会影响调用函数的主体结构。所以内联函数中，不能含有复杂的结构控制语句，如 switch 和 while。如果内联函数有这些语句，则编译将无视内联声明，只是视同普通函数那样产生调用代码。

当然递归函数属于结构复杂的函数，也不能用来做内联函数。

经验上，内联函数适合于只有1～5行的小函数。对一个含有许多语句的大函数，函数调用的开销相对来说微不足道，所以也没有必要将函数内联。

特别是在自定义数据类型的时候，会涉及大量的小函数定义，这些小函数会被频繁使用，所以，内联函数针对它们特别合适（☞CH8.2.1）。

内联函数使用的场合一般为：

（1）函数体适当小，这样就使嵌入工作容易进行，不会破坏原调用主体。

（2）程序中特别是在循环中反复执行该函数，这样就使嵌入的效率相对较高。

（3）程序并不多处出现该函数调用，这样就使嵌入工作量相对较少，代码量也不会剧增。

6.1.3 性能测试（Performance Testing）

我们做一个实验，让主函数分别调用内联函数和非内联函数，由于调用一次函数的开销实在太小，只有几个机器指令，甚至还有机器硬件专设的机构帮忙，所以，为了看清内联函数与非内联函数的差别，有必要分别调用10亿次函数放大时间差。下列程序设置了三个1000个元素的数组，使用数组的目的是尽量减少其他开销，让调用的开销充分暴露出来。程序代码与运行结果如下：

```
(1)  //=====================================
(2)  //f0605.cpp
(3)  //内联性能测试
(4)  //=====================================
(5)  #include<iostream>
(6)  #include<time>
(7)  using namespace std;
(8)  //-------------------------------------
(9)  int calc1(int a, int b){
(10)   return a+b;
(11) }//-------------------------------------
(12) inline int calc2(int a, int b){
(13)   return a+b;
(14) }//-------------------------------------
(15) int main(){
(16)   int x[1000], y[1000], z[1000];
(17)   clock_t t = clock();
(18)   for(int i=0; i<1000; ++i)
(19)   for(int j=0; j<1000; ++j)
(20)   for(int k=0; k<1000; ++k)
(21)     z[i] = calc1(x[j], y[k]);
(22)   cout <<"Not using inline: " <<(clock()-t)/CLK_TCK <<" seconds\n";
```

```
(23)
(24)    t = clock();
(25)    for(int i=0; i<1000; ++i)
(26)    for(int j=0; j<1000; ++j)
(27)    for(int k=0; k<1000; ++k)
(28)      z[i] = calc2(x[j], y[k]);
(29)    cout <<"   Using inline: " <<(clock()-t)/CLK_TCK <<" seconds\n";
(30)  }//=================================
```

```
E:\ch06>f0605↙
Not using inline: 8.281 seconds
    Using inline: 2.437 seconds
```

函数 calc1 没有内联，calc2 内联了。对数组调用 10 亿次的加法计算，实在没有意义。程序的目的在于累计函数调用的耗时，将是否内联函数调用的明显差别显现出来。结果看到，非内联函数的耗时为内联函数耗时的 3～4 倍。

正因为函数调用有开销，而内联函数调用几乎没有开销，所以编程时就应尽可能使用内联函数调用。但是并不是任何函数都能内联，编程时函数虽然打上了内联标记，却并不总是能被编译成内联方式。因此，程序员不失时机地构造能够内联的函数才是重要的。

6.2 数据结构（Data Structures）

6.2.1 STL 中的容器（Containers in STL）

数据结构在优秀的高级语言（指可以进行面向对象程序设计的语言）中体现为数据类型。编程最能普遍性解决问题的是数据结构方法，因为数据结构给出了操作问题中所要处理数据的内在表示和问题解答的数学模型。数据类型能够规定同类数据的内在组织和操作，这些规定可以“打包”，打成的包是高度独立和内闭的，可声称对其一切行为负责，而且打包后就能作为一个整体到处挪用（☞CH11.1.3）。所以，数据类型能够方便地描述和操作一系列同类数据，并能方便地定义与其他数据类型进行转换的操作。STL 中的容器就是专家们长期实践中总结出来的通用数据结构，它们在 C++中以模板类（☞CH14.4.1）的形式出现，即可以容纳一切数据类型（包括自定义类型）的数据集合，如向量（vector）、链表（list）、栈（stack）、队列（deque）等。每一种数据结构都能解决一类数据处理问题，如链表结构适合处理这样一类问题，该类问题中有一群同类数据需要大量地从中间插入和删除元素，如一项大型竞技活动正在进行，后来居上者不断按成绩好坏插入名次表中，而一些表现越来越差者从名次表中被不断剔除。而另一类问题，如打印机服务器任务排队处理，需要不断地从一头提取任务去打印，从另一头添加打印任务，所以适合队列数据结构。程序员首选的方法是在 STL 中选择容器存储数据，只有在很特殊或很专业的情况下，才自己定义或派生容器数据类型，大学计算机的数据结构课程对数据结构的方法和具体实现有进一步的描述（☞参考文献[10]）。

❑ 6.2.2 安排车厢顺序（Arrange the Order of Coach）

数据结构用得好坏，会直接关系到程序设计的性能。

例如，有一个如图 6-1 所示的轨道站，车厢（coach）按顺序排列进站，然后出站以组成一列火车，问题是火车以什么样的车厢顺序组合是可能的？以什么样的顺序组合是不可能的？如图中的顺序组合“3，2，1，5，4”是可能的，因为可以先将“1，2，3”节车厢进站，然后由顶上开始，逐个出站，于是最前面的车厢就是 3 了，其后是 2 和 1；再让“4，5”节车厢相继进站，再全部出站，这样排成的一列火车的车厢顺序就是“3，2，1，5，4”了；而车厢顺序“5，3，4，2，1”就是不可能的了。因为要让 5 号车厢排在第一的位置，就必须先让所有的车厢进站，一旦全部进站，就只有“5，4，3，2，1”这一种顺序了。

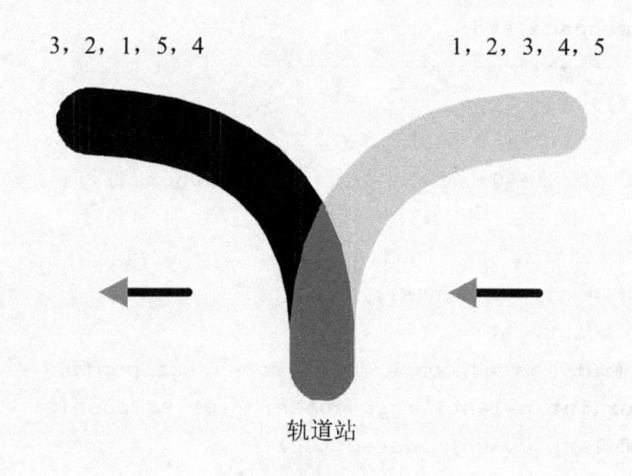

图 6-1　轨道站示意图

一系列的车厢顺序组合存放在一个名为 rail.txt 的文件中，需要判断其是 Yes 还是 No。文件的结构是这样的：有许多组数据，每组数据的第一行上只有一个整数 N，表示火车由 N 节车厢组成。如果 N 为 0，表示文件处理完毕。根据非 0 的 N，规定进站的车厢以“1，2，…，N”的顺序排列。之后的若干行每一行表示一种车厢顺序组合，你必须判断其是 Yes 还是 No。如果读入的行中只有一个 0，就表示本组数据结束。当然每组数据中的每个车厢顺序组合所回答的 Yes 或者 No 需要占一行显示，每组数据的输出中间应有空行。

问题中的轨道站是典型的栈结构，每个车厢顺序组合凡是可以用一系列栈操作输出得到的就应回答 Yes，否则就回答 No。栈只能对栈顶元素进行操作。

如果读入一个车厢号，该车厢可能还没有进站，此时将若干节车厢进站，直到该车厢进站为止。也有可能读入的车厢号就是栈顶元素。

对于栈顶元素判断其是否是当前车厢，若是，则出站，转入下一个循环；若不是，则应退出循环而输出 No。

循环一直进行到读完所有的车厢。此时，就应输出 Yes 了。每一次循环都应保护最后读入的车厢号信息，以便判断下一次读入的车厢号是否已经进站。

❑ 6.2.3 栈法（Stack Method）

输入文件、程序和运行结果如下：

```
(1)  //====================================
(2)  //f0606.cpp
(3)  //安排车厢顺序栈版本
(4)  //====================================
(5)  #include<fstream>
(6)  #include<iostream>
(7)  #include<sstream>
(8)  #include<stack>
(9)  using namespace std;
(10) //------------------------------------
(11) int main(){
(12)   ifstream in("rail.txt");
(13)   for(int n,line=0; in>>n && n && in.ignore();){
(14)     cout<<(line++ ? "\n":"");
(15)     for(string s; getline(in, s) && s!="0";){
(16)       istringstream sin(s);
(17)       stack<int> st;
(18)       for(int last=0,coach; sin>>coach; st.pop()){
(19)         for(int p=last+1; p<=coach; ++p) st.push(p);
(20)         if(last<coach) last=coach;
(21)         if(st.top()!=coach) break;
(22)       }
(23)       cout<<(!sin ? "Yes\n" : "No\n");
(24)     }
(25)   }
(26) }//====================================
```

```
5
3 2 1 5 4
5 4 1 2 3
0
6
6 5 4 3 2 1
0
0
```

rail.txt

```
E:\ch06>f0606↙
yes
No

Yes
```

该程序使用了 STL 中的 stack 容器（第 17 行）针对每组数据先读入一个整数，以确定文件数据是否已结束；然后用 in.ignore 操作滤去文件在读去整数后的回车（第 13 行），以便之后能顺利地逐行读入；接下来就是循环读入一行（第 15 行），在确认不是 0 的情况下，处理行中每个元素，即车厢号；处理行中每个元素的方法是建立一个 string 流（第 16 行），然后从该流中读入每个整数（第 18 行）。string 流需要包含头文件 sstream，而容器 stack 需要包含头文件 stack。

每读入一个整数，做相应的栈操作，或压入，或弹出；在退出循环后，输出 Yes 或 No

的动作取决于 string 流中数据是否已读完（第 23 行），若已读完，说明所有的车厢号能对应起来，因而输出 Yes，否则就输出 No。

由于每组数据都要空一行，而第一组数据不能空一行，所以，第 13 行中设置了 line 变量，第 14 行中实施有条件输出回车：只有在第一次的情况下，才不输出回车，以后每次都输出一个回车，除非循环结束。这种控制输出回车的技巧可以用在许多场合，如控制输出一行中的元素固定个数，对于输入元素数不定的情况，控制每组输入数据的个数等。

该程序如果只应付所看到的文件中这么少的数据，那么对使用的数据结构没有什么好挑剔的。但是，若数据文件很庞大，涉及几千组数据，每组数据涉及上千个元素，这时数据结构就很关键。若用向量做压入和弹出操作（☞f0607.cpp），那么效率就不高。可以想象，向量头上的元素删除时，后面所有的元素要前移，而在头上插入元素时，所有的元素要后移。这些附加操作在 stack 中是不必的。

❑ 6.2.4　向量法（Vector Method）

程序 f0607.cpp 是程序 f0606.cpp 的向量版本。由于向量在头上插入操作效率不高，所以类库并不主张这种操作，连专门的操作（若有的话，就应是 push_front(n)）都不提供，故只能用很“丑陋”地带两个参数的 insert 操作。

```
(1)   //====================================
(2)   //f0607.cpp
(3)   //安排车厢顺序向量版
(4)   //====================================
(5)   #include<fstream>
(6)   #include<iostream>
(7)   #include<sstream>
(8)   #include<vector>
(9)   using namespace std;
(10)  //------------------------------------
(11)  int main(){
(12)    ifstream in("rail.txt");
(13)    for(int n,line=0; in>>n && n && in.ignore();){
(14)      cout<<(line++ ? "\n":"");
(15)      for(string s; getline(in, s) && s!="0";){
(16)        istringstream sin(s);
(17)        vector<int> st;
(18)        for(int last=0,coach; sin>>coach; st.erase(st.begin())){
(19)          for(int p=last+1; p<=coach; ++p) st.insert(st.begin(),p);
(20)          if(last<coach) last=coach;
(21)          if(st.front()!=coach) break;
(22)        }
(23)        cout<<(!sin ? "Yes\n" : "No\n");
(24)      }
(25)    }
(26)  }//====================================
```

然而，任何事物都不是绝对的，如果以向量尾做栈顶的话，则可以充分利用向量的“延伸”性能，程序效率就能十分接近stack容器，只是在语句上还没有stack简练。程序f0607.cpp可以在下面三处修改，从而使性能有很大的提高：

```
(18)        for(int last=0,coach; sin>>coach; st.pop_back()){
(19)          for(int p=last+1; p<=coach; ++p) st.push_back(p);
(20)          if(st.back()!=coach) break;
```

事实上，90%以上的问题用向量做就足够了，因为向量可以扩充，随机访问（下标访问）元素很方便。在没有学习“数据结构”课程以前，使用STL容器需要依靠一些经验，书店里有很多关于C++ STL的介绍（☞参考文献[11]）。

6.3 算法（Algorithms）

6.3.1 算法与性能（Algorithms & Performance）

算法一般比较抽象，它要借助于程序设计语言描述。一旦用一种实际的语言描述为可以运行的程序的时候，抽象性才算退去。算法以研究为目的，而程序以实用为目的。这里所说的算法是指实用的算法。算法的好坏能左右程序运行的性能，编程老手与新手的不同，不在于键盘打得快与慢，很大程度上在于编程经验，在于所使用的算法。好的程序员写出的算法能够实战，新手写出的算法往往不顾及性能。为什么会这样？因为好的程序员习惯于把问题中数据的边界考虑在内，他知道如何用语言去完整描述这些数据直至边界。他们清醒地认识到计算机的“边界”在哪里，所以他们善于处理问题中的数据与计算机中的数据的对应问题。

例如，下列计算n！的算法只能在课堂上示范循环的用法：

```
(1)  long int sum = 1;
(2)  for(int i=1; i<=n; ++i)
(3)    sum *= i;
(4)  cout<<sum<<endl;
```

该程序段对于实战是没用的，充其量也只能算到12！，因为数据再大的话，整型就没法表示。由于随着n值的上升，积的值变化很快，内部数据类型都无能为力，如果n很大，那n！就是一个天文数字。要解决这个问题，好的程序员不会说这个问题很简单，而是想搞清到底n！的n会有多大，然后脑中就会盘算有多大的计算量，用计算机实现是否现实。评估计算n！的复杂性，涉及计算理论的问题（☞参考文献[3]）。

算法的好坏也是相对的，不同的问题有不同的数据要求，有些算法对高端数据有效，而有些算法对低端数据有效。当处在不同的测试数据中时，算法好坏的结论可能完全颠倒。而且，当处于不同的应用环境中时，要求使用算法的方式也完全不同。

❑ 6.3.2 Fibonacci 数列算法分析（Fib's Algorithms Analyses）

1 几种算法

例如，人们熟悉的 Fibonacci（斐波那契）数列：

$$\begin{cases} F(0)=0 \\ F(1)=1 \\ F(n)=F(n-1)+F(n-2) \qquad n>1 \end{cases}$$

如果在小于 47 的自变量下求值，函数值可以用单纯的 int 类型表示。可以通过测试，比较出下列四种算法的时间耗用：

```
(1)  //====================================
(2)  //f0608.cpp
(3)  //Fibonacci 数列的四种方法比较
(4)  //====================================
(5)  #include<iostream>
(6)  #include<vector>
(7)  #include<time>
(8)  #include<cmath>
(9)  using namespace std;
(10) //------------------------------------
(11) int fibo1(int n){          //fibo1
(12)   if(n==0) return 0;
(13)   if(n==1) return 1;
(14)   return fibo1(n-1)+fibo1(n-2);
(15) }//----------------------------------
(16) int fibo2(int n){          //fibo2
(17)   int a=0, c;
(18)   for(int b=1,c,i=2; i<=n; ++i)
(19)     c=a+b, a=b, b=c;
(20)   return c;
(21) }//----------------------------------
(22) int fibo3(int n){         //fibo3
(23)   vector<int> v(n+1,0); v[1]=1;
(24)   for(int i=2; i<=n; ++i)
(25)     v[i]=v[i-1]+v[i-2];
(26)   return v[n];
(27) }//----------------------------------
(28) int fibo4(int n){          //fibo4
(29)   return(pow((1+sqrt(5.0))/2,n)-pow((1-sqrt(5.0))/2,n))/sqrt(5.0);
(30) }//----------------------------------
(31) int main(){
(32)   int a;
```

```
(33)    clock_t start=clock();
(34)    for(int i=1; i<5; ++i)
(35)      a=fibo1(35);
(36)    cout<<"Fibo1's time was: "<<(clock()-start)/CLK_TCK<<"\n";
(37)
(38)    start=clock();
(39)    for(int i=1; i<5; ++i)
(40)      a=fibo2(35);
(41)    cout<<"Fibo2's time was: "<<(clock()-start)/CLK_TCK<<"\n";
(42)
(43)    start=clock();
(44)    for(int i=1; i<5; ++i)
(45)      a=fibo3(35);
(46)    cout<<"Fibo3's time was: "<<(clock()-start)/CLK_TCK<<"\n";
(47)
(48)    start=clock();
(49)    for(int i=1; i<5; ++i)
(50)      a=fibo4(35);
(51)    cout<<"Fibo4's time was: "<<(clock()-start)/CLK_TCK<<"\n";
(52)  }===================================
```

```
E:\ch06>f0608↙
Fibo1's time was: 1.625
Fibo2's time was: 0
Fibo3's time was: 0
Fibo4's time was: 0
```

2 性能分析：递归最先出局

函数 fibo1 使用了递归方法，它能够对应数学描述，比较容易编程。然而，递归在 C++ 语言中是使用栈机制实现的，每深入一层，都要占去一块栈数据区域，对于嵌套层数深的一些算法，递归会力不从心，空间上会以内存崩溃而告终；而且递归带来了大量的函数调用，因而也就带来了许多额外的时间开销。从本程序的测试结果看，其他三个算法还没有使上劲，递归算法就被迫出局了。

3 性能分析：其他各有千秋

函数 fibo2、fibo3、fibo4 在循环次数少于 10 000 的情况下都看不出彼此之间的明显耗时差别，当循环加到 1 000 000 次的时候，n 分别取值 15、30、45，对三个算法的耗时分别进行以下测试。

当 n 取 15 时，其测试结果为：

```
E:\ch06>f0608↙
Fibo2's time was: 0.141
Fibo3's time was: 1.407
Fibo4's time was: 2.109
```

当 n 取 30 时，其测试结果为：

```
E:\ch06>f0608↙
Fibo2's time was: 0.234
Fibo3's time was: 2.219
Fibo4's time was: 2.093
```

当 n 取 45 时，其测试结果为：

```
E:\ch06>f0608↙
Fibo2's time was: 0.328
Fibo3's time was: 2.954
Fibo4's time was: 2.187
```

算法 fibo4 利用了一个数学公式求 Fibonacci 数列的第 n 项，通过计算某个常数的 n 次幂获得结果，因此，对于不同的 n，时间耗用基本上不变。

算法 fibo2 和 fibo3 都是用循环实现求值的，所以随着循环次数增多，耗用的时间也成正比地增多。由于 fibo3 是用向量先分配了一定的空间实现的，然后逐个求得向量的元素，最后得到数列的第 n 项值，所以中间做了大量的下标操作，这是 fibo3 较之 fibo2 时间上消耗更多的主要原因。

我们可以得出结论，递归是最慢的，一般的编程中，递归也是相对较慢。当自变量 n 超过 30 时，利用计算公式的算法 fibo4 相比用向量求解的算法 fibo3 占了优势。从本程序和所用的测试数据看，fibo2 算法是最好的。但是，显然，fibo2 算法的编程是最复杂的。但并不等于说，编程越复杂，算法效率就越高。程序员总是追求优雅而高效的编程，二者并不矛盾。

❑ 6.3.3 选择算法（Selecting Algorithms）

本节我们要继续解决问题。还是 Fibonacci 数列，如果要根据从文件中读取的自变量求解第 n 项的值，方法上应该没有问题。但问题是，文件中有范围在 1～46 的自变量数据数万个。如何选择 6.3.2 节的这四个算法呢？规定数据文件名为 fibo.in。

我们对两个典型的算法 fibo2 和 fibo3 做比较。由于算法 fibo3 利用了向量逐项求值，因此可以将各个自变量对应的 F(n)通过一个循环预置在向量中，这样就使得所读入的值只需访问一次向量下标就可得到所求的解；而算法 fibo2 则必须每次读入自变量的值后，都展成循环，以求 F(n)。程序如下：

```
(1)   //====================================
(2)   //f0609.cpp
```

```
(3)   //Fibonacci 数列两种方法比较
(4)   //====================================
(5)   #include<iostream>
(6)   #include<fstream>
(7)   #include<vector>
(8)   #include<time>
(9)   using namespace std;
(10)  //------------------------------------
(11)  int main(){
(12)    ifstream in("fibo.in");
(13)    ofstream out("fibo.out");
(14)    clock_t start=clock();
(15)    for(int n; in>>n && n;){
(16)      int a=0;
(17)      for(int b=1,c,i=2; i<=n+2; ++i)
(18)        c=a+b, a=b, b=c;
(19)      out<<a<<endl;
(20)    }
(21)    cout<<"Fibo2's time was: "<<(clock()-start)/CLK_TCK<<"\n";
(22)    in.seekg(0);  //转移到文件开始
(23)
(24)    start=clock();
(25)    vector<int> v(47,1);
(26)    for(int i=3; i<47; ++i) v[i]=v[i-1]+v[i-2];       //斐波数预置
(27)    for(int n; in>>n && n;) out<<v[n]<<endl;
(28)    cout<<"Fibo3's time was: "<<(clock()-start)/CLK_TCK<<"\n";
(29)  }//====================================
```

对于文件中含有 10 000 个数据时，测得：

```
E:\ch06>f0609↙
Fibo2's time was: 1.735
Fibo3's time was: 1.768
```

而当文件中含有 30 000 个数据时，测得：

```
E:\ch06>f0609↙
Fibo2's time was: 5.562
Fibo3's time was: 1.780
```

显而易见，算法 fibo2 随着文件数据量的增多，其耗时成比例地增大，而算法 fibo3 却对文件数据量增多反应“迟钝”。在这种应用场合，应认为算法 fibo3 比 fibo2 更优。

❑ 6.3.4 超越数值范围的策略（Strategy that Exceeding Number Range）

前面都是对简单数值表示的场合，根据数据量多少衡量算法的优劣性。倘若 n 突破 47，最大达 500，则 fib(n)突破 9 位数，整型数无法表达，甚至 100 多位数，连任何现成的 C++ 数据类型都无法表示的时候，需要新的算法获取数值表示。例如，大数用数组表示，引入大数加算法。由于大数计算时间明显增加，对于大量输入的随机数值，为了尽快输出结果，就要求每个 fib 数能够作为中间结果存储起来。下列程序描述了一种这样的算法：

```
//===================================
//f0609_附加.cpp
//Fibonacci 大数列
//===================================
#include<iostream>
#include<cstring>
using namespace std;
//-----------------------------------
void add(char* a, char* b){        //数值逆转,个位数在 a[0],b[0]
  int tmp=0, len=strlen(b);        //b 长度肯定不小于 a 长度
  if(len > strlen(a))              //确保两个数字字串长度相等
    a[len-1]='0';
  for(int i=0; i<len; i++,tmp/=10){   //从个位逐位加过去
    tmp += a[i]+b[i]-2*'0';
    a[i] = tmp%10+'0';
  }
  if(tmp) a[len]='1';              //两数之和结局若有进位的情况
}//-----------------------------------
int main(){
  char v[501][106]={"0","1"};      //maxlen = strlen(v[500])=105
  for(int i=2; i<501; ++i){
    strcpy(v[i], v[i-2]);          //v[i] = v[i-2]以便保障下一句
    add(v[i], v[i-1]);             //v[i]+=v[i-1]即 v[i]=v[i-2]+v[i-1]
  }
  for(int i=7; i<500; i++)         //将逆转的数字字串逆转回来
    strrev(v[i]);
  for(int n; cin>>n && n;)         //正事:边读边输出
    cout<<v[n]<<endl;
}//===================================
```

上述程序中，主函数先开了一个 501 元素的字串数组，字串长度为 106，能够存储 fib(500) 的最大位数；然后，通过一个边存储、边计算的循环，将 fib 数悉数存入。计算的策略是对于 v[i–1]和 v[i–2]，用 strcpy()函数将 v[i–2] 复制到 v[i]中，然后做 v[i]+=v[i–1]。“+=” 操作由单独设计的 add 函数完成。

在 add 函数中，参数是 v[i]和 v[i–1]，存放的是倒过来的数值。例如，“13”存储为“31”，那是为了便于处理进位。由 fib 数的特征，v[i]与 v[i–1]两数位差不会多于 1。相加时，先用条件语句将两数（数字字串）的位数调整到一致。按位加完成后，再判断进位，若有进位，那便是进 1。

主函数在完成 fib 数计算后，为了加快输出速度，要先将逆转的数值用 strrev()函数倒回来，然后再开始边读边输出。

数据表示范围一旦突破，算法也就跟着发生变化。

6.4 数值计算（Numerical Computation）

6.4.1 求解积分问题（Solve the Integral Problems）

循环累计问题有单值精度表达问题，有累积到何时的把握问题，更有为了精度和性能而设计的循环计算模型问题。例如，求积分问题。函数为 1/x。积分从 1 开始，所以它积的是双曲线在平面坐标第一象限的一支，当终点值大于 1 时，积分值为正；而终点值小于 1，大于 0 时，积分值为负，见图 6-2，b 点在 1 的右边，所以 1 到 b 的积分值将是正值。文件 integral.txt 中存放着一系列的终点值，根据终点值求积分值，输出结果精确到 3 位小数。

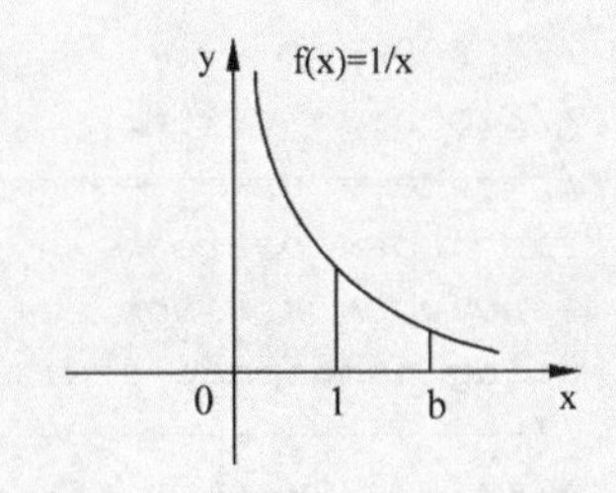

图 6-2　求[1, 6]区域 f(x)的积分

数值计算涉及精度问题。大多数需要靠求值逼近。逼近的算法一般表示为下列的模型：

```
(1)  新变量 = 初值
(2)  FOR（循环变量 = 循环初值; |新变量 - 老变量| ≥逼近精度;  循环迭代）
(3)  {
(4)      老变量 = 新变量;
(5)      新变量 = 计算新值;
(6)  }
(7)  返回新变量的值
```

6.4.2 矩形法（Rectangle Method）

积分的通常方法是将区域切割成一个个的小矩形，然后求这些小矩形的和。小矩形切割得越细，计算精度就越高，可以将切割小矩形的数量作为循环迭代变量，将前后两个不同精度下的小矩形和的差作为逼近是否达到要求的比较客体。

以下为文件内容、程序和运行结果：

```
(1)  //===================================
(2)  //f0610.cpp
(3)  //矩形积分
(4)  //===================================
(5)  #include<iostream>
(6)  #include<fstream>
(7)  #include<cmath>
(8)  using namespace std;
(9)  //-----------------------------------
```

```
3
27.64738
0.0493
0.99954
0.0000557
100001
```

integral.txt

```
(10) double g(double x){
(11)   return 1/x;
(12) }//-----------------------------------
(13) double rectangle(double a, double b, double(*f)(double)){
(14)   double w=b-a, sumNew=w*f((a+b)/2), sumOld=0;
(15)   for(int n=2; abs(sumNew-sumOld)>=1e-4; n*=2){
(16)     sumOld=sumNew;
(17)     sumNew=0;
(18)     for(int i=0; i<n; ++i)
(19)       sumNew += f(a + w*(i+0.5)/n);
(20)     sumNew *= w/n
(21)   }
(22)   return sumNew;
(23) }//-----------------------------------
(24) int main(){
(25)   ifstream in("integral.txt");
(26)   cout<<fixed; cout.precision(3);
(27)   for(double b; in>>b;)
(28)     cout<<rectangle(1,b,g)<<"\n";
(29) }//===================================
```

```
E:\ch06>f0610↙
1.099
3.320
-3.010
-0.000
-9.796
11.513
```

从抽象化的意义看，该程序的主函数建立了文件对象，设置了输出格式（3 位小数的浮点数），每读入一个积分终点值，就调用矩阵细分法的积分函数 rectangle，功能简单明确，具体工作又是在积分函数中完成的。

该积分函数则为一种逼近的算法，它有三个参数，前两个参数为积分的起止值，第三个参数为所积的函数。逼近算法的循环变量 n 采用成倍迭代，矩阵宽度为 w，随矩阵的数量 n 的增长而反比例地减少。这里第 i 个矩阵的高为函数值 f(a+w(i+0.5))。积分初值 w(f(a)+f(b))/2 可以看作是 n=1 时的最初矩阵划分的面积，在第 14 行中赋给了 sumNew 变量。第 17～20 行为求 n 个矩阵的面积和，其实就是在更新积分值，以便与老积分值相比较，逼近所要的精度。

值得一提的是，其中的一个积分函数参数，是一个所积函数的指针。这种将被积函数以参数形式传递的设计方式，是为了使其适用于其他被积函数的积分，从而使积分函数具有更好的通用性。例如，该函数也可以用于计算积分：

$$\int_0^1 \frac{e^x}{1+e^x}dx$$

事实上，若将逼近精度也做成参数，那通用性将会更好。可以让积分函数控制精度，返回符合要求精度的有效值：

```
double rectangle(double a,double b,const double Epsilon,double(*f)(double));
```

函数声明中的 Epsilon 参数为逼近精度，在程序 f0610.cpp 中，精度值由第 15 行中的 1e–4 控制。更一劳永逸的方式是将其做成以积分值类型（上面为 double）为模板参数的函数模板（☞CH14.1），使该积分函数适用于单精度浮点或者复数等其他数据类型的被积函数：

```
template<class T>
T rectangle(T a, T b, const T Epsilon, T(*f)(T));
```

逼近有快慢，设计算法时对循环迭代的速度掌握很重要，初值也很重要，采用什么算法也很重要。

6.4.3 辛普生法（Simpson Method）

利用数学家们总结出来的辛普生积分公式，比用原始的矩阵细分法性能更好。6.4.1 节的实例用变步长的辛普生公式计算积分，则迭代次数明显减少。

变步长辛普生公式是从变步长梯形公式演化而来的。变步长梯形公式的原理是将积分面积划分为一个个的小梯形，求和，采用逼近算法得之。变步长梯形公式的初值为：

$$T_n = \frac{h}{2} \times (f(a) + f(b))$$

其中 n=1，h=b–a，如图 6-3 和图 6-4 所示。

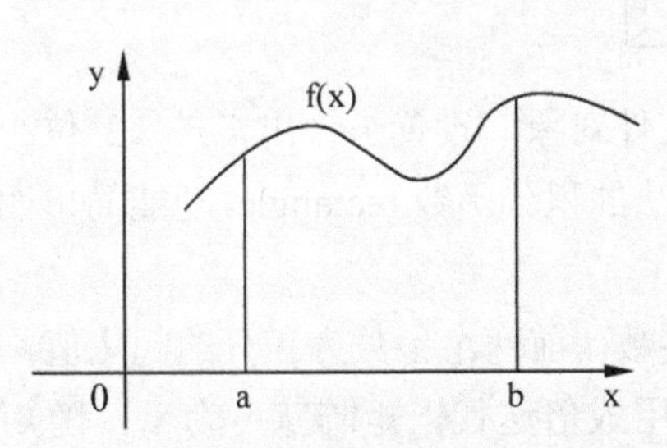

图 6-3　[a，b]区域 f (x)所包围的面积

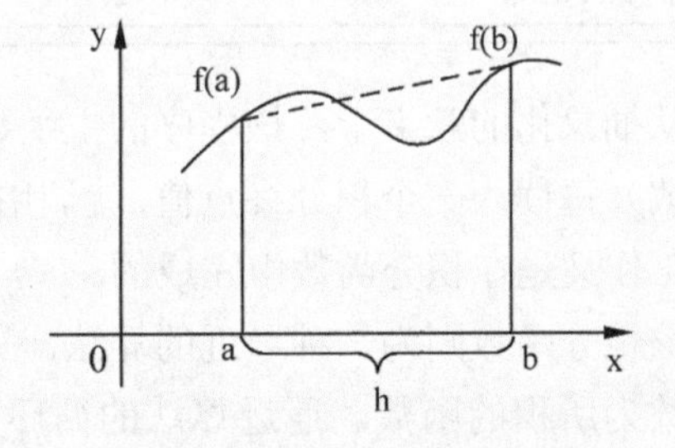

图 6-4　梯形公式计算面积

变步长梯形公式计算面积的近似值为：

$$T_{2n} = \frac{T_n}{2} + \frac{h}{2}\sum_{k=0}^{n-1} f\left(x_k + \frac{h}{2}\right)$$

2n 意味着将区间[a，b]划分成 2n 等分。显然开始时，n=1，即 2 等分。该公式是一半的面积由前面的近似公式给出，另一半则由原 n 等分的中值小梯形和的一半给出，如图 6-5 所示。

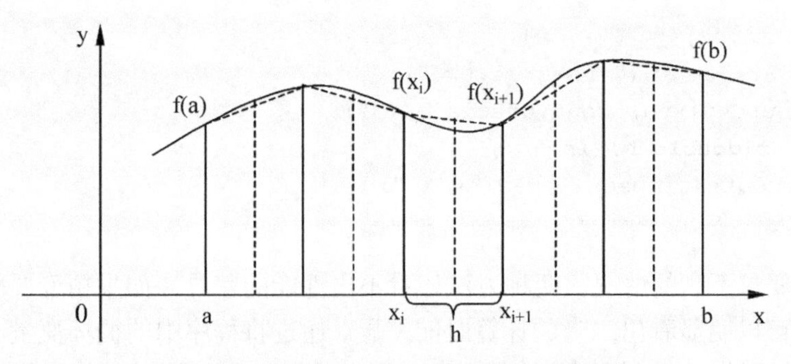

图 6-5 变步长梯形法计算区域划分

图中，x_0=a，x_n=b，h=(b–a)/n。从 x_i 到 x_{i+1} 是梯形划分中的一段，小梯形面积即等分中线的函数值 $(f(x_i)+f(x_{i+1}))/2$ 与 h 的乘积。

变步长辛普生公式采用了比矩形公式更有效的近似计算公式：

$$I_{2n}=\frac{4T_{2n}-T_n}{3}$$

其中，T_{2n} 和 T_n 分别是划分为 2n 和 n 个梯形的梯形和。辛普生公式通过前后两次的梯形划分的和之差 $|I_{2n}-I_n|$ 逼近。如果它落在一个精度 Epsilon 的范围内，则认为所求积分的近似度已经达到要求。下列程序就是用变步长辛普生公式计算对函数 f(x)=1/x 的积分，精度为 10^{-3}：

```
(1)  //====================================
(2)  //f0611.cpp
(3)  //辛普生积分
(4)  //====================================
(5)  #include<iostream>
(6)  #include<fstream>
(7)  #include<cmath>
(8)  using namespace std;
(9)  //------------------------------------
(10) double g(double x){
(11)   return 1/x;
(12) }//------------------------------------
(13) double simpson(double a, double b, double(*f)(double)){
(14)   double I2n=0,h=b-a,T2n=h*(f(a)+f(b))/2,In=T2n,Tn;
(15)   for(int n=1; abs(I2n-In)>1e-3; n+=n,h/=2.0){   //Epsilon 为 le-3
(16)     In=I2n; Tn=T2n;       //In 老积分值
(17)     double sigma=0;
(18)     for(int k=0; k<n; k++)
(19)       sigma += f(a+(k+0.5)*h);
(20)     T2n=(Tn+h*sigma)/2;
(21)     I2n=(4*T2n-Tn)/3;     //I2n 新积分值
(22)   }
(23)   return I2n;
(24) }//------------------------------------
```

```
(25)  int main(){
(26)    ifstream in("integral.txt");
(27)    cout<<fixed; cout.precision(3);
(28)    for(double b; in>>b;)
(29)      cout<<simpson(1,b,g)<<"\n";
(30)  }//=================================
```

对于精度要求不高的情况，两种方法还看不出性能的差异，如果精度要求很高，如在10^{-10}以上，就可以明显看出二者的计算时间差异。通过将程序中的循环变量 n 改为函数体内的局部变量而不仅是 for 循环的局部变量，就可以在积分函数返回积分值时，观察对于特定的精度要求 Epsilon 值下的矩阵或梯形分割数。对于 Epsilon 为10^{-3}时的测试结果如表 6-1 所示，通过变步长辛普生公式、变步长梯形公式与变步长矩形公式三种算法的比较，可以看出变步长辛普生公式算法更有效，循环能更快达到精度要求。

表 6-1　三种算法的比较

序	积 分 值	矩阵或梯形分割数		
		矩形法	梯形法	辛普生法
1	1.099	256	32	32
2	3.320	2048	512	128
3	–3.010	2048	512	128
4	–0.000	2	2	1
5	–9.796	2097152	524288	131072
6	11.513	8388608	2097152	524288

❑ 6.4.4　调用库函数 (Calling for the Library Function)

前面几节都是在探讨数学函数设计和计算的方法，从而形成了作为编程资源的 C/C++数学函数库。

事实上，函数 1/x 从 1 到 b 的积分可以表达为：

$$\int_1^b \frac{1}{x}\,dx = kb(b)$$

ln(b)便是 b 的自然对数，从 C/C++库函数中可以轻易获得，函数名称为 log()。从而用户编程获取积分值，只要简单调用自然对数 log()函数即可。下列程序可以获得与上例 f0610.cpp 程序同样的结果。

```
//==================================
//f0611_附加.cpp
//矩形积分 运用积分公式
//==================================
#include<iostream>
#include<iomanip>  //for setprecision()
#include<fstream>  //for file stream
#include<cmath>    //for log() i.e. ln() function
```

```
using namespace std;
//-----------------------------------
int main(){
  ifstream cin("integral.txt");
  cout<<fixed<<setprecision(3);
  for(double b; cin>>b;)
    cout<<log(b)<<"\n";
}//==================================
```

6.5 标准 C++算法（Standard C++ Algorithms）

6.5.1 集合元素访问（Element Access of Set）

C++算法库是 STL 的一部分，它是 C 库所代替不了的，因为算法通用，可针对各种数据类型或数据结构，其元素可以是具有自生自灭和多态的复杂对象，而不仅仅是单纯空间意义上的变量。

算法库总是对元素集合进行操作，标准算法调用中的参数需要指出元素集合的首尾位置，首位置的元素是包含在算法处理中的，尾位置的元素是不包含在算法处理中的。因此，若有 10 个元素，其中 6 个元素要被算法处理，见图 6-6，则首位置就是 1 号元素，尾位置就是 7 号元素，指示元素位置并不是用下标（即整数值），而是迭代器对象，通俗地说就是指针，它的类型名称为“容器类型<元素类型>::iterator”，如整型向量的迭代器为 vector<int>::iterator。多数情况下，要处理的数据为整个容器的所有内容，这时候，只要取容器的 begin()与 end()成员即可。begin()指向 0 的那个元素，end()则指向 10 的那个元素（其实是不存在的那个元素）。

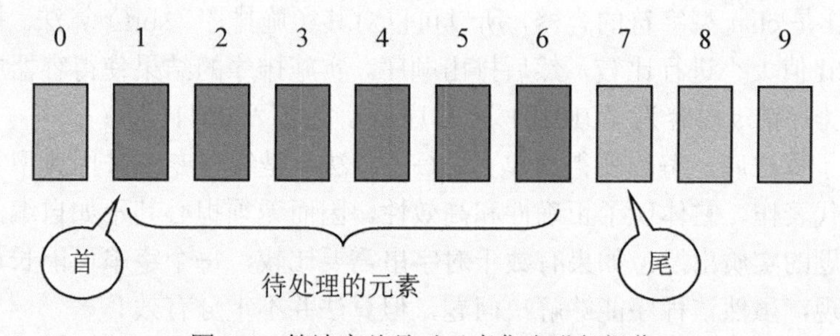

图 6-6 算法库总是对元素集合进行操作

6.5.2 判断字串相等 1（Determining the String is Equal 1）

判断字串相等是取两个不同的字串，判断每个字符是否一一相等的问题。例如，判断存储在文件 string.txt 中的若干对字串的相等性。如果相等，输出一行 yes，否则输出一行 no。该种字串仅含有 0 和 1 字符，如果两个字串中 0 和 1 的个数分别相等，则该对字串称为相等。

我们现在是寻求用 C++算法库求解，由于 string 类对于读取文件中的字串以及进行比较都很方便，所以用 string 类的对象逐对存放字串，然后将字串分别排序后对其进行比较是直接的思路。

```
(1)  //====================================
(2)  //f0612.cpp
(3)  //判断字串相等版本一
(4)  //====================================
(5)  #include<iostream>
(6)  #include<fstream>
(7)  #include<algorithm>
(8)  using namespace std;
(9)  //------------------------------------
(10) int main(){
(11)   ifstream in("string.txt");
(12)   for(string s,t; in>>s>>t;){
(13)     sort(s.begin(), s.end());
(14)     sort(t.begin(), t.end());
(15)     cout<<(s==t ? "yes\n" : "no\n");
(16)   }
(17) }//==================================
```

```
010101
11100
110011001100
000011110011
```

string.txt

```
E:\ch06>f0612↙
no
yes
```

程序中用到了算法 sort 调用，所以就要包含算法库头文件 algorithm，string 对象 s 和 t 中存储的是从文件中读取的字串，字串中的字符可以通过下标操作访问，字串有头有尾有长度，可以看作是 char 型字符的容器，所以可以对其实施排序（sort）算法。排序算法对各个字符按 ASCII 值大小进行比较，然后排出顺序。实施排序的结果使得容器中的内容发生变化。例如，排序前 s 内容为“010101”，排序后 s 变成“000111”。

由于使用了算法库，编程变得简单了。C++算法库是编程专家采用典型算法经过反复测试和优化的代表作，它体现了正确性和高效性，因而无须担心其不如自编的算法来得高效。然而从问题的实质出发，如果有数千对字串需要比较，每个字串可能长达 1024 个字符，我们会发现，虽然该程序能够解决问题，但算法并不十分有效！

❑ 6.5.3 判断字串相等 2 (Determining the String is Equal 2)

基本的排序算法需要对所有元素进行两重循环的操作，最快的排序算法也需要 O(nlogn)[①]数量级的运算次数，然而，如果仅对字串分别数一下 1 和 0 的个数，再比较 1 和

① 计算机算法研究中对算法有效性的描述通常用对元素进行处理的次数来衡量，这种“大 O 表示法”最早由《计算机程序设计艺术》的作者 Knuth 提出，它表示为对所处理元素个数的函数，以反映当元素个数增长时算法的优劣程度。数据结构与算法分析和设计类的书中一般都有描述。

0 的个数值，效率会更高：

```
(1)  //====================================
(2)  //f0613.cpp
(3)  //判断字串相等版本二
(4)  //====================================
(5)  #include<iostream>
(6)  #include<fstream>
(7)  #include<algorithm>
(8)  using namespace std;
(9)  //------------------------------------
(10)  int main(){
(11)    ifstream in("string.txt");
(12)    for(string s,t; in>>s>>t;){
(13)      int sc1=count(s.begin(), s.end(),'1');
(14)      int sc0=count(s.begin(), s.end(),'0');
(15)      int tc1=count(t.begin(), t.end(),'1');
(16)      int tc0=count(t.begin(), t.end(),'0');
(17)      cout<<(sc1==tc1 && sc0==tc0 ? "yes\n" : "no\n");
(18)    }
(19)  }//====================================
```

count 计数也包含在 C++标准库中，由于 count 算法只有一重循环的处理时间，虽然程序中有四次 count 调用，但比较排序算法对于元素个数激增时，其效率能明显体现出来。当然，有些读者可能看到了还能对其做进一步优化：count 算法是线性的，无论如何，一重循环是不可避免的。

❑ 6.5.4 判断字串相等 3（Determining the String is Equal 3）

可以结合字串长度来判断字串相等，来简化计算。根据问题描述，字串中非 1 即 0，所以，“0”的个数在总长度已知的情况下，可以不使用 count 算法，通过并列地判断总长度的相等性而直接得到：

```
(1)  //====================================
(2)  //f0614.cpp
(3)  //判断字串相等版本三
(4)  //====================================
(5)  #include<iostream>
(6)  #include<fstream>
(7)  #include<algorithm>
(8)  using namespace std;
(9)  //------------------------------------
(10)  int main(){
(11)    ifstream in("string.txt");
(12)    for(string s,t; in>>s>>t;){
(13)      int s1=count(s.begin(), s.end(),'1');
(14)      int t1=count(t.begin(), t.end(),'1');
```

```
(15)      cout<<(s1==t1 && s.length()==t.length() ? "yes\n" : "no\n");
(16)    }
(17)  }//====================================
```

上述程序不但在语句行上缩减了两行，而且更重要的是通过代码优化提高了效率。

提高程序运行的效率，在编程阶段主要有三个途径：

- 吃透问题，采用合理的方案设计；
- 采用尽可能有效的算法；
- 采用合理的程序结构、内存布局和代码优化。

其实上述三者是相辅相成的，你中有我，我中有你。吃透了问题实质，才能合理选择算法；采用更有效的算法，才能实现代码优化；代码优化本身，又是对问题的确切把握。

值得注意的是 for 循环语句的头部“string s,t;”的用法。s 和 t 可以看作循环变量，但循环结束条件不是判断该值本身，而是赋值给 s 和 t 的操作：“in>>s>>t,”，它使 s 和 t 获得了循环中赖以处理的数据，同时其结果本身又是条件判断。所以它实际上充当了循环变量初始化、条件判断和循环迭代三重身份。将定义“string s,t”放在循环结构头部，可以使得对象定义局部化，从而使过程块的数据能见度更加合理。所以，充分利用 for 循环的语句特性，能够改进代码，使其更优美和精简。这种代码其实前几章已经多次出现。

❑ 6.5.5 剩余串排列 1（Arranging Remaining String 1）

C++算法库安全、高效和标准，所以一般情况下，能用算法库改善编程质量的要尽量用。但是，要真正用好算法库，还取决于对问题的准确把握。

例如，有一个数据文件 remainder.txt 内含一些成对的字串，对于每对字串的第一个字串，要去掉两个字串中相同的部分，并按字符顺序输出。例如，两个字串 computer 和 program，由于第一个字串中的 'o'、'm'、'p'、'r' 在第二个字串中都能见到，所以剩下的 'c'、'u'、't'、'e' 按字符顺序排列，结果是 cetu。

一种直观的解是，先对第一个字串排序，然后逐个字符在第二个字串中搜索，把搜索不到的字符输出，就是所要的结果。

然而，算法库中有一个集合差运算 set_difference，而且要求两个集合容器是已经排好序的。乍一看，好像就是针对集合差运算来的，所以，信手写出一个程序：

```
(1)   //====================================
(2)   //f0615.cpp
(3)   //剩余串排列版本一
(4)   //====================================
(5)   #include<iostream>
(6)   #include<fstream>
(7)   #include<algorithm>
(8)   using namespace std;
(9)   //------------------------------------
(10)  int main(){
(11)    ifstream in("remainder.txt");
```

```
computer program
Write program
thatwill askthe
user fora
whole number
```

remainder.txt

```
(12)    for(string s,t,u; in>>s>>t; u=""){
(13)      sort(s.begin(),s.end());
(14)      sort(t.begin(),t.end());
(15)      set_difference(s.begin(),s.end(),t.begin(),t.end(),back_inserter(u));
(16)      cout<<u<<endl;
(17)    }
(18)  }//==================================
```

```
e:\ch06>f0615↙
cetu
Weit
illw
esu
hlow
```

set_difference 的参数为三个集合，表示对两个集合进行差运算，其结果放入另一集合。其中两个源集合，描述集合的首尾区间；一个结果集合，描述该容器的起点；当然不但要求结果集合非空，而且还要足够大，能容纳集合差运算的结果。这里的集合 u 是空 string 串，显然，若表示为该集合的起点位置，必然会引起运算中的异常（第 12 行）。back_inserter 称为插入子，它是一种迭代子，表示对参数（这里是集合 u）的最后位置进行插入操作，而且返回的值仍是最后位置。所以 back_inserter 对容器的操作，就是不断地在容器尾部增加新元素，然后总是指向尾部位置，充当着一个有足够空间存放结果的集合起始位置。

注意，“string u;”定义的同时给了一个空字串作初始化。由于每次求两个字串的集合差都要预先将结果清空，所以 for 循环结构中的迭代部分描述 u 串的清空是简明的。

6.5.6 剩余串排列 2（Arranging Remaining String 2）

6.5.5 节的算法可以实现排列的目的，然而注意到，对两个集合分别排序的代价是大的。事实上，t 串无须排序，下面的解决方法效率更高：

```
(1)   //==================================
(2)   //f0616.cpp
(3)   //剩余串排列版本二
(4)   //==================================
(5)   #include<iostream>
(6)   #include<fstream>
(7)   #include<algorithm>
(8)   using namespace std;
(9)   //----------------------------------
(10)  int main(){
(11)    ifstream in("remainder.txt");
(12)    for(string s,t; in>>s>>t;){
(13)      sort(s.begin(), s.end());
(14)      for(int i=0; i<s.length(); ++i)
(15)        if(t.find(s[i])==string::npos)  cout<<s[i];
```

```
(16)        cout<<endl;
(17)      }
(18)    }//====================================
```

因为输出是针对每对字串中第一个字串的字符顺序，所以对 s 串排序是必要的。又因为对 t 串实施 string 的 find 操作，是线性搜索，所以无须预先对其进行排序，对每个已经排好序的 s 中的字符，只要用 find 搜索一下 t 就能知道是否要输出该字符了。

注意，判断 find 搜索的结果，是与 string::npos 进行比较，npos 在 string 类中定义，表示搜索不到。如果搜索成功，则返回的是 string 对象中某个找到的位置。

程序中的 for 循环将循环 s.length()次，每次循环都在 t 中搜索一次，即最多做 t.length()次比较。所以 for 循环实际上至多做了 s×t 次比较操作。这比前面的程序中既要做 t 的排序又要做集合差运算省力得多。

在 STL 中，有支持一般容器的 find 算法，该 find 算法也可以用在 t 上：

```
(14)  if(find(t.begin(),t.end(),s[i])==t.end())  cout<<s[i];
```

应该强调的是，该 find 算法并不是专门针对 string 的，所以用在 string 上效率会稍微差一点。虽然这个“差一点”在少量处理数据中是难以察觉的，但在使用该算法上显然要复杂一些。

最后的结论是，STL 算法虽然面向通用，但是针对具体问题，选择合适的数据类型和解决方案，同样可高效编程。

6.6　动态内存（Dynamic Memory）

6.6.1　预留向量空间（Reserving Vector Space）

C++给我们提供了动态内存分配的 new 和 delete 操作。一般而言，new 和 delete 操作多用在内存需求捉摸不定的场合。然而，需要处理的数据，如果变动范围很小，我们可以用 STL 中通用型的容器来做，大多数的情况都可以搞定。因为容器多能够适应小量的变动需求。

例如，出于统计目的，要数一篇文章的段落数（大约 1000 个段落，每个段落以回车为标志），并且按每个段落的单词数进行排序输出。

由于不知道具体的段落数，文件输入时无法决定存放的向量或者数组有多大，所以不能进行动态内存申请。但是我们可以使用一种 STL 容器，适合元素不断扩张的需求。选择向量是比较明智的。特别是，若大概知道元素的个数，就可以用 reserve 操作预留若干空间，以免于在频繁进行向量插入的情形下，还要进行频繁的申请内存与释放内存操作。下面是具体的程序代码：

```
(1)   //====================================
(2)   //f0617.cpp
(3)   //清点单词数
(4)   //====================================
```

```
(5)  #include<iostream>
(6)  #include<fstream>
(7)  #include<sstream>
(8)  #include<vector>
(9)  #include<map>
(10) using namespace std;
(11) typedef multimap<int,int> Mmap;
(12) //-------------------------------
(13) int main(){
(14)   ifstream in("abc.txt");
(15)   vector<string> abc;
(16)   //abc.reserve(1100);
(17)   Mmap nums;
(18)   int n=0;
(19)   for(string s; getline(in,s);){        //读段落
(20)     istringstream sin(s);
(21)     int num=0;
(22)     for(string t;  sin>>t; num++);      //数单词
(23)     if(num){                            //单词数为 0 者滤去
(24)       nums.insert(Mmap::value_type(num, n++)); //插入(单词数,段落序号)
(25)       abc.push_back(s);
(26)     }
(27)   }
(28)   for(Mmap::iterator it=nums.begin(); it!=nums.end(); ++it)
(29)     cout<<abc[it->second]<<endl;
(30) }//===================================
```

该程序对于每次从文件读入的段落 getline(in,s)，先行清点其单词数（第 20～22 行），过滤单词数为 0（即空行）的段落（第 23 行）；对于非空段落，将其保存在向量中（第 25 行），并将该单词数放入 map 中进行自动排序（第 24 行）；最后，按段落中单词数的大小顺序输出每个段落（第 28、29 行）。

对于一个段落，清点单词数的方法为先将该段落（string 型）视为 string 输入流，然后从该输入流中逐个读入单词，边读边计数到 num 变量中。

该程序有一条备用语句“abc.reserve(1100)”（第 16 行），它是为了应付向量不断插入所引起的频繁的内存申请释放操作。如果执行了该语句，abc 向量一开始就会预留 1100 空间（比约数 1000 稍多一点空间，纯粹是经验值），供反复插入之用。reserve 不会改变向量中实际有的元素数，也就是说，size 的值不变。reserve 可以控制向量既不浪费太多空间，又使插入效率提高，还能应付元素个数不确切的复杂局面。在高级编程中，多数情况下容器的自动可扩性可以代替动态内存分配的一般需求。

❑ 6.6.2 蛮做素数判断（Judging Prime Numbers Rudely）

我们可能没有办法在栈区域中面对大量数据创建，虽然对于占空间数十兆以上的大对象，我们并不害怕。如果是用 vector，我们也不用害怕，害怕的是直接在栈区域中消费大

容量的数据结构对象（容器对象）。

例如，求 1 到 1 亿中素数的个数。

对于这个问题，我们可以先编一个判断素数的函数“bool isPrime(int n)”，自变量是一个正整数，结果是布尔型的 true 和 false，然后从 1 到 1 亿循环调用素数判断函数 isPrime，统计返回 true 的个数。下面是这个程序：

```
(1)  //=================================
(2)  //f0618.cpp
(3)  //求素数个数
(4)  //=================================
(5)  #include<iostream>
(6)  #include<cmath>
(7)  using namespace std;
(8)  //---------------------------------
(9)  bool isPrime(int n){
(10)   int sqrtn=sqrt(n*1.0);
(11)   for(int i=2; i<=sqrtn; ++i)
(12)     if(n%i==0) return false;
(13)   return true;
(14) }//--------------------------------
(15) int main(){
(16)   int num=0;
(17)   for(int i=2; i<=100000000; ++i)
(18)     if(isPrime(i))
(19)       num++;
(20)   cout<<num<<endl;
(21) }//================================
```

函数 isPrime 是根据素数的原始定义，即一个数若除不尽所有小于它的数（1 除外），则该数就是素数，在此基础上做了一点优化。优化的原理是根据一个简单定理：

若合数 $n = x \times y$，令 $x \leqslant y$，则 $x \leqslant \sqrt{n}$，$y \geqslant \sqrt{n}$。

即如果 n 不是素数，n 可以表示成 $x \times y$，若 $x = y$，则 $x = \sqrt{n}$，若 $x \neq y$，则存在一个因子 $< \sqrt{n}$，因此在搜索到 $\sqrt{n}$ 时，若还没有找到 n 的因子，则可以断定 n 是素数。

虽然做了优化，程序也简捷易懂，但是我们发现这个程序要运行几十分钟。原因在于判断素数的工作没有积累，对每个自然数，其测试都是从头做起，哪怕单测一个整数是否素数的效率再高，对于大量数据测试的工作，其算法仍显得有些笨拙。

□ 6.6.3 空间换时间（Space for Time）

如果直接用素数的筛法，建立一个有 1 亿个元素的容器，再在算法中适当做些优化，就可以在十数秒内得出结果。笔者选择位集 bitset 做这项工作，因为位集编程简单，效率不错，而且占用空间较少。事实上已经尝试了数组、向量，甚至布尔向量，但是不行啊，因为空间不够而运行崩溃！试想即使一个数组中每个元素占 1 位，一字节有 8 位，那也要

16MB 的空间。应该认为栈的每一兆空间都是很宝贵的，我相信以后进程空间包括栈空间会更大。但现在，使用栈空间还只能斤斤计较，不经过编译设置是通不过的。明智的办法是改用堆空间，即动态内存空间。下面是用位集实现的一个版本：

```
(1)   //=====================================
(2)   //f0619.cpp
(3)   //求素数个数筛法版
(4)   //=====================================
(5)   #include<iostream>
(6)   #include<bitset>
(7)   using namespace std;
(8)   //-------------------------------------
(9)   int main(){
(10)    bitset<100000000>* p = new bitset<100000000>;
(11)    p->set();
(12)    for(int i=2; i<=10000; ++i)
(13)      if(p->test(i))
(14)        for(int j=i*i; j<p->size(); j+=i)     //完成素数标记
(15)          p->reset(j);
(16)    int num=0;
(17)    for(int i=2; i<100000000; ++i)           //清点素数
(18)      if(p->test(i))
(19)        num++;
(20)    cout<<num<<endl;
(21)    delete[] p;
(22)  }//====================================
```

因为用了 STL 中的位集 bitset，就要按照位集的用法：定义位集实体，需要一个数量参数（☞CH14.3.5），以此决定位集对象容量的精确大小。p->set()是将位集容器中的所有元素置 1，即每一位都置 1。显然，p->reset()便是将每位元素置 0 了。p->test(i)则是取第 i 位元素值，而 p->size()就是 100000000 了。

动态内存空间受到硬件和操作系统的限制，也并非可以无休止地满足程序员的空间申请。当申请失败时，它会抛出一个异常（☞CH15.2.4）。如果不去截获它，那就导致运行崩溃。

如果与分配 1 亿个向量元素相比，向量操作比位操作离系统更远（更抽象），内在的操作更多，所以在上亿次的下标访问中，时间就会明显多耗。而位集容器是不能扩充的定长容器，它由一个常量参数确定空间大小。虽然需求的空间较小，比向量方法耗时也少一些，但面对上亿位的数据量，还是感到有些力不从心。

能不能在动态内存空间中申请一个整数数组呢？可以，但是效果与向量一样。如果一个整数数组去模拟位集呢？编程操作太复杂，你愿意吗？我是不想试的☺。

因为用了动态内存，所以就要用指针，因为位集的下标操作的效率本质上还是与向量相当，所以不敢恭维，那么，还有什么编程技术可以进一步挖掘的呢？

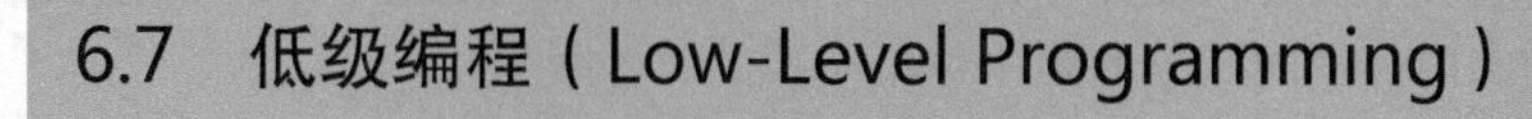

6.7 低级编程(Low-Level Programming)

6.7.1 C编程(C Programming)

所谓低级编程，是相对于面向对象或基于对象的抽象层次更高的高级编程而言，就是：

(1) 不用C++STL的资源库，尽量减少内在的创建、调用、分配等的开销；

(2) 对程序管辖的内存进行直接操作访问，无视数据类型的威力；

(3) 尽量使用原始数据结构、数组和指针以及语言内部的运算符；

(4) 能省则省，采用不利于规模化的编程方法，如滥用全局变量等；

(5) 只调用C函数库；

(6) 在程序架构上多采用过程化程序设计方法。

低级编程在上述基础上，对语句和控制过程进行适当的优化。然而它所处理的数据特征与高级编程是一样的。低级编程多在小型程序设计中采用，如嵌入式编程。

例如，针对程序f0614.cpp，同样的问题，处理同样的数据，可以写出如下f0620.cpp的低级程序：

```
(1)  //====================================
(2)  //f0620.cpp
(3)  //判断字串相等版本四
(4)  //====================================
(5)  #include<stdio.h>          //c头文件
(6)  #include<string.h>
(7)  //------------------------------------
(8)  int cnt(char* a){
(9)    int num=0;
(10)   while(*a)
(11)     if(*a++=='1') num++;
(12)   return num;
(13) }//-----------------------------------
(14) int main(){
(15)   FILE* iFile = fopen("string.txt","rt");      //标准文件设备
(16)   while(1){
(17)     char a[1025], b[1025];
(18)     fscanf(iFile,"%s",a);
(19)     fscanf(iFile,"%s",b);
(20)     if(feof(iFile)) break;
(21)     printf("%s",strlen(a)==strlen(b)&&cnt(a)==cnt(b)?"yes\n":"no\n");
(22)   }
(23)   fclose(iFile);
(24) }//===================================
```

这已经成了C程序了，但毕竟是用C++编译器做的。在编译结果上，与C有细微的差别，但运行结果与C是相同的。

因为有两个地方要搜索字串中1的个数，所以将该过程分离成了函数cnt。其实，一个函数，如果语句超过10行，就要警觉地观察它是否可以分离出一个新的函数了。因为人们应付复杂性的能力是有限的，有限到在阅读别人程序的时候，超过10行时就要头痛！这种习惯是还没有任何理论高度的一种纯经验的感受。

程序采用了文件指针，指向一个直接操纵硬件设备驱动程序的文件结构变量，因而免去了一些创建文件对象的内在开销。然而在编程上，显然要比直接操作文件对象复杂，该文件操作既要顾头，定义指针，用文件名和文本读操作方式初始化文件结构，又要顾尾，清除文件缓冲区和关闭文件。

与f0614.cpp相比，这个程序语句多了一些，程序也丑陋了些，但对于该问题的数据要求来说，以机器指令条数衡量效率还是要好一些。因此，还是有人乐于编写此类程序，也可以将其看作C++在细微处提高性能的一个途径。

然而，与时俱进的人们，当用了手机之后，得到了生活便利，提高了工作效率，还在乎手机的基本话费支出吗？虽然也不忘努力减少话费，但在已经习惯了使用手机的前提下，不用手机是万万不行的。C++也一样，当你用了C++的资源，得到了编程的方便，轻易地发现了过去难以发现的错误，在还没有进入面向对象编程的天堂时，就已经获利满怀，只是在机器指令级上（表示硬件级，相对计算机的发展，其开销实在微不足道）多消耗了一些对象体系所必要的开支，最后你会说，不用C++是万万不行的。

❑ 6.7.2 低级筛法（Low-Grade Sieve）

对于另一个问题，求1到1亿个素数的问题，因为要提高性能，不惜程序的丑陋，也要试一试。试与程序f0619.cpp做比较，你会发现原来“C++难在这里”！有很多C++或C的背景要十分清楚，否则这程序甚至都没办法理解，这都是低级编程的效应，它渗透着程序设计的“高难动作”和不安全因素，因而也远离了编程所带来的艺术享受：

```
(1)  //====================================
(2)  //f0621.cpp
(3)  //求素数个数低级编程版
(4)  //====================================
(5)  #include<stdio.h>
(6)  #include<stdlib.h>
(7)  #include<time.h>
(8)  //------------------------------------
(9)  int count(unsigned int a){
(10)   int sum=0;
(11)   for(unsigned int x=a; x; x>>=1)
(12)     if(x & 1)  sum++;
(13)   return sum;
(14) }//------------------------------------
```

```
(15)  void sieve(unsigned int* p){
(16)    for(int i=2; i<=10000; ++i)
(17)      if(p[i/32]&(1<<i%32))
(18)        for(int j=i*i; j<100000000; j+=i)
(19)          p[j/32] &= ~(1<<j%32);
(20)  }//--------------------------------
(21)  int main(){
(22)    clock_t start=clock();
(23)    unsigned int* p = (unsigned int*)malloc(12500000);
(24)    if(!p){
(25)      printf("no enough memory.\n");
(26)      return 1;
(27)    }
(28)    memset(p,255,12500000);
(29)    sieve(p);
(30)    int num=-2;
(31)    for(int i=0; i<12500000/4; ++i)
(32)      num += count(p[i]);
(33)    free(p);
(34)    printf("%d,%7.3f\n",num,(clock()-start)/CLK_TCK);
(35)  }//================================
```

```
e:\ch06>f0621↙
5761455,  9.375
```

因为要深究其性能，所以在程序运行前后分别读取时间来测试其耗时。程序用的思路还是用字节中的位代表每一个整数，这样从空间上是最省的。1 亿个整数只要用 12500000 字节表示，按一个整数 32 位计算，只要 12500000 / 4 个整型数就可以表示。然而，操作这 1 亿个位却成了高度技巧性的事。

首先要申请这么多空间，向堆空间要（第 23 行），因为涉及的都是位操作，所以用无符号整数可以干净利落一点。申请空间用原始的 malloc（它在头文件 stdlib.h 中声明），在有些操作系统中，可能所提供的堆空间不够用，因而就要准备应付这种可能性（第 24～27 行）。

位操作的第一步是要将这 1 亿位初始化为全 1，这个工作由一个 C 库函数 memset 来搞定（第 28 行）。需要留心的是，memset 是以字节为单位操作的，一个全 1 的字节表示为 255，或者–1。

调用 sieve（第 29 行）的作用是实施素数的筛法，对应非素数的位全清 0。第 0 位和第 1 位除外，这在统计素数个数的时候，从 num 中减去（第 30 行）。

筛法循环 1 亿的平方根次，即 1 万次，显然对于 1 亿以内的数，如果它是合数，就一定有 1 万以内的整数因子。去掉 1 万以内所有数的倍数，剩下的就是素数了。对于第 i 个整数，它所对应的 32 位整数序位为 i / 32，它所对应的整数中的位序为 i%32。判断第 i 个整数是不是素数，可以看作判断 p[i/32]&(1<<i%32)是否为 1（第 17 行）。第 j 个整数置为

合数的操作，可以看作相应位置0。即第19行的操作，见图6-7。

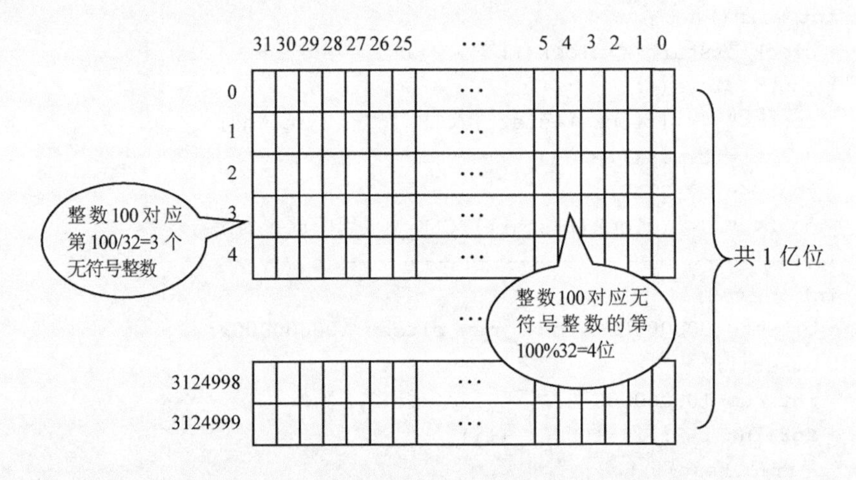

图6-7　整数100所对应的位

1亿个位对应具有32位的整数有12500000 / 4个，所以，循环统计每个整数的非0位数，就是素数的个数（第30～32行）。统计一个无符号整数中的非0位数，可以用循环判断整数最低位是否为1，并逐渐右移的方法，直到该整数为全0为止。

用作善后工作的free在什么地方都是不能少的（第33行），用完释放空间，这是一种素质，就好像向一个患健忘症的人借钱，只要不主动还，是没有人会来催你的。若大家都不还，则无钱的日子会无情地到来，但生活还是要过下去……

□ 6.7.3　筛法性能的比较（Comparison of Sieve Performance）

使用STL最大的开销在于通常的对象化调用开销。当频繁使用这种操作时，其性能上的负担会突显出来。另一方面，低级编程同样也有算法优化问题，如果算法好的话，同样是低级编程，性能肯定还会提高。在测试f0621.cpp时，发现函数count在运行时消耗太多的时间，而这本来可以随着函数sieve的“筛”过程而逐一清点素数的。因此，合并两个函数，并与使用bitset容器而采用同样算法的程序f0614.cpp来一番比较，请看下列f0622.cpp和运行结果：

```
(1)   //====================================
(2)   //f0622.cpp
(3)   //求素数个数，比较不同方法
(4)   //====================================
(5)   #include<iostream>
(6)   #include<bitset>
(7)   #include<time>
(8)   using namespace std;
(9)   //-----------------------------------
(10)  int sieveSTL();
(11)  int sieve();
```

```
(12)  //-----------------------------------
(13)  int main(){
(14)    clock_t start = clock();
(15)    cout<<sieve();
(16)    cout<<" "<<(clock()-start)/CLK_TCK<<" sec\n";
(17)    start = clock();
(18)    cout<<sieveSTL();
(19)    cout<<" "<<(clock()-start)/CLK_TCK<<" sec\n";
(20)  }//-----------------------------------
(21)  int sieveSTL(){
(22)    bitset<100000000>& p = *new bitset<100000000>;
(23)    p.set();
(24)    int num=100000000-2;           //i=0,1 除外
(25)    for(int i=2; i<=10000; ++i)
(26)      if(p.test(i))
(27)        for(int j=i*i; j<p.size(); j+=i)
(28)          if(p.test(j) && num--) p.reset(j);
(29)    delete[] &p;
(30)    return num;
(31)  }//-----------------------------------
(32)  int sieve(){
(33)    unsigned int* p = (unsigned int*)malloc(12500000);
(34)    memset(p,-1,12500000);
(35)    int num=100000000-2;           //i=0,1 除外
(36)    for(int i=2; i<=10000; ++i)
(37)      if(p[i/32]&(1<<i%32))
(38)        for(int j=i*i; j<100000000; j+=i)
(39)          if(p[j/32]&(1<<j%32) && num--)
(40)            p[j/32] &= ~(1<<j%32);
(41)    free(p);
(42)    return num;
(43)  }//===================================
```

```
e:\ch06>f0622↙
5761455 6.312
5761455 21.609
```

显然，使用STL容器的过程败北了，而且败得很惨。试想，1亿次调用中，主要都是些对象调用操作（第26～28行），与没有对象调用操作的位操作（第37～40行）比较，当然有十分可观的性能差异了。

可以用引用方式承接申请到的堆空间（第22行），这样一来，就使得对象操作比较自然一些。清点素数的方法采用1亿倒减的方法，把确认为合数的个数去掉，剩下的就是素数了。在第28、39行采用了短路表达式技巧，如果所要去掉的位还是1的话，则当前素数个数减1，同时该位置0；否则，说明该数已经从素数个数中去掉了，不做任何操作。

位操作是低级编程的拿手戏，而使用STL容器，就好像频繁开车到附近菜场去买菜，

其开销实在有点划不来。虽然 C++资源很好，尤其是 STL，它给编程带来了莫大的方便，但优秀的程序员的优秀之处在于能够针对不同问题的要求，选择不同的实现方式。

6.8 目的归纳（Conclusion）

本章是重要的，因为笔者大量的编程实践，最后都归结为两类：一类是计算问题，需要深度考虑程序的性能问题，而本章内容就是专门涉及程序性能和研究算法的基础。另一类是程序结构和组织问题，关乎程序设计方法，它分别在第 7 章、第 11～14 章中重点叙述。本章也可取名为"探求程序设计艺术"，一方面对应了进一步学习的内容为算法艺术，另一方面也点出了主题：程序设计艺术就是在性能卓著前提下，追求代码优美感的创造性劳动。由于其程序的可读性、正确性、高效性以及将要讲述的可扩展性和可维护性，所以程序设计艺术也必然体现了程序设计质量。

众所周知的 ACM/ICPC 大赛，就是玩这种编程，以这样的模式提高程序员的严密周到把握问题的素质，提高时间和空间调度的能力，提高性能优化的能力。当然在此基础上，还要学习广博的知识，贯通各类典型算法，直至体现算法艺术（☞参考文献[3]）。

本章点出了提高性能的途径，C++编程本质上是基于函数的，所以在函数参数的传递效率和调用方式上优化程序代码（☞CH5.2.1）是最急切的要素。许多表达式和语句的优化实际上已经散见于各个章节之中。内联函数是为了在不影响程序结构和可读性的前提下，提高程序性能。然而，由编译技术和机器指令结构的特点，内联函数必须具有小而简单的规模，并且处于经常被调用的环境中。

紧接着程序性能的要害就是数据结构和算法了。就好像一个企业要运作得好，根本在于管理，在于管理者的运筹，而资金占用只是计划的一个方面。我们看到由于选用了好坏不同的数据结构和算法，程序性能上会有非常大的差异。

数值计算作为比较典型的算法设计实例，再次显示了程序设计艺术的种种细节。

C++作为软件产业化的重要工具，必然提供了大量优秀的数据结构和算法库，这是给编程人员的一大笔财富，如何利用好这些资源，是显示程序员功底的一项艺术化的劳动。

C++的 STL 中，实体一般指对象，它是一种占据空间结构上的数据和其上的操作集合的总称。包容许多实体的整体也是一个实体，称之为容器，它也是数据结构（☞CH11.1.3）。容器有形形色色的组织方式，由不同的数据类型描述，归属于不同的数据结构。然而不要忘了，许多个容器的整体也是一个实体。例如，string 的 vector、stack 的 list 等，也由模板描述为数据类型，这种数据组织、数据扩张的模式，比之单纯空间意义上的数据扩充更高了一个层次。人们的编程实践，开始逐步地往高层的方向上挪，往对象化的概念上挪。而且自然地，这种概念可以伴随着人类视界的延伸而一直拓展。这种思维模式便是面向对象程序设计的基础。

动态内存即堆内存，是编程中要求存放中间数据的额外临时空间，它不受函数调用所用的栈空间的影响，具有随用随取的特征，然而，善后工作是一个敏感的话题，"借而不还"会导致系统最恶心的内存泄漏问题。在实际的应用中，因为抽象层次较高，涉及的都是高级数据结构描述。例如，容器的使用，STL 算法的使用，已经足够解决具体问题了。容器中的种种空间延伸能力，实际上隐含着动态内存的使用，都不必显式地使用动态内存。在某些边缘情况下，如需要的空间数大到已经明显影响栈空间的承受能力的时候，动态内存空间的使用是必要的。

C++是混合型编程语言，它的混合性体现在既可进行抽象级编程即面向对象编程，或高级编程，又可进行低级编程。低级编程脱去了任何对象化开销的外衣，就好像汇编语言编程对之于 C 语言编程而言，低级但不直观。低级编程的最大特点是能赢得“效率”，然而这只是针对小规模编程而言的。当你骑自行车在“很大很大的校园”内驰骋的时候，丝毫不觉得有用轿车的必要。社会上有很多这样的“校园”，所以低级编程还有它的一席之地。更多的情况是，没有必要进行低级编程，因为算法与数据结构是程序性能的“宏观调控”，它根本性地决定了程序运行的效率。而低级编程只是对性能做“微观调控”，在某些高度计较效率的小规模编程领域，低级编程还是用得较多的。

练习 6（Exercises 6）

1 编程量*[①]　难度*　性能要求**（1 秒）

聪聪在研究素数，为搞清一些素数究竟在素数集合中排名老几，伤透了脑筋。还是你帮他编个程序搞定吧，否则，他慢腾腾地数，数到什么时候去?!

聪聪把素数放在一个叫 prime.txt 的文件中，里面大概有上千个正整数，每个正整数 N（1≤N≤1000000）占 1 行。运行结果也是每个数占 1 行，不过，结果中的每个数实际上是输入的正整数在素数集合中的排名，如果输入的不是素数（这太有可能了）那就输出一个 0 来表示。

样本输入文件的内容和输出结果示例于下：

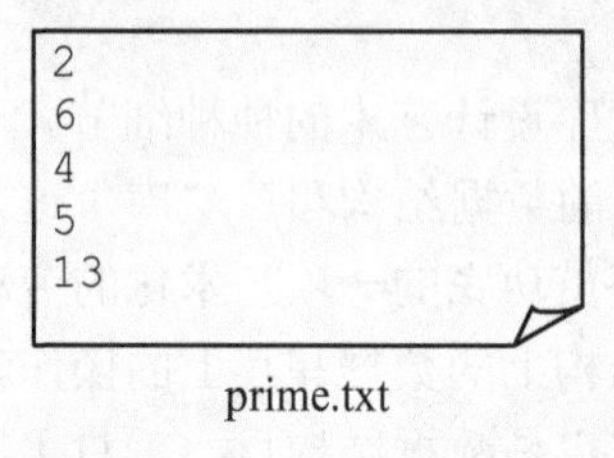

prime.txt

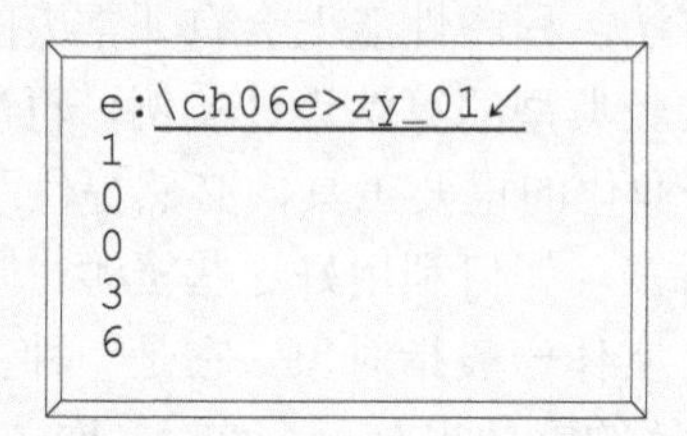

2 编程量*　难度***　性能要求**（1 秒）

有一个无穷数列，其通项表示为：

$$a_n=10^n, \qquad n=0，1，2，\cdots$$

构成了 1，10，100，1000，…，把它连起来，就成了数串 110100100010000 …。

问题是如何知道这数串的第 i 位到底是 0 还是 1。有数学天才的人可能思考起来容易一些，但不要忘了，现在是做程序，不是做数学。请把数学结论用于编程吧！

数据存放在 string01.txt 中，文件一上来的第一个数占一行，是正整数 N(N＜65536)，表明后面有 N 个正整数呢。后面 N 个正整数 k_i(i=1,2,⋯,N)都符合 $1\le k_i<2^{31}$。

---

① *为程度，*越多，程度越高。

输出每个 0 或者 1 的时候，都要空一格，以便区分。样本输入文件的内容和输出结果示例于下：

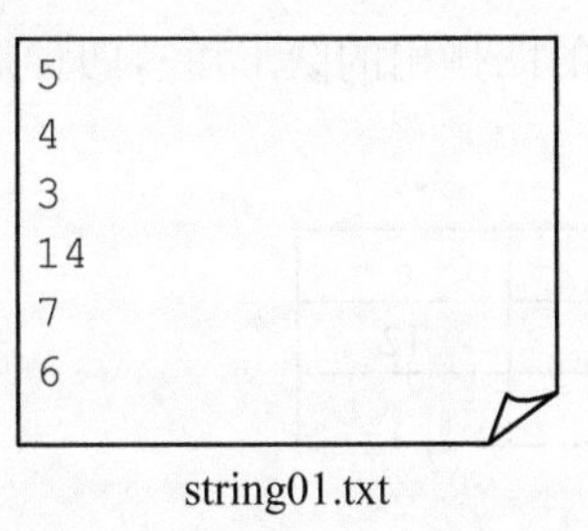

string01.txt

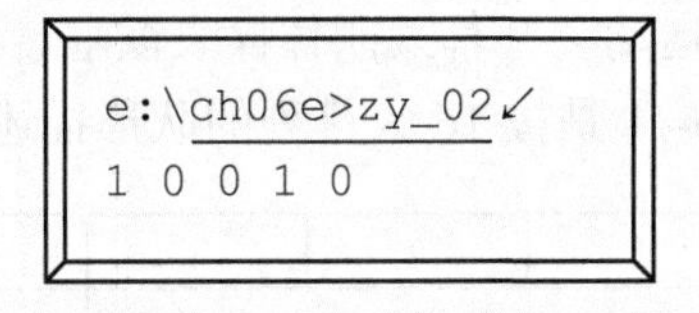

3 编程量* 难度* 性能要求*（1 秒）

如果一个字串，通过颠来倒去的位置重组能够转变成另一个字串，那么就称为“可排列相等”。现在有一些字串对，请你逐一判断它们是否“可排列相等”。

每个字串都以回车结束，每对字串之间空一行，对于每对字串，针对其是否“可排列相等”，输出“yes”或“no”。样本输入文件的内容和输出结果示例于下：

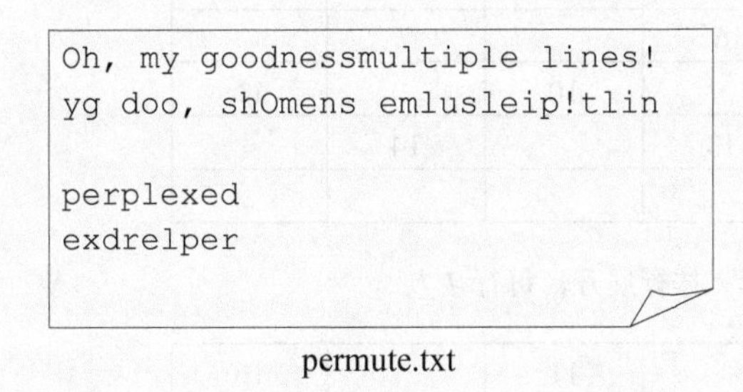

permute.txt

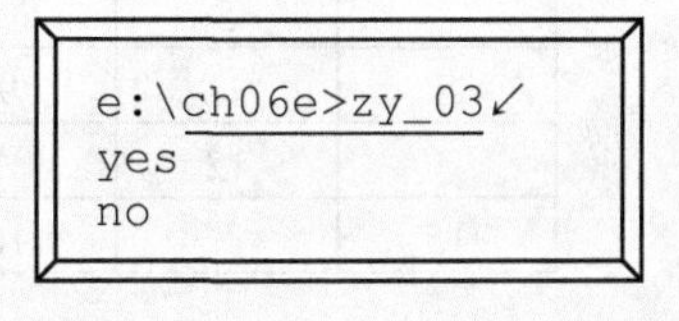

4 编程量* 难度* 性能要求**（1 秒）

有许多整数对。整数对中前者小后者大，从前者到后者求和（Σ）一定很好玩，因为大家都很熟悉了，就看谁先做出来了。不过，别高兴得太早，要细心，因为这次是求这么多和的平均数，而且时间又抠得这么紧。

输入说明

整数对可能有 10000 对哦，整数最大值不会超过 10000。

输出说明

平均值只有一个数，小数点后面要保留三位，否则你的计算就不算准确了。

样本输入文件的内容和输出结果示例于下：

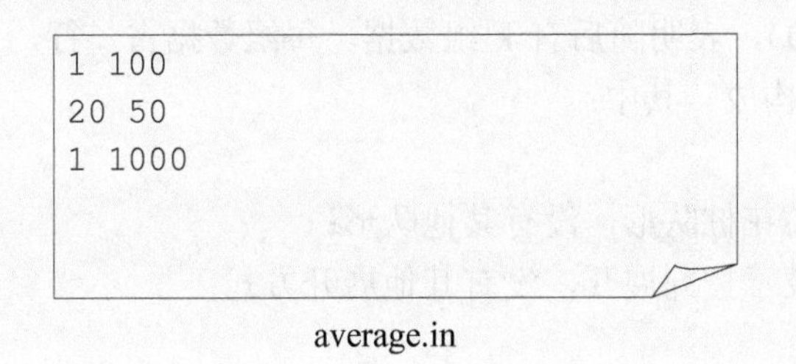

average.in

5 编程量* 难度* 性能要求*（1 秒）

同学们要参加运动会开幕式团体操表演啦。各个系派出的队排出的队形可有四种形式。例如，图 6-8～图 6-11 是按 16 人排列的队形描述。

1	2	3	4	5	6
7	8	9	10	11	12
13	14	15	16		

图 6-8 连续队形，按行展开，每行 6 人

1	4	7	10	13	16
2	5	8	11	14	
3	6	9	12	15	

图 6-9 连续队形，按列展开，每列 3 人

1		2		3		4
	5		6		7	
8		9		10		11
	12		13		14	
15		16				

图 6-10 梅花桩队形，按行展开，每行 7 人

1		6		11		16
	4		9		14	
2		7		12		
	5		10		15	
3		8		13		

图 6-11 梅花桩队形，按列展开，每列 5 人

其中梅花桩队形的行数或列数没有偶数情形。

无论哪种队形，都请你迅速指出某个编号的队员在队列中的行列号。因为领导和裁判们在台上需要及时了解每个队员的表现，将编号与具体队员对应便可以准确地奖优罚差。显然这是一个光荣而不怎么艰巨的任务，请你一定要把握啊！

输入说明

文件中第一行只有一个整数 k（≤100），表明随后有 k 组数据。每组数据占一行，由 5 个以空格隔开的整数 N、X、Y、R、M 构成。其中：

N（≤10000）表示队列的人数；

X 为队形，1 表示连续队形，2 表示梅花桩队形，没有其他队形；

Y 为展开方式，1 表示按行展开，2 表示按列展开，没有其他展开方式；

R（≤N）为每行或每列的人数；

M（≤N）为所要求其行列号的某个队员编号。

输出说明

依次输出每一个队列中某个队员的行列号。行号和列号以空格隔开。

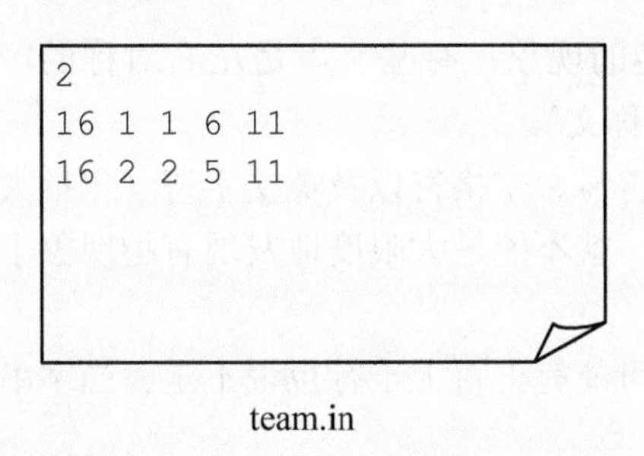

team.in

```
e:\ch06e>zy_06↙
2 5
1 5
```

6 编程量** 难度** 性能要求*（1秒）

贝贝还在读小学的时候就喜欢上了正弦图。弯曲而又反对称，挺好玩的。于是她开始学着画各种周期和高度（振幅）的正弦图。画着画着，她觉得要使图形严格对称还是颇费周折的，于是她忍不住"哇"的一声哭了出来。

你们在旁边看到了吧，好可怜的样子，该是出手帮她的时候了。最好的办法就是编个程序，对付各种周期和振幅，一劳永逸。

输入说明

输入含有不多于100组的数据，每组数据含有三个以空格隔开的字符，第一个是数字字符表示周期N，范围在[1,9]，N相当于正弦图横向字符数有4N+1个。第二个数字表示振幅M，范围在[1,9]，M相当于正弦图的高度，第三个字符表示正弦图的图形字符。

输出说明

输出的结果当然是字符的正弦图形，0~1π和1π~2π周期中的两个反向图形应该对称。每个图形之间应换行。正弦值应四舍五入。

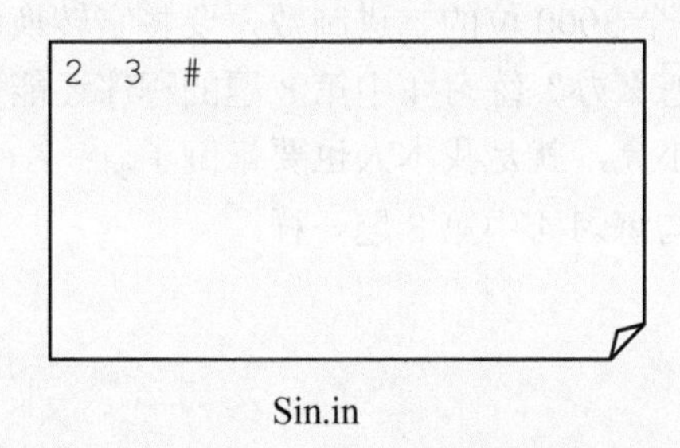

Sin.in

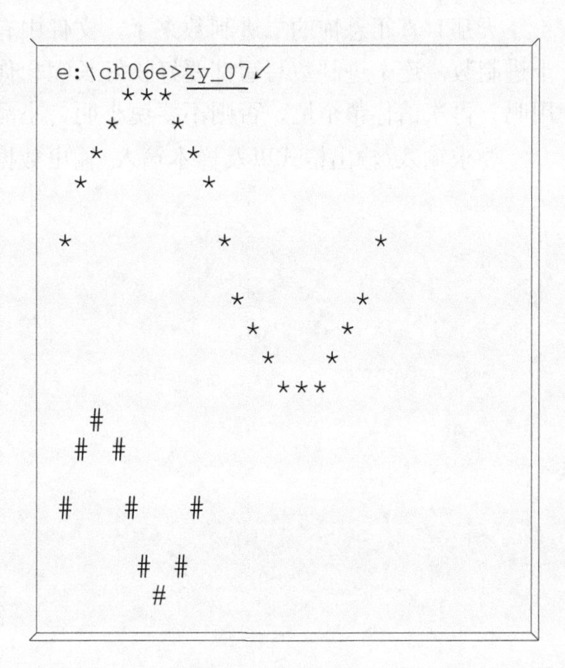

7 编程量* 难度* 性能要求*（1 秒）

我们在进行英语阅读的时候，会发现一个有趣的现象：有些字串是左右对称的，如 madam。我们把这种字串称为 symmetry text 即“对称文”。

现在有若干行字串，每一行可以由数字、标点符号、空格符以及英文字符（包括大小写）组成。要你帮忙编程判断是否是对称文，否则，就不能最大限度地发现有趣现象了。

输入说明

每个字串为一行，每行结束以回车符为标志，可能有上百上千行也说不定。当字串为“000000”时，输入结束。

英文字符不区分大小写，即 Madam 亦为对称文。不要忘了“{<([”与“])>}”也是互为对称的。

输出说明

如果是对称文，则输出“Symmetry”，否则输出“Not symmetry”。每个结论占一行。

```
Madam
<madam>
ling 121 gnil
kkghkkhg
000000
```

symmetry.in

```
e:\ch06e>zy_07↙
Symmetry
Symmetry
Symmetry
Not symmetry
```

8 编程量**** 难度**** 性能要求****（120 秒）

天那！真正恐怖的二进制数来了，文件中有 64 个 3000 位的二进制数，要将它转换成十进制数。连十进制数写写都要好长好长呢！你说怎么办？练习 4 中第 8 题的程序还能适用吗？再次请你帮个忙，否则不要说小明、小晶和小亮，就是我本人也要晕倒了。

要求输入/输出格式以及样本输入/输出数据都与练习 4 中第 8 题一样。

第7章　程序结构
（Program Structure）

C++程序从 main 函数开始启动，其间可能调用了若干函数，这些函数又发动了另外的函数，以此展开程序的运行。函数的层层调用构成了 C++的程序结构。然而，这还不足以说明 C++的程序组织。当程序中充斥着反复被调用的函数时，是否应该考虑，它已经超过了一个人能够承受的开发强度？编程必然要走上合作的道路，必然要有 C++的开发器支持互相合作的开发模式，程序应该能够由多人联合开发。于是如何进行程序文件的组合，便成了程序组织的内容。

C++的开发工具都具有程序工程开发的能力。在一个工程中，可以容纳多个程序文件，这些程序文件的全体构成了一个完整的程序。人们需要学习的是，如何划分函数群，以构成程序文件，如何说明函数之间的关系，如何规定彼此的界面，如何在不同的程序文件中互相配合，以完成共同的计算目标。

C++提供了头文件技术，它能很好地充当程序文件之间的媒介，然而要用好头文件，还需要一些使用的细节。

粗略地说，C++有全局数据、静态数据和局部数据，但是，它们的表现随不同的环境而不同。人们知道共享信息总是好的，因此希望数据共享范围越大越好。但殊不知程序是模块的堆积，模块是最讲独立性的，它受不了共享数据，除非你不想好好用它。局部数据是最灵活、变化最多端的，一不小心就会隐形，简直吃不消它的性情，一定要想办法控制它的个性。

当程序规模大起来的时候，太多的名字是必然的，冲突也是难免的，从而编程有如履薄冰之感。当一切结构上调整的努力都显得力不从心的时候，名空间出来说话了。它还带动后面章节的类体系一起，支撑起 C++大规模编程的名称组织与协调。当编程又开始潇洒起来的时候，C++的功劳簿上记着名空间的头功。

C++编程还有许多未完成的事务，需要预编译出手相帮。至少包含头文件是一项常规的工作，头文件卫士也少不了它，了解了它的作用，便可以从别人的程序中学习。

7.1 函数组织（Function Organization）

7.1.1 程序构成（Program Composition）

C++的函数必须直面实现细节，对目标进行具体的动作序列描述，所以，C++函数是过程性质的。它既可以循环运算以完成一个计算，也可以无休止地运行，就像操作系统那样做着其他进程的陪衬。可以将C++函数看作是一个独立的模块，因为它支持黑盒设计。它是组成程序框架的基本单位，也就是说，包括main函数在内的若干个函数，可以组成一个程序。

读者可能从第 1 章起就意识到了，C++程序无非是一些函数的堆积。C++编程就是在main函数中给一些函数安排一个执行顺序，而在这些函数中，又安排了另一些函数的执行顺序。函数的独立性，使得它“只依赖于输入参数，只返回函数值，埋头做自己的事，其他什么也不管”，如图7-1所示。

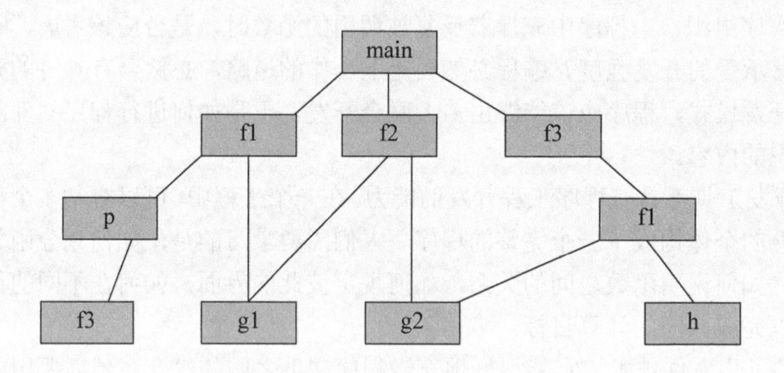

图 7-1　若干个函数组成一个程序

因为函数的独立性，所以在程序结构中，它可以变换主调与被调的角色。图中的f1既被main调用，又被f3调用。f3调用了f1，而f1所调用的函数p又调用了f3。函数f1是调用p和g1呢，还是调用g2和h？一切以条件（传递的参数）为转移。它们从一个提交运行的程序的调用关系来说，呈树状结构，见图7-2（a），从函数模块依赖关系来说，又呈网状结构，如图7-2（b）所示。

这种程序组织的方法，就是基于过程的方法。它是一个主体，控制和参与计算的一切活动，从而完成目标要求，见图7-2（a）。在面向对象的设计方法中，定义了实体，规定了一整套实体之间交互的形式化描述。实体之间的关系有点像图 7-2（b）这样的网状结构，一个实体可以由许多更小的单位所组成，而且可以是一个独立的运行单位（程序）。这样就使得程序变成了寻求合作并能够更好地完成目标要求的对象。因此，程序结构必须以实体（即对象）为设计单位，而按功能肢解问题的方法局限于问题的规模（☞CH11.4、CH11.5）。

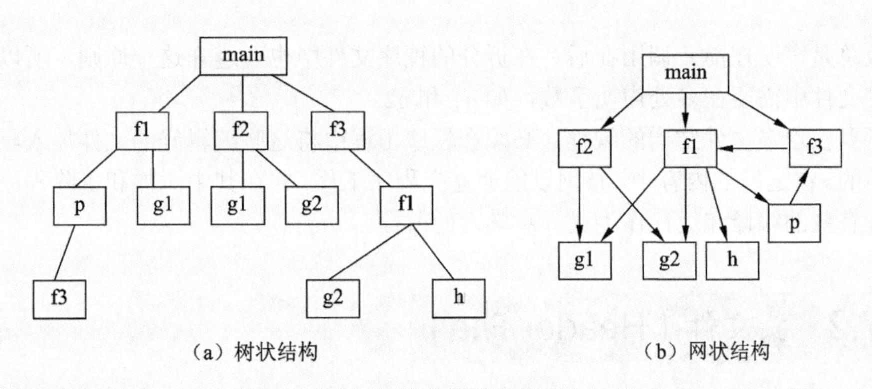

图 7-2　程序结构的描述

❑ 7.1.2　程序文件拆分（Program File Split）

许多函数堆积成的程序，如果放在一个程序文件中，由于千百条语句而显得文件体积庞大，其直接后果是查找函数困难，阅读理解困难，函数取名困难，安排函数顺序也困难。因而，C++的程序开发方法支持程序工程以包容多程序文件结构。

程序员编程，在把握总体模块结构的基础上，一般是一个函数一个函数地编写，一个函数的规模大概就几条到几十条语句，如果有好几十个函数，那就要分分类，把其分成几个程序文件，因而也就可以由几个程序员来分头完成了。例如，图 7-2（a）的程序结构，里面共有 8 个函数，可将它们从一个文件拆分成三个程序文件实现，见图 7-3。

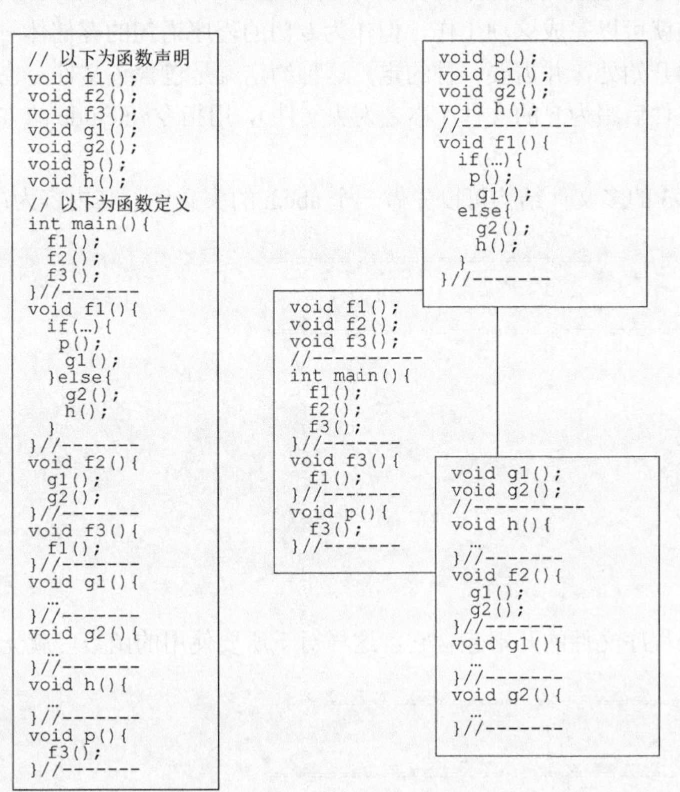

图 7-3　一个文件拆成三个程序文件

函数总是声明在前，调用在后。在拆分的程序文件中也要遵守这一原则，所以，在拆分的程序文件中需要在多处声明函数，如 g1 和 g2。

为了要实现多文件结构的编程，必须在程序工程中将这些编辑好的文件加入。这个操作是必需的。在之后的内容中，必须以能够建立程序工程，并在其中添加和去除程序文件，对其进行有效的编译和运行作为进一步学习的前提。

7.2　头文件（Header File）

按照多文件程序结构的构想，一个程序可以由多个程序文件组成，一个程序文件中可以有多个函数定义，而函数定义中若调用了一些其他函数，则这些其他的函数就必须声明在先。可能在好几个函数（分列在不同程序文件）中都调用某个函数，所以某个函数就只好在多处声明，也就是在多个程序文件中声明同一个函数。

❑ 7.2.1　原始头文件（Original Header File）

函数声明的次数是不受限制的，但是函数定义只能有唯一的一次。如果不调用某个函数，在程序文件中声明了某个函数，也不算错误。所以为了方便，将一个程序中所有要用到的函数的声明专门做成一个程序文件，加在每个程序文件的开始处。若从编辑角度出发，只要复制、粘贴就可以完成这项工作，但作为专门的程序语句的存储体——文件，则要加在另一个文件的开始处，并需要一种约定。这种约定就是包含头文件。也就是将那些函数声明做成一个文件后缀为.h 的文件（称之为头文件），用指令#include 的方式加在程序文件的开始处。

例如，图 7-3 的多文件结构可以先做一个 abc.h 的头文件，其内容为：

```
//=====================================
//abc.h
//=====================================
void f1();
void f2();
void f3();
void g1();
void g2();
void p();
void h();
```

然后在每个程序文件的开端包含它，这样对于所要使用的函数，就无须声明了：

```
//=====================================
//a1.cpp
//=====================================
#include "abc.h"
```

```
//-------------------------------------
void f1(){
  if(…){
  p();
  g1();
  else{
    g2();
    h();
  }
}//-----------------------------------

//=====================================
//a2.cpp
//=====================================
#include "abc.h"
//-------------------------------------
int main(){
  f1();
  f2();
  f3();
}//-------
void f3(){
  f1();
}//-------
void p(){
  f3();
}//-----------------------------------

//=====================================
//a3.cpp
//=====================================
#include "abc.h"
//-------------------------------------
void h(){
  …
}//-------
void f2(){
  g1();
  g2();
}//-------
void g1(){
  …
}//-------
void g2(){
  …
}//-----------------------------------
```

自定义头文件所带来的效果是程序文件变得简捷了，函数声明的书写也不太会因打字失误而出错。每个程序文件只管定义函数就是了，函数中所有调用的先期声明，都可以不管。

□ 7.2.2 界面头文件(Interface Header File)

像7.2.1节这样规定和使用头文件的方法还是很原始的。头文件更重要的作用是在设计阶段（相对于编程阶段）规定界面，也就是通过头文件可以明白地看出，某个程序文件提供了什么服务（函数），这种头文件称为用户界面。例如，程序文件a1.cpp所提供的用户界面a1.h为：

```
void f1();
```

因为在a1.cpp中定义了函数f1。

程序文件a2.cpp，提供的用户界面a2.h为：

```
void p();
```

而程序文件a3.cpp，提供的用户界面a3.h为：

```
void g1();
void g2();
void f2();
void h();
```

通过使用用户界面的形式，上面三个文件的代码就可以这样表达：

```
//======================================
//a1.cpp
//======================================
#include "a2.h"
#include "a3.h"
//--------------------------------------
void f1(){
  if(…){
    p();
    g1();
  else{
    g2();
    h();
  }
}//-------------------------------------

//======================================
//a2.cpp
//======================================
```

```
#include "a1.h"
#include "a3.h"
static void f3();
//------------
int main(){
  f1();
  f2();
  f3();
}//-------
void f3(){
  f1();
}//-------
void p(){
  f3();
}//--------------------------------------

//======================================
//a3.cpp
//======================================
#include "a3.h"
//--------------------------------------
void h(){
  ...
}//-------
void f2(){
  g1();
  g2();
}//-------
void g1(){
  ...
}//-------
void g2(){
  ...
}//--------------------------------------
```

显然，设计头文件也是一种艺术，一种学问，可以参见进一步的描述（☞参考文献[1]CH15.3）。

□ 7.2.3 头文件的内容（Content of Header File）

程序员有了用户界面就可以大胆地使用界面上提供的资源，然后在程序工程中添上该头文件的实现（也就是定义函数的 cpp 文件）就行了。对于系统头文件，连添加 cpp 文件的工作都可以省了，因为 C++系统会默认地搜索头文件所对应的库。

在命令前面加“#”，称之为预编译指令。在 C++编译程序之前，应#include 指令之求，先将头文件的内容展开，作为程序文件的一部分，然后再行编译。所以，头文件中的语句

也要符合C++语法。

在C++中，头文件的作用是给源程序提供可以使用的外部资源一览表，只要头文件上有的，就可以大胆按语法格式去使用，因为头文件总是伴随着程序文件的相关实现，如函数定义等。它不仅仅包括函数声明，它基本上还包括：

```
全局数据声明，      如extern int n; extern int a[];
函数声明，          如void fn();
类型声明，          如class A;
全局常量定义，      如const float pi=3.14;
内联函数定义，      如inline void fn(){···}
模板声明和定义，    如template<class T> class A{···};
名空间定义，        如namespace N{···}
类型定义，          如enum COLOR{···};  class A{···};
预编译指令，        如 #include<iostream>
注释，              如 //2003年5月7日创建
```

由于头文件可能出现在一个程序的若干个源程序文件中，所以将一些实体定义（如函数定义、变量定义等）放在头文件中是不明智的，因为一种定义体在一个程序中只能出现一次。作为一个反例，例如，初学者先编写了一个abc.h的“头文件”：

```
#include<iostream>
int main(){
  std::cout<<"hello world!\n";
}
```

然后，在源文件a.cpp中，写上：

```
#include "abc.h"
```

再编译运行，也能得到所要的运行结果。然而，这从根本上背离了头文件在C++程序结构体系中的作用！请读者自己指出，这样做还有什么问题？

所以头文件一定不能包括：

```
全局数据定义，          如int a;
函数定义，              如void fn(){···}
```

从头文件中可以看到除了函数声明之外的其他成分，这些成分将在后面逐节介绍。

7.3 全局数据（Global Data）

7.3.1 全局数据访问（Global Data Access）

全局数据就是在任何函数的外部声明或定义的，在程序范围内可以访问的数据。

当仅一个源程序文件包含了一个完整程序的时候，全局数据可以起到所有函数都可以

访问它的作用。因此，对于大多数函数都要访问某个数据的情形，将它设置为全局的，就可以免于参数传递。无论是读入还是写出，还是兼有输入/输出，全局数据由于置身于函数之外而显得便于在测试时观察。例如，在 a.txt 文件中读入由行和列两个整数开头的矩阵数据，将其转置，然后输出。其程序如下：

```
3 5
12 3 6 78 91
2 35 61 8 1
5 63 42 71 2
```

a.txt

```
//======================================
//f0701.cpp
//矩阵转置
//======================================
#include<iostream>
#include<iomanip>
#include<fstream>
#include<vector>
using namespace std;
//--------------------------------------
vector<vector<int> > a;      //全局变量
void input();
void transpose();
void print();
//--------------------------------------
int main(){
  input();                              //无须参数与返回，直接访问全局数据
  transpose();
  print();
}//--------------------------------------
void input(){
  ifstream in("a.txt");
  int row, col;
  in>>row>>col;
  a.resize(row, vector<int>(col));
  for(int i=0; i<row; ++i)
  for(int j=0; j<col; ++j)
    in>>a[i][j];
}//--------------------------------------
void transpose(){
  vector<vector<int> > b(a[0].size(), vector<int>(a.size()));
  for(int i=0; i<a.size(); ++i)
  for(int j=0; j<a[0].size(); ++j)
    b[j][i] = a[i][j];
  a = b;
}//--------------------------------------
void print(){
  for(int i=0; i<a.size(); ++i){
```

```
    for(int j=0; j<a[0].size(); ++j)
      cout<<setw(4)<<a[i][j];
    cout<<endl;
  }
}//=======================================
```

```
E:\ch07>f0701↙
  12   2   5
   3  35  63
   6  61  42
  78   8  71
  91   1   2
```

注意，如果不从演示考虑，仅从功能考虑，上述程序中的 input 和 transpose 两个函数完全可以合并优化。请你试试。

程序中有输入、处理（转置）、输出三个函数，它们都要用到矩阵，所以干脆将其声明为全局的。这样，在分别设计函数时，显得轻松不少。

❑ 7.3.2 消除全局数据（Eliminate Global Data）

现代程序设计中，全局数据是上不了大雅之堂的，因为它破坏了模块结构的独立性，也破坏了抽象数据结构的封闭性。程序是各个独立模块的聚集，而全局数据恰恰就牵扯了各个模块，使其无法独立。在程序 f0701.cpp 中，任何一个函数都无法拿到其他地方去重用，因为这些函数都必须以全局数据的存在为前提，而且更苛刻的是，全局数据一定是向量的向量，对上例来说取名必须为“a”！丧失其模块的独立性，可见一斑。

当然，可以通过参数传递的方法消除全局数据：

```
//=======================================
//f0702.cpp
//消除全局数据
//=======================================
#include<iostream>
#include<iomanip>
#include<fstream>
#include<vector>
using namespace std;
//---------------------------------------
typedef vector<vector<int> > Mat;
Mat input();
Mat transpose(const Mat& a);
void print(const Mat& a);
//---------------------------------------
int main(){
```

```
    print(transpose(input()));
}//-----------------------------------
Mat input(){
  ifstream in("a.txt");
  int row, col;
  in>>row>>col;
  Mat a(row, vector<int>(col));
  for(int i=0; i<row; ++i)
  for(int j=0; j<col; ++j)
    in>>a[i][j];
  return a;
}//-----------------------------------
Mat transpose(const Mat& a){
  Mat b(a[0].size(), vector<int>(a.size()));
  for(int i=0; i<a.size(); ++i)
  for(int j=0; j<a[0].size(); ++j)
    b[j][i] = a[i][j];
  return b;
}//-----------------------------------
void print(const Mat& a){
  for(int i=0; i<a.size(); ++i){
    for(int j=0; j<a[0].size(); ++j)
      cout<<setw(4)<<a[i][j];
    cout<<endl;
  }
}//===================================
```

程序运行结果与程序 f0701.cpp 完全相同。虽说函数设计中要考虑参数传递和返回，显得麻烦些，但它是函数功能体现的象征，函数的可理解性也源于明确的输入/输出描述。何况，完全脱离了全局数据的函数才具有其独立性。独立性是重用代码的起码条件。如果习惯于用全局数据设计程序，那该程序员对程序的整体把握度反而会降低，因为完成一个独立功能的模块总也不能从当前的程序中分离出来。程序的复杂度受各个彼此牵扯的功能模块的影响和制约。

在规模化程序设计中，几乎已经看不到全局变量或全局对象了，只有在小规模程序设计中，还有其一席之地。在规模化程序设计中，强调的是程序中的模块相互独立性，摒弃的是会使模块之间关系暧昧的设计手法。全局数据就在摒弃之列。

❑ 7.3.3 一次定义原则（One-Definition Principle）

全局数据有全局变量、全局常量、全局对象等，它们都有指针、引用、数组和其他形式。全局数据在程序存储结构中置身于全局数据区的位置，**全局数据区的整个区域在程序启动时，初始化为 0**。所以，如果全局数据在定义时未将其初始化，则其自动置 0。全局数据在整个程序代码范围内可见，在整个程序运行过程中可见，所以一旦程序被启动，就在程序中亮相，一直到程序运行结束。

正因为全部全局数据都在一个区域，所以在多文件结构的程序中，像单文件那样的全局数据定义形式就带来了问题。因为在不同源程序文件中定义同名全局数据，就是多次创建全局数据实体，它意味着各个程序文件实际上使用的是各不相同的实体。例如，程序f0703中含有两个程序文件：

```
//======================================
//f0703.cpp
//多文件结构中全局数据的冲突
//======================================
#include<iostream>
//--------------------------------------
int n=8;
void f();
//--------------------------------------
int main(){
  std::cout<<n<<"\n";
  f();
}//====================================

//======================================
//f07031.cpp
//======================================
#include<iostream>
//--------------------------------------
int n;
void f(){
  std::cout<<n<<"\n";
}//====================================
```

```
E:\ch07>f0703↙
8
0
```

上述程序中的两个函数显示一个全局整型变量，却在一致性上不尽如人意。原因是全局数据也应像函数那样，多次声明，而只能有一次定义！全局数据的声明形式是在全局数据定义形式前加关键字 extern，于是上面的程序 f0703.cpp 修改为 f0704.cpp：

```
//======================================
//f0704.cpp
//贯彻全局数据的一次定义多处声明原则
//======================================
#include<iostream>
//--------------------------------------
int n=8;
```

```
void f();
//--------------------------------------
int main(){
  std::cout<<n<<endl;
  f();
}//======================================

//======================================
//f07041.cpp
//======================================
#include<iostream>
//--------------------------------------
extern int n;              //全局变量声明
void f(){
  std::cout<<n<<"\n";
}//======================================
```

```
E:\ch07>f0704↙
8
8
```

所以，全局数据以程序 f0704 的使用方式才能在多文件中具有一致性。注意，如果是全局数据声明（也就是在定义前加 extern），而又写成初始化的形式，那就只能是定义。即对于：

```
extern int n = 8;
```

编译将忽视 extern 而给 n 分配一个实际的空间。

还可以将各程序文件中全局数据声明放在头文件 f0705.h 中实现：

```
//======================================
//f0705.h
//======================================
extern int n;
void f();
//======================================
```

之后，将程序 f0704.cpp 改版为 f0705.cpp：

```
//======================================
//f0705.cpp
//======================================
#include "f0705.h"
#include<iostream>
//--------------------------------------
int n = 8;
//--------------------------------------
int main(){
```

```
  std::cout<<n<<"\n";
  f();
}//======================================

//======================================
//f07051.cpp
//======================================
#include "f0705.h"
#include<iostream>
//--------------------------------------
void f(){
  std::cout<<n<<"\n";
}//======================================
```

注意，在其中的一个程序文件中，必须对全局数据进行定义。

7.3.4 全局常量（Global Constant）

相对地，全局常量虽说也是安放在全局数据区，但它在设计中的限制较少。由于常量只供读取，不许修改，所以不会扰乱模块关系。而且C++规定，虽然不允许在同一个程序文件中反复定义全局常量，但可以在不同的程序文件中重复定义，也就是说，在每个程序文件中都可以定义最多一次。这样一来，各个不同的模块就可以合法地携带所要的全局常量而呈模块完整性。全局常量本身就是定义，因为它声明的同时必须初始化，所以就无须额外定义了。

全局常量可能被滥用。例如，求矩阵的和，其数据在文件a.txt中，每组数据的前两个整数表示矩阵的行和列，后面则有两组行×列个整数元素，分别表示两个矩阵，计算其和，在标准流设备上输出。如果下一次读不到代表行列的值，则表示计算任务完成。行列的最大值不超过100。

在f0706.cpp代码中，为了求若干个矩阵的和，先定义两个最大行列数的二维数组，然后反复重用，由于数组的下标只允许为常量，因此，设置全局常量。这样带来的后果是，占用了不必要的空间；因为固定了数组的下标而不灵活（数组只能以固定的大小定义，实属无奈），如果行列限制值放宽到1000，则必须要改程序；而且还带来了函数划分时所引入的参数传递困难。多维数组的参数传递是笨拙和易用错的！

```
//======================================
//f0706.cpp
//======================================
#include<iostream>
#include<iomanip>
#include<fstream>
using namespace std;
//--------------------------------------
const int row=100;
const int col=100;
```

```
3 5
12 3 6 78 91
2 35 61 8 1
5 63 42 71 2

9 10 2 32 34
3 8 16 22 27
6 18 3 52 76
```

a.txt

```
int main(){
  ifstream in("a.txt");
  int ma[row][col];
  int mb[row][col];
  int mc[row][col];

  for(int r,c; in>>r>>c;){
    for(int i=0; i<r; ++i)
    for(int j=0; j<c; ++j)
      in>>ma[i][j];
    for(int i=0; i<r; ++i)
    for(int j=0; j<c; ++j)
      in>>mb[i][j];

    for(int i=0; i<r; ++i)
    for(int j=0; j<c; ++j)
      mc[i][j] = ma[i][j] + mb[i][j];

    for(int i=0; i<r; ++i){
      for(int j=0; j<c; ++j)
        cout<<setw(4)<<mc[i][j];
      cout<<endl;
    }
  }
}//======================================
```

```
E:\ch07>f0706↙
  21  13   8  110   125
   5  43  77   30    28
  11  81  45  123    78
```

该程序可以完全不用全局常量，程序 f0707.cpp 表示了一种便于函数划分、增加函数独立性的常规方法：

```
//======================================
//f0707.cpp
//======================================
#include<iostream>
#include<iomanip>
#include<fstream>
#include<vector>
using namespace std;
//--------------------------------------
typedef vector<vector<int> > Mat;
void input(istream& in, Mat& a);
```

```
Mat matAdd(const Mat& a, const Mat& b);
void print(const Mat& a);
//--------------------------------------
int main(){
  ifstream in("a.txt");
  for(int row,col; in>>row>>col;){        //建立 row 行 col 列矩阵,每个元素值随机
    Mat a(row,vector<int>(col));
    Mat b=a;
    input(in, a);
    input(in, b);
    print(matAdd(a,b));
  }
}//--------------------------------------
void input(istream& in, Mat& a){
  for(int i=0; i<a.size(); ++i)
  for(int j=0; j<a[0].size(); ++j)
    in>>a[i][j];
}//--------------------------------------
Mat matAdd(const Mat& a, const Mat& b){
  Mat c=a;
  for(int i=0; i<a.size(); ++i)
  for(int j=0; j<a[0].size(); ++j)
    c[i][j] += b[i][j];
  return c;
}//--------------------------------------
void print(const Mat& a){
  for(int i=0; i<a.size(); ++i){
    for(int j=0; j<a[0].size(); ++j)
      cout<<setw(4)<<a[i][j];
    cout<<endl;
  }
}//======================================
```

修改后的程序，不在于语句行数的增减，而在于结构更趋合理，不滥用空间，不滥用全局数据。把 main 函数分解成相对简单的“输入、处理、输出”模式，运行结果则与前述一致。

7.4 静态数据（Static Data）

❑ 7.4.1 静态全局数据（Static Global Data）

函数可以看作是过程模块，程序文件是一个函数集合，该功能集合联合起来完成某项任务，也可以看作是模块。模块在概念上便是只认输入/输出，完成一定功能的黑盒。

在过程化程序设计中，为了使程序文件发挥模块的作用，有必要定义一种模块的局部量，它区别（独立）于其他程序文件，称之为静态全局数据（也称全局静态数据）。

函数的模块性在于只与其输入/输出（参数）打交道，其定义的变量在程序来说是局部变量，但在该函数内部来说，却是全局的；程序文件（函数集合）的模块性在于只与其定义的全局函数打交道（相当于输出），只与包含文件打交道（相当于输入，注意摒弃全局数据）。其定义的静态全局数据对于该程序文件内部来说是全局的，但对于整个程序来说却是局部的。

在程序工程中添加一个程序文件，就等于添加了一个程序文件模块，就意味着其他地方要使用该程序文件所定义的某些函数；在该程序文件中包含某些头文件，则意味着该程序文件要使用其他地方的函数。例如，根据图7-3的程序文件划分，其中a2.cpp可以得到图7-4。

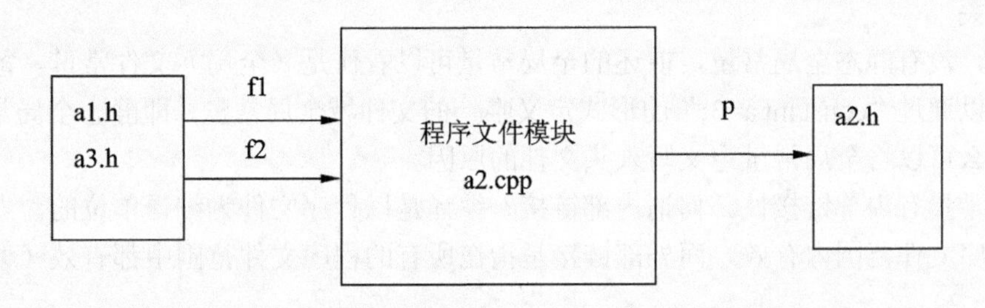

图7-4　程序文件模块

其相应的程序代码如下：

```
//======================================
//a2.cpp
//======================================
#include "a1.h"
#include "a3.h"
static void f3();
//------------
int main(){
  f1();
  f2();
  f3();
}//-----------
void f3(){
  f1();
}//-----------
void p(){
  f3();
}//-------------------------------------
```

在程序中，有的函数是为文件中的其他函数服务的，并不对外提供服务，这些函数应

声明为静态，表示局部于程序文件。同样有的变量只是为本文件服务，也不是全局数据，应标以 static。这些函数和变量称为静态全局函数和静态全局变量，它只在本文件范围内可见，在其他程序文件中不可见。

全局数据可看为程序数据，静态全局数据为文件数据，而函数内部的局部数据则为函数数据。若笼统地称全局和局部，不容易分清其真正的作用范围。

当程序只由一个文件组成时，全局数据与全局静态数据则没有差别。英文中的 static 一词给人以一种静止不变的感觉，在这里表达得不是很确切。事实上，在 C++中，static 一词随上下文不同而意义不同是司空见惯的，在 8.7 节中还有类成员（静态成员），也是用 static 修饰的。

a2.cpp 的程序代码，说明了划分程序文件一般是以模块为单位的。如何规定其界面，即输入头文件和输出头文件，是设计和管理程序文件的一种技术，这种技术与程序设计方法密切相关。

另外，没有静态全局常量，前述的全局常量可以看作是（全局）文件常量。每个程序文件都可以通过“const int a=3;”的形式定义唯一的文件域全局常量，即静态全局常量。这就是为什么可以将全局常量定义写入头文件的原因。

全局常量有内部链接性。何谓内部链接？编译是以程序文件为编译单位的，内部链接是指在程序文件范围内有效。而外部链接是指在所有的程序文件范围中都有效（☞参考文献[1]CH15.2）。

❑ 7.4.2 静态局部数据（Static Local Data）

函数中的变量为局部变量，在定义局部变量前面加上 static，就成了静态局部变量。静态局部变量驻留在全局数据区，因而，随着全局数据区的整体初始化而默认初始化的值为 0，而且不会受函数的调用和返回的影响。函数第一次被调用时，静态局部变量被建立，以后该变量一直存在，直到程序运行结束。

静态局部变量在函数内部定义，但却驻留在全局数据区。从可见性来说，它与局部变量一致；从生命期（☞CH7.5.2）来说，它与全局变量一致。

例如，下面的程序演示了全局（静态）变量、静态局部变量和局部变量的区别：

```
//======================================
//f0708.cpp
//静态局部数据
//======================================
#include<iostream>
using namespace std;
//--------------------------------------
void func();
int n=1;
//--------------------------------------
int main(){
```

```
  int a=0, b=-10;
  cout<<"a="<<a<<", b="<<b<<", n="<<n<<endl;
  func();
  cout<<"a="<<a<<", b="<<b<<", n="<<n<<endl;
  func();
}//-----------------------------------
void func(){
  static int a=2;
  int b=5;
  a+=2, b+=5;
  n+=12;
  cout<<"a="<<a<<", b="<<b<<", n="<<n<<endl;
}//===================================
```

```
E:\ch07>f0708↙
a=0, b=-10, n=1
a=4, b=10, n=13
a=0, b=-10, n=13
a=6, b=10, n=25
```

程序中函数main两次调用了func函数，从运行结果可以看出，程序控制每次进入func函数时，局部变量b都被重新初始化。而静态局部变量a仅在第一次调用时被初始化，第二次进入该函数时，不再进行初始化，这时它的值是第一次调用后的结果值4。main函数中的变量a和b与func函数中的变量a和b的空间位置是不一样的，所以相应的值也不一样。静态局部变量很有用。首先可以用它确定函数是否被调用过，因为第二次进入和第一次进入函数的状态由于有了静态局部变量而不同；其次还可以用它累计每次函数调用的权值，当进入函数时，通过查看该权值，就可以知道本函数在本程序运行以来已经被调用了多少次。

由于静态局部变量是局部的，所以若把该变量的指针作为函数返回值到处传播是不妥的，而且也丧失了模块的独立性，因为任何依附于某个块的操作都必须依赖某个块而不能独立。

7.5 作用域与生命期（Scopes & Lifetime）

7.5.1 作用域（Scopes）

C++的作用域有全局作用域、文件作用域、函数作用域、函数原型作用域、类作用域和局部作用域。

作用域规则若是针对单程序文件的程序来说，则全局作用域就是文件作用域，这在上

一节的静态全局变量的有效范围中已经看到。

函数作用域是说，不管名称在函数的什么地方声明，总是可以在函数的任何位置先使用该名称。只有标号是函数作用域的，设置标号即对标号名称进行声明。有时候，在函数中，先出现“goto 标号;”的语句，再出现标号声明，以指示 goto 语句转向的位置。标号的这种先使用后声明的特性，要求 C++另辟一种作用域规则规范它，这便是函数作用域的由来。由于 goto 很少见，所以 C++的函数作用域或许已经被程序员淡忘。

函数声明作用域或者称函数原型作用域规则，是表明函数声明时的形参与上下文无关。例如：

```
double width;
void area(double width, double length);    //其中的 width 并未重复定义
length = 0;                                //错：length 无定义
```

正因为如此，函数声明中形参可以省略。因为它与上下文没有任何关系。

类作用域，它与名空间机制类似（☞CH7.6、CH8.4.3）。

局部作用域指在函数内部的语句序列描述中，依据各语句块甚至整个函数体范围内所定义的数据应遵循的数据访问规则。在局部作用域中，语句块往往是嵌套的，所以变量在其作用域中并非一定可见，如果遇到更贴近的变量定义，则另一个外层定义的同名变量将被暂时屏蔽。

例如，可以从下面的例子中看到局部作用域是嵌套的：

```
(1)  //========================================
(2)  //f0709.cpp
(3)  //嵌套的局部作用域
(4)  //========================================
(5)  #include<iostream>
(6)  using namespace std;
(7)  //----------------------------------------
(8)  void fn(int y);
(9)  int j=8;                         //j 为全局作用域
(10) //----------------------------------------
(11) int main(){                      //x 作用域开始
(12)   int x=1;
(13)   fn(x);
(14) }//---------------------- //x 作用域结束
(15) void fn(int y){                  //y 作用域开始
(16)   if(int i=1)                    //if 语句块，i 作用域开始
(17)     i=2*i;
(18)   else
(19)     i=100;
(20)   //if 语句块结束，则 i 作用域结束
(21)   {  int x=1;                    //x 作用域开始
(22)      if(x > y)
(23)        cout<<x<<endl;
(24)      else
(25)        cout<<y<<endl;
```

```
(26)  }//--------------------      //x作用域结束
(27)  switch(int i=2){             //switch语句块,i作用域开始
(28)    case 1:
(29)      cout<<i<<endl;
(30)  }                            //switch语句块结束，则i作用域结束
(31)  i = 3;                       //错
(32)  int sum = 0;                 //sum作用域开始
(33)  for(int i=0; i<10; ++i)      //i作用域开始
(34)    sum += i;
(35)  //i作用域结束①
(36)  int j=3;                     //fn函数块中，int j作用域开始
(37)  char ch;                     //fn函数块中，char ch作用域开始
(38)  {
(39)    double j;                  //本块中,double j作用域开始
(40)    j=5;                       //虽赋整数于j，但仍然指double j，非int j
(41)    ::j=6;                     //全局变量通过::操作可见,但局部int j不可见
(42)    ch='A';                    //只要本块中没有定义ch变量，则外块ch可见
(43)  }                            //double j作用域结束
(44)  j=6.0;                       //int j可见
(45) }//===================================== //j,ch,y,sum作用域结束
```

当全局变量j和局部变量j发生访问冲突的时候，默认访问的肯定是局部j，若要访问全局j，请在j前加双冒号前缀。例如，社会上有很多小名叫贝贝的小孩，然而，若在自己家中称呼贝贝，那一定是叫自家的那个无前缀的贝贝。这在C++中便是名称的屏蔽（外界的贝贝被屏蔽），或者叫可见性。它的意思是说，许多贝贝是同时存在的，只是我呼叫的时候因为在自己的家中，显然是特指其中“最真切”的那个贝贝，除非加上前缀说，西藏的那个贝贝，才是指另一个遥远的贝贝。

7.5.2 生命期（Lifetime）

生命期是指一个实体产生后，存活时间的度量。不管全局的还是局部的数据，都有生命期。只不过全局数据具有整个程序运行的生命期；全部静态数据也具有整个程序运行的生命期；函数作用域的标号只具有函数被调用时的短暂生命期，函数返回后，标号也就消

① 国内一些学生在用VC6，但VC6编译器不是标准C++规范，它规定for循环中定义的循环变量的作用域为包含for语句的块，即沿用C规则。而标准C++规定在for中的循环变量作用域为for语句块。即

```
int sum=0;
for(int i=0; i<10; ++i)
  sum += i;
cout<<sum<<" "<<i<<endl;    //error in standard C++
```

C++标准这样规定的原因是让作用域规则更合理，也使所有语句的作用域规则统一了。循环变量默认作用域为for循环体，除非将for语句之外的变量拿来做循环变量：

```
int j;
for(j=0; j<10; ++j)
  sum += j;
cout<<sum<<" "<<j<<endl;    //ok
```

亡了。局部作用域与局部生命期在大部分的情况下是一致的：局部数据创建之时，也就是局部生命期开始之时；局部数据有时候会不可见，因为更局部的数据挡住了局部数据的“视野”，但是其生命期仍在延续，直到局部作用域终结，局部生命期也同时完结。

静态局部数据的生命期并不与局部作用域一致，它的生命期一直延续到程序运行结束。它的生命开始是在第一次该函数被调用到，该局部静态数据被创建之时。因而，在函数返回时，静态局部数据处于“休眠”状态，此时该数据处于不可访问状态，即局部作用域结束。当再次调用该函数时，该静态局部数据又“苏醒”了，处于可访问状态，即局部作用域重新开始。这在程序 f0709.cpp 中已经看到。称静态局部数据的生命期为静态生命期，非静态局部数据的生命期为局部生命期。

另有一种动态生命期，这种生命期是由 new 申请到内存空间之后，该空间实体开始有效，一直到人为地用 delete 语句释放该内存空间，致使其内存空间不再有效而结束。在动态生命期中，其有效的堆空间实体可能被跨函数地访问，因此，其作用域是整个程序范围的。这种空间实体也许用动态生命期描述更确切。例如：

```
(1)  //=======================================
(2)  //f0710.cpp
(3)  //动态生命期
(4)  //=======================================
(5)  #include<iostream>
(6)  //---------------------------------------
(7)  int* fn(){
(8)    int* ap = new int;       //ap 所指向的内存空间开始有效，可以访问了
(9)    return ap;
(10) }//---------------------------------------
(11) int main(){
(12)   int* bp=fn();
(13)   *bp = 15;
(14)   std::cout<<*bp<<"\n";
(15)   delete[] bp;             //bp 所指即 ap 所指，此语句使该内存空间无效
(16) }//=======================================
```

在上述程序的第 8 行，动态生命期开始生效。生效是在一个函数中发生的，由于指针通过函数的返回传递，该堆空间在另一个函数（main）中继续使用，直到有一条针对该空间的释放语句，其动态生命期才宣告结束。

作用域和生命期以及在实体名称交叉作用域中的可见性问题，是编译器判断其名字可否访问的规则。这些规则在小规模编程中曾经左右一时，十分有效。但后来人们终于忍受不了实体名称爆炸性的扩充所带来的名称冲突问题。人们不禁要问，难道名称只有全局和局部两种吗？那么怎么访问下列代码中的外层局部变量呢？

```
int a = 3;                    //外层
void fn(){
  int a = 5;                  //中层
```

```
    {
      int a = 7;                   //内层
      cout<<a<<"\n";
      cout<<::a<<"\n";
      //cout<<???  怎么访问刚进入 fn 函数的值为 5 的那个 a 呢?
    }
}
```

问题还不仅限于此，到现在为止，所有的函数都是全局的，当程序规模大起来时，当程序中前呼后拥地上来成千成万个函数的时候，特别是这些函数是从不同渠道取来的共享资源，而这些函数终于发生名称冲突的时候，你怎么收场？这都是名称冲突惹的祸啊！快往下一节看，还来得及。

7.6 名空间（Namespace）

任何一种程序设计方法，最重要的问题是程序的合理组织，因为编程不是小打小闹的事。基于过程的程序设计，也必然涉及程序的组织。对高级语言的需要，在于非专业程序员的介入，在于软件大生产，在于编程的分工，所以除了用函数去堆积一个程序外，还需要程序员互相之间的协调。对于不在同一台计算机上的多个程序员为同一个工程而忙碌的时候，名称冲突、共享名称使用，便成了需要解决的问题。对于包含多个函数的文件组织问题也需要一并解决。

C++的名称理解，肯定不能仅仅用名称的作用域规则来规范，名空间机制才是真正全面发挥作用的名称认定和作用域规则。它规定，一个名称必须在使用的域中明确声称其使用的“空间名”，才能在域中默认地使用该名称，就像我们使用语句：

```
using namespace std;
```

而一直在默认使用 std 标准库名一样；或者在使用该名称时，须明确指定其“空间名”前缀，就像没有上述使用名空间语句时，我们直接用 std::cout。

7.6.1 名空间的概念（the Concept of Namespace）

早在 C 的年代，当程序规模扩大时，虽然采用了多文件结构，在文件层次上分离了模块，但全局名的冲突依然愈演愈烈，而且在文件模块（作为编译单位）之上更大模块的划分像断了线的风筝一样，突然失去了语言机制上的支持。C++的名空间机制，就是为了支持大规模程序的逻辑设计、排解名字冲突应运而生的。有了名空间机制，我们发现连编制一些小程序都变得逻辑性很强了。

程序设计语言的描述可以对应整个世界。世界上有许多重名，它们在不同的场合表达着不同的意思，在不同的层次上亦表达着不同的意思。

例如，对于“开门”动作，在家里，走到冰箱旁，显然是开冰箱门；在家门口，显然是要开房门；走到汽车旁，显然是准备开车门……这些开门操作无须特指，因为当时的环境已经让人明白。

在另外的例子中，在家里时，称呼“贝贝”是叫自己的孩子；在幼儿园，要称呼其他叫贝贝的小孩时，加上前缀“那个胖胖的”贝贝；在电视中看见一个叫贝贝的小孩时，则称“广告”贝贝；在书上印着贝贝图案的则称“封面”贝贝；如果同班有两个贝贝，同一个学校也有重名的贝贝，同城也可能有重名的贝贝，同市、同省、同一个国家都可能有重名的贝贝，那么，在国外为了指称特定的贝贝，就应加上像“中国浙江省杭州市某某小学三年级（2）班”那样的一大串前缀，来称呼贝贝。

因为程序是跨文件的，所以名空间也是跨文件的；程序描述世界，名空间也对应整个世界。

对于一个特定的程序文件，例如，该文件是专门描述汽车的，那么，我们就指定汽车的名空间，里面包括了开门操作的声明。文件中一切开门都是指开车门，如果偶尔要描述其他实体的开门，那就必须对该实体加上某个前缀。在特定的文件下，可以指定许多名空间，这些名空间分属不同模块的设计，因而，又自然形成了以程序文件为单位的逻辑设计。该文件可以使用哪些名称，不可以使用哪些名称通过名空间的规定而一目了然。

在名空间中规定的名称都是有板有眼的，有函数名、有类型名、有对象名、有变量名等，如此丰富的名称规定性，使得程序实现中很难因为名称而犯错误，再也不用担心编程的野性会偏离设计了。

C++中解决名称冲突的名空间机制就是基于这种自然的理解。

□ 7.6.2 名空间的组织（Namespace Organization）

名空间的定义通过下列形式：

```
namespace name{
  //名称声明或定义
}
```

因为名空间总是凌驾于其他程序文件之上的，它是其他程序文件中的所有外部名称（非函数局部名称）使用的规范描述，所以一般总是将名空间的定义放在头文件中。例如，图7-4的程序文件模块，可以在几个头文件中描述名空间：

```
//=======================================
//a1.h
//=======================================
namespace a1{
  void f1();
}//=======================================
```

```
//======================================
//a2.h
//======================================
namespace a2{
  void p();
}//=====================================

//======================================
//a3.h
//======================================
namespace a3{
  void g1();
  void g2();
  void f2();
  void h();
}//=====================================
```

那么，该程序文件模块可以改写为：

```
//======================================
//a2.cpp
//======================================
#include "a1.h"
#include "a2.h"
#include "a3.h"
using namespace a1;
using namespace a3;
//--------------------------------------
static void f3();
//--------------------------------------
int main(){
  f1();
  f2();
  f3();
}//-------------------------------------
void f3(){
  f1();
}//-------------------------------------
void a2::p(){
  f3();
}//=====================================
```

因为a1.h和a3.h是模块的输入，为了默认使用一切，加上两个using namespace语句是必要的。如果这两个输入中有重名的函数，例如，a1和a3中都有名为fn的函数，则在

a2.cpp 中调用 fn 函数时，一定要加上前缀“a1::”或者“a3::”。

a2 是模块的输出，与以前不同的是，这里要定义其中的函数实现，所以要把 a2.h 也包含进来，同时在实现“void p()”函数时，其名称前面要加上“a2::”。

该程序模块的输出是 a2.h。如果 xyz.cpp 要使用该程序文件模块，则只要在头上加上下列内容便可：

```
//========================================
//xyz.cpp
//========================================
#include "a2.h"
using namespace a2;
//xyz.cpp 的原来内容
//...
```

注意，该 xyz.cpp 只需使用 a2 名空间，无须使用 a2 程序模块的 a1 和 a3 名空间。

7.6.3 组织模块（Module Organization）

一个模块的输入是指其他模块提供的服务，模块的输出是指提供给其他模块使用的服务，或者称界面。

这样，就可以将包括许多程序文件在内的更大模块的名称集合（有许多名空间），组合在一个头文件中。原先放在头文件中的各个声明（大多数都是全局声明），都可以放在名空间中而成为整个程序的模块结构层次中的一个。

例如，有一个假想的程序，由其函数调用关系可将其划分成三个模块，其中模块 1 由文件 1 组成，模块 2 由文件 2、3、4 组成，模块 3 由文件 5、6 组成，如图 7-5 所示。

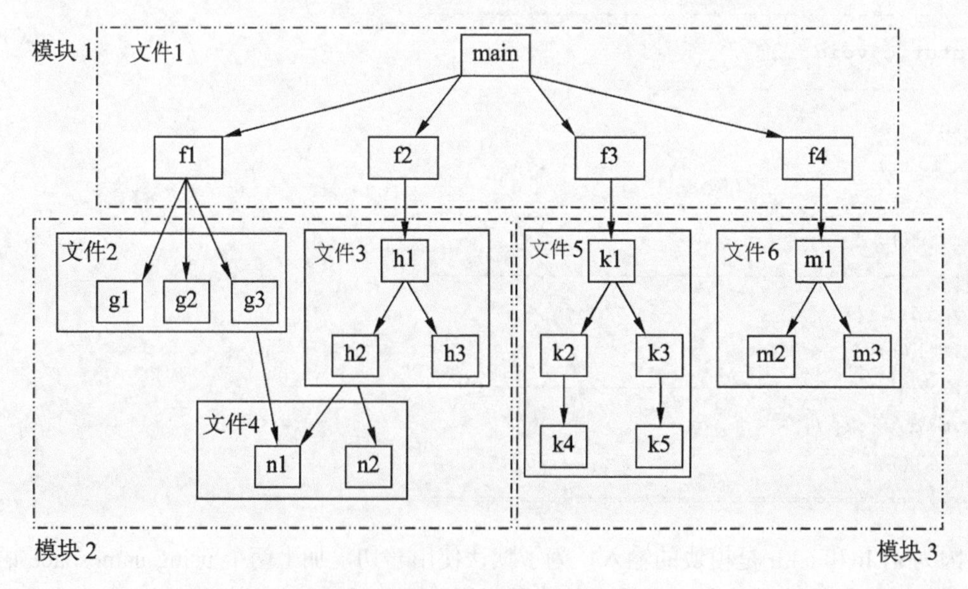

图 7-5　函数调用关系

由该图就能得到图 7-6 所示的程序文件组模块，共有三个模块。

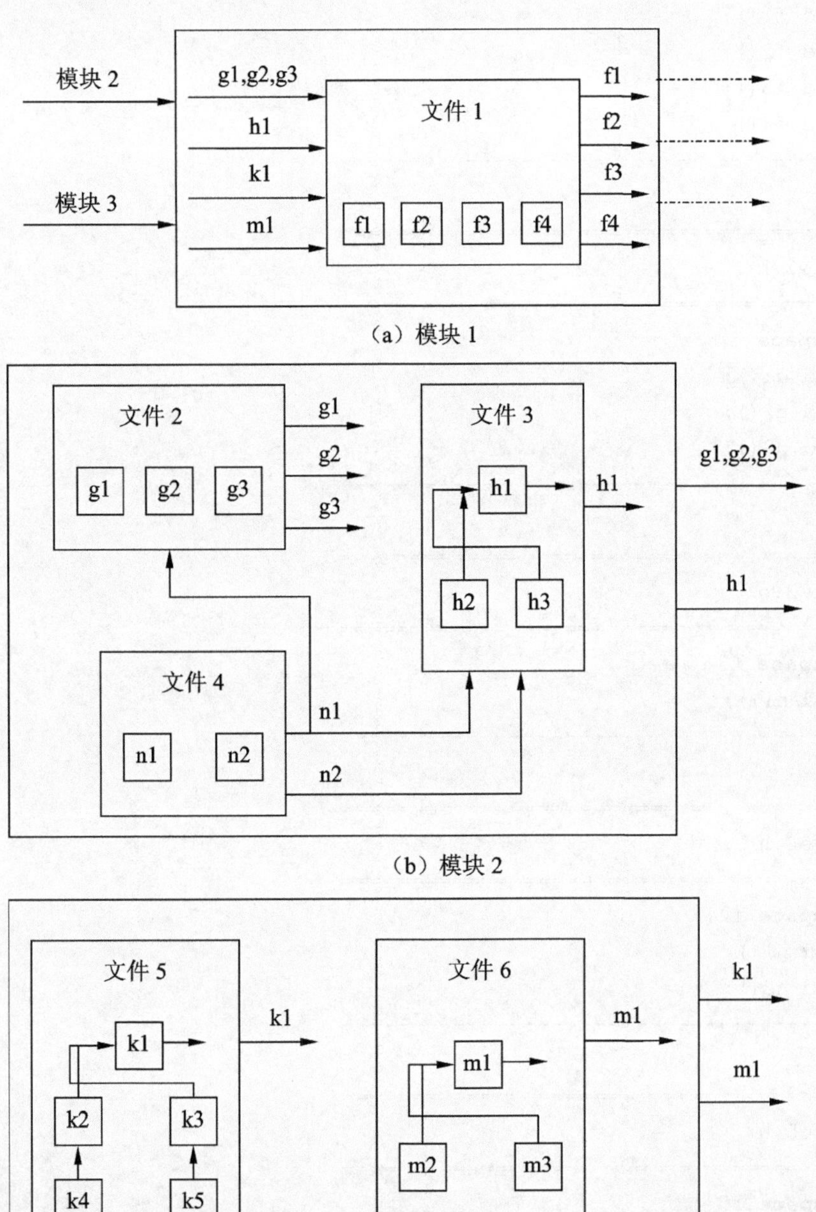

图 7-6 程序文件组模块

由图 7-5，可以得到文件的输入/输出关系如下：

```
//=======================================
//file1.h
//=======================================
```

```
namespace f1{
  void f1();
  void f2();
  void f3();
  void f4();
}//-----------------------------------

//===================================
//file2.h
//===================================
namespace f2{
  void g1();
  void g2();
  void g3();
}//-----------------------------------

//===================================
//file3.h
//===================================
namespace f3{
  void h1();
}//-----------------------------------

//===================================
//file4.h
//===================================
namespace f4{
  void n1();
  void n2();
}//-----------------------------------

//===================================
//file5.h
//===================================
namespace f5{
  void k1();
}//-----------------------------------

//===================================
//file6.h
//===================================
namespace f6{
  void m1();
}//-----------------------------------
```

于是，再按图 7-6，可以得到模块的输入/输出关系，其对应的抽象代码如下：

```
//======================================
//module1.h
//======================================
namespace m1{
  #include "file1.h"
}//-------------------------------------
//using namespace f1;

//======================================
//module2.h
//======================================
namespace m2{
  #include "file2.h"
  #include "file3.h"
}//-------------------------------------
//using namespace f2;
//using namespace f3;

//======================================
//module3.h
//======================================
namespace m3{
  #include "file5.h"
  #include "file6.h"
}//-------------------------------------
//using namespace f5;
//using namespace f6;
```

在软件设计任务完成之后，模块设计便可以据此摊派。每个模块以 module1.h、module2.h、module3.h 三个文件为软件资源，再加上 C++的系统资源编写自己的代码，最后将分别提供这三个模块头文件（充当模块界面）的实现。

由于有了名空间的护驾，外来名的干涉没有了，因为每个名称都分属于一个名空间。在调试的时候，当遇到外来名冲突的时候，只要轻易地加上名空间名称就可以稳稳当当地搞定。

7.6.4 数据名冲突（Data Name Conflict）

名空间的设置，以规定界面的方式，帮助我们划分文件级、文件组级甚至更大规模的模块的输入与输出，使得一旦系统分析、设计完成，程序设计的轮廓也跟着同步完成。

程序按照功能划分，从小到大，使规模扩展，大体就是这个样子。然而，名空间仅仅解决模块名冲突问题还是远远不够的，因为在模块中还有各种数据的往来，它们难免存在

交叉。数据的名空间规定似乎更复杂，它们不但比模块数量多得多，而且，访问数据的权限并不是对每个程序员都一视同仁。在大规模编程中，规定数据的名空间和使用带有前缀的数据会使编程量骤增。能否更自然地使用在模块活动中的各个名空间的数据呢？

能，但是程序不能再以模块为中心了。因为数据本来就分离于过程的，以模块为控制中心携带数据的方式，会使数据游离于广袤的世界而无所归属。该是反省编程方法的时候了，若让数据实体带着过程跑，便可以让数据实体成为名空间，便可以让过程体更专业地处理局部数据，从而用“数据封装”的方法，根本解决数据的名空间问题。这就是对象化编程的思想萌芽，类机制（☞CH8 后续各章）就是在这样的思想下慢慢地发展起来的，其本质上也是名空间。

7.6.5 名空间的用法（Namespace Usage）

使用名空间，可以把名空间中所有的名称一并默认，即

```
using namespace std;
```

的形式。这是本书中用得最多的，因为书中的程序规模都很小，还远远谈不上名称冲突。但有时候，当自己要定义一个函数与标准库的名称发生冲突的时候，就不能简单地将标准库的所有名称一并默认。例如，要定义一个：

```
int abs(int a){ return a>0?a:-a; }
```

这时候，可以选择一个版本使用：

```
//=====================================
//f0711.cpp
//解决名称冲突
//=====================================
#include<iostream>
//using namespace std;
//-------------------------------------
int abs(int a){ return a>0 ? a : -a; }
//-------------------------------------
int main(){
  int a = abs(-5);
  int b = std::abs(-5);
  std::cout<<a<<std::endl<<b<<std::endl;
}//====================================
```

程序中虽然 a 和 b 的数值相等，但调用的是两个完全不同的 abs 函数版本。

有时候，标准库中的某个名称用得很频繁，然而又可能会碰到标准库的名称与自己定义的名字相冲突，用不用 using namespace 都很为难，这时，可以局部默认名空间的名称使用。例如，程序 f0711.cpp 可以改写如下：

```
//=======================================
//f0712.cpp
//局部名空间默认
//=======================================
#include<iostream>
using std::cout;
using std::endl;
//---------------------------------------
int abs(int a){ return a>0 ? a : -a; }
//---------------------------------------
int main(){
  int a = abs(-5);
  int b = std::abs(-5);
  cout<<a<<endl<<b<<endl;
}//=======================================
```

所有C++的标准库，都属于名空间std，所以在使用标准库时，可以一下子列出好几个标准库头文件，然后一次性用“using namespace std;”。

如果没有前缀名，只有“::”加在名称前，则表示不属于任何名空间的全局名称。

7.7 预编译（Pre-Compilation）

C++编译器做两件事：第一件事是预编译；第二件事是编译。

C++源程序的顶端总是有那么一些含#的语句行，它们是预编译指令。

预编译（也有将其称为预处理pre-process的)所要处理的是预编译指令：一个C/C++源程序的编译首先要做预编译，即处理含#的语句（预编译指令）。处理的结果是得到一个纯粹的C++语句集合（被看作是一个编译单位，其不再含#的预编译指令），接着进行C++编译。

预编译指令源于C语言，事实上，C++程序的编译器处理的结构框架都是基于C的。预编译指令对C++程序内容进行取舍：规定采用C编译还是C++编译，采用什么版本的C++标准，采用什么库文件（头文件），采用什么标准的名字集合、常量，采用什么自定义的名字集合和宏代换，基于编译环境，选择编译什么语句集合等。

与C语言相比，C++语言类型更安全，功能更强大，涉及自定义名字（包含宏和常量）集合的大部分预编译指令失去了必要性，所以C++预编译指令功能趋退化趋势。

常用的预编译指令为：

（1）包含指令#include。

（2）条件指令#if、#elif、#else、#endif、#ifdef、#ifndef。

（3）定义指令#define、#undef。

（4）杂注指令#pragma。

编译器编译时，会规定是否要接受语言中的某种语法，即编译语言中的一个子集。或者规定按某个特殊的编译器进行编译。不同的标准、版本，会有一些共性的杂注，也有一些基于编译器的专门杂注。使用#pragma指令明确其规定性。大多数情况下，程序都不

去专门设置#pragma 指令，从初学编程，学习语句结构，描述算法功能的角度上说，更是如此。

❑ 7.7.1 #include 指令（#include Directive）

include 指令指示预编译将包含的头文件的内容附加在程序文件中，以参加编译。

如果头文件是C++系统提供的，则用尖括号把头文件括起来，如果是自定义的头文件，则用双引号把头文件括起来。两者的差别主要在编译器的路径搜索的顺序上。C++集成开发环境在安装时，已经把C++系统资源的默认路径都设置好了。其中系统的默认路径主要有头文件路径（include path）、库文件路径（lib path）、调试文件路径（debug path）。头文件路径存放着C/C++所有的系统头文件，对于用了尖括号的头文件，编译器直接就到这个默认的路径上去搜索其头文件。

C++集成开发环境还接受用户对源程序文件存放路径（source path）的设置，用户自定义头文件一般也都放在源程序文件路径中，对于include 指令中打了双引号的头文件，编译器直接到源程序文件路径中搜索，当然如果搜索不到，编译器只好到系统头文件路径上再去搜。因此，在include 指令中用尖括号和双引号区别对待头文件，有助于程序的理解，也能提高预编译的速度。

include 指令可以嵌套，即在一个头文件中可以用 include 包含另一个头文件，这就会产生一个问题：在编译一个程序文件时，重复包含同一个头文件。例如，头文件 abc.h：

```
#include<iostream>
#include "xyz.h"
#include "aaa.h"
...
```

而在头文件 xyz.h 中：

```
#include<iostream>
#include "aaa.h"
...
```

在某个程序文件包含"abc.h"的时候，该程序文件就两次用 include<iostream>了。如果头文件中都是声明语句，那么最多让编译辛苦一点，然而，有些内容（内部链接的名称）虽然在多个程序文件中可以重复，但在同一个程序文件中却只能声明一次，如全局常量、inline 函数定义，还有后面大量用到的类定义、enum 定义等，这些内容在头文件中是司空见惯的。它们在嵌套情况下可能会引起重复定义的编译错误。所以，必须避免这种情况的产生。避免的办法是在头文件中增加一组条件编译指令“#ifndef…#define…#endif”。（☞CH7.7.3）。

❑ 7.7.2 条件编译指令（Conditional Compiling Directive）

条件编译的作用是直接取舍程序语句和协调多个头文件。

例如，C++系统头文件中常有这样的编译指令：

```
#ifdef _USE_OLD_RW_STL
#  include<oldstl\fstream.h>
#else
#  include<stlport\fstream>
#endif
```

那是为了兼容旧版 C++头文件。如果 C++的编译设置开关并不强调标准 C++，则在预编译开始时预编译名称_USE_OLD_RW_STL 就会已经声明，于是预编译到此处时，“ifdef”（即如果定义了……）的编译条件为真，便执行这个“#include<oldstl\fstream.h>”编译指令；否则就执行“#include<stlport\fstream>” 编译指令。

条件编译指令#if 以#endif 结束，以#elif 作为“否则如果”的递进条件，以#ifdef 和#ifndef 作为编译条件的另外两种形式。

❑ 7.7.3 头文件卫士（Header Guard）

C++中条件编译指令的一种最常见的用法是头文件卫士。头文件卫士的目的是要保护嵌套的包含指令中的内部链接属性的名称不被重复定义。例如，头文件 date.h 中：

```
#ifndef DATE
  #define DATE
  struct Date{
    int year, month, day;
  };
#endif
```

意即如果没有定义名字 DATE 的话，那就马上定义 DATE 名字，并且定义类型 Date。马上定义 DATE 名字的作用是在下一次该头文件若被重复 include，编译又遇到执行此指令的时候，因为之前定义了 DATE 名字，所以使#ifndef 编译条件不满足而直接跳过该条件指令，该条件指令一直到#endif。这样就避免了类型 Date 在一个程序文件中被重复定义两次。所以这样的编译指令组合称为“头文件卫士”。此处定义的预编译名称虽然可以任意，但为了意义上的相近，一般取为与下面的一段语句（往往像类定义）有关的名称，但又不能与类名 Date 同名。预编译名只在编译期存在，编译结束后，编译期中定义的名字都将消失，在程序调试和运行中是不存在的，为了区别编程中取的名称（一般大小写交替，或者全小写），将其定义为全大写是明智的。

头文件卫士是 C++为了解决语言上的单一定义规则而采用的方法。在 C++中，名称有内部链接和外部链接之别。对于外部链接，如函数定义，因为它可以在其他文件中使用，所以不能允许在程序中被重复定义，因此它不能放在头文件中。对于内部链接，例如，类型定义、枚举定义、全局常量定义、inline 函数和模板定义等，因为它们只能在单一的程序文件中使用，故可以跨程序文件重复定义。为了使用上的方便，这些名称可以放在头文件中。但是，内部链接的名称毕竟还是定义，它们在同一个程序文件中还是不允许多次定义的。为了严肃规则，采用头文件卫士是明智的。本书的第三、四部分大量地采用了头文件卫士的技术。

作者相信，要避免在一个程序文件中的二次定义，实际上是一个语言编译的问题，应该无须程序员介入，也许更新版本的C++会很好地解决这个问题。

7.7.4 #define 指令（#define Directive）

#define 称为（宏）定义指令。

C++对于预编译定义指令的做法是逐渐淡出，过去在 C 中有许多定义指令的用法都被 C++的新语法所代替。

例如，π 可以用全局常量的方法定义，而过去则用“#define PI 3.14;”定义。由于预编译名称不能进入程序调试和运行，所以虽然在一些程序中还可以偶尔看到这些过时代码，但新编的程序中不再使用。

定义指令的一个有用的方法是在头文件卫士中担当一个不可缺少的角色。

宏定义是 C 语言中对小函数免于调用开销的替代性定义。用宏定义的函数，类似于 inline 函数定义，它不是真正的函数调用，而是在#define 所定义的名称处插入一段代码。例如：

```
#define MAX(a,b) ((a)>(b)?(a):(b))
#define ABC ("hello")
int a=1, b=0;
MAX(a++,b);        //a 被加了 2 次，但若 b>a 则 a 只被加 1 次
MAX(a, ABC);       //错：类型不匹配，由于名称消失，惹得调试困难
```

将对应的参数一一代入，编译相当于做了：

```
((a++)>(b)?(a++):(b));                //两处执行了 a++,有副作用
((a)>("Hello")?(a) : ("hello"));      //嵌套替换名字
```

显然，宏定义的书写格式过于苛刻，格式中规定 MAX 与括号之间不能有空格，所有的参数都要放在括号里，这便丧失了 C++语法的特点。我们接着去掉多余的括号：

```
a++>b ? a++ : b;
a > "Hello" ? a : "hello";            //编译出错
```

即使如此，在语义上还是存在不能克服的问题。a 与"hello"类型不同，无法比较，但在调试中，却显示展开后的代码，如果宏代换很复杂，则很难想象和理解原始代码的模样。这些困难，使得 C++语言设计者下决心要用 inline 函数代替宏定义函数。

7.8 目的归纳（Conclusion）

C++语言，不管有几种编程方法，其程序组织结构还是函数驱动的，所以最原始的编程还是单纯的函数架构，即过程化编程。因此，程序的组织围绕着当函数模块结构复杂到相当程度的时候，也就是程序规模大到要重新收拾的地步时，如何展开其一般的方法。头文件是C++架构程序文件和使用资源的桥梁，这种作用称为界面。头文件因而可以用于程序的概念和逻辑设计，用于程序员与系统工程师的沟通，用于程序员之间的沟通，有了头文件，程序员的编程更为自然和方便。

全局数据也算是架构程序结构的手段之一，它是相对于函数的局部性而言的。程序范围内的全局数据的设计方法一般是不可取的。在多文件结构的过程化程序设计中，定义相对于文件的静态全局数据，是一个相对妥善的替代办法。

静态（static）只是名义上的，在C++中，在不同的上下文中，“静态”一词有着不同的意义。静态数据一般是指其生存能力与程序同生死的那些数据，但作用域可以是文件全局、类，或函数中的局部。静态函数则指文件作用域范围内的全局函数。

C++中的作用域规则有好几个，但最复杂的是局部作用域。因为函数体内，有形形色色的语句块，它们可以嵌套，因而加剧了复杂性。它们都是局部数据的域，因此局部数据作用域是有层次结构的。必须注意的是可见性，有些作用域中的数据，被其他同名数据屏蔽，会暂时不可见。静态局部数据，在函数未被调用时，处于“休眠”状态，但数据还是存在着。申请来的内存空间可以随时释放，所以呈动态存在的生命形态。

在大规模程序设计中，如何将程序的结构分层、分模块地表达清楚，是一件很不容易的事，尤其是名称的识别与管理，因此，名空间作为C++的独特机制，功不可没，甚至可以说它是支持大规模编程的关键机制之一。

名空间可以说是一个体系，它与类体系一起，构成强大的名称识别规范系统，数据名空间更多地用类（☞CH8）来规范，所以等到学了类机制之后，对于名空间的认识将会更进一步。此外，名空间的使用是灵活的，它不拘泥于死板的格式，可以选用不同的形式。

C++的预编译指令，有些已经退化了。例如，许多宏定义（#define）已被常量和内联函数替代，这是由于其易错性、不方便性和难调试性决定的。预编译对于头文件的支持形式也许也将改头换面，但目前还需要头文件卫士的支持，那都是为了履行一次定义规则。C++语言在考虑程序构造时，在逐渐分离C的过程中，终将解决这些不和谐的操作。

练习7（Exercises 7）

1．指出下列程序中的错误。

（1）

```
//====================================
//file1.cpp
```

```
//======================================
int x =1;
int func(){
  //...
}//--------------------------------------

//======================================
//file2.cpp
//======================================
extern int x;
int func();
//--------------------------------------
void g(){
  x = func();
}//--------------------------------------

//======================================
//file3.cpp
//======================================
extern int x = 2;
int g();
//--------------------------------------
int main(){
  x = g();
  //...
}//--------------------------------------
```

(2)

```
//======================================
//file1.cpp
//======================================
int x = 5;
int y = 8;
extern int z;
//--------------------------------------

//======================================
//file2.cpp
//======================================
int x;
extern double y;
extern int z;
//--------------------------------------
```

2．注意下列程序中的静态局部变量，写出运行结果。

```
//======================================
//e0702.cpp
//静态局部变量
//======================================
#include<iostream>
using namespace std;
//--------------------------------------
void func();
int n = 1;
//--------------------------------------
int main(){
  static int x = 5;
  int y;
  y = n;
  cout<<"Main--x="<<x<<", y="<<y<<", n="<<n<<"\n";
  func();
  cout<<"Main--x="<<x<<", y="<<y<<", n="<<n<<"\n";
  func();
}//--------------------------------------
void func(){
  static int x = 4;
  int y = 10;
  x += 2;
  n += 10;
  y += n;
  cout<<"Func--x="<<x<<", y="<<y<<", n="<<n<<"\n";
}//======================================
```

3．将第 2 章练习 2 中第 14 题拆分成两个程序文件实现，使得一个含有 main 函数，并实现其中的一个九九表，同时调用另一个输出九九表的函数。而另一个程序文件则实现该九九表的打印。

第三部分

面向对象编程技术

Part Ⅲ The Object-Oriented Programming

第8章　类（Classes）

人们太想让计算机做些实际的事情了。要解决生活中的具体问题，最好是要让程序能够直接对应生活上的一些概念，如学生、人、电话等事物。用可怜的编程语言中的内部数据类型描述是办不到的。以前只能靠函数将一个大问题一点一点肢解，化整为零逐个解决。由于概念上不对应，因而需要更多的数据造型，更多的技巧，才能一个一个摆平。程序员一个个都是语言专家，脱离了程序员，便再也找不到问题与程序是怎么对应的了。

如今，C++提供一种自定义类的机制，让程序员自己创造类型，来对应问题中的概念。创造类型的工作也是编程工作的一部分。创造类型在类机制看来是一种有条不紊的工作，它可以共享而为人类服务。因此，C++实际上提供了一种可以共享程序代码的机制，让程序员编程的代码可以相互利用。这种利用都是概念级的，就像在生活中：我想要一个人类代码，他想要一个雇员代码等，然后进行交易。

有了概念代码，程序员就可以生活在概念中进行编程了，比之过去的挖空心思去构想，那真是太舒适了。程序员因而可以集中更多的心智搞更高级的研究和开发了。

类机制居然有这么精巧，使得C++为此而大出风头。诚然，要定义类，需要做的事情太多了，既要让使用类者不能破坏类对象的数据，又要让设计类者能够随心所欲地展开实现。当程序规模扩大后，类如何遵循一次定义规则，如何在不影响应用程序开发的同时，无约束地在程序中添置自己。

类又是如何定义自己的操作的呢？又是如何让对象调用自己的操作呢？类的操作怎样才方便？如果自己一定要像某某操作符那种形式的操作，类可以让你满意吗？

当区分了类范围和对象范围之后，就有表达在类范围中变化的数据的冲动，即不依赖于对象范围的数据变化，那么该如何表达？如果为了安全而隔离了类，可能使得程序运行处处都要有“通行证”才能访问类，那么，效率上会不会打上折扣？实在不行，可不可以弄巧，即开个后门……这一切，似乎都要等到搞清了类的概念，理清了类的头绪之后，才会迎刃而解。

8.1 从结构到类（From Structure to Class）

❑ 8.1.1 定义结构（Defining Structure）

C++的内部数据类型只有简单的整数系和浮点系。

实际问题中涉及大量的复合数据，这些复合数据最初是由结构型 struct 描述和堆积起来的，比如日期类型由年、月、日三个整型数据量表示，描述为：

```
struct Date{
  int year;
  int month;
  int day;
};
```

又如，一个实数平面上的坐标点 x、y 分量由两个浮点型数据量构成：

```
struct Point{
  double x;
  double y;
};
```

上述的 struct 结构只能算是一种粗糙的数据类型，因为严格意义下的数据类型，不但要有数据的内部表示以及表示范围，还要有数据的操作，即如何代表复合数据的整体来访问，而上面的 struct 描述并没有涉及其操作。

粗糙归粗糙，struct 也算是一种数据类型，那么，相对于 Date，结构 Point 就算是类型名称了。我们知道，C++的内部数据类型名称全是由小写字母组成的，因为它们是保留字，所以比较容易区分。但这里用 struct 定义的数据类型属于人为定义的类型名称，就有必要与数据变量的名称作一个区分了。数据类型名称采用大写字母开头的命名方法就是很自然的一种区分方法，上面的 Date 和 Point 命名即属此法。

struct 定义的复合数据中，其成分还可以是 struct 型的，也就是说可以嵌套。例如，一个平面上的圆一般由中心坐标和半径构成：

```
struct Circle{
  Point centre;   //Point是struct型
  double radius;
};
```

操作 struct 型数据的方式，一般是先定义结构型变量，然后对该变量进行分量访问。例如，定义一个日期型结构变量，赋值为 2005 年 12 月 6 日，判断其是否闰年以决定是否输出，输出格式为 YYYY-MM-DD，其程序为：

```
(1) //====================================
(2) //f0801.cpp
(3) //日期结构应用程序
(4) //====================================
(5) #include<iostream>
(6) #include<iomanip>
(7) using namespace std;
(8) //------------------------------------
(9) struct Date{
(10)   int year;
(11)   int month;
(12)   int day;
(13) };//--------------------------------
(14) void print(Date);
(15) bool isLeapYear(Date d);
(16) //----------------------------------
(17) int main(){
(18)  Date d;
(19)  d.year = 2000;
(20)  d.month = 12;
(21)  d.day = 6;
(22)  if(isLeapYear(d))
(23)    print(d);
(24) }//---------------------------------
(25) void print(Date s){
(26)  cout.setfill('0');
(27)  cout<<setw(4)<<s.year<<'-'<<setw(2)<<s.month<<'-'<<setw(2)<<s.day<<'\n ';
(28)  cout.setfill(' ');
(29) }//---------------------------------
(30) bool isLeapYear(Date d){
(31)  return (d.year % 4==0 && d.year % 100!=0)||(d.year % 400==0);
(32) }//=================================
```

```
E:\ch08\>f0801↙
2000-12-06
```

类型定义单独成代码段，一般不放在函数定义体中，如程序 f0801.cpp 中的第 9~13 行。Struct 类型也可以作为函数参数，如程序 f0801.cpp 中的 void print(Date)函数。访问 struct 变量的数据分量时，要在结构变量后加点号“.”，再加分量名称，如程序 f0801.cpp 中的第 19~21 行，还有第 27 和 31 行代码所示。看待结构分量就如变量一般。结构分量当然可以读写。

但是，用 struct 定义的类型没有相关操作，为了给日期数据赋值或者重置日期，要在应用程序中单独编写数据分量赋值代码，或者为了输出日期和判断日期是否闰年，须单独编制日期输出函数 print 和 isLeapYear，并传递日期值。所以，创建这样的“数据类型”后，编程的负担就重了，所有与日期型相关的操作工作都必须由编写应用程序的程序员负担。这种包揽全部编程代码，或者说程序模块从高层到低层、从抽象到具体“统吃”的做法，会让程序员个体的工作十分繁重。而且，一个程序员做的工作，别的程序员很难接手，很难在他的基础上进一步工作，也就导致别的程序员会因为一点点的程序应用不同而做重复的工作。例如，一个程序员在一个程序中做日期的判断闰年工作，他必须建立日期型结构、初始化等，另一个程序员在工作中要在日期上做增加天数的工作，他也必须建立日期型结构，并且做日期的初始化工作。也许两个程序员有许多日期操作都是相同的，但由于操作的细微差别，导致了两个程序员无法共用彼此的代码。

为何不将日期型做得全面些呢？将日期型做成完全的数据类型，也就是不但要描述日期的数据表示，还要描述日期的不同操作，以使得各个程序员都可以拿它作公共的日期类型资源为自己的编程所用。

□ 8.1.2 定义类（Defining Class）

C++提供了一种类 class 机制，让程序员可以定义真正意义上的数据类型。也就是说，不但可以定义数据的复合，还可以定义该复合数据的操作，以便让本应由使用该数据类型的程序员做的工作分出来，让定义类型的程序员去完成。这样，就将工作分为工作目标和内容完全不同的两份工作。工作内容越是不同，就越是可以分工，越是可以让两个程序员群体单独完成，这就像一个产品总是有许多零部件，而零部件就可以由分厂生产或者外加工的道理一样。

类机制定义类 class，类是一种类型 type。定义类的格式与 struct 相像，只是在定义体中添上操作。操作是一个个的功能，由函数形式表示。

例如，在定义日期型时，同时将日期的有关操作也一并描述：

```
(1) //====================================
(2) //f0802.cpp
(3) //日期类应用程序
(4) //====================================
(5) #include<iostream>
(6) #include<iomanip>
(7) using namespace std;
(8) //------------------------------------
(9) class Date{
(10)  int year, month, day;
(11)public:
(12)  void set(int y,int m,int d);  //赋值操作
(13)  bool isLeapYear();            //判断闰年
(14)  void print();                 //输出日期
(15)};//----------------------------------
(16)void Date::set(int y,int m,int d){
(17)  year=y; month=m; day=d;
(18)}//----------------------------------
```

```
(19)bool Date::isLeapYear(){
(20)  return (year%4==0 && year%100!=0)||(year%400==0);
(21)}//---------------------------------
(22)void Date::print(){
(23)  cout<<setfill('0');
(24)  cout<<setw(4)<<year<<'-'<<setw(2)<<month<<'-'<<setw(2)<<day<<'\n';
(25)  cout<<setfill(' ');
(26)}//---------------------------------
(27)int main(){
(28)  Date d;
(29)  d.set(2000,12,6);
(30)  if(d.isLeapYear())
(31)    d.print();
(32)}//=================================
```

```
E:\ch08>f0802↙
2000-12-06
```

除了将关键字 struct 换成 class 外，其定义体（第 9~15 行的一对大括号）中，既含有用整型表示的复合年、月、日数据，它们是类的数据组成部分，所以被称为数据成员；也含有针对年、月、日的操作，有设置年、月、日值的 set 操作，有判断是否闰年的 isLeapYear 操作，还有显示日期的 print 操作。它们都是函数声明的形式，由一个关键字 public 引导，表示这些操作可以提供给外界公用。任何使用该数据类型的程序员都可以调用这些操作。因为这些操作从属于一个类，所以，它们是类的成员，在 C++中称这些操作为成员函数（member function）（☞CH8.2）。

对于这些日期的操作定义，也就是日期类型中的成员函数之定义，通常是放在类的外部做的，见程序 f0802.cpp 中的第 16~26 行内容描述。值得注意的是，成员函数在类外部定义时，在函数名称前应加上日期类型名前缀 Date 和名空间引导符“::”，这与名空间中声明的函数之外部定义（☞CH7.6.2 中的 a2.cpp）形式是相似的，它标示着自己属于某一个名空间（类），与普通函数相区别。

程序 f0802.cpp 由两部分组成，一部分是类定义（第 9~15 行）及其成员函数定义（第 16~26 行，也可以称外部成员函数定义，或为类的实现），这部分的工作是提供 Date 这个数据类型；另一部分是应用部分（第 27~32 行），它是针对解决问题要求而编制的代码，代码中使用了 Date 类型，创建了一个 Date 类的对象 d。

在内部数据类型以及结构型中，称所创建的实体为变量，而在这里称为对象。对象和变量的差别并不明显，一般来说，对象是拥有操作的数据实体，是由类创建的，而变量是由内部数据类型以及单纯数据组合而定义的数据类型创建的，它们“不”拥有操作。说它们差别不明显的原因是内部数据类型其实拥有许多默认的操作，如整型变量可以进行+、–、*、/ 等操作，在 8.3 节的描述类中可以定义操作符，操作符也是函数的一种。因此，只要是由数据类型创建的实体，都是对象，而变量只不过是对象的一种简单形式而已。

类定义体（第 9~15 行）中含有复合数据和成员函数声明，它给人以编程的类型参考，如何进行对象操作，根据成员函数的声明，一目了然。对于应用编程来说，甚至可以不看类的实现。所以类定义体是一种反映类型功能的设计方案，它既是应用编程的参考，也是类编程的依据。

程序 f0802.cpp 与程序 f0801.cpp 的本质差别是：函数 set、isLeapYear 和 print 属于 class Date 还是属于整个应用程序。如果属于整个程序，那么，只要问题涉及日期，程序员对处理日期的编程就不可避免，因为与其他语句搅在一起，所以还要程序员亲自对付。如果属于 class Date，那么，这些操作涉及日期类型，可以把日期操作的通常功能加上，该日期类型的代码就如零部件一样，可以提供给每一个程序员使用。每个程序员可能只使用日期类型中的几种操作而不是全部，但由于该日期类型可以产品的形式获得，比起自己开发要省力得多。当创建一个日期对象后，该对象就可以通过操作获得新的日期值，获得是否闰年的判断，获得日期值输出操作等服务。这些操作都是由日期类型提供的。如果编程失败的原因来自日期产品，则只要将日期类型变更一下，换成另外的日期类型，就像在生活中，将不合格产品调换成质量更可靠的同类产品。购买日期类型产品，基于日期类型的编程，比自编日期处理的程序工作量大大地减少了。因此，编程时手头的程序资源（要求性能好）越多，其工作就越方便。例如，C++系统提供的标准库，都是编程中迫切需要的高性能资源，利用它可以方便编程，起到事半功倍的作用。

同样是 isLeapYear 和 print 函数，成员函数没有日期类参数，而普通函数却必须有，这是什么道理呢？原来，成员函数在调用时因为捆绑了对象，其实已经含有对象参数了。普通函数调用时是不捆绑对象的，所以为了得到对象信息，需要明确传递一个对象参数。在后面的操作符中，普通操作符重载和成员操作符重载的区别之一也与这里相同。

8.2 成员函数（Member Functions）

8.2.1 成员函数定义（Member Function Definition）

成员函数一定从属于类，不能独立存在，这是它与普通函数的重要区别。这也就是在定义成员函数时，函数名前要冠以类名的道理。

成员函数的定义也可以放在类定义中，如果在类定义中定义成员函数，那么，函数名前就不需要冠以类名了，就好像在自己家里，彼此说话都听得懂，能省就省吧。例如，日期类的定义可以如下：

```
(1) //===================================
(2) //日期类定义和实现
(3) //===================================
(4) #include<iostream>
(5) #include<iomanip>
(6) using namespace std;
(7) //-----------------------------------
(8) class Date{
(9)   int year, month, day;
```

```
(10)public:
(11)  bool isLeapYear(){          //成员函数定义
(12)    return(year%4==0 && year%100!=0)||(year%400==0);
(13)  }//------------------------------
(14)  void print(){               //成员函数定义
(15)    cout<<setfill('0');
(16)    cout<<setw(4)<<year<<'-'<<setw(2)<<month<<'-'<<setw(2)<<day<<'\n';
(17)    cout<<setfill(' ');
(18)  }//------------------------------
(19)  void set(int y,int m,int d){ year=y; month=m; day=d; }
(20)};//==============================
```

值得注意的是，函数定义体的大括号对的后面是没有分号的，而类定义体的大括号对的后面一定得有分号，面向对象编程的初学者的许多编译错误都与这有关！语言设计者为什么要设计一种容易错误的语法呢？唉，这是C的历史原因造成的，class机制是自定义类型的机制，是在struct的语法基础上改建的，显然必须与struct对应。但当初的struct是没有成员函数的，结构体大括号与函数体大括号是分开定义、互不关联的。结构体还与初始化语法相关联，构成一种语句的形式。但C++的class有成员函数了，函数体有函数体的语法，不能打破，类定义体有类定义体的语法也不能打破，它们共存于一体的时候，其大括号的形式问题就突显出来了。这一点，Java就能超脱，它的类定义体和成员函数体（方法体）后面都没有分号，C++只能羡慕它，沿袭C的缺点。

当类定义中包含了全部的成员函数定义时，类定义就包含了整个类的实现。

只要是在类定义中包含的成员函数，就有默认声明内联的性质，也就是说，该成员函数处于被编译自动安排到最佳运行性能的状态。因此，为了获取最佳性能，就应在类编程设计时，尽量把成员函数写入类定义中。

另一方面，把成员函数写入类定义中，就使得类定义体的大小不可预见。因此类定义体作为应用程序员参考的意义会因为参考文档不必要的庞大而受到伤害，而作为类的实现者也一定程度地失去了工作意义，似乎类（设计）定义工作，已经包含了类的实现。而且，编译是否真的将成员函数安排为内联，还要看函数是否足够简单，是否包含不适于内联运行的循环结构。对于不符合内联条件的成员函数，调用开销还是不会免去的。所以，类定义体的编程参考意义和有条件的内联，使得类定义体设计时，应尽量将成员函数的定义写到类定义的外部去。

好在类的设计是有相当的灵活性的，成员函数既可以写入类定义体，也可以写在类定义体外，全在程序员的掌握中。既然如此，便有一种经验可以畅谈了：一般来说，短小的、不超过三行的成员函数定义放在类定义中是合适的，它不会干扰类定义体的参考作用，也会尽可能多地默认采用函数内联技术。事实上，还可以在类外部实现的成员函数中，对编译提出内联要求。例如，日期类的定义和实现也可以这样：

```
(1) //==================================
(2) //采用内联技术的日期类定义和实现
(3) //==================================
(4) #include<iostream>
```

```
(5) #include<iomanip>
(6) using namespace std;
(7) //-----------------------------------
(8) class Date{
(9)   int year, month, day;
(10)public:
(11)  void set(int y,int m,int d){      //默认内联
(12)    year=y; month=m; day=d;
(13)  }//-----------------------------
(14)  bool isLeapYear();
(15)  void print();
(16)};//-------------------------------
(17)inline bool Date::isLeapYear(){    //显式内联
(18)  return (year%4==0 && year%100!=0)||(year%400==0);
(19)}//--------------------------------
(20)void Date::print(){
(21)  cout<<setfill('0');
(22)  cout<<setw(4)<<year<<'-'<<setw(2)<<month<<'-'<<setw(2)<<day<<'\n';
(23)  cout<<setfill(' ');
(24)}//--------------------------------
```

❑ 8.2.2 使用对象指针（Using Object Pointer）

一个类可以创建无数个对象，其任何一个对象都可以使用该类的操作，即调用该类的成员函数。此对象与彼对象调用成员函数的结果是不同的，它们在不同的对象上反映出来。所以，调用成员函数一定是与某个对象捆绑在一起的，因此调用成员函数就有形式：

```
objectName.memberFunctionName(parameters);
```

如果对象是以对象指针间接访问的形式操作的，则对象与成员函数之间就用双字符的箭头“->”，即形式：

```
objectPointer->memberFunctionName(parameters);
```

或者将对象指针的间接访问形式用括号括起来，再加点操作符“.”加成员函数。即形式：

```
(*objectPointer).memberFunctionName(parameters);
```

不要忘了操作符的优先级：如果对象指针的间接访问操作不加括号，会先进行点操作符运算，从而招致编译错误，因为指针进行点操作符操作是非法的。

例如，程序 f0803.cpp 改写了 f0802.cpp，展示了对象指针使用成员函数的方式，其运行结果与程序 f0802.cpp 是一样的：

```
(1) //===================================
(2) //f0803.cpp
(3) //对象指针使用成员函数
```

```
(4) //====================================
(5) #include<iostream>
(6) #include<iomanip>
(7) using namespace std;
(8) //------------------------------------
(9) class Date{
(10)  int year, month, day;
(11)public:
(12)  void set(int y,int m,int d);
(13)  bool isLeapYear();
(14)     void print();
(15)};//--------------------------------
(16)void Date::set(int y,int m,int d){
(17)  year=y; month=m; day=d;
(18)}//---------------------------------
(19)bool Date::isLeapYear(){
(20)  return(year%4==0 && year%100!=0)||(year%400==0);
(21)}//---------------------------------
(22)void Date::print(){
(23)  cout<<setfill('0');
(24)  cout<<setw(4)<<year<<'-'<<setw(2)<<month<<'-'<<setw(2)<<day<<'\n';
(25)  cout<<setfill(' ');
(26)}//---------------------------------
(27)int main(){
(28)  Date* dp=new Date;
(29)  dp->set(2000,12,6);
(30)  if(dp->isLeapYear())
(31)    (*dp).print();
(32)}//=================================
```

```
E:\ch08>f0803 ↙
2000-12-06
```

8.2.3 常成员函数(Constant Member Functions)

成员函数如果只对对象进行读操作，则该成员函数可以设计为常（const）成员函数。设计为常成员函数的好处是，让使用者一目了然地知道该成员函数不会改变对象值。同时让类的实现者更方便地调试，因为在常成员函数中，任何改变对象值的操作都将被编译器毫不留情地认定为错误。设计成常成员函数，与其说是使类的实现者更方便地调试，还不如说，更方便软件设计师控制软件质量，尽量不让类产品有意外的失误。经验之谈是：能够成为常成员函数的，应尽量写成常成员函数形式。

常成员函数的声明和定义在形式上必须一致，即在函数形参列表的右括号后面加上const。例如，日期类定义可以改成下面更好的形式：

```
(1) //==================================
(2) //日期类定义应用常成员函数形式
(3) //==================================
(4) #include<iostream>
(5) #include<iomanip>
(6) using namespace std;
(7) //----------------------------------
(8) class Date{
(9)   int year, month, day;
(10)public:
(11)  void set(int y,int m,int d);
(12)  bool isLeapYear()const;
(13)  void print()const;
(14)};//--------------------------------
(15)inline void Date::set(int y,int m,int d){
(16)  year=y; month=m; day=d;
(17)}//--------------------------------
(18)inline bool Date::isLeapYear()const{
(19)  return (year%4==0 && year%100!=0)||(year%400==0);
(20)}//--------------------------------
(21)inline void Date::print()const{
(22)  cout<<setfill('0');
(23)  cout<<setw(4)<<year<<'-'<<setw(2)<<month<<'-'<<setw(2)<<day<<'\n';
(24)  cout<<setfill(' ');
(25)}//--------------------------------
```

其中 set 成员函数因为要修改对象值，所以无法设计成 const。类的设计工作只涉及很少的人，而类的使用者却数不胜数。因此，常成员函数的设计理念，更多的是让应用型编程者准确、快速地明了成员函数的意义。如果程序 f0802.cpp 按这里的类定义和实现，则在编程调试及运行中，可以确定的是，d.set(2000,12,6)的行为会改变对象的值，而 d.isLeapYear( ) 操作肯定不会改变对象的值。

8.2.4 重载成员函数（Overloading Member Functions）

成员函数与普通函数一样，可以重载。对重载的识别和使用规则也是相同的。例如，在前面的日期类基础上，增加以一个 string 参数设置年、月、日值的 set 成员函数：

```
(1) //==================================
(2) //f0804.cpp
(3) //重载成员函数
(4) //==================================
(5) #include<iostream>
(6) #include<iomanip>
(7) using namespace std;
(8) //----------------------------------
(9) class Date{
(10)   int year, month, day;
```

```
(11)public:
(12)  void set(int y,int m,int d);
(13)  void set(string& s);                //重载
(14)  bool isLeapYear();
(15)  void print();
(16)};//--------------------------------
(17)void Date::set(int y,int m,int d){
(18)  year=y; month=m; day=d;
(19)}//--------------------------------
(20)void Date::set(string& s){
(21)  year=atoi(s.substr(0,4).c_str());
(22)  month=atoi(s.substr(5,2).c_str());
(23)  day=atoi(s.substr(8,2).c_str());
(24)}//--------------------------------
(25)bool Date::isLeapYear(){
(26)  return(year%4==0 && year%100!=0)||(year%400==0);
(27)}//--------------------------------
(28)void Date::print(){
(29)  cout<<setfill('0');
(30)  cout<<setw(4)<<year<<'-'<<setw(2)<<month<<'-'<<setw(2)<<day<<'\n';
(31)  cout<<setfill(' ');
(32)}//--------------------------------
(33)int main(){
(34)  Date d, e;
(35)  d.set(2000,12,6);
(36)  e.set("2005-05-05");
(37)  e.print();
(38)  if(d.isLeapYear())
(39)    d.print();
(40)}//================================
```

```
E:\ch08>f0804↙
2005-05-05
2000-12-06
```

8.3 操作符（Operators）

8.3.1 函数重载特征（Function Overloading Charcteristics）

一个整型数可以做加、减、乘、除等各种操作，其操作的形式不是函数（如：add(a,b)）形式，而是操作符（例如 a+b）形式。C++其实把操作符也看成是与函数同样性质的实体了。因此，可以对操作符进行函数那样的定义，之后，就可以自由地使用该操作符了。例如，对于一个二维坐标系上的实数矢量 Point 类，设计矢量类的加法：

```
(1) //===================================
(2) //f0805.cpp
(3) //重载操作符
(4) //===================================
(5) #include<iostream>
(6) using namespace std;
(7) //-----------------------------------
(8) class Point{
(9)   int x, y;
(10)public:
(11)  void set(int a, int b){  x=a, y=b;  }
(12)  void print()const{  cout<<"("<<x<<", "<<y<<")\n";  }
(13)  friend Point operator+(const Point& a, const Point& b);
(14)  friend Point add(const Point& a, const Point& b);
(15)};//=================================
(16)Point operator+(const Point& a, const Point& b){
(17)  Point s;
(18)  s.set(a.x+b.x, a.y+b.y);
(19)  return s;
(20)}//----------------------------------
(21)Point add(const Point& a, const Point& b){
(22)  Point s;
(23)  s.set(a.x+b.x, a.y+b.y);
(24)  return s;
(25)}//----------------------------------
(26)int main(){
(27)  Point a, b;
(28)  a.set(3,2);
(29)  b.set(1,5);
(30)  (a+b).print();
(31)  operator+(a,b).print();
(32)  add(a,b).print();
(33)}//==================================
```

```
E:\ch08>f0805↙
(4, 7)
(4, 7)
(4, 7)
```

第 30~32 行每行语句都输出两个点的矢量和，结果一样。

在进行 a+b 的操作时，C++实际上是调用了函数 operator+(a,b)，即程序 f0805.cpp 中的第 13 行声明，它的定义在第 16~20 行。对于双目操作，人们通常习惯于将操作符放在两个操作数的中间，即表达式的中缀表示法，所以 C++采用了人性化的设计，将 a+b 转译为对 operator+(a,b)的调用。如果不用操作符，a+b 的功能也是可以实现的，那就是要调用 add 函

数。从程序中看到，add 函数与 + 操作符的功能完全一致，因此操作符并不是必需的，而是为了在编程中进行人性化描述，达到更方便地理解程序的目的。

“+”是一种操作符，与其他操作符一样，在匹配了某种类型的实参后便可以被编译理解成确定的行为。例如，“1+3”，两边都是整数的+操作被理解成整型数的加法操作。在 C++内部已经实现了好几个版本的+操作，例如，整数+、浮点+ 操作等。因此，任何自定义 + 操作符的行为都是对 C++原有 + 操作符的重载。同理，其他操作符的定义也是重载行为。

因为 operator+和 add 函数体中都要用 Point 对象进行私有数据访问，作为普通函数，这是不允许的，也就是编译器会报错。但将其在 Point 类中以 friend 关键字引导进行函数声明后，编译就对这两个函数访问 Point 的私有数据网开一面了（☞CH8.7）。

❑ 8.3.2 性质（Characters）

1 拒绝新创

不能创建新的操作符。例如，@不是 C++的操作符，**也不是，不能定义它们为 C++的操作符。因为编译器对 C++语法结构的理解已经定型，忽然冒出一个符号要编译器承认是操作符，就太难为编译器了，也破坏了编译器所理解的语法规则。

2 个别重载限制

C++还规定双目操作符“::”“.”“.*”不能重载，因为它们都特殊地要求第二参数必须为名称，所以，对操作数随意性表达的伤害限制了它们。如果重载这些操作符，就有可能改变 C++的语法结构。例如点操作符表示对象与成员函数的捆绑使用，重新定义点操作符后，正常的捆绑操作就会走样，人们会面临 a.3 或 3.a 的操作，它们是怎样的一个表达式呢？编译出来的 C++程序会怪模怪样，偏离了 C++的纯正意义。

此外，系统唯一的一个三目操作符“?:”，以及单目操作符 sizeof 和 typeof 也不允许重载。

3 优先级和结合性不变

C++的操作符都是有优先级和结合性的，重载操作符后，其优先级和结合性是不会改变的。例如，如果已经定义了 Point 类型的 + 和 * 操作，则对于：

```
Point a,b,c;
Point d = a + b * c;
```

一定是先做 b*c 操作，然后再做 + 操作，最后把结果赋给 d。

4 操作数个数不变

原先的操作符是单目的，重载也是单目形式的；原先操作符是双目的，重载也是双目的，这是不能改变的。例如，++ 是单目操作符，你就不能重载两个参数的 ++ 操作符：

```
Point operator++(Point a, Point b);  //错
```

5 专门处理对象

然而，操作符的重载只能针对自定义类型。即，在操作符定义的参数表中，至少有一个参数必须是自定义类型。因为任何内部数据类型的操作符默认定义，C++自认为已经完善，不允许编程者对C++内部系统重新定义。例如，double是内部数据类型，本来它是不能进行% 操作的，因此，现在也不能声明和定义以double为参数的 % 操作：

```
double operator%(double a, double b);  //错
```

假如允许上面的操作符生效，那么就使表达式3.5 % 6.7操作通过编译。你虽然实现了一个自定义的 % 操作，实现了本可以通过其他函数定义处理的操作，当你自鸣得意的同时，却无意地招致编译在别处对错误表达式的合法理解！例如表达式“a*b+c%d;”，原先，由于d是浮点型变量，编译能够帮助你检查出错误的，现在却不能帮你了，而且还错误地挂上了你自己定义的%操作。

操作符重载针对自定义类型的性质，使得操作符重载专门用于类对象的操作。

6 忌意义相左

操作符重载后，就给操作符赋予了新的意义，新的意义应该反映操作的本质。例如，我们如果定义矩阵加法的操作符为*，而定义矩阵乘法操作为 <<，那么：

```
Matrix a,b;
//...
a = a *b;   //实际上做a+b
a = a<<b;   //实际上做a*b
```

编程在理解上就会受到极大的伤害，还不如不重载操作符，直接定义函数就好。

8.3.3 值返回与引用返回（Returning Value or Reference）

为什么Point的 + 操作返回Point类的值，而 << 操作返回流的引用呢？

在设计函数时，参数若为类类型，则一般都用引用型；若为内部数据类型，则不用引用型，这是重要的经验之谈。因为Point的 + 操作是两个Point对象相加，相加的结果是另外一个Point值，与两个参数无关，求和过程也不影响两个参数的值，因此，两个参数的类型为const的引用。

+ 操作的结果表示一个函数调用的结果，它是一个 Point 类型的值表达式，并不要求驻留在一个确定的地方，仅仅要求能参与别的Point值的其他操作。这个表达式是临时的，它将随表达式而变，在整体表达式求值结束时，也就了结了自己的生命。例如：

```
Point a,b,c;
//...
Point d = a + b + c;   //(( a + b ) + c)-->d
```

a+b的值参与了+c操作，整个表达式a+b+c的值将随着赋值操作的结束而被抛弃。因

此，+ 操作不能不返回值，而且必须返回 Point 类型的值。

在 + 操作内部的求值过程中，另建了一个 Point 对象，这个对象是局部于 + 操作符函数的，所以阻止了该对象的引用返回。虽然可以创建动态内存的 Point 对象来存放 + 操作的结果，以避免对引用返回的限制，但是，返回结果的表达式性质决定了其值的临时性，决定了动态内存空间会无端泄漏，这是不可取的。

“cout<<a；”的结果是 cout 流，加上操作符的左结合性，所以其<<可以进行“cout<<··<<··<<··；”式的重叠操作。重载流的 << 操作时，为了保持 cout 设备的唯一性，其返回值也必须是特定的那个流。与+ 操作不同的是，<< 返回的 cout 是特定某个输出设备的流对象。若 << 返回一个非引用型的流，返回时将对 cout 进行复制，产生一个临时的流，它会随着 << 重叠操作而引起更多不必要的创建流操作，导致内存浪费和性能下降。这种性能上的影响，只有到了真正实战编程时，考虑对于某个系统的负荷，考虑如何合理运用有限资源时，才会反映出来。

❑ 8.3.4　增量操作符（Increment Operators）

“++”操作有前增量与后增量之差别。重载增量操作符时，虽然操作符（函数名）相同，但功能不同，应有前后的差别。因为在使用中反映出差别，所以，其差别必须反映在参数类型或个数或次序的不同上。其次，为了反映操作的本质，返回类型的表现也不同。

一个整型变量的前增量操作的结果与变量值是一致的，而且前增量操作的结果是左值，操作可以连贯。而后增量操作的结果是增量之前的变量值，它是临时变量，当表达式计算工作完成后，该临时变量随即消失，所以变量最终值与后增量结果是错位的。例如：

```
int a=1, b=1, c=1, d=1;
(++a)++;   //结果 a=3
(b++)++;   //结果 b=2，(b++)的结果是临时变量，在其上加 1 随后又抛弃
++(++c);   //结果 c=3
++(d++);   //结果 d=2，与 b 相似
```

所以，前增量操作数与返回值是同一个变量。在反映对象的前增量操作时，要求参数为对象的引用，返回的仍然是该对象参数的引用：

```
X& operator++(X& a);  //前增量操作符
++a;   //等价于 operator++(a); 匹配上述操作符声明
```

然而，后增量操作符重载，同样要求参数为对象的引用，因为在调用的上下文中，实参将发生变化，而返回则为临时对象，所以为非引用的对象值。虽然前后增量操作符为不同函数，但因为两个操作符声明的参数相同，所以在调用时无法区分，会引起编译报错。因此，在区别这两种操作符时，C++做了一个技术处理：

```
X operator++(X& a, int b);  //后增量操作符
a++;   //等价于 operator++(a, 1); 匹配上述操作符声明
```

调用后增量操作符的参数匹配是违背函数参数匹配常规的，编译做了特殊处理。例如，

对于一个具有时、分、秒的Time类，设计其前、后增量操作符如下：

```
(1) //====================================
(2) //f0806.cpp
(3) //Time 类的 operator++应用
(4) //====================================
(5) #include<iostream>
(6) using namespace std;
(7) //------------------------------------
(8) class Time{
(9)   int hour, minute, second;
(10)public:
(11)  void set(int h, int m, int s){ hour=h, minute=m, second=s; }
(12)  friend Time& operator++(Time& a);          //前++
(13)  friend Time operator++(Time& a, int);      //后++
(14)  friend ostream& operator<<(ostream& o, const Time& t);
(15)};//----------------------------------
(16)Time& operator++(Time& a){
(17)  if(!(a.second=(a.second+1)%60)&&!(a.minute=(a.minute+1)%60))
(18)    a.hour=(a.hour+1)%24;
(19)  return a;
(20)}//-----------------------------------
(21)Time operator++(Time& a, int){
(22)  Time t(a);
(23)  if(!(a.second=(a.second+1)%60)&&!(a.minute=(a.minute+1)%60))
(24)    a.hour=(a.hour+1)%24;
(25)  return t;
(26)}//---------------------------------------
(27)ostream& operator<<(ostream& o, const Time& t){
(28)  o<<setfill('0')<<setw(2)<<t.hour<<":"<<setw(2)<<t.minute<<":"
(29)  return o<<setw(2)<<t.second<<"\n"<<setfill(' ');
(30)}//-----------------------------------
(31)int main(){
(32)  Time t;
(33)  t.set(11, 59, 58);
(34)  cout<<t++;               //调用后++
(35)  cout<<++t;               //调用前++
(36)}//===================================
```

```
E:\ch08>f0806↙
11:59:58
12:00:00
```

❑ 8.3.5 成员操作符（Member Operators）

操作符也可以作为类中的成员，也就是一种成员函数。这时候，它就无须冠之以friend而可以堂而皇之地访问类中的任何成员了。我们对程序f0805.cpp进行了修改，将operator+

做成类成员，用操作符 << 代替 print 操作，以使 Point 对象可以直接进行流操作：

```
(1) //======================================
(2) //f0807.cpp
(3) //成员操作符
(4) //======================================
(5) #include<iostream>
(6) using namespace std;
(7) //--------------------------------------
(8) class Point{
(9)   int x, y;
(10)public:
(11)  void set(int a, int b){ x=a, y=b; }
(12)  Point operator+(const Point& d){
(13)    Point s;
(14)    s.set(x+d.x, y+d.y);
(15)    return s;
(16)  }//-----------------------------------
(17)  friend ostream& operator<<(ostream& o, const Point& d);
(18)};//====================================
(19)inline ostream& operator<<(ostream& o, const Point& d){
(20)  return o<<"("<<d.x<<", "<<d.y<<")\n";
(21)}//=====================================
(22)int main(){
(23)  Point s,t;
(24)  s.set(2,5);
(25)  t.set(3,1);
(26)  cout<<s+t;
(27)}//=====================================
```

```
E:\ch08>f0807↙
(5,6)
```

成员操作符和普通操作符不同的是，成员操作符声明和定义中省略了第一个参数，因为成员函数总是与对象捆绑使用的，被捆绑的对象就是被操作的第一参数。因此，单目成员操作符没有参数，双目成员操作符只有一个参数。程序 f0807.cpp 中定义的 + 操作符就只有一个参数。

程序 f0807.cpp 的第 26 行语句中包含了 << 和 + 两个操作符。根据优先级，首先进行 s+t 操作，C++将 s 看作是引导函数（这里是操作符）的对象，其次是函数符号+，最后是实参 t。s+t 也可以写成成员函数的调用方式，即 s.operator+(t)。

s+t 随后返回一个 Point 类型的值。在这之前，cout 这个流对象对 Point 类型是不能理解的，只能理解 C++内部数据类型和预定的 string 类型。为了让流也可以理解 Point，就必须自定义针对 Point 的流 << 操作。

由于该 << 操作的前置对象是流类型的 cout，不是 Point 类型，所以不能把该 << 操作设计成 Point 的成员，而只能设计成普通函数。因而，其参数表中就有两个参数了，而且为了能访问 Point 私有数据，必须用关键字 friend 引导。

8.4　再论程序结构（Revisiting Program Structure）

❑ 8.4.1　访问控制（Access Controls）

在类中出现的 private、public 以及在继承（☞CH10.2.2）中出现的 protected 等都是访问控制符。循着类机制的访问控制符，可以规定一些成员公开或者隐匿。

类的对象实体中的数据构成是由类定义中的数据成员所描述的。

一般来说，在公开场合，对象实体只可以被整体操作，而不能直接访问对象内部的数据分量（数据成员）。就好像对于整型变量，只可以读取它，修改它，而不能访问该变量的某一位。除非用特殊的位操作去间接窥探它，否则，它的内在二进制表示是看不见的。相应地，类对象的内在数据表示也不能让使用类的程序员随便操作。类的数据成员作为对象实体的分量其本质上应该是私有的。

程序 f0804.cpp 的 main 函数中，若进行“cout<<d.year;”操作，则编译会报出错。错误的原因在于 Date 类中的 year 数据成员是私有的（private）。Class 类定义体中，若没有前导的访问控制符，就默认为 private。成员一旦定性为私有，外界就不能直接访问，而只能通过类的内部成员去间接访问。

而类中的操作，一般是作为类的资源提供给类的使用者的，使用者可以通过对象名的捆绑而调用成员函数，所以成员函数作为对类对象的整体性操作，其本质上应该是公有的。

数据成员的私有性和成员函数的公有性并不是绝对的。类机制给予程序员设定成员私有或公有的权利，决定了类定义可以有许多自定义的形式。很多情况下，数据成员总是私有的，而成员函数只有作为公共操作时才是公有的，也有一些成员函数是私有的。例如，日期型对象在 set 函数的背后，可以专门设计一个日期合法性校验函数，set 可以重载，但校验函数并不需要重复，专门隐在后面，提供 set 函数调用。程序 f0904.cpp 也有私有成员函数的实例（☞CH9.2.1）。

私有数据成员也可以设成公有。例如，将程序 f0801.cpp 中的 struct 改为 class[①]，则 class 定义体中的第一行加上“public:”即可。由于 main 函数中可以直接访问其数据成员，所以 set 等的成员函数就没有定义的必要了：

```
(1) //=======================================
(2) //f0808.cpp
(3) //公有数据成员的一个较差的设计例
```

① C++也将 struct 纳入了类机制中。也就是说，struct 也可以像 class 那样包含成员函数。它与 class 的区别仅在于关键字不同，默认的访问控制符不同。struct 的默认访问控制符为 public 而 class 的默认访问控制符为 private。

```
(4) //======================================
(5) #include<iostream>
(6) #include<iomanip>
(7) using namespace std;
(8) //--------------------------------------
(9) class Date{
(10)public:
(11)  int year, month, day;
(12)};//-------------------------------------
(13)void print(Date);
(14)bool isLeapYear(Date d);
(15)//--------------------------------------
(16)int main(){
(17)  Date d;
(18)  d.year = 2000;
(19)  d.month = 12;
(20)  d.day = 6;
(21)  if(isLeapYear(d))
(22)    print(d);
(23)}//-------------------------------------
(24)void print(Date s){
(25)  cout.setfill('0');
(26)  cout<<setw(4)<<s.year<<'-'<<setw(2)<<s.month<<'-'<<setw(2)<<s.day<<'\n';
(27)  cout.setfill(' ');
(28)}//-------------------------------------
(29)bool isLeapYear(Date d){
(30)  return (d.year % 4==0 && d.year % 100!=0)||(d.year % 400==0);
(31)}//=====================================
```

类通过访问控制符 public、private 分隔提供给用户的操作（公有）与内部实现的细节（私有）。public 属下的成员是提供给用户用的，private 属下的成员是类内部实现中所需的数据组成和操作，它们与外界隔绝。

一个类，自从由其创建对象之后，便通过对象的若干操作满足所需问题求解的要求。这也是一个数据类型的本质。因此，类提供通常的操作给使用者，除此之外，应该尽量封闭自己。这就像电视机，除了提供给用户的按钮操作之外，其他内部电路的细节统统封闭在电视机外壳之内。这样的类机制设计是自然的、合理的。因为用户用不到的操作，如果暴露在用户看得见够得着的地方，便会造成一些安全隐患。

可以把类定义中的公有成员函数看作是使用类的一个说明。因为有了类公有成员函数声明，就可以使用类了，就可以编译通过所有使用该类的编程了。类定义的这个性质，很像电视机的使用说明书，说明电视机操作按钮的使用方法。类定义的说明书性质是使用类的程序员（包括设计类的程序员）与类定义代码之间的一种关系。而描述类定义代码和类的应用代码及类的实现代码之间的关系时，则称其为类的界面，或称类的接口。

❑ 8.4.2 类的程序结构（Class Program Structure）

类定义的界面特性，很自然地便可将其写成头文件的形式。而类的实现则是一个编译单位，使用类的代码放在其他编译单位中。它们相互独立，又同属于一个程序体。例如，程序 f0807.cpp 是单个编译单位，考虑到实际开发中的分工情况，将其按相互独立的结构形式分成三个源文件，一个是含有 Point 类定义的头文件，一个是 Point 的类实现，一个是使用 Point 类的应用程序，代码如下：

```
(1) //=====================================
(2) //point.h
(3) //=====================================
(4) #ifndef HEADER_POINT
(5) #define HEADER_POINT
(6) #include<iostream>
(7) using namespace std;
(8) //-------------------------------------
(9) class Point{
(10)  int x, y;
(11)public:
(12)  void set(int a, int b);
(13)  Point operator+(const Point& d);
(14)  friend ostream& operator<<(ostream& o, const Point& d);
(15)};//===================================
(16)inline ostream& operator<<(ostream& o, const Point& d){
(17)  return o<<'('<<d.x<<','<<d.y<<')'<<'\n';
(18)}//-----------------------------------
(19) #endif  //HEADER_POINT
```

```
(1) //=====================================
(2) //point.cpp
(3) //=====================================
(4) #include "point.h"
(5) //-------------------------------------
(6) void Point::set(int a, int b){
(7)   x=a, y=b;
(8) }//-----------------------------------
(9) Point Point::operator+(const Point& d){
(10)  Point s;
(11)  s.set(x+d.x, y+d.y);
(12)  return s;
(13)}//-----------------------------------
```

```
(1) //========================================
(2) //f0809.cpp
(3) //类的程序组织结构
(4) //========================================
(5) #include "point.h"
(6) #include<iostream>
(7) using namespace std;
(8) //----------------------------------------
(9) int main(){
(10)  Point s,t;
(11)  s.set(2,5);
(12)  t.set(3,1);
(13)  cout<<s+t;
(14) }//=======================================
```

在 point.h 头文件中，还包含了 operator<< 操作符的定义，这是因为内联函数定义与类定义一样，都是内部连接的，所以可以同时出现在不同的编译单位中，但不能多次出现在同一编译单位中，因此，该头文件用到了头文件卫士的技术手段。

如果是定义内联成员函数，也必须将该成员函数的定义写在头文件中，包含在头文件卫士之内。由于内联函数一般都很小，所以一般都是在类内定义的，没有必要都已经写在头文件中了，还要写到类定义外去实现。

❑ 8.4.3 类作用域（Class Scope）

使用类的代码和实现类的代码总是紧跟着类定义。有类定义的地方，就可以使用类名和类中一切公有的成员，这一范围称为类定义作用域。类定义作用域与局部变量的作用域相似，函数中一旦定义了变量，该变量的作用域就开始生效，直到包含该变量的由大括号括起来的语句块结束。类定义作用域为包含类定义的大括号语句块，如果没有大括号语句块，则为从类定义开始的全部代码空间，如下所示：

```
//========================================
//文件 x.cpp
//========================================
class A{
  //...
};
//A 类定义作用域范围
void f()
{
  class B{
    //...
  };
```

```
  //B 类定义作用域范围
}//B 类定义作用域到此为止

//文件 x.cpp 到此为止 (A 类定义作用域到此为止)
//=======================================
```

而类作用域则范围更为狭小，它仅包括类定义内部和所有其成员函数的定义体。类作用域中，类的成员函数对数据成员和其他成员函数具有无限制的访问权。例如：

```
(1)  //=======================================
(2)  //f0810.cpp
(3)  //测试类作用域
(4)  //=======================================
(5)  #include<iostream>
(6)  using namespace std;
(7)  //---------------------------------------
(8)  class X{              //X 类定义域
(9)  public:
(10)   void f1(){
(11)     m=6;
(12)     f2();
(13)   }//-----------------------------------
(14)   void f2();
(15) private:
(16)   int m;
(17) };//-------------------------------------
(18) void X::f2(){          //X 类定义域
(19)   cout<<"Data member: "<<m<<endl;     //X::m
(20)   int m=7;
(21)   cout<<"Local Variable: "<<m<<endl;  //X::m 被掩藏
(22)   cout<<"Data member: "<<X::m<<endl;
(23) }//--------------------------------------
(24) int main(){  //此处以下不属于类作用域但属于类定义作用域
(25)   X x;
(26)   x.f1();
(27) }//======================================
```

```
E:\ch08>f0810↙
Data member: 6
Local Variable: 7
Data member: 6
```

上述代码中的成员函数 f1 访问了类定义中稍后声明的私有数据 m（第 16 行）和成员

函数 f2（第 14 行），这是 f1 的权利。即使在类定义的外部，其成员函数 f2（第 18~23 行）也可以访问私有数据 m，只是敌不过函数体中的局部同名数据 m，而遭到掩藏的冷遇，但通过类名空间的 :: 操作，一样可以访问。

8.5 屏蔽类的实现(Shielding Implementation of Class)

❑ 8.5.1 意义（Significance）

将类定义分离出来之后，便产生了使用类和实现类的分工。这种分工意义重大，因为它成功地在千千万万个使用类的程序员中屏蔽了类的实现。

因为使用类的程序员只需要类定义这个界面，所以类的实现可以分离出去单独完成。致使类的具体实现与使用类的应用代码无关。只要类定义不修改，设计好了的使用类的代码就无须修改。

例如，定义一个平面坐标点类 PPoint，其类定义文件为 ppoint.h，其类的实现文件为 ppoint.cpp，使用该类的应用程序为 f0811.cpp，使用该类以计算坐标点的直角坐标 x 和 y 分量以及极坐标 a 和 r 分量程序如下：

```
(1) //=======================================
(2) //ppoint.h
(3) //=======================================
(4) #ifndef HEADER_PPOINT
(5) #define HEADER_PPOINT
(6) class PPoint{
(7)   double x, y;                          //直角坐标或极坐标
(8) public:
(9)   void set(double ix, double iy);       //设置坐标
(10)  double xOffset();                     //直角坐标 x 分量
(11)  double yOffset();                     //直角坐标 y 分量
(12)  double angle();                       //极坐标弧角
(13)  double radius();                      //极坐标半径
(14) };//====================================
(15) #endif  //HEADER_PPOINT

(1) //=======================================
(2) //ppoint.cpp
(3) //直角坐标版本
(4) //=======================================
(5) #include "ppoint.h"
(6) #include<cmath>
(7) using namespace std;
(8) //---------------------------------------
```

```
(9)  void PPoint::set(double ix, double iy){
(10)   x=ix;  y=iy;
(11) }//-------------------------------------
(12) double PPoint::xOffset(){
(13)   return x;
(14) }//-------------------------------------
(15) double PPoint::yOffset(){
(16)   return y;
(17) }//-------------------------------------
(18) double PPoint::angle(){
(19)   return(180/3.14159)*atan2(y,x);
(20) }//-------------------------------------
(21) double PPoint::radius(){
(22)   return sqrt(x*x+y*y);
(23) }//-------------------------------------
```

```
(1)  //=====================================
(2)  //f0811.cpp
(3)  //使用 PPoint 类
(4)  //=====================================
(5)  #include "ppoint.h"
(6)  #include<iostream>
(7)  using namespace std;
(8)  //-------------------------------------
(9)  int main(){
(10)   PPoint p;
(11)   //重复输入x和y轴分量，直到x分量值小于0
(12)   for(double x,y; cout<<"Enter x and y:\n" && cin>>x>>y && x>=0;){
(13)     p.set(x,y);
(14)     cout<<"angle="<<p.angle()<<", radius="<<p.radius()
(15)         <<", x offset="<<p.xOffset()<<", y offset="<<p.yOffset()<<"\n";
(16)   }
(17) }//=====================================
```

```
E:\ch08>f0811↙
Enter x and y:
10 10↙
angle=45, radius=14.1421, x offset=10, y offset=10
Enter x and y:
50 0↙
angle=0, radius=50, x offset=50, y offset=0
Enter x and y:
-1 -1↙
```

以上是一个直角坐标与极坐标互相比照的简单程序，类的实现中用到了开平方根 sqrt 函数和反正切 atan2 函数。C++数学函数库中，对于反正切函数对应有两个函数，当参数为直角坐标 y 与 x 时，使用 atan2 的两个参数的函数，当参数为 y/x 的确定比值时，使用一个参数的 atan 函数。这里用了 atan2 函数。

这样的实现方法使得使用类的程序员可以不管类的具体实现，省事不少。而类实现的编码者也可以在适当的时候对类进行改写或者升级。试看 PPoint 类的另一个版本：

```
(1) //========================================
(2) //PPoint.cpp
(3) //极坐标版本
(4) //========================================
(5) #include "ppoint.h"
(6) #include<cmath>
(7) using namespace std;
(8) //----------------------------------------
(9) void PPoint::set(double ix,double iy){
(10)  x=atan2(iy, ix);
(11)  y=sqrt(ix*ix+iy*iy);
(12)}//---------------------------------------
(13)double PPoint::xOffset(){
(14)  return y*cos(x);
(15)}//---------------------------------------
(16)double PPoint::yOffset(){
(17)  return y*sin(x);
(18)}//---------------------------------------
(19)double PPoint::angle(){
(20)  return(180/3.14159)*x;
(21)}//---------------------------------------
(22)double PPoint::radius(){
(23)  return y;
(24)}//---------------------------------------
```

这个版本将类的实现改变了，成员函数的定义体改变了，但是类定义没有变，至少是作为界面的成员函数声明没有变，这就使得应用程序无须做任何改动，只要重新编译一下就可以同样正确地工作。

编程开始追求这种不会返工的程序组织结构了。许多问题都涉及一些共同的类，因此，程序员们将这些类做成类库，以尽量标准化的形式提供出来，甚至做在 C++中作为系统资源。到了这个时候，版本的变化，类内部实现的变化，已经不能影响使用类的程序员的工作了，何乐而不为？

❑ 8.5.2 影响编程方法（Influence Programming Method）

编程就是用算法描述问题的解。算法总是要用到数据结构的，具体到编程语言中就是数据类型了。因此，编程总是先描述一定数据类型之下的实体，再描述其操作。如果有现成的数据类型，则用之；否则，先建之，再用之。

过去的编程方法是在过程体中做文章，对于语言所提供的简单数据类型（整型和浮点型），有太多的技巧可以帮助我们解决问题。直到后来，问题越来越大，构筑过程的方法变得难以得心应手了，于是想着要将常用的过程提炼出来，便于重复使用。研究的结果发现，过程总是与数据捆绑的，有输入和输出，千差万别的数据结构又影响了过程体的有效重用。因此 C++ 类机制的提出，就是从定义数据类型出发，解决过程的重用问题。

另一方面，问题又总是可以用一定的数据类型帮助描述的。这使人想到，要解决问题，首先要考虑的是用什么样合适的数据类型描述，然后着手编写算法。因此对于具体的问题，采用数据类型的好坏直接影响编程的效率。

在这个世界上，有许多通用的概念，都可以实现为数据类型，如日期、时间、人、学生等。许多待解决的问题，都与这些通用的概念有关。因此，一些人把它们做成大众化的数据类型，作为整型和浮点型数据类型的延伸。通过使用这些大众化的数据类型，达到方便编程的目的。

更高超的是，将处理所有（已知的和未知的）数据类型的对象集合做成数据类型（容器），形成处理通用类型的数据类型，称之为模板（☞CH14）。这时候，编程就又进入了一个新的境界。

这样一来，编程的相当一部分内容是定义数据类型的工作，而另一部分内容是使用各种数据类型，创建对象，调用其类所提供的公有操作。如此编程是方便的，请重温图 1-4。

❑ 8.5.3 影响语言设计（Affecting Language Designing）

高级编程语言的设计是在数据类型的创建与运用能力上下功夫。什么语言对类型定义、类型检查的功能强，那么什么语言就更高级。

对于未知的数据类型的对象的传输、操作等一系列问题的处理，形成了语言中的类机制。C++ 正是仰仗了这种强有力的类型检查能力，正确无误地识别类型、对象、成员、变量、公有与私有以及交错的各种作用域，使得编程的安全性得以有力的保证。

利用类的数据封装，提高了对象访问的安全性。用户不能直接操作对象中的数据分量，只能以对象的身份去使用操作（成员函数），影响对象的值，从而职责分明。如果对象执行了某一功能的操作，却没有达到该功能所声称的效果，则找类算账。如果对象执行的操作达到了该操作所声称的功能，却不是编程者想要的操作，则编程者自己负责。职责明确使类定义和其实现比过程更容易重用和维护了。

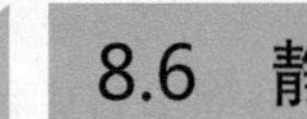

8.6 静态成员（Static Members）

8.6.1 静态数据成员（Static Data Members）

有一些属性不是类中每个对象分别拥有的，而是共有的。这些共有的属性有些是变化的，如类对象创建的计数值，有些是不变的，如日期类中要用到的12个月的名称，它是一个数组。这些属性不应该作为全局变量，因为它们是专属于某个类的，而不是属于过眼烟云的程序。类是可以反复使用的模块，它有鲜明的大众性和服务性。而程序只是为了某个特定目的，具有时空上的局限性，完成了使命，就失去了存在的价值。

这些属性也不应该是数据成员，因为不能让每个对象都单独拥有它。例如：

```
(1) //=====================================
(2) //f0812.cpp
(3) //误用数据成员
(4) //=====================================
(5) #include<iostream>
(6) using namespace std;
(7) //-------------------------------------
(8) class Student{
(9)   int n;
(10)  string name;
(11)public:
(12)  void set(string str){
(13)    static int number = 0;
(14)    name = str;
(15)    n = ++number;
(16)  }
(17)  void print(){ cout<<name<<" -> students are "<<n<<" numbers\n"; }
(18)};//-------------------------------------
(19)void fn(){
(20)  Student s1;
(21)  s1.set("Jenny");
(22)  Student s2;
(23)  s2.set("Randy");
(24)  s1.print();
(25)}//-------------------------------------
(26)int main(){
(27)  Student s;
(28)  s.set("Smith");
(29)  fn();
(30)  s.print();
(31)}//=====================================
```

```
E:\ch08>f0812↙
Jenny -> student are 2 numbers
Smith -> student are 1 numbers
```

因为每个对象的创建都要进行名称值的给定。例如 s.set（"smith"），所以通过 set 成员函数统计当前一共创建过的学生数，是抓住了要害。第 24 行执行的结果是 2 个学生，事实上已经有 3 个对象产生了。而第 30 行执行的结果是 1 个学生。都不对啊！不对的原因不是因为增量的时机不妥，而是不同的对象有不同的数据成员 n 值所致。

这时候，需要将学生计数的变量设计为静态成员。类的静态成员，保证每个类只有一个实体，每个对象中不再有它的副本。程序如下：

```
(1) //====================================
(2) //f0813.cpp
(3) //静态数据成员
(4) //====================================
(5) #include<iostream>
(6) using namespace std;
(7) //------------------------------------
(8) class Student{
(9)   static int number;
(10)  string name;
(11)public:
(12)  void set(string str){
(13)    name = str;
(14)    ++number;
(15)  }
(16)  void print(){ cout<<name<<" -> students are "<<number<<" numbers\n"; }
(17)};//----------------------------------
(18)int Student::number = 0;  //静态数据成员在类外分配空间和初始化
(19)//------------------------------------
(20)void fn(){
(21)  Student s1;
(22)  s1.set("Jenny");
(23)  Student s2;
(24)  s2.set("Randy");
(25)  s1.print();
(26)}//------------------------------------
(27)int main(){
(28)  Student s;
(29)  s.set("Smith");
(30)  fn();
(31)  s.print();
(32)}//====================================
```

```
E:\ch08>f0813↙
Jenny -> student are 3 numbers
Smith -> student are 3 numbers
```

将数据成员设计成静态数据成员后，该成员的变化仍然会在每次对象创建之后的名称赋值中反映出来。反映的结果存放在专属于 Student 类名空间的全局数据区中，不属于各个 Student 对象。整个类中只有一份 number 拷贝，所有的对象都共享这份拷贝。因此，输出学生总数时，访问的是唯一的静态数据成员，它不会因对象而异了。无论第 25 行还是第

30 行，输出曾经创建的对象总数就正确了。

由于静态成员脱离对象而存在的性质，所以该实体应在所有对象产生之前存在，因此，更适当的时机是在程序启动的时候，做其初始化。第 18 行便是其初始化的语句，似乎像个全局变量，但它属于 Student 类名空间。

该实体在程序中的唯一性，要求其不能跟着 Student 类定义放在头文件中，但它又确实是 Student 类的一员，所以，放在类的实现代码中是最合适的。

定义静态成员的格式不能重复 static 关键字（第 18 行），但必须在成员名前冠以类名加域操作符，以表示该成员的类属。如果不将其初始化，则系统将为该成员清 0。

❑ 8.6.2 静态成员函数（Static Member Functions）

在程序 f0813.cpp 中，访问静态数据成员是放在成员函数 set 中的。也就是说，必须创建了对象，由对象捆绑一个成员函数，去操作静态成员。难道对象不存在时，就不能观察静态数据成员了？如果有一个过程专门处理某类的对象个数，难道还要专门创建一个多余的对象达到访问静态成员的目的？显然这并不是理想的方法。然而，让外部直接访问静态成员有失安全性和可维护性。如果一个数据置于大庭广众之下，损坏了谁也不认账，找谁说理去？因此与数据成员一样，将静态成员做成私有的，用静态成员函数去访问静态数据成员是合适的。例如，将程序 f0813.cpp 改成如下形式：

```
(1) //======================================
(2) //f0814.cpp
(3) //静态成员函数
(4) //======================================
(5) #include<iostream>
(6) using namespace std;
(7) //--------------------------------------
(8) class Student{
(9)   static int number;
(10)  string name;
(11)public:
(12)  void set(string str){
(13)    name = str;
(14)    ++number;
(15)  }
(16)  static int printNumber(){ cout<<number<<" total numbers\n"; }
(17)  void print(){ cout<<name<<" -> students are "<<number<<" numbers\n"; }
(18)};//------------------------------------
(19)int Student::number = 0;  //静态数据成员在类外分配空间和初始化
(20)//--------------------------------------
(21)void fn(){
(22)  Student s1;
(23)  s1.set("Jenny");
(24)  Student s2;
```

```
(25)  s2.set("Randy");
(26)  s1.printNumber();
(27)}//----------------------------------------
(28)int main(){
(29)  Student s;
(30)  s.set("Smith");
(31)  fn();
(32)  Student::printNumber();
(33)}//========================================
```

```
E:\ch08>f0814↙
3 total numbers
3 total numbers
```

在类中声明静态成员函数，要在成员函数名前加上关键字 static。静态成员函数并不受对象的牵制，可以用对象名调用静态成员函数，也可以用类名加上域操作符调用静态成员函数，这时候，将它被看作是某个名空间的一个函数，如程序 f0814.cpp 中的第 26、32 行所示。第 32 行是在没有任何对象捆绑的场合下访问静态成员的。

静态成员函数的实现位置与成员函数的实现位置应该是在一起的，静态成员函数如果不在类中实现，而在类的外部实现时，类名前应免去 static 关键字。成员函数的静态性只在类中声明的时候才是必要的。

因为静态成员函数可以不以捆绑对象的形式调用，静态成员函数被调用时，没有当前对象的信息，所以静态成员函数不能访问数据成员，如果第 16 行改成：

```
static int printNumber(){ cout<<name<<number<<" total numbers\n"; }
```

则编译通不过。这并不是说它没有私有数据访问的权限，如果在第 16 行的静态成员函数，给它传递一个 Student 对象：

```
static int printNumber(Student& s){
  cout<<"My name is "<<s.name<<"\n";
  cout<<s.number<<" total numbers\n";
}
```

那么，访问私有数据便是它的权利。

8.7 友元（Friends）

8.7.1 频繁调用问题（Frequent Call Problems）

超脱类的访问控制，具有访问类中一切数据成员的能力是成员函数的特征。成员函数还可以被访问控制，以便不让使用类的程序员访问。

但成员函数以对象为自我中心，必须要捆绑一个对象才能调用。一个函数成为了一个类的成员函数，那么它就不能再属于另一个类的成员函数了。如果一个操作不是以该对象为中心，例如，语句“Date a; cout<<a;”中的 << 操作是以 cout 为中心；或者在一个操作中，涉及好几个不同类的对象，即涉及好几个自我中心，例如，向量与矩阵的乘法操作。这时候，该操作是属于这个类的成员函数还是属于那个类的成员函数呢？

当然，普通函数能够通过一个类的成员函数去访问对象的数据成员，达到修改数据成员的目的。例如，下面的代码是做一个矩阵与竖向量的乘法，矩阵类和向量类分别为 Matrix 和 Vector，乘法操作为普通函数：

```
(1) //======================================
(2) //f0815.cpp
(3) //普通函数访问类成员
(4) //======================================
(5) #include<iostream>
(6) #include<fstream>
(7) using namespace std;
(8) //--------------------------------------
(9) class Vector{
(10)  int* v;              //指向一个数组,表示向量
(11)  int sz;
(12)public:
(13)  void remove(){ delete[] v; }
(14)  int size(){ return sz; }
(15)  void set(int);
(16)  void display();
(17)  int& operator[](int);
(18)};//--------------------------------------
(19)void Vector::set(int s){
(20)  sz = s;
(21)  if(s<=0){
(22)    cerr<<"bad Vector size.\n";
(23)    exit(1);
(24)  }
(25)  v = new int[s];
(26)}//--------------------------------------
(27)int& Vector::operator[](int i){          //引用返回的目的是返回值可以做左值
(28)  if(i<0 || i>=sz){
(29)    cerr <<"Vector index out of range.\n";
(30)    exit(1);
(31)  }
(32)  return v[i];
(33)}//--------------------------------------
(34)void Vector::display(){
(35)  for(int i=0; i<sz; ++i)
```

```
4 3
1 2 3
0 1 2
1 1 3
1 2 1
3
2 1 0
```

in.txt

```
(36)     cout<<v[i]<<" ";
(37)   cout<<"\n";
(38) }//-----------------------------------
(39) class Matrix{
(40)   int* m;
(41)   int szl, szr;
(42) public:
(43)   void set(int, int);
(44)   void remove(){ delete[] m; }
(45)   int sizeL(){ return szl; }
(46)   int sizeR(){ return szr; }
(47)   int& elem(int, int);
(48) };//-----------------------------------
(49) void Matrix::set(int i, int j){
(50)   szl = i; szr = j;
(51)   if(i<=0 || j<=0){
(52)     cerr <<"bad Matrix size.\n";
(53)     exit(1);
(54)   }
(55)   m = new int[i*j];
(56) }//-----------------------------------
(57) int& Matrix::elem(int i, int j){        //引用返回的目的是返回值可以做左值
(58)   if(i<0||szl<=i||j<0||szr<=j){
(59)     cerr <<"Matrix index out of range.\n";
(60)     exit(1);
(61)   }
(62)   return m[i*szr+j];
(63) }//-----------------------------------
(64) Vector multiply(Matrix& m, Vector& v){  //矩阵乘向量
(65)   if(m.sizeR()!=v.size()){
(66)     cerr <<"bad multiply Matrix with Vector.\n";
(67)     exit(1);
(68)   }
(69)   Vector r;
(70)   r.set(m.sizeL());          //创建一个存放结果的空向量
(71)   for(int i=0; i<m.sizeL(); i++){
(72)     r[i] = 0;
(73)     for(int j=0; j<m.sizeR(); j++)
(74)       r[i] += m.elem(i,j) * v[j];
(75)   }
(76)   return r;
(77) }//-----------------------------------
(78) int main(){
(79)   ifstream in("in.txt");
(80)   int x,y;  in>>x>>y;
```

```
(81)  Matrix ma;
(82)  ma.set(x,y);
(83)  for(int i=0; i<x; ++i)
(84)  for(int j=0; j<y; ++j)
(85)    in>>ma.elem(i,j);
(86)  in>>x;
(87)  Vector ve;
(88)  ve.set(x);
(89)  for(int i=0; i<x; ++i)
(90)    in>>ve[i];
(91)  Vector vx = multiply(ma,ve);
(92)  vx.display();
(93)  ma.remove();
(94)  ve.remove();
(95)  vx.remove();
(96) }//====================================
```

```
E:\ch08>f0815↙
4 1 3 4
```

程序运行时先读一个矩阵，再读一个向量。读矩阵时，先读行、列数，根据行、列数，设置（set）矩阵空间的大小，即元素个数为行×列。用一个两重循环，以调用 elem 成员函数的方式，读入矩阵元素。向量的读入仿此。

接着就调用矩阵与向量的乘法 multiply 函数。好在数据都是引用传递，开销忽略。做乘法时，先创建一个存放结果的向量，然后开始频繁地访问矩阵和向量元素，又做乘法又做加法，最后，结果向量终于做好了。乘法操作结束后的结果 vx 执行输出（display()）之后，便完成了所要做的工作。随后，就对源向量、源矩阵、结果向量分别进行空间释放。在向量类和矩阵类中，早已准备好了 remove 成员函数，专门用来完成空间释放的工作。

矩阵类中不能定义下标操作符“[]”，是因为有行和列两个参数，与下标操作不相容。new 操作也不能接受二维的空间申请。所以，矩阵操作中，用了 elem 成员访问矩阵实属无奈。

不管怎么说，由于元素涉及私有成员，外部无法直接对其操作。对其频繁访问的要求造成频繁调用成员函数，于是导致调用开销明显增多，影响了性能，从而对发挥 C++编程优势不利。

❑ 8.7.2 提高访问性能（Improving Access Performance）

如果将数据成员设置成公有，那势必造成各种各样的使用者在使用过程中的安全隐患。这时候，将一个普通函数声明为类的友元，就可以直接访问类的私有数据。例如，下面程序实现了一个矩阵与向量的乘法，它既声明为矩阵的友元又声明为向量的友元，因而既可以直接访问矩阵的私有数据成员，又可以直接访问向量的私有数据成员。将程序 f0815.cpp 组织成多文件结构，并做适当修改，代码如下：

```
(1) //========================================
(2) //myvector.h
(3) //========================================
(4) #ifndef HEADER_VECTOR
(5) #define HEADER_VECTOR
(6) class Matrix;
(7) class Vector{
(8)   int* v;
(9)   int sz;
(10)public:
(11)  void remove(){ delete[] v; }
(12)  void set(int);
(13)  int& operator[](int);
(14)  int size(){ return sz; }
(15)  void display();
(16)  friend Vector multiply(const Matrix& m, const Vector& v);
(17)};//----------------------------------------
(18) #endif  //HEADER_VECTOR
```

```
(1) //========================================
(2) //mymatrix.h
(3) //========================================
(4) #ifndef HEADER_MATRIX
(5) #define HEADER_MATRIX
(6) class Vector;
(7) class Matrix{
(8)   int* m;
(9)   int szl, szr;
(10)public:
(11)  void set(int, int);
(12)  void remove(){ delete[] m; }
(13)  int sizeL(){ return szl; }
(14)  int sizeR(){ return szr; }
(15)  int& elem(int,int);
(16)  friend Vector multiply(const Matrix& m, const Vector& v);
(17)};//----------------------------------------
(18) #endif  //HEADER_MATRIX
```

```
(1) //========================================
(2) //f0816.cpp
(3) //友元函数访问类成员
(4) //========================================
(5) #include "myvector.h"
(6) #include "mymatrix.h"
(7) #include<iostream>
```

```
(8)  #include<fstream>
(9)  using namespace std;
(10)//----------------------------------------
(11)int main(){
(12)  ifstream in("in.txt");
(13)  int x,y;  in>>x>>y;
(14)  Matrix ma;
(15)  ma.set(x,y);
(16)  for(int i=0; i<x; ++i)
(17)  for(int j=0; j<y; ++j)
(18)    in>>ma.elem(i,j);
(19)  in>>x;
(20)  Vector ve;
(21)  ve.set(x);
(22)  for(int i=0; i<x; ++i)
(23)    in>>ve[i];
(24)  Vector vx = multiply(ma, ve);
(25)  vx.display();
(26)  vx.remove();
(27)  ve.remove();
(28)  ma.remove();
(29)}//========================================
```

其友元函数的实现为：

```
Vector multiply(const Matrix& m, const Vector& v){  //矩阵乘向量
  if(m.szr!=v.sz){                                  //直接访问私有数据成员
    cerr <<"bad multiply Matrix with Vector.\n";
    exit(1);
  }
  Vector r;
  r.set(m.szl);
  for(int i=0; i<m.szl; i++){
    r.v[i] = 0;
    for(int j=0; j<m.szr; j++)
      r.v[i] += m.m[i*m.szr+j] * v.v[j];
  }
  return r;
}//----------------------------------------
```

完整的程序代码应该还要包含 myvector.cpp 和 mymatrix.cpp，但是，与 f0815.cpp 相比，相应的 Vector 类实现和 Matrix 类实现没有修改，所以就省略了。而把修改了的代码，列在其上。其中友元函数 Multiply 不再调用向量和矩阵的成员函数，而是直接访问其私有数据。

友元的声明方法为在有关的类定义中将函数声明为友元。因为 multiply 友元离不开 Vector 类或 Matrix 类，所以其定义放在 myvector.cpp 或者 mymatrix.cpp 中都是合适的。它当然可以直接访问类中私有成员。

矩阵乘法中，对于 4×3 的矩阵和三个元素的向量，总的免去了 48 次成员函数的调用而直接访问了私有数据成员。如果是更大的矩阵乘法，那么由于采用了友元而免去的调用数是很可观的，由此性能也将大为提高。

❑ 8.7.3 其他特征（Other Features）

友元还经常用在操作符重载中，以使操作符有很好的性能。这在 8.3.4 节的程序 f0806.cpp 中的第 14 行已经用到。操作符 << 不能是 Time 类的成员函数，因为 << 左操作数是流对象而不是 Time 对象，或者说是流所捆绑的操作而不是 Time 对象所捆绑的操作。然而，<< 又不甘心于作为普通函数的身份，因为它会被 Time 类排斥在外，只能访问其公有成员。这时候，友元插一手，插得正是时候。

友元函数的定义一般放在类的实现中，以作为类的不可分割的一部分。

友元可以看作是类操作中的一种访问权限不到位的补充。因为在类中，过分强调了安全性，过分强调了责任，过分的公事公办，伤害了彼此具有亲情的对象们的心，使得具有恋爱情结的对象（如矩阵和向量）之间无法近距离亲吻，其直接影响是性能受损。很多书都以此抨击 C++，说它不是纯正的支持面向对象，因为友元破坏了数据封装。其实世界上根本没有纯粹纯正的东西，任何事物都是相对的。C++ 作为这一历史时期的产物而风华正茂，只要适应它的编程手法，理解它的编程道理，用它就能成功。

成员函数可以是另一个类的友元。例如，教师应该可以修改学生的成绩，可以访问学生类的私有数据，故将教师类中的成绩 assignGrade 成员函数声明为学生类的友元：

```
class Student;
class Teacher{
  Student* pList;
public:
  //...
  void assignGrade(Student& s);
};//-----------------------------------
class Student{
  Teacher* pT;
  int semesterHours;
  double grade;
public:
  //...
friend void Teacher::assignGrade(Student& s);
};//-----------------------------------
```

因为 Teacher 类中有 Student 的声明，Student 中有 Teacher 类的声明，而类型名使用之前必须先声明，所以这里在 Teacher 类定义之前，先声明一下 Student 类是很要紧的，这种手法称为前向声明。

整个类也可以是友元，此时，称该友元为友类。友类的每个成员函数都可以访问另一个类中的私有成员。例如，将整个教师类看作是学生类的友类，教师既可修改成绩，又可调整学时数：

```
class Student;
class Teacher{
  Student* pList;
public:
  void assignGrade(Student& s);
  void adjustHours(Student& s);
};//-----------------------------------
class Student{
  Teacher* pT;
  int semesterHours;
  double grade;
public:
  //...
  friend class Teacher;
};//-----------------------------------
```

8.8 目的归纳（Conclusion）

C++语言的类机制是 C++ 与 C 的根本区别所在。类机制使得程序员可以随心所欲地定义自己的数据类型。有了类机制，解决问题的途径才开始对应到数据类型上。人们发现用数据类型描述问题中的共性实体才是实质性解决问题的办法，因为这样的编程思维更自然。类之所以能成为描述数据类型的有力工具，在于类能封装数据，能隐藏数据，能描述公共操作，能分离类的内部实现，因而，程序员群体可以从专业意义上进行分工。相应地，程序组织形式也要发生一些变化。

类是一种数据类型，它既有数据合成描述，又有数据操作描述，因而操作是捆绑在同类对象上的。这样一来，任何对象都有了操作规定性，对象的行为便有了相当程度的预料性。编程从亲自操控琐碎的语句到指挥对象进行有预谋的操作，无形中编程的层次被拔高了。而更高层次上的编程的基础工作便是类编程，即类的定义和实现。

在类编程中，先要定义类，类中成员分数据成员和成员函数，数据成员构成对象实体，成员函数和重载的操作符构成对象赖以调用的操作。它们受访问权限的控制，共存于类定义体中。成员函数在类作用域中具有无限的访问权，因此，对象数据受到成员函数全方位的摆布。

将类定义与类的实现分开是一个创举，这使得使用类的程序员可以不依赖于类的实现而编程。类定义成为了一种界面，在这种界面下，程序员成功地进行了编程分工。而且把这种分工落实在程序结构和组织上，使得应用程序员和类程序员可以互不照面而独立担责。

类是一个十分精巧的机制，为了胜任描述数据类型的全方位的能力，还添置了静态数据成员和静态成员函数，使得记录对象们的整体数据不必随单一对象数据而苟合，也不必随单一对象而捆绑操作。类甚至还添设了友元，给予了不同性质的对象之间的亲密无间性。它存在面向对象编程的争议，仿佛编程世界严密性的外在尊严，也强迫着编程内容的内在尊严：不同类型的对象之间也不应有任何情面可言。好在 C++ 法无定法，关于性能、效率的细节它从来都没有忽略过。

练习 8（Exercises 8）

1．下面程序错在哪里？

```
//=======================================
//e0801.cpp
//找错
//=======================================
#include<cmath>
using namespace std;
//---------------------------------------
class Point{
protected:
  double x;                           //x 轴分量
  double y;                           //y 轴分量
public:
  void Set(double ix,double iy){      //设置坐标
    x=ix;  y=iy;
  }//---------------------------
  double xOffset(){                   //取 y 轴坐标分量
    return x;
  }//---------------------------
  double yOffset(){                   //取 x 轴坐标分量
    return y;
  }//---------------------------
  double angle(){                     //取点的极坐标θ
    return(180/3.14159)*atan2(y,x);
  }//---------------------------
  double radius(){                    //取点的极坐标半径
    return sqrt(x*x+y*y);
  }
} //--------------------------------------
int main()
{
  Point p;
  double x,y;

  cout <<"Enter x and y:\n";
  cin >>x >>y;
```

```
  p.Set(x,y);
  p.x+=5;
  p.y+=6;

  cout<<"angle=" <<p.angle()
      <<",radius=" <<p.radius()
      <<",x offset=" <<p.xOffset()
      <<",y offset=" <<p.yOffset() <<endl;
}//=======================================
```

2. 将下面程序分离类定义、类的实现和 main 函数，实现多文件程序结构。

```
//=======================================
//e0802.cpp
//使用 Cat 类
//=======================================
#include<iostream>
//---------------------------------------
class Cat{
  int itsAge;
public:
  int getAge();
  void setAge(int age);
  void meow();              //喵喵叫
};//-------------------------------------
int Cat::getAge(){  return itsAge;  }
void Cat::setAge(int age){ itsAge=age;  }
void Cat::meow(){ std::cout<<"Meow.\n";  }
//---------------------------------------
int main(){
  Cat frisky;
  frisky.setAge(5);
  frisky.meow();
  std::cout<<"frisky is a cat who is "<<frisky.getAge()<<" years old.\n";
  frisky.meow();
}//=======================================
```

3. 定义一个满足如下要求的 Date 类：

（1）用日/月/年的格式输出日期；
（2）可运行在日期上加一天操作；
（3）设置日期操作。

4. 定义一个时间类 Time，能提供和设置由时、分、秒组成的时间，并编出应用程序，要求包括定义时间对象，设置时间，输出该对象提供的时间。并请将类定义作为界面，用多文件结构实现之。

5. 编写一个类，实现简单的栈。栈中有以下操作：元素入栈，读出栈顶元素值，退栈，判断栈顶空否。如果栈溢出，程序终止。栈的数据成员由 10 个整型的数组构成。先后做如下操作：

创建栈；
将 10 入栈；
将 12 入栈；
将 14 入栈；
读出并输出栈顶元素；
退栈；
读出并输出栈顶元素。

6. 重新编写以下程序，将函数 leisure 改为友元。

```
//=======================================
//e0806.cpp
//=======================================
#include<iostream>
//---------------------------------------
class Car{
  int size;
public:
  void setSize(int j){ size = j; }
  int getSize(){ return size; }
};//-------------------------------------
class Boat{
  int size;
public:
  void setSize(int j){ size = j; }
  int getSize(){ return size; }
};//-------------------------------------
int leisure(int time, Car& aobj, Boat& bobj){
  return time * aobj.getSize() * bobj.getSize();
}//--------------------------------------
int main(){
  Car c1;
  c1.setSize(2);
  Boat b1;
  b1.setSize(3);
  std::cout<<leisure(5, c1, b1);
}//======================================
```

7. 将下列程序中的友元改成普通函数，为此应增加类中访问私有数据的成员函数。

```
//=========================================
//e0807.cpp
//=========================================
class Animal{
  int itsWeight;
  int itsAge;
  friend void setValue(Animal&, int, int);
};//-------------------------------------
void setValue(Animal& ta, int tw, int tn){
  ta.itsWeight = tw;
  ta.itsAge = tn;
}//--------------------------------------
int main(){
  Animal peppy;
  setValue(peppy, 7, 9);
}//=======================================
```

8．按下列要求编程。

（1）编写一个类，声明一个数据成员和一个整型静态数据成员。让构造函数初始化数据成员，并把静态数据成员加 1。让析构函数把静态数据成员减 1。

（2）编写一个 main 函数，创建三个对象，然后显示它们的数据成员和静态数据成员，再析构每个对象，并显示它们对静态数据成员的影响。

（3）修改程序，让静态数据成员为私有的，让静态成员函数去访问静态数据成员。

第9章　对象生灭（Object Birth & Death）

类机制真的要融进语言中，着实不是一件容易的事。定义了类，便可以创建对象，一个个的对象表现如何，全在于类定义如何了。

首先，对象创建的形式具有多样性吗？对象创建时，其值有意义吗？我们在第8章也许看多了先创建一个垃圾对象，然后通过成员函数set的操作，让它有意义，那种形式真的不敢恭维，创建对象都像那样绕圈子，类机制还会完美吗？

其次，对象的数据成员该不会都是内部数据类型吧，真要那样，对象就永远也长不大了。对象应该可以嵌套，可以含有其他对象，通过数据堆积，对象表示具体事物的能力就不可限量。然而，要具有这样的能力，对象就必须具有嵌套创建的能力，类机制能理顺对象创建的顺序关系吗？

最后，对象可以作为函数参数传递吗？按照传递的语义，相当于定义一个形参实体，用实参给形参初始化。以一个已经存在的对象给对象创建作依据，可能会意想不到的复杂，因为总不至于把指针或引用值也拷贝吧。真那样的话，拷贝者与被拷贝者（创建的对象）会同时拥有指针指向的实体，你争我夺，成何体统！类机制啊，你必须要有个说法。对象传递问题若不解决，类机制就形同虚设。

对象会有指针，指针会指向空间实体（资源）。实体的作用域又跳出来了：局部对象也好，全局对象也好，动态对象也好，静态对象也好，当终结时刻到来的时候，对象自己不能说走就走，应该卸下自己拥有的资源，融入资源池，再生而复用，否则，内存泄漏不可避免。如果对象的善后工作没有处理好，那么程序语言中也不会有它的立足之地了。

与此相关，对象拷贝（赋值）同样有着对象创建拷贝时的复杂处理现实，必须一起考虑。还有，不同类的对象相互之间的相容性如何，可否互相转换呢？对于这些类机制必须统统考虑到，然后我们才能从对象化编程中获得真切的实惠。

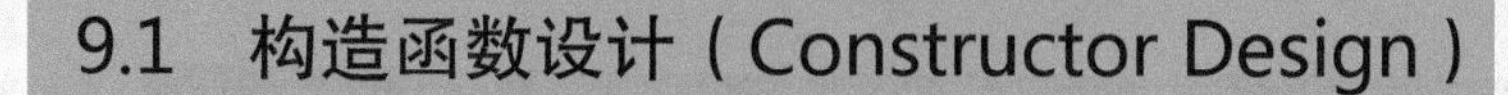

9.1 构造函数设计(Constructor Design)

9.1.1 初始化要求(Initialization Requirement)

定义一个对象，其形式与定义一个变量相似，但其更具意义。当一个整型变量只表示数学上的数值类型时，则取整型范围的任何值都是有意义的。因此，创建变量时，不赋初值也不会引起异议。而当变量要参加运算时必须要给它赋值。当变量表示为月份时，也就是变量具有了实际意义时，则变量的初值便是重要的。例如：

```
int month;            //不合理
int month = 1;        //合理
```

对于第一个定义语句，没有赋给初值，则 month 变量值可能是荒谬的，变量因为具有了实际意义而要求在创建时便指明初值——初始化。

对象定义和变量定义一样，当以无初始化的形式定义时，例如：

```
Date d;
```

若创建全局对象，则以全 0 位的模式表示对象。若创建局部对象，则以随机值表示对象。例如，改写程序 f0807.cpp，使之输出没有被 set 操作的全局对象和局部对象的值：

```
(1)  //=====================================
(2)  //f0901.cpp
(3)  //全局和局部对象值
(4)  //=====================================
(5)  #include "point.h"
(6)  #include<iostream>
(7)  using namespace std;
(8)  //-------------------------------------
(9)  Point t;
(10) int main(){
(11)   Point s;
(12)   cout<<s<<t;
(13) }//=====================================
```

```
E:\ch09>f0901↙
(256,1)
(0,0)
```

所运行结果的随机性，使得对象的意义不甚明了。我们说一定类型的对象值都是具有意义的。例如，一个日期类型的对象值不可能是 0 年 0 月 0 日。所以，对象不能只以“Date a;”的一种形式定义，这样定义的对象大多是荒谬的。对象必须建立一种初始化机制，以满足在编程中可以针对实际问题所提出的要求而赋给一个有意义的初值。

❑ 9.1.2 封装性要求（Encapsulation Requirement）

结构型变量允许在创建时进行初始化，其形式为：

```
struct Point{
  int x,y;
};
Point d = { 2, 3 };
```

只要是公有数据成员，C++的类也兼容这种形式。它本质上反映了数据成员逐个赋值的能力。因此，该变量定义形式等价于：

```
Point d;
d.x=2;
d.y=3;
```

然而，对象的初始化不应采用这种兼容 C 的形式，因为这意味着创建变量的上下文中对数据成员修改的随意性。将 struct 改写成 class，即将数据成员改为私有：

```
class Point{
  int x,y;
  //...
};
Point d = { 2, 3 };  //错
```

封装性的要求杜绝了这种初始化形式，事实上，这种形式根本不能完成对象初始化过程中的校验和计算工作。

对象也许是一种远比此处要复杂的实体，在构建对象的过程中，并不一定是一个初值对应一个对象分量。例如上面的初值 2 对应 x 分量，3 对应 y 分量。许多时候，一个初值只是传递了一个信息，告诉对象的创建工作应该怎么进行。例如，对象设计为极坐标系，其分量由极径 r 和极角 a 表示，而能提供的参数（初值）则是平面坐标系中的 x 分量和 y 分量，于是需要根据参数进行变换计算。因此，封装性要求对象创建中按传递的信息进行一个过程化的初始化工作。

❑ 9.1.3 函数形式（Function Form）

变量只涉及单个数据，因此，赋初值的形式可以在变量后加上赋值符及表达式。但对象创建不同，对象涉及多个数据分量，因此初始化也就有多个数据初值。而函数的参数形式则可以满足初始化多个数据分量的要求。例如：

```
int a=3;                        //整型变量初始化定义
int a(3);                       //OK:函数形式的变量初始化定义,与上等价
```

```
Date day={2005, 12, 28};    //错:class 定义的对象拒分量对应般的初始化
Date day(2005, 12, 28);     //OK:函数形式的对象初始化
```

最后一条语句是创建对象的定义语句，表示创建一个初值为 2005 年 12 月 28 日的日期对象。

对象初始化是在创建时完成的，在对象创建的过程中，涉及对象的复杂操作。例如，进行正确性校验，编写初始化工作中所要完成的计算工作。因此，初始化工作应该是一个过程。

由于初始化工作是类的操作，所以它应该表现为成员函数。但这种成员函数是特殊的，是专门为完成对象创建过程中的工作而设计的，所以，以一种专有的名称“构造函数”（constructor）命名之。

构造函数的名称反映了对象创建的一般过程，它是唯一的。另一方面，一个类可以产生无数的对象，对象定义语句的形式涉及一个类名和对象名。所创建的对象是对象名引导的构造函数调用，默认时，仅表示为对象名。虽然调用构造函数时是用对象名激活的：

```
Date day(2005, 12, 28);  //看似一个名为 day 的函数
```

但显然用对象名作为构造函数名称是不现实的。类名的唯一性和类对象的无限性，使我们得以想到用类名（例如 Date）而不是对象名（例如 day）作为构造函数的名称。

例如：一个极坐标系中的 PPoint 类，给予初值为直角坐标 x 和 y 的值，由于类中数据成员（分量）表示为极坐标的半径和弧度，因此，该初始化工作还涉及正确性校验和直角坐标转换为极坐标计算的操作：

```
class PPoint{
  double a, r;                          //极坐标
public:
  PPoint(double ix, double iy);       //参数为直角坐标
    if(ix<0 || iy<0) {                 //只具象征意义的错误处理
      cout<<"illegal date object initialization.\n";
      return;
    }
    a = atan2(iy, ix);                  //极角转换计算
    r = sqrt(ix*ix+iy*iy);              //极径转换计算
  }//-----------------------------------
  double xOffset();                     //成员函数：获取直角坐标 x 分量
  double yOffset();                     //成员函数：获取直角坐标 y 分量
  double angle();                       //成员函数：获取极坐标弧度
  double radius();                      //成员函数：获取极坐标半径
};
```

类的构造函数承担对象的初始化工作，它旨在使对象初值有意义。

□ 9.1.4 无返回值（Non Return-Type）

1 构造函数的职能

构造函数创建对象实体，如果创建失败，应该如何？试想整型变量定义语句失败的情

形，整型变量定义，产生一个变量实体，产生实体的过程是更微小程序体的一个封装，它或许是一个硬件操作。如果该过程失败，将导致程序的异常而终止。因为变量实体创建在失败的情形下，程序是无法再继续运行下去的，变量实体都不存在了，怎么还能访问该实体呢？所以作为对象的构造函数，其根本的使命就是创建对象实体。如果创建失败，例如，内存空间短缺，将会引起系统异常，这时候若真要论及处理，就该让程序捕捉该异常（☞CH15.6.1），或者干脆终止程序的运行。

因此构造函数的工作不以对象体作为返回值，也不以运行的成败状态作为继续运行的依据，构造函数的成功运行，完成了对象定义，确立了对象实体今后的操作合法性；构造函数的失败运行，预示着后继工作无法展开而必须另寻其他途径。

对象定义模仿函数调用的形式：

```
Point x(2, 3);
```

决定了构造函数不应有返回值。它是类型名称引导的定义语句，不是无返回值的函数调用语句，所以，构造函数也不是无类型（void）函数。

2 构造函数调用的形式差异

我们希望通过构造函数的调用方式，理解构造函数的工作原理。以下是两种构造函数的调用方式：

```
Date day(2005,12,8);
Date day = Date(2005, 12, 8);
```

两者之间的不同，前者是在对象实体创建时，给予初始化；后者是先通过调用构造函数 Date(2005,12,8)，创建无名的对象实体，然后，再创建（构造）名为 day 的对象实体，之后，再将无名对象复制（赋值）给 day 对象，最后，还要销毁该无名对象，也即拷贝构造（☞CH9.5）。而对于拷贝构造的正确应用，那是对于已经存在一个对象的基础上去构造新对象，而并不是为了创建一个对象，特地先去创建一个无名对象。

总之，定义一个对象一定涉及创建存储体和初始化这两个过程。之所以说它是过程而非单纯的操作，是因为创建存储体会牵涉全体成员的逐个创建，而成员如果是对象，则又可为另一个成员集合的逐个创建，而每个创建都是一次构造函数的调用，可见创建存储体不一定简单；而从上节（☞CH9.1.4）看到，初始化的工作在真实的类编程中，也可能是一个计算过程。

3 否定 void 函数形式

构造函数具有定义对象的职能，即建立内存实体与名字的关联；同时它也是具值函数，构造本身必须产生计算的结晶——对象，以便可以直接行使各项对象操作。

无返回的 void 函数定义形式，不但与对象定义的语法相冲突，而且它也仅仅只能履行过程处理，在被调用之后，将废弃计算处理的现场，无对象返回，因而也无法关联名字与实体。所以构造函数不能是 void Date(int,int,int);形式。

4 区别对象定义与具值函数

构造函数的工作不应该是先在异地创建对象，然后复制给命名的“垃圾”对象，再回头销毁异地对象，构造函数应该直接在内存中产生对象实体，并予以初始化。

写成 Date Date(int,int,int);或 Date* Date(int,int,int);形式的具值函数，意味着计算任务结束之后，终结计算现场，同时返回计算结果，于是就会形成低效的赋值方式的对象定义形式，例如：Date day = Date(2005, 12, 8);

对象定义的语法，例如 Date day(2005,12,8);直接转为构造函数调用的特殊形式，要求构造函数区别于具值函数的定义方式，因而，构造函数定义中没有返回类型。

9.1.5 set 的缺憾（Shortcomings of set）

将创建工作与设置对象值的工作分开，即将代码：

```
Date d(2005, 12, 28);
```

表示为：

```
Date d;
d.set(2005, 12, 28);
```

前者只涉及一个含参数传递的构造函数，后者却关系两个成员函数调用：一个构造函数，一个 set 成员函数。这首先使得后者让 C++ 多了一道处理初始化的解释与执行工作，多了一道函数调用。每当对象创建时，都要人为地增加代码书写。其次，也让类机制开了一个口子。对象创建时，对象值并不是合法的，必须要经过人为的编程，才能使之趋于符合逻辑。可以改进程序 ppoint.h 如下：

```
(1)  //=======================================
(2)  //ppoint.h
(3)  //=======================================
(4)  #ifndef HEADER_PPOINT
(5)  #define HEADER_PPOINT
(6)  class PPoint{
(7)    double x, y;                        //直角坐标抑或极坐标
(8)  public:
(9)    PPoint(double ix, double iy);  //设置坐标
(10)   double xOffset();                   //直角坐标 x 分量
(11)   double yOffset();                   //直角坐标 y 分量
(12)   double angle();                     //极坐标弧角
(13)   double radius();                    //极坐标半径
(14) };//===================================
(15) #endif //HEADER_PPOINT
```

分别修改 ppoint.cpp 和改进 f0811.cpp 为 f0902.cpp：

```
(1)  //======================================
(2)  //ppoint.cpp
(3)  //======================================
(4)  #include "ppoint.h"
(5)  #include<cmath>
(6)  using namespace std;
(7)  //--------------------------------------
(8)  PPoint::PPoint(double ix, double iy){
(9)    x=ix;  y=iy;
(10) }//------------------------------------
(11) double PPoint::xOffset(){
(12)   return x;
(13) }//------------------------------------
(14) double PPoint::yOffset(){
(15)   return y;
(16) }//------------------------------------
(17) double PPoint::angle(){
(18)   return(180/3.14159)*atan2(y,x);
(19) }//------------------------------------
(20) double PPoint::radius(){
(21)   return sqrt(x*x+y*y);
(22) }//------------------------------------
```

```
(1)  //======================================
(2)  //f0902.cpp
(3)  //使用 PPoint
(4)  //======================================
(5)  #include "ppoint.h"
(6)  #include<iostream>
(7)  using namespace std;
(8)  //--------------------------------------
(9)  int main(){
(10)   for(double x,y; cout<<"Enter x and y:\n" && cin>>x>>y && x>=0;){
(11)     PPoint p(x,y);
(12)     cout<<"angle="<<p.angle()<<", radius="<<p.radius()<<", x offset="
(13)         <<p.xOffset()<<", y offset="<<p.yOffset()<<"\n";
(14)   }
(15) }//====================================
```

该程序的运行结果与程序 f0811.cpp 完全一样。用构造函数创建对象，使得对象初始化能够一次解决。程序员完全可以在构造函数中严格检查对象的初值条件，只是本程序中的构造函数还是很粗糙的，它没有正确性校验，结果的正确与否完全依赖于输入数据的合法性。

类的界面 ppoint.h 文件在这里也做了修改。然而，类的界面在开发过程中一般是不能随便修改的，这反映了一个软件设计是否成熟。在这里，完全是为了演示 C++ 技术，循序渐进地推进教学进程。

9.1.6 一次性对象（Only-One-Time Object）

创建对象如果不给出对象名，也就是说，直接以类名调用构造函数，则产生一个无名对象。无名对象经常在参数传递时用到。例如：

```
cout<<Date(2003,12,23);
```

Date（2003,12,23）是一个对象，该对象在做了<< 操作后便烟消云散了，所以这种对象一般用在创建后不需要反复使用的场合。

9.2 构造函数的重载（Overloading of the Constructor）

9.2.1 重载构造函数（Overloaded Constructor）

构造函数毕竟是函数，是函数就可以重载。不但可以重载，还可以设置默认参数。例如：

```
(1)  //======================================
(2)  //f0903.cpp
(3)  //构造函数重载
(4)  //======================================
(5)  #include<iostream>
(6)  #include<iomanip>
(7)  using namespace std;
(8)  //--------------------------------------
(9)  class Date{
(10)   int year, month, day;
(11) public:
(12)   Date(int y=2000, int m=1, int d=1);        //设置默认参数
(13)   Date(const string& s);                     //重载
(14)   bool isLeapYear()const;
(15)   friend ostream& operator<<(ostream& o, const Date& d);
(16) };//-------------------------------------
(17) Date::Date(const string& s){
(18)   year = atoi(s.substr(0,4).c_str());
(19)   month = atoi(s.substr(5,2).c_str());
(20)   day = atoi(s.substr(8,2).c_str());
(21) }//-------------------------------------
(22) Date::Date(int y, int m, int d){ year=y,month=m,day=d; }
(23) //--------------------------------------
(24) bool Date::isLeapYear()const{
(25)   return (year % 4==0 && year % 100 )|| year % 400==0;
```

```
(26) }//--------------------------------------
(27) ostream& operator<<(ostream& o, const Date& d){
(28)   o<<setfill('0')<<setw(4)<<d.year<<'-'<<setw(2)<<d.month<<'-';
(29)   return o<<setw(2)<<d.day<<'\n'<<setfill(' ');
(30) }//--------------------------------------
(31) int main(){
(32)   Date c("2005-12-28");
(33)   Date d(2003,12,6);
(34)   Date e(2002);                  //默认两个参数
(35)   Date f(2002,12);               //默认一个参数
(36)   Date g;                        //默认三个参数
(37)   cout<<c<<d<<e<<f<<g;
(38) }//======================================
```

```
E:\ch09>f0903↙
2005-12-28
2003-12-06
2002-01-01
2002-12-01
2000-01-01
```

程序 f0903.cpp 还展示了什么时候重载函数，什么时候默认参数。当处理过程不同时，如 Date(const string&)与 Date(int y, int m, int d)必然是重载的。当处理过程类似时，用默认参数可以省去一些重复的编码工作。

程序第 36 行似乎是一个错误，对于对象创建，即对于无参的构造函数调用，应该是 g( )，加上类名，即写成：

```
Date g();
```

但是，从语法上说，这个语句也是名叫 g 的返回临时 Date 对象的函数声明！因此 C++ 语言在设计时，为了区别无初始化的对象定义和返回类对象的无参函数声明的差别，也为了保持无初始化变量定义与无初始化（无参）对象定义的一致性，规定无参对象定义语句为下面形式：

```
int a;          //变量定义
int b();        //返回整型值的无参函数声明
Date g;         //无参对象定义
Date f();       //返回类对象的无参函数声明
```

该形式加空括号后就成了无参函数声明。至于返回对象值的有参函数声明和有初始化的对象定义语句，由于函数声明中的参数有类型引导，而对象定义的初始化中无类型引导，它们本身（或在编译看来）是可以区分的：

```
Date e(2002);   //对象定义
Date e(int y);  //函数声明
```

如果这几个重载函数都具有一个共同的初始化校验工作，也可以将该工作分离出来，单独作为一个成员函数，以避免每个重载函数都重复实现校验工作。例如，f0903.cpp 可以改进如下：

```
(1)  //=======================================
(2)  //f0904.cpp
(3)  //构造函数的部分初始化
(4)  //=======================================
(5)  #include<iostream>
(6)  #include<iomanip>
(7)  using namespace std;
(8)  //---------------------------------------
(9)  class Date{
(10)   int year, month, day;
(11)   void init();
(12) public:
(13)   Date(const string& s);
(14)   Date(int y=2000, int m=1, int d=1);
(15)   bool isLeapYear()const;
(16)   friend ostream& operator<<(ostream& o, const Date& d);
(17) };//-------------------------------------
(18) void Date::init(){
(19)   if(y>5000 || y<1 || m<1 || m>12 || d<1 || d>31)
(20)     exit(1);  //停机
(21) }//-------------------------------------
(22) Date::Date(const string& s){
(23)   year = atoi(s.substr(0,4).c_str());
(24)   month = atoi(s.substr(5,2).c_str());
(25)   day = atoi(s.substr(8,2).c_str());
(26)   init();
(27) }//-------------------------------------
(28) Date::Date(int y, int m, int d){
(29)   year=y, month=m, day=d;
(30)   init();
(31) }//-------------------------------------
(32) bool Date::isLeapYear()const{
(33)   return(year % 4==0 && year % 100)|| year % 400==0;
(34) }//-------------------------------------
(35) ostream& operator<<(ostream& o, const Date& d){
(36)   o<<setfill('0')<<setw(4)<<d.year<<'-'<<setw(2)<<d.month<<'-';
(37)   return o<<setw(2)<<d.day<<'\n'<<setfill(' ');
(38) }//-------------------------------------
(39) int main(){
(40)   Date c("2005-12-28");
```

```
(41)    Date d(2003,12,6);
(42)    Date e(2002);
(43)    Date f(2002,12);
(44)    Date g;
(45)    cout<<c<<d<<e<<f<<g;
(46) }//=====================================
```

该程序与程序 f0903.cpp 的运行结果相同。类中初始化校验工作是在 init 成员函数中完成的。由于它归构造函数专用，不被类的使用者使用，所以，其声明被放在私有成员中。当它的定义随着类的实现而分离出应用程序的时候，代码便被隐蔽起来。

很显然，init 成员函数并不需要参数传递，因为它在类作用域中如入无人之境，查验被捆绑的对象的年、月、日数据是它的权利。另外，init 被调用时，也不需要捆绑对象。一则，成员函数内部调用成员函数，如果捆绑对象那就见外了。捆绑对象是对使用者来说的，在自己的类中无须客套；二则，init 函数虽没有捆绑对象，但实际上，调用者（也是成员函数）已经把自己正在处理的对象暗中传递给了 init。

9.2.2 无参构造函数（Non-Parameter Constructor）

在程序 f0802.cpp 中，Date 类定义中没有声明任何构造函数，为什么创建对象的定义语句也可以生效呢？

这是 C++ 的一个人性化设计，为了方便编程，也为了与 struct 结构一致，系统默认，类型自定义中若无构造函数，照样可以用对象定义语句创建对象。可以做这样的假想：类机制中总是为无构造函数的类默认地建立一个无参的构造函数，它除了分配对象的实体空间外，其他什么也不做。因此没有定义构造函数的类，可以看作系统给了一个默认的无参构造函数：

```
class A{
  //私有成员
public:
  A(){}   //无参构造函数
  //其他公有成员
};
```

无参构造函数也称默认构造函数（default constructor），因为在描述上涉及默认的默认构造函数（default default constructor），可能会引起不必要的混乱，而无参构造函数能更精确地描述汉语的语义。如果手工定义了无参构造函数，或者任何其他的构造函数，则系统不再提供默认的无参构造函数。即：

```
class A{
  //私有成员
public:
  A(int x){}
  A(string){}
  //其他公有成员
```

```
};//-----------------------------------
A a(2);
A b(3.9);
A c;  //错
```

因为类中没有了默认的无参构造函数，所以最后一条语句引起了编译错误。因此，要不是程序 f0903.cpp 中第 12 行有默认参数的构造函数，则第 36 行创建无初始化对象的定义语句是不能被编译接受的。

9.3 类成员初始化（Class Member Initialization）

9.3.1 默认调用的无参构造函数（No-Argument Constructor Called by Default）

类定义中有数据成员和成员函数，数据成员可以是内部数据类型的变量实体，也可以是对象实体。例如，有一个学号类和一个学生类，学生类中包含了学号类的对象，因此在构造学生对象时，面临着数据成员学号类对象的构造：

```
(1)  //========================================
(2)  //f0905.cpp
(3)  //对象成员的默认构造
(4)  //========================================
(5)  #include<iostream>
(6)  using namespace std;
(7)  //----------------------------------------
(8)  class StudentID{
(9)    int value;
(10) public:
(11)   StudentID(){
(12)     static int nextStudentID = 0;
(13)     value = ++nextStudentID;
(14)     cout<<"Assigning student id "<<value<<"\n";
(15)   }
(16) };//----------------------------------------
(17) class Student{
(18)   string name;
(19)   StudentID id;
(20) public:
(21)   Student(string n = "noName"){
(22)     cout <<"Constructing student " + n + "\n";
(23)     name = n;
(24)   }
(25) };//----------------------------------------
```

```
(26) int main(){
(27)   Student s("Randy");
(28) }//=======================================
```

```
E:\ch09>f0905↙
Assigning student id 1
Constructing student Randy
```

可是，在学生类的构造函数中并没有看到学号类对象初始化的痕迹，而数据成员 name 倒被赋了初值。

从运行结果看，当学生类对象被构造时，一个学号对象也创建了，而且学号类的构造函数先于学生类对象的构造函数体的执行而执行。

C++ 的类机制对于含有对象成员的类对象的构造定了一些规则，对于第 27 行语句，其内部的执行次序是这样的：

（1）先分配学生类对象 s 的空间，调用 Student 构造函数；

（2）在 Student 构造函数体尚未执行时，由于看到了类的对象成员 id，转而去调用学号类的无参构造函数；相当于去执行定义语句：

```
StudentID id;
```

（3）执行了学号类构造函数体，输出结果的第 1 行信息，返回到 Student 构造函数；

（4）执行 Student 构造函数体，输出结果的第 2 行信息，完成全部构造工作。

这里对学号类构造函数的调用是默认的，默认调用便是调用无参构造函数，而正好学号类设计的构造函数就是无参构造函数。

❑ 9.3.2 初始化的困惑（Initialization Confusion）

如果，学生对象创建中，既要初始化名称，又要给定一个指定的初始学号，也就是不要默认调用无参构造函数，那么，类该如何操作呢？

如果不能在创建 StudentID 的过程中初始化对象，就不能将对象值设置到位。试看下列对 StudentID 对象值的修改企图的破灭：

```
(1)  //=======================================
(2)  //f0906.cpp
(3)  //不正确的初始化尝试
(4)  //=======================================
(5)  #include<iostream>
(6)  using namespace std;
(7)  //---------------------------------------
(8)  class StudentID{
(9)    int value;
(10) public:
(11)   StudentID(int id=0){
```

```
(12)      value = id;
(13)      cout<<"Assigning student id "<<value<<"\n";
(14)    }
(15)  };//-----------------------------------
(16)  class Student{
(17)    string name;
(18)    StudentID id;
(19)  public:
(20)    Student(string n = "noName", int ssID=0){
(21)      cout <<"Constructing student " + n + "\n";
(22)      name = n;
(23)      StudentID id(ssID);
(24)    }
(25)  };//-----------------------------------
(26)  int main(){
(27)    Student s("Randy", 58);
(28)  }//===================================
```

```
E:\ch09>f0906↙
Assigning student id 0
Constructing student Randy
Assigning student id 58
```

s 对象初始化的学号为 58，重新设计了 Student 构造函数，将该值传给了它，所以形参 ssID 的值也为 58。但是我们看到转而调用的 StudentID 构造函数执行体却没有输出 58，而是默认的 0 学号。这说明转而调用的仍然是无参构造函数。将 StudentID 的构造函数写成参数默认是为了让无参构造函数调用也能通过，以便让整个程序顺利运行。及至后来，要想在 Student 类内，通过构造函数体中的对象初始化创建的定义语句改变 id 的值，发现这仅仅只是区别于 s 对象中的 id 对象的一个局部对象，等到构造函数结束时，该局部对象的局部生命期到期而被析构（销毁）。

此外，常量成员和引用成员在构造时，也存在初始化的问题：

```
class Silly{
  const int ten;
  int &ra;
public:
  Silly(int x, int& a){
    ten = 10;    //破坏常量操作语法
    ra = a;      //仅表示 a 的值赋给引用 ra
  }
};//--------------------------
```

我们都知道，常量是不能做左值的，对一个已经创建了的常量，再赋给新值是没有道理的。我们也知道，引用只能在创建时进行变量实体的对应，对一个已经存在的引用来说，赋值语句并不表示再次与变量对应。也就是说，在构造函数体中是不能完成对常量成员和引用成员的初始化的。

❑ 9.3.3 成员的初始化（Initializing Members）

在构造函数的参数列表右括号后面，大括号前面，可以用冒号引出构造函数的调用表，该调用表可以省略类型名称，但却行创建对象之职：

```
(1)  //=====================================
(2)  //f0907.cpp
(3)  //类成员的初始化
(4)  //=====================================
(5)  #include<iostream>
(6)  using namespace std;
(7)  //-------------------------------------
(8)  class StudentID{
(9)    int value;
(10) public:
(11)   StudentID(int id=0){
(12)     value=id;
(13)     cout <<"Assigning student id " <<value <<endl;
(14)   }
(15) };//-----------------------------------
(16) class Student{
(17)   string name;
(18)   StudentID id;
(19) public:
(20)   Student(string n="no name", int ssID=0):id(ssID),name(n){
(21)     cout<<"Constructing student "<<n<<"\n";
(22)   }
(23) };//-----------------------------------
(24) int main(){
(25)   Student s("Randy", 98);
(26)   Student t("Jenny");
(27) }//===================================
```

```
E:\ch09>f0907↙
Assigning student id 98
Constructing student Randy
Assigning student id 0
Constructing student Jenny
```

按照以往的知识，以对象名引导构造函数必须跟在类型名后面，只在对象定义中被允许。而且，如果已经创建了一个对象，则该对象不能以函数调用的形式出现。对象只能通过点操作符捆绑非构造函数的其他成员函数进行操作：

```
PPoint d(3,2);
cout<<d(6,8);  //错
```

```
cout<<d.angle();
```

构造函数的构造参数列表破例采用了对象名引导构造函数调用的形式。

另外，第 20 行中写成 id(ssID)的形式转而去调用 StudentID 的构造函数，目的是不要调用无参构造函数，而按构造参数列表中说明的参数要求去调用。因此它相当于调用：

```
StudentID id(ssID);
```

对于常量成员和引用成员也可以构造参数表的方式解决：

```
class Silly{
  const int ten;
  int &ra;
public:
  Silly(int x, int& a):ten(10), ra(a){}
};
```

至于变量成员，“int a; a=1;” 等价于 “int a=1;” 所以两种方式都可以用，例如日期构造函数：

```
Date::Date(int y, int m, int d){ year=y,month=m,day=d; }
```

可以写成：

```
Date::Date(int y, int m, int d): year(y),month(m),day(d){}
```

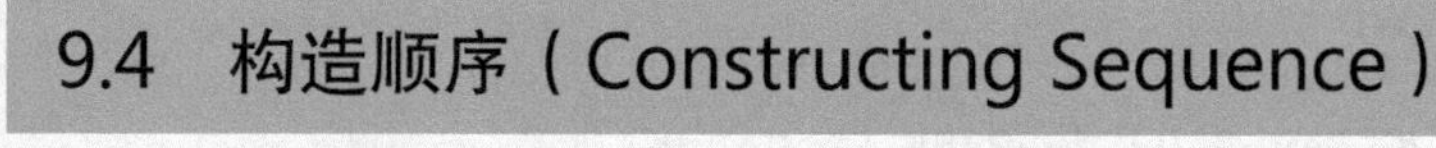

9.4 构造顺序（Constructing Sequence）

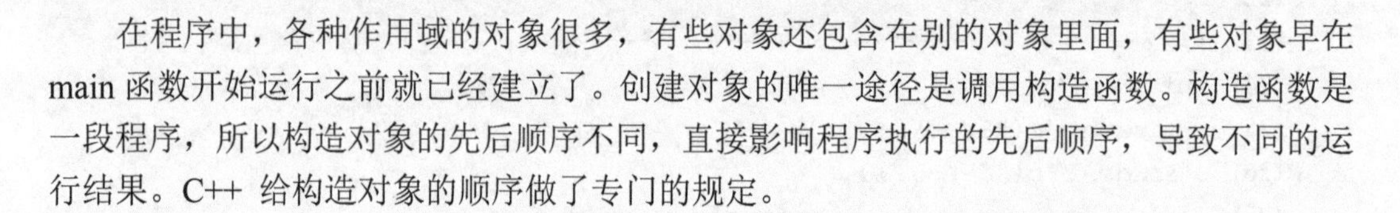

在程序中，各种作用域的对象很多，有些对象还包含在别的对象里面，有些对象早在 main 函数开始运行之前就已经建立了。创建对象的唯一途径是调用构造函数。构造函数是一段程序，所以构造对象的先后顺序不同，直接影响程序执行的先后顺序，导致不同的运行结果。C++ 给构造对象的顺序做了专门的规定。

9.4.1 局部对象（Local Objects）

局部和静态对象是指块作用域（局部作用域）和文件作用域的对象。它们声明的顺序与它们在程序中出现的顺序是一致的。例如，下面的程序是测试局部对象与局部静态对象在不同情况下的创建顺序。

```
(1)  //=====================================
(2)  //f0908.cpp
(3)  //测试局部对象的创建顺序
(4)  //=====================================
(5)  #include<iostream>
(6)  using namespace std;
```

```
(7)  //----------------------------------
(8)  class A{
(9)  public:
(10)   A(){ cout<<"A->"; }
(11) };//----------------------------------
(12) class B{
(13) public:
(14)   B(){ cout<<"B->"; }
(15) };//----------------------------------
(16) class C{
(17) public:
(18)   C(){ cout<<"C->"; }
(19) };//----------------------------------
(20) void func(){
(21)   cout<<"\nfunc: ";
(22)   A a;
(23)   static B b;
(24)   C c;
(25) }//----------------------------------
(26) int main(){
(27)   cout<<"main: ";
(28)   for(int i=1; i<=2; ++i){
(29)     for(int j=1; j<=2; ++j)
(30)       if(i==2) C c; else A a;
(31)     B b;
(32)   }
(33)   func(); func();
(34) }//==================================
```

```
E:\ch09>f0908↙
main: A->A->B->C->C->B->
func: A->B->C->
func: A->C->
```

在C中，所有的局部变量（没有对象）都是在函数开始执行时统一创建的，创建的顺序是根据变量在程序中按语句行出现的顺序。而C++ 却不同，它是根据运行中定义对象的顺序决定对象创建的顺序。而且，静态对象只创建一次。

❑ 9.4.2 全局对象（Global Objects）

和全局变量一样，所有全局对象在主函数（main）启动之前，全部已被构造。

因为构造过程是程序语句的执行过程，所以，可以想象在程序启动之前，已经有程序语句（构造函数）在那里被执行过了。

全局对象的创建还涉及调试问题。调试总是从 main 函数的位置开始的，因此在开始捕捉错误之前，错误可能已经产生，甚至可能是导致程序无法继续运行的致命错误，你还没有得到调试的控制权，程序已经死机了。

有两种方法可以解决这个问题：一是将全局对象先作为局部对象调试；二是在所有怀疑有错的构造函数的开头，增加输出语句，这样在获得调试控制时，就可以看到已经产生的对象构造的输出信息。事实上，这里的许多构造函数都含有输出操作，其目的就是要了解构造函数的运行次序。

构造全局对象不像局部对象那么简单，全局对象没有明确的控制流表明其顺序。因为全局对象还有多个源文件之间的协调问题，多文件的程序只有等到程序链接之后相互之间的关系才能确定，但程序文件相互关系确定并不等于对象创建顺序确定，事实上，全局对象的创建顺序是编译器编造出来的，因而不同的编译器做法就不同。

一旦 main 函数开始启动，则运行顺序是可控的，但全局对象并不依赖于从 main 函数之后的运行顺序，它早在 main 运行之前就创建完毕了。所以，全局对象的创建顺序在标准 C++中没有规定，也无法规定，一切视编译器的内在特性而定。例如：下面的代码，在 student.h 的基础上，两个 cpp 文件中分别创建了一个全局对象：

```
(1)  //=======================================
(2)  //student.h
(3)  //=======================================
(4)  #include<iostream>
(5)  using namespace std;
(6)  //---------------------------------------
(7)  class Student{
(8)    const int id;
(9)  public:
(10)   Student(int d):id(d){ cout<<"student\n"; }
(11)   void print(){ cout<<id<<"\n"; }
(12) };//------------------------------------
(13) class Tutor{
(14)   Student s;
(15) public:
(16)   Tutor(Student& st):s(st){ cout<<"tutor\n"; s.print(); }
(17) };//------------------------------------
```

```
(1)  //=======================================
(2)  //f0909.cpp
(3)  //测试全局对象的创建顺序
(4)  //=======================================
(5)  #include "student.h"
(6)  extern Student ra;
(7)  //---------------------------------------
(8)  Tutor je(ra);            //全局对象 je
```

```
(9)  int main(){}
```

```
(1)  //========================================
(2)  //f0909_2.cpp
(3)  //测试全局对象的创建顺序
(4)  //========================================
(5)  #include "student.h"
(6)  Student ra(18);            //全局对象 ra
```

```
E:\ch09>f0909↙
tutor
0
student
```

从运行结果中看出，Tutor 对象 je 中的学生号并非想象中的 18，而是 0。说明 Tutor 对象 je 先于 ra 而创建。也许，在另外一次编译链接和运行中，是 Student 对象先于 Tutor 对象创建呢！

为了避免编译器实现中的不确定问题，应尽量不要设置全局对象，这是程序设计重用及安全要诀，更不要让全局对象之间互相依赖。

❑ 9.4.3 成员对象（Member Objects）

成员对象以其在类中声明的顺序构造。例如，编程中想要以构造函数中构造参数表的顺序规定对象构造的顺序，无法如愿：

```
(1)  //========================================
(2)  //f0910.cpp
(3)  //测试成员对象的创建顺序
(4)  //========================================
(5)  #include<iostream>
(6)  using namespace std;
(7)  //----------------------------------------
(8)  class A{
(9)  public:
(10)   A(int x){ cout<<"A:"<<x<<"->"; }
(11) };//-------------------------------------
(12) class B{
(13) public:
(14)   B(int x){ cout<<"B:"<<x<<"->"; }
(15) };//-------------------------------------
(16) class C{
(17)   A a;
```

```
(18)   B b;
(19) public:
(20)   C(int x,int y):b(x),a(y){ cout<<"C\n"; }
(21) };//-----------------------------------
(22) int main(){
(23)   C c(15, 9);
(24) }//===================================
```

```
E:\ch09>f0910↙
A:9->B:15->C
```

class C 按 A、B 的顺序定义对象成员，其构造函数又按 b、a 的顺序进行构造。到底听谁的？以定义顺序说了算。

9.4.4 构造位置（Constructing Location）

1 放在全局数据区

全局对象、常对象、静态对象都放在全局数据区的位置。要想让对象的生命期与运行的程序等同寿命，只能放在全局数据区。

2 放在栈区

在函数中定义局部对象，则随着被调函数的返回而析构。它具有局部作用域。

3 放在动态内存区

放在动态内存区即放在堆区，用 new 申请的空间都在动态内存区。例如：

```
vector<int>* ap = new vector<int>[100];
```

即从堆区申请 100 个整型数的向量空间给向量指针 ap，以后归还的时候使用：

```
delete[] ap;
```

4 放在特殊地址空间

假设整型数 a 是特殊地址的大小描述。要将类 X 的对象 x 放在 a 开始的地址空间上。显然，a 开始的地址上必须已经留有足够的空间存放 x 对象，则可以：

```
X* p = reinterpret_cast<X*>(a);
*p = x;
```

也就是说，将 a 开始的地址空间位置放置的实体类型转成 X 类对象的指针值。转换 reinterpret_cast 是将原先的实体看成是转换后的实体，其位模式保持不动（☞CH3.7.2）。然后以该指针的间接访问操作为左值，接受 x 对象的赋值。

9.5 拷贝构造函数（Copy Constructor）

❑ 9.5.1 对象本体与实体（Object Realty & Entity）

对象定义语句使得对象得以创建。创建了对象，就在内存中为对象开辟了一块对象空间。例如：

```
Date a[3];
```

其内存空间分配如图 9-1 所示。它表示对象数组空间是由每个对象空间叠加而成，而每个对象空间的大小是由类定义中的数据成员的大小和顺序规定的。然而对象空间并不总是那么单纯。

对象本体：对象按类定义的各数据成员描述所开辟的空间集合。

对象实体：对象拥有的空间总和，包括对象本体和指针成员指向的空间。对象若无指针成员，则对象本体=对象实体。

当一个类表示为学生的个人信息时，就会有长度无法确定的个人简历、父母亲个人信息等成员，由于个人简历长度不确定的因素，用指针才能充分利用存储空间。而描述父母亲个人信息本身又是一个完整的对象，何况，有些人可能没有父母亲个人信息。所以描述这一实体也只能是对象的指针，如图 9-2 所示。

a

year	
month	
day	
year	
month	
day	
year	
month	
day	

图 9-1　日期数组

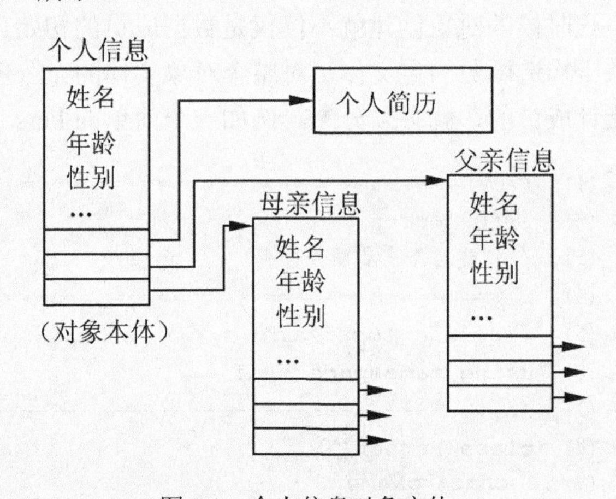

图 9-2　个人信息对象实体

相对应的类定义描述为：

```
class Student{
  string name;
  int age;
  bool marriage;
  //...
  char* resume;
  Person* father;
```

```
    Person* mother;
public:
    //公有成员
};
```

特别是当一个类表示为一个容器时，例如，表示成一个整型数链表的时候，其类中的成员会自然地表示成整型结点指针，因为结点指针指向结点链表，表中结点数在创建对象时是无法确定的：

```
class iList{
  struct iNode{
    iNode(int& i):c(i),next(0),pref(0){}
    int c;
    iNode *next, *pref;
  };
  iNode *first, *last;
public:
  iList();
  void add(int& c);
  void remove(int& c);
  int* find(int& c);
  void print();
  ~iList();
};//-------------------------
```

这时候的对象创建就不仅仅是数据成员的初始化了。不仅仅是对象本体的创建，而是依赖于构造函数的定义体，对整个对象实体的充分创建。应该分配动态内存空间给对象中的指针成员的，就必须分配。例如一个简单的Person类定义及对象创建活动是这样的：

```
(1)  //========================================
(2)  //f0911.cpp
(3)  //创建对象需要额外内存
(4)  //========================================
(5)  #include<iostream>
(6)  using namespace std;
(7)  //----------------------------------------
(8)  class Person{
(9)    char* pName;
(10) public:
(11)   Person(char* pN="noName"){
(12)     cout<<"Constructing "<<pN<<"\n";
(13)     pName = new char[strlen(pN)+1];
(14)     if(pName) strcpy(pName,pN);
(15)   }
(16)  ~Person(){
(17)     cout <<"Destructing "<<pName<<"\n";
(18)     delete[] pName;
```

```
(19)    }
(20) };//-----------------------------------
(21) int main(){
(22)   Person p1("Randy");
(23)   Person p2;
(24) }//===================================
```

```
E:\ch09>f0911↙
Constructing Randy
Constructing noName
Destructing noName
Destructing Randy
```

从运行结果中看到，程序先创建 p1 对象，再创建 p2 对象，p2 因为没有初始化值，所以就给了默认的 noName 名称。

由于创建对象时，申请分配了动态内存空间，所以当对象被销毁时，也要释放相应的空间，对象被销毁的瞬间，C++会调用一个析构函数，析构函数专门做对象销毁时的善后工作，取名为波浪号加上类名（Person 类中的~Person），表示正好与构造函数相反。对象执行析构函数的顺序与构造函数的顺序相反，先是 p2 被析构，再是 p1 被析构。

❑ 9.5.2 默认拷贝构造函数（Default Copy Constructor）

应该可以以其他对象为依据创建对象，也就是像变量在定义时复制其他变量的形式：

```
int a=3;
int b=a;
Person x("randy");
Person y=x;
```

我们称这种对象创建活动为拷贝构造。如果对象实体是单纯的对象本体，那么对象的拷贝构造与变量的拷贝创建并无两样，但是，对象实体若不仅仅只是对象本体时，对象的拷贝构造便有了差异。Person 类对象是一个简单的对象本体不同于对象实体的例子，程序中实现对象拷贝时，我们增加一条拷贝语句“Person p2(p1);”：

```
(1)  //===================================
(2)  //f0912.cpp
(3)  //从一个对象中复制出另一个对象
(4)  //===================================
(5)  #include<iostream>
(6)  using namespace std;
(7)  //-----------------------------------
(8)  class Person{
(9)    char* pName;
(10) public:
```

```
(11)    Person(char* pN="noName"){
(12)      cout<<"Constructing "<<pN<<"\n";
(13)      pName = new char[strlen(pN)+1];
(14)      if(pName) strcpy(pName,pN);
(15)    }
(16)   ~Person(){
(17)      cout <<"Destructing "<<pName<<"\n";
(18)      delete[] pName;
(19)    }
(20) };//------------------------------------
(21) int main(){
(22)   Person p1("Randy");
(23)   Person p2(p1);
(24) }//====================================
```

```
E:\ch09>f0912↙
Constructing Randy
Destructing Randy
Destructing ¬vg2¬vg2
```

结果发现，没有第二次输出“Constructing…”，也就是创建p2时并没有调用Person的构造函数。而且析构函数的表现也不正常了。原因是对象进行了C++的默认拷贝构造。而默认拷贝构造仅仅拷贝了对象本体，如图9-3所示。

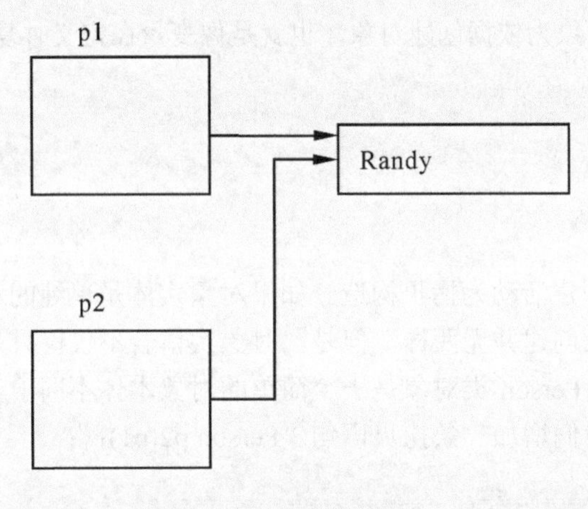

图9-3　对象本体的复制

于是先析构p2时，将指针成员指向的存有Randy的空间先行释放了，轮到p1析构时，Randy已经不复存在，因此访问该空间的操作变得不可预料的怪异。

❑ 9.5.3　自定义拷贝构造函数（Custom Copy Constructor）

为了达到对象实体也就是对象整体复制目的，就需要另外定义一个拷贝构造函数，以覆盖默认的拷贝构造函数：

```
(1)  //====================================
(2)  //f0913.cpp
(3)  //拷贝构造函数
(4)  //====================================
(5)  #include<iostream>
(6)  using namespace std;
(7)  //------------------------------------
(8)  class Person{
(9)    char* pName;
(10) public:
(11)   Person(char* pN="noName"){
(12)     cout<<"Constructing "<<pN<<"\n";
(13)     pName = new char[strlen(pN)+1];
(14)     if(pName) strcpy(pName,pN);
(15)   }
(16)   Person(const Person& s){       //拷贝构造函数
(17)     cout<<"copy Constructing "<<s.pName<<"\n";
(18)     pName = new char[strlen(s.pName)+1];
(19)     if(pName) strcpy(pName, s.pName);
(20)   }
(21)  ~Person(){
(22)     cout <<"Destructing "<<pName<<"\n";
(23)     delete[] pName;
(24)   }
(25) };//------------------------------------
(26) int main(){
(27)   Person p1("Randy");
(28)   Person p2(p1);
(29) }//====================================
```

```
E:\ch09>f0913↙
Constructing Randy
Constructing Randy
Destructing Randy
Destructing Randy
```

自定义拷贝构造函数名也是类名，它是构造函数的重载，一旦自定义了拷贝构造函数，默认的拷贝构造函数就不再起作用了。

拷贝构造函数的参数必须是类对象的常量引用：

```
Person(const Person& s);
```

因为对象复制的语义本身尚处于当前定义当中，参数传递若为传值形式，则对象复制操作调用的拷贝构造函数在哪里？！所以只能是引用或者指针。

但是指针参数将影响复制的语法：

```
Person p2 (*p1);  //或者 Person p1 = *p2;
```

这种语法并不优雅，所以用对象的引用。

const 限定符有两个作用，一个是防止被复制的对象变样，另一个是扩大使用范围。有一条编程经验，就是自定义的对象作为参数传递，能用引用就尽量使用引用，能用常量引用的尽量使用常量引用。因为被复制的对象也有可能是常对象：

```
const Person p1("Jone");
Person p2(p1);
```

如果拷贝对象是常对象，而拷贝构造函数的参数不是常量引用，也就是说，置一个常对象于可能被修改的危险之中，这是编译无论如何也要奋不顾身报告错误的。

在自定义拷贝构造函数之前，我们进行拷贝对象构造时，都是在用默认的拷贝构造函数，因为那时候的对象本体与对象实体是一致的。所以，自定义拷贝构造函数在对象本体与对象实体不一致时，便是需要的，否则无此必要。

9.6 析构函数（Destructors）

当对象本体与对象实体一致时，其拷贝称为浅拷贝；当对象本体与对象实体不一致时，其拷贝称为深拷贝。深拷贝需要做动态内存分配的工作。因此，当对象的生命期终止时，也就是对象本体消失时，需要做动态内存的释放工作。动态内存申请是人为的，与之对应，释放也是人为的。系统不会自动为对象做内存释放工作。

人为的动态内存释放工作由析构函数完成，它的意义是做关于对象本体失效之前瞬间的善后工作。这与构造函数的工作正好相反，所以给它取的名字也是波浪“~”号加上类名，以示与构造函数在功能上的对应关系。

有内存申请，也就有内存释放。一般来说，需要定义拷贝构造函数的类也需要定义析构函数，不需要拷贝构造函数的类，也无须定义析构函数。所以析构函数与拷贝构造函数是成对出现的。

析构函数既然与构造函数对应，所以它也没有返回类型，更甚的是，它连参数都没有。因为它不需要初始化工作中所传递的数据信息，它只是将成员中的一些指针所指向的动态内存空间释放而已。因为析构函数没有参数，所以函数形式是唯一的，没有重载的析构函数。

析构函数在对象的生命期行将结束的瞬间，由系统自动调用。因此，析构函数的调用不是通过显式语句表示的。

对象创建可能涉及对象成员的创建，但对象创建是有顺序可循的。对象析构也有一个顺序，对象构造与析构的关系是栈数据结构中的入栈与出栈的关系，所以对象析构的顺序与对象创建的顺序正好相反。例如，将程序 f0907.cpp 中的 A、B、C 三个类分别添上析构函数：

```
(1)  //======================================
(2)  //f0914.cpp
```

```
(3)  //析构的顺序
(4)  //========================================
(5)  #include<iostream>
(6)  using namespace std;
(7)  //----------------------------------------
(8)  class A{
(9)  public:
(10)   A(){ cout<<"A->"; }
(11)  ~A(){ cout<<"<-~A"; }
(12) };//----------------------------------------
(13) class B{
(14) public:
(15)   B(){ cout<<"B->"; }
(16)  ~B(){ cout<<"<-~B"; }
(17) };//----------------------------------------
(18) class C{
(19) public:
(20)   C(){ cout<<"C->"; }
(21)  ~C(){ cout<<"<-~C"; }
(22) };//----------------------------------------
(23) void func(){
(24)   cout<<"\nfunc: ";
(25)   A a;
(26)   cout<<"ok->";
(27)   static B b;
(28)   C c;
(29) }//----------------------------------------
(30) int main(){
(31)   cout<<"main: ";
(32)   for(int i=1; i<=2; ++i){
(33)     for(int j=1; j<=2; ++j)
(34)       if(i==2) C c; else A a;
(35)     B b;
(36)   }
(37)   func(); func();
(38) }//========================================
```

```
E:\ch09>f0914↙
main: A-><-~AA-><-~AB-><-~BC-><-~CC-><-~CB-><-~B
func: A->ok->B->C-><-~C<-~A
func: A->ok->C-><-~C<-~A<-~B
```

从运行结果中看出，析构函数总是出现在对象的生命期结束之时。静态对象在程序运行结束之时析构。

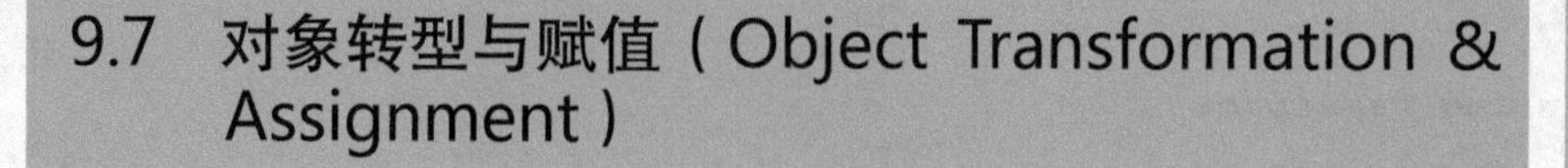

9.7 对象转型与赋值（Object Transformation & Assignment）

9.7.1 用于转型的构造函数（Constructor for Transformation）

5/8 与 5.0/8 结果不同，原因是 C++ 执行了两种不同的操作。编译器会将 5.0/8 中的整数 8 自动转换成 double，匹配两个 double 的除法操作。这是内部数据类型所具有的转换功能。但是，对于类类型，其自动转换的功能必须编程实现。那就是定义含一个参数的构造函数。例如，f0915.cpp 是要实现 string 到 Student 类对象的自动转换：

```
(1)  //=======================================
(2)  //f0915.cpp
(3)  //类转型
(4)  //=======================================
(5)  #include<iostream>
(6)  using namespace std;
(7)  class Student{
(8)    string name;
(9)  public:
(10)   Student(const string& s):name(s){}
(11) };//--------------------------------------
(12) void fn(Student& s){  cout<<"ok\n"; }
(13) //--------------------------------------
(14) int main(){
(15)   fn(string("Jenny"));
(16) }//=======================================
```

```
E:\ch09>f0915↙
ok
```

构造函数：

```
Student(const string& s);
```

既是初始化的对象创建方式，也是在告知如何将 string 对象转换成一个 Student 对象。

如果有重载函数：

```
void fn(string& s){ cout<<"ok\n"; }
```

则 main 函数中的 fn("Jenny")函数调用将马上匹配。否则，因为 Student 构造函数的存在，所以，fn("Jenny")退而求其次，匹配了 void fn(Student&)函数。

从 fn(Student&)和 Student(const string&)可以推得 fn(string("Jenny"))调用。这就是构造

函数用来从一种类型转换成另一种类型的能力。

不过须注意，推导过程是简单的，规则如下：

（1）只会尝试含有一个参数的构造函数。

（2）如果有二义性，则会放弃尝试。

例如：

```
(1)  //===================================
(2)  //f0916.cpp
(3)  //模棱两可的转换
(4)  //===================================
(5)  #include<iostream>
(6)  using namespace std;
(7)  //--------------------------------------
(8)  class Student{
(9)    string name;
(10) public:
(11)   Student(string& n="noName"):name(n){}
(12) };//-----------------------------------------------
(13) class Teacher{
(14)   string name;
(15) public:
(16)   Teacher(string& n="noName"):name(n){}
(17) };//-----------------------------------------------
(18) void addCourse(Student& s);
(19) void addCourse(Teacher& t);
(20) //-----------------------------------------------
(21) int main(){
(22)   addCourse("Prof.DingleBerry");  //错
(23) }//==================================
```

改正的方法只要显式转换一下：

```
addCourse(Teacher("Prof.DingleBerry"));
```

（3）推导是一次性的，不允许多步推导。

例如，程序 f0915.cpp 中若调用 fn("Jenny")是不能通过编译的，因为其经过了下面两步推导：

```
因为  fn(Student&) + Student(const string&) => fn(string)
      fn(string)   + string(char*)          => fn("Jenny")
所以  fn("Jenny")  => fn(Student&)
```

❑ 9.7.2　对象赋值（Object Assignment）

对象拷贝就是对象赋值。

```
Person p1("Ranny");
```

```
Person p2;
p2 = p1;   //对象赋值
```

类机制中有默认的赋值操作符，只要定义了类，就可以进行对象的赋值操作。但是默认的赋值操作符只管对象本体的复制，如果对象之间要做深拷贝的话，则必须自定义赋值操作符。自定义赋值操作符必须注意，原来的对象已经存在，要先将原来的资源释放掉，然后再进行深拷贝式的复制，如图 9-4 所示。

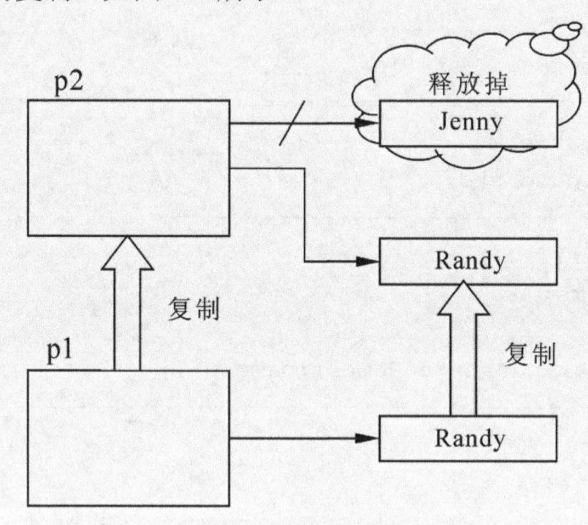

图 9-4　对象赋值

例如，程序 f0914.cpp 添加一个赋值操作符后，便可以进行正确的赋值操作了：

```
(1)  //======================================
(2)  //f0917.cpp
(3)  //拷贝构造函数
(4)  //======================================
(5)  #include<iostream>
(6)  using namespace std;
(7)  //--------------------------------------
(8)  class Person{
(9)    char* pName;
(10) public:
(11)   Person(char* pN="noName"){
(12)     cout<<"Constructing "<<pN<<"\n";
(13)     pName = new char[strlen(pN)+1];
(14)     if(pName) strcpy(pName,pN);
(15)   }
(16)   Person(const Person& s){
(17)     cout<<"copy Constructing "<<s.pName<<"\n";
(18)     pName = new char[strlen(s.pName)+1];
(19)     if(pName) strcpy(pName, s.pName);
(20)   }
(21)   Person& operator=(Person& s){
(22)     cout<<"Assigning "<<s.pName<<"\n";
```

```
(23)      if(this==&s) return s;
(24)      delete[] pName;
(25)      pName = new char[strlen(s.pName)+1];
(26)      if(pName) strcpy(pName,s.pName);
(27)      return *this;         //指向自身对象的指针 this 之间接访问,即自身对象
(28)    }
(29)   ~Person(){
(30)      cout <<"Destructing "<<pName<<"\n";
(31)      delete[] pName;
(32)    }
(33)  };//----------------------------------
(34)  int main(){
(35)    Person p1("Randy");
(36)    Person p2("Jenny");
(37)    p2 = p1;                //赋值
(38)  }//==================================
```

```
E:\ch09>f0917↙
Constructing Randy
Constructing Jenny
Assigning Randy
Destructing Randy
Destructing Randy
```

赋值操作必须判断对象是否在给自己赋值。自己给自己赋值，语法是允许的，这在变量赋值的情况下，没有妨碍，大部分编译器将其优化而跳空，即使做了无用功也无伤大雅：

```
int a=2;
a = a;  //ok
```

所以应该保持与变量操作形式上的一致性。但要使对象操作也可行，就必须在自定义的赋值操作符定义中支持它。而且，在自定义的赋值操作符中，因为再也没有默认赋值操作了，所以其所有的成员赋值都要自己完成。遇有指针指向的资源需要释放的，就得毫不含糊地先释放，否则，内存空间的泄漏就不可避免。赋值操作的参数与拷贝构造函数的参数是一致的，只是在功能上，赋值操作不管创建，只管复制。

赋值操作的返回必须是引用返回，这是为了与赋值操作符的语义一致。因为赋值操作的结果是一个可以递进操作的左值。例如：

```
int a;
(a=6)++; //a=7
```

如果赋值操作是临时对象，就不会有递进操作的能力，而且因为要额外创建对象，还要浪费空间和时间性能。所以，赋值操作的返回不应是临时对象。

最后，我们还碰到一个关键字 this。

在对象捆绑成员函数的处理过程中，我们始终默认对象中的成员所操作的数据成员都是针对当前对象的。但如果要将当前对象赋给其他对象，或者以当前对象作为结果返回，或者要判断当前对象是否就是赋值操作的源对象，即赋值对象要与被赋对象比较存放的位置，那该怎么办呢，C++ 为此规定了一个关键字 this，专门用于表示当前对象的地址。在赋值操作符定义中，我们便用它方便地表示返回对象。

任何类，C++ 都有一个默认的赋值操作符，用来进行对象本体的复制。赋值操作符重载一般是在对象本体与对象实体不一致时，为了实现对象本体复制操作以外的操作而进行的。重载了赋值操作符，默认的赋值操作符就不复存在。一般来说，赋值操作符是与拷贝构造函数和析构函数结队而行的。

9.8　目的归纳（Conclusion）

基本类机制中，主要解决类的定义，对象的创建与析构，对象的拷贝构造和拷贝。

对象的构造形式很多，对象创建经常是用另外类型的变量或对象为参数，因而构造经常是重载的。然而不要忘了无参构造函数也许每个类都必须具备，因为没有无参构造函数的类，无法具有：

```
class A{ public: A(int); };
A a;   //错
```

的创建形式，也无法默认创建数组或向量，更无法以该对象的名义申请动态内存空间。如果一个类一定要设计成没有无参构造函数的形式，那一定是想限制类的创建方式。

没有无参构造函数的类，其对象作为别的类的对象成员时，也无法默认构造。由于类中有对象成员是司空见惯的，所以，构造函数的构造历程中必须明确每个成员的构造顺序，这种顺序是递归的，因为所包含的对象成员可能又包含其他的对象成员。

拷贝构造函数是另一类重要的构造函数，函数对象参数的传递全靠拷贝构造函数在起作用。对象传递绝不能简单传递对象本体了事，因为那不是真正意义的传递，在对象具有指针指向资源的情况下，千万要亲自定义拷贝构造函数和赋值操作符。

如果没有析构函数，那么，当函数返回时，该函数中的局部对象就没有办法默认地收回资源，于编程带来很多不便。例如，8.7.1 节中的程序 f0815.cpp，在矩阵和向量乘法做完后就无法释放申请的动态内存，要不是返回过程简单复制了向量，传递了内存空间释放的责任，结局是很难收场的。它绝对存有安全隐患，如果 f0815.cpp 中的第 91 和 92 行合并成：

```
multiply(ma,ve).display();
```

那么，multiply 函数所返回的无名临时对象就无从释放其中的动态内存空间了。

对象赋值时要考虑的事更多，首先要判断是否同一个对象在自己复制自己，因为后面的工作都是基于相异对象的操作。其次是打造与赋值对象同样空间大小的资源，有多少，造多少；接着赶紧复制；做完了这些，才可以将被赋值对象中的原有资源一一清除，最后代之以刚刚复制了的资源。赋值过程也是递归的，因为也要考虑资源可能是一些对象，复制对象便要默认调用该对象的赋值操作。

当我们展开类机制的学习时，我们可曾想过语言内部只一个类机制就要做这么多的事。何况，这才刚刚开始，才接触了基本类机制的部分，那都是一个个孤立的类，没有对象之间相互牵扯的事情。后面我们将会看到，一个个孤立的类只是基础，是构架类的层次结构的基础，只有形成了类层次，才有真正资源重用的意义。而且，因为类的层次架构，导致了更复杂的类机制和更方便的编程。我们将一针见血直视面向对象编程的实质。

练习 9（Exercises 9）

1．写出下列程序的运行结果。

```
//=====================================
//e0901.cpp
//=====================================
#include<iostream>
using namespace std;
//-------------------------------------
class MyClass{
  int number;
public:
  MyClass();
  MyClass(int);
  ~MyClass();
  void Display();
};//-------------------------------------
MyClass::MyClass(){ cout <<"Constructing normally.\n"; }
//-------------------------------------
MyClass::MyClass(int m):number(m){
  cout <<"Constructing with a number: " <<number <<endl;
}//-------------------------------------
void MyClass::Display(){ cout <<"Display a number: " <<number <<endl; }
//-------------------------------------
MyClass::~MyClass(){ cout <<"Destructing.\n"; }
//-------------------------------------
int main(){
  MyClass obj1;
  MyClass obj2(20);
  obj1.Display();
  obj2.Display();
}//=====================================
```

2. 写出下列程序的运行结果，请用增加拷贝构造函数的办法避免存在的问题。

```
//=======================================
//e0902.cpp
//=======================================
#include<iostream>
using namespace std;
//---------------------------------------
class Vector{
  int size;
  int* buffer;
public:
  Vector(int s=100);
  int& elem(int ndx);
  void display();
  void set();
 ~Vector();
};//------------------------------------
Vector::Vector(int s){
  buffer=new int[size=s];
  for(int i=0; i<size; i++)
    buffer[i]=i*i;
}//-------------------------------------
int& Vector::elem(int ndx){
  if(ndx<0||ndx>=size){
    cout<<"error in index"<<endl;
    exit(1);
  }
  return buffer[ndx];
}//-------------------------------------
void Vector::display(){
  for(int j=0; j<size; j++)
    cout<<buffer[j]<<endl;
}//-------------------------------------
void Vector::set(){
  for(int j=0; j<size; j++)
    buffer[j]=j+1;
}//-------------------------------------
Vector::~Vector(){ delete[]buffer; }
//--------------------------------------
int main(){
  Vector a(10);
  Vector b(a);
  a.set();
  b.display();
}//=====================================
```

3．阅读下列程序，写出运行结果，添上一个拷贝构造函数完善整个程序。

```
//=====================================
//e0903.cpp
//=====================================
#include<iostream>
using namespace std;
//-------------------------------------
class CAT{
  int* itsAge;
public:
  CAT():itsAge(new int(5)){}
 ~CAT(){ delete itsAge; }
  int GetAge() const { return *itsAge; }
  void SetAge(int age){ *itsAge=age; }
};//-----------------------------------
int main(){
  CAT frisky;
  cout<<"frisky's age: "<<frisky.GetAge()<<endl;
  cout<<"Setting frisky to 6...\n";
  frisky.SetAge(6);
  cout<<"Creating boots from frisky\n";
  CAT boots(frisky);
  cout<<"frisky's age: "<<frisky.GetAge()<<endl;
  cout<<"boots'age: "<<boots.GetAge()<<endl;
  cout<<"setting frisky to 7...\n";
  frisky.SetAge(7);
  cout<<"frisky's age: "<<frisky.GetAge()<<endl;
  cout<<"boots'age: "<<boots.GetAge()<<endl;

}//====================================
```

4．改写程序 f0815.cpp，使之含有构造函数、拷贝构造函数和析构函数，并对主函数和矩阵向量的乘法也进行改写，使之没有对象参数传递问题；对于第 91 和 92 行，合并成“multiply(ve,ma).display();”使之不会产生内存泄露。

第10章　继承（Inheritance）

继承也是 C++ 语言中类机制的一部分，该机制使类与类之间可以建立一种上下级关系。可以通过提供来自另一个类的操作和数据成员创建新类，程序员只需在新类中定义已有类中没有的成分即可建立新类。这种典型的拿来主义为所有的程序员大军所称道，然而它是怎么实现的呢？

这是继数据封装和信息隐藏性质的类的抽象性编程的又一杰作。有了继承，过去的代码就可以不被丢弃，只要经过稍加修改就可重用。人类从低级社会向高级社会发展，其文明程度和获得的知识都在增长，事实上，事物的发展总是一个从低级到高级的发展过程。类的继承就是反映了原始的简单代码慢慢发展到丰富的高级代码的过程。程序越来越完善，功能越来越强，人们不是通过外在的代码复制和保存，而是通过语言内在的继承功能，自动地、滚动式地重用代码和增强代码，使得编程的方法开始根本改变，分析问题和解决问题的模式从功能模式转向对象结构模式。

与基本类机制一样，继承也将要面临许多技术问题，包括父类与子类的访问权限规定。子类对象既然包含了父类对象，那么初始化和构造对象的顺序规定，子类对象与父类对象的关系，当然我们也要考虑与比较类的组合与类的继承的差异，来深刻学习继承的方法。

人类都不是单亲繁殖的，一个人总是得到父母的双重的继承和关怀。C++ 的类也可以多重继承，然而，我们将更多地从技术上看待多重继承实现上的问题，以及其解决的手法。

只要解决了继承中的技术问题，使用继承构造类框架，何乐而不为呢？继承也是面向对象程序设计的重要基础。

10.1 继承结构（Inheritance Structure）

10.1.1 类层次结构（Class Hierarchy）

图 10-1 展示了交通工具的类层次，最顶部的交通工具类称为基类。这个基类有飞机类、汽车类和火车类，交通工具类就是它们的父类。还可以从交通工具类派生（derived）出其他类，例如轮船类等。每个类都只以交通工具类作为其父类。汽车类相对于交通工具类来说是子类，所以在本图的类系中，也可以称汽车子类。汽车子类还有三个子类，小汽车类、大卡车类、大客车类，每个子类都以汽车类作为父类，此时的交通工具类则是它们的祖先类，简称祖类。另外，小汽车类派生了轿车类、工具车类和小面包车类。图中展示了小型的五个层次的类系，从上到下它们是派生的关系，从下到上是继承的关系。每个类都有且只有一个父类，除了最顶层的交通工具类。其他所有的类都可以是子类。当一个类派生出其他类的时候，自己便是父类了。

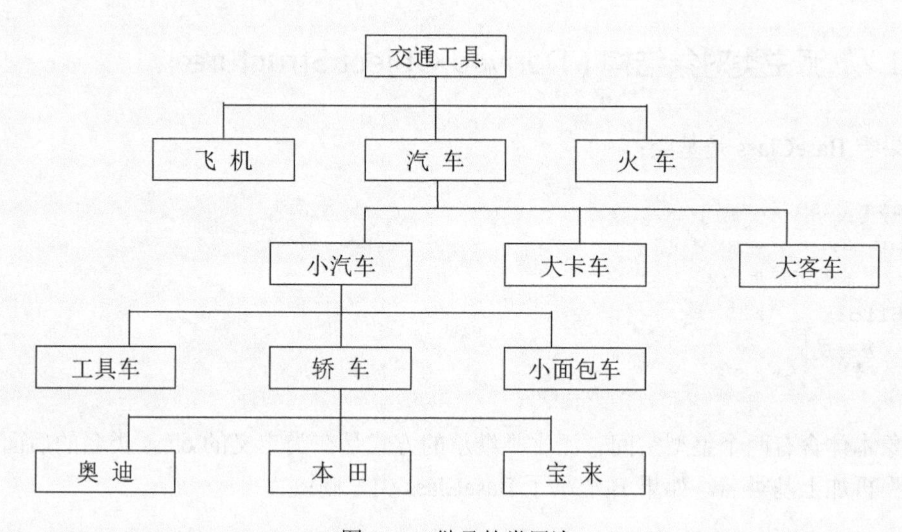

图 10-1 继承的类层次

继承关系使得我们得以用一种简单的方式描述事物。例如，描述什么叫鸭子，可以回答说，它是一种嘎嘎叫的鸟。鸭子是一种鸟，所以鸭子是鸟类的派生，但鸭子又具有嘎嘎叫的特征，嘎嘎叫是区别于其他同类鸟的属性。由于鸟类通常的特征大家都清楚，例如，有翅膀，有两只脚等，所以用鸟类描述鸭子，只要举出鸭子自己所具有的特点就行了。继承使我们描述事物的能力大大增强，也更直截了当。

描述事物，一般是从属性和操作上描述的。例如，日期具有年、月、日的属性，显示日期，判断闰年都可以认为是日期所具有的操作。

把这种继承关系引入程序设计，目的是希望过去描述（定义）的类能够作为基类，以便进一步详细地描述派生的事物。这样一来，派生事物的描述基于基类，就可以简单化了。对于一个问题的解决，事先有一些基类，即一些资源，这些基类已经具有一定的数据描述

和较强的数据操作能力了，借此，通过简单描述事物的属性和操作，就可以继承基类的强大功能，为我所用，方便程序设计。

继承就是让子类继承父类的属性和操作，子类可以声明新的属性和操作，还可以剔除那些不适合其用途的父类操作。在新的应用中，父类的代码已经存在，无须修改。所要做的是派生子类，并在子类中增加和修改。所以，继承可以让你重用父类的代码，专注于为子类编写新代码。

在没有采用继承技术之前，程序重用的是过程代码，或者说是操作，例如C语言所附的库函数便是一种编程资源，它提供给我们一定程度的过程重用代码。

现实世界是分类分层的客观存在，物质有无机与有机之分，有机体有生命体与非生命体之分，生命体有动物、植物、微生物之分，动物有高等与低等之别，人是高等动物，人有各个种族……

继承也是我们理解事物、解决问题的方法，继承帮助我们描述事物的层次关系，有效而精确地描述事物，理解事物直至本质。一旦看清了事物所处的层次结构位置，也就可以找到相关的解决办法。继承可以使已经存在的类无须修改就可适应新应用，继承是比过程重用规模更广的重用，是已经定义的良好的类的重用。

10.1.2 派生类对象结构（Derived Object Structure）

如果类BaseClass是基类：

```
class BaseClass{
  int a,b;
  //其他私有成员
public:
  //公有成员
};
```

则其对象本体含有两个整型空间。派生类继承的方式是在类定义的class类名的后面加上："public"再加上基类名。如果B继承了BaseClass类，则：

```
class B : public BaseClass{
  int c;
  //其他私有成员
public:
  //公有成员
};
```

派生类对象本体包括两部分：一个为基类部分，即含两个整型空间；另一个为派生类部分，含一个整型空间，如图10-2所示。

图中揭示派生类与基类不可分割的关系，派生类总是依附于基类，派生类对象中总是含有基类对象，即含有基类的数据成员。或者说，基类对象是派生类对象的组成部分。至于在具体的实现中空间的安排，并不一定基类排在前，派生类排在后。

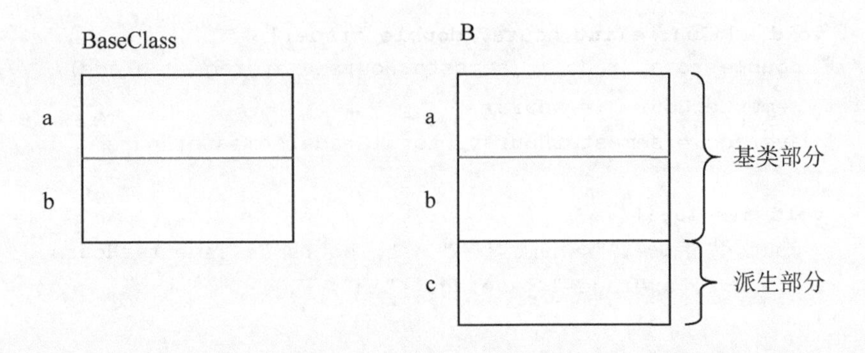

图 10-2　派生类对象本体

显然，派生类对象一定不会比基类对象小，它保存了更多的数据，提供了更多的操作。基类也称超类，派生类也称子类，读者必须接受超类的数据成员反而比子类的数据成员少这个事实。

10.2　访问父类成员（Access Parent Member）

□ 10.2.1　继承父类成员（Inherit the Members of the Parent Class）

在类中，还有一种保护（protected）型的访问控制符，保护成员与私有成员一样，不能被使用类的程序员进行公共访问，但可以被类作用域的成员函数访问。除此之外，如果使用的类是派生类成员，则也可以访问，这是私有成员所不具有的能力。也就是说，只要将类成员声明为保护成员，则其派生类在继承之后，就可以坐享其父类的公有和保护操作了。

例如，有一个学生类 Student，现在要增加研究生类 GraduateStudent，研究生类除了自己所特有的性质外，还具有学生类的所有性质，所以我们用继承的方法重用学生类：

```
(1)  //=====================================
(2)  //f1001.cpp
(3)  //继承
(4)  //=====================================
(5)  #include<iostream>
(6)  using namespace std;
(7)  //-------------------------------------
(8)  class Advisor{
(9)    int noOfMeeting;
(10) };//-------------------------------------
(11) class Student{
(12)   string name;
(13)   int semesterHours;
(14)   double average;
(15) public:
(16)   Student(string pName="noName"):name(pName),average(0),semesterHours(0){}
```

```
(17)   void addCourse(int hours, double grade){
(18)     double totalGrade = (semesterHours * average + grade);  //总分
(19)     semesterHours += hours;                                  //总修学时
(20)     average = semesterHours ? totalGrade/semesterHours : 0;//平均分
(21)   }
(22)   void display(){
(23)     cout<<"name=\""<<name<<"\""<<", hours="<<semesterHours
(24)         <<", average="<<average<<"\n";
(25)   }
(26)   int getHours(){ return semesterHours; }
(27)   double getAverage(){ return average; }
(28) };//------------------------------------
(29) class GraduateStudent : public Student{
(30)   Advisor advisor;
(31)   int qualifierGrade;
(32) public:
(33)   int getQualifier(){ return qualifierGrade; }
(34) };//------------------------------------
(35) int main(){
(36)   Student ds("Lo lee undergrade");
(37)   GraduateStudent gs;
(38)   ds.addCourse(3, 2.5);
(39)   ds.display();
(40)   gs.addCourse(3, 3.0);
(41)   gs.display();
(42) }//====================================
```

```
E:\ch10>f1001↙
name="Lo lee undergrade", hours=3, average=0.833333
name="noName", hours=3, average=1
```

ds 是 Student 类对象，gs 是 GraduateStudent 类对象。作为 Student 的子类，对象 gs 可以做 ds 能做的任何事情，它有 name、semesterHours、average 数据成员，以及 addCourse、display、getHours、getAverage 等成员函数。此外，它还比 ds 多一些信息，即它有导师 Advisor 和资格考试分 qualifierGrade 之数据成员以及 getQualifier 成员函数。

如果 GraduateStudent 类不继承 Student 类，则 gs 对象中就没有 ds 成分，即学时和平均分数据成员都没有，也不能以 gs 的名义进行 addCourse 操作。若要使用 addCourse 操作，则必须以 Student 对象的名义。可见，没有继承的研究生类对象必须将 Student 类拿来，对里面的关键代码进行复制，重新编写和组织类，这种“借鉴”作用，比完全拿来重用（继承），要落后很多。何况玩真格的规模化程序设计还没有开始，彼此之间相差的工作量真不敢说。

现在，gs 对象也是一个学生，所以对 Student 中的 addCourse 成员函数的调用，等于是在调用自己的成员函数。正是由于 gs 是一个学生，所以将 gs 赋值给 Student 对象也是合情合理的。因为 gs 也能做 Student 对象所能做的任何事，即

```
GraduateStudent gs;
Student s(gs);          //ok
Student& t=gs;          //ok
Student* t = &gs;       //ok
```

事实上，gs 的对象实体中包含有 Student 对象实体。将 gs 赋值给 Student 对象 s，就是将 gs 中的 Student 对象实体部分复制给 s。以 gs 初始化 Student 对象的引用 t，就是将 t 作为 gs 中的 Student 对象实体的别名。因此，以基类对象作为形参，以派生类对象作为实参的函数调用，也是合理的设计。例如，将研究生对象传递给学生类对象的引用：

```
void fn(Student& s){      //以基类对象的引用为形参
  //任何 s 想要做的事
}
void gn(){
  GraduateStudent gs;
  fn(gs);                 //ok,将派生类对象作为实参
}
```

❑ 10.2.2　类内访问控制（In-Class Access Control）

继承可以公有继承，也可以保护继承和私有继承。多数情况是公有继承，就像前面所看到的。也就是说，在 class 类名后面加上 public 关键字再加基类名称。保护继承和私有继承的描述在后面（☞CH10.4.1 及 CH13.5.2）。

公有继承，反映了派生类对基类使用方式的全部接受，在此基础上进行扩充，以便能被外界更广泛地使用。因此，通过派生类对象，仍然可以使用基类中原来公有的操作。派生类获得了所有基类成员原封不动的访问控制权限的继承。

继承了基类，并不是说派生类就能访问基类的私有成员了。如果是那样的话，那些使用基类的人，靠派生就能达到访问基类私有成员的变态目的了。

```
class Base{
  int a;
public:
  void print(){ cout<<a; }
  //公有成员
};
class Derived : public Base{
  int b;
public:
  void display(){ cout<<a; }  //过分
  //其他公有成员
};
void fn(){
  Derived d;
```

```
    d.print();     //ok
    d.display();   //能访问 Base 类的私有成员吗?
    cout<<d.a;     //更过分
}
```

这样一来，本来任何由基类引起的错误，就并不一定是由基类自身引起的了，有可能是其后裔捣鬼，程序调试因而变得复杂起来了。而且类变得一点隐私都没有了，使用类者想用类的私有数据，只要轻言继承，就能达到目的。类机制一方面通过访问控制提供屏蔽类、分离类的实现能力，使得编程职责分离，另一方面却又允许继承的子女毫无遮挡地访问其私有成员，等于人人都可以越过访问控制而去访问私有成员，这是类机制绝对不能允许的。

一个类，将外界能够访问的操作都公有化，所有不能被外界访问的成员都私有化，这样一来，在后继的类中，就没有对基类任何可以悄悄改进的余地了。所以，继承也需要有这样的成员：它们对外界是隐藏（私有或保护）的，对派生的子女是允许访问的。这种设计需求就是访问控制符 protected。下列代码描述派生类的成员函数对基类的访问能力以及外部函数创建派生类对象所具有的访问能力：

```
class Base{
  int a;
  void f(){ cout<<a; }
protected:
  int b;
  void g(){ cout<<a; }
public:
  int c;
  void k(){ cout<<a; }
};//-----------------------------------
class Derived : public Base{
public:
  void df(){
    cout<<a;  //错
    cout<<b;  //ok
    cout<<c;  //ok
    f();      //错
    g();      //ok
    k();      //ok
  }
};//-----------------------------------
void func(){
  Base b;
  cout<<b.a;  //错
  cout<<b.b;  //错
  cout<<b.c;  //ok
  b.f();      //错
```

```
   b.g();         //错
   b.k();         //ok
}//------------------------------------
```

一方面，基类提供公有操作界面，public 成员对一切使用者公开；另一方面，基类还有自己的隐私，private 成员只对基类自己的成员开放，即使是自己的后裔也保密（父母亲过去的恋爱史对自己的子女或许还羞于启口，那些藏在保险柜内的往来书信，如果没有烧掉的话，该是一种隐私吧☺）；另外，基类也提供只向自己的后裔开放的成员，便于继承者基于此而改进。因此，保护（protected）成员通常是基类为后裔所做的专业或精巧的界面，后裔可以访问保护成员函数和保护数据，最终向使用者提供公有界面。保护成员函数一般不是原始的基本操作，否则作为私有成员就可直接通过公有成员去访问了。或许这些操作很高效很优秀，其后裔可以考虑将其公有化，但目前该界面还有可能会改变。种种原因，使得这些成员既不能私有，也不能公有。

基类为了长远考虑，可以留下保护成员，但派生类简单而清晰的设计应该是不使用任何的保护成员，即只使用公有成员。

10.3 派生类的构造（Constructing Derived Classes）

10.3.1 默认构造（Default Construction）

派生类也是类，如果没有定义构造函数，则根据类机制，将会执行默认的无参构造函数。派生类的默认无参构造函数会首先调用父类的无参构造函数，如果父类定义了有参构造函数(因此没有默认无参构造函数)，又没有重载定义无参构造函数，则会导致编译困难。如果父类还有父类，则父类会先调用父类的父类的无参构造函数，以此递归。

在程序 f1001.cpp 中，研究生类只有默认无参构造函数，默认无参构造函数首先要调用 Student 无参构造函数创建 Student 对象。因此调用了 Student 有参但可参数默认的构造函数，所以输出的结果中名称为“noName”。

在构造一个子类时，完成其基类部分的构造由基类的构造函数去做，将基类对象看作是完全独立于派生类的对象。这样做的好处是，一旦基类的实现有错误，只要不涉及界面，那么，基类实现中的修改不会影响派生类的操作。类与类之间，你做你的，我做我的，职责分明，即使有父子继承关系的类之间也不例外。

10.3.2 自定义构造（Custom Construction）

并不是非得要调用默认无参构造函数的，而是可以在派生类的构造函数中规定调用基类构造函数的形式。在下列程序中，GraduateStudent 类定义了一个构造函数，它调用了基类的有参构造函数，因而研究生就变得有名有姓了：

```
(1)  //=====================================
(2)  //f1002.cpp
```

```
(3)  //构造派生类
(4)  //===================================
(5)  #include<iostream>
(6)  using namespace std;
(7)  //-----------------------------------
(8)  class Advisor{
(9)    int noOfMeeting;
(10) public:
(11)   Advisor(){ cout<<"Adviosr\n"; }
(12)   Advisor(const Advisor&){ cout<<"copy Advisor\n"; }
(13)  ~Advisor(){ cout<<"~Advisor\n"; }
(14) };//-----------------------------------
(15) class Student{
(16)   string name;
(17)   int semesterHours;
(18)   double average;
(19) public:
(20)   Student(string pName="noName"):name(pName),average(0),semesterHours(0){}
(21)   void addCourse(int hours, double grade){
(22)     double totalGrade = (semesterHours * average + grade);  //总分
(23)     semesterHours += hours;                                //总修学时
(24)     average = semesterHour ? totalGrade/semesterHours : 0;  //平均分
(25)   }
(26)   void display(){
(27)     cout<<"name=\""<<name<<"\""<<", hours="<<semesterHours
(28)         <<", average="<<average<<" ";
(29)   }
(30)   int getHours(){ return semesterHours; }
(31)   double getAverage(){ return average; }
(32)  ~Student(){ cout<<"~Student\n"; }
(33) };//-----------------------------------
(34) class GraduateStudent : public Student{
(35)   Advisor advisor;
(36)   int qualifierGrade;
(37) public:
(38)   GraduateStudent(const string& pN, Advisor& adv)
(39)    :Student(pN), advisor(adv), qualifierGrade(0){}
(40)   void display(){
(41)     Student::display();
(42)     cout<<"GraduateStudent\n";
(43)   }
(44)   getQualifier(){ return qualifierGrade; }
(45) };//-----------------------------------
(46) void fn(Advisor& advisor){
(47)   GraduateStudent gs("Yen Kay Doodle", advisor);
```

```
(48)   gs.display();
(49) }//------------------------------------
(50) int main(){
(51)   Advisor da;
(52)   fn(da);
(53) }//====================================
```

```
E:\ch10>f1002↙
Advisor
copy Advisor
name="Yen Kay Doodle",hours=0,average=0 GraduateStudent
~Advisor
~Student
~Advisor
```

调用基类构造函数的形式与对象成员初始化形式相似，都是放在构造函数定义体的初始化列表中。

在第 48 行是一条调用派生类成员函数 display 的语句，该语句先调用基类的 display()语句（第 41 行），然后再执行自己特有的操作，输出研究生字样。调用基类 display 的语句中为了区分基类与派生类 display 的不同，在 display 前加了类名 Student::。如果不定义派生类的 display，gs 对象也可以通过点操作符调用基类的 display 操作，这时候，编译就认定是基类的 display 操作了，因为派生类没有 display 成员。在派生类中定义一个相同名字的操作（称为掩盖），目的是表明与基类操作既相似又不同，可以调用基类的同名操作，并在此基础上，加上自己特有的操作。另一个原因是便于进一步派生，使类层次更加分明。

10.3.3 拷贝构造与赋值（Copy Construction & Assignment）

拷贝构造的方式与构造函数的方式相似，也就是说，基类若没有自定义拷贝构造函数，则派生类的拷贝构造函数将调用基类的默认拷贝构造函数，否则，调用基类的自定义拷贝构造函数。派生类若没有自定义拷贝构造函数，则拷贝构造时调用默认拷贝构造函数。对于对象本体与对象实体不一致的情况来说，需要在派生类中自定义拷贝构造函数。

拷贝构造时面临的问题是派生类对象复制给基类对象的转换问题。这时，将按照参数传递的规则办事。例如：

```
class Student{
  Student(const Student& s);
  Student& operator=(const Student& s);
};//------------------------------------------------
void fn(const GraduateStudent& gs){
  Student ss = gs;
  ss = gs;
```

```
}//------------------------------------------------
```

根据参数传递规则，无论是 ss 的构造，还是被赋值，gs 都将匹配 Student(const Student&s)的拷贝构造函数中的形参 s，即

```
const Student& s = gs;
```

因此 s 将指向 gs 对象中的基类部分。完成拷贝构造时，即将 gs 中的基类对象复制给 ss。

同理，在赋值时，有相似的过程。

❑ 10.3.4 对象构造顺序（Object Construction Order）

派生类构造函数被调用时，在还没有执行构造函数体之前，立刻调用基类的构造函数。如果基类构造调用在初始化列表中存在，就按初始化列表的调用形式调用；否则，就调用相应的基类无参构造函数。

同理，如果基类上面还有基类，则也会优先调用上面的基类构造函数。

做完了基类的构造函数，接下来就要给自身的对象本体分配空间了，进而调用对象中的各个对象成员的构造函数，一边调用一边分配空间。如果有多个对象，其调用的顺序按类定义中对象声明的顺序排定。

任何构造函数的调用，总是先分配对象本体的空间，给出该空间的 this 指针，然后，稳稳当当地执行构造函数的体。因此，一个含有基类对象的对象，以及含有对象成员的对象，其构造过程均含有若干个构造函数的执行，它们又都是递归的，而且对象本体的分配也要经历好几次。如果中间某个构造函数出了差错，那么继续运行对象创建语句的下一条语句就是不现实的了，因为所产生的是一个支离破碎的对象，所以构造函数不能像一个普通函数定义的语法那样有返回类型是可以理解的。构造函数失败时的解决办法为异常处理（☞CH15.6.1）。

全部子对象的初始化列表做完后，就开始执行自身的构造函数体，这就是构造函数执行的递归顺序。因此，对象空间是在构造函数体执行前就分配完成的。

另外，析构函数的执行顺序，在有基类的情形下，也是与构造的顺序严格相反的。

程序 f1002.cpp 中，第 51 行语句产生一个 Advisor 对象的构造，以后在调用 fn(da)后，由于是引用参数传递，所以没有产生拷贝构造函数的调用。在创建 gs 的过程中，首先创建基类 Student 对象，并调用 Student 构造函数。其次根据 adv 创建 advisor 对象成员，所以调用了 Advisor 的拷贝构造函数。在 fn 函数返回时，gs 对象析构，按构造的反序析构 Advisor 和 Student。最后，在 main 函数返回的瞬间，析构 ad 对象。

10.4 继承方式（Inheritance Mode）

❑ 10.4.1 继承访问控制（Inherited Access Control）

继承可以公有继承，也可保护继承和私有继承。对于不同的继承方式，其访问控制的

约束是不同的。

基类的私有成员在派生类采用任何继承方式下都是隔离的，也就是视派生类为外人，必须通过基类的保护或公有成员函数去访问它们。

除此之外，公有继承将基类的保护成员和公有成员视为自己的保护和公有成员。

保护继承则将基类的保护和公有成员全变为自己的保护成员。表 10-1 列出了其中的区别。

表 10-1　基类成员在派生类中的访问控制属性

基类访问属性 / 继承类型	**public**	**protected**	**private**
public	public	protected	隔离
protected	protected	protected	隔离
private	private	private	隔离

前面讨论的都是公有继承，在公有继承中，基类的每个成员在子类中保持同样的访问方式。即在基类中为 public 的成员，在派生类中也为 public 成员。基类中为 protected 成员的，在派生类中也为 protected 成员，唯有基类的 private 成员到了派生类中就变得不可访问了，等于将派生类看作是使用基类的任何外部函数，只能通过基类的保护和公有成员函数去访问其私有成员。

例如，图 10-3 是一个含有不同继承性质的类层次结构。

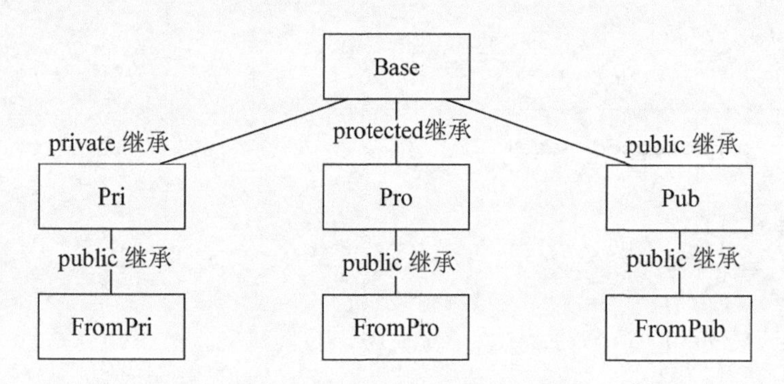

图 10-3　不同继承性质的类层次结构

在不同的作用域中可以访问不同的访问控制属性的成员，下列代码及注释告诉我们哪些成员可以访问，哪些成员不可以访问：

```
//======================================
//f1003.cpp
//测试访问控制
//======================================
class Base{
  int b1;
protected:
  int b2;
```

```
  void fb2(){ b1=1; }
public:
  int b3;
  void fb3(){ b1=1; }
};//-----------------------------------
class Pri : private Base{
public:
  void test(){
    b1=1;    //错
    b2=1;    //ok
    b3=1;    //ok
    fb2();   //ok
    fb3();   //ok
  }
};//-----------------------------------
class FromPri : public Pri{
public:
  void test(){
    b1=1;     //错
    b2=1;     //错
    b3=1;     //错
    fb2();    //错
    fb3();    //错
  }
};//-----------------------------------
class Pro : protected Base{
public:
  void test(){
    b1=1;     //错
    b2=1;     //ok
    b3=1;     //ok
    fb2();    //ok
    fb3();    //ok
  }
};//-----------------------------------
class FromPro : public Base{
public:
  void test(){
    b1=1;     //错
    b2=1;     //ok
    b3=1;     //ok
    fb2();    //ok
    fb3();    //ok
  }
};//-----------------------------------
```

```
class Pub : public Base{
public:
  void test(){
    b1=1;      //错
    b2=1;      //ok
    b3=1;      //ok
    fb2();     //ok
    fb3();     //ok
  }
};//-----------------------------------------
class FromPub : public Base{
public:
  void test(){
    b1=1;      //错
    b2=1;      //ok
    b3=1;      //ok
    fb2();     //ok
    fb3();     //ok
  }
};//-----------------------------------------
int main(){
  Pri priObj;
  priObj.b1=1;   //错
  priObj.b2=1;   //错
  priObj.b3=1;   //错
  Pro proObj;
  proObj.b1=1;   //错
  proObj.b2=1;   //错
  proObj.b3=1;   //错
  Pub pubObj;
  pubObj.b1=1;   //错
  pubObj.b2=1;   //错
  pubObj.b3=1;   //ok
}//=========================================
```

❑ 10.4.2　调整访问控制（Adjusting Access Control）

在派生类中，可以调整成员的访问控制属性。例如，可以将公有成员调整为私有成员，将保护成员调整为公有成员等。

```
//=========================================
//f1004.cpp
//调整访问控制
//=========================================
class Base{
```

```
    int b1;
  protected:
    int b2;
    void fb2(){ b1=1; }
  public:
    int b3;
    void fb3(){ b1=1; }
  };//-------------------------------------
  class Pri : private Base{
  public:
    using Base::b3;
  };//-------------------------------------
  int main(){
    Pri pri;
    pri.b3 = 1;  //ok
  }//======================================
```

调整访问控制属性的前提是在派生类中该成员必须是可见的。例如，程序 f1004.cpp 中的私有成员 b1，不管如何继承，它都是不可见的。在派生类中要访问它必须通过基类的保护或公有成员函数，因此 b1 就无法在派生类中进行访问属性的调整，它在子孙类中永远是不可见的。

对于一个成熟的类设计来说，数据成员往往只是私有的，公有的不多见，那都是为了一时方便的权宜之计。而保护数据成员则更见不到，因为保护数据更多的是用于类设计中的待定考虑，倒是经常能见到保护的成员函数，它是隐蔽在类内部衔接父子类关系的桥梁。

10.5 继承与组合（Inheritance & Composition）

❑ 10.5.1 对象结构（Object Structure）

类含有对象成员的情形称为组合（composition）。例如，程序 f1002.cpp 中的 GraduateStudent 类中含有 Advisor 对象。GraduateStudent 同时又继承了 Student 类，所以一个 GraduateStudent 对象中既含有 Student 对象，又含有 Advisor 对象，只是包含对象的方式不同，一个是继承式包含，另一个是组合式包含，见图 10-4。

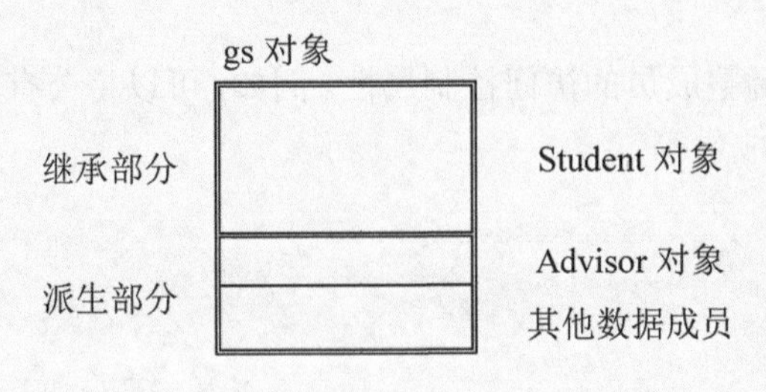

图 10-4　继承与组合并存

继承和组合都重用了类设计。因为继承重用，所以在性质上 GraduateStudent 对象就是 Student 对象，而组合重用，只是包含了其中一个 Advisor 成分而已，即有一个 Advisor 对象。

❑ 10.5.2 性质差异（Difference in Nature）

继承与组合虽然在物理结构上都是包含关系，但是在性质上却完全不同。例如，下列代码中，定义了轿车与车辆、轿车与发动机的关系：

```
class Vehicle{
  //...
};
class Motor{
  //...
};//------------------------------------
class Car : public Vehicle{           //轿车继承了车辆
public:
  Motor mo;                           //轿车含有发动机
  //...
};//------------------------------------
void vehicleFn(Vehicle& v);
void motorFn(Motor& m);
//--------------------------------------
int main(){
  Car c;
  vehicleFn(c);       //ok
  motorFn(c);         //错
  motorFn(c.motor);   //ok
}//=====================================
```

从性质说，轿车是车辆的一种，所以它是车辆的子类，继承了车辆的所有特征。而轿车需要有发动机才能行驶，所以发动机是轿车必不可少的条件，是轿车的重要组成部分。

vehicleFn 函数以车辆为参数，因此各种汽车对象都应可以作为实参传递，轿车也在车辆范围内。

motorFn 函数以发动机为参数，轿车中虽有发动机，但轿车与发动机完全是两种事物，它们的性质不同，操作上也不存在共性，所以将轿车对象作为参数传递给 motorFn 函数是一种错误。

对于组合，成员对象的数据隐私是不能被直接访问的，必须通过成员对象的操作去间接访问。也就是类对象与成员对象之间也是彼此独立的。

❑ 10.5.3 对象分析（Object Analysis）

对于继承，由于派生类与基类性质的一致性，所以可以从基类的访问控制中获得对基

类对象的数据成员直接访问的便利。例如，有一个圆 Circle 类，它包含中心点（用 Point 类描述）位置和半径。圆和点都是几何基本元素，圆是点的放大，在设计上似乎可以继承。但点的许多操作如点的叠加操作，在圆中是没有意义的，而圆的许多操作如计算面积等在点中也是没有意义的，所以从根本上来说，两者虽同属于几何形状，但两者没有性质上的相似性，也就谈不上圆继承点的关系。

如果不考虑圆与点之间性质上的差异，纯粹从技术角度上说，我们可以据此比较继承和组合的差异。下列代码是 Point 类的定义和分离实现：

```
//======================================
//point.h
//======================================
#ifndef HEADER_POINT
#define HEADER_POINT
//--------------------------------------
#include<iostream>
using namespace std;
//--------------------------------------
class Point{
protected:
 double x, y;
public:
 Point(double a=0, double b=0);
 double xOffset()const;
 double yOffset()const;
 double angle()const;
 double radius()const;
 Point operator+(const Point& d)const;
 Point& operator+=(const Point& d);
 void moveTo(double a, double b);
 friend inline ostream& operator<<(ostream& o, const Point& d){
  return o<<'('<<d.x<<','<<d.y<<')'<<'\n';
 }
};//====================================
#endif  //HEADER_POINT

//======================================
//point.cpp
//======================================
#include "point.h"
#include<cmath>
using namespace std;
//--------------------------------------
Point::Point(double a, double b): x(a), y(b){}
double Point::xOffset()const{ return x; }
double Point::yOffset()const{ return y; }
```

```
double Point::angle()const{ return(180/M_PI)*atan2(y, x); }
double Point::radius()const{ return sqrt(x*x + y*y); }
void Point::moveTo(double a, double b){ x = a, y = b; }
Point Point::operator+(const Point& d)const{return Point(x+d.x, y+d.y);}
Point& Point::operator+=(const Point& d){
  x+=d.x; y+=d.y;
  return *this;
}//--------------------------------------
```

在 point.cpp 文件中，有一个 M_PI 常量是圆周率 π，它在头文件 cmath 中说明。头文件中的友元函数设计成inline，而inline函数若非类成员，则是一定要放在头文件中定义的。

10.5.4 继承设计（Inheritance Design）

采用继承设计，则 circle_inher.h 和 circle_inher.cpp 代码如下：

```
#ifndef HEADER_CIRCLE_INHER
#define HEADER_CIRCLE_INHER
//======================================
#include "point.h"
//--------------------------------------
class Circle : public Point{
  double radius;
public:
  Circle(const Point& p=Point(), double r=0);
  double getRadius()const;
  Point getPoint()const;
  double getArea()const;
  double getCircum()const;
  void moveTo(double a, double b);
  void modifyRadius(double r);
};//====================================
#endif  //HEADER_CIRCLE_INHER

//======================================
//circle_inher.cpp
//======================================
#include "point.h"
#include "circle_inher.h"
#include<cmath>
using namespace std;
//--------------------------------------
Circle::Circle(const Point& p, double r):Point(p),radius(r){}
```

```
double Circle::getRadius()const{ return radius; }
Point Circle::getPoint()const{return *static_cast<const Point*>(this);}
double Circle::getArea()const{ return radius * radius * M_PI; }
double Circle::getCircum()const{ return 2 * radius * M_PI; }
void Circle::moveTo(double a, double b){ x = a, y = b; }
void Circle::modifyRadius(double r){ radius = r; }
```

实现 Circle 类的继承版本，得益于 Point 类中将坐标设计为 protected 数据成员，使得从 Circle 类中可以直接访问该 x、y 坐标，这是继承的权利。所以当一个类要用作继承时，往往其数据成员会设计成保护 protected。但是要返回基类对象却不容易，要将 Circle 对象静态转型为 Point 的指针，然后间接访问操作获得 Point 对象，试比较另一种方式，会有什么不同：

```
return static_cast<const Point>(*this);
```

10.5.5 组合设计（Composition Design）

实现 Circle 类的组合版本，则是将 Point 类看成是一个完全独立的类，一切对 Point 成员对象的操作都必须通过对象捆绑其公有成员函数的方式，因而可以分别调试。采用组合方式的 circle_compos.h 和 circle_compos.cpp 代码如下：

```
//======================================
//circle_compos.h
//======================================
#ifndef HEADER_CIRCLE_COMPOS
#define HEADER_CIRCLE_COMPOS
//--------------------------------------
#include "point.h"
//--------------------------------------
class Circle{
  Point point;
  double radius;
public:
  Circle(const Point& p=Point(), double r=0);
  double getRadius()const;
  Point getPoint()const;
  double getArea()const;
  double getCircum()const;
  void moveTo(double a, double b);
  void modifyRadius(double r);
};//====================================
#endif  //HEADER_CIRCLE_COMPOS
```

```
//========================================
//circle_compos.cpp
//========================================
#include "point.h"
#include "circle_compos.h"
#include<cmath>
using namespace std;
//----------------------------------------
Circle::Circle(const Point& p, double r):point(p),radius(r){}
double Circle::getRadius()const{ return radius; }
Point Circle::getPoint()const{ return point; }
double Circle::getArea()const{ return radius * radius * M_PI; }
double Circle::getCircum()const{ return 2 * radius * M_PI; }
void Circle::moveTo(double a, double b){ point.moveTo(a, b); }
void Circle::modifyRadius(double r){ radius = r; }
```

在组合版本中，由于point对象是其成员，所以构造函数的初始化列表中对Point对象的构造形式与继承时的构造形式不同，它是直接以对象名 point 去激活 Point 的构造函数的。对于Circle的成员函数moveTo，需要通过调用Point的成员函数moveTo达到访问坐标值的目的。

对于上述两种方法（circle_inher.h 和 circle_compos.h），下列程序都能得到相同结果：

```
(1)  //========================================
(2)  //f1005.cpp
(3)  //组合或继承
(4)  //========================================
(5)  #include "circle_compos.h"      //或 #include "circle_inher.h"
(6)  #include<iostream>
(7)  using namespace std;
(8)  //----------------------------------------
(9)  int main(){
(10)   Point a(2.3, 5.6);
(11)   Circle c(a, 7);
(12)   c.moveTo(1, 2);
(13)   c.modifyRadius(3);
(14)   cout<<"The radius is "<<c.getRadius()<<"\n";
(15)   cout<<"The point is "<<c.getPoint();
(16)   cout<<"The area is "<<c.getArea()<<"\n";
(17)   cout<<"The circumference is "<<c.getCircum()<<"\n";
(18) }//========================================
```

```
E:\ch10>f1005↙
The radius is 3
The point is (1,2)
The area is 28.2743
The circumference is 18.8496
```

采用继承还是组合，应首先从两个类对象的性质上区分。性质相同，则一个类就拥有另一个类的大部分操作；其次，如果两个事物太抽象了以至于辨不清性质，则可以分析其操作，如果涉及的操作有很多是共同的，例如，Circle 和 Point 中都有 moveTo 操作，则用继承会好一些。

组合和继承并不是绝对的，组合完全可以用继承实现，继承也可以由组合实现，无非在继承中可以通过调整成员的访问控制属性，以达到方便编程的目的。而组合则职责分明，虽然可能麻烦一点，但调试很直截了当。

10.6 多继承概念（Multi-Inheritance Concept）

10.6.1 多继承结构（Multi-Inheritance Structure）

一个类若从多个基类派生，这样的继承结构称为多重继承（简称多继承）。

按通常的树状继承结构层次，除了基类之外，每个类只有一个父类，很多时候是这样。但是，一些类的表达在性质上并不是很准确，只是通过两个类的合成或是组合，在技术上实现了而已。类往往需要几个父类共同描述其子类的性质。例如，一个两用沙发（SleeperSofa），既有床的功能，又有沙发的功能，所以，它同时继承了床和沙发的特征，难怪两用沙发也有称沙发床的，如图 10-5 所示。

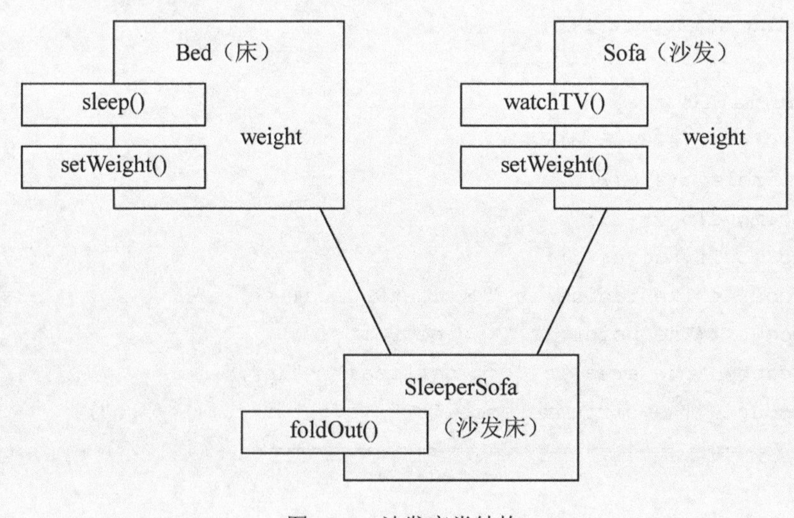

图 10-5　沙发床类结构

根据这个结构，沙发床继承了两个基类，一个是床类，一个是沙发类，可以用多继承的方式实现代码：

```
(1) //====================================
(2) //f1006.cpp
(3) //多继承
(4) //====================================
(5) #include<iostream>
(6) using namespace std;
(7) //------------------------------------
(8) class Bed{
(9) protected:
(10)   int weight;
(11) public:
(12)   Bed():weight(0){}
(13)   void sleep()const{ cout <<"Sleeping...\n"; }
(14)   void setWeight(int i){ weight=i; }
(15) };//----------------------------------
(16) class Sofa{
(17) protected:
(18)   int weight;
(19) public:
(20)   Sofa():weight(0){}
(21)   void watchTV()const{ cout <<"Watching TV.\n"; }
(22)   void setWeight(int i){ weight=i; }
(23) };//----------------------------------
(24) class SleeperSofa : public Bed, public Sofa{
(25) public:
(26)   SleeperSofa(){}
(27)   void foldOut()const{ cout <<"Fold out the sofa.\n"; }
(28) };//----------------------------------
(29) int main(){
(30)   SleeperSofa ss;
(31)   ss.watchTV();
(32)   ss.foldOut();
(33)   ss.sleep();
(34) }//==================================
```

```
E:\ch10>f1006↙
Watching TV.
Fold out the sofa.
Sleeping...
```

在Bed类和Sofa类中，将数据成员weight设置成protected，是为了从派生类SleeperSofa类中能直接访问到。SleeperSofa类公有继承了Bed和Sofa类，是一般的继承方式，没有复杂的成员数据和复杂的访问要求。在main函数中，两用沙发类对象ss既捆绑访问了基类bed的成员函数sleep，又访问了另一个基类Sofa的成员函数watchTV，还访问了自己的成员函数FoldOut，这都在情理之中。

10.6.2 基类成员名冲突（Base-Class Member Name Collision）

在程序f1006.cpp中，Sofa和Bed类中都有一个weight成员，作为两个独立的类，这是需要的属性。但现在作为SleeperSofa类的基类，问题就来了：SleeperSofa继承哪个基类的weight？由于两个类都有相同的名字weight，对weight的赋值变得意义不清了。例如，按照下面的代码：

```
int main(){
  SleeperSofa ss;
  ss.setWeight(20);    //错:是 Bed::setWeight 还是 Sofa::setWeight
}
```

这样就导致了基类成员的名称冲突（Name Collision）。在编译时，针对这种不确定的访问（哪个基类成员？），将予以报错。

为了明确访问的目的，必须在setWeight名称前面加前缀以说明基类：

```
int main(){
  SleeperSofa ss;
  ss.Sofa::setWeight(20);    //是 Sofa::setWeight
}
```

这种形式，要求程序员还得额外掌握类的所有基类的信息，也就是整个类层次结构的信息，无疑加大了复杂度。在单继承中，这种情况是不会出现的。

但若将Sofa与Bed类的weight名称改成不同，也是不现实的。因为沙发的重量和床的重量在家具属性上是相同的，在沙发床中是一致的。或许它们都派生于家具类，重量属性并不是自身的属性，而是祖先的属性，而且两个都是表示重量的同一属性。若名字不同，赋成两个不同值，简直是荒谬（相当于在说，以床的名义看为36kg，以沙发的名义看为28kg等），所以多个基类中出现两个意义相同的实体对多继承来说将面临困境。

10.6.3 基类分解（Base-Class Decomposition）

可以进一步分析：床和沙发都是家具，凡家具都有重量，因此可以分解床和沙发，如图10-6所示。

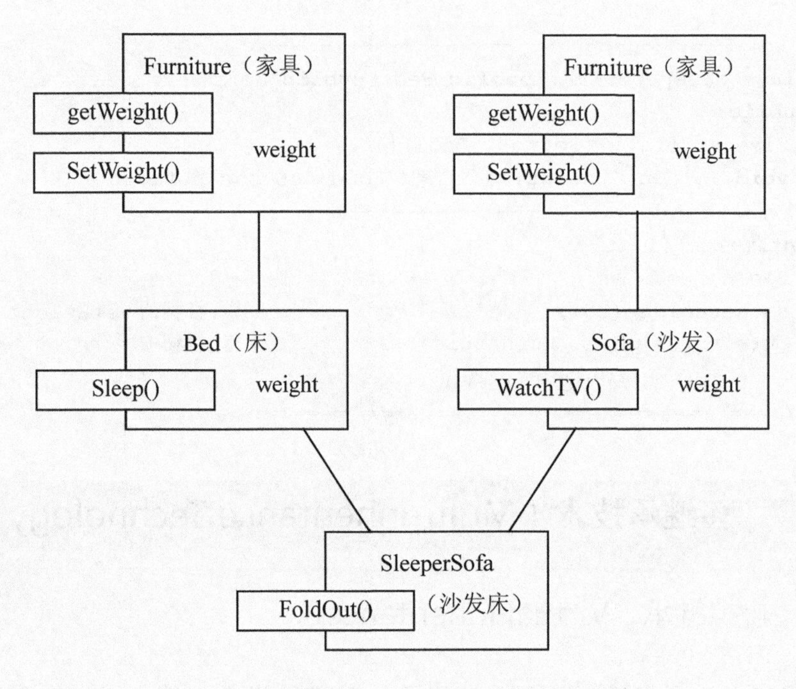

图 10-6　床和沙发的分解

床和沙发还有基类——家具，它们是单继承形式，再让沙发床多继承床和沙发。因此可以形成尚不成熟的新的继承形式代码：

```
(1)  //========================================
(2)  //f1007.cpp
(3)  //非虚拟多继承
(4)  //========================================
(5)  #include<iostream>
(6)  using namespace std;
(7)  //----------------------------------------
(8)  class Furniture{
(9)  protected:
(10)   int weight;
(11) public:
(12)   Furniture():weight(0){}
(13)   void setWeight(int i){ weight =i; }
(14)   int getWeight()const{ return weight; }
(15) };//--------------------------------------
(16) class Bed : public Furniture{
(17) public:
(18)   Bed(){}
(19)   void sleep()const{ cout <<"Sleeping...\n"; }
(20) };//--------------------------------------
(21) class Sofa : public Furniture{
(22) public:
(23)   Sofa(){}
(24)   void watchTV()const{ cout <<"Watching TV.\n"; }
```

```
(25) };//-----------------------------------
(26) class SleeperSofa : public Bed, public Sofa{
(27) public:
(28)   SleeperSofa() :Sofa(), Bed(){}
(29)   void FoldOut()const{ cout <<"Fold out the sofa.\n"; }
(30) };//-----------------------------------
(31) int main(){
(32)   SleeperSofa ss;
(33)   ss.setWeight(20);                  //错:模糊的 setWeight 成员
(34)   Furniture* pF = (Furniture*)&ss;   //错:模糊的 Furniture*
(35)   cout<<pF->getWeight()<<endl;
(36) }//===================================
```

10.7　多继承技术（Multi-Inheritance Technology）

10.7.1　虚拟继承（Virtual Inheritance）

程序 f1007.cpp 通不过编译是因为碰到了含糊不清的操作（第 33 行）：SleeperSofa 对象操作 setWeight 时究竟面对的是哪个 Furniture 的成员，不清楚，指向 Furniture 的指针也不知道究竟指的是哪个 Furniture。从道理上讲，SleeperSofa 只需对应一个 Furniture 对象，所以我们也希望它只含有一个 Furniture 副本。该副本又要共享 Bed 和 Sofa 的成员函数与数据成员，如图 10-7 所示。

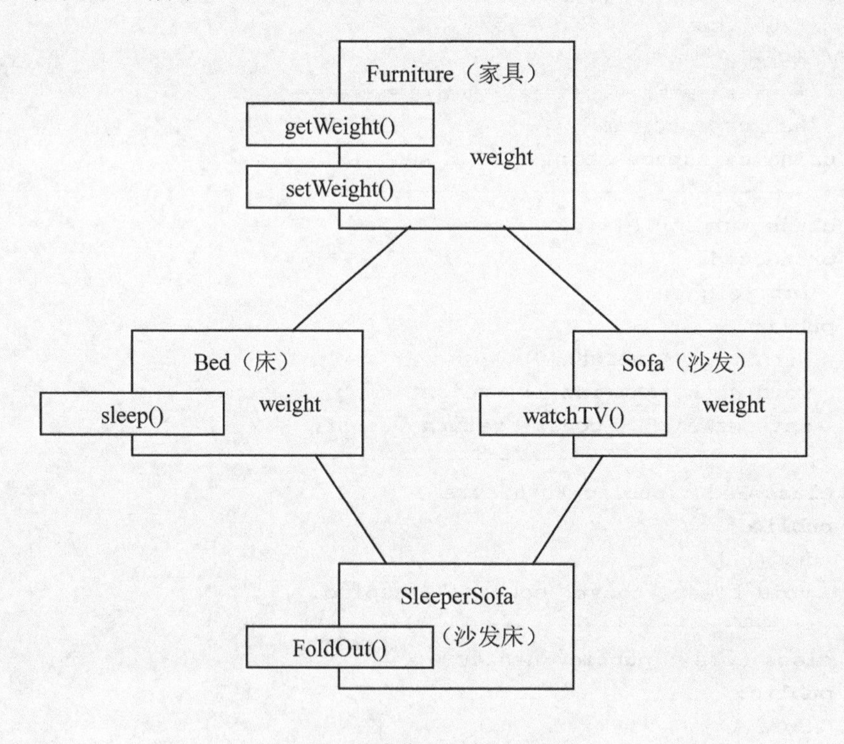

图 10-7　沙发床的理想继承结构

C++可以实现这种继承结构，用的是虚拟继承（virtual inheritance）。其代码如下：

```
(1)  //=====================================
(2)  //f1008.cpp
(3)  //虚拟继承
(4)  //=====================================
(5)  #include<iostream>
(6)  using namespace std;
(7)  //-------------------------------------
(8)  class Furniture{
(9)  protected:
(10)   int weight;
(11) public:
(12)   Furniture(){}
(13)   void setWeight(int i){ weight=i; }
(14)   int getWeight()const{ return weight; }
(15) };//-----------------------------------
(16) class Bed : virtual public Furniture{       //虚拟继承
(17) public:
(18)   Bed(){}
(19)   void sleep()const{ cout <<"Sleeping...\n"; }
(20) };//-----------------------------------
(21) class Sofa : virtual public Furniture{      //虚拟继承
(22) public:
(23)   Sofa(){}
(24)   void watchTV()const{ cout <<"Watching TV.\n"; }
(25) };//-----------------------------------
(26) class SleeperSofa : public Bed, public Sofa{
(27) public:
(28)   SleeperSofa() :Sofa(), Bed(){}
(29)   void foldOut()const{ cout <<"Fold out the sofa.\n"; }
(30) };//-----------------------------------
(31) int main(){
(32)   SleeperSofa ss;
(33)   ss.setWeight(20);
(34)   cout<<ss.getWeight()<<endl;
(35) }//====================================
```

```
E:\ch10>f1008↙
20
```

Furniture 部分 weight
Bed 部分
Sofa 部分
SleeperSofa 部分

图 10-8 虚拟继承的 SleeperSofa 对象

这时候的对象内存布局如图 10-8 所示。

虚拟继承方式是在继承的关键字前面加上 virtual 关键字。在虚拟继承下，main 函数中的 setWeight 函数调用便不再模糊，得到了沙发床真正的多继承关系。

10.7.2 多继承对象构造顺序（Multi-Inheritance Object Construction Order）

含有多继承的构造函数按下列顺序被调用：

（1）任何虚拟基类的构造函数按照它们被继承的顺序构造。

（2）任何非虚拟基类的构造函数按照它们被继承的顺序构造。

（3）任何成员对象的构造函数按照它们声明的顺序构造。

（4）类自己的构造函数。

这说明，若一个类含有虚拟继承，则构造首先从虚拟基类开始。程序 f1008.cpp 中的第 28 行语句构造一个 SleeperSofa 对象时，其对象构造的顺序为：

（1）Furniture 对象；

（2）Bed 对象，不管构造函数的初始化列表是否把 Bed 排在 Sofa 后面；

（3）Sofa 对象；

（4）SleeperSofa 本身部分。

10.7.3 多继承评价（Multi-Inheritance Evaluation）

在语言中实现多继承并不容易，这主要是编译问题，还有模糊性问题，调试问题也会很多。作为经验之谈，应尽量避免多继承，单个继承提供了足够强大的功能，不一定非用多继承不可。未来的 C++ 趋势是要淡化多继承，只兼容以前的部分，不再扩展，很高级的程序员才尝试多继承。C++ 类库中用了一些多继承，那些代码都经过了严格测试，是商品化的资源。但这些资源，一般都拿来作为组合设计，很少被用户继承，因此也就很少关心类的层次结构了。

10.8 目的归纳（Conclusion）

C++ 支持类的继承机制，继承使得类可以具有层次结构，但类不是必须具有层次结构不可。这与其他编程语言有区别，如 Java 中定义的类总是系统设定的超类下的一个子类。C++类的层次结构的可选择性给编程带来了方便，使得程序规模大小皆宜。

继承还给编程带来了代码可重用的方便性，人们不需要重复编码，就能使用继承来的代码。然而，继承也使直接阅读代码遇到一些困难。因为从当前类的头文件中看不到所有的公有操作，于是就跟踪到其父类，说不定父类上面还有父类，这有可能是个递归过程。从另一个方面说，继承不但有利于数据和操作的保护，也有利于源代码的保护。

继承机制要解决访问控制问题，派生类的访问权限要区别于陌路人的使用。一般来说，基类的保护数据成员提供给子类访问，但却屏蔽外界访问。保护成员函数对于一个成熟设计的类来说，用得并不太多。

子类中各种数据成员包括基类对象的初始化和构造顺序有明确的规定。

从概念上说，类中包含对象成员（组合）与继承有实现上的差异，它能够给编程者在定位问题的时候有所选择。

公有化继承是最普通的继承形式，它使得子类可以最大限度地享有基类的资源，维持基类的界面不变性。因此，过去版本的应用程序在资源被继承之下的环境中仍然适用。保护和私有化继承只是在抽象类编程与强调界面的高级编程中得到一些应用（☞CH13.5.2）。

多继承是很少几种语言实现的机制之一，它需要性能保证和复杂对象结构的处理和访问技巧，同时还要面对多重继承中的设计问题，如基类成员名字冲突问题。具有多重继承的结构在程序规模扩大以后，在现有编程方法之下会变得不可收拾，所以只有很专业的软件开发者会系统化地使用多重继承，C++ 的标准库中用到了一些多重继承。在高级编程中，都是用无任何牵连的干净界面（☞CH13.3）分离编程的逻辑单位的，描述界面成为一种编程的高级技巧，多继承技术也十分积极地参与了界面描述。但不管怎么说，C++ 标准的未来发展趋向于淡化多重继承。

继承的对象结构中包含了基类对象，所以才使得子类具有基类的性质，子类对象是基类对象的一种特殊情况，因此，子类对象就是基类对象。由此，还必须解决子类对象何时行使自己的操作，何时行使基类的操作问题，并且还不能影响最重要的抽象编程特性（☞CH11.1）。到那时，人们才能说，语言具有支持面向对象编程的特征。

练习 10（Exercises 10）

1．找出下列程序的错误。

```
//=======================================
//e1001.cpp
//=======================================
#include<iostream>
using namespace std;
//---------------------------------------
class A{
  int x;
public:
  A(int a):x(a){ cout<<"Constructing A\n"; }
};//-------------------------------------
class B : public A{
public:
  B(){ cout<<"Constructing B\n"; }
};//-------------------------------------
int main(){
  B b;
}//======================================
```

2．为图 10-1 设计一个类层次结构，其中的每个类都有构造函数，且有启动、停止操作。

编制应用程序，创建大客车和本田小轿车，分别有启动和停止操作，输出一些标志性字串。

3．请在程序 f0904.cpp 中的日期类的基础上，实现一个可以进行加天数操作获得另一个日期，以及进行日期减日期操作获得相隔天数的日期类，并进行应用程序设计：

创建 2005.8.21 和 2008.8.8 两个日期，并计算中间相隔的天数，前者加上 300 天会是什么日子呢？

4．在第 3 题 Date 类的基础上，继承一个 WDate 类，它包含了星期几信息，因而，显示日期的成员要做修改，应同时显示星期几。另外，还要增加获得星期几的成员。想一想，类中数据成员置成年、月、日好呢？还是绝对天数好呢？

进而进行应用程序设计：

创建 2005.8.21 和 2008.8.8 两个日期，分别显示这两个日期。

5．对应图 10-9 所示的继承图，写出程序代码，要求在应用程序中，建立 C 类对象，访问 A 类中的成员函数，并由 set 和 get 访问其数据成员，也访问 B 类中的成员函数 onB。

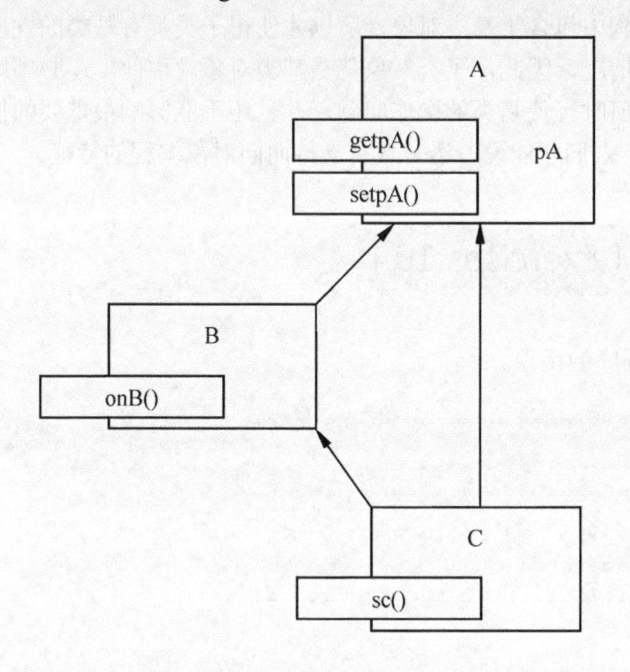

图 10-9　第 5 题继承图

6．一个三口之家，大家都知道父亲会开车，母亲会唱歌。但是只有家里人知道父亲还会修电视机。小孩既会开车又会唱歌也会修电视机，此外小孩还会打乒乓球。母亲瞒着家人在外面做小工以补贴家用。试编程：

（1）让这三口之家从事一天的活动：先是父亲开车出去，然后母亲出去工作（唱歌），母亲下班后去做两小时小工。小孩在俱乐部打球，父亲回家后，再开车玩，后又高兴地唱歌。晚上，小孩和父亲一起修理电视机。

（2）后来父亲的修电视机技术让大家知道了，父亲也经常为邻居修电视机。这时，程序要做什么变动？

第11章　基于对象编程（Object-Based Programming）

到了该回顾一下对象化编程的效果的时候了，让我们整体性地总结对象化编程是怎么回事。没有什么特别的，新鲜感也已经过去了，它不过是通过类型产生工作的对象，用对象以及捆绑的操作描述动作序列，用动作序列堆积算法而已。然而这个“而已”，却使得程序设计变得更加游刃有余了，不仅方便灵活、安全可靠、可维护，而且更是可移植。

过程化的编程是通过函数模块的堆积展开的，它是一种行为抽象的编程。而基于对象的编程是通过抽象数据类型描述的数据（对象）展开的，它是一种数据抽象的编程。数据是事物的对应，它能够随着人类文明的发展而逐步积累和沉淀下来，它的抽象结果是概念。人们总是能够大幅度地重用概念，自然地融进编程哲学，这便是数据抽象的优势。而行为抽象表现的是一种社会分工，表现为不同的劳动，在编程世界中它可以反映为程序员的分工与协作，在程序结构中反映的是模块的层次结构。然而，它更多地反映事物瞬息万变的特性，只要新事物不断涌现，其行为特性也就跟着变化，所以对于积累，它无从谈起，故大规模的重用便有了一定的难度。

从更高视角看，行为抽象与数据抽象虽是两种风格，或是两种编程模式，但它们谁也离不开谁，你中有我，我中有你。这就是为什么编程从过程化方法慢慢地向对象化编程以及更高级编程发展而不是直接跨越到面向对象编程的原因。在高级编程中，程序组织和结构框架中绝对需要模块化的过程，而过程则是描述更高级数据类型的对象的行为，即更抽象的行为。

从目前的编程实践中，我们认识到过程化编程对大规模程序不利，而采用抽象数据类型描述的对象化编程则较为有利。因为抽象数据类型架构起来的对象及其行为，代替了相当规模的编程量，致使总的编程量仍然处在可以控制的范围内。

现成有一些编程质量的衡量标准可以用来比较，它们是可读性、易编程性、安全性、可维护性、可扩充性和效率。比较的结果证实，过程化编程方法明显居于下风。

我们会看到，过程化编程是按功能进行分析的，而对象化编程是按对象进行分析的，即将一定形式的数据和其操作进行捆绑描述。

本章将用一个 Josephus 的编程实例，先进行过程化编程的功能分解，然后实现之；再进行对象化的分解，然后实现之。请从实现的代码中来看不同的抽象编程模式。或许，在这么小规模的程序中，很难说清楚孰优孰劣，因为所花的编程工作量和程序可读性很难体现出差异。然而内在的差异，通过对程序做出维护要求和扩展要求，就会一下子暴露出来。

11.1　抽象编程（Abstract Programming）

抽象分为两种：行为抽象和数据抽象。

行为抽象是指从纷繁复杂的事务中逐层或逐级地提炼和升华，直到以一个简单的行为描述概括全部事务的过程。它是从具体行为逐级升华到抽象行为的过程。行为抽象一定伴随着行为内涵的大幅度扩大，行为能力大幅度提升。例如，程序设计从最早的机器语言编程，到汇编语言编程，到中高级语言（例如 C 语言）的简单过程化编程，到结构化编程，到对象化程序，到面向对象程序和泛型程序，到更高级编程，体现了编程技术的逐级升华，其方法逐渐从复杂、烦琐，到简单、抽象。人们的编程能力得到了无法比拟的提高。又如，一个人从个体农民，成长为合作经营的自然村的领导，发展到拥有更大范围土地的乡村企业领导，然后逐渐向多种经营发展，成为集团公司董事长，这个人的个别历史发展过程，也反映了具体到抽象的演变，它也是从低级到高级的演变。董事长与过去的个体农民，其差距简直不能相提并论。显然，抽象的结局是越演变，越抽象，其行为就越凝聚着或代表着内涵扩大化了的全体行为细节。行为抽象的本质是事务的描述性。随着高级技术的不断产生，抽象层次每往上跃一层，底层的内涵便扩大一个数量级。

数据抽象是指纷繁复杂的事物总是有其数据实体的对应描述，根据数据描述，它们总是可以按一定的目标进行相似性分类，直到以一个简单的类别概括全部同类事物。它的层次性体现了相同数据属性的同层归类。例如，图 10-1 继承的层次性，描述了交通工具，随着历史的发展、人类科学文明的进步、逐渐发达和丰富的过程，先有马车、船之类，随之而来的是汽车、火车和飞机，而每个类别又往下发展，产生更多的不同用途的新交通工具。数据抽象的本质是事物的描述性，随着底层新事物的衍生，而使抽象层次不断顶出。

❑ 11.1.1　行为抽象（Action Abstract）

例如，基于我们对微波炉的了解，可以描述生活以及编程中的抽象过程。考虑用微波炉炖鸡蛋的情形：打两个鸡蛋在碗里，放上一点调料，把它整个放进微波炉里，用适当的加热强度加热 5 分钟。

使用微波炉的步骤是，先打开微波炉门，把制作的原料放进去，然后关好门，按下微波炉控制面板上的有关按钮，它就开始工作了。人们在使用微波炉时，处于下面的状态：

（1）不用重新设计布局，不用改变微波炉内部结构即可使它工作。人们使用微波炉，只需与微波炉的面板打交道。微波炉面板上有全部的控制按钮和状态显示屏。微波炉的所有功能都是通过面板控制获得的。

（2）不用重新编制软件驱动和控制微波炉中的处理器，每次使用都与上次使用微波炉的目的和过程无关。

（3）不用了解微波炉的内部结构。

（4）即使是微波炉的设计师，了解微波炉内部的一切设计细节，但在使用微波炉这一产品时，仅仅只是烧菜热菜，无须考虑其工作原理。

在做菜时，人们仅仅把微波炉看成是厨房用品，不会考虑微波炉的内部结构。既然只是通过其面板使用微波炉，并按照提示说明去做，就不会使微波炉进入不正常的工作状态而损坏微波炉或者把菜烧焦。

如果正常操作，却被微波炉烫伤了手，或微波炉冒出了火花等，那就是微波炉的质量有问题了，要找厂家讨说法。

因此，不懂微波炉设计的人可以使用微波炉，因为其菜做得好吃而被人们冠以“微波炉烧菜专家”，甚至省略成“微波炉专家”——那些懂微波炉设计的人鼻子可能要喷血了。这便是抽象，能让人们分工而处于不同程度的细节中工作，而成为各自领域的高手，也从而提高了社会效率。

制作微波炉的工作，不用考虑鸡蛋如何做，使用微波炉则是进入到了下一个抽象级，开始考虑鸡蛋如何做的问题了。

现实生活中，人们总是处于各不相同的细节程度，人们不愿意也不可能事无巨细地操心一切细节，为了减少必须处理的事情，就必须生活在某一程度的细节中，忽略另外的细节。例如，许多妻子关心家里的油盐酱醋和小孩的学习细节，丈夫只是粗略地关心一下小孩的学习情况，以便有足够的精力去工作和赚钱。忽略某些细节程度而只关心自己分内的细节程度，就是抽象。因此，抽象也是人们生活学习的策略。

抽象也是编程的策略，C++ 所提供的类机制正是这样的一种编程分工的手段，让程序员处于不同层次的编程细节，达到方便编程的目的。

□ 11.1.2 数据抽象（Data Abstract）

1 数据

数据用以描述具体事物的性质。解决问题时，总是先将具体事物进行数据化描述。例如，求各个筐中苹果总数，则先将苹果数用抽象的整型数表示，然后进行整型数运算，再将运算结果解释为具体的苹果数。

2 数据类型

数据类型是一组性质相同的具有一定范围的值集以及定义于这个值集上的一组操作（☞CH3 引言）。例如，整型数范围为-2^{31}～$2^{31}-1$，它是以二进制补码形式表示的，可以进行加、减、乘、除等操作。

3 数据抽象

数据抽象是在原有数据的基础上，描述更高级事物的形态。数据抽象都是相对的。例如，对二进制字节来说，整型、浮点数就是其更高一级的抽象了，因为整型数用若干二进制字节表示。而对于整型数来说，日期就是更高一级的抽象了，因为日期中的年、月、日是用整型数的子集描述的。人的姓名是一种数据，在称呼某人以姓名时，它表示了一种数据抽象，因为它代表了某人的一切属性，包括身高、体重、文化程度等。数据抽象是具体事物描述的一个概括。在生活中，数据抽象层层叠叠，提供了种种概念，方便编程者对问题进行描述和求解。

4 抽象数据类型

抽象数据类型是基于已有数据类型而组合生成的复合数据类型。在 C++ 中，类正是抽象数据类型的描述形式。抽象数据类型作为数据类型，描述了值的构造形式、值的表示范围，也描述了其数据上的操作。例如，class Date 就是抽象数据类型，它的值形式是年、月、日，它的操作是构造函数、判断闰年、输出日期、日期加以及日期减等。抽象数据类型很好地提供了数据抽象的手段。抽象数据类型最关键的是通过隐藏数据来隐藏操作，建立起了数据安全，使得类编程从应用编程中分离了出来。任何类的维护都可以独立于应用程序而单独进行。

❑ 11.1.3 数据结构（Data Structure）

一系列性质相同的数据组织成一定的逻辑结构并带有自身的一系列操作便称为数据结构。在各种不同的计算机书籍中，对数据结构的定义和描述各不相同，但不用太计较形式。

数据结构的概念基本等同于语言中的数据类型概念。只要将数据类型中的值对应到更一般的数据结构中的数据就行了。例如，定义日期为要描述的对象，则日期向量是一种日期对象集合的线性存储结构，它具有构造、复制、比较、遍历、赋值、增加与删除等基本操作，所以日期向量描述了一种具体的数据结构。其实，C++ 的 STL 资源中，所有的容器类都是典型的数据结构的描述，它对于方便编程有很大的帮助，因为它就像使用微波炉，抽象了一切微波炉内部细节。

然而一般来说，数据结构中所指称的数据是我们解决问题中要描述的对象，而且描述的是一系列的数据组织。因此，日期类虽然可以描述为抽象数据类型，但日期本身并不是一系列相同数据的集合组织，所以不是数据结构；整型数虽然针对二进制字节来说是更高一级的数据抽象，但我们并不以处理二进制字节为对象，所以也不能将整型数看成数据结构（☞参考文献[10]）。

虽然广义上说，数据类型是数据结构在一定的编程语言中的描述形式，但实际上只有描述群体数据（容器）的抽象数据类型才是数据结构的真正体现。

对于描述数据结构的抽象数据类型，仍然有许多特殊操作不能包括其中，那是鉴于不同数据结构的操作相似性而为效率和可维护性考虑之故。把这些操作实现为通用算法，作为一般的函数调用解决数据结构的特殊操作问题，是一种解决特殊性与一般性的良好策略。例如，C++的 STL 中的排序 sort，求最大、最小元素 max_element、min_element，查找元素 find，倒序排列 reverse 等算法。描述问题求解的现成的数据结构描述，总是会遇到一些特殊要求的操作，它们往往会用独立于抽象数据类型的算法实现。C++的 STL 中，含有一些常用的通用算法，它们专门为那些 STL 容器配套，构成了 C++资源的亮丽风景线，也使得我们用类描述抽象数据类型时，可以用继承、组合以及独立算法的形式扩展数据结构。

因此，编程变成了一种描述抽象数据类型和描述算法的过程。这也是对计算机专家 N.Wirth 提出的经典程序公式在对象化编程中的最好修正，即

程序＝算法＋抽象数据类型

描述抽象数据类型和算法的编程就是基于对象的编程，由于抽象数据类型本身的数据封装和信息隐藏，这样设计的程序更加安全，质量更加可靠。

操作描述了抽象数据类型中实体的行为，不同的抽象数据类型，便反映了不同的操作细节。因此，基于对象的编程中，行为抽象和数据抽象是同步升降的。而且基于对象的编程是抽象编程，即选择一部分细节，忽略另一部分细节。

11.2 编程质量（Programming Quality）

11.2.1 可读性（Readability）

可读性是一种编程的素质，它既有使用好的编程方法的趋势的一面，又有使用好的语句描述的习惯的一面。

使用类定义和类的实现分离程序，使得应用程序部分的规模减小，这本身就是在增强可读性。虽然程序量没有相对减少，但结构上的合理性对整体阅读的易理解性是显然的。

只要有良好的编程习惯，即使进行过程化的编程，也有很好的可读性。可读性也并不是仅靠注释语句加强的。一贯地使用一种编程风格，如函数能够按“大了分、小了合”的拆分原则，不使用 goto 而使用结构化循环语句原则，选择简捷明了的算法等都能提供良好的可读性。而且，可读性也是因程序员的理解深度而异。例如，下面是对字符串进行复制，在保证目标地址上有足够的空间容纳所要复制的字符串的前提下，其两个等价功能的代码段的描述，显示了编程者对可读性的把握（☞CH4.6.3）：

```
while(*s++ = *t++);            //代码 1
while(*t){                     //代码 2
  *s = *t;
  s++;
  t++;
}
*s = 0;
```

代码 2 对于高级程序员来说会觉得粗陋，而代码 1 对于初学者来说，却过于晦涩难懂。

基于良好的编程经验和习惯，也就是说，训练有素是获得可读性代码的条件。易编程性也是通过可读性获得的，许多情况下，可读性都鲜明地或者第一位地反映了编程质量。

但在有些场合，可读性会让位于易编程性。因为对象化编程并非单纯的类定义和对象创建，更多的情况是类与类交织在一起，人们可能使用派生类，而使代码更加简捷。但是，使用派生类本身是基于基类的，而基类的界面信息却又隐藏在派生类的界面中，它们离使用者又远了一层距离，因而编程必须获取基类界面信息，但它却随着继承层次的深化而变得更加难以获得了。

11.2.2 易编程性（Programmability）

易编程性也称可写性（writability），它与可读性对应。易编程性反映在花较小的代价就可以编出所需要的安全、易懂、性能好的代码。对象化编程中，类资源都有很强的数据针对性，而函数库资源因为没有数据针对性，往往要自己编程解决。所以使用类资源的编程，就具有较好的易编程性。

例如，同类型数据的线性聚集，很多时候都是放在数组或者向量中的。放在数组中，就不能使用类资源，所以数组编程受到很大的操作限制。数组无法整体复制：

```
void f(int a[], vector<int>& b){
  int c[10] = a;          //错
  vector<int> d = b;      //ok
}
```

数组无法动态定做，或者要做额外的善后工作：

```
void f(int n){                //读入n个整数
  int a[n];                   //错
  for(int i=0; i<n; ++i)
    cin>>a[i];
  //数据处理
}

void f(int n){                //换成动态定做,从而需要释放空间操作
  int* ap = new int[n];
  for(int i=0; i<n; ++i)
    cin>>ap[i];
  //数据处理
  delete[] ap;
}
void f(int n){                //换成向量,则一切自然
  vector<int> a(n);
  for(int i=0; i<n; ++i)
    cin>>a[i];
  //数据处理
}
```

数组甚至无法扩容：

```
vector<int> va;
for(int a; cin>>a;)
  va.push_back(a);              //无法想象对应的数组操作
```

更有甚者，数组的下标安全必须通过用户编程保证，而向量则不然：

```
int a[10];
if(n<10 && n>0) a[n]=5;         //如果不进行判断,则溢出时悄无声息
else error();
vector<int> b(10);
b[n] = 5;                       //如果下标溢出,可以截获抛出的异常
```

若使用数组，程序员就被迫各自为政地实现对应某些数据的操作，所以难免会受到各个程序员自身素质的制约，这会影响编程质量。

❑ 11.2.3 安全性（Security）

对于优秀驾驶员来说，无论开车还是骑自行车，发生事故的可能性要相对小一些。对于优秀的程序员来说也一样，因此人是保证安全性的第一重要因素。

对于同一个驾驶员来说，使用轿车或者自行车，其安全度是不同的。对于同一个程序员来说，采用对象化的编程与采用过程化的编程，其程序组织的形式不同，所产生的代码的出错概率也是不同的。在过程化编程中，程序员必须全程关注其安全性；而对象化编程中，使用类的程序员无须刻意关注安全性，因为良好的类定义应该包揽了安全性设计。因此，对象化编程在易编程性的背后，隐含着排除丢三落四所造成的安全隐患的优势。

例如，从一个串到另一个串的复制。如果是字符指针方式，就要关注空间的申请和释放；如果是字符数组方式，就要关注空间是否够用；但对于 string 类来说，完全不必操心：

```
void f(char* s){
  string s1,s2 = s;
  s1 = s;

  char* st = new char[strlen(s)+1];
  strcpy(st, s);

  char a[40];
  strncpy(a, s, sizeof(a));
  a[sizeof(a)-1]='\0';
}//--------------------------------
void g(){
  char* str = "hello world";  //或"ahsgdhsadh... " 超 40 字符长
  f(str);
}//--------------------------------
```

即使关注到了数组空间不够用的情况，但由于其不灵活的处理方式，在超长串的情形中，将导致数据局部丢失，而不尽如人意。

11.2.4 可维护性(Maintainability)

可维护性也是灵活性（Flexibility）的一种。

因为程序结构可以分为类的实现部分和使用类的应用程序部分，使得基于类界面的编程可以不受类内部实现变更的影响。这是对象化编程得以方便维护的好特性，见程序f0811.cpp。它不受类的实现的影响，类的实现 ppoint.cpp 从一个版本改为另一个版本时，应用代码无须做任何改动。编程分工是彻底的，就像零件生产与整机装配是完全独立的两个部门一样。应用程序中使用类相当于机器中使用零件，可以随时更换；类的实现相当于零件生产，零件可以用在各种机器上，它不受特定机器的限制。类的实现也并不要求与应用程序捆绑。零件质量问题可以单独解决。类的实现中的问题也可以在不影响用户的前提下悄悄进行。

11.2.5 可扩充性(Extensibility)

可维护性是以类的界面不发生变更为前提的。当然，瞄准类，设计类，确定类界面，这些是软件工程师或者高级程序员们的工作，对于一个系统来说，具有相对稳定性。但再完美的系统，也不能保证系统相互之间的界面不被修改。事实上，界面的调整在大大小小的软件开发维护中都是存在的。就好像音响的信号线，从模拟信号的双线到同轴线，又到数码信号的光纤，这些变更，导致了功放机的接收系统要做相应的调整。产品如此，编程也如此。当界面要求改变时，也许意味着一个产品时代的终结，需要其派生的产品继续工作。类很多时候也是通过派生对界面做出某些调整的。音响信号线的改革正是通过保留原先的模拟线，增加新的光纤信号线进行的。

例如，从 Date 类到含有星期几的 WDate 类的派生（见练习 10 第 4 题），就是在原先日期的基础上增加了获得星期几的功能。

11.2.6 效率(Efficiency)

对象化编程和结构化编程始终在争论的一个问题是性能的孰优孰劣。一个重要的观点是：对于一个有一定要求的问题，就会产生一个动作（操作）序列解决这个问题。对象化编程和过程化编程无非是程序组织方式不同。程序组织方式不同也许会引起性能的些许差异，但对象化编程与过程化编程的争论绝不仅仅是性能的问题，对象化编程改善了过程化编程中的许多不可克服的问题，它使编程变得简单而更富有艺术性。

1 在程序结构上类定义不占额外的开销

类定义不占任何内存空间，也没有任何对象的预处理，所以没有任何操作上的开销。例如，对象的创建操作，相当于实体的初始化工作，这本身作为一项实体的初始化工作，是要在程序中反映出来的，而现在无非是以调用构造函数的形式表现而已。对于所有调用成员函数的地方，也都只不过是一次函数调用，无非调用的形式不同罢了：调用成员函数的形式是以捆绑对象的形式。比较程序 f0801.cpp 与 f0802.cpp，就可以看出这一点。所以并不因为使用类的编程，就增加了系统的开销。

2 为了安全性所付出的代价完全可以从获得的安全性和易编程性中得到补偿

在类的实现中，因为要考虑对象操作的安全有效，所以，成员函数的定义中，做了一些考虑安全的代码，如向量下标超范围，数值的上、下溢出防范，空间不够用，需要另起炉灶的额外处理，以及遇到除 0 的意外操作等。正因为成员函数中有这些措施，才使得用户获得满意的易编程性。如果对等地让单纯数据实体，例如数组也具有这些安全和方便性，其所设计的操作中，含有的处理代码也不会少于向量。

3 以独特的形式构造程序包容更大程度的复杂性

在过程化编程中，每多一层安全性操作代码，就会使程序规模多一个数量级。然而，它所反映的安全代码却是分散在整个程序代码范围的，结构上比较杂乱。而在类中，可以通过成员函数很好地体现对象的行为，可以控制安全性的复杂程度，定位数据的安全等级和添加其他行为是轻而易举的事，因为所有针对相关数据的操作全部集中在类的实现中了。

类是鳞次栉比的，或许因为在类中引入了其他对象成员（组合），因此也引入了其他对象成员操作的安全性代码，或许类处于某个继承层次中，叠加了基类对象的操作，这些若是在过程化编程中实现，其为考虑安全性所要增加的代码丝毫不会少于类的实现代码，过去的软件危机正是无法直面代码的安全考虑所带来的编程复杂性。所以类完全是从设计结构上赢得易维护、易编程的美誉的。

例如，在程序 f1002.cpp 中 Student 类中组合了 string 类的 name 对象，要比使用 char* 来得安全和易编程，这在比较程序 f0917.cpp 时，就可以看到。在程序 f0917.cpp 中，构造函数必须安全处理字符指针 pName，导致代码加长；GraduateStudent 类又继承了 Student 类，而且也组合了另一个对象 Advisor，这使得 GraduateStudent 对象的操作因为自身内部数据（对象）成员的自成一统的操作而变得“效率不高”，例如，gs 对象构造时，其构造函数要调用 Student 构造函数，也要调用 Advisor 以及 string 构造函数。但是经过层层安全设防的类代码体系的对象构造，其模块化维护，以及安全性操作却是建立在更高数量级之上的。

对象化编程与过程化编程的关系就像轿车与自行车的关系一样。

思考一下我们所使用的交通工具。一个人（比作熟练的程序员），骑着自行车，穿行在大街小巷，轻松自在地到达目的地。他走的路与轿车相比，是捷径。可是，如果目的地是在另一个城市，骑车去还能这么潇洒吗？当城市规模还很小的时候，当轿车还很昂贵的时候，人们不敢想坐轿车的事。当程序规模还不大的时候，当硬件成本还很贵的时候，程序员怎么也想象不出对象化的编程会带来什么好处。这不就是过程化编程时代的一些特征吗？！

当城市发展到一定规模，高速公路随处可见的时候，轿车成本急速下降的时候，当你享受到坐车所带来的舒适度和安全度的时候，当轿车消费主流时代到来的时候，你还会对自行车与轿车的消费成本斤斤计较吗？同样，当各种类资源（比作高速公路）不断丰富的时候，当硬件成本大幅下降的时候，当你尝试到对象化编程的方便性的时候，当你决定以类体系构架程序的时候，你不会抱怨对象化编程的效率吧？！事实上，是对象化编程化解了人们对编程所遇到的复杂性的恐惧。

程序 f1002.cpp 中的 gs 对象就是“小汽车”了，而下列的单纯结构型变量 g 就是“自行车”了：

```
struct GraStu{
  char* name;
  int semesH;
  double avg;
  int quaG;
  char* advName;
  int noOfMeeting;
} g;
```

人们使用类资源而使总的对象化编程工作量比过程化编程大大减少。即使所有的类定义和实现都由程序员自己做，总体的编程工作量也不比过程化编程多。

对于类的实现一方，因为操作围绕着固有的数据，而使问题简单化。而且其实现的类体可以提供给广大的使用者共享，重用性的好处便很快压倒了过程化编程。

11.3 分析 Josephus 问题（Analyze the Josephus Problem）

11.3.1 问题描述（Problem Description）

Josephus 问题是说，n 个小孩围成一圈做游戏，游戏将决出一个胜利者。假定一个数 m，从第 s 个小孩起，顺时针计数，每数到第 m 个小孩时，该小孩离开。接着又从下一个小孩开始数数，数到第 m 个小孩时，该小孩也离开，如此不断反复进行，最后剩下的一个小孩便是胜利者。对于一定的 n、m 和 s，究竟胜利者是谁呢？见图 11-1。

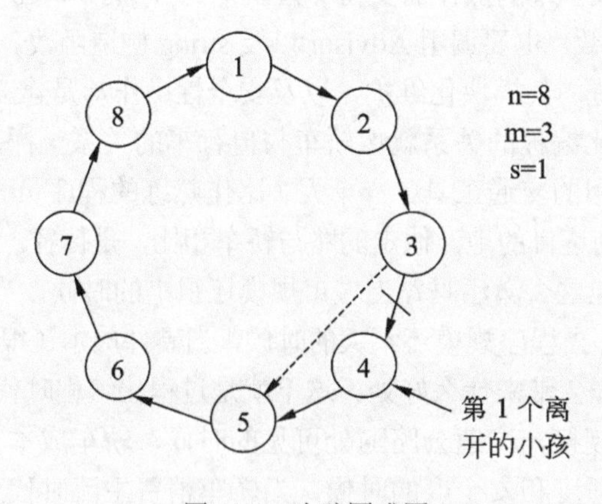

图 11-1　小孩围成圈

❑ 11.3.2 过程化分析（Process Analysis）

如果是一个庞大的问题，首先需要进行问题的分析，对数据层次做一个逐渐细化的划分，对数据的分析还涉及软件方法、编程方法。然后，根据分析的数据，建立数据结构，或者对应为对象化编程中的数据类型，或者进行过程化编程，编写算法，最后整理出解决问题的整套程序。

因为这个问题比较小，所以只要简单地抽取数据——小孩，安排小孩数据的存储结构——数组，或者向量都可以，还可以是循环链表。不同的数据结构，处理的算法也不同。一定的数据结构，其元素个数便是小孩数，假定小孩数必须在运行中才能获得，则该数据容器的规模决定于运行中输入的一个变量值。

对每个小孩赋予一个序号，作为小孩的标志。序号的连续排列性，便为初始化赋值带来了方便。

当小孩离开时，或者做一个已离开标记，或者干脆将其从数据容器中清除。围成一圈的小孩是一个环状数据结构，如果将小孩容器实现为线性结构，则必须有从尾部到头部的元素下标跳跃。

根据粗略的分析，我们得到一个处理 Josephus 问题的抽象算法描述：

```
（1）//Josephus 问题解答抽象算法;
（2）获得小孩数 n，开始位置 s，间隔数 m;
（3）创建环链表;
（4）循环计数，排除 n-1 个小孩;
（5）输出剩下的小孩编号（胜利者）;
（6）善后工作（清除环链表）。
```

该算法的抽象性，使得不管采用什么编程方法都能适用。无论过程化编程还是对象化编程都可以依此确定应用代码。其最后的编程细节还依赖于所用的数据结构，由于小孩围坐一圈，形成环状，所以不妨采用自行实现的环链表，以便更加直观和形象地表达操作过程。

环链表中，为了能进行所指向的小孩结点的脱链操作，需要一个哨兵（pivot）指针，见图 11-2。

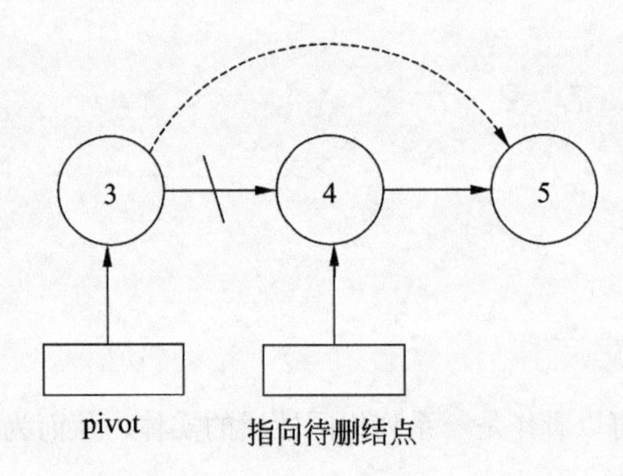

图 11-2 脱链操作示意

在图中，该哨兵指针指向结点3，因为要修改哨兵指针指向的结点，以使待删结点4脱离链表，所以在已有指向待删结点指针的同时，还需要哨兵指针。

为了使问题合理可解，需要对获得的小孩数、起始位置和间隔数的范围进行约束。小孩数不能是1以下的数，起始位置不能小于1，也不能超过小孩数，计数间隔数至少是1，也不能超过小孩数。

创建环链表和环链表操作是技术性很强的工作，它们需要一个过程完成，实现的方法可以不同，但最后必须使环中剩下一个元素，也就是表示获胜小孩的那个元素。

善后工作也是重要的，胜利者求解过程结束后，应该把创建的环链表清除。

11.3.3 基于对象的分析（Object-Based Analysis）

在对象化编程中，先确定抽象数据类型，然后根据确定的抽象数据类型进行抽象编程。对于简单的问题，一般可以执行下面的步骤：

（1）找出类；

（2）描述类与类之间的关系；

（3）用类来界定抽象层次，从而组织程序结构。

找出类主要靠经验，对于小规模的问题，这是可以做好的。程序员可由一系列的候选类开始，然后考虑哪一个是最基本的以及哪一个是第二位的或者是被引出的。候选类可从以下各项找出：

（1）有形的、可视的或描述的东西，像电视机、微波炉、桌子、问题等；

（2）角色，如操作电视机的人、小孩、桌子上摆放的东西、问题中涉及的链表结构等；

（3）事件，如操作电视机的亮度、桌子的移动、问题中描述的操作等。

对于复杂的程序，程序员必须做一个全面深入的分析，并充分了解问题的各项细节，然后将问题分类：哪些跟电视机有关，哪些跟桌子有关……抽象出描述的对象。

对于简单的问题，通过问题陈述和列出名词表，可以加以解决。由这样的分析方法得出，类的实体跟生活中的事物基本上是一一对应的，所以比功能划分要直观。例如解决Josephus问题的名词表为：

```
Josephus 问题
小孩
链表
开始位置
小孩数
计数间隔
小孩离队
输出胜利者
等等
```

由于小孩有多个，可以看作是一系列相同性质的实体，从而为其架构一个数据结构。该数据结构便是环链表。

其中，“开始位置”“小孩离队”“计数间隔”都与环链表有关。环链表应包括一个存放小孩结构的数组(用线性结构模拟环链表比较简单),创建环链表时,便要分配该结构数组,初始化结构数组成为环链表结构等。

这些名称有些是类,如小孩、链表都可以构造抽象数据类型,但只有链表才是数据结构,因为它以环链形式存储多个小孩。有些是组成类的属性,如小孩数、开始位置,有些是描述类的行为,如小孩离队等。

作为一个要处理的 Josephus 问题,我们也可以把它看作是一个类。它有若干操作:创建初始的问题、循环计数、排除 n-1 个小孩、输出胜利者等。

作为环链表,也包括一些数据属性(结构数组、当前位置、哨兵)和操作(创建环链表、小孩离队、计数)。

把两个独立的事物看成抽象数据类型分别实现,就是把握了抽象编程的要害,它有助于编程与理解。接下来就是要把两个类描述清楚。描述过程中涉及对数据属性和操作的命名,这又是一件极具艺术性的工作。可以先建立类卡片,如图 11-3 所示。

Josephus 类	
construct	boyNum
getWinner	interval
	startPos

BoyRing 类	
construct	pBegin
countBy	pivot
disengage	pCurrent
getNum	
printAll	
add	

图 11-3　类的卡片描述

图中每张卡片左面是操作描述,表示类的外部界面,右面是数据属性描述。有了这些类描述,就可以设计程序了。在 Josephus 问题求解的抽象层面中,有了 Josephus 类,则只要:

```
//主函数
创建一个 Josephus 类对象
调用 getWinner
```

就行了,无须涉及环链表及其操作的细节。

11.4　基于过程的解决方案(Process-Based Solutions)

11.4.1　算法(The Algorithm)

根据上节的流程,对操作进行细化。遇到语句序列多时,就断为函数,这样就构成了过程化的编程。根据功能划分,我们把 Josephus 问题解答抽象算法中的第 2、3、4 步骤编写成过程模块。另外第 4 步循环计数工作中,计数本身也是一项可以独立出来的工作,于是也写成过程模块,得到算法的细节如下:

```
//Josephus 问题解答算法(环链表)
程序开始
  获得小孩数 n，开始位置 s，间隔数 m
  创建环链表
  循环计数，排除 n-1 个小孩
  输出剩下的小孩编号(胜利者)
  善后工作(清除环链表)
程序结束

获得小孩数 n，开始位置 s，间隔数 m
  键入小孩数值 n，开始位置值 s，间隔数值 m
  小孩数 n 校验(2≤n)
  开始位置 s 校验(1≤s≤n)
  间隔数 m 校验(1≤m≤n)

创建环链表
  申请 n 个环链空间
  for(n 个链中元素)          //初始化环链
    挂接下一个元素
    赋给小孩编号
  endfor
    转到开始位置 s(数 s-1 个小孩)
    返回环链表

循环计数，排除 n-1 个小孩
  while(小孩数多于 1 个)
    数 m 个小孩
    当前小孩脱链
  endwhile

数 m 个小孩
  for(m 间隔)
    挪到下一个小孩位置
  endfor
```

□ 11.4.2　算法解释(Algorithm Explanation)

将一个大程序分成一个个相对独立的过程模块，可以减小程序的复杂性，使程序可读。因此，程序设计的过程应该是从抽象到具体的过程。在上述算法中，抽象模块（程序开始到程序结束）与具体实现的模块捏合在一起，空间实体相互依赖，构成一个整体，显得代码紧凑，谁也离不开谁。

按功能划分是过程化编程的特征，算法中的四个过程块彼此是独立的，所以分离了出来，尤其是“数 m 个小孩”模块，在运行中被反复调用，也被多处调用，分离这种过程是很必要的。

然而，这些过程彼此都被数据牵连在一起，无法进行独立的编程分工，代码也不能重用，这些代码只能专门用来解决 Josephus 问题，离开了本问题，代码就变得毫无用处。

这里受制约的数据就是环链表，它频繁地在程序的各处出现。事实上，环链表与 Josephus 没有任何必然的联系，它完全可以超脱为一种共用的数据结构，为一切程序员所用。但在这里，我们看到，算法中对环链表的操作，做得真是滴水不漏，这要多少心思放进去啊！而且还“吃力不讨好”，由于数据结构和存储的数据对所有过程都共享，很难界定数据的修改职责，如果运行中出错，这错误数据出自哪个过程模块呢？！

按功能划分是一项很经验化的工作，也有一定的理论依据（☞参考文献[11]CH2）。

❑ 11.4.3 算法实现（Algorithm Implementation）

这是一个小小的编程问题，程序员很少甚至无法从前人的劳动中获得编程的资源，一切都要自己亲自做，就好像生产汽车要从炼铁开始一样。程序员除了要了解 Josephus 问题的算法外，还要了解环链表的操作细节，还用尽了编程技巧，才使数据的维护不发生冲突。具体的算法实现如下：

```
(1)  //======================================
(2)  //f1101.cpp
(3)  //Josephus 问题过程化实现
(4)  //======================================
(5)  #include<iostream>
(6)  using namespace std;
(7)  //--------------------------------------
(8)  struct Jose{                          //小孩结点
(9)   int code;                            //小孩编号
(10)   Jose* next;                         //指向下一个小孩结点
(11) };//--------------------------------------
(12) int n, s, m;
(13) Jose *pCur, *pivot;
(14) //--------------------------------------
(15) bool getValue();
(16) Jose* createRing();          //创建环链表
(17) void countBoy(int m);                 //数 m 个小孩
(18) void process();              //排除 n-1 个小孩
(19) //--------------------------------------
(20) int main(){
(21)   if(!getValue()) return 1;
(22)   Jose* pJose = createRing();
(23)   process();
(24)   cout<<"\nThe winner is "<<pCur->code<<"\n";
(25)   delete[] pJose;
(26) }//--------------------------------------
(27) bool getValue(){
(28)   cout <<"please input boyNumber, startPosition, intervalNumber:\n";
```

```
(29)    cin>>n>>s>>m;
(30)    if(n>=2 && s>=1 && s<=n && m>=1 && m<=n)  return true;
(31)    cerr<<"failed in bad boyNumber or startPosition or intervalNumber.\n";
(32)    return false;
(33)  }//-------------------------------------
(34)  Jose* createRing(){
(35)    Jose* px = new Jose[n];
(36)    for(int i=1; i<=n; ++i){
(37)      px[i-1].next = &px[i%n];
(38)      px[i-1].code = i;
(39)    }//-----------------------
(40)    cout<<"There are "<<n<<" boys.\n";
(41)    pivot = &px[n-2];
(42)    pCur = &px[n-1];
(43)    countBoy(s-1);
(44)    return px;
(45)  }//-------------------------------------
(46)  void countBoy(int m){
(47)    for(int i=0; i<m; ++i){
(48)      pivot = pCur;
(49)      pCur = pivot->next;
(50)    }
(51)  }//-------------------------------------
(52)  void process(){
(53)    for(int i=1; i<n; ++i){
(54)      countBoy(m);
(55)      static int line=0;
(56)      cout<<"  "<<pCur->code;
(57)      if(!(++line%10)) cout<<"\n";
(58)      pivot->next = pCur->next;        //小孩脱链
(59)      pCur = pivot;
(60)    }
(61)  }//=====================================
```

```
E:\ch11>f1101↙
Please input boyNum/interNum/startPos:
10 3 3↙
There are 10 boys.
Boys leaved in order:
  3  6  9  2  7  1  8  5  10
The winner is
  4
```

每个过程模块都是一个函数，每个函数都差不多要用到小孩数、间隔数和起始位置，还有就是都要使用环链表操作，所以当前结点指针和哨兵指针要共享，不然的话，每个函数都会涉及多个参数传递。反正程序中的各个模块即使拆解了也无法在别处使用，就用一回名声不好听的全局变量吧，就让我们尝一回无法分清数据修改责任的如履薄冰的滋味吧，程序不大，也可以知道可读性受损的原因了。

初始化工作涉及环链表操作，排除 n-1 个小孩工作也涉及环链表工作，但它们的操作方式是不同的。创建环链表的工作中，使用下标访问小孩结点，而排除 n-1 个小孩的操作中用哨兵指针访问小孩结点。这是因为环链表正在创建之时，哨兵指针还没有设定。不管采用什么方式，只要完成该操作的功能，函数设计的目的就达到了，这就是函数独立性工作的优势。

过程化编程体现的是整体设计、整体实现。实现过程使程序员无法摆脱数据结构的细节，从数据变量的命名、类型、链表结构的指针到结构数组的动态分配和释放等，无不要求程序员具有高度的专业素质，他们必须了解 Josephus 求解过程和环链表两方面的知识。

11.5 基于对象的解决方案（Object-Based Solutions）

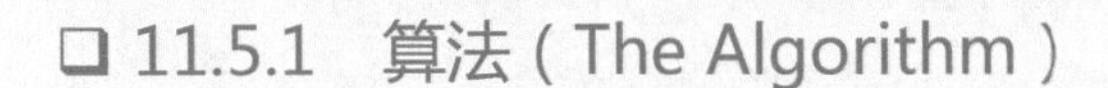

11.5.1 算法（The Algorithm）

在应用抽象层次上的编程，就是 Jose 类和 BoyRing 类都已经设计就绪后，在 main 函数中输入一些条件数据（小孩数、间隔数等），然后直接创建 Jose 对象，调用其 getWinner 操作即可。main 中无须涉及环链表细节，甚至 Jose 类的细节。于是问题就集中在 Jose 是如何描述问题解答的，以及 BoyRing 类是如何维护其自身的数据结构的。根据 11.3.3 节中的类框架，我们有如下设计：

```
Jose 类{
  内部数据成员
    小孩数
    开始位置
    计数间隔
  界面
    构造函数
    求获胜者
}
```

其中，Jose 类界面的具体操作描述为：

```
构造函数
  小孩校验
  开始位置校验
  计数间隔校验

求获胜者
  输出求解开始，小孩总数
  创建环链表（BoyRing 类对象）
```

```
  转到链表开始位置
  while（小孩数多于一个）
    数 m 个小孩
    小孩输出
    小孩离队
endwhile
输出获胜者
```

在 Jose 类中用到了 BoyRing 类，其设计如下：

```
BoyRing 类{
  内部数据成员
    小孩结构指针
    当前小孩指针
    小孩哨兵
  界面
    构造函数
    析构函数
    数 m 个小孩
    小孩离队
    返回当前小孩编号
    输出所有小孩
}
```

其中，BoyRing 类界面的具体操作描述为：

```
构造函数
  按小孩数申请空间
  初始化为环结构，小孩编号
  指针赋初值
析构函数
  释放空间

数 m 个小孩
    for（m 间隔）
      挪到下一个小孩位置
    endfor

小孩离队
  哨兵指向的小孩指向当前小孩的下一个小孩
  当前小孩指针等同哨兵

返回当前小孩编号
  返回当前小孩指针指向的小孩编号

输出所有小孩
  按满 10 个小孩换一行的格式输出环中所有小孩
```

❑ 11.5.2 算法解释（Algorithm Explanation）

类结构描述和类的操作描述也被看作是一种算法描述，这有点牵强，其实因为类的结构性很强，完全可以用表格的形式代替这种描述。

该程序分成三个抽象层次：第一层是应用层，直接指使 Jose 类对象去完成求解工作；第二层是 Jose 类层，描述 Josephus 问题的求解细节；第三层是 BoyRing 类层，辅助 Jose 类完成求解过程。

图 11-4 表示了上述三个层次之间的关系，这也是程序模块之间的关系。

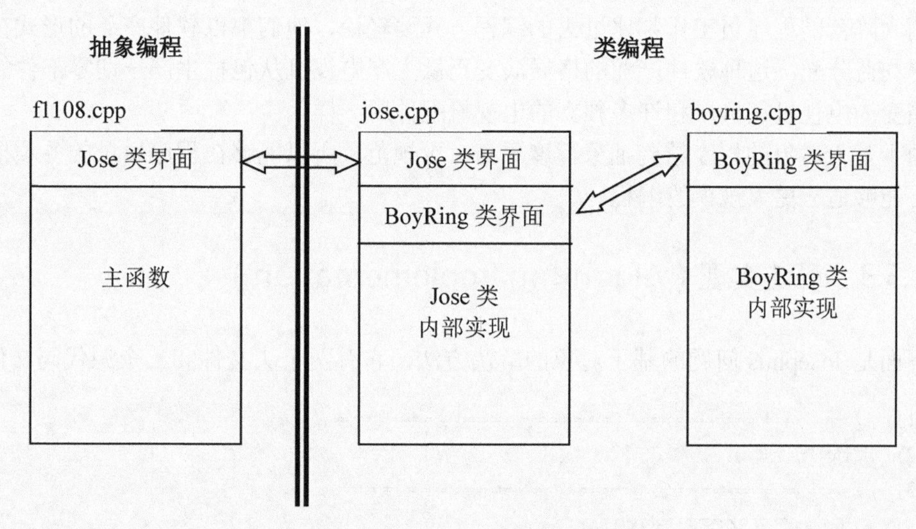

图 11-4 对象化实现中程序模块的相互关系

在图中，main 函数用到了 Jose 类，Jose 类又用到了 BoyRing 类，所以类也可以是其他类的用户。

Jose 类中的数据成员有小孩数、开始位置和计数间隔。因为有了这些数据，就可以确定一个 Josephus 问题的解。Jose 类的成员函数只有两个：一个为构造函数；另一个为求胜利者。对于一定的成员数据，只需要简单操作（求解）一次，就可以得出结果。当然，它也是求解 Josephus 问题的主算法，中间使用了 BoyRing 类的操作以创建环链表，然后进行各项环操作，从而得出结果。

我们看到，由于对象化编程和过程化编程的内在不同，使得各个操作的划分不同，“求胜利者”与“循环计数，排除 n-1 个小孩”的过程虽然相似，但操作序列的划分还是存在一定的差异，更不用说别的操作了。

将一个问题分解成一个个的类，而类又都是独立的，仅以界面示人，编程格式又有规范，比函数布局要容易。由于类自成体系，也就容易阅读，容易维护，容易调试。

基于对象编程就是各不相同的抽象层次之下的编程。只要将问题中的对象描述清楚，层次划分清楚，C++ 便能用语言描述。待到类结构描述清楚了，余下的事就是简单的创建对象和编写更高抽象层次的应用代码了。描述问题变得抽象，变得简单。很显然，这里的抽象是由很多具体操作的实现为基础的。

基于对象的编程方式将程序员分成两类：

一类是抽象代码的设计，也就是应用程序设计，这部分工作由于采用“拿来主义”，使用别人设计好的类资源而使工作简单。过去的所谓大规模程序，是因为编程什么都要自己亲手做，显得工作量大；现在看过去那种规模的程序就不叫大程序了。正像过去的大型计算机，就速度而论，现在连微型计算机都比不上了。

另一类是类库设计，类库设计需要有些专业背景。例如，设计数学库的人要懂数学。所设计的类也是软件产品，通过商业流通就成为程序员可以获得的资源了。由于类设计有鲜明的结构和规范，有很强的数据针对性，所以编程和调试都比过程化编程要容易。

两大阵营的程序员工作都比过去的编程方式要轻松，他们都以软件产品的形式在社会上获得利益分配。这种软件产业的格局演变正像生产电视机从包揽生产一切零部件的电视机厂演变为电视机整机厂和许多独立的电视机配件厂一样。

由于基于对象的程序结构抽象程度更高、更规范，所以能够在程序质量的各项指标上占优，能够适应更大规模的编程。

11.5.3 算法实现（Algorithm Implementation）

下面是 Josephus 问题的基于对象的解决方法，它有两个头文件和三个源代码文件：

```
(1) //======================================
(2) //boyring.h
(3) //======================================
(4) #ifndef HEADER_BOYRING
(5) #define HEADER_BOYRING
(6) struct Boy{
(7)   int code;
(8)   Boy* next;
(9) };//-----------------------------------
(10) class BoyRing{
(11)   Boy *pBegin, *pivot, *pCurrent;
(12) public:
(13)   BoyRing(int n);
(14)   void countBy(int m);
(15)   int getNum() const;
(16)   void disengage();
(17)   void printAll()const;
(18)  ~BoyRing();
(19) };//===================================
(20) #endif //HEADER_BOYRING

(1) //======================================
(2) //boyring.cpp
(3) //======================================
(4) #include "boyring.h"
(5) #include<iostream>
```

```
(6) using namespace std;
(7) //------------------------------------
(8) BoyRing::BoyRing(int n){
(9)  if(n<2) throw exception();
(10)  pBegin = new Boy[n];
(11)  for(int i=1; i<=n; i++){
(12)    pBegin[i-1].next = &pBegin[i%n];
(13)    pBegin[i-1].code = i;
(14)  }
(15)  pivot = pCurrent = &pBegin[n-1];
(16) }//------------------------------------
(17) void BoyRing::countBy(int m){
(18)  for(int i=1; i<=m; ++i){
(19)    pivot = pCurrent;
(20)    pCurrent = pCurrent->next;
(21)  }
(22) }//------------------------------------
(23) int BoyRing::getNum() const {
(24)  return pCurrent->code;
(25) }//------------------------------------
(26) void BoyRing::disengage(){
(27)  pivot->next = pCurrent->next;
(28)  pCurrent = pivot;
(29) }//------------------------------------
(30) void BoyRing::printAll()const{
(31)  int numinLine = 0;
(32)  Boy* p = pCurrent;
(33)  do{
(34)    cout<<"  "<<p->code;
(35)    if(!(++numinLine%10)) cout<<"\n";
(36)    p = p->next;
(37)  }while(p!=pCurrent);
(38)  cout<<"\n";
(39) }//------------------------------------
(40) BoyRing::~BoyRing(){
(41)  delete[] pBegin;
(42) }//------------------------------------
```

```
(1) //====================================
(2) //jose.h
(3) //====================================
(4) #ifndef HEADER_JOSE
(5) #define HEADER_JOSE
(6) class Jose{
(7)  int n, m, s;
(8) public:
```

```
(9)   Jose(int boys, int interval, int begin=1);
(10)    void getWinner()const;
(11)  }};//=====================================
(12)  #endif  //HEADER_JOSE
```

```
(1)  //======================================
(2)  //jose.cpp
(3)  //======================================
(4)  #include "boyring.h"
(5)  #include "jose.h"
(6)  #include<iostream>
(7)  using namespace std;
(8)  //--------------------------------------
(9)  Jose::Jose(int boys, int interval, int begin):n(boys),m(interval),s(begin){
(10)    if(n<2 || m<1 || m>=n || s<1 || s>=n){
(11)      cerr<<"data error.\n";
(12)      throw exception();
(13)    }
(14)  }//------------------------------------
(15)  void Jose::getWinner()const{
(16)    cout<<"There are "<<n<<" boys.\nBoys leaved in order:\n";
(17)    BoyRing x(n);
(18)    x.countBy(s-1);
(19)    for(int i=1,numinLine=0; i<n; ++i){
(20)      x.countBy(m);
(21)      cout<<"  "<<x.getNum()<<(++numinLine%10 ? "" : "\n");
(22)      x.disengage();
(23)    }
(24)    cout<<"\nthe winner is\n  "<<x.getNum()<<"\n";
(25)  }//------------------------------------
```

```
(1)  //======================================
(2)  //f1102.cpp
(3)  //Josephus 问题基于对象的实现
(4)  //======================================
(5)  #include "jose.h"
(6)  #include<iostream>
(7)  using namespace std;
(8)  //--------------------------------------
(9)  int main(){
(10)    cout<<"please input boyNum/interNum/startPos:\n";
(11)    int n, m, s;
(12)    cin>>n>>m>>s;
(13)    Jose(n,m).getWinner();
(14)    Jose(n,m,s).getWinner();
(15)  }//======================================
```

```
E:\ch11>f1102↙
Please input boyNum/interNum/startPos:
10 3 3↙
There are 10 boys.
Boys leaved in order:
  3  6  9  2  7  1  8  5  10
The winner is
  4
There are 10 boys.
Boys leaved in order:
  5  8  1  4  9  3  10  7  2
The winner is
  6
```

11.5.4 程序解释（Program Explanation）

BoyRing 类定义了环链表的数据属性与操作，其数据成员采用了指针指向动态申请的 Boy 结构的数组形式。这是为 Jose 类特地制作的。从意义上说，Boy 结构应该与环链表分离，以使环链表具有更大的共享性，这里为程序格式上的紧凑，在充分表现了对象化编程特征的前提下，将二者并在了一起。在后面的 CH14 中将会看到泛类的编程，Ring 类可以不依赖于 Boy 结构而独立设计和实现。

BoyRing 类相对于 Jose 类来说是一个独立的类资源，只要有谁用到 BoyRing 类，则只要包含 boyring.h 头文件即可抽象编程，无须涉及 BoyRing 类的实现细节，而作为整个程序工程的一部分，boyring.cpp，也就是 BoyRing 类的实现，也要被包含在工程中。

BoyRing 类所提供的操作也就是 BoyRing 类界面，它们是：数 m 个小孩，返回当前小孩编号，输出所有小孩，小孩离队，还有构造和析构。这里使用 BoyRing 类的 Jose 类用户，并没有全部用到 BoyRing 类界面中提供的所有操作，这是情理中的事。BoyRing 类不是针对 Jose 类而设计的，而是以能够提供什么样的服务而设计的。这也是为什么就源代码长度而论，对象化编程的语句条数要多于过程化编程的原因。然而，需要知道的是程序的复杂度不是主要以语句条数的多少衡量的，而是首先衡量易读的程度，然后才衡量读的篇幅。更何况，程序复杂度还要从性能上衡量，那就是要看生成的机器代码执行的复杂度，以及时间和空间的利用率如何等。而类代码和未被调用的成员函数是不会生成到机器代码中去的，更不会影响运行的性能。

Jose 类也是相同的组成形式，Jose 类的头文件 jose.h 中定义了 Jose 类的界面，jose.h 中没有涉及任何 BoyRing 类，所以无须包含 boyring.h，但 Jose 类的实现中涉及 BoyRing 类操作，所以要包含 boyring.h，同时也包含自己的类定义头文件 jose.h。

人们总是希望抽象，因为抽象把握大局，抽象可以决定具体的对象，对象可以拥有自己的操作集合。如此一来，各个不同的对象就各司其职了。对象只有在操作时才涉及数据，所以抽象略去了处理数据的细节，因而可以在更高的层次上考虑对象们的活动细节，这就是较高层次的抽象编程。抽象编程基于对象来说，一定的对象具有一定的操作细节。

因此，编程就是安排对象的工作，至于对象的工作细节是不用当前编程者考虑的。事实上，现在的大规模编程和高级编程都是以对象为基础的，基于对象的编程方法使我们永远可以在过去工作的积累中滚动前进。

11.6 程序维护（Program Maintenance）

作为Josephus问题的一个扩展，可以有若干个获胜者。这对于原先已实现的程序，便涉及程序维护问题。求一个和几个获胜者，都是求获胜者，只是现在还需要获取获胜者数量的信息，它或者作为Jose类中的数据成员的一部分，在Jose类对象初始化给定。但问题是，一般的Josephus问题是求1个获胜者，所以希望原来的设计目标要保留。

我们可以默认获胜者个数为1，这样就使程序在获胜者只有1人时仍然适用。

此外，如果获胜者有多个，那么，循环计数，小孩离队的过程就不是控制在n-1个小孩了，而是要根据获胜者的个数做调整。而且对最后的获胜者输出，不应该只输出当前小孩，因为环链中的小孩数已经不是1个而是可能有若干个了，应该输出环链表中剩下小孩的全部。

需要动一下Jose类的结构，增加一个数据成员：获胜者个数w。由于使用了默认参数形式，所以原先的求解1个获胜者的任务仍能完成。事实上，它也可以作为求解多个获胜者的特殊情况工作。

```
(1) //=====================================
(2) //josex.h
(3) //=====================================
(4) #ifndef HEADER_JOSE
(5) #define HEADER_JOSE
(6) class Jose{
(7)   int n, s, m, w;
(8) public:
(9)   Jose(int boys, int interval, int begin=1, int wins=1);
(10)    void getWinner()const;
(11) };//=====================================
(12) #endif  //HEADER_JOSE
```

```
(1) //=====================================
(2) //josex.cpp
(3) //=====================================
(4) #include "boyring.h"
(5) #include "josex.h"
(6) #include<iostream>
(7) using namespace std;
(8) //-------------------------------------
(9) Jose::Jose(int boys, int interval, int begin, int wins)
(10)   :n(boys),m(interval),s(begin),w(wins){
(11)   if(n<2 || m<1 || m>=n || s<0 || s>=n || w<1 || w>=n){
(12)     cout<<"data error.\n";
```

```
(13)    throw exception();
(14)   }
(15) }//-------------------------------------
(16) void Jose::getWinner()const{
(17)   cout<<"\nThere are "<<n<<" boys.\nBoys leaved in order:\n";
(18)   BoyRing x(n);
(19)   x.countBy(s-1);
(20)   for(int i=1,numinLine=0; i<n-w+1; ++i){
(21)     x.countBy(m);
(22)     cout<<"  "<<x.getNum()<<(++numinLine%10 ? "" : "\n");
(23)     x.disengage();
(24)   }
(25)   cout<<"\nwinners:\n";
(26)   x.printAll();
(27) }//-------------------------------------
```

```
(1) //=====================================
(2) //f1103.cpp
(3) //Josephus 问题的程序维护
(4) //=====================================
(5) #include "josex.h"
(6) #include<iostream>
(7) using namespace std;
(8) //-------------------------------------
(9) int main(){
(10)   cout<<"please input boyNum/interNum/startPos/winNum:\n";
(11)   int n, m, s, w;
(12)   cin>>n>>m>>s>>w;
(13)   Jose(n,m).getWinner();
(14)   Jose(n,m,s).getWinner();
(15)   Jose(n,m,s,w).getWinner();
(16) }//=====================================
```

```
E:\ch11>f1103↙
Please input boyNum/interNum/startPos/winNum:
10 3 3 3↙
There are 10 boys.
Boys leaved in order:
  3  6  9  2  7  1  8  5  10
Winners is
  4
There are 10 boys.
Boys leaved in order:
  5  8  1  4  9  3  10  7  2
Winners is
  6
There are 10 boys.
Boys leaved in order:
  5  8  1  4  9  3  10  7  2
Winners are
  2  6  7
```

因为 BoyRing 类提供了一般的界面，包括输出所有结点的成员函数，所以我们无须修改 BoyRing 类。所涉及的修改全是因为 Josephus 问题变了，因此只需要修改 Jose 类。好在 Jose 类的界面不需要改变，只是对求解获胜者的实现算法修改一下便可。虽然，jose.h 也要做一次修改，但由于不涉及公有界面的修改，所以原则上不需要修改程序文件 f1102.cpp。只是考虑到需要额外的获胜者信息，因此主函数做一点小小的修改。但对于只有小孩数和计数间隔以及开始位置信息的应用，程序还是能够在不做任何修改的情况下适用的。f1103.cpp 中，第 12、13 行语句也能运行出结果，说明原来的程序在没有新增多个获胜者要求时，无须修改应用代码。

Jose.cpp 现在改成了 josex.cpp 版本，在 josex.cpp 中改版原来的 getWinner 的算法是必须的。然而，经过修改的版本，同时也适用原来的情况，它将获胜者为 1 看成是多个获胜者中的一种情况对待。

因此，代码维护是在局部地区进行的，根据维护的要求，能够立即定位修改的位置。Jose.h 改版成了 josex.h，如果在 Jose 类中预先设定了获胜者数据成员 w，则由于 Jose 类定义没有做任何修改，而使任何使用 Jose 类的程序都只要简单地链接（编译的下一道工序）一下就可以运行。

经过改版后的 josex.h 和 josex.cpp，作为提供的类资源，不但适用于获胜者是 1 个的情况，也适合获胜者是多个的情况。

11.7 程序扩展（Program Extension）

如果 Jose 类已经是一个产品，该产品已经发布到用户手里，或者说，本来也就不准备对 Jose 类进行新版发布的。那么，在 Jose 类的设计中就应该考虑允许通过继承方式扩展产品。考虑到扩展 Jose 类中，要直接访问 Jose 类中的数据成员而不是通过 Jose 类的成员函数，所以应将 Jose 类中的数据成员设计为 protected。这样在 Jose 产品投放市场的同时，也不影响后继产品的研发了。即 jose.h 改为：

```
(1) //=====================================
(2) //jose.h
(3) //=====================================
(4) #ifndef HEADER_JOSE
(5) #define HEADER_JOSE
(6) class Jose{
(7) protected:
(8)   int n, m, s;
(9) public:
(10)    Jose(int boys, int interval, int start=1);
(11)   void getWinner()const;
(12) };//=====================================
(13) #endif  //HEADER_JOSE
```

注意，第 7 行的 protected，也就是数据成员已经从私有性质变成了保护性质。

当新产品推出的时候，也就是 Josephus 问题可以适应多个获胜者时，便可以推出另外一个 Jose 类，称为 JoseSon 类，它继承了 Jose 类，并在 Jose 类的基础上，增加了处理多个获胜者的能力。其对应的 joseson.h 和 joseson.cpp 文件如下：

```
(1) //=====================================
(2) //joseson.h
(3) //=====================================
(4) #ifndef HEADER_JOSESON
(5) #define HEADER_JOSESON
(6) //-------------------------------------
(7) #include "jose.h"
(8) //-------------------------------------
(9) class JoseSon : public Jose{
(10) protected:
(11)   int w;
(12) public:
(13)   JoseSon(int boys, int interval, int start=1, int wins=1);
(14)   void getWinner()const;
(15) };//=====================================
(16) #endif  //HEADER_JOSESON
```

```
(1) //=====================================
(2) //joseson.cpp
(3) //=====================================
(4) #include "boyring.h"
(5) #include "joseson.h"
(6) #include<iostream>
(7) using namespace std;
(8) //-------------------------------------
(9) JoseSon::JoseSon(int boys, int interval, int begin, int wins)
(10)   :Jose(boys, interval, begin),w(wins){
(11)   if(w<1 || w>=n){
(12)     cout<<"failed in bad winNum.\n";
(13)     throw exception();
(14)   }
(15) }//-------------------------------------
(16) void JoseSon::getWinner()const{
(17)   cout<<"There are "<<n<<" boys.\nBoys leaved in order:\n";
(18)   BoyRing x(n);
(19)   x.countBy(s-1);
(20)   for(int i=1,numinLine=0; i<n-w+1; ++i){
(21)     x.countBy(m);
(22)     cout<<"  "<<x.getNum()<<(++numinLine%10 ? "" : "\n");
(23)     x.disengage();
(24)   }
(25)   cout<<"\nWinners are\n";
```

```
(26)    x.printAll();
(27) }//------------------------------------------

(1) //==========================================
(2) //f1104.cpp
(3) //Josephus 问题扩展
(4) //==========================================
(5) #include "joseson.h"
(6) #include<iostream>
(7) using namespace std;
(8) //------------------------------------------
(9) int main(){
(10)   cout<<"please input boyNum/interNum/startPos/winNum:\n";
(11)   int n, m, s, w;
(12)   cin>>n>>m>>s>>w;
(13)   JoseSon(n,m).getWinner();
(14)   JoseSon(n,m,s).getWinner();
(15)   JoseSon(n,m,s,w).getWinner();
(16) }//==========================================
```

```
E:\ch11\f1104↙
Please input boyNum/interNum/startPos/winNum:
10 3 3 3↙
There are 10 boys.
Boys leaved in order:
  3  6  9  2  7  1  8  5  10
Winners is
  4
There are 10 boys.
Boys leaved in order:
  5  8  1  4  9  3  10  7  2
Winners is
  6
There are 10 boys.
Boys leaved in order:
  5  8  1  4  9  3  10  7  2
Winners are
  2  6  7
```

考虑到今后的扩展需要，所以 joseson.h 的类定义中数据成员 w 也设计成保护性质的。Joseson.cpp 中的构造函数初始化了 Jose 类，以便完成必要的校验工作，JoseSon 类自己另外再对获胜者数据 w 成员进行必要的校验。

同时 JoseSon 类实现了新版 getWinner 成员函数，使得可以处理多个获胜者。

在新的应用程序中，只要包含头文件 joseson.h 就可以使用新版的 josephus 问题求解了。当然，这时候的抽象编程应该包括 joseson.cpp，同时也要包括 JoseSon 类的基类实现的 jose.cpp，因为 JoseSon 在实现中，每时每刻都在依赖着基类 Jose 类。

继承性编程，能使代码重用，程序员可以基于基类代码开发，所以更加省事，但从程序编译工作来说，所有的祖先类的实现一个都不能少。祖先们的头文件也是一个套一个，或许还会带来读程序的困难，如果中间有一个祖先类的实现提供的是机器代码而不是程序源代码，那么，你的理解线索就从此断开，再也不能深入而彻底抽象了。

11.8 目的归纳（Conclusion）

对象化编程是在模块化编程基础之上的进一步抽象编程。它强调分离抽象层次，以便让程序员分工，关心不同抽象层次中的细节。由于类机制做得好，使得程序员不用去关心不同抽象层次的联系，数据安全而隐蔽，不同抽象层次的职责分明。这一切，全归功于抽象数据类型（由类机制来支持）的设计与实现，所以，程序若是以抽象数据类型规范：

程序 ＝ 算法 ＋ 抽象数据类型

那质量就更高。

相比之下，过程化编程强调功能，它以过程模块为中心，分层逐步展开程序设计。但是功能的大小界定，没有统一的标准，不同程序员的设计，会反映不同的思维、风格和习惯，这给可理解性带来了阴影。同时它不能隐藏数据复杂性，强迫程序员必须全程了解解题过程的每个细节。

显然，用两种方法实现同一个问题的求解，目的在于反衬，有比较才有优越感。当你想到自己编程中的一部分内容可以拿来作为以后的重用，或者可以提供给别人使用以产生经济效益，这时候你便会自然地拿起对象化编程的武器了。而当你接触了更大规模的编程，恐怕不用对象化编程都不行了。

类定义是基于对象编程中的基本操作，它关心类的细节；对象操作也是基于对象编程的基本操作，它关心高一层次的细节，很多情况是在类定义中进行对象操作的，像 Jose 类对 BoyRing 类对象进行操作那样，它们都是关心自己的细节而忽略别的细节的一种手法。

类是很容易想象的，如果选择一个错误的事物做类的描述，会觉得描述起来很别扭；如果是正确的类，则将很容易理解和描述，也就是能清楚地描述出其成员函数和数据成员。

基于对象编程的关键在于如何分类、分层与抽象。初学对象化编程时，我们只是涉及一个个独立的类，强调职责分明。但是分类到深处，必然要讨论类层次结构中，上下层的联络问题，对象与对象之间将有错综复杂的联系，明确地获得分离这种复杂性的手段时，便又进入到更高一级的编程水平了。

另外，我们还感到似乎已经走到对象化编程的尽头了：我们学会了定义类，用类创建对象，让对象做若干操作解决实际的问题；我们还学会了用继承架构类的层次结构，以更大的数据描述能力和更大程度的重用性强化编程；我们还初步看清了过程化编程和对象化

编程的差异。总之，我们做好了领略面向对象编程的一系列准备。让我们在第四部分“高级编程”中看看面向对象程序设计是如何让对象表现得更淋漓尽致的。

练习 11（Exercises 11）

1. 用类方法求解一元二次方程。

实现一个 Complex 类和一个 Real 类。将 Real 类定义为 Complex 类的子类。然后设计一个求解一元二次实系数方程的根的类 Root。

```
class Root
{
public:
  const Complex& Solve();
  ...
};
```

注意：上面对成员函数 Root::Solve()的声明只是示意性的。读者可以根据设计进行变通。

2. 这是一道英文编程题，请不要说看不懂，因为它只包含了不多的文字，这是为了让读者体验一下英文题。若用类的方法做，逻辑思路会更清晰，并可以应对不同的题目变化。

A+B Problem

Time Limit: 1Sec　Input File: aplusb.in

Calculate a + b.

Input

The input will consist of a series of pairs of integers a and b,separated by one line. Each integer may consist of less than 79 digits.

Output

For each pair of input integers a and b you should output the sum of a and b in one line.

Sample Input

```
1
5000000000000000000000000000000000000000000000000000000000000000000000
-1
23
```

Sample Output

```
5000000000000000000000000000000000000000000000000000000000000000000001
22
```

3．还是上面这个题目，现在要求将文件 aplusb.in 中的数据按从大到小的顺序输出，并且求其平均值（不要小数），则程序应如何编，或者对上面的程序应如何扩充。

4．将上面的整数对看成是复数的实部与虚部，求其从大到小的顺序输出。复数的大小是以其模的大小进行比较的。即：

a+bi 比较 c+di　即　a^2+b^2 比较 c^2+d^2

可以完善大整数类，使其支持大整数乘法，然后继承大整数类，获得复数类。定义其比较成员函数。

5．如果这一切都用过程化编程，读者是否也尝试一下。编写程序代码应注意可读性和简练性。本题着重练习性能，不要抱做出来就可以的思想。

第四部分
高级编程
Part Ⅳ Advanced Programming

第12章　多态（Polymorphism）

我们已经尝到了抽象编程的甜头，程序员为自己的工作奔忙着，他们各得其所，只关心自己的细节，他们当然希望不要在编程中，因为语言不支持的原因而去修改不是自己责任的程序代码。

这时候，继承来了。因为继承，使程序代码的重用度大幅度地提高了。而且世界上的事物仿佛都是有层次结构的，因此思考问题的求解变得也自然了。由于分层的方法，加上C++语言对继承的支持，程序员原先已经得益于数据封装和信息隐藏，这下得到的实惠更多了。

然而，继承也带来了可读性上的伤害。这是必然的！随着一层一层的代码离我们远去，在当前的代码环境中去推测祖先的代码总是要费点神，好在继承结构是清晰的，要跟踪其实现，逻辑上还是清楚的，因此，我们大可以吼一声：不怕！

此外，继承还给我们带来了对象的家族性，再也不是以前的孤独的类对象了，对象之间可能是父子关系，可能是祖孙关系，也可能是兄弟关系等。一方面，晚辈总有依赖性，总想大树底下好乘凉，总想无偿地使用前辈的资源。另一方面，青出于蓝却胜于蓝，晚辈的创造能力总是大于前辈，因此，子类的代码多是对父类的扬弃。当子类使用父类代码的时候，晚辈便打着先辈的招牌，以让编译放行，当子类自己独闯天下的时候，又对父类代码视若陌路。

具有家族性的对象群体出现在同一程序模块中好比是同场竞技的兄弟姐妹，编译就像是舞台主持，如果主持者预先知道上台者的先后顺序，这还好办，如果一直要等到出场，才知道是哪个演员，再去准备道具恐怕已经来不及。同样，编译器处理继承的要求也是很高的。只有在舞台上准备好每个人的道具，而且能够根据每个人的身份随机应变，才能让不同身份的人同场献技，才能让所演的戏自然而精彩。编译器只有能够根据不同的类对象，指引不同的操作，才能让各个类层次的对象在同一程序模块中自由操作，才能称得上对象层面上的抽象编程，才是真正意义上的面向对象。

12.1 继承召唤多态（Inheritance Call Polymorphism）

数据封装和信息隐藏使我们相信，总是能让各种各样的对象适应抽象编程。然而为了更大程度的重用，我们又引入了继承，让对象带有了家族性。而只要解决了家族性的对象在程序模块中自由挪放，那么就从根本上解决了抽象编程的问题，这就是面向对象编程。

12.1.1 祖孙互易的说明(Explanation of Mutual Change Between Up & Down)

在有父子类对象的场合，会涉及子对象中的父对象部分的操作，父子复制等。例如：

```
GraduateStudent gs;
Student s = gs;
Student& t = gs;
Student* p = &gs;
gs = s;                              //错
GraduateStudent* pGS = &s;           //错
```

若用基类对象 s 给子类对象 gs 赋值，因为基类中的数据不充分，不含有子类全部的信息，所以拒绝执行；用基类对象的地址&s 给子类对象指针 pGS 赋值也是非法的，虽然地址操作不涉及对象的重建。因此，将不考虑基类到子类的转换，专门考察子类对象就是基类对象这一基本意义和前提。下面用图 12-1 说明。

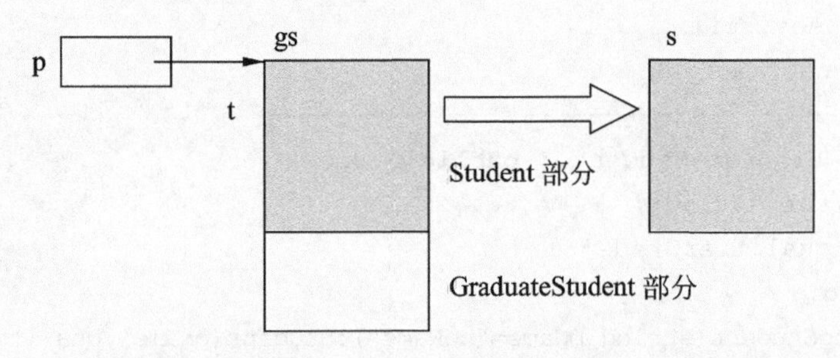

图 12-1　父子类的相互操作

s 复制了 gs 对象中的 Student 部分，构成了名副其实的 Student 对象实体。

t 虽然也是构造 Student 对象，但是，t 是引用，它在图中代表 gs 对象中的不可分离的 Student 部分。

p 是 Student 指针，指向 GraduateStudent 对象 gs 的首地址，它恰好也是其中 Student 对象部分的首地址。

因为研究生就是大学生，所以研究生对象 gs 赋值给 s 是合理的，它裁去了专属研究生的部分。而且将研究生对象的地址&gs 赋给大学生指针 p 也是合理的，由于大学生对象地址和研究生对象地址重合，所以，p 指针若转换为研究生类型时：

```
    GraduateStudent* pGS = reinterpret_cast<GraduateStudent*>(p);
```

便无须修改地址就可以操作研究生了。这种 reinterpret_cast 转换，纯粹是地址不变而指针类型改变，即指针操作的意义改变，因此，它要求前提是大学生对象与研究生对象地址重合。显然，绝不允许下面的操作，因为 s 对象并不与研究生对象地址重合：

```
    p = (GraduateStudent*)(&s);
```

□ 12.1.2　覆盖父类操作（Overlapping Superclass Operation）

如果父类中有一个操作，在子类中没有重新定义，则子类可以沿用该操作，但都是父类操作。例如：程序 f1001.cpp 中，研究生 GraguateStudent 继承了 Student，对象 gs 在显示其本人信息时，却没办法显示相关的研究生信息。原因是 GraguateStudent 类中没有重载 display 成员函数。为了准确使用 GraguateStudent 类，我们在 GraduateStudent 类中把 display 操作加上，这样便可以获得所要的结果了：

```
(1) //=======================================
(2) //graduatestudent.h
(3) //=======================================
(4) #ifndef HEADER_GRADUATESTUDENT
(5) #define HEADER_GRADUATESTUDENT
(6) //---------------------------------------
(7) #include "student.h"
(8) #include<iostream>
(9) //---------------------------------------
(10) class Advisor{
(11)   int noOfMeeting;
(12) };//-----------------------------------
(13) class GraduateStudent : public Student{
(14)   Advisor advisor;
(15)   int qualifierGrade;
(16) public:
(17)GraduateStudent(string pName="noName"):Student(pName),qualifierGrade(0){}
(18)   int getQualifier(){ return qualifierGrade; }
(19)   void display(){
(20)     Student::display();
(21)     std::cout<<"  qualifierGrade="<<qualifierGrade<<"\n";
(22)   }
(23) };//-----------------------------------
(24) #endif  //HEADER_GRADUATESTUDENT

(1) //=======================================
(2) //f1201.cpp
(3) //Inheritance & Member Overlapped
```

```
(4)  //========================================
(5)  #include "student.h"
(6)  #include "graduatestudent.h"
(7)  //----------------------------------------
(8)  int main(){
(9)    Student ds("Lo lee undergrade");
(10)   GraduateStudent gs;
(11)   ds.addCourse(3, 2.5);
(12)   ds.display();
(13)   gs.addCourse(3, 3.0);
(14)   gs.display();
(15) }//========================================
```

```
E:\ch12>f1201↙
name="Lo lee undergrade", hours=3, average=0.833333
name="noName", hours=3, average=1
 qualifierGrade=0
```

student.h 头文件没有改变，所以在这里省略了描写，将使用该两个类的代码做成程序 f1201.cpp，于是便得到了上面的运行结果。

❑ 12.1.3 同化效应（Assimilation Effect）

GraduateStudent 类继承了 Student 类，在以自己的身份表现时，显示了自身的特色。例如程序 f1201.cpp 中的第 14 行显示研究生信息。但是，当以研究生对象复制（传递）给学生时，研究生的个性却消失了。下面的程序 f1202.cpp 中，函数 fn 本想以大学生或者研究生的身份表明自己，但事实上，它却强调研究生也是大学生：

```
(1)  //========================================
(2)  //f1202.cpp
(3)  //子类同化
(4)  //========================================
(5)  #include "student.h"
(6)  #include "graduatestudent.h"
(7)  //----------------------------------------
(8)  void fn(Student& x){ x.display(); }
(9)  //----------------------------------------
(10) int main(){
(11)   Student s("Lo lee undergrade");
(12)   GraduateStudent gs("Jony");
(13)   fn(s);          //显示大学生信息
(14)   fn(gs);         //显示研究生信息
(15) }//========================================
```

```
E:\ch12>f1202↙
name="Lo lee undergrade", hours=0, average=0
name="Jony", hours=0, average=0
```

运行结果表明，大学生对象 s 和研究生对象 gs 作为参数传递给 fn 函数的时候，研究生对象 gs 在 fn 函数中并不被看作为研究生。当以 fn(s)调用时，形参 x 为 Student 类对象，x.display()表示 Student 类操作。

以 fn(gs)调用时，形参 x 为 GraduateStudent 类对象，x.display()应该表示 GraduateStudent 的类操作，但结果仍然是 Student 的类操作。

gs 虽然是研究生对象，但托付给 Student 哪怕是引用性的对象 x 之后，便一切都表现为 Student 的类操作了。

□ 12.1.4 渴望多态（Desire Polymorphism）

类的继承体系衍生出同类事物的各不相同的对象，这些对象希望以统一的方式来处理。例如，学校设立一个学生缴费办公室，处理全校学生的缴费工作：

```
#include<vector>
//--------------------------------------
class Student{
public:
  double calcTuition(){…}
  //…
};//------------------------------------
class GraduateStudent : public Student{
public:
  double calcTuition(){…}
  //…
};//------------------------------------
void fn(Student& x){   //缴费处理
  x.calcTuition();     //学费计算
  //…
}//-------------------------------------
int main(){
  Student s;
  GraduateStudent gs;
  std::vector<Student*> v;
  v.push_back(&s);
  v.push_back(&gs);
  //…
  for(int i=0; i<v.size(); ++i)
    fn(*v[i]);
}//=====================================
```

首先从程序 f1201.cpp 中我们看到，研究生对象操作 display 与大学生对象操作 display，其职能是不同的；其次从程序 f1202.cpp 看到，将研究生作为参数传给 fn，与将大学生作为参数传给 fn，在 fn 中，将该对象捆绑了 display 操作。运行结果显示，研究生对象却并不能表现自己研究生的身份，而只能表现自己的大学生身份。

我们多么想传递研究生对象或者大学生对象给一个函数（例如上述程序中的 fn），使不同类型对象的传递，能进行不同的缴费处理。但因为程序 f1202.cpp 显示的原因，函数 fn 只能体现 Student 的操作，不能处理研究生的情况，所以编程中只得将 fn 分成两个不同的处理函数，分别接受不同类型的对象参数。例如：

```
void fn(Student& x);
void gn(GraduateStudent& y);
```

而且上面的 for 循环，还要判断是大学生对象还是研究生对象，以确定是调用 fn 还是调用 gn。这无异于让一个驾驶员（比作 fn 函数）只能开一种型号的车，甚至于品牌一样、型号不同也不可以。

类层次中的上下继承关系，变成了单纯的类型合法性检查和派生类对象刻板地转向基类对象（子类对象也是基类对象，合法，但处理时性质就被同化了）。

函数调用的实际参数，随运行程序所获得的数据信息而变更（一会儿是学生对象，一会儿是研究生对象），程序员理所当然地希望函数也要随着信息的改变而改变其行为。

明确地说，既然一个集合（上例是一个向量）中允许类家族的不同类的对象共存，则希望处理该容器中每个元素的操作（上例是 fn 函数）具有分辨不同类对象的能力。**一个操作随着所传递或捆绑的对象类型的不同能够做出不同的反应，其行为模式称为多态。**当然，传递或捆绑的对象类型是属于同一类继承层次中的，因而是继承在召唤多态性行为。

12.2 抽象编程的困惑（The Confusion of Abstract Programming）

12.2.1 类型域方案（Type Domain Scheme）

对于多态性要求，我们试图从使用类的抽象层次（应用层）中去寻求解决。为了多态，需要判断对象的类型，因而要求类层次中的基类有一个反映类型的数据成员，而且该成员要能够被使用者所访问（要求设置为 public）。于是，得到解决问题的一种方案：

```
(1)  //======================================
(2)  //student.h
(3)  //======================================
(4)  #ifndef HEADER_STUDENT
(5)  #define HEADER_STUDENT
(6)  //--------------------------------------
(7)  #include<iostream>
(8)  using std::cout;
(9)  using std::string;
(10) //--------------------------------------
(11) class Student{
```

```
(12)   string name;
(13)   int semesterHours;
(14)   double average;
(15) public:
(16)   enum StudentType{STUDENT, GRADUATESTUDENT};
(17)   StudentType type;
(18)   Student(string pName="noName")
(19)     :name(pName),average(0),semesterHours(0),type(STUDENT){}
(20)   void calcTuition(){ cout<<"Student tuition calculation.\n"; }
(21) };//------------------------------------
(22) #endif  //HEADER_STUDENT
```

```
(1)  //======================================
(2)  //graduatestudent.h
(3)  //======================================
(4)  #ifndef HEADER_GRADUATESTUDENT
(5)  #define HEADER_GRADUATESTUDENT
(6)  //--------------------------------------
(7)  #include "student.h"
(8)  //--------------------------------------
(9)  class Advisor{
(10)   int noOfMeeting;
(11) };//------------------------------------
(12) class GraduateStudent : public Student{
(13)   Advisor advisor;
(14)   int qualifierGrade;
(15) public:
(16)   GraduateStudent(string pName="noName")
(17)     :Student(pName),qualifierGrade(0){ type = GRADUATESTUDENT; }
(18)   void calcTuition(){std::cout<<"GraduateStudent tuition calculation.\n";}
(19) };//------------------------------------
(20) #endif  //HEADER_GRADUATESTUDENT
```

```
(1)  //======================================
(2)  //f1203.cpp
(3)  //类型成员和多态
(4)  //======================================
(5)  #include "student2.h"
(6)  #include "graduatestudent2.h"
(7)  //--------------------------------------
(8)  void fn(Student& x){
(9)    switch(x.type){
(10)     case Student::STUDENT:
(11)       x.calcTuition(); break;
(12)     case Student::GRADUATESTUDENT:
(13)       GraduateStudent& rx = static_cast<GraduateStudent&>(x);
(14)       rx.calcTuition(); break;
(15)   }
(16) }//-------------------------------------
(17) int main(){
(18)    Student ds("Lo lee undergrade");
```

```
(19)    GraduateStudent gs("Jony");
(20)    fn(ds);
(21)    fn(gs);
(22) }//====================================
```

```
E:\ch12>f1203↙
Student tuition calculation.
GraduateStudent tuition calculation.
```

在基类中设置公共 type 成员（student.h 中第 16、17 行语句）是为了让所有的子类都能共享。

通过这样的手段，我们终于可以让函数 fn 实现多态了，也就是 fn 函数代码可以通过对象的公有数据成员辨认其类层次信息，从而选择决定调用哪个成员函数。

❑ 12.2.2 破坏抽象编程（Destroy Abstract Programming）

抽象编程最关键的要素是在结构上保证编程互不干扰。12.2.1 节所述添加类型域的方法，不但修改了类家族体系，修改了类家族关联的方式，也修改了作为主函数的应用编程部分。然而，抽象编程呢，仔细瞧一瞧，还有抽象吗？函数 fn 的细节已经被 Student 类所左右了，fn 需要访问其成员 type。更有甚者，fn 的细节已经被未来将要派生的类所左右，如果派生一个博士类，那么，fn 脱不了干系，必定要改代码，要在 switch 语句后面增加博士类标识的处理，也要在 class Student 中增加枚举值 Doctor。

```
(1)  //====================================
(2)  //f1204.cpp
(3)  //修改用户码
(4)  //====================================
(5)  #include "student2.h"
(6)  #include "graduatestudent2.h"
(7)  #include "doctor.h"
(8)  //------------------------------------
(9)  void fn(Student& x){
(10)   switch(x.type){
(11)     case Student::STUDENT:
(12)       x.calcTuition(); break;
(13)     case Student::GRADUATESTUDENT:
(14)       GraduateStudent& rx = static_cast<GraduateStudent&>(x);
(15)       rx.calcTuition(); break;
(16)     case Student::Doctor:
(17)       Doctor& rx = static_cast<Doctor&>(x);
(18)       rx.calcTuition(); break;
(19)   }
(20) }//------------------------------------
(21) int main(){
(22)   Student ds("Lo lee undergrade");
(23)   GraduateStudent gs("Jony");
```

```
(24)   Doctor ds("smith");
(25)   fn(ds);
(26)   fn(gs);
(27)   fn(ds);
(28) }//========================================
```

```
E:\ch12>f1204↙
Student tuition calculation.
GraduateStudent tuition calculation.
Doctor tuition calculation.
```

在程序中，student2.h 和 graduatestudent2.h 都已经在前面展示了，而 doctor.h 却省略了，请读者将该代码文件自行设计并添加上去，以构成可以实际运行的程序。

main 函数将扩充的博士类对象加入后，引来了 fn 的无可奈何的修改。我们看到了类型的行为规范要暴露在使用类的代码中，让使用者承受修改之痛（第 16~18 行语句是添加上去的）。

抽象编程在继承体系中，因为没有办法保证同一系列的对象进行同一细节的编程，所以变成了一句空话。采用类标识（type）数据成员，可以让同一系列的对象们同场献技，但是又不能保证抽象编程。抽象编程才是我们从面向对象编程中所要得到的主要好处！既然不能从对象的继承中得到好处，要了继承又有何用？！

❑ 12.2.3 渴望内在的多态（Yearning for Inner Polymorphism）

以修改类的结构来表现多态，结果应用程序也被迫修改。很显然，这样去实现多态是失败的。好在 C++的类机制中有支持多态的技术解决抽象编程。它用的是一种滞后捆绑（late binding）技术。这种技术，通过预先设定其成员函数的虚函数性质，使得任何捆绑该成员函数的未定类型的对象操作在编译时，都以一个不确定的指针特殊地“引命待发”编码，到了运行时，遇到确定类型的对象，才突然指定其真正的行为。即滞后到运行时，根据具体类型的对象捆绑成员函数。这样一来，辨别对象类型的工作就可以不用用户做了，真正的抽象编程便有了转机。

若使用的语言虽然支持继承，但不支持多态，则不能称为支持面向对象编程。

12.3 虚函数（Virtual Function）

❑ 12.3.1 多态条件（Polymorphism Condition）

使用类的编程中，要能进行抽象编程，不随类的改动而改动，类机制必须解决这个问题。在 C++中，那就是虚函数机制。基类与派生类的同名操作，只要标记上 virtual（虚拟），则该操作便具有多态性：

```
(1)  //========================================
(2)  //f1205.cpp
(3)  //虚函数
(4)  //========================================
(5)  #include<iostream>
(6)  using namespace std;
(7)  //----------------------------------------
(8)  class Base{
(9)  public:
(10)   virtual void fn(){ cout <<"In Base class\n"; }
(11) };//--------------------------------------
(12) class Sub : public Base{
(13) public:
(14)   virtual void fn(){ cout <<"In Sub class\n";  }
(15) };//--------------------------------------
(16) void test(Base& b){
(17)   b.fn();
(18) }//---------------------------------------
(19) int main(){
(20)   Base bc;
(21)   Sub sc;
(22)   test(bc);
(23)   test(sc);
(24) }//=======================================
```

```
E:\ch12>f1205↙
In Base class
In Sub class
```

fn 是 Base 类的虚函数，一旦标记基类的函数为虚函数，便有连锁反应，后面继承的类中一切同名成员函数都变成了虚函数。在 test 函数中，b 是 Base 类的引用性形参，Base 类对象和 Sub 类对象都可以作为实参传给形参 b。

如果是引发实际复制动作的传递，则子类对象完全变成基类对象了，这时候，便不会再有悬念了，即不会有多态了。例如：

```
void fn(Student a);   //传值
void gn(){
  Student s;
  GraduateStudent gs;
  fn(s);
  fn(gs);   //无多态可言
}
```

因为在参数传递的过程中已经将对象的性质做了肯定的转变。而对于确定的对象，是没有选择操作可言的。因此说白了，就是仅仅对于对象的指针和引用的间接访问，才会发生多态现象。

12.3.2 虚函数机理（Virtual Function Mechanism）

程序 f1205.cpp 中，会在 b.fn()中显示出多态性，其编译不能立即断定 fn 的确切位置，即不能确定究竟是基类 Base 的 fn 函数（第 10 行）还是子类 Sub 的 fn 函数（第 14 行）。

当编译器看见 fn 的虚函数标志的时候，便暗暗记在心中，等到遇到 b.fn()这个虚函数的调用时（第 17 行），便将该捆绑操作滞后到运行中，以实际的对象类型来实际捆绑其对应的成员函数操作。当然编译器不可能跟到运行的程序中去，而是在捆绑操作 b.fn()处避开函数调用，只做一个指向实际对象的成员函数的间接访问（调用）。如此一来，实际对象若是基类，则调用的就是基类成员函数；若是子类，则调用的就是子类的成员函数了。当然，每个实际的对象都必须额外占有一个指针空间，以指向类中的虚函数表，如图 12-2 所示。

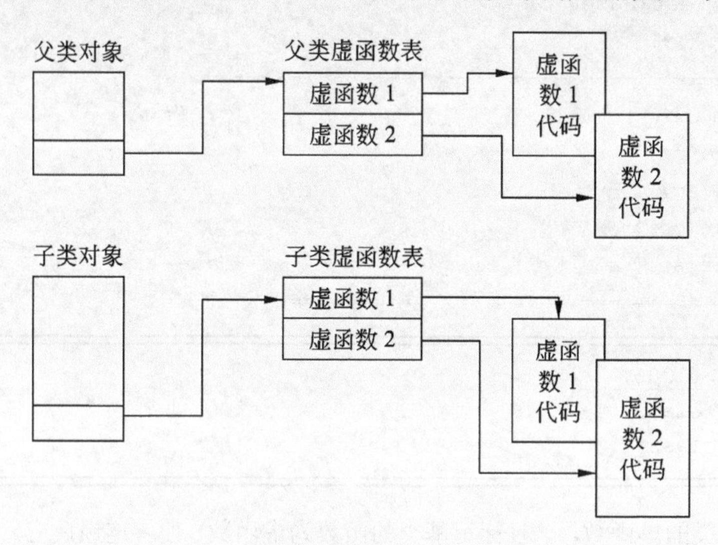

图 12-2　虚函数实现原理

从图中可看到，用了虚函数的类，其对象的空间比不用虚函数的类多了一个指针的空间，这当然算不了什么，但因为有涉及的操作，包括间接访问虚函数，对象的指针偏移量计算等，所以采用虚函数，会影响一些程序运行的效率。

12.3.3 面向对象的真意（Object-Oriented True Meaning）

多态是通过编译的滞后处理技术实现的。只有在加上 virtual 的成员函数，才被编译做滞后处理，滞后的间接效应解决了重要的多态问题，使得使用类的用户可以与以前基于对象的编程保持一致，进行抽象编程了。也就是由于 C++有了虚函数的处理方式，在这个意义上，才能说 C++真好，能够名副其实地支持抽象编程，C++真的支持面向对象的编程。

如果编程语言只有类定义机制而没有虚函数的处理方式，则它仅仅只能将实现类编程和使用类编程分离，获得一些数据封装和数据隐蔽的好处，但在使用继承结构体系中的类的编程中，为了要表现重要的多态而失去了更宝贵的抽象编程性，真可谓鱼和熊掌不能兼得。我们当然要说，类机制本身若不能支持多态编程，那只能获得一定程度的抽象编程，只能是基于对象的编程，不是完全的面向对象编程。

编译器看见虚函数调用，就要做滞后处理。由于间接访问比直接访问绕了一个弯，于是付出了时间代价和保存若干指针地址的空间代价。为了在使用类的编程中随时随地体现多态性，只要是继承结构，应尽量将成员函数设计成虚函数。例如，在Java语言中的类都不是独立的，都是纳入全局的类层次结构中的一员。因此，偏向应用性编程的Java中，一切类都规定是虚函数性质的，程序员连选择virtual的余地都没有。所以，Java编程虽然不选择编程方法也还是面向对象的编程。当然Java程序运行的性能，针对全面的滞后捆绑处理，受到了一些影响。

C++可以选择设计一些独立的类，处理这些类对象便不存在多态的问题，所以大可以免去虚函数设计而赢得一点性能。在一些讲究性能的小规模（如嵌入式）编程中，也应该不设虚函数。

12.3.4 虚函数的传播（Propagation Virtual Functions）

虚函数在继承层次结构中总是会自动地从基类传播下去的。因此，Sub类中的成员函数fn的virtual说明可以省略。又如，在一个平面形状类的体系中，基类Shape有两个子类：圆Circle类和长方形Rectangle类。专门负责求面积的Area函数在基类中置为virtual就能使子类的相应同名函数虚拟化：

```
(1)  //=====================================
(2)  //f1206.cpp
(3)  //传播虚函数
(4)  //=====================================
(5)  #include<iostream>
(6)  #include<cmath>
(7)  using namespace std;
(8)  //-------------------------------------
(9)  class Shape{
(10) protected:
(11)   double xCoord, yCoord;
(12) public:
(13)   Shape(double x, double y) : xCoord(x),yCoord(y){}
(14)   virtual double area()const{ return 0.0; }
(15) };//-----------------------------------
(16) class Circle : public Shape{
(17) protected:
(18)   double radius;
(19) public:
(20)   Circle(double x, double y, double r) : Shape(x,y),radius(r){}
```

```
(21)   double area()const{ return 3.14 * radius * radius; }
(22) };//-----------------------------------
(23) class Rectangle : public Shape{
(24) protected:
(25)   double x2Coord, y2Coord;
(26) public:
(27)   Rectangle(double x1, double y1, double x2, double y2)
(28)     : Shape(x1,y1), x2Coord(x2), y2Coord(y2){}
(29)   double area()const;
(30) };//-----------------------------------
(31) double Rectangle::area()const{
(32)   return abs((xCoord-x2Coord)*(yCoord-y2Coord));
(33) }//-----------------------------------
(34) void fun(const Shape& sp){
(35)   cout<<sp.area()<<"\n";
(36) }//-----------------------------------
(37) int main(){
(38)   fun(Circle(2, 5, 4));
(39)   fun(Rectangle(2, 4, 1, 2));
(40) }//===================================
```

```
E:\ch12>f1206↙
50.24
2
```

只要在继承体系中设计了虚函数，则使用类体系的用户便可将抽象进行到底了。fun 函数负责所有不同对象的面积计算，它的任务真的很抽象，只需捆绑一个 area 函数调用了事。至于 area 所产生的灵动效果，全是编译为它做的，fun 函数再也不用担心处理不了类体系中变幻莫测的几何形状子类了。

在一个继承体系中，有一个操作（这里是 area），它所捆绑的对象类型可能不同，一会儿是子类对象，一会儿又是父类对象，其 area 的操作就一会儿表现出子类的特性，一会儿又表现出父类的特性，这就是 area 的灵动性。

12.4 避免虚函数误用(Avoiding Misuse of Virtual Functions)

12.4.1 搞清重载与覆盖 (Understanding Overload & Overlap)

覆盖是内层名字对外层名字的遮掩。例如：

```
int x=3;
for(int x=1; x<=5; x++){  //内层的 x 遮掩了外层的 x
  sum += x;
```

```
}
cout<<sum<<"\n";            //输出15
cout<<x<<"\n";              //x不再被覆盖,输出3
```

在类继承体系（类系）中，祖先类相对子类来说，处在外层，所以，子类在名字访问时，会访问自己的名字，即祖先类的名字被覆盖。例如：

```
class A {
public:
  int a,b;
};
class B : public A {
  int b;
public:
  void f(){
    cout<<a;     //访问祖先类的成员a
    cout<<b;     //访问自身类的成员b,祖先类的成员b被覆盖
    cout<<A::b; //冲破覆盖而访问祖先类的成员
  }
};
```

12.4.2 虚函数按覆盖实现（Virtual Function Realized as Overlap）

在类系中表达多态的虚函数是通过覆盖实现的。虚函数用于继承结构层次中的基类与子类。除了基类与子类的函数名必须相同外，连参数类型、个数和顺序都要相同，也就是说，基类和子类的虚函数不能只是函数名字重载，而是要一模一样。否则，成员函数即使标记上virtual，也不会被编译做刮目相看的滞后处理。

例如，下面的程序中，在派生类中重载了基类的成员函数，尽管标记了virtual，但运行中起不到多态的效果：

```
(1) //=======================================
(2) //f1207.cpp
(3) //虚函数误用
(4) //=======================================
(5) #include <iostream>
(6) using namespace std;
(7) //---------------------------------------
(8) class Base{
(9) public:
(10)   virtual void fn(int x){ cout<<"In Base class, int x = "<<x<<"\n"; }
(11) };//-------------------------------------
(12) class Sub : public Base{
(13) public:
```

```
(14)    virtual void fn(double x){ cout<<"In Sub class, double x = "<<x<<"\n"; }
(15) };//-----------------------------------
(16) void test(Base& b){
(17)   b.fn(2);
(18)   b.fn(3.5);
(19) }//-----------------------------------
(20) int main(){
(21)   test(Base());
(22)   test(Sub());
(23) }//===================================
```

```
E:\ch12>f1207↙
In Base class, int x = 2
In Base class, int x = 3
In Base class, int x = 2
In Base class, int x = 3
```

从函数重载的视角看，基类的 void fn(int x)与子类的 void fn(double x)是两个完全不同的函数。因此，根据参数匹配，完全可以唯一地识别调用。

在函数 test 中，第一次传递给 Base 类对象的引用参数是 Base 类对象，所以无论调用 b.fn(2)还是 b.fn(3.5)，都只有基类中的 void fn(int)一个选项。对于第二个调用 b.fn(3.5)，由 double 对 int 的相容性，3.5 最终以精度丢失为代价赋值给 int 类型的参数 x。

在函数 test 中，第二次传递给 Base 类对象的引用参数是 Sub 类对象，因而具有对父子类虚函数的自然选择（多态）。这时候所能提供的函数有二：

其一为基类中的 void fn(int)，其并没有在子类中遭覆盖，即子类中没有实现该虚函数。

其二为子类中的重载函数 void fn(double)，该函数因与可见的祖先类虚函数 fn 同名异类而为重载。既然是重载，所以就不是基类虚函数 void fn(int)的覆盖。其所标示的 virtual 只是表示了以该 Sub 类为基类的所有子类，可以虚函数 void fn(double)展示多态。例如：

```
class mySub: public Sub {
public:
  void fn(double x){ cout<<"In MySub class, double x = "<<x<<"\n"; }
};
void myTest(Sub& y){  //对于mySub()对象的参数,其 y.fn(3.5)会调用上述虚函数
  y.fn(3.5);
}
```

main 函数中，对于 test(Sub())的调用，将在函数 test 中面临调用 b.fn(2)和 b.fn(3.5)。

首先对于 b.fn(2)调用，因为 b 是 Base 类对象引用的 Sub 子类对象，fn 是虚函数，所以编译对 b.fn(2)的识别，先从查看子类的 void fn(int)虚函数开始，结果在子类中没有发现 void fn(int)的虚函数。然后对 void fn(int)函数的识别扩大到整个作用域的函数识别。也就是说，遍及整个子类和其祖先类查找是否有精确匹配。显然，基类 Base 中的 void fn(int)符合

精确匹配。其程序的运行结果符合此处的编译逻辑。

其次对于 b.fn(3.5)调用，因为 b 是 Base 类对象引用的 Sub 子类对象，所以必然要从 Base 基类去查找 void fn(double)虚函数，故失败。

没有了多态，b 作为 Base 基类对象的引用，当前作用域就只有基类内部了，b.fn(3.5)只能委曲求全地按类型相容性去匹配基类的 void fn(int)。

12.4.3 基类指针访问子类成员(Accessing SubClass's Member Using BaseClass Pointer)

接上述内容，如果要 b.fn(3.5)匹配子类的 void fn(double)，那必须先做对象类型转换，转成 Sub 对象，然后才能获得该函数的匹配。

```
(1)  //======================================
(2)  //f1207_fj.cpp
(3)  //访问子类成员
(4)  //======================================
(5)  #include<iostream>
(6)  using namespace std;
(7)  //--------------------------------------
(8)  class Base{
(9)  public:
(10)   virtual void fn(int x){ cout<<"In Base class, int x = "<<x<<"\n"; }
(11) };//-------------------------------------
(12) class Sub : public Base{
(13) public:
(14)   virtual void fn(double x){ cout<<"In Sub class, double x = "<<x<<"\n"; }
(15) };//-------------------------------------
(16) int main(){
(17)   Base& r = Sub();
(18)   r.fn(3.5);                    //访问 Base 类成员
(19)   Sub& x=static_cast<Sub&>(r);
(20)   x.fn(3.5);                    //访问 Sub 类成员
(21) }//======================================
```

```
E:\ch12>f1207_fj↙
In Base class, int x = 3
In Sub class, double x = 3.5
```

上述代码中的第 19 行，用 static_cast 将基类引用 r 转换成子类 Sub 的引用，然后以 Sub 类的名义，访问的自然就是子类的成员函数了，或者说，这时候的作用域已经在子类内部了，当然首先要寻找子类的成员函数匹配。

12.4.4 返回类型的例外（Exception of Return Type）

然而有一种情况例外，因为对于一个函数调用 f(2)，编译器会因为分不清下列两个函数的声明而报错：

```
void f(int);
int f(int);
```

所以，如果基类和子类的虚函数正如上述两个函数的差异，则编译器会例外地施行滞后捆绑处理。例如，下面的程序中，派生类和基类的成员函数都返回自己对象的指针，类型不同，则对象指针也不同，但其仍然具有虚函数的作用：

```
(1) //=======================================
(2) //f1208.cpp
(3) //虚函数程序
(4) //=======================================
(5) #include<iostream>
(6) using namespace std;
(7) //---------------------------------------
(8) class Base{
(9) public:
(10)   virtual Base* afn(){
(11)     cout<<"In Base class\n";
(12)     return this;
(13)   }
(14) };//-------------------------------------
(15) class Sub : public Base{
(16) public:
(17)   Sub* afn(){
(18)     cout<<"In Sub class\n";
(19)     return this;
(20)   }
(21) };//-------------------------------------
(22) void test(Base& x){
(23)   Base* b;
(24)   b = x.afn();
(25) }//-------------------------------------
(26) int main(){
(27)   test(Base());
(28)   test(Sub());
(29) }//=====================================
```

```
E:\ch12>f1208↙
In Base class
In Sub class
```

编译认为在同一个继承体系中的两个函数 Base* afn()和 Sub* afn()是同型的，所以标记为 virtual 之后，x.afn()便具有多态行为，编译会进行滞后捆绑处理。编译的这个例外也是合理的，如果一个函数正在处理 Sub 类的对象，则它仍可以通过返回的 Sub 对象指针，继续处理 Sub 对象，这似乎更自然一些。

12.4.5 若干限制（Some Restrictions）

1 只有类的成员函数才能声明为虚函数

这是因为虚函数仅适用于有继承关系的类对象，所以普通函数不能声明为虚函数。

2 静态成员函数不能是虚函数

因为静态成员函数不受对象的捆绑，即使形式上的捆绑，实际上也没有任何对象的信息，只有类的信息：

```
void fn(Base& x){
  x.staticfn();          //只是用了类的信息,对 x 不能访问
  Base::staticfn();   //调用静态成员的推荐方式
}
```

操作不受对象捆绑，也就失去了多态的条件。因为编译是在识别到对象的捆绑操作时开始滞后捆绑的犹豫的。也就是说，多态是针对不同的对象执行同一名称的操作，而能强健地作出不同的抉择的机制。没有了对象的捆绑，也就失去了多态的前提，编译器也就不会有抉择，不会有丝毫的犹豫了。

3 内联函数不能是虚函数

因为内联函数是不能在运行中动态地确定其位置的。即使虚函数在类的内部定义，编译时，仍将其看作是非内联的。

4 构造函数不能是虚函数

因为构造时，对象还是一片未定型的处女地，只有在构造完成后，对象才能成为一个类的名副其实的对象。

5 析构函数可以是虚函数且通常声明为虚函数

例如，当基类指针可能指向不同的子类对象时，以该指针捆绑的释放空间操作，应该是针对不同类的析构函数的：

```
#include<vector>
void f(std::vector<Base*> v){
//...
for(int i=0; i<v.size(); ++i)
   delete v[i];
}//------------------------------------
```

如果Base类的继承体系中，类的析构函数是虚函数，则在实施delete v[i]的时候，会相应地调用该对象捆绑的析构函数。向量中的元素是对象指针，有的指向基类对象，有的指向子类对象，所以在析构时，应该针对不同的对象实体做不同的析构操作。

12.5 精简共性的类（Streamline Common Classes）

 12.5.1 孤立的类（Isolated Classes）

一个存款账户Savings类，包含账号、余额等信息，同时包含对象创建、存款、取款及显示等操作。另有一个结算账户Checking类，包含账号、余额及汇款方式等信息，同时包含对象创建、存款、取款、显示及设置汇款方式等操作。它们两者是相似的，如图12-3所示。

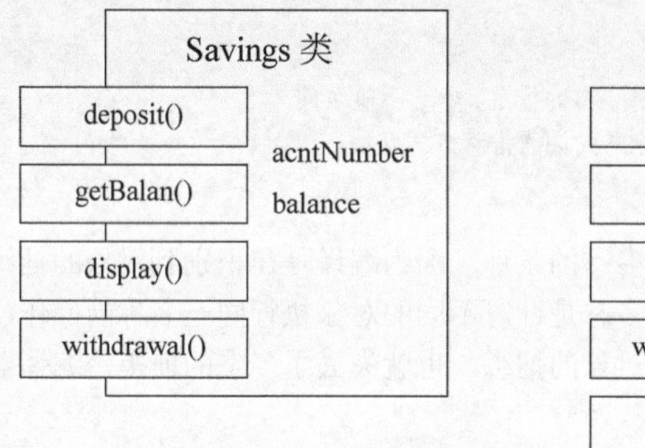

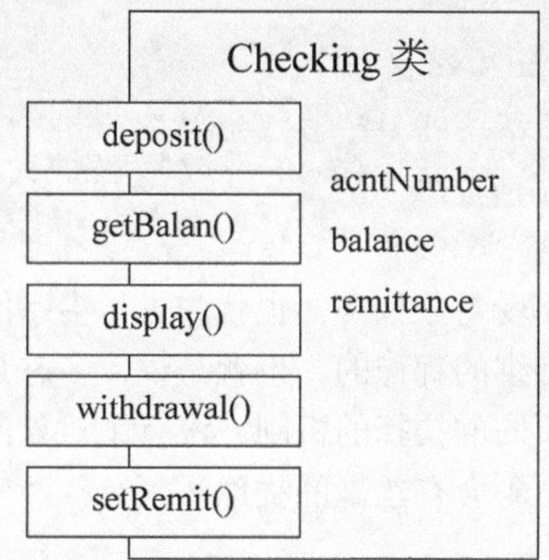

图12-3　两个独立的银行账户类

其对应的类定义和实现代码如下：

```
(1)  //======================================
(2)  //savings.h
(3)  //======================================
(4)  #ifndef HEADER_SAVINGS
(5)  #define HEADER_SAVINGS
(6)  //--------------------------------------
(7)  #include<string>
(8)  using std::string;
(9)  //--------------------------------------
(10) class Savings{
(11)   string acntNumber;
(12)   double balance;
(13) public:
(14)   Savings(string acntNo, double balan=0.0);
(15)   void deposit(double amount){ balance += amount; }
```

```
(16)    double getBalan()const{ return balance; }
(17)    void display()const;
(18)    void withdrawal(double amount);
(19)  };//--------------------------------------
(20)  #endif  //HEADER_SAVINGS
```

```
(1)   //======================================
(2)   //savings.cpp
(3)   //======================================
(4)   #include "savings.h"
(5)   #include<iostream>
(6)   using namespace std;
(7)   //--------------------------------------
(8)   Savings::Savings(string acntNo, double balan)
(9)     :acntNumber(acntNo), balance(balan){}
(10)  //--------------------------------------
(11)  void Savings::display()const{
(12)    cout<<"Savings Account:"+acntNumber+" = "<<balance<<"\n";
(13)  }//--------------------------------------
(14)  void Savings::withdrawal(double amount){
(15)    if(balance < amount)
(16)      cout <<"Insufficient funds withdrawal: "<<amount<<"\n";
(17)    else
(18)      balance -= amount;
(19)  }//--------------------------------------
```

```
(1)   //======================================
(2)   //checking.h
(3)   //======================================
(4)   #ifndef HEADER_CHECKING
(5)   #define HEADER_CHECKING
(6)   //--------------------------------------
(7)   #include<string>
(8)   using std::string;
(9)   //--------------------------------------
(10)  enum REMIT{remitByPost, remitByCable, other}; //信汇, 电汇, 无
(11)  //--------------------------------------
(12)  class Checking{
(13)    string acntNumber;
(14)    double balance;
(15)    REMIT remittance;
(16)  public:
(17)    Checking(string acntNo, double balan=0.0);
```

```
(18)   void display()const;
(19)   void deposit(double amount){ balance += amount; }
(20)   double getBalan()const{ return balance; }
(21)   void withdrawal(double amount);
(22)   void setRemit(REMIT re){ remittance = re; }
(23) };//-----------------------------------
(24) #endif //HEADER_CHECKING
```

```
(1)  //=====================================
(2)  //checking.cpp
(3)  //=====================================
(4)  #include "checking.h"
(5)  #include<iostream>
(6)  using namespace std;
(7)  //-------------------------------------
(8)  Checking::Checking(string acntNo, double balan)
(9)    :acntNumber(acntNo), balance(balan), remittance(other){}
(10) //-------------------------------------
(11) void Checking::display()const{
(12)   cout<<"Checking Account:"+acntNumber+" = "<<balance<<"\n";
(13) }//-------------------------------------
(14) void Checking::withdrawal(double amount){
(15)   if(remittance==remitByPost)          //信汇加收 30 元手续费
(16)     amount += 30;
(17)   if(remittance==remitByCable)         //电汇加收 60 元手续费
(18)     amount += 60;
(19)   if(balance < amount)
(20)     cout<<"Insufficient funds withdrawal: "<<amount<<"\n";
(21)   else
(22)     balance -= amount;
(23) }//-------------------------------------
```

可以看到，其对应的操作都基本相同。构造函数、display、deposit、getBalan 的操作简直一模一样，由于 Checking 类允许异地提款，所以 withdrawal 操作有所不同，并因此增加了设置汇款方式操作。

对于银行来说，必须能够同时处理不同的账户，因此应将所有的账户类都包含在应用代码中。但是，它们不是好的设计，因为有许多重复代码无法共享，看不到面向对象编程的方便性在哪里。而且，没有继承，也就没有多态，应用代码必须亲自区别处理不同的类，抽象编程便大打折扣，只能满足下面的平凡编程：

```
(1)  //=====================================
(2)  //f1209.cpp
(3)  //孤立的类
(4)  //=====================================
```

```
(5)  #include "savings.h"
(6)  #include "checking.h"
(7)  //--------------------------------------
(8)  int main(){
(9)    Savings s1("3277",3000), s2("3279", 5000);
(10)   Checking c1("888"), c2("398", 10000);
(11)   s1.deposit(100);
(12)   c1.deposit(2000);
(13)   s2.withdrawal(2500);
(14)   c2.withdrawal(1555.5);
(15)   s1.display();
(16)   c1.display();
(17) }//======================================
```

```
E:\ch12>f1209↙
Savings Account: 3277 = 3100
Savings Account: 3279 = 2500
Checking Account: 888 = 2000
Checking Account: 398 = 8444.5
```

❑ 12.5.2 减少冗余代码（Reducing Redundant Code）

考虑建立两个相关类的继承关系，因为Checking类的成员数多于Savings类，所以能不能以Savings做基类设计呢，如图12-4所示。

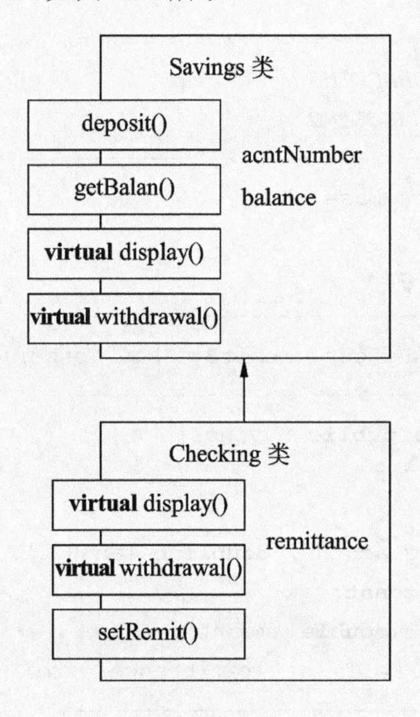

图12-4 账户类的继承方案

编写代码如下：

```
(1)  //=====================================
(2)  //savings_base.h
(3)  //=====================================
(4)  #ifndef HEADER_SAVINGS
(5)  #define HEADER_SAVINGS
(6)  //-------------------------------------
(7)  #include<string>
(8)  using std::string;
(9)  //-------------------------------------
(10) class Savings{
(11)   string acntNumber;
(12)   double balance;
(13) public:
(14)   Savings(string acntNo, double balan=0.0);
(15)   void deposit(double amount){ balance += amount; }
(16)   double getBalan()const{ return balance; }
(17)   virtual void display()const;
(18)   virtual void withdrawal(double amount);
(19) };//-----------------------------------
(20) #endif  //HEADER_SAVINGS
```

```
(1)  //=====================================
(2)  //checking_sub.h
(3)  //=====================================
(4)  #ifndef HEADER_CHECKING
(5)  #define HEADER_CHECKING
(6)  //-------------------------------------
(7)  #include "savings_base.h"
(8)  #include<string>
(9)  using std::string;
(10) //-------------------------------------
(11) enum REMIT{remitByPost, remitByCable, other}; //信汇，电汇，无
(12) //-------------------------------------
(13) class Checking : public Savings{
(14)   REMIT remittance;
(15) public:
(16)   Checking(string acntNo, double balan=0.0);
(17)   void display()const;
(18)   void withdrawal(double amount);
(19)   void setRemit(REMIT re){ remittance = re; }
(20) };//-----------------------------------
(21) #endif  //HEADER_CHECKING
```

```
(1)  //========================================
(2)  //checking_sub.cpp
(3)  //========================================
(4)  #include"checking_sub.h"
(5)  #include<iostream>
(6)  using namespace std;
(7)  //----------------------------------------
(8)  Checking::Checking(string acntNo, double balan)
(9)    :acntNumber(acntNo), balance(balan), remittance(other){}
(10) //----------------------------------------
(11) void Checking::display()const{
(12)   cout<<"Checking Account:"+acntNumber+" = "<<balance<<"\n";
(13) }//----------------------------------------
(14) void Checking::withdrawal(double amount){
(15)   if(remittance==remitByPost)          //信汇加收 30 元手续费
(16)     amount += 30;
(17)   else if(remittance==remitByCable)    //电汇加收 60 元手续费
(18)     amount += 60;
(19)   Savings::withdrawal(amount);
(20) }//----------------------------------------
```

对于基类 Savings 类，为了要显示多态性，savings_base.h 只在 savings.h 中将 display 和 withdrawal 两个函数改成了虚函数。Savings_base.cpp 只在 savings.cpp 中改变了包含头文件，即 savings_base.h，其他实现都没有变。

相应的 Checking 类改动比较多，省去了 display 和 deposit 两个函数的代码，而且连 withdrawal 函数代码中与 Savings 类中相同的代码都通过调用的方式省去了。这样一来，就可以多态地处理银行账户了。例如：

```
(1)  //========================================
(2)  //f1210.cpp
(3)  //用继承减少冗余代码
(4)  //========================================
(5)  #include"savings_base.h"
(6)  #include"checking_sub.h"
(7)  #include<list>
(8)  using namespace std;
(9)  //----------------------------------------
(10) int main(){
(11)   Savings s1("3277",3000), s2("3279", 5000);
(12)   Checking c1("888"), c2("398", 10000);
(13)   s1.deposit(100);
(14)   c1.deposit(2000);
(15)   s2.withdrawal(2500);
```

```
(16)   c2.withdrawal(1555.5);
(17)   list<Savings*> sList;
(18)   sList.push_back(&s1);
(19)   sList.push_back(&s2);
(20)   sList.push_back(&c1);
(21)   sList.push_back(&c2);
(22)   for(list<Savings*>::iterator it=sList.begin(); it!=sList.end(); ++it)
(23)     (*it)->display();
(24) }//=====================================
```

```
E:\ch12>f1210↙
Savings Account: 3277 = 3100
Savings Account: 3279 = 2500
Checking Account: 888 = 2000
Checking Account: 398 = 8444.5
```

程序 f1210.cpp 中的多态反映在 for 循环中的“(*it)->display();”上。其中(*it)也许是 Savings 类指针，也许是 Checking 类指针，所以 display 呈现多态。由于每个节点都是 Savings 类指针，所以遍历算子 iterator 指向 Savings 类指针，即(*it)为 Savings 类指针。

❑ 12.5.3 改变基类殃及子类（SubClass Suffered by Changing Base-Class）

基类的架构会铺天盖地影响到全部子类，所以设计基类，总是考虑类系的通性。12.5.2 节提到的继承方案可以表示多态，且 Checking 的类体小了很多，省了编程工作量。但是 Checking 类和 Savings 类变成了上下级关系，暗示一个结算账户是储蓄账户的一种。

如果银行改变了储蓄账户的政策，所有储蓄账户的用户都可以在一定程度上透支。根据这样的设定，在 Savings 类中增加一个表示透支范围的新数据成员 minBalance。通过简单修改取款 withdrawal 操作，实施该政策。可是，因为 Checking 类继承了 Savings 类，Checking 类同时也拥有 minBalance 成员，而且 Checking 类的虚函数 withdrawal 通过调用 Savings 类中的 withdrawal 函数，也获得了这种透支能力。

当然，程序员通过实现技巧可以让 Checking 类躲开透支漏洞，但结构性的类层次关系却会像梦靥一样时不时地缠绕程序员。错误导向的编程技巧将更难理解和一致，并且远离抽象编程的初衷，因为程序员要不断通过修改使用类的代码才能适应该继承结构。

12.6 多态编程（Polymorphic Programming）

❑ 12.6.1 共同基类方案（Common Base-Class Scheme）

类的层次性必须体现其意义，否则会招致程序员的迷茫。既然 Savings 类和 Checking

类性质是不同的，就应将它们视为两个完全独立的类。但由于它们同属于银行账户业务，因而可以按银行业务的继承层次结构表现。它们可以从一个共同的基类上继承，成为兄弟类。不妨将这个基类称为账户 Account 类，该类包含 Savings 类和 Checking 类所共有的特征，如图 12-5 所示。

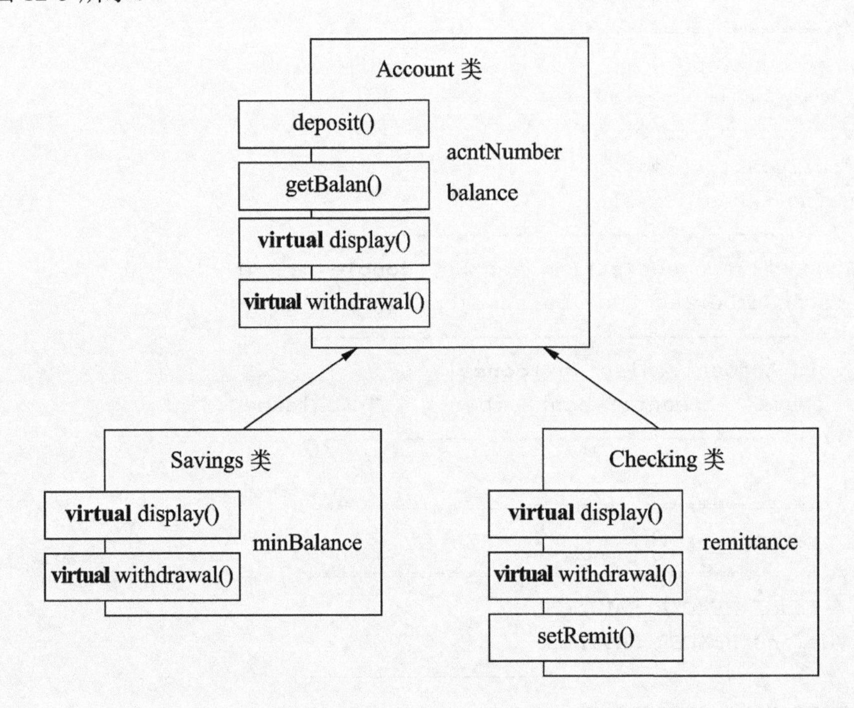

图 12-5　Account 类派生方案

Account 既是银行账户类的基类，又是减少冗余代码意义上的基类，Account 本身不涉及业务扩展，所以相对前面的层次划分，显得较为合理一些。其对应的类代码如下：

```
(1) //======================================
(2) //account.h
(3) //======================================
(4) #ifndef HEADER_ACCOUNT
(5) #define HEADER_ACCOUNT
(6) //--------------------------------------
(7) #include<string>
(8) using std::string;
(9)  //--------------------------------------
(10)class Account{
(11)   string acntNumber;
(12)   double balance;
(13)public:
(14)   Account(string acntNo, double balan=0.0);
(15)   virtual void display()const;
(16)   double getBalan()const{ return balance; }
(17)   void deposit(double amount){ balance += amount; }
```

```
(18)   bool operator==(const Account& a){ return acntNumber==a.acntNumber; }
(19)   virtual void withdrawal(double amount){ return; }
(20) };//-----------------------------------
(21) #endif  //HEADER_ACCOUNT
```

```
(1) //=====================================
(2) //account.cpp
(3) //=====================================
(4) #include "account.h"
(5) #include<iostream>
(6) using namespace std;
(7) //-----------------------------------
(8) Account::Account(string acntNo, double balan)
(9)  :acntNumber(acntNo),balance(balan){}
(10) //------------------------------------
(11) void Account::display()const{
(12)   cout<<"Account:"+acntNumber+" = "<<balance<<"\n";
(13) }//-----------------------------------
```

```
(1)  //=====================================
(2)  //savings_bro.h
(3)  //=====================================
(4)  #ifndef HEADER_SAVINGS
(5)  #define HEADER_SAVINGS
(6)  //------------------------------------
(7)  #include "account.h"
(8)  #include<string>
(9)  using std::string;
(10)  //------------------------------------
(11) class Savings : public Account{
(12)   static double minBalance;
(13) public:
(14)   Savings(string acntNo, double balan=0.0):Account(acntNo,balan){}
(15)   void display()const;
(16)   void withdrawal(double amount);
(17) };//-----------------------------------
(18) #endif  //HEADER_SAVINGS
```

```
(1)  //=====================================
(2)  //savings_bro.cpp
(3)  //=====================================
(4)  #include "savings_bro.h"
(5)  #include<iostream>
(6)  using namespace std;
(7)  //------------------------------------
(8)  double Savings::minBalance = 0;
(9)  //------------------------------------
(10) void Savings::display()const{
```

```
(11)    cout<<"Savings ";
(12)   Account::display();
(13) }//--------------------------------------
(14) void Savings::withdrawal(double amount){
(15)   if(balance + minBalance < amount)
(16)     cout <<"Insufficient funds withdrawal: "<<amount<<"\n";
(17)   else
(18)     balance -= amount;
(19) }//--------------------------------------
```

```
(1)  //======================================
(2)  //checking_bro.h
(3)  //======================================
(4)  #ifndef HEADER_CHECKING
(5)  #define HEADER_CHECKING
(6)  #include "account.h"
(7)  //--------------------------------------
(8)  enum REMIT{remitByPost, remitByCable, other}; //信汇, 电汇, 无
(9)  //--------------------------------------
(10) class Checking : public Account{
(11)   REMIT remittance;
(12) public:
(13)   Checking(string acntNo, double balan=0.0);
(14)   void withdrawal(double amount);
(15)   void display()const;
(16)   void setRemit(REMIT re){ remittance = re; }
(17) };//--------------------------------------
(18) #endif  //HEADER_CHECKING
```

```
(1)  //======================================
(2)  //checking_bro.cpp
(3)  //======================================
(4)  #include "checking_bro.h"
(5)  #include<iostream>
(6)  using namespace std;
(7)  //--------------------------------------
(8)  Checking::Checking(string acntNo, double balan)
(9)    :Account(acntNo, balan), remittance(other){}
(10) //--------------------------------------
(11)  void Checking::display()const{
(12)   cout<<"Checking ";
(13)   Account::display();
(14) }//--------------------------------------
(15) void Checking::withdrawal(double amount){
(16)   if(remittance==remitByPost)          //信汇 30 元手续费
(17)     amount += 30;
(18)   if(remittance==remitByCable)         //电汇 60 元手续费
(19)     amount += 60;
```

```
(20)   if(balance < amount)
(21)     cout <<"Insufficient funds withdrawal: "<<amount<<"\n";
(22)    else
(23)     balance -= amount;
(24)  }//-----------------------------------
```

Account 类代码还增加了一个比较操作符，这是为了方便各种账户对象的相同性辨认。在基类中设置该操作，就等于所有的子类都拥有了该操作。

在 Savings 类中，我们增加了透支服务，仅仅只在 Savings 类中进行，显然，继承结构是合理的。

当一个银行账户容器中，含有一些不同账户类对象时，考验多态的时候便到了。下面是一个银行账户类的链表，将不同的账户类对象放入容器，然后，逐个输出：

```
(1)  //=====================================
(2)  //f1211.cpp
(3)  //共同基类方案
(4)  //=====================================
(5)  #include "savings_bro.h"
(6)  #include "checking_bro.h"
(7)  #include "accountlist.h"
(8)  #include<iostream>
(9)  #include<list>
(10) using namespace std;
(11) //-------------------------------------
(12) int main(){
(13)   Savings s1("3277",3000), s2("3279", 5000);
(14)   Checking c1("888"), c2("398", 10000);
(15)   s1.deposit(100);
(16)   c1.deposit(2000);
(17)   s2.withdrawal(2500);
(18)   c2.withdrawal(1555.5);
(19)   list<Account*> a;
(20)   a.push_back(&s1);
(21)   a.push_back(&s2);
(22)   a.push_back(&c1);
(23)   a.push_back(&c2);
(24)   cout<<"There are "<<a.size()<<" accounts:\n";
(25)   for(list<Account*>::iterator it=a.begin(); it!=a.end(); ++it)
(26)     (*it)->display();
(27) }//=====================================
```

```
E:\ch12>f1211↙
There are 4 accounts:
Savings Account: 3277 = 3100
Savings Account: 3279 = 2500
Checking Account: 888 = 2000
Checking Account: 398 = 8444.5
```

❑ 12.6.2　自定义链表类（Custom Linked List Class）

多态还不止我们所看到的薄薄的这一层，多态还有更丰富的内容。而用 STL 容器操作每个对象，除了向量，一般都要涉及遍历器。为了能更看清容器中操作多态的对象，我们不妨自定义一个与 STL 容器相近概念的链表——账户链表 AccountList，它也是双向的，通过寻找定位元素，通过指针操作元素，从而直接显现元素的多态性：

```
(1)  //=======================================
(2)  //accountlist.h
(3)  //=======================================
(4)  #ifndef ACCOUNTLIST
(5)  #define ACCOUNTLIST
(6)  #include "account.h"
(7)  //-------------------------------------
(8)  class Node{
(9)  public:
(10)   Account& acnt;
(11)   Node *next, *prev;
(12)   Node(Account& a):acnt(a),next(0),prev(0){}
(13)   bool operator==(const Node& n)const{ return acnt==n.acnt; }
(14) };//-----------------------------------
(15) class AccountList{
(16)   int size;
(17)   Node *first;
(18) public:
(19)   AccountList():first(0),size(0){}
(20)   Node* getFirst()const{ return first; }
(21)   int getSize()const{ return size; }
(22)   void add(Account& a);
(23)   void remove(string acntNo);
(24)   Account* find(string acntNo)const;
(25)   bool isEmpty()const{ return !size; }
(26)   void display()const;
(27)  ~AccountList();
(28) };//-----------------------------------
(29) #endif  //HEADER_ACCOUNTLIST
```

```
(1)  //=======================================
(2)  //accountlist.cpp
(3)  //=======================================
(4)  #include"accountlist.h"
(5)  #include<iostream>
(6)  using std::cout;
(7)  //-------------------------------------
(8)  void AccountList::add(Account& a){
```

```
(9)    Node* pN = new Node(a);
(10)   if(first){
(11)     pN->next = first;
(12)     first->prev = pN;
(13)   }
(14)   first = pN;  size++;
(15) }//-----------------------------------
(16) void AccountList::remove(string acntNo){
(17)   Account a(acntNo);
(18)   for(Node* p=first; p; p=p->next)
(19)     if(*p==Node(a)){
(20)       if(p->prev) p->prev->next = p->next;
(21)       if(p->next) p->next->prev = p->prev;
(22)       if(p==first) first = p->next;
(23)       delete p;
(24)       size--;
(25)       break;
(26)     }
(27) }//-----------------------------------
(28) Account* AccountList::find(string acntNo)const{
(29)   Account a(acntNo);
(30)   for(Node* p=first; p; p=p->next)
(31)     if(*p==Node(a))
(32)       return &(p->acnt);
(33)   return 0;
(34) }//-----------------------------------
(35) void AccountList::display()const{
(36)   cout<<"There are "<<size<<" accounts.\n";
(37)   for(Node* p=first; p; p=p->next)
(38)     (p->acnt).display();
(39) }//-----------------------------------
(40) AccountList::~AccountList(){
(41)   for(Node* p=first; p=first; delete p)
(42)     first = first->next;
(43) }//-----------------------------------
```

❑ 12.6.3 表现多态(Performance Polymorphism)

对象的操作并不是先在容器外面都搞定然后再进入容器排队等待输出的，多态更多是直接在容器中显现出来，因为只有容器才适合于处理批量对象，更贴近问题所要的操作。例如，将程序 f1211.cpp 改写为使用自己的链表：

```
(1)  //======================================
(2)  //f1212.cpp
(3)  //自定义链表类
(4)  //======================================
```

```
(5)  #include "savings_bro.h"
(6)  #include "checking_bro.h"
(7)  #include "accountlist.h"
(8)  //------------------------------------
(9)  int main(){
(10)   Savings s1("3277",3000), s2("3279", 5000);
(11)   Checking c1("888"), c2("398", 10000);
(12)   AccountList a;
(13)   a.add(s1);
(14)   a.add(s2);
(15)   a.add(c1);
(16)   a.add(c2);
(17)   Account* p;
(18)   if(p = a.find("3277")) p->deposit(100);
(19)   if(p = a.find("888"))  p->deposit(2000);
(20)   if(p = a.find("3279")) p->withdrawal(2500);
(21)   if(p = a.find("398"))  p->withdrawal(1555.5);
(22)   a.display();
(23) }//====================================
```

```
E:\ch12>f1212↙
There are 4 accounts:
Checking Account: 398 = 8444.5
Checking Account: 888 = 2000
Savings Account: 3279 = 2500
Savings Account: 3277 = 3100
```

自定义链表方案，只是引入了自定义链表，其他类定义未做任何修改，自定义链表把Account类作为自己的成员，构成新的模块。

在将不同账户对象放入容器之后，可以直接寻访对象并处理，一些操作显现了多态性，如withdrawal和display两个函数；另一些并没有多态性，如add函数等。对象自从进入容器开始，就可以进行无须用户分辨的抽象编程。从这个意义上说，多态的目的达到了。甚至还可以对每个不同账户施行取款操作，其多态性由程序自动反映。

12.7 类型转换（Type Conversions）

❑ 12.7.1 动态转型（dynamic_cast）

多态还可以扩展到每个对象可以动态地被识别，从而区分类型做只有该类型才有的操作，而不是虚函数规定的操作，这要依赖于类型的动态转换。例如，Account类系的对象批量处理（Account*容器）中，不但涉及多态操作display，还涉及不同对象自身特有的操作：

- Savings 类对象，余额增加以 1%计算的利息；
- Checking 类对象，余额增加以 0.05%计算的利息。

```
(1)  //=======================================
(2)  //f1213.cpp
(3)  //类型转换
(4)  //=======================================
(5)  #include "savings_bro.h"
(6)  #include "checking_bro.h"
(7)  #include "accountlist.h"
(8)  //---------------------------------------
(9)  int main(){
(10)   Savings s1("3277",3000), s2("3279", 5000);
(11)   Checking c1("888"), c2("398", 10000);
(12)   AccountList a;
(13)   a.add(s1);  a.add(s2);
(14)   a.add(c1);  a.add(c2);
(15)   Account* p;
(16)   if(p = a.find("3277")) p->deposit(100);
(17)   if(p = a.find("888"))  p->deposit(2000);
(18)   if(p = a.find("3279")) p->withdrawal(2500);
(19)   if(p = a.find("398"))  p->withdrawal(1555.5);
(20)   Checking* pC;
(21)   Savings* pS;
(22)   for(Node* p=a.getFirst(); p; p=p->next)
(23)     if(pC = dynamic_cast<Checking*>(&(p->acnt)))
(24)       pC->deposit(pC->Account::getBalan()*0.05);
(25)     else if(pS = dynamic_cast<Savings*>(&(p->acnt)))
(26)       pS->deposit(pS->Account::getBalan()*0.1);
(27)   a.display();
(28) }//=======================================
```

```
E:\ch12>f1213↙
There are 4 accounts:
Checking Account: 398 = 8866.73
Checking Account: 888 = 2100
Savings Account: 3279 = 2750
Savings Account: 3277 = 3410
```

dynamic_cast 操作是专门针对有虚函数的继承结构来的，它将基类指针转换成想要的子类指针，以做好子类操作的准备，因为各个不同的子类其操作可能是不同的。程序 f1213.cpp 中的第 26 行操作是针对 Checking 类对象的，而第 28 行操作是针对 Savings 类对象的。

dynamic_cast 操作所针对的基类指针（即括号中的表达式），如果所指向的对象中不含有想要的子类对象，则将得到 0 值结果，即

```
Savings s("8288", 1000);
Account* pa = &s;
Checking* pc = dynamic_cast<Checking*>(pa);    //pc为0
```

据此，判断转换后的指针是否为 0，就能排除不必要的操作错误而有把握地进行想要的操作。当然，任何其他的不符多态类要求的对象，或者 0 指针，其转换结果也都将归 0，这在编程中，在应该不应该使用 dynamic_cast 时首先就要注意。例如，假设 Student 类是没有虚函数的基类，GraduateStudent 类继承了它，则下列代码通过 Student 类的指针，就甭想得到 GraduateStudent 类对象的显示操作：

```
Student s("Jenny");
GraduateStudent gs("Smith");
Student* pS = dynamic_cast<Student*>(gs);
pS->display();
```

其调用的结果还是 Student 的成员函数，而不是 GraduateStudent 的成员函数。

❑ 12.7.2 静态转型（static_cast）

相对动态类型转换，静态类型转换则做范围更广的转换，但前提必须是相关的类型，也就是说，编译器必须认为可理解。例如，一个非多态的类层次结构，祖孙对象的指针互易。如，研究生对象的指针到学生对象的指针，或反之。由于 void*到任何类型的指针都可以进行相容性转换，所以，void*到学生对象的指针转换也可以由 static_cast 进行，还有从局部堆空间[①]申请的空间转换为整型数组空间等。甚至有时候，要将 void*转到多态类对象的指针，也要先经过 static_cast 过渡一下：

```
void fn(void* pd, void* pa)
{
    Student s("john");
    GraduateStudent gs("smith");
    Student* ps = static_cast<Student*>(&gs);
    GraduateStudent* pgs = static_cast<GraduateStudent*>(ps);
    Student* pp = static_cast<Student*>(pd);
    Account* px = static_cast<Account*>(pa);
    Savings* pSav = dynamic_cast<Savings*>(px);
    int* p = static_cast<int*>(malloc(100));
```

① 老版本 C++编译器的库函数是从局部堆空间(局部堆区)申请空间的，后面的版本，如 VC.NET 和 BCB 都是从全局堆空间（全局堆区）申请空间的。局部堆空间是操作系统分配给进程的四大内存区之一(其他三个区为代码区、全局数据区、栈区)。全局堆空间位于操作系统掌管的整个用户内存空间，所以对于应用程序进程来说，占有的内存的资源便大大增加了，有利于程序的正常运行，但程序的内存泄漏问题却更为严重了，因为影响的是整个系统中的各个进程。

```
   //...
}
```

假如 Student 类与 GraduateStudent 类无关，那么，ps 和 pgs 指针只能是 0；假如 pd 不是指针，而因为 pp 是指针，所以 pp 的值也只能是 0；假如 pa 不是指针，则 px 的值只能是 0，而且还连累到 pSav 的值也是 0。这就是使用 static_cast 所带来的类型安全检查帮助，比无根据地进行类型转换形式 type（表达式）的“防盗性”要强，因为通过指针值的非 0 判断，static_cast 可以避免该转换后的操作失常。

Static_cast 转换并不是专门针对指针的，只要是相关类型的转换都可以操作。无非它主要是针对确定的类型，而不是针对多态。关于多态的类型转换由 dynamic_cast 去做。

❑ 12.7.3　常量转型（const_cast）

编译是计较常量或常对象的写操作的。因此，如果将常量或常对象的地址赋给指针，那是绝对不干的。例如：

```
const int a = 1;
int& ra = a;              //错
int* pa = &a;             //错
const int& cra = a;       //ok
const int* cpa = &a;      //ok
int b = 2;
int& rb = b;              //ok
int* pb = &b;             //ok
const int& rb = b;        //ok
const int* pb = &b;       //ok
```

也就是说，从 type 类型转换到 const type 类型是允许的。意思是，在作为参数传递到函数后，具有对参数使用的写约束作用。

但对原来是 const type 类型的，拒绝转换到 type。原因也是清楚的，因为常量或者常对象的地址托付给变量或者对象的指针和引用，简直是拿艺术品给小孩玩——有很大的损坏危险。所以凡是以这样的形式进行参数传递，休想让编译通过。

但是，问题是有一些函数和类库产品，设计得太完美了，以至于其返回的表达式由于只读而通不过类型检查，以致无法参加进一步运算。例如：

```
const char* max(const char* s1, const char* s2){
 return strcmp(s1, s2)>0 ? s1 : s2;
}//--------------------------------------
int fn(){
 char* p = max("hello","world");   //错
 //...
}//--------------------------------------
```

其中的 max 函数由于返回 const char*而无法作为初值赋给字符指针 p，这时使用写开禁操

作是合适的：

```
char* p = const_cast<char*>(max("hello","world"));
```

也就是说，使用一个去掉常量性的转换操作 const_cast。

然而，要在一个只读实体上解除写操作禁令，这无疑是出格行为。而且，转换操作都是丑陋无比（关键字又长又难记，如 dynamic.cast 等）的，它告诫人们在用的时候要三思。进一步的读物可以参看参考文献[1]（☞CH22.2）。

12.8 目的归纳（Conclusion）

继承中能够实现多态，而且是机制中本来就具有的多态，给了抽象编程一个完美的交代。面向对象编程终于可以开始横行了。因为如果没有继承，类就缺了一块层次结构，代码重用和数据共享就贯彻不到底；有了继承，就会有抽象编程中的多态问题，只有从机制内部真正解决了多态表现问题，对象的数据封装、信息隐藏、代码重用等招数才能淋漓尽致地发挥。对象的表现自如了，针对对象的抽象编程就能贯彻到底，才称得上是真正的面向对象。

在 C++中虚函数充当了多态的重要角色。只要设置了虚函数，该类所代表的类层次结构就具有多态性了。虚函数一般都设在基类，然后“虚性”向下传递。虚函数的实现是要付出代价的，它让每个对象空间都凭空多出了一个指向类中虚函数地址表的指针。因此，设立了虚函数的类和没有虚函数的类是有本质上的差异的，而设立了一个虚函数和设立了几个虚函数的类是没有什么本质差异的。虚函数的重要性是在类型域方案（☞CH12.2.1）由于破坏了抽象编程被否决而体现出来的，继承所召唤的多态是语言内在机制的多态，而不是应用编程中人为实现的多态。

虚函数是子类对父类的函数覆盖而不是重载，而覆盖是一种浮在表面的遮掩，而不是渗透性、摧毁性的重建。因此，子类对象总是可以选择是进行父类操作还是自身操作。虚函数的调用形式从返回类型的不同来看是区分不出差异的，而且，不同的类总是对返回自身类对象有更多的兴趣，所以虚函数的子类对父类的覆盖，其返回类型可以例外地不同。

如何构筑继承是另一个话题，不能单纯为了减少代码冗余而忽略类的意义和性质，因为类是一种事物，是事物就会发展。两个类构成了父子继承关系之后，其意义也就定格了，子类的数据成员和操作习惯都会受到父类的影响。因此，应该找出共同性以提炼成共享的基类。然而，继承结构的设计还需要许多经验，它涉及面向对象分析设计的更多技术（☞参考文献[1]，CH21.2）。

多态是基于类的层次结构的，当指针飘忽不定地可能指向类层次中的上下不同对象时，以指针间访的形式实施的操作便是表现多态的条件了。当然以引用传递的方式对函数进行调用，其效果也相当于指向未确定对象，而且引用没有粗鲁的地址操作，可以更优雅地表现多态。另一个多态的条件是基类中必须有虚函数并向下传播，否则，即使有类的层次结构，也不会有多态。

类型还可以通过动态类型转换进行识别，这也是表现多态的一种方式。这种识别方法

频繁地用在许多软件代码中，以区别对待父类下的不同子女。

练习 12（Exercises 12）

1．使用 12.6 节中的 Account 类、Savings 类、Checking 类和 AccountList 类，编写一个应用程序，它从文件 account.txt 中读入一些账户号和对应的存款额，创建若干个 Savings 和 Checking 账户，直到遇到一个结束标志“x　0”，并输出所有账户号的存款数据。account.txt 的文件内容如下：

```
saings123    70000
checking661 20000
savings128   2000
savings131   5000
checking681 200000
checking688   10000
x  0
```

account.txt

2．使用 12.6 节中的 Account 类、Savings 类、Checking 类和 AccountList 类，在第 1 题的基础上增加一个取款函数，它从文件 withdrawal.txt 中读入一些账户号和取款额，查找并做取款操作，直到遇到一个结束标志“x　0”。显然，取款操作是多态的。withdrawal.txt 文件内容如下：

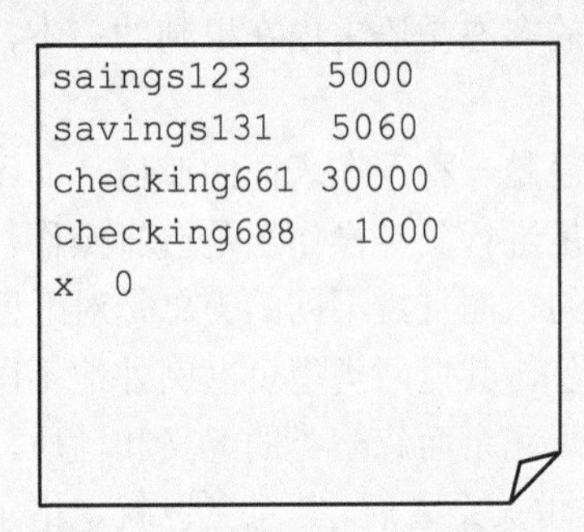

```
saings123    5000
savings131   5060
checking661 30000
checking688   1000
x  0
```

withdrawal.txt

3．信用卡 Credit 是一种储蓄 Savings 账户，它的透支范围与 savings 相同，但它有一个用户密码，取款时，必须验证密码。试从 Account 账户体系中派生一个信用卡类，写出其类定义和实现。

4．定期储蓄是储蓄的一种，假设定期分一年期、三年期和五年期，利率分别为 5%、8%和 10%。用户在办理定期存款账户时，必须确定其定期时段，中途不再在同一账号上办理存款业务。取款是一次性完成的，若提前取款，则全部金额的利息按活期利率 1%计算。试将其银行业务设计成定期类。

5．定义一个具有多态性的基类 Shape，继承以下一些类：圆 Circle 类（坐标点和半径构成），长方形 Rectangle 类（两个不重合的坐标点构成），三角形 Triangle 类（三个互不重合的坐标点构成）。定义一些操作，特别是定义求面积操作。

编制应用程序，按文件内容创建各类对象，放在 Shape 指针向量中。

循环处理向量中的每个元素，求其面积。若为圆，则还要输出其半径（输出半径不是求面积的职能，应另设 get 成员实现之，它不是虚函数）。

shape.txt 文件内容如下：

```
C 123 5 5000
T 1 3 1   50 60 3
C 6 61 30
R 6 8 8   1000
C 2 3 12.3
X
```

shape.txt

若第一字符为'C'，则后面为圆数据：x 坐标、y 坐标、圆半径三个实数。

若第一字符为'R'，则后面为长方形数据：x1、y1、x2、y2 坐标。

若第一字符为'T'，则后面为三角形数据：x1、y1、x2、y2、x3、y3 坐标。

若第一字符为'X'，表示输入结束。

第13章　抽象类（Abstract class）

继承结构给描述问题带来了方便，让我们能够重用许多设计代码。继承中的多态实现又帮助我们走向面向对象编程，这都是已经看到的。然而，编程中除了使用系统给出的资源外，我们真的可以依赖性越来越重地重用别人的类吗？当资源提供者宣布类的版本已经修改，不过所有界面没有动时，这真的能使我们自己的源代码可以不做任何修改吗？真要是可以这么抽象地编程，那么，编程语言也就不用再进化了。事实上，在抽象编程中，还有许多细节是专家刻意要扩大面向对象编程之战果的改进场所。

抽象编程的关键在于界面的相对稳定性。但是，不变的事物是没有的，包括界面。如何使界面保持相对稳定，或者说如何设计和维护界面，便是恒久保持抽象编程质量的关键。

我们已经领略了一些 C++的类机制，它还能更深地帮助我们描述一些抽象的概念吗？如果能，那么语言便能破天荒地作为进行系统概念设计的工具了。

还有，面向对象编程能再平滑一点吗？不要老用指针，指针这把双刃剑使得大规模的编程显得更为可怕，它在过程化编程中已经深深地伤害过我们，在面向对象的编程中我们需要更审慎地对付指针。然而，指针或者引用是需要的，因为多态是要靠它们实现的……那么，我们应该怎么做呢，如何才能更如意地翱翔在面向对象的编程天空呢？

13.1　抽象基类（Abstract Base-Class）

13.1.1　无意义的基类对象（Meaningless Base Objects）

继承结构让我们既可重用曾经辉煌的代码，又不失抽象编程的便利。但同时，也产生了一个问题，例如，在 12.6 节中看到，在定义 Account 类的成员函数时，withdrawal 操作是虚晃一枪，不做任何事。银行账户也只有创建了子类 Savings 账户或 Checking 账户，其 withdrawal 操作才有实际意义。由于 Savings 类和 Checking 类中的 withdrawal 操作是不同的，所以，也没有办法在 Account 类中进行统一定义，只能多态地在不同的子类中进行实际定义（覆盖）。

然而，Account 中的 withdrawal 操作还是需要的，因为多态性是从基类传播下来的。当函数参数传递基类指针时，该类层次结构的多态性才有可能被展现，即 Account 的指针进行间接访问的 withdrawal 操作时，才有可能表现 withdrawal 的多态。一般地，一个容器，其元素是基类对象的指针或引用，才有多态可言，若没有指向基类的操作，子类就不能行使多态。例如：

```
class A{};  // A类定义中无fn成员函数
//---------------------------
class B : public A{
public:
  virtual void fn();
};//-------------------------
class C : public A{
public:
  virtual void fn();
};//-------------------------
void f(A* pa){
  pa->fn();         // 错
}//--------------------------
void g(){
  B b;
  C c;
  f(&b);
  f(&c);
}//--------------------------
```

A 类中没有 fn 操作的声明，其基类指针的 pa->fn()就甭想通过编译这道坎。

再说，当初设计 Account 类的时候，是从调和 Savings 和 Checking 这两个彼此独立的类的矛盾出发的。因为它们的上下关系摆不平，而且共性的成员又多，所以用一个反映其共同意义的基类协调。也就是说，Account 类是对几个具体的类进行共性分解而得到的一个抽象。抽象意味着不完整，它的实现依赖于具体！要创建银行账户，一定要指定究竟是 Savings 类还是 Checking 类。决不能创建 Account 类对象，因为它没有具体的取款 withdrawal 操作，例如在程序 f1211.cpp 中，即使创建了 Account 对象，该对象也是没有实用意义的。

就好像我们人类，从中可以分出中国人、美国人、德国人和埃及人等，中国人又可以分出汉族和其他少数民族。一个人，他（她）必定属于世界上的某个国家和某个民族，脱离国家和民族的“纯粹”的人是没有的。人类就是我们创造的一个高度抽象的概念，但这仅仅只是概念，因为还缺少具体的人所应具有的国籍、民族等信息。与 Account 类对象一样，人类这个类，即使创建出对象来也是不实用的，因为无法对该对象烙上国籍等信息。

我们也不希望程序员创建只有共性操作的 Account 类对象，因为拿它没用。

就让它在类层次结构中，当作是用于继承的基类吧。但是从语法上说，程序 f1211.cpp

中创建 Account 类对象看不出有什么错，难道就允许程序中存在这种无聊的对象吗？不！

❑ 13.1.2　纯虚函数（Pure Virtual Functions）

我们引入抽象类（Abstract Classes）的概念。抽象类的用途是被继承。

定义抽象类就是在类定义中至少声明一个纯虚函数。所谓纯虚函数是指被标明为不具体实现的虚函数。例如，我们并不知道怎样实现 virtual Account::withdrawal()，那么就不用勉强下一个定义，只要声明为纯虚函数就行了。纯虚函数一旦声明，就不用定义。纯虚函数的声明形式是在虚函数声明形式后跟“=0”。例如：

```
//=======================================
// account.h
//=======================================
#ifndef HEADER_ACCOUNT
#define HEADER_ACCOUNT
//---------------------------------------
#include<string>
using std::string;
//---------------------------------------
class Account{
  string acntNumber;
  double balance;
public:
  Account(string acntNo, double balan=0.0);
  virtual void display()const;
  double getBalan(){ return balance; }
  void deposit(double amount){ balance += amount; }
  bool operator==(const Account& a)const{ return acntNumber==a.acntNumber; }
  virtual void withdrawal(double amount) = 0;   // 纯虚函数
};//-------------------------------------
#endif  // HEADER_ACCOUNT
```

在 withdrawal 声明之后写上“=0”，表明该函数为纯虚函数，而且该函数将不再有定义了。这种语法格式是一种特别约定，专门用于规定纯虚函数的，它也是抽象类的唯一标志。在基类中若设下了一个纯虚函数，也就为子类的多态行为留了一个口子。Account 类因此而期望其子类对该虚成员函数进行覆盖。

抽象类是不允许有实例对象的，即不能由抽象类创建对象。所以针对上面的 account.h，下面的声明是非法的：

```
void func(){
  Account a("3145", 3000);    // 错
  a.withdrawal(200);          // 错
}
```

这就保证了对不该创建对象的行为予以禁止而不是放任，也就堵住了产生程序错误的一个口子。不要企图单独创建 Account 类对象，即使语法允许，其创建出来的对象也是不完整的，缺少取款能力的账户有何用！

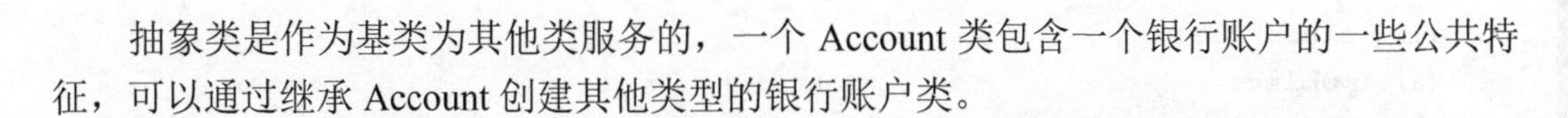

抽象类是作为基类为其他类服务的，一个 Account 类包含一个银行账户的一些公共特征，可以通过继承 Account 创建其他类型的银行账户类。

13.2 抽象类与具体类[1]（Abstract & Concrete Classes）

Account 类定义成抽象类之后，Savings 类不做任何变动，父子关系依旧。Savings 类当然就不是抽象类了，因为它完全实在地对纯虚函数 withdrawal 进行了覆盖定义。Savings 类对象知道 withdrawal 的具体操作，Checking 类也一样。

只要子类中尚有未被覆盖定义的纯虚函数，那么，子类相对于抽象基类的抽象状态不变。例如，对于图 13-1，抽象类 Display 作为基类，展开一个类层次结构。在图中，我们用双线框代表抽象类。

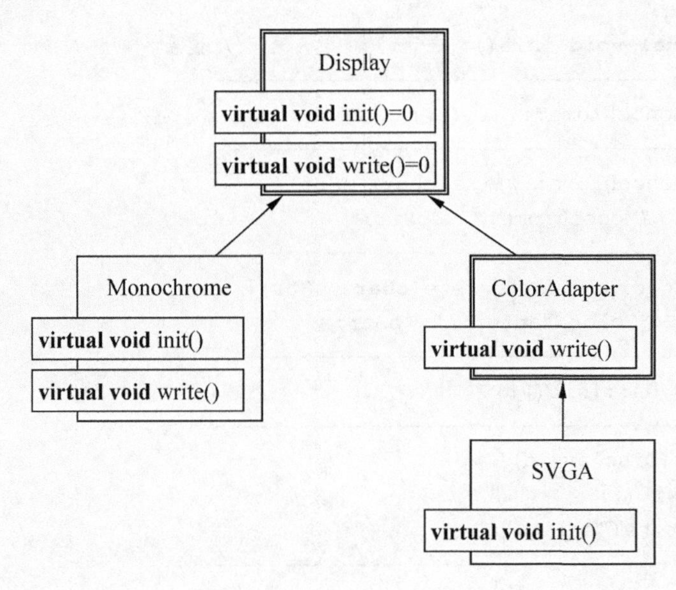

图 13-1 抽象类的继承结构

该类继承结构由下列程序代码实现之：

```
(1)  //========================================
(2)  // f1301.cpp
(3)  // Abstract Classes
(4)  //========================================
(5)  #include<iostream>
(6)  using namespace std;
```

① 这里的具体类是指在继承抽象类后，通过覆盖全部纯虚函数，产生可以实际创建类对象的非抽象类，也是从中文意义的角度表达了与抽象类相对的一个概念。

而参考文献[1]CH25.2 中描述的具体类则指无多态可言、弱封装、浅拷贝性质、小巧好用、性能高的孤类。本书设有涉及这一概念，请读者注意区分两种具体类描述的差别。

```
(7)  class Display{
(8)  public:
(9)    virtual void init() = 0;
(10)   virtual void write(char* pStr) = 0;
(11) };//-----------------------------------
(12) class Monochrome : public Display{
(13)   virtual void init();                    // 覆盖
(14)   virtual void write(char* pStr);         // 覆盖
(15) };//-----------------------------------
(16) class ColorAdapter : public Display{
(17) public:
(18)   virtual void write(char* pStr);         // 覆盖
(19) };//-----------------------------------
(20) class SVGA : public ColorAdapter{
(21) public:
(22)   virtual void init();                    // 覆盖
(23) };//-----------------------------------
(24) void Monochrome::init(){}
(25) //-------------------------------------
(26) void Monochrome::write(char* pStr){
(27)   cout<<"Monochrome: "<<pStr;
(28) }//------------------------------------
(29) void ColorAdapter::write(char* pStr){
(30)   cout<<"ColorAdapter: "<<pStr;
(31) }//------------------------------------
(32) void SVGA::init(){}
(33) //-------------------------------------
(34) void g(Display* d){
(35)   d->init();
(36)   d->write("hello.\n");
(37) }//------------------------------------
(38) int main(){
(39)   Monochrome mc;
(40)   SVGA svga;
(41)   g(&mc);
(42)   g(&svga);
(43) }//====================================
```

```
E:\ch13>f1301↙
Monochrome: hello.
ColorAdapter: hello.
```

Display用来表示计算机的显示器。它有两个基本的纯虚函数：init和write。对不同的显示器，初始化init和写屏write的操作是不同的，所以Display类无法实现这两个成员函数。但是对于众多类型的显示器，确实是需要一个基类继承，以便将操作抽象化，对象多态化。这个基类就是Display，其共享的操作就是这两个没法实现的纯虚函数。

Display 的子类 Monochrome 不是抽象类，它是一种特定的显示器，程序员知道其特点，所以覆盖定义了 init 和 write 操作。

SVGA 类也不是抽象类，程序员也知道怎样对该显示器编程。然而，在介于 Display 类和 SVGA 类之间，有一个 ColorAdapter（彩色显示器）类。SVGA 只不过是众多 ColorAdapter 类中的一种。ColorAdapter 类能够确定所有的彩色显示器如何写屏，因而覆盖定义了 Display 类的 write 纯虚函数，但是对不同的彩色显示器其初始化过程却没有办法统一，因此还是沿用了基类 Display 的 init 纯虚函数。鉴于 ColorAdapter 类中仍然含有纯虚函数，所以 ColorAdapter 还是抽象类。

在 SVGA 类中，覆盖实现了 init 虚函数，所以，SVGA 中不再有纯虚函数了。SVGA 是具体类，由它可以创建具体的对象。

抽象类不能创建对象，这是 C++的规则，由编译器管着这件事，无一可以逃逸。但我们可以使用抽象类的指针和引用进行多态编程。程序 f1301.cpp 中的第 34、35 行，显示了其多态行为。因为基类指针可以指向彼子类对象，亦可指向此子类对象，所以这正是表现多态的好时机。

13.3 深度隔离的界面（Deeply Isolated Interface）

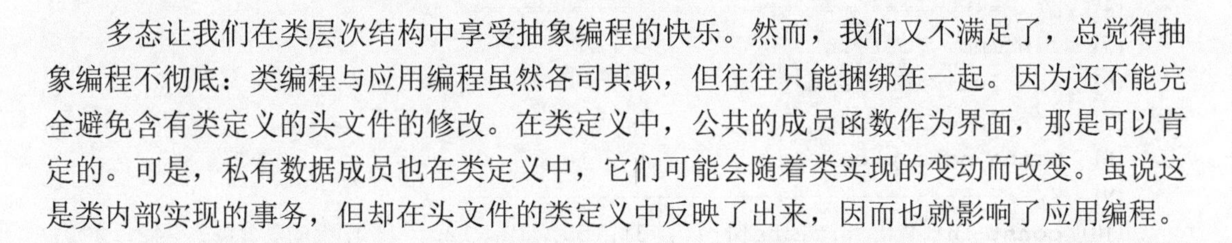

多态让我们在类层次结构中享受抽象编程的快乐。然而，我们又不满足了，总觉得抽象编程不彻底：类编程与应用编程虽然各司其职，但往往只能捆绑在一起。因为还不能完全避免含有类定义的头文件的修改。在类定义中，公共的成员函数作为界面，那是可以肯定的。可是，私有数据成员也在类定义中，它们可能会随着类实现的变动而改变。虽说这是类内部实现的事务，但却在头文件的类定义中反映了出来，因而也就影响了应用编程。

13.3.1 日期的年月日版本（Year-Month-Day Version of the Date）

一个完整的类可以这样实现，也可以那样实现，区别在于头文件对类的描述不同。而面对使用该类的应用，就不应该因为类的实现变了（头文件变了），而使应用编程为难。也即头文件如何才能保持不变的问题。例如，自定义的 Date 类原先是如下这样定义的：

```
(1)  //========================================
(2)  // date.h
(3)  // 日期的年月日版本类文件
(4)  //========================================
(5)  #include<iostream>
(6)  using namespace std;
(7)  //----------------------------------------
(8)  class Date{
(9)    int year, month, day;
(10) protected:
(11)   int ymd2i()const;          //年月日转为绝对天数
```

```
(12)   void i2ymd(int n);
(13)   void print(ostream& o)const;
(14)   static const int tians[];
(15)   bool isLeapYear()const{ return !(year%4)&&(year%100)||!(year%400); }
(16) public:
(17)   Date(const string& s);
(18)   Date(int n=1){ i2ymd(n); }
(19)   Date(int y, int m, int d):year(y),month(m),day(d){}
(20)   Date operator+(int n)const{ return Date( ymd2i() + n ); }
(21)   Date& operator+=(int n){ i2ymd(ymd2i()+n); return *this; }
(22)   Date& operator++(){ return *this +=1; }
(23)   int operator-(Date& d)const{ return ymd2i() - d.ymd2i(); }
(24)   friend ostream& operator<<(ostream& o, const Date& d);
(25) };//------------------------------------
```

在这里，保护的成员函数和静态的常量数组是为了派生类能直接访问才设定的。在类定义之后是Date类的实现：

```
(1)  //========================================
(2)  // date.cpp
(3)  // 日期的年月日版本的程序代码
(4)  //========================================
(5)  #include "date.h"
(6)  #include<iostream>
(7)  #include<iomanip>
(8)  using namespace std;
(9)  //------------------------------------
(10) const int Date::tians[]={0, 31, 59, 89, 120, 150, 181, 212, 242, 273,
     303, 334};
(11) //------------------------------------
(12) Date::Date(const string& s){
(13)   year = atoi(s.substr(0,4).c_str());
(14)   month = atoi(s.substr(5,2).c_str());
(15)   day = atoi(s.substr(8,2).c_str());
(16) }//------------------------------------
(17) void Date::i2ymd(int absDay){
(18)   absDay = absDay>0 && absDay<3650000 ? absDay : 1;
(19)   int n = absDay;
(20)   for(year=1; n>isLeapYear()+365; n-=isLeapYear()+365, year++);
(21)   for(month=1;(month<12&& n>(isLeapYear()&& month>2)+tians[month]);
       month++);
(22)   day = n-(isLeapYear()&& month>2)-tians[month-1];
(23) }//------------------------------------
(24) int Date::ymd2i()const{
(25)   int absDay =(year-1)*365 + (year-1)/4 - (year-1)/100 + (year-1)/400;
(26)   return absDay += tians[month-1] + (isLeapYear()&& month>2) + day;
(27) }//------------------------------------
```

```
(28) void print(ostream& o)const{
(29)   o<<setfill('0')<<setw(4)<<year<<'-'<<setw(2)<<month<<'-'
(30)    <<setw(2)<<day<<"\n"<<setfill(' ');
(31) }//-----------------------------------
(32) ostream& operator<<(ostream& o, const Date& d){
(33)   d.print(o);
(34)   return o;
(35) }//-----------------------------------
```

它是一个日期型的年月日版本。其私有数据成员为代表年月日的3个整型空间。

13.3.2 日期的天数版本(Day Version of the Date)

为了强调日期天数的计算,在之后的某一天,修改了实现,使之成为日期型的天数版本。该版本提高了天数计算的性能,于是现在便推出日期的天数版本了:

```
(1)  //=====================================
(2)  // date.h
(3)  // 日期的天数版本类文件
(4)  //=====================================
(5)  #include<iostream>
(6)  using namespace std;
(7)  //-------------------------------------
(8)  class Date{
(9)    int absday;
(10) protected:
(11)   void ymd2i(int y, int m, int d);
(12)   static const int tians[];
(13)   bool isLeapYear()const;
(14) public:
(15)   Date(const string& s);
(16)   Date(int n=1) : absday(n){}
(17)   Date(int y, int m, int d){ ymd2i(y,m,d); }
(18)   Date operator+(int n)const{ return Date(absday + n); }
(19)   Date& operator+=(int n){ absday += n; return *this; }
(20)   Date& operator++(){ return *this +=1; }
(21)   int operator-(Date& d)const{ return absday - d.absday; }
(22)   friend ostream& operator<<(ostream& o, const Date& d);
(23) };//-----------------------------------
```

下面是日期的天数版本的程序代码:

```
(1)  //=====================================
(2)  // date.cpp
(3)  // 日期的天数版本程序代码
(4)  //=====================================
(5)  #include "date_n.h"
```

```
(6)  #include<iostream>
(7)  #include<iomanip>
(8)  using namespace std;
(9)  //------------------------------------
(10) const int Date::tians[]={0, 31, 59, 89, 120, 150, 181, 212, 242, 273,
     303, 334};
(11) //------------------------------------
(12) Date::Date(const string& s){
(13)   int y = atoi(s.substr(0,4).c_str());
(14)   int m = atoi(s.substr(5,2).c_str());
(15)   int d = atoi(s.substr(8,2).c_str());
(16)   ymd2i(y,m,d);
(17) }//------------------------------------
(18) void Date::ymd2i(int y, int m, int d){
(19)   if(0<y||y>9999||0<m||m>12||0<d||d>31)
(20)     absDay=1, return;
(21)   absDay =(y-1)*365 + (y-1)/4 - (y-1)/100 + (y-1)/400;
(22)   absDay += tians[m-1] + (isLeapYear()&& m>2) + d;
(23) }//------------------------------------
(24) ostream& operator<<(ostream& o, const Date& d){
(25)   absDay = absDay>0&&absDay<3650000 ? absDay : 1;
(26)   int n = absDay;
(27)   int y, m, d;
(28)   for(y = 1; n>isLeapYear()+365; n-=isLeapYear()+365, y++);
(29)   for(m=1; (m<12 && n>(isLeapYear()&& m>2)+tians[m]); m++);
(30)   d = n-(isLeapYear()&& m>2)-tians[m-1];
(31)   return o<<setfill('0')<<setw(4)<<y<<'-'<<setw(2)<<m<<'-'
(32)          <<setw(2)<<d<<"\n"<<setfill(' ');
(33) }//------------------------------------
(34) bool isLeapYear()const{
(35)   // 由读者完成
(36) }//------------------------------------
```

天数版本的公有操作与年月日版本是完全一样的，但实现性能各有千秋。保护的成员函数存在一定程度的不同，而私有数据则完全不同，因此类定义做了一定程度的修改。这些修改虽然不影响所创建的对象的操作，但涉及应用程序的头文件更换，因而不可避免地，其编译好的代码要推翻重来。这种底层（类代码）对高层（应用代码）的牵制，正是不能从根本上摆脱类代码的原因所在。类库产品的拥有者是不愿提供这样的类代码的。因为一旦提供，就曝光了类的头文件（类定义），定格了类的私有数据成员，也就绝对不能变更私有数据成员，从而严重束缚了自己的维护水平，或者，各自为政的抽象编程就要受到伤害了。

❑ 13.3.3　应用程序界面（Application Program Interface）

我们采用一种类似图 11-4 那样的方法。在那里，程序 f1102.cpp 与 BoyRing 类互不照面，但却通过 Jose 类进行了很好的沟通，圆满地完成了 Josephus 问题的解答任务。因此，我们引入一个中间类 DateMid，通过它的介入，让应用程序与 Date 类也互不照面：

```
(1)  //========================================
(2)  // datemid.h
(3)  // DateMid作为应用程序界面
(4)  //========================================
(5)  #include<iostream>
(6)  using namespace std;
(7)  //----------------------------------------
(8)  class Date;
(9)  //----------------------------------------
(10) class DateMid{
(11)   Date* m_p;
(12) public:
(13)   DateMid(const string s);
(14)   DateMid(int n);
(15)   DateMid(int y, int m, int d);
(16)   DateMid(const Date& d);
(17)  ~DateMid();
(18)   DateMid operator+(int n)const;
(19)   DateMid& operator+=(int n);
(20)   DateMid& operator++();
(21)   int operator-(DateMid& d)const;
(22)   friend ostream& operator<<(ostream& o, const DateMid& d);
(23) };//----------------------------------------
```

因为 DateMid 类定义中用到了 Date 的类名，所以预先声明 Date 类名是必要的。Date 类中的公有成员函数在 DateMid 类中都有，并在 datemid.cpp 中进行了类的实现：

```
(1)  //========================================
(2)  // datemid.cpp
(3)  //========================================
(4)  #include "date.h"
(5)  #include "datemid.h"
(6)  #include<iostream>
(7)  using namespace std;
(8)  //----------------------------------------
(9)  DateMid::DateMid(const string s):m_p(new Date(s)){}
(10) //----------------------------------------
(11) DateMid::DateMid(int n):m_p(new Date(n)){}
(12) //----------------------------------------
(13) DateMid::DateMid(int y, int m, int d):m_p(new Date(y,m,d)){}
(14) //----------------------------------------
(15) DateMid::DateMid(const Date& d):m_p(new Date(d)){}
(16) //----------------------------------------
(17) DateMid::~DateMid(){ delete m_p; }
(18) //----------------------------------------
(19) DateMid DateMid::operator+(int n)const{ return *m_p + n; }
(20) //----------------------------------------
(21) DateMid& DateMid::operator+=(int n){ *m_p += n; return *this; }
(22) //----------------------------------------
```

```
(23) DateMid& DateMid::operator++(){ *m_p += 1; return *this; }
(24) //-------------------------------------
(25) int DateMid::operator-(DateMid& d)const{ return *m_p - *(d.m_p); }
(26) //-------------------------------------
(27) ostream& operator<<(ostream& o, const DateMid& d){
(28)   return o<<*(d.m_p);
(29) }//-------------------------------------
```

DateMid类的数据成员为指向Date类对象的指针，因此，Date类再怎么变也不至于影响到DateMid头文件，DateMid只是将Date类的所有公有成员的操作重新实现了一遍。由于操作中需要从Date类转换到DateMid类，所以增加了构造函数DateMid(const Date&)。当然，由于DateMid类创建对象时需要申请动态内存，所以添加析构函数也是自然的。至于Date类的保护成员函数和私有数据成员，在DateMid类中一律不涉及，那都是Date类自己的事情。因此，只要Date类的公有操作界面不变，任何Date类的变更也都跟DateMid类无关。对于应用程序来说，因为当初使用Date类的就是它的界面、它的公有操作，所以采用DateMid类之后，其用法没有任何改变，但是抽象得比较彻底了：因为Date类的更改，哪怕是头文件的更改，也不再影响到应用源代码了。不妨看一下其应用代码的实现：

```
(1)  //=====================================
(2)  // f1302.cpp
(3)  // 用DateMid类做界面
(4)  //=====================================
(5)  #include "datemid.h"
(6)  #include<iostream>
(7)  using namespace std;
(8)  //-------------------------------------
(9)  int main(){
(10)   DateMid d(2005,1,6), e(732006);
(11)   cout<<d;
(12)   cout<<++d<<e;
(13) }//=====================================
```

```
E:\ch13>f1302↙
2005-01-06
2005-01-07
2005-03-01
```

13.4 抽象类做界面（Abstract Class As Interface）

在13.3节中，通过界面的深度隔离，我们又进一步地深化了抽象编程。然而我们并不满足于中间类，因为这是凭空添加的类，还要写这么多的转换成员函数，数量一大，则代价肯定不小，何况也增加了出错的可能性，初衷不会是这样吧！

❑ 13.4.1 抽象基类方案（Abstract Base-Class Scheme）

因为面向对象编程，总是要涉及类层次结构下的多态，所以处理的对象，往往是通过指针或引用方式传递的，因此对应用编程来说，关键是在类层次结构下的各种对象能够表现出多态。所以我们把目标转向抽象类，一是因为抽象类是类层次结构的基类，基类的指针操作可以表现多态行为；二是因为抽象类可以只提供纯虚函数，不牵扯成员函数定义的细节，不提供任何私有数据，干净利落。

于是我们设想在 Date 类继承一个抽象基类。对于应用程序，就用这个抽象基类与之打交道；对于 Date 类，从该抽象基类派生，并实现创建对象的函数 createDate，如图 13-2 所示。

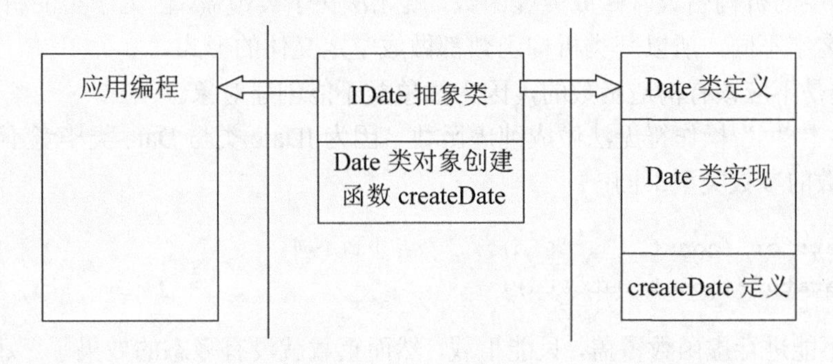

图 13-2 抽象类做界面

❑ 13.4.2 抽象基类 IDate（Abstract Base-Class IDate）

我们将 Date 类的公有成员函数提取出来做成纯虚函数，构成一个抽象类 IDate，而 Date 类则继承之：

```
(1)  //=====================================
(2)  // idate.h
(3)  //=====================================
(4)  #include<iostream>
(5)  using namespace std;
(6)  //-------------------------------------
(7)  class IDate{
(8)  protected:
(9)    virtual int ymd2i() = 0;
(10) public:
(11)   virtual ~IDate(){}
(12)   virtual IDate& operator+(int n) = 0;
(13)   virtual① int operator-(const IDate& d){ return ymd2i() - d.ymd2i(); }
(14)   virtual IDate& operator+=(int n) = 0;
```

① 在第 13 行做了一下删除，表示这种删除不是疏忽，而是有意，删除的是这一个关键词，不是这一行。

```
(15)   virtual IDate& operator++() = 0;
(16)   virtual void print(std::ostream& o)const = 0;
(17) };//----------------------------------
(18) IDate& createDate(int y, int m, int d);
(19) IDate& createDate(int n);
(20) IDate& createDate(const string s);
(21) //----------------------------------
(22) inline ostream& operator<<(ostream& o, const IDate& d){
(23)   d.print(o); return o;
(24) }//----------------------------------
```

IDate 类中的析构函数若做成纯虚函数，就无法在子类覆盖，因为子类的析构函数与基类析构函数名字不同，所以基类析构函数都做成空定义体的形式。

IDate 类是不应该有构造函数的，因为抽象类不能创建对象。

IDate 类中“–”操作符无法做成纯虚函数。因为 IDate 类与 Date 类毕竟不同，即下面两个成员函数的参数类型不同：

```
int operator-(const IDate& d);  // 与下面不同
int operator-(const Date& d);
```

因此，不能进行虚函数覆盖，只能重载，然而重载就没有多态的效果了。好在 IDate 类中的“–”（减）操作符并没有访问 IDate 类的数据成员（事实上也没有数据成员），所以类定义只要公有成员函数不修改，一切其他的修改都不影响应用编程。

可以定义 IDate 类中的“–”操作符，当 Date 类对象捆绑该“–”操作符调用时，该函数就调用多态的成员函数 ymd2i，从而让该操作符表现为多态，idate.h 中的第 13 行语句正是这样实现的。为此，在 IDate 类中须增加一个保护的虚函数 ymd2i。也就是说，该虚函数并不充当界面，但协助界面表现多态。

“+”操作符也要做一个小变化：它的返回类型不能是 IDate 类型的，因为产生的 IDate 对象对于抽象类来说，将在编译受阻。然而由于返回 IDate 类的引用，则 Date 中的“+”操作符就不应该返回局部对象，而应该是另外新建的对象了。新建的对象是通过申请动态空间得来的，所以在做“+”（加）操作的代码中，要记得释放该空间，不能少一个环节。

除此之外，还有一个普通的“<<”操作符，在其实现中，由于调用了内部的多态函数 print，所以，多态细节转移到了 print 中。在 IDate 基类中，一次性实现就可以使子类一劳永逸地沿用“<<”操作符了。

IDate 类定义中再也没有需要实现的成员函数了，所以也不需要 idate.cpp 文件了。

❑ 13.4.3　创建 Date 对象（Creating Date Objects）

IDate 类没有数据成员，更关键的是其抽象性，所以不可能有构造函数。由于应用程序见不得 Date 类（否则就不是彻底隔离 Date 了），因此就不能用下面的语句创建 Date 对象：

```
Date d(2005, 3, 5);
Date e("2005-05-18");
Date f(327000);
```

必须安排返回 IDate 指针的函数获得 Date 类对象。当然这个函数应该在 IDate 的头文件中声明；由于它产生 Date 类对象，相当于 Date 类的一部分实现，因此在 date.cpp 中定义。它当然不能在应用程序中定义，否则在应用程序中就隔离不了 Date 类了。在 idate.h 中，第 18～20 行的 createDate 函数声明，对应了 Date 类对象的三种构造方式。

以返回指针的形式构造 Date 类对象，一般总是从动态内存中借用空间的。见如下代码：

```
IDate& createDate(int y, int m, int d){  return *new Date(y,m,d); }
```

该函数在所有包含 idate.h 头文件的应用程序代码中都能使用。例如：

```
IDate& rd = createDate(2005,1,6);
```

便将创建的 Date 对象给 rd 引用做了初始化。获得此对象的指针或引用（上例中是引用）除了借机间接访问成员函数以表现多态行为外，还应该担负起释放动态内存空间的责任。例如：

```
rd.print();
delete &rd;
```

具有多态的对象大多来自动态内存空间，因而释放操作不可避免，这就为手柄类（☞CH13.7）的解决手段埋下了伏笔。

❑ 13.4.4　子类 Date（Subclass Date）

为了适应抽象类作为界面的形式，Date 类应包含 idate.h 文件，直接继承 IDate 类，并且在 date.cpp 中还要实现创建 Date 对象的三个 createDate 函数版本。其代码如下：

```
(1)  //=======================================
(2)  // date.h
(3)  // Date 类由 IDate 派生
(4)  //=======================================
(5)  #include "idate.h"
(6)  #include<iostream>
(7)  using namespace std;
(8)  //---------------------------------------
(9)  class Date : public IDate{
(10)   int year, month, day;
(11) protected:
(12)   int ymd2i()const;
(13)   void i2ymd(int n);
(14)   static const int tians[];
```

```
(15)   bool isLeapYear()const{ return !(year%4)&&(year%100)||!(year%400); }
(16)  public:
(17)   Date(const string s);
(18)   Date(int n){ i2ymd(n); }
(19)   Date(int y, int m, int d):year(y),month(m),day(d){}
(20)  ~Date(){}
(21)   Date& operator+(int n){ return *new Date(ymd2i()+n); }
(22)   Date& operator+=(int n){ i2ymd(ymd2i()+n); return *this; }
(23)   Date& operator++(){ return *this +=1; }
(24)   void print(ostream& o)const;
(25)  };//-----------------------------------
```

date.cpp 程序代码如下：

```
(1)  //======================================
(2)  // date.cpp
(3)  //======================================
(4)  #include "date.h"
(5)  #include "idate.h "
(6)  #include<iostream>
(7)  #include<iomanip>
(8)  using namespace std;
(9)  //--------------------------------------
(10) const int Date::tians[]={0,31,59,89,120,150,181,212,242,273,303,334};
(11) //--------------------------------------
(12) Date::Date(const string s){
(13)   year = atoi(s.substr(0,4).c_str());
(14)   month = atoi(s.substr(5,2).c_str());
(15)   day = atoi(s.substr(8,2).c_str());
(16) }//-------------------------------------
(17) void Date::i2ymd(int absDay){
(18)   absDay = absDay>0 && absDay<3650000 ? absDay : 1;
(19)   int n = absDay;
(20)   for(year=1; n>isLeapYear()+365; n-=isLeapYear()+365, year++);
(21)   for(month=1;(month<12&& n>(isLeapYear()&& month>2)+tians[month]);
       month++);
(22)   day = n-(isLeapYear()&& month>2)-tians[month-1];
(23) }//-------------------------------------
(24) int Date::ymd2i()const{
(25)   int absDay =(year-1)*365 + (year-1)/4 - (year-1)/100 + (year-1)/400;
(26)   return absDay += tians[month-1] + (isLeapYear()&& month>2) + day;
(27) }//-------------------------------------
(28) void Date::print(ostream& o)const{
(29)   o<<setfill('0')<<setw(4)<<year<<'-'<<setw(2)<<month<<'-'
(30)    <<setw(2)<<day<<"\n"<<setfill(' ');
(31) }//-------------------------------------
(32) IDate& createDate(int y, int m, int d){
(33)   return *new Date(y,m,d);
(34) }//-------------------------------------
```

```
(35) IDate& createDate(int n){
(36)   return *new Date(n);
(37) }//-------------------------------------
(38) IDate& createDate(const string s){
(39)   return *new Date(s);
(40) }//-------------------------------------
```

□ 13.4.5 应用编程（Application Programming）

完善了中间接口技术，此时，应用编程便完全是得心应手的抽象编程了，只要简单地包含 idate.h 即可。代码如下：

```
(1)  //=====================================
(2)  // f1303.cpp
(3)  // 使用 IDate 界面
(4)  //=====================================
(5)  #include "idate.h"
(6)  #include<iostream>
(7)  using namespace std;
(8)  //-------------------------------------
(9)  void fn(IDate& d1, IDate& d2){
(10)   cout<<d2 - d1<<"\n";
(11)   cout<<++d;
(12) }//-------------------------------------
(13) int main(){
(14)   IDate& rd1 = createDate(2005,1,6);
(15)   IDate& rd2 = createDate(2005,2,3);
(16)   fn(rd1, rd2);
(17)   delete &rd1;
(18)   delete &rd2;
(19) }//=====================================
```

```
E:\ch13>f1303↙
28
2005-01-07
```

具有类层次结构的抽象编程，或者说面向对象编程就像是函数 fn 那样，它获得一个 IDate 类的引用，也就可能获得整个 IDate 系列的各个层次的对象之一，究竟是哪个子类，对 fn 函数来说，一无所知。但它真的只需要 IDate 这个抽象类做界面就可以流利地表达它要表达的思想了，因为类层次结构中所拥有的操作全在抽象基类中，对 fn 来说全有了。就好像看电视的人根本不关心电视机内部的电路，按下某种品牌的遥控器，不管是同系列的什么电视机，都可以很好地工作了。至于遥控命令是怎么在不同电视机中被区分的、被执行的，管它呢！

在 main 函数中，甚至创建 Date 对象，也可以脱离 Date 类，因为那全是 idate.h 所提供的服务。或许 IDate* createDate()函数会根据情节创建另外的子类，事实上它是一个能表现多态的服务函数，只不过当前从 IDate 类派生的就只有一个 Date 类，但这已经不妨碍应用

层面上的抽象编程了。fn 函数全没有感觉（只关心对象的操作层面，不关心对象操作的细节），什么样的 IDate 子类对象作为实参都行。

createDate 函数从动态内存中要了一个 Date 对象，并以引用方式返回，见 date.cpp 代码中的第 31~39 行。将函数的返回作为 rd1 和 rd2 引用的初始化，见 f1303.cpp 中的第 13、14 行。因此，rd1 和 rd2 代表了动态内存块，在 rd1 和 rd2 行将结束使命的时候，必须人为地归还该内存空间，见 f1303.cpp 的第 16、17 行。归还时，是以该引用实体的地址作为操作对象的，与指针形式有一点差别。

13.5 演绎概念设计（Deducting Concept Design）

13.5.1 面向对象的模块（Object-Oriented Module）

抽象类做界面的设计方案，既可以达到彻底分离程序模块的目的，又克服了烦琐的成员函数转换，既干净又利落。在彻底分离编程内容和职责的前提下，就可以建立完全独立的模块——动态链接库（Dynamic Link Library）了。在上节中，动态链接库可由 IDate 类的派生类即 Date 类构成，只要 IDate 界面不变，动态链接库还可以在背后悄悄更换，甚至连 Date 类定义都可以改，而应用程序无须做任何改动。这也正是我们所看到的操作系统在不断地更新，而调用操作系统功能的软件总是可以运行的道理。关于动态链接库的实现，不同工具做法略有不同（☞参考文献[13]CH22，[14]CH1、CH35）。

把有关的零部件拿来，像搭积木似的进行无依赖性的设计，这是很爽的。如果是在编程，那就是抽象编程。编程中仅仅使用抽象类中给我们规定的操作，至于具体什么对象，全然不用管。因此，也不用管对象对于某个具体的操作是怎么实现的。

面向对象的模块就是完整的类模块，它通过抽象界面与用户联系，而所有的实现却隐在连源代码都可以隐藏的类似动态链接库中。

13.5.2 Sony 类层次结构（Class Sony Hierarchy）

假如有一个 Sony 电视机类的层次结构，其最基本的操作不外乎切换频道、调节音量罢了，因此把它们设置为基类的抽象操作。在 Sony 类之下，继承了各种尺寸的具体电视机，并根据型号，附加各种音响配置和各种外观的不同属性，如图 13-3 所示。

那么，类编程便需要这整个的类层次结构，层层实现。而应用编程便只要最上面最抽象的基类就可以了。Sony 层次结构的基类就只是个抽象类，里面有一些纯虚函数而已：

```
class Sony{
public:
  virtual void 切换频道() = 0;
  virtual void 调节音量() = 0;
  virtual ~Sony(){}
};//-------------------------
```

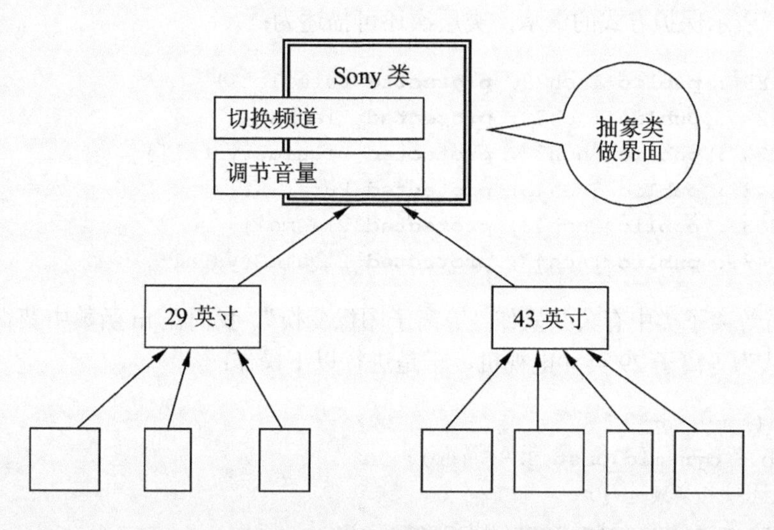

图 13-3 Sony 电视机层次结构

配合以多继承模式，还为我们表达不同技术系统带来了方便。例如，在 Sony 类体系中，采用了纯平（PureFlat）、等离子（Plasma）和液晶（Liquid Crystal）等技术，这些技术不属于 Sony 专有，但 Sony 可以采用它们，因此这些技术不由 Sony 类继承，独立于 Sony。而每种电视机都区分这几种技术，而且这些技术的使用仅限于保护方式。也就是说，这些技术，对创建 Sony 电视机对象的客户是不能直接使用的。只有 Sony 类层次体系中的对象才能通过抽象操作，迂回地使用它们。这时候，我们便可以设计成如图 13-4 所示的外来技术层次结构。

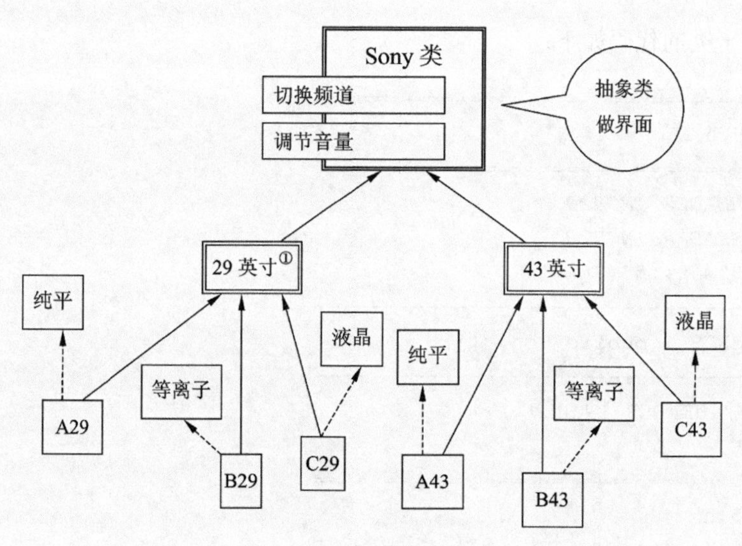

图 13-4 Sony 电视机采用的外来技术层次结构

① 1 英寸≈2.54 厘米。

其中虚线表示保护方式的继承，类层次还可描述为：

```
class A29 : public Inch29, protected Pureflat{}
class B29 : public Inch29, protected Plasma{}
class C29 : public Inch29, protected LiquidCrystal{}
class A43 : public Inch43, protected Pureflat{}
class B43 : public Inch43, protected Plasma{}
class C43 : public Inch43, protected LiquidCrystal{}
```

例如，若等离子类中有公共操作“等离子图像变换”，我们在 fn 函数中获得了 Sony 类指针，并确认为等离子 29 英寸电视机，于是进行以下操作：

```
void fn(Sony* sp){
  B29* b = dynamic_cast<B29*>(sp);
  if(b) b->切换频道();          // ok
  Plasma* p = dynamic_cast<Plasma*>(b);
  if(p) p->等离子图像变换();  // ok
  sp->等离子图像变换();        // 错
}
```

等离子类中的操作只有在保护继承的对象中以成员函数的形式访问，如转换频道成员函数中访问“等离子图像变换”时才是允许的，而外部使用却被禁止（☞CH10.4.1）。

□ 13.5.3 Sony 类定义（Defining Class Sony）

Sony 类的子类的代码如下：

```
//======================================
// inch29.h
//======================================
#ifndef HEADER_INCH29
#define HEADER_INCH29
#include "sony.h"
//--------------------------------------
class Inch29 : public Sony {};
//--------------------------------------
#endif  // HEADER_INCH29

//======================================
// inch43.h
//======================================
#ifndef HEADER_INCH43
#define HEADER_INCH43
#include "sony.h"
//--------------------------------------
class Inch43 : public Sony{};
//--------------------------------------
```

```
#endif // HEADER_INCH43
```

Inch29 的子类 A29、B29、C29 和 Inch43 的子类 A43、B43、C43，同时也是 Pureflat、Plasma、LiquidCrystal 的子类，其结构为多重继承。代码如下：

```
//======================================
// pureflat.h
//======================================
#ifndef HEADER_PUREFLAT
#define HEADER_PUREFLAT
#include<iostream>
using namespace std;
//--------------------------------------
class Pureflat{
public:
  virtual void drawgraph(){ cout<<"Pureflat.drawgraph\n"; }
  virtual void specialForPureflat(){ cout<<"SpecialForPureflat\n"; }
};//--------------------------------------
#endif // HEADER_PUREFLAT

//======================================
// plasma.h
//======================================
#ifndef HEADER_PLASMA
#define HEADER_PLASMA
#include<iostream>
using namespace std;
class Plasma{
public:
  virtual void drawgraph(){ cout<<"Plasma.drawgraph\n"; }
  virtual void specialForPlasma(){ cout<<"SpecialForPlasma\n"; }
};//--------------------------------------
#endif // HEADER_PLASMA

//======================================
// liquidcrystal.h
//======================================
#ifndef HEADER_LIQUIDCRYSTAL
#define HEADER_LIQUIDCRYSTAL
#include<iostream>
using namespace std;
//--------------------------------------
class LiquidCrystal{
public:
  virtual void drawgraph(){ cout<<"LiquidCrystal\n"; }
  virtual void specialForLiquidCrystal(){
    cout<<"SpecialForLiquidCrystal\n";
  }
```

```
};//-----------------------------------
#endif  // HEADER_LIQUIDCRYSTAL

//=====================================
// a29.h
//=====================================
#ifndef HEADER_A29
#define HEADER_A29
#include "inch29.h"
#include "pureflat.h"
#include<iostream>
using namespace std;
//-------------------------------------
class A29 : public Inch29, protected Pureflat{
public:
  void adjustVolume(){ cout<<"Pureflat29 AdjustVolume\n"; }
  void switchChannel(){ cout<<"Pureflat29 SwitchChannel\n"; }
 ~A29(){}
};//-----------------------------------
#endif  // HEADER_A29

//=====================================
// a43.h
//=====================================
#ifndef HEADER_A43
#define HEADER_A43
#include "inch43.h"
#include "pureflat.h"
#include<iostream>
using namespace std;
//-------------------------------------
class A43 : public Inch43, protected Pureflat{
public:
  void adjustVolume(){ cout<<"Pureflat43 AdjustVolume\n"; }
  void switchChannel(){ cout<<"Pureflat43 SwitchChannel\n"; }
 ~A43(){}
};//-----------------------------------
#endif  // HEADER_A43

//=====================================
// b29.h
//=====================================
#ifndef HEADER_B29
#define HEADER_B29
#include "inch29.h"
#include "plasma.h"
#include<iostream>
using namespace std;
```

```
//------------------------------------
class B29 : public Inch29, protected Plasma{
public:
  void adjustVolume(){ cout<<"Plasma29 AdjustVolume\n"; }
  void switchChannel(){ cout<<"Plasma29 SwitchChannel\n"; }
 ~B29(){}
};//------------------------------------
#endif  // HEADER_B29

//====================================
// b43.h
//====================================
#ifndef HEADER_B43
#define HEADER_B43
#include "inch43.h"
#include "plasma.h"
#include<iostream>
using namespace std;
//------------------------------------
class B43 : public Inch43, protected Plasma{
public:
  void adjustVolume(){ cout<<"Plasma43 AdjustVolume\n"; }
  void switchChannel(){ cout<<"Plasma43 SwitchChannel\n"; }
 ~B43(){}
};//------------------------------------
#endif  // HEADER_B43

//====================================
// c29.h
//====================================
#ifndef HEADER_C29
#define HEADER_C29
#include "inch29.h"
#include "liquidcrystal.h"
#include<iostream>
using namespace std;
//------------------------------------
class C29 : public Inch29, protected LiquidCrystal{
public:
  void adjustVolume(){ cout<<"LiquidCrystal29 AdjustVolume\n"; }
  void switchChannel(){ cout<<"LiquidCrystal29 SwitchChannel\n"; }
 ~C29(){}
};//------------------------------------
#endif  // HEADER_C29

//====================================
// c43.h
//====================================
```

```
#ifndef HEADER_C43
#define HEADER_C43
#include "inch43.h"
#include "liquidcrystal.h"
#include<iostream>
using namespace std;
//-------------------------------------
class C43 : public Inch43, protected LiquidCrystal{
public:
  void adjustVolume(){ cout<<"Liquidcrystal43 AdjustVolume\n"; }
  void switchChannel(){ cout<<"Liquidcrystal43 SwitchChannel\n"; }
 ~C43(){}
};//-----------------------------------
#endif  // HEADER_C43
```

13.5.4 CreateSony 类层次结构（Class CreateSony Hierarchy）

从 13.4 节中已经看到，以抽象类做界面的抽象编程，需要以指针或引用方式传递一个多态的子类对象。这个任务由一个创建函数完成（例如 createDate 函数）。否则，应用编程中免不了包含抽象类的子类的头文件，因而削弱了抽象编程性。为了完成 Sony 类各种子类对象的创建任务，有必要建立一个专管创建的类层次结构，其基类为 CreateSony，它是抽象类，如图 13-5 所示。

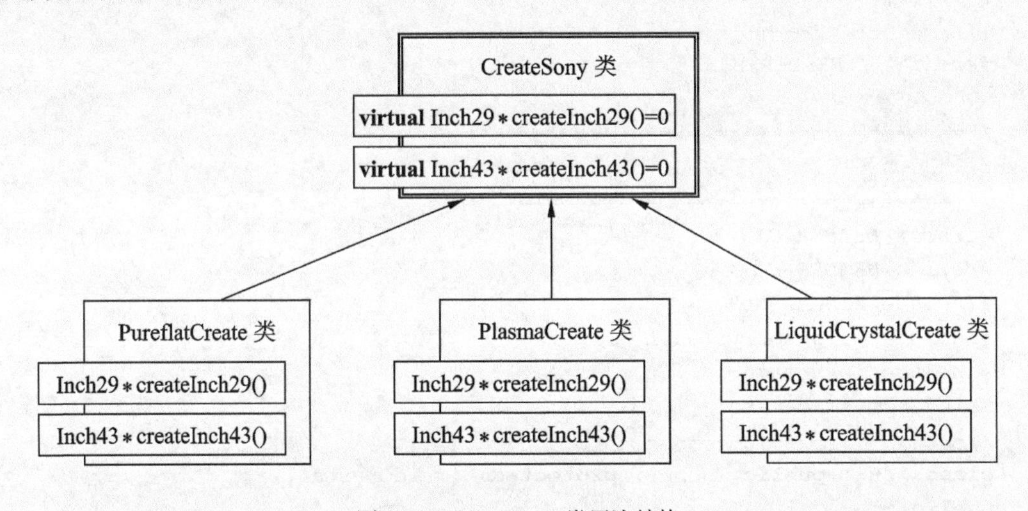

图 13-5　CreateSony 类层次结构

同时，一种子类就有一种创建对象的函数，就像 Date 类的创建函数那样。不同的子类有不同的创建函数，所以还可以实现创建类，专门为 Sony 系统创建不同的对象，供其多态编程使用。这时候，其 Sony 类的头文件应该包括抽象类本身和创建对象的函数，因此有如下设计：

```
//=====================================
// sony.h
```

```
//======================================
#ifndef HEADER_SONY
#define HEADER_SONY
//--------------------------------------
class CreateSony;      //或 #include "createsony.h" (注意前向声明)
//--------------------------------------
class Sony{
public:
  virtual 切换频道() = 0;
  virtual 调节音量() = 0;
  virtual ~Sony(){}
};//------------------------
Sony* createSonyInch29(CreateSony*);
Sony* createSonyInch43(CreateSony*);
//--------------------------------------
#endif  // HEADER_SONY
```

由于 CreateSony 类对象的函数是多态的，所以其定义放在 CreateSony 类的实现文件 createsony.cpp 中，代码如下：

```
//======================================
// createsony.h
//======================================
#ifndef HEADER_CREATESONY
#defien HEADER_CREATESONY
#include "sony.h"
//--------------------------------------
class CreateSony{
public:
  virtual Sony* createInch29() = 0;
  virtual Sony* createInch43() = 0;
  virtual ~CreateSony(){}
};//------------------------------------
CreateSony* createCreateSony(int); //在 createsony.cpp 中实现
CreateSony* createPureflat();       //在 pureflatcreate.cpp 中实现
CreateSony* createPlasma();          //在 plasmacreate.cpp 中实现
CreateSony* createLiquidCrystal(); //在 liquidcrystalcreate.cpp 中实现
//--------------------------------------
#endif  // HEADER_CREATESONY

//======================================
// createsony.cpp
//======================================
#include "createsony.h"
//--------------------------------------
Sony* createSonyInch29(CreateSony* sp){
```

```
  return sp->createInch29();
}//------------------------------------
Sony* createSonyInch43(CreateSony* sp){
  return sp->createInch43();
}//------------------------------------
CreateSony* createCreateSony(int a){
  switch(a){
    case  0: return createPureflat();
    case  1: return createPlasma();
    case  2: return createLiquidCrystal();
    default: return 0;
  }
}//------------------------------------
```

❑ 13.5.5 CreateSony 的子类定义（Defining CreateSony's Sybclass）

每个 CreateSony 类的子类的代码如下：

```
//======================================
// pureflatcreate.h
//======================================
#ifndef HEADER_PUREFLATCREATE
#defien HEADER_PUREFLATCREATE
#include "createsony.h"
//--------------------------------------
class PureflatCreate : public CreateSony{
public:
  Sony* createInch29();
  Sony* createInch43();
 ~PureflatCreate(){}
};//------------------------------------
#endif  // HEADER_PUREFLATCREATE

//======================================
// pureflatcreate.cpp
//======================================
#include "pureflatcreate.h"
#include "a29.h"
#include "a43.h"
//--------------------------------------
Sony* PureflatCreate::createInch29(){
  return new A29();
}//------------------------------------
Sony* PureflatCreate::createInch43(){
  return new A43();
}//------------------------------------
CreateSony* createPureflat(){ return new PureflatCreate(); }
```

```
//---------------------------------------

//=======================================
// plasmacreate.h
//=======================================
#ifndef HEADER_PLASMACREATE
#define HEADER_PLASMACREATE
#include "createsony.h"
//---------------------------------------
class PlasmaCreate : public CreateSony{
public:
  Sony* createInch29();     //创建 B29 对象
  Sony* createInch43();     //创建 B43 对象
 ~PlasmaCreate(){}
};//--------------------------------------
#endif  // HEADER_PLASMACREATE

//=======================================
// plasmacreate.cpp
//=======================================
#include "plasmacreate.h"
#include "b29.h"
#include "b43.h"
//---------------------------------------
Sony* PlasmaCreate::createInch29(){
  return new B29();
}//--------------------------------------
Sony* PlasmaCreate::createInch43(){
  return new B43();
}//--------------------------------------
CreateSony* createPlasma(){ return new PlasmaCreate(); }
//---------------------------------------

//=======================================
// liquidcrystalcreate.h
//=======================================
#ifndef HEADER_LIQUIDCRYSTALCREATE
#define HEADER_LIQUIDCRYSTALCREATE
#include "createsony.h"
//---------------------------------------
class LiquidCrystalCreate : public CreateSony{
public:
  Sony* createInch29();
  Sony* createInch43();
 ~LiquidCrystalCreate(){}
};//--------------------------------------
#endif  // HEADER_LIQUIDCRYSTALCREATE
```

```
//=======================================
// liquidcrystalcreate.cpp
//=======================================
#include "liquidcrystalcreate.h"
#include "c29.h"
#include "c43.h"
//---------------------------------------
Sony* LiquidCrystalCreate::createInch29(){
  return new C29();
}//--------------------------------------
Sony* LiquidCrystalCreate::createInch43(){
  return new C43();
}//--------------------------------------
CreateSony* createLiquidCrystal(){ return new LiquidCrystalCreate(); }
//---------------------------------------
```

❑ 13.5.6 应用编程（Application Programming）

做好了所有的类设计的准备工作后，就可以设计应用程序了。让我们享受抽象编程，领略多态吧。其代码如下：

```
//=======================================
// f1304.cpp
// Sony 抽象编程
//=======================================
#include "createsony.h"
#include "sony.h"
enum Technology{PUREFLAT, PLASMA, LIQUIDCRYSTAL};
//---------------------------------------
void fn(Sony* s){
  s->adjustVolume();
  s->switchChannel();
}//--------------------------------------
void createSonyObject(CreateSony* sp){
  Sony* s29 = createSonyInch29(sp);
  Sony* s43 = createSonyInch43(sp);
  fn(s29);
  fn(s43);
  delete s29;
  delete s43;
}//--------------------------------------
int main(){
  if(CreateSony* sp = createCreateSony(PLASMA)){
    createSonyObject(sp);
    delete sp;
  }
}//======================================
```

```
E:\ch13>f1304↙
Plasma29 AdjustVolume
Plasma29 SwitchChannel
Plasma43 AdjustVolume
Plasma43 SwitchChannel
```

值得欣喜的是，在应用编程中始终看不到具体类的头文件，只看到抽象类的头文件，只看到抽象操作的规格说明，而我们却可以按自己的需要创建纯平或等离子技术的 29 英寸或 43 英寸电视机对象，执行相关操作。我们成功了！

更值得高兴的是，我们还看到了抽象编程中独特的创建对象形式。这种创建的形式（CreateSony 抽象类所展示的）就是所谓高深莫测的类工厂（class factory），原来它也是一种抽象基类领军的类层次结构形式。我们通过图示和代码，演绎了一个面向对象程序的概念设计。概念是指编程是抽象的，C++语言在抽象概念的描述中已经解决了具体的问题。甚至还可以沉浸在地球绕着太阳转，太阳绕着银河系转，银河系绕着更大的河外星系转……的遐思中。因为抽象类设计在各个类层次中的表现具有如此的相似性，让我们也来展望未来的 C++和超大规模程序设计的模样吧！

现在我们要开始享受模块装载与卸载的快乐了，Sony 类的纯平、等离子和液晶三个版本并不是非得要预先经过程序代码链接才能获得全方位的多态的，它完全可以按需装载，不需要时卸载。因为 Sony 抽象类的背后实现，完全隐在应用程序的后面，不为高层次抽象编程所知，如图 13-6 所示。

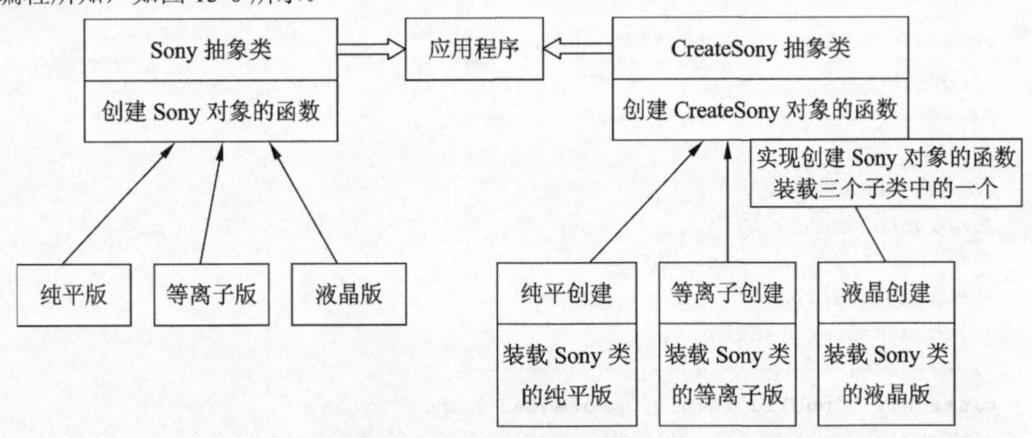

图 13-6 抽象编程的模块结构

当我们选择液晶技术的时候，可以动态地将 Sony 类的液晶 C29 和 C43 类装载进内存，其他两种技术暂时不必装载，从而省去所有技术都装载进内存的空间开销。

13.6 系统扩展（System Extension）

我们已经彻底地分离了应用编程和类编程。它的前提是抽象类做界面，并且维持其不变性。若改变界面，也就是改变抽象类的公共操作，那就什么都没有了。用户因而要大量

地修改程序，类的实现者也逃脱不掉修改的命运，这还叫抽象编程吗？！

然而，事物的发展规律决定了哪怕是界面也有改变的时候。应用程序必须要有适应变化的准备，我们只能让界面相对稳定，保持相对长时间的界面不变性。

我们可以保证已有的操作仍是可用的，只是在编程时不一定用而已。

设想发生界面变化有两种情况：一种是 Sony 类增加了一种新操作——调整亮度；另一种是 Sony 类增加了一种新技术——比如，纳米（nanometer）技术。

❑ 13.6.1　新添一个界面（Adding a New Interface）

当要增加调整亮度操作时，得益于 Sony 类是抽象的，其子类都隐藏在背后，可以让 Sony 类派生一个新类，再让新类去派生一些子类，还是能让应用编程中看不到子类的实现的。例如，Sony 类派生一个 Sony2 类：

```
class Sony2 : public Sony{
public:
  virtual void 调整亮度() = 0;
};//-------------------------
```

这样就可以避免对 Sony 类本身的修改，从而免去使用 Sony 抽象类的老客户大动修改的干戈。调整亮度的操作定义是在具体的子类中进行的。例如，将液晶技术的 C29 类修改如下：

```
//======================================
// c29.h
//======================================
#ifndef HEADER_C29
#define HEADER_C29
#include "inch29.h"
#include "liquidcrystal.h"
#include<iostream>
using namespace std;
//--------------------------------------
class C29 : public Inch29, protected LiquidCrystal{
public:
  void adjustVolume(){ cout<<"LiquidCrystal29 AdjustVolume\n"; }
  void switchChannel(){ cout<<"LiquidCrystal29 SwitchChannel\n"; }
  void adjustLight(){ cout<<"LiquidCrystal29 AdjustLight\n"; }
 ~C29(){}
};//--------------------------------------
#endif  // HEADER_C29
```

它们对于使用 Sony 新功能的用户没有什么影响，可以包含 Sony2 类进行完全的抽象编程工作；而老客户的程序代码中，包含的是 sony.h，所以采用的是旧模块，只要系统中不卸掉旧模块，其软件总是可用的；新老客户偶尔会面对吃不准是在 Sony 类系还是 Sony2

类系下工作的问题，因为抽象基类的头文件没有直接和用户见面，而是通过 createsony.h 间接包含基类的。也许，新版本中 createsony.h 包含了 sony2.h 也说不定。吃不准的情况很少出现，但也有办法对付，那就是使用分辨类型的 dynamic_cast 操作搞定。我们将程序 f1304.cpp 改写如下：

```
//=====================================
// f1305.cpp
// 由 Sony 派生 Sony2
//=====================================
#include "createsony.h"
enum Technology{ PUREFLAT, PLASMA, LIQUIDCRYSTAL };
//-------------------------------------
void fn(Sony* s){
  Sony2* ps2 = dynamic_cast<Sony2*>(s);  // 增加
  if(ps2) ps2->adjustLight();         // 否则不用
  ps2->adjustVolume();
  ps2->switchChannel();
}//-------------------------------------
void createSonyObject(CreateSony* sp){
  Sony* s29 = createSonyInch29(sp);
  fn(s29);
  delete s29;
}//-------------------------------------
int main(){
  if(CreateSony* sp = createCreateSony(LIQUIDCRYSTAL)){
    createSonyObject(sp);
    delete sp;
  }
}//=====================================
```

```
E:\ch13>f1305↙
LiquidCrystal29 AdjustLight
LiquidCrystal29 AdjustVolume
LiquidCrystal29 SwitchChannel
```

如果进行 dynamic_cast 操作后，ps2 指针值为空，则说明这是老版本，简单地避免使用调整亮度操作，或发一个无法使用调整亮度操作的信息即可。

采用程序 f1305.cpp 的用户，一般是想让程序能适应各种操作系统，低版操作系统也可以运行，高版操作系统也可以运行，而且还可以发挥新版 Sony 的功能。只有很少的应用程序员或者系统程序员需要程序的这种适应能力，因而，不会影响绝大多数程序员的抽象编程性。

13.6.2 新添一种技术（Adding a New Technology）

如果在 Sony 的子类 Inch43 上再派生一个 D43，同时 D43 继承 Inch43 和 Nanometer，即在原来三种技术的基础上再增加一种纳米技术，所增加的纳米技术的电视机版本和 D43 的代码如下：

```
//========================================
// nanometer.h
//========================================
#ifndef HEADER_NANOMETER
#define HEADER_NANOMETER
#include<iostream>
using namespace std;
//----------------------------------------
class Nanometer{
public:
  virtual void drawgraph(){ cout<<"Nanometer\n"; }
  virtual void specialForNanometer(){ cout<<"SpecialForNanometer\n"; }
};//-------------------------------------
#endif  // HEADER_NANOMETER

//========================================
// d43.h
//========================================
#ifndef HEADER_D43
#define HEADER_D43
#include "inch43.h"
#include "nanometer.h"
#include<iostream>
using namespace std;
//----------------------------------------
class D43 : public Inch43, protected Nanometer{
public:
  void adjustVolume(){ cout<<"Nanometer43 AdjustVolume\n"; }
  void switchChannel(){ cout<<"Nanometer43 SwitchChannel\n"; }
  ~D43(){}
};//-------------------------------------
#endif  // HEADER_D43
```

所增添的技术虽然是另一种独立的界面，但它是通过 Sony 类对象发生作用的，对应用编程也没有什么影响。

要说有修改的话，那就是一般的维护工作：在选择采用什么技术时，增加一种纳米技术的对象创建工作。函数 createCreateSony 是由用户维护的，它在 createsony.cpp 中定义，所以相应地做下面的修改：

```
//=====================================
// createsony.cpp
//=====================================
#include "createsony.h"
//-------------------------------------
Sony* createSonyInch29(CreateSony* sp){
  return sp->createInch29();
}//-------------------------------------
Sony* createSonyInch43(CreateSony* sp){
  return sp->createInch43();
}//-------------------------------------
CreateSony* createCreateSony(int a){
  switch(a){
    case 1: return createPureflat();
    case 2: return createPlasma();
    case 3: return createLiquidCrystal();
    case 4: return createNanometer();  // 增加的
    default: return 0;
  }
}//-------------------------------------
```

即只是在应用程序（程序 f1304.cpp 或者程序 f1305.cpp）中，枚举语句定义中的技术增加一种纳米技术而已。即

```
enum Technology{ PUREFLAT, PLASMA, LIQUIDCRYSTAL, NANOMETER };
```

所有应用程序中的其他各处，因为都是传递 Sony 的指针，具有多态的行为，所以都不需要变动。添加对象创建工作的两个实现文件：

```
nanometercreate.h
nanometercreate.cpp
```

也是在应用程序的背后做的，不影响应用编程。

13.7 手柄（Handles）

13.7.1 对象指针问题（Object Pointer Problem）

面向对象编程中涉及大量的指针和引用，那是因为要表现多态之故。指针和引用所指向的对象，都是从动态内存空间中借来的，当然要及时还。特别是指针，在程序中总是随心所欲地创建，因此，一个指针究竟指向哪个对象，一个对象到底被几个指针所指向，是程序员十分关注的事。

因为处于动态内存空间的对象总是要由程序员释放的，所以就有一个必须有选择地对指针做释放操作的问题。在纷繁的程序模块中，指针传递来复制去，一不小心就会重复释

放，导致运行错误。同样，一不小心就会遗漏释放，导致内存泄漏。因此在抽象编程中，还得要时时警觉指针和引用的复制问题。例如，有下列代码：

```
void f1(CreateSony* sp){
  Sony* s = createSonyInch29(sp);
  if(s){
    B29* b = dynamic_cast<B29*>(s);
    if(b) s = createSonyInch43(sp);
    // ...
    delete b;
    delete s;
  }
}//-------------------------------------
```

上述代码中，做了动态转换的 s 指针，实际上是将指针复制给了 b。s 又接受了创建的对象地址，因此，s 和 b 完成了不同使命后，分别释放。又如，另一种代码：

```
void f2(CreateSony* sp){
  Sony* s= createSonyInch29(sp);
  if(s){
    B29* b = dynamic_cast<B29*>(s);
    if(b) b->adjustVolume();
    s->switchChannel();
    delete s;
  }
}//--------------------------------------------------
```

当动态转换后，b 或许和 s 指向同一个对象，b 也可能为 0，所以最后由 s 负责释放操作。

对于程序员来说，这是个不起眼的工作，可是如果释放操作搞错了，或许程序还能暂时调通，但存在的隐患不知道何时才能发现啊？！或许调试的时候被这个问题卡住很久，因为不起眼，所以难以启齿，苦是只能往肚子里咽啊。

而且，特别是指针，传递起来很别扭，总要进行“&”和“*”操作的切换，并且还要做“->”间接访问操作。但是，为了多态性，却又不得不用指针。

❑ 13.7.2　对象指针的外套（Object Pointer Coat）

指针真烫手！解决的办法是将抽象基类 Sony 的外面套一个手柄，这样就不烫手了☺。做一个 SonyHandle 的手柄类，它里面的数据成员就只有一个 Sony 类的指针，成员函数有一个转换间接访问操作和一个构造函数。这样设计的目的：一是装了套子就可以在套子上再装饰，从外部提高类体系的战斗力和防御力；二是让多态行为平凡化，打破非得传递指针和引用才能表现多态的偏见。一个对象，只要其指向的资源（对象）有多态表现，则对象也表现出多态，所以多态是层层传递或者嵌套的。

SonyHandle 可容纳 Sony 抽象类体系下的任何对象的指针，所以对成员的操作，顺藤摸瓜就会操作到子类，就仍会表现多态性。代码如下：

```
//=======================================
// sonyhandle.h
//=======================================
#ifndef HEADER_SONYHANDLE
#define HEADER_SONYHANDLE
//---------------------------------------
#include "sony.h"
//---------------------------------------
class SonyHandle{
  Sony* sp;
public:
  Sony* operator->(){ return sp; }
  SonyHandle(Sony* pp) : sp(pp){}
};//-------------------------------------
#endif  // HEADER_SONYHANDLE
```

其相应的应用代码如下：

```
//=======================================
// f1306.cpp
// Sony Handle 的应用
//=======================================
#include "createsony.h"
#include "sonyhandle.h"
enum { PUREFLAT, PLASMA, LIQUIDCRYSTAL };
//---------------------------------------
void fsh(SonyHandle& sh){
  sh->adjustVolume();
  sh->switchChannel();
}//-------------------------------------
void createSonyObject(CreateSony* sp){
  SonyHandle sh29(createSonyInch29(sp));
  SonyHandle sh43(createSonyInch29(sp));
  fsh(sh29);
  fsh(sh43);
}//-------------------------------------
int main(){
  if(CreateSony* sp = createCreateSony(PLASMA)){
    createSonyObject(sp);
    delete sp;
  }
}//=====================================
```

```
E:\ch13>f1306↙
Plasma29 AdjustVolume
Plasma29 SwitchChannel
Plasma43 AdjustVolume
Plasma43 SwitchChannel
```

显然，我们部分解决了指针的表现问题，CreateSony 指针的传递问题也可以采用类似方式解决。有了这种技术，我们可以随时采用。但问题是，手柄类的对象本体与对象实体不一样，也就是说，其对象拷贝是深拷贝而不是浅拷贝，因此它需要小心地对付构造函数，还需要析构函数做善后处理。上面的应用程序还有问题，即 sh29 和 sh43 所指向的对象释放了吗？

❑ 13.7.3 可用的手柄类（Available Handles）

手柄类是专门拿来处理有多态表现的指针的，这些指针所指向的对象有一个共同点，都是通过某个创建函数产生对象的，而且该对象的实体一般不复制，传递都是通过指针或引用。所以我们给手柄类做进一步的加工，以适应这种对象指针的性质：

（1）对象通过指针参数的形式创建，不另外申请内存空间创建指针所指向的对象，但是要重新开辟计数。

（2）对象通过别的对象创建时，挂接相同对象，对象计数加 1。

（3）对象复制时，原对象需要析构，然后挂接相同对象，对象计数加 1。

（4）析构时，计数值减 1。只有在计数值减至 0 时，才释放指针指向的对象。

显然，计数不能通过静态数据成员来做，因为传递一个指针的创建方式，手柄需要重新开辟计数，并不是任何手柄都做同一种计数的。于是，对手柄类做如下进一步的设计：

```
//=====================================
// sonyhandle.h
//=====================================
#ifndef HEADER_SONYHANDLE
#define HEADER_SONYHANDLE
//-------------------------------------
#include "sony.h"
//-------------------------------------
class SonyHandle{
  Sony* sp;
  int* count;
public:
  SonyHandle(Sony* pp) : sp(pp), count(new int(1)){}
  SonyHandle(const SonyHandle& sh):sp(sh.sp),count(sh.count){ (*count)++; }
  Sony* operator->(){ return sp; }
  SonyHandle& operator=(const SonyHandle& sh){
```

```
    if(sh.sp == sp) return *this;  //本来就指向同一个对象的情况
    (*this).~SonyHandle();
    sp = sh.sp;
    count = sh.count;
    (*count)++;
    return *this;
  }
  ~SonyHandle(){
    if(--(*count)==0){
      delete sp;
      delete count;
    }
  }
};//-----------------------------------
#endif  // HEADER_SONYHANDLE
```

修改后的手柄变得实用了，重新运行程序 f1306.cpp，就没有内存泄漏的隐患了。

这样一来，手柄就可以随意创建和复制了。通过手柄传递的抽象基类层次中的对象，仍然可以表现其多态，再也没有指针复制的困惑。当然，代价还是有的，那就是额外增加手柄的代价。手柄只是帮助我们更生动地表现面向对象编程的技术效果，而且，其成员就是固定的那两个必要的指针，开销不算太大，但换来的却是赏心悦目。这种技术实际上已经包含了高级编程中的智能指针（Smart Pointer）和引用计数（Reference Count）。这两项技术是使面向对象编程走向真正实用的基本技术。这种技术还真能推动面向对象的如意编程。

13.8 目的归纳（Conclusion）

有这样的类，没有数据成员，专门描述公有虚成员函数，而且，成员函数还不准有定义，这就是纯虚函数。含有这种类的头文件简直就是一个只包含函数声明的头文件。这种类，成了描述界面的工具类，它就是抽象类。所有抽象类的子类都以这些抽象类定义中的纯虚函数声明为操作，那么，我们就得到彻底分离的由抽象类充当的界面。

在界面的一侧，是应用编程，可以通过指针或引用去获得其子类的对象，从而展示其多态；在界面的另一侧，是抽象类打头阵的类层次结构。这一层层的类的所有实现，在我们的眼里，无非是继承的类代码，只要类结构描述清楚，类实现代码就基本上没有什么悬念。

抽象类的概念，已经远远超出不能定义对象的编译检查的意义。也许，它就是为了解决界面问题而引入语言的，为了抽象编程而引入语言的。因为有了抽象类，类代码便能彻底模块化，可以做在动态链接库中作为产品提供给用户，而外包装便是抽象类的定义，通俗一点地说，就是抽象类的头文件。这是抽象类带给我们的根本意义。

用抽象类去划分模块的编程，才是能让类库实现者与应用编程者互不照面的彻底分工。

不仅如此，据此还可以设计类层次代码。我们用C++描述类层次代码，描述了类的层次结构，代码也就做出来了，这几乎是同一个工作，不需要做任何转换。于是，概念设计便可以直接在C++里面做，类层次结构代码本身就可以作为设计文档，这又方便了我们的编程。

在抽象类界面主导之下的抽象编程，让我们也尝到了程序维护中真正的各司其职。甚至界面发生了变化，也有办法能够基本保证编程的连续性。

在面向对象编程中，由于多态，我们维护了在问题发生客观变化时的程序的有效性。但多态使我们的指针处理形式显得有点粗俗，于是利用嵌套多态的形式，让指针不要直接与用户见面，以一种指针手柄的形式代替指针。手柄有许多变化，它使面向对象编程更丰富多彩，许多高级编程都用到了手柄技术。

练习13（Exercises 13）

1．练习12中第1～4题是描述Account类层次结构的，现将它设计成抽象类，再来实现练习12中第1题。

2．按练习12中第5题的Shape类的层次结构，将基类Shape设计成抽象类，以使求面积操作更趋合理合法。试重新实现之。

3．根据13.5节的Sony.h和CreateSony.h以及相关子类的定义和实现的源代码，全部调试通过程序f1304.cpp。

4．根据图13-6的抽象编程模块，用动态链接库的开发方法（参见本系列的《C++程序设计教程（第二版）实验指导》），将纯平版、等离子版和液晶版都做成动态链接库，并予以实现。

5．在本章第4题的基础上，添加一个纳米电视机技术，分别支持Sony29英寸和Sony43英寸电视机的生产，以实现系统的扩展。

第14章　模板（Templates）

迄今，模板仍然是 C++ 语言中相对较新的一个重要语法现象，模板机制还在不断完善和发展。尽管如此，模板已经在面向对象编程中相当程度地分担继承的体系性规模所承受的负载和挽回动态性多态（☞CH14.6.1）所付出的性能代价。模板使程序员能够快速建立具有类型安全的类库集合和函数集合，以方便更大规模的软件开发。C++ 的 STL 的通用性全依赖于模板实现，模板是 C++ 面向对象程序设计的重要补充。

C++ 语言支持模板机制是基于世界上万事万物都具有相似性这样一个事实。例如，比比皆是的树状结构：企业组织机构、物种分类、类继承关系等；形形色色的 open 操作：轿车的 open the door、屋子的 open the door、盒子的 open the box 等。对应于抽象编程的描述也可以有许多相似甚至相同的代码，只是在事物（对应于编程中一定类型的对象）的内部，其属性和操作的内涵各不相同。所以描述和处理不同事物（特别是没有继承关系的事物），共享相似代码，成了通常的编程行为。如果代码能够对处理各种事物通用，那么其编程就是通用性编程（generic programming，亦称泛型编程）。

对于类型来说，从类型能够创建出任意个对象，对象视其创建时初值（实参值）的不同而不同。同样对于模板来说，从类模板（class template）能够产生出任意个类型定义，类型视其创建时初值（类型实参值）的不同而不同。也可以从函数模板（☞CH14.1.3）派生出任意个函数定义体，函数体也视其创建时初值（实参值能够推演到的类型，☞CH14.2.2）的不同而不同。对象创建时的表现取决于各不相同的初值，对象体的大小都受制于类的定义，或者说类的设计，类的内在规定。模板类（template class）创建时有形形色色的初值表现，模板类的定义体也受制于类模板的定义，模板函数（☞CH14.1.2）创建时也有形形色色的初值表现，同样它们也受制于函数模板的定义。

C++ 程序是一些类型和函数，编程就是设计类型和函数，然后将它们按 C++的程序结构组织起来。由于事物的相似性，设计的类型和函数有时也表现出相似甚至相同性。将这些相似的类型和函数归纳起来构成一个类族或函数族，用一种统一的方式编程就是模板编

程（template programming）。由模板可以得到一系列的相似类型或相似函数，这些相似类型和相似函数涉及的数据其类型可能不同，但处理数据却具有相同的表现形态。

这些相似类型或相似函数就是将涉及的数据之类型作为参数来生成的模板，其相似类型称为模板类，相似函数称为模板函数（template function）。

14.1 函数模板（Function Templates）

14.1.1 函数重载的困惑（Confusion of Function Overloading）

考察两个交换函数 swap，一个 swap 交换两个整型变量的值，另一个 swap 交换两个浮点变量的值，两个函数的主体行为都是一样的，但一个是处理 int 型的，另一个是处理 double 型的。两个函数分别如下：

```
void swap(int& a, int& b)          //处理整型数交换
{
  int temp=a; a=b; b=temp;
}

void swap(double& a, double& b)   //处理双精度数交换
{
  double temp=a; a=b; b=temp;
}
```

事实上，交换任何两个 Type 类型的对象，都有下列函数定义形式：

```
void swap(Type& a, Type& b)        //处理 Type 类型数的交换
{
  Type temp=a; a=b; b=temp;
}
```

不同的 Type 类型，可以写出不同的 swap 函数，这些交换函数都是重载的，或者说，都是函数同名的。这一系列 swap 重载函数，随着所处理的数据类型的变更，其函数实体会像一个个零星的小碎片一样，分散在需要该操作的程序上下文中——不是很优雅吧？！——也增加了编程量吧？！

swap 函数族的特征是参数类型不同，动作序列却是完全相同的。一个个地重载，人工编码量就大了。重载设计中，最理想的莫过于对不同的参数类型做不同的事情（☞CH5.7.7）。因此，像 swap 这样的重载，做同样的事情，也不是重载的理想。能不能既避免 swap 函数重载，又对于任何一个类型 T 的两个对象 a、b，总能使函数调用 swap(a,b)合法，且意义明确，让编译器理解为两个相同类型的实体交换，且确确实实做一律的动作序列呢？能。那就是函数模板！

❑ 14.1.2 函数模板的定义（Defining Function Template）

函数模板的定义形式为：

```
template <类型参数表>
返回类型  函数模板名(数据参数表)
{
   函数模板定义体
}
```

template 后面用尖括号括起来的“类型参数表”，描述函数模板“函数模板名”的模板形式参数（简称模板形参）。模板形参是类型形式的，可以是基本数据类型，也可以是类类型。每个模板形参都必须加上前缀 class 或者 typename[①]。在 template 描述的模板形参之后是函数模板的定义体，它包括模板返回类型、函数模板名、函数模板之数据形参（☞CH14.2.2），以及函数模板定义体。例如，上面的 swap 函数族可以写成函数模板：

```
template<typename T>
void swap(T& a, T& b)
{
  T temp=a; a=b; b=temp;
}
```

其中，函数模板名为 swap，模板形参为 T，函数模板的数据形参为 a 和 b，函数模板的返回类型为 void，函数模板的定义体为一对大括号中间的内容。

函数模板名后面圆括号中的数据形参表一般要用到 template 后面的模板形参名 T，也就是具有模板形参 T 的对象或变量实体。这里的 swap 函数模板中，数据形参表就是由具有 T 的引用类型的对象 a 和 b 构成的。

函数模板不是函数，它是以具体的类型为实参生成函数体的模板。函数模板定义被编译时，不会产生任何执行代码。函数模板定义只是对未来生成的函数体的描述，表示它每次能单独处理在模板形参表中说明的数据类型。

❑ 14.1.3 函数模板的用法（Usage of Function Templates）

使用函数模板，就是以函数模板名为函数名的函数调用。其形式为：

```
函数模板名(数据实参表);
```

第一次使用函数模板时，会触发编译器产生一个对应函数模板的函数体定义。

当编译器发现有一个函数模板名为函数名的调用时，将根据数据实参表中的对象或变量的类型，确认是否匹配函数模板中对应的数据形参表，然后生成一个函数。该函数的定义体与函数模板的定义体相同，而数据形参表的类型则以数据实参表的类型为依据。该函

---

① typename 比 class 后推出，type 包含了内部数据类型和用户定义类型 class、struct、union、enum。从意义上说，type 比 class 更确切，所以作者更倾向于用 typename。

数称为模板函数。例如：

```
(1)  //========================================
(2)  // f1401.cpp
(3)  // 定义和使用函数模板
(4)  //========================================
(5)  #include<iostream>
(6)  using namespace std;
(7)  template<typename T>
(8)  void swap(T& a, T& b){
(9)    T temp=a; a=b; b=temp;
(10) }//-------------------------------------
(11) int main(){
(12)   double dx=3.5, dy=5.6;
(13)   int ix=606, iy=707, ia=303, ib=505;
(14)   string s1="good", s2="better";
(15)   cout<<"double dx="<<dx<<",       dy="<<dy<<"\n";
(16)   cout<<"int    ix="<<ix<<",       iy="<<iy<<"\n";
(17)   cout<<"string s1=\""<<s1<<"\",    s2=\""<<s2<<"\"\n";
(18)   swap(dx, dy);
(19)   swap(ix, iy);
(20)   swap(s1, s2);
(21)   swap(ia, ib);
(22)   cout<<"\nafter swap:\n";
(23)   cout<<"double dx="<<dx<<",       dy="<<dy<<"\n";
(24)   cout<<"int    ix="<<ix<<",       iy="<<iy<<"\n";
(25)   cout<<"string s1=\""<<s1<<"\", s2=\""<<s2<<"\"\n";
(26) }//========================================
```

```
E:\ch14>f1401↙
double dx=3.5,      dy=5.6
int    ix=606,      iy=707
string s1="good",   s2="better"

after swap:
double dx=5.6,      dy=3.5
int    ix=707,      iy=606
string s1="better", s2="good"
```

编译器在看到第18行的swap(dx,dy)时，因为是首次看到double型实参的模板名swap的函数调用，所以生成函数名为swap<double>的模板函数，即生成如下形式的函数定义：

```
void swap <double>(double& a, double& b)
{
  double temp=a; a=b; b=temp;
}
```

由于 dx 和 dy 是 double 型的，因此该 double 类型再推演，得到其模板实参为 double 型。因此模板函数得以命名为 swap<double>。同时，数据实参 dx 和 dy 作为初值赋给了数据形参 a 和 b。

根据数据实参的类型⇒匹配数据形参的类型⇒确认模板实参⇒推得模板形参的过程称为数据实参的演绎（☞CH14.2.2）。

以函数模板名为函数名的函数调用，以数据实参 dx 和 dy 推演函数模板实参，进而生成模板函数定义的过程称为函数模板的实体化或实例化（instantiation，☞CH14.4.1）。

同样，在第 19 行中的 swap(ix,iy)调用时，生成 swap<int> 模板函数定义。但是，当第 21 行上又一次看到 swap(ia,ib)的函数调用时，由于系统中已经存在 int 型的 swap 模板函数，所以就不再生成 swap<int> 的模板函数定义了。模板函数定义也是函数定义的一种，必须符合 C++ 函数的一次定义规则。

显然，一个函数模板可以生成许多不同的模板函数，如函数模板 swap 生成了模板函数 swap<double>和 swap<int>。这些不同的模板函数并不是重载函数，因为其函数名称各不相同，如 swap<double>不同于 swap<int>。因此，一个函数模板所能生成的都是不同名称的模板函数，模板实参不同，则生成的模板函数也不同，一个函数模板所反映的是不同函数的函数族，它们因类型实参不同而不同。

14.2 函数模板参数（Function Template Parameters）

14.2.1 苛刻的类型匹配（Harsh Type Match）

模板函数调用是寻求函数模板的类型参数匹配，类型实参与类型形参的匹配规则与函数的数据实参类型与数据形参类型匹配规则不同。类型实参与类型形参匹配规则更苛刻。例如：

```
(1)  //=======================================
(2)  // f1402.cpp
(3)  // 模板参数匹配问题
(4)  //=======================================
(5)  template<typename T>
(6)  void swap(T& a, T& b){
(7)    T temp=a; a=b; b=temp;
(8)  }//-------------------------------------
(9)  int add(double a, double b){
(10)   return a+b;
(11) }//-------------------------------------
(12) int main(){
(13)   int ia=3;
(14)   double db=5.0;
(15)   char s1[]="good", s2[]="better";
```

```
(16)    int x = add(ia, db);  // ok
(17)    swap(ia, db);         // 错
(18)    swap(s1, s2);         // 错
(19) }//====================================
```

第 16 行 add(ia, db)函数的调用是普通函数调用，虽然 ia 的类型与 double 型不同，但通过数据的 int 型隐式转换到 double 型，实现了合法调用。

而第 17 行的 swap(ia, db)函数调用，由于 ia 和 db 的类型分别为 int 型和 double 型，不能统一到同一个类型名上，且模板类型参数没有隐式转换之说，拒绝按假想转换到 double 型或是 int 型，必须精确匹配，所以引起编译错误。

第 18 行的 swap(s1, s2) 函数调用，更是离谱。对于引用型形式参数 T& a 来说，字符数组 s1 和 s2 甚至不被看作是字符指针，s1 和 s2 的类型为字符数组 char[5]和 char[7]，由于 5 不等于 7，所以不是同种类型，按照模板类型参数精确匹配原则（☞参考文献[15]CH11），无疑为编译错误。而且即使 s2 中的字串长度为 4（假使令 char s2[]="best"），通过了模板类型参数匹配这一关，使模板类型实参 char[5]匹配类型形参 T，但还是不能通过对第 7 行“T temp=a;”定义语句的编译，它等价于“char temp[5]=a;”，因此导致一个数组初始化非法的编译错误。

❑ 14.2.2 数据形参（Data Arguments）

数据形参的类型分两种，一种是引用型参数，就像 swap 模板的“T& a, T& b”，另一种是非引用型参数。例如，下面 max 函数模板中的“T a, T b”：

```
template<typename T>
T max(T a, T b)
{
  return a < b ? b : a;
}
```

传引用比传值性能更高（☞CH3.7.5）。为了参数传递的效率，作为编程经验，应多用引用型参数。

引用型参数又分两种，一种是引用型参数，在函数执行过程中，其数据形参的改变会波及数据实参的改变。例如，程序 f1402.cpp 中的第 5~8 行 swap 函数模板的数据形参声明形式；另一种是常量引用型参数，即在引用型参数前加上 const，其数据形参值不允许发生改变，因而不会改变数据实参的值。例如，上面的 max 函数模板代码可写成下面更好的形式：

```
template<typename T>
const T max(T const& a, T const& b)     //常量引用型参数
{
  return a < b ? b : a;
}
```

注意，“const T& a”与“T const& a”等价。

❑ 14.2.3 常量引用型形参（const Reference Arguments）

对于常量引用型参数，可以通过显式模板类型指定（函数名加尖括号括起的类型名）来规定调用的代码。对于调用中的几个数据实参类型不同，而数据形参类型却要求相同时，用显式模板类型指定的方法是必要的，否则模板参数将拒绝匹配。例如：

```
(1)  //=======================================
(2)  // f1403.cpp
(3)  // 用显式 cast 做模板类型匹配
(4)  //=======================================
(5)  #include<iostream>
(6)  //---------------------------------------
(7)  template<typename T>
(8)  T const& max(T const& a, T const& b){  //常量引用型类型
(9)    return a < b ? b : a;
(10) }//---------------------------------------
(11) int main(){
(12)   int ia=3;
(13)   double db=5.0;
(14)   std::cout<< max<double>(ia, db)<<"\n";
(15)   std::cout<< max(static_cast<double>(ia), db)<<"\n";
(16) }//=======================================
```

```
E:\ch14>f1403↙
6.7
6.7
```

显式模板类型指定可以显式指定模板的类型实参，从而也就规定了数据形参的类型，免去了数据实参的演绎，同时也给出了模板函数名。例如，程序 f1403.cpp 中第 14 行的 max<double>，实际上确定了模板函数名，使其成为普通函数，因而服从普通函数的匹配规则，让 int 隐式转换为 double。显然前提是 int 能够被隐式转换成 double，如果是下面这样的调用，再怎么显式指定模板类型实参，也通不过编译，因为指针&ia 不能隐式转换为 double：

```
max<double>(&ia, db);    // 错
```

当然还可以预先将数据实参转换成预料的数据实参演绎所需要的类型。例如，程序 f1403.cpp 中的第 15 行，先将 ia 明确地转换为 double，从而使数据实参类型符合匹配数据形参类型条件，再根据数据形参类型（类型实参）到类型形参的演绎，获得模板类型匹配，从而获得真正的模板函数及其调用。

❑ 14.2.4 引用型形参（Reference Arguments）

对于引用型形参，由于要求数据形参与数据实参的捆绑（互为别名），访问数据形参就是访问数据实参，因此要求数据实参应为左值表达式，不能是常量或字面值。例如：

```
(1)  //=======================================
(2)  // f1404.cpp
(3)  // 常量参数不应用作引用型形参
(4)  //=======================================
(5)  #include<iostream>
(6)  //---------------------------------------
(7)  template<typename T>
(8)  void swap(T& a, T& b){      //引用型
(9)    T temp=a; a=b; b=temp;
(10) }//---------------------------------------
(11) int main(){
(12)   int ia=3;
(13)   const int cb=5;
(14)   swap(ia, 7);                //错
(15)   swap<int>(ia, 7);           //也错
(16)   swap(cb, 7);                //错:以 const int 匹配
(17)   swap<const int>(ia, 7);     //错: 同第16行
(18) }//=======================================
```

因为语句“int& b = 7;”和“int& b = cb;”在标准C++中是不被接受的（☞CH3.7.5），所以对于 f1404.cpp 中的第 14~15 行语句，不能进行数据实参到数据形参的引用初始化，或者说，不能进行数据实参类型到数据形参类型的匹配，即使显式指定模板类型实参（第 15 行），也是枉然，不能通过编译。

而第 16~17 行语句虽能通过编译，但它是以 const int 的模板类型实参匹配 T 的，不能进行引用型形参的写操作。因而，第 9 行数据形参 a 和 b 都是 const int&型而做违法的赋值操作，终使编译无法进行下去。

❑ 14.2.5 函数模板重载（Function Template Overloading）

有些函数模板，例如，max 函数模板，适合用常量引用型形参，而有些函数模板，例如 swap 函数模板，适合用引用型形参。

在 max 模板中，其数据形参进行了 operator< 运算，但并不是一切数据类型都拥有 operator< 运算的。当 max 模板所接受的类型不具有 operator< 操作时，该类型的对象就不适合调用 max 模板。于是就得重载 max 函数或 max 模板。

例如，求两个 C 字符串的较大串。我们知道 C 字符串的大小比较，一般是通过库函数调用完成的。若根据 f1403.cpp 中的 max 模板，调用 max("hello", "good")，则此时，hello 和

good 的类型便演绎成 char*[①]，也就是指针 a 指向第一个 C-串，指针 b 指向第二个 C-串。这时候的操作，是两个指针在比较，不能反映字串比较的真实大小。

为了安全地用好通用模板，又照顾到某种特殊用法，比较折中的方法就是要为特殊类型重载 max。即，对于数据实参为 C-串的情况，另外重载一个函数，专门实现没有“<”比较的 max 版本。该比较操作可以调用库函数 strcmp 完成，其 max 重载函数代码如下：

```
const char* const& max(const char* const& a, const char* const& b)
{
  return std::strcmp(a,b) < 0 ? b : a;
}
```

该 max 函数不是模板。在既有 f1403.cpp 中的 max 函数模板，又有对付特殊使用的重载代码的上下文环境中，“max("hello", "good");”函数调用，将面临匹配选择的境地。

模板机制规定，如果一个调用既匹配普通函数，又匹配模板函数，则先匹配普通函数。所以 max("hello", "good")将匹配上面的普通函数（☞参考文献[15]CH2.4）。

接下去的问题是，如果是任何指针所指向的实体的 max 操作，那就需要间接访问之后再进行比较。因此，在下面的调用中：

```
void f(int* ix, int* iy, double* dx, double* dy)
{
  int* ip = max(ix, iy);
  double* dp = max(dx, dy);
}
```

对于 f1403.cpp 中的 max 模板（第 7～10 行），本实例分别将 int* 匹配 T 或者 double* 匹配 T，根据模板定义体的操作规定，做了指针比较 ix<iy 以及 dx<dy 的操作。但事实上，max 调用的本意是要进行指向实体的比较。为了真实反映要求，需要对所有的指针实参，先做间接访问操作，然后进行比较。为此，对所有指针参数类型的 max 调用进行重载。显然，这是可以用模板表示的一类函数，其重载为模板重载，其数据实参表现为常量引用型参数，返回类型为指针：

```
template<typename T>
T* const& max(T* const& a, T* const& b){
{
  return *a < *b ?  b : a;
}
```

这是名为 max 的另一类函数模板，与前面的 f1403.cpp 中的 max 模板同名，因此构成了函数模板的重载。对于函数调用中的指针数据实参，则首先匹配此类模板。下列程序在不同的调用需求中，重载的函数和模板将各司其职：

```
(1)   //=====================================
```

① 将 char[6]和 char[5]都转换成 char*，是为了处理好 C 的字符数组与字符指针在参数传递中的类型转换。在 C 中，无须类型变换而直接完成，但 C++却在乎类型检查和匹配，对于字符数组传递到字符指针，在内部做了特殊的处理，称之为衰变（decay）。

```
(2)  //f1405.cpp
(3)  //模板重载
(4)  //======================================
(5)  #include<iostream>
(6)  //--------------------------------------
(7)  template<typename T>
(8)  T const& max(T const& a, T const& b){
(9)    return a < b ? b : a;
(10) }//--------------------------------------
(11) template<typename T>
(12) T* const& max(T* const& a, T* const& b){
(13)   return *a < *b ?  b : a;
(14) }//--------------------------------------
(15) const char* const& max(const char* const& a, const char* const& b){
(16)   return std::strcmp(a,b) < 0 ? b : a;
(17) }//--------------------------------------
(18) int main(){
(19)   int ia=3, ib=7;
(20)   char* s1="hello";
(21)   char* s2="hell";
(22)   std::cout<<*max(&ia, &ib)<<"\n"; //匹配于第二个模板
(23)   std::cout<<max(s1, s2)<<"\n";     //匹配于 max 函数
(24)   std::cout<<max(ia, ib)<<"\n";     //匹配于第一个模板
(25) }//======================================
```

```
E:\ch14>f1405↙
7
hello
7
```

如果匹配普通函数，则两个函数模板都没有话说，只能退缩一侧，而让普通函数先行。例如，第 23 行的 max(s1,s2)其实也匹配第一个函数模板的，但因为它也匹配普通函数，所以优先匹配了第 15~17 行的普通函数。

如果不匹配普通函数，则视其数据实参的类型选择两个重载模板中的一个。显然，第 22 行的调用中，数据实参类型为指针，又不能匹配普通函数，所以毫不犹豫地匹配了第一个 max 函数模板。

14.3 类模板（Class Templates）

14.3.1 容器类的困惑（Confusion of Container Classes）

对于一个 Cat 类：

```
class Cat{
//...
};
```

我们考察一个双向链表类：

```
class CatList{
  struct CatNode{
    CatNode(Cat& cat):c(cat),next(0),pref(0){}
    Cat c;
    CatNode *next, *pref;
  }; *first, *last;
public:
  CatList();
  void add(Cat& c);
  void remove(Cat& c);
  CatNode* find(Cat& c);
  void print();
  ~CatList();
};
```

该链表类将 Cat 类对象做成链表结点，进行链表处理，称为 CatList 类。该类有一个链首指针和链尾指针，CatList 中声明的插入、删除和查找操作都是通常的链表操作。

如果想以链表方式处理其他任何一种类型的对象作为结点，按照定义 CatList 的方式，我们就要对链表进行重新定义。例如，定义 DogList、RabbitList 等，这种工作很冗繁，因为所定义的类行为没有任何变化，只是处理的结点的类型有所不同而已。

□ 14.3.2　类模板定义（Class Template Definition）

如果让类模板工作，就能既省心，又不降低效率，而且编译器仍然有能力对代码做类型检查，还能保持代码的简洁与优雅，实在是最理想的了。例如，可以将处理不同类型结点的链表设置成以实体类型为参数的链表类模板：

```
template<typename T>
struct Node{
  Node(T& d):c(d),next(0),pref(0){}
  T c;
  Node *next, *pref;
};
template<typename T>
class List{
  Node<T> *first, *last;
public:
  List();
  void add(T& c);
  void remove(T& c);
```

```
    Node<T>* find(T& c);
    void print();
   ~List();
};
```

该类模板是以类型 T 为参数的模板定义，模板名为 List。类模板当然不是类，但可以借此生成模板类，一般在首次定义模板类的对象（此处是链表）时，生成模板类。模板类以模板名打头，后跟尖括号括起来的类型实参。例如，生成双精度数为结点的链表模板类：

```
List<double> dlist;
dlist.add(3.6);
```

List<double>为模板类名。当编译器遇到对象 dlist 的定义语句时，便生成双精度类型的链表模板类定义，随之创建对象 dlist，从而可以进行对象的各种成员操作。

如果真要这个类模板行之有效，也就是说，可以进行对象的各种操作，还需要对类模板中的成员函数进行定义。为了定义类模板（通常在类模板之外）的成员函数，必须指定成员函数的类模板前缀，且指定为与类模板相同类型参数的函数模板。例如，链表的构造函数和 add 函数定义如下：

```
template<typename T>
List<T>::List():first(0),last(0){}

template<typename T>
void List<T>::add(T& n){
  Node<T>* p = new Node<T>(n);
  P->next = first;
  first = p;
  (last ? p->next->pref : last) = p;
}
```

14.3.3 类模板的实现（Class Template Implementation）

一个完整的类模板定义、实现和使用的实例如下：

```
(1)  //=======================================
(2)  //f1406.cpp
(3)  //使用类模板
(4)  //=======================================
(5)  #include<iostream>
(6)  using namespace std;
(7)  //---------------------------------------
(8)  template<typename T>
(9)  struct Node{
(10)   Node(T& d):c(d),next(0),pref(0){}
(11)   T c;
(12)   Node *next, *pref;
(13) };//-----------------------------------
```

```
(14) template<typename T>
(15) class List{
(16)   Node<T> *first, *last;
(17) public:
(18)   List();
(19)   void add(T& c);              //在链首添加结点
(20)   void remove(T& c);           //在链表中查找并删去结点
(21)   Node<T>* find(T& c);         //在链表中查找结点
(22)   void print();                //输出整个链表
(23)  ~List();
(24) };//------------------------------------
(25) template<typename T>
(26) List<T>::List():first(0),last(0){}
(27) //--------------------------------------
(28) template<typename T>
(29) void List<T>::add(T& n){
(30)   Node<T>* p = new Node<T>(n);
(31)   p->next = first;  first = p;
(32)   (last ? p->next->pref : last) = p;
(33) }//-------------------------------------
(34) template<typename T>
(35) void List<T>::remove(T& n){
(36)   if(!(Node<T>* p = find(n))) return;
(37)   (p->next ? p->next->pref : last) = p->pref;
(38)   (p->pref ? p->pref->next : first) = p->next;
(39)   delete p;
(40) }//-------------------------------------
(41) template<typename T>
(42) Node<T>* List<T>::find(T& n){
(43)   for(Node<T>* p=first; p; p=p->next)
(44)     if(p->c==n) return p;
(45)   return 0;
(46) }//-------------------------------------
(47) template<typename T>
(48) List<T>::~List(){
(49)   for(Node<T>* p; p=first; delete p)
(50)     first = first->next;
(51) }//-------------------------------------
(52) template<typename T>
(53) void List<T>::print(){
(54)   for(Node<T>* p=first; p; p=p->next)
(55)     cout<<p->c<<"  ";
(56)     cout<<"\n";
(57) }//-------------------------------------
(58) int main(){
(59)   List<double> dList;
(60)   dList.add(3.6);
```

```
(61)    dList.add(5.8);
(62)    dList.print();
(63)    List<int> iList;
(64)    iList.add(5);
(65)    iList.add(8);
(66)    iList.print();
(67) }//====================================
```

```
E:\ch14>f1406↙
5.8  3.6
8  5
```

类模板定义的结构与类定义十分相似。当执行第 59 行“List<double> dList;”语句的时候，编译器第一次遇到模板类名 List<double>，面临给 dList 分配对象空间，也就是到了确定 List<double>类规格说明的时刻了，于是生成模板类 List<double>的定义，同时创建对象 dList。同样，第 63 行 List<int> 对象的定义，也将驱使编译器产生不同于 List<double>的 List<int>类定义，对编译器来说，凡是首次遇到新的模板类名下的对象定义，都会产生一个模板类的定义。

该程序用了一个“类定义”（类模板），却使用了两个相似的类（模板类），产生了一个浮点链表和一个整型链表。这样的实现方式，对于采用异种类型的同种数据结构，收到了事半功倍的效果。

14.3.4 模板类和类模板（Template Classes & Class Templates）

类模板是一种模板，它通过在类定义上铺设类型参数的形式，表示具有相似操作的系列类（类族）。类模板名（class template name）简称模板名（template name），它是模板定义中的主体名称而跟在 class 后面，如“template<typename T>class List”中的 List。类模板不是类（class），但由于类模板在给定类型参数后就确定了类型，因此，在 C++标准中，将模板也作为一种类型看待。

模板类一般指从类模板产生的类。通常通过传递给类模板以类型实参而得到模板类。模板类名表示为模板名后跟带尖括号的类型实参表。

类模板不是类，是类族的规格说明，而模板类是类，而且模板类名也称模板标识符（template class-id），它与类模板名（class template name）是不同的。从这个意义上说，它们是可以区分的。

例如，在 f1406.cpp 中，第 14~57 行是完整的 List 类模板描述，List 是其类模板名。其中，第 14~24 行是 List 类模板的定义体，第 25~57 行是 List 类模板的全部成员函数定义。第 59 行的 List<double> 和第 63 行的 List<int> 是模板类名。其模板类则是根据 List 类模板按 double 参数或 int 参数展开全体的类定义而得。

但是，因为标识符（编译识别的单词）与名称将标识符编译成名字的通同性（都是编译器认为合规的名字），导致了模板标识符与模板名的通同性，在描述类模板（例如 List）和模板类（例如 List<double>）这两个概念差异的时候，遇到了一些困难：标识符按理是名称的一种，但模板标识符并不是模板名的一种。所以，一些书将模板类和类模板看作是同一概念而不加区分（☞参考文献[1]CH13.2.2、[15]CH7.1）。而当要表达由类模板产生的类实体时，用类模板的实例（instantiation）表示，本书从概念的通顺性出发，从通俗易懂的角度，将类模板实例与模板类看作是同一个概念，它们都是类型。

同理，也有函数模板与模板函数之别。函数模板属于模板，是一种函数族，而模板函数则是普通函数的一种。函数模板实例（Function Template Instantiation）即模板函数（Template Function）。

□ 14.3.5　模板值参数（Template Value Parameters）

模板参数主要是类型参数，但也有值参数，或称非类型模板参数（Nontype Template Parameter）。模板参数可以是既包含类型参数，又包含值参数的一个参数列表。

在使用模板类的时候，也就是创建类对象时，可能需要一个申请动态内存空间大小的数量初始值，该值决定对象的操作空间，这种情况是比较多见的。如果创建对象时没有通过模板参数表达这一意愿，那么通过类模板创建的对象的效用就要大打折扣。在程序f0619.cpp中，有一个位集合模板类bitset<100000000>，正是通过模板值参数100 000 000描述了创建该位集合对象的空间大小。其bitset类模板的声明为：

```
template<unsigned int N>
class bitset;
```

bitset<unsigned int N>描述了其相应的对象可以访问N个连续的bit。每个bit代表一个0或1值。值得注意的是，同一个类模板，不同的模板值参数，所得到的模板类是不同的，从而类型也不同，所产生的对象彼此间不能互相转换和赋值。例如：

```
bitset<100> a;
bitset<200> b;
a = b;   //错
```

一般来说，模板的值参数大多使用描述空间大小或对象实体数量的整型值，在描述整型值的时候，要求其值为常量或字面值。

函数模板也允许模板参数为值参数。

□ 14.3.6　默认模板实参（Default Template Arguments）

模板参数可以被默认。模板参数默认的规则与函数参数默认的规则相同，从参数列表右边开始默认起。

我们熟悉的向量容器其实有两个模板参数，只不过，第二个模板参数是默认参数，在通常的编程中用的是默认值。向量的声明形式为：

```
template<class T, class Allocator = allocator<T> >
class vector;
```

向量类模板的第二个参数是内存分配器，它负责分配和释放需要操作的空间。向量容器的默认内存分配器是STL提供的，它做得很好，也很通用，所以在使用向量时，除非我们自己定义向量容器的内存分配器，一般都是默认采用内部的动态内存分配器。

假定我们自定义了一个内存分配器 Alloc，这一般是针对特殊内存结构分配管理的专门处理器，以提高其分配的性能，则在建立向量时，可以：

```
class Alloc;
vector<double> a(1000);          //使用 Allocator<T>
vector<double, Alloc> b(1000);   //使用 Alloc
```

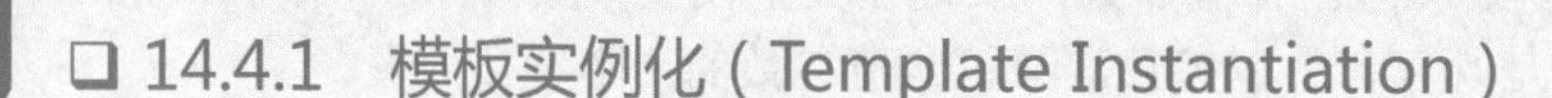

14.4 实例化与定做（Instantiation & Specialization）

14.4.1 模板实例化（Template Instantiation）

根据类型创建对象的过程称为类型的实例化。

根据模板创建类型定义或函数定义的过程是模板的实例化。类模板实例化后，构成模板类，或称类模板实例。函数模板实例化后，构成模板函数，或称函数模板实例。

程序在类模板声明之后首次遇到对应的模板类名引导的类型实例化时，将激活模板的实例化过程。

类模板的实例化过程，是根据具体的模板实参，替换成模板形参而产生出对应的模板类的过程。例如：f1406.cpp 中的第 59 行和第 63 行都将导致一个类模板的实例化，因为 List<double> 和 List<int> 名称都是首次出现。

被激活的实例化，有一个拖沓的“毛病”，就是只实例化类模板的定义部分，不将其成员函数的定义部分一起实例化，直到后面首次遇到模板类成员函数调用时，才迫不得已进行类模板的成员函数的实例化。所以，类模板成员函数的实例化是被单独激活的。

函数模板实例化时，会根据数据类型的具体值，通过参数演绎（☞CH14.2.2），获得模板形参，产生出模板函数。类模板中的成员函数模板经过实例化，则得到类模板中的模板成员函数。例如，f1405.cpp 中的第 22 行和第 24 行都将导致一个函数模板的实例化。又如，f1406.cpp 中的第 60、62 行和第 64、66 行将分别导致一个成员函数模板的实例化，而第 61、65 行是不会导致实例化的，因为只有在第一次调用一个模板函数时，才会使对应的函数模板实例化。

当然，也可以通过显式实例化的方式获得模板类和模板函数。显式实例化是通过引入一个 template 获得的。显式实例化克服了拖沓的毛病，它会马上将所有的类模板的成员函数都实例化成对应的模板成员函数。例如，f1406.cpp 的第 58~67 行可以通过增加两条显式实例化语句的方式实现：

```
(58) int main(){
(59)   template List<double>;
(60)   template List<int>;
(61)   List<double> dList;
(62)   dList.add(3.6);
(63)   dList.add(5.8);
(64)   dList.print();
```

```
(65)  List<int> iList;
(66)  iList.add(5);
(67)  iList.add(8);
(68)  iList.print();
(69) }
```

通过第 59、60 行的显式实例化类模板，同时就显式实例化了类模板中的所有成员函数。因此上述代码段中，第 59、60 行，已经分别整体性地产生了模板类 List<double> 和 List<int>，第 61、62、64、65、66、68 行不再激活类模板以及成员函数模板的实例化。

❑ 14.4.2 定做（Specialization）

可以用模板实参定做模板类。

类模板的模板实参通过实例化，则构成了模板的实例，它是定义好了的模板类。如果不想用预定义的类模板生成模板类，而是以该模板类名自己专门重写一个模板类，则得到模板铸件[①]（template specialization）。得到模板铸件的过程，称为模板定做（template specializing）。

模板定做时，必须以 template<>开始，然后在 class 后跟类模板名，即定义需要定做的类。定做时，成员可以在原先类模板的基础上随心所欲地增删，因此，定做的实现可以与类模板的实现完全不同。定做的成员函数不再是模板函数而是普通函数了，类模板中的成员中的类型参数 T 将被定做的类型取代。

模板定做机制使得所产生的模板类可以偏离基本类模板的框架，带来了产生模板实例的灵活性。例如，对于 List<Cat> 模板类，其添加 Cat 结点的操作，希望限制添加重复结点，这个特殊要求不能写在基本的 List 类模板定义中，因为一般的模板类都不希望受这个限制，但可以针对 List<Cat> 进行定做。下列程序段是基于 List 类模板的一个 List<Cat> 定做：

```
(1)  //======================================
(2)  //f1407.cpp
(3)  //使用类模板定做
(4)  //======================================
(5)  #include<iostream>
(6)  using namespace std;
(7)  //--------------------------------------
(8)  template<typename T>
(9)  struct Node{
(10)   Node(T& d):c(d),next(0),pref(0){}
(11)   T c;
(12)   Node *next, *pref;
(13) };//------------------------------------
```

① 有些书将 instantiation 翻译成特例化，而将 specialization 翻译成特化，容易引起互相之间的混淆，过程性名词和实体性名词的混淆。汉语的“特化”本身带有过程性，因此就难以描述“过程”的过程。有人提议将 specialization 翻译成“模板物件”，是进了一大步，但可能误会成是由模板产生的类型实体。

```
(14) //以下为基本类模板
(15) template<typename T>
(16) class List{
(17)   Node<T> *first, *last;
(18) public:
(19)   List();
(20)   void add(T& c);
(21)   void remove(T& c);
(22)   Node<T>* find(T& c);
(23)   void print();
(24)  ~List();
(25) };//-----------------------------------
(26) template<typename T>
(27) List<T>::List():first(0),last(0){}
(28) //-------------------------------------
(29) template<typename T>
(30) void List<T>::add(T& n){
(31)   Node<T>* p = new Node<T>(n);
(32)   p->next = first;  first = p;
(33)   (last ? p->next->pref : last) = p;
(34) }//------------------------------------
(35) template<typename T>
(36) void List<T>::remove(T& n){
(37)   Node<T>* p = find(n);
(38)   if(!p) return;
(39)   (p->next ? p->next->pref : last) = p->pref;
(40)   (p->pref ? p->pref->next : first) = p->next;
(41)   delete p;
(42) }//------------------------------------
(43) template<typename T>
(44) Node<T>* List<T>::find(T& n){
(45)   for(Node<T>* p=first; p; p=p->next)
(46)     if(p->c==n) return p;
(47)   return 0;
(48) }//------------------------------------
(49) template<typename T>
(50) List<T>::~List(){
(51)   for(Node<T>* p; p=first; delete p)
(52)     first = first->next;
(53) }//------------------------------------
(54) template<typename T>
(55) void List<T>::print(){
(56)   for(Node<T>* p=first; p; p=p->next)
(57)     cout<<p->c<<"  ";
(58)   cout<<"\n";
```

```
(59) }//-----------------------------------
(60) class Cat{
(61)   string name;
(62) public:
(63)   Cat(const string& n):name(n){}
(64)   bool operator==(const Cat& c){ return name == c.name; }
(65)   friend ostream& operator<<(ostream& o, const Cat& c){ o<<c.name; }
(66) };//-----------------------------------
(67) //以下为模板定做
(68) template<>
(69) class List<Cat>{
(70)   Node<Cat> *first, *last;
(71) public:
(72)   List();
(73)   void add(Cat& c);
(74)   void remove(Cat& c);
(75)   Node<Cat>* find(Cat& c);
(76)   void print();
(77)  ~List();
(78) };//-----------------------------------
(79) List<Cat>::List():first(0),last(0){}
(80) //-----------------------------------
(81) void List<Cat>::add(Cat& n){    //与类模板的成员函数实现上有差异
(82)   if(find(n)) return;
(83)   Node<Cat>* p = new Node<Cat>(n);
(84)   p->next = first;  first = p;
(85)   (last ? p->next->pref : last) = p;
(86) }//-----------------------------------
(87) void List<Cat>::remove(Cat& n){
(88)   Node<Cat>* p = find(n);
(89)   if(!p) return;
(90)   (p->next ? p->next->pref : last) = p->pref;
(91)   (p->pref ? p->pref->next : first) = p->next;
(92)   delete p;
(93) }//-----------------------------------
(94) Node<Cat>* List<Cat>::find(Cat& n){
(95)   for(Node<Cat>* p=first; p; p=p->next)
(96)     if(p->c==n) return p;
(97)   return 0;
(98) }//-----------------------------------
(99) List<Cat>::~List(){
(100)   for(Node<Cat>* p; p=first; delete p)
(101)     first = first->next;
(102) }//-----------------------------------
(103) void List<Cat>::print(){
```

```
(104)    for(Node<Cat>* p=first; p; p=p->next)
(105)      cout<<p->c<<"  ";
(106)    cout<<"\n";
(107)  }//------------------------------------
(108)  int main(){
(109)    List<Cat> cList;
(110)    cList.add(string("alice"));
(111)    cList.add(string("luise"));
(112)    cList.add(string("luise"));
(113)    cList.print();
(114)    List<int> iList;
(115)    iList.add(5);
(116)    iList.add(8);
(117)    iList.add(8);
(118)    iList.print();
(119)  }//====================================
```

```
E:\ch14>f1407↙
luise  alice
8  8  5
```

运行结果中，定做的 List<cat>类，当添加同样的“luise”cat 时（第 111 行与第 112 行），其结点并不被添加到链表中。而不是定做的 List<int>类，其相同结点却被添加到链表中了。

程序 f1407.cpp 中通过模板定做所得到的模板铸件 List<Cat>不再由类模板 List 产生，而是一个普通类。因而第 109 行对象创建语句中的类型 List<Cat>，其类定义体并没有滞后形成，而是在定做过程（第 68～107 行）中完成确实的类定义工作。

□ 14.4.3　局部定做（Partial Specialization）

类模板的模板参数多于一个是很正常的。形如：

```
template<typename T1, typename T2>
class A{
  ...
};
```

模板定做不一定要全部定做，即不一定非得要将类模板定做成普通类。如果一个类模板的类型参数多于一个，而定做其中一部分类型参数为确定的类型，则称为局部定做。

模板一旦局部定做，则产生的模板铸件就仍然是类模板。例如，对于上面的类模板 A，可以局部定做为两个模板参数相同的模板铸件，即将 T1 和 T2 都看作 T，由于 T 仍是未知类型，即类型参数，所以它还是类模板：

```
template<typename T>
class A<T, T>{      //A<T, T>为模板类名
  ...
};
```

也可以将类模板 A 局部定做为第二个模板参数为 Cat。第一个参数仍为未知参数的模板铸件，显然其还是类模板：

```
template<typename T>
class A<T, Cat>{      //A<T, Cat>为模板类名
  ...
};
```

当使用模板时：

```
A<double, Cat> adCat;   //模板铸件 A<T,Cat>生成的模板类 A<double,Cat>
A<double, double> add;  //模板铸件 A<T,T>生成的模板类 A<double,double>
A<Cat, Cat> aCatCat;    //错：由 A<T,Cat>还是 A<T,T>来生成
```

则 A<double, Cat>为模板铸件 template<typename T>class A<T, Cat>（它是一个类模板）的模板类，adCat 为模板类 A<double, Cat>的一个对象。A<double, double>为模板铸件 template<typename T>class A<T, T>（它也是一个类模板）的模板类，add 为该模板类的一个对象。而 A<Cat, Cat>将导致一个错误，因为无法判断它究竟是第一个模板铸件 A<T,T>的模板类，还是第二个模板铸件 A<T,Cat>的模板类。

14.5 程序组织（Program Organization）

14.5.1 包含方式（Inclusion Method）

有了模板，其程序就要组织一下了，以免在程序规模上收不住手。模板的一种程序组织方式是包含方式。

在使用模板的地方，必须先有模板定义（对于函数模板，则为函数模板定义；对于类模板，则为类模板定义），这是 C++ 一贯的立场。就像函数那样，先声明，后使用，这关系到能否编译的问题；而定义可以放后面一点，甚至不在同一个源文件中也可以，但必须要有函数定义，这关系到能否链接的问题。

由于模板的实例化发生在第一次使用模板的地方，而实例化是以模板定义（或实现）的代码为参照的。这样一来，就要求模板定义（函数模板定义或类模板定义）与模板使用同在一个编译单位（源文件），这是编译所要求的。既然使用模板首先要有模板定义，而且模板定义要求在使用模板的同一个编译单位中，因此，一般的办法是将模板的整个定义都放在头文件中。如果是函数模板，需要一个函数模板定义；如果是类模板，需要将类模板定义和类模板的成员函数定义一并写入头文件。

又由于函数模板实例化产生实际的函数代码，或者类模板实例化产生对应模板类的对象的实体，故无论是函数定义也好，对象创建也好，在同一个编译单位中只允许出现一个

函数模板或者类模板的定义体。因此，在头文件中模板定义必须像类定义那样采用头文件卫士技术。

例如，将程序 f1406.cpp 的类模板定义放入头文件 tlist.h 中，在 f1408.cpp 中包含该头文件，则构成了使用模板的程序组织的包含方式：

```
(1)  //======================================
(2)  //tlist.h
(3)  //列出模板定义
(4)  //======================================
(5)  #ifndef TLIST
(6)  #define TLIST
(7)  #include<iostream>
(8)  using namespace std;
(9)  //--------------------------------------
(10) template<typename T>
(11) struct Node{
(12)   Node(T& d):c(d),next(0),pref(0){}
(13)   T c;
(14)   Node *next, *pref;
(15) };//------------------------------------
(16) template<typename T>
(17) class List{
(18)   Node<T> *first, *last;
(19) public:
(20)   List();
(21)   void add(T& c);
(22)   void remove(T& c);
(23)   Node<T>* find(T& c);
(24)   void print();
(25)  ~List();
(26) };//------------------------------------
(27) template<typename T>
(28) List<T>::List():first(0),last(0){}
(29) //--------------------------------------
(30) template<typename T>
(31) void List<T>::add(T& n){
(32)   Node<T>* p = new Node<T>(n);
(33)   p->next = first;  first = p;
(34)   (last ? p->next->pref : last) = p;
(35) }//-------------------------------------
(36) template<typename T>
(37) void List<T>::remove(T& n){
(38)   if(!(Node<T>* p = find(n))) return;
(39)   (p->next ? p->next->pref : last) = p->pref;
(40)   (p->pref ? p->pref->next : first) = p->next;
```

```
(41)   delete p;
(42) }//-----------------------------------
(43) template<typename T>
(44) Node<T>* List<T>::find(T& n){
(45)   for(Node<T>* p=first; p; p=p->next)
(46)     if(p->c==n) return p;
(47)   return 0;
(48) }//-----------------------------------
(49) template<typename T>
(50) List<T>::~List(){
(51)   for(Node<T>* p; p=first; delete p)
(52)     first = first->next;
(53) }//-----------------------------------
(54) template<typename T>
(55) void List<T>::print(){
(56)   for(Node<T>* p=first; p; p=p->next)
(57)     cout<<p->c<<"  ";
(58)   cout<<"\n";
(59) }//===================================
(60) #endif    //TLIST

(1)  //====================================
(2)  //f1408.cpp
(3)  //使用列出模板的应用程序
(4)  //====================================
(5)  #include "tlist.h"
(6)  //------------------------------------
(7)  int main(){
(8)    List<double> dList;
(9)    dList.add(3.6);
(10)   dList.add(5.8);
(11)   dList.print();
(12)   List<int> iList;
(13)   iList.add(5);
(14)   iList.add(8);
(15)   iList.print();
(16) }//===================================
```

```
E:\ch14>f1408↙
5.8  3.6
8  5
```

其运行结果与 f1406.cpp 相同。当程序含有模板时，包含方式是通常的一种程序组织方式。

14.5.2 分离方式（Separation Method）

另一种组织方式称为分离方式，它将模板函数声明和模板函数定义分离，将类模板定义与类模板实现分离，分别写入头文件（.h）和定义（实现）文件（.cpp），在使用模板的源文件中，包含模板声明的头文件，也就是与函数或类的使用方式一致。但是在模板声明和模板定义的 template 关键字前要加 export 关键字。例如，上述包含方式的程序组织可以如下实现：

```
(1)  //======================================
(2)  //tlist.h
(3)  //列出模板声明
(4)  //======================================
(5)  #ifndef TLIST
(6)  #define TLIST
(7)  #include<iostream>
(8)  using namespace std;
(9)  //--------------------------------------
(10) template<typename T>
(11) struct Node{
(12)   Node(T& d):c(d),next(0),pref(0){}
(13)   T c;
(14)   Node *next, *pref;
(15) };//------------------------------------
(16) export template<typename T>
(17) class List{
(18)   Node<T> *first, *last;
(19) public:
(20)   List();
(21)   void add(T& c);
(22)   void remove(T& c);
(23)   Node<T>* find(T& c);
(24)   void print();
(25)  ~List();
(26) };//====================================
(27) #endif  //TLIST

(1)  //======================================
(2)  //tlist.cpp
(3)  //列出模板定义
(4)  //======================================
(5)  #include "tlist.h"
(6)  //--------------------------------------
(7)  export template<typename T>
(8)  List<T>::List():first(0),last(0){}
```

```
(9)  //------------------------------------
(10) export template<typename T>
(11) void List<T>::add(T& n){
(12)   Node<T>* p = new Node<T>(n);
(13)   p->next = first;  first = p;
(14)   (last ? p->next->pref : last) = p;
(15) }//------------------------------------
(16) export template<typename T>
(17) void List<T>::remove(T& n){
(18)   if(!(Node<T>* p = find(n))) return;
(19)   (p->next ? p->next->pref : last) = p->pref;
(20)   (p->pref ? p->pref->next : first) = p->next;
(21)   delete p;
(22) }//------------------------------------
(23) export template<typename T>
(24) Node<T>* List<T>::find(T& n){
(25)   for(Node<T>* p=first; p; p=p->next)
(26)     if(p->c==n) return p;
(27)   return 0;
(28) }//------------------------------------
(29) export template<typename T>
(30) List<T>::~List(){
(31)   for(Node<T>* p; p=first; delete p)
(32)     first = first->next;
(33) }//------------------------------------
(34) export template<typename T>
(35) void List<T>::print(){
(36)   for(Node<T>* p=first; p; p=p->next)
(37)     cout<<p->c<<"  ";
(38)   cout<<"\n";
(39) }//====================================
```

```
(1)  //====================================
(2)  //f1409.cpp
(3)  //使用列出模板的应用程序
(4)  //====================================
(5)  #include "tlist.h"
(6)  //------------------------------------
(7)  int main(){
(8)    List<double> dList;
(9)    dList.add(3.6);
(10)   dList.add(5.8);
(11)   dList.print();
(12)   List<int> iList;
(13)   iList.add(5);
(14)   iList.add(8);
```

```
(15)    iList.print();
(16) }//======================================
```

模板毕竟与函数和类不同，它有实例化的语法现象，即模板函数定义或模板类代码的生成时机问题。将模板定义从使用模板的编译单位中分离出去，必须使用特殊的编译手段，这就是加了 export 的模板声明和定义。模板加上 export 后，编译就变得凝重起来了，它必须建立模板定义与使用模板的编译单位的联系，以使实例化工作能够正常进行。但分离方式比包含方式要灵活和自然，定义代码可以从应用代码中分离，维护模板与维护应用程序可以职责分明。

不过，分离方式的技术到目前为止，还不是很成熟，很少有编译器实现。在 Windows 环境下的 VC.NET 和 BCB6 都没有实现。

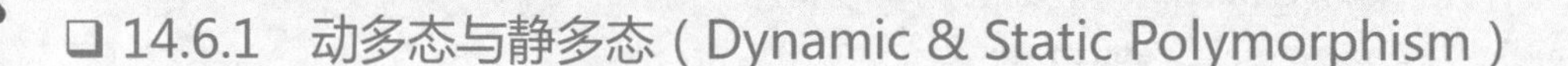

14.6 模板的多态（Template Polymorphism）

14.6.1 动多态与静多态（Dynamic & Static Polymorphism）

相同的表达式在不同的场合表示不同的实体时，其捆绑的操作因实体不同而表现出不同的行为，称为多态，这是我们在 12.1.4 节中对多态的描述时已经看到的。

多态是面向对象编程的关键。在 C++ 中，通过虚函数实现的多态反映的是同一类层次（系）中的多态，所以有时为了全方位面向对象编程，不得不将完全没有共性的事物勉强揉在同一类系的不同层次中。然而，模板也可以表现多态。模板所表现的多态是跨类系的多态，因而是自然的多态。例如，函数模板的模板参数不同，其函数体中同一操作所反映的行为也不同：

```
template<typename T>
void fn(const T& a){
  cout<<a.area();
}
void g(Circle x, Rectangle y){
  fn(x);              //产生 fn<Circle>模板函数
  fn(y);              //产生 fn<Rectangle>模板函数
}
```

函数 g 内的 fn 调用中，实参为 Circle 及 Rectangle 的对象时，其表现的 area 行为是不同的，一个求圆面积，一个求长方形面积。

但是，模板表现的多态不是在运行中进行动态识别的，而是在编译时刻进行静态识别的，因而有些书称之为静多态，而将前者（虚函数所表现的多态）称为动多态（☞参考文献[15]CH14）。

14.6.2 动多态编程（Dynamic Polymorphism Programming）

假设有一个独立的 House 类和一个 Car 类层次结构，如图 14-1 所示，它们都有 open 操作。

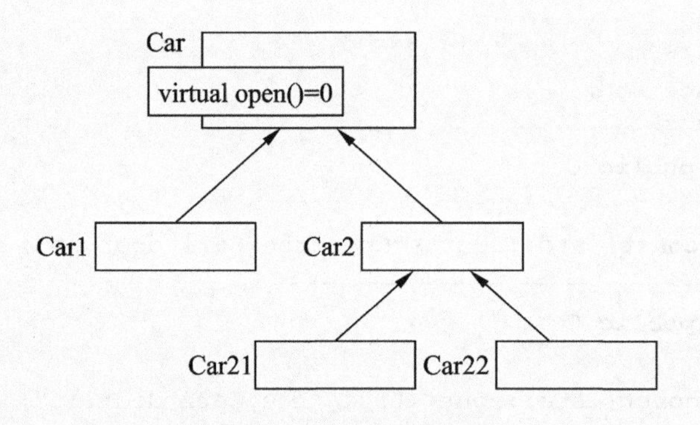

图 14-1　Car 的类层次结构

其相应的类定义放在 house.h、car.h 和 cari.h 中，其中 cari.h 定义 Car 类的所有子类。代码如下：

```
//======================================
//house.h
//======================================
#ifndef HEADER_HOUSE
#define HEADER_HOUSE
//--------------------------------------
#include<iostream>
//--------------------------------------
class House{                //孤类
public:
  void open()const{  std::cout<<"Open the house door.\n";  }
};//--------------------------------------
#endif  //HEADER_HOUSE

//======================================
//car.h
//======================================
#ifndef HEADER_CAR
#define HEADER_CAR
//--------------------------------------
class Car{                  //类系
public:
  virtual void open()const = 0;
};//--------------------------------------
#endif  //HEADER_CAR

//======================================
//cari.h
//======================================
#ifndef HEADER_CARI
#define HEADER_CARI
//--------------------------------------
#include "car.h"
```

```
#include<iostream>
using namespace std;
//--------------------------------------
class Car1 : public Car{
public:
  void open()const{ std::cout<<"Open the Car1 door.\n"; }
};//------------------------------------
class Car2 : public Car{
public:
  void open()const{ std::cout<<"Open the Car2 door.\n"; }
};//------------------------------------
class Car21 : public Car2{
public:
  void open()const{ std::cout<<"Open the Car21 door.\n"; }
};//------------------------------------
class Car22 : public Car2{
public:
  void open()const{ std::cout<<"Open the Car22 door.\n"; }
};//------------------------------------
#endif  //HEADER_CARI
```

如果要表现其不同对象的open操作，用动多态编程，则程序代码可以如下：

```
(1)  //======================================
(2)  //f1410.cpp
(3)  //动多态编程
(4)  //======================================
(5)  #include "house.h"
(6)  #include "cari.h"
(7)  #include<iostream>
(8)  #include<vector>
(9)  using namespace std;
(10) //--------------------------------------
(11) void openHouse(House& a){
(12)   a.open();
(13) }//------------------------------------
(14) void openCar(const vector<Car*>& bs){
(15)   for(unsigned i=0; i<bs.size(); ++i)
(16)     bs[i]->open();
(17) }//------------------------------------
(18) int main(){
(19)   House xa;
(20)   openHouse(xa);
(21)   Car21 b21;
(22)   Car2 b2;
(23)   Car1 b1;
(24)   Car22 b22;
(25)   vector<Car*> vb;
(26)   vb.push_back(&b21);
```

```
(27)   vb.push_back(&b2);
(28)   vb.push_back(&b1);
(29)   vb.push_back(&b22);
(30)   openCar(vb);
(31) }//======================================
```

```
E:\ch14>f1410↙
Open the house door.
Open the Car21 door.
Open the Car2 door.
Open the Car1 door.
Open the Car22 door.
```

14.6.3 静多态编程（Static Polymorphism Programming）

静多态则是实现模板编程。代码如下：

```
(1)  //======================================
(2)  //f1411.cpp
(3)  //模板编程
(4)  //======================================
(5)  #include "house.h"
(6)  #include "cari.h"
(7)  #include<iostream>
(8)  #include<vector>
(9)  using namespace std;
(10) //--------------------------------------
(11) template<typename T>
(12) void doOpen(const T& x){
(13)   x.open();
(14) }//------------------------------------
(15) void openCar(const vector<Car*>& bs){
(16)   for(unsigned i=0; i<bs.size(); ++i)
(17)     doOpen(*bs[i]);
(18) }//------------------------------------
(19) int main(){
(20)   House xa;
(21)   doOpen(xa);
(22)   Car21 b21;
(23)   Car2 b2;
(24)   Car1 b1;
(25)   Car22 b22;
(26)   vector<Car*> vb;
(27)   vb.push_back(&b21);
(28)   vb.push_back(&b2);
```

```
(29)    vb.push_back(&b1);
(30)    vb.push_back(&b22);
(31)    openCar(vb);
(32) }//====================================
```

其运行结果与动多态的 f1410.cpp 一致。

模板编程中，函数模板 doOpen，不分类层次结构，对于任何类型参数都一视同仁，只要该类含有 open 操作。其多态性便体现在 doOpen 函数中，传递给形参 x 是什么类型的实体，就表现什么类型的 open 操作。

14.6.4 动静多态的差异（Difference between Dynamic & Static Polymorphism）

动多态适合于类层次结构，而且基类必须为多态类，即含有虚成员函数。因此，在程序 f1410.cpp 中，openHouse 函数必须单独实现，不能放到 Car 类层次结构中去。而静多态则适合于所有的类，不需要虚函数，这就是程序 f1411.cpp 中 doOpen 可以包揽一切类型的实体之原因，只要该类型有 open 操作，便可以使用。特别是在 C++ 中，类可以用层次结构表现，也可以单独类表现；可以有虚函数，或者为了性能不设虚函数，对于模板设计都可以使用。Java 中的类都是层次的，没有孤立的类，都是虚函数实现的多态类，所以，动多态是其首选，也就没有模板类的必要了。

表现动多态的函数总是通过指针或者引用传递参数，实参一般是该指针的类型以下（含）的实体地址；而静多态则可以是传对象，也可以传指针或引用。

表现动多态的函数只处理特定的类层次结构中的系列对象，一个类系，配一个表现动多态的专用函数，例如 f1410.cpp 中的 openCar 函数；而静多态则随着传递实参的类型变化，进行函数模板的特例化（生成模板函数），例如 f1411.cpp 中的 doOpen 函数。

对于容器操作，若要实现多态，也是一个类系列单独做这种容器。如果是另一种类系，则要另外以很相似的代码实现该容器。例如 HouseList、CarList 等；而静多态容器则适合所有的类，随着异种类系的参数，会生成不同的模板类。例如，List<House>、List<Car>等。

对于抽象编程来说，或许使用动多态更好一点，它可以将类实现的源代码彻底隐蔽，无须提供给使用类的用户，以实现软件的保护。而静多态中的模板类代码，由于程序结构的影响，还必须放在头文件中作为模板使用之前的必要声明和定义。

从性能上说，静多态要优于动多态，因为动多态是基于虚函数实现机制的，有间接访问的迂回，而静多态则没有这种开销。

从错误检测上来说，一个实体，如果不具某种操作，而程序中又动态地捆绑该操作，则在运行中才能发现该错误。而静多态则是在编译时检查类型匹配的，如果在实例化过程中，发现一个实体没有该操作，则会及时报错。

因此我们得出结论：动多态与静多态各有千秋，二者是互补的，谁也代替不了谁。在高级编程中，模板编程作为面向对象编程的一个重要补充，使得 C++ 面向对象编程更具活力。

14.7 高级编程（Advanced Programming）

14.7.1 动多态设计模式（Dynamic Polymorphism Design Patterns）

高级编程总是将程序引向适用范围更广的编程天地。当我们觉得抽象类建立的类层次结构有必要扩充，由此带来程序的大范围扩展的时候，我们便静观 C++如何作为了。例如，图 13-3 的 Sony 类层次结构，扩展为全行业电视机领域。这时候，会有如图 14-2 这样的类层次结构。

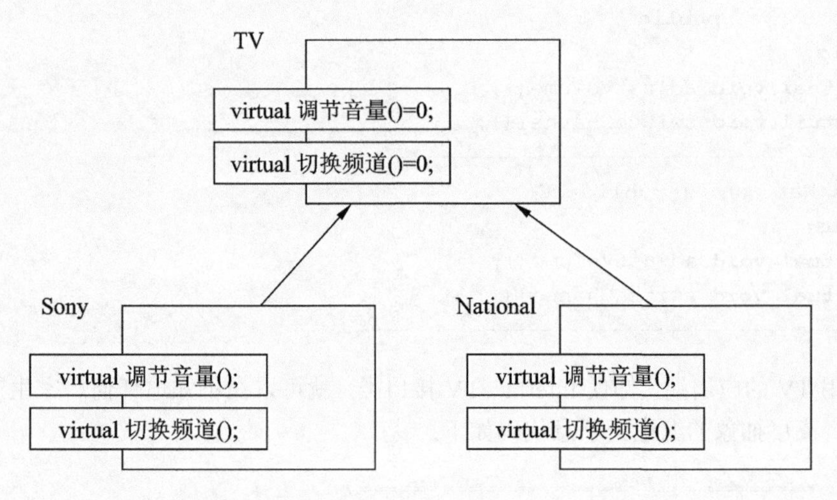

图 14-2　电视机类层次结构

这时候，如果我们借助于 13.3 节的深度隔离界面的技术，就能任凭类层次结构如何变幻，“我自岿然不动”，如图 14-3 所示。

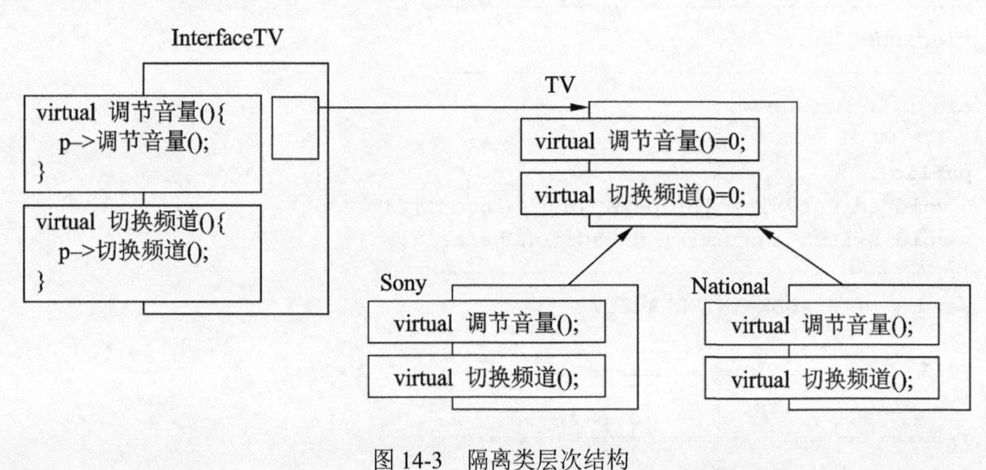

图 14-3　隔离类层次结构

在 TV 类层次结构中，类层次结构是完整的、独立的，可以随着电视机生产厂家的增加而增加其 TV 的子类，或者一个电视机生产厂家内在发展，开发新品种，在 Sony 类下派生新的子类则是继承的过程；也可以纵向发展，将电视机行业分类，例如，将 Sony 与 National 归为进口类，将国内电视机厂家归为国产类向上增加类层次，则是一种行为抽象。它们都不影响应用编程，纯粹只是堆积类的层次结构。十分便于类的实现和类的代码保护。图 14-3 的 TV 类示意代码如下：

```
class TV{
  virtual void adjustVolume()=0;
  virtual void switchChannel()=0;
};//-----------------------------------
class Sony : public TV{
public:
  virtual void adjustVolume();
  virtual void switchChannel();
};//-----------------------------------
class National : public TV{
public:
  virtual void adjustVolume();
  virtual void switchChannel();
};//-----------------------------------
```

在使用 TV 的应用端，仰仗 InterfaceTV 接口类，就可以在不知道任何厂家生产信息的前提下进行高度抽象的编程。示意代码如下：

```
//=====================================
//interfacetv.h
//=====================================
#ifndef HEADER_INTERFACETV
#define HEADER_INTERFACETV
//-------------------------------------
#include "tv.h"
//-------------------------------------
class InterfaceTV{
  TV* p;
public:
  void adjustVolume(){ p->adjustVolume(); }
  void switchChannel(){ p->switchChannel(); }
};//-----------------------------------
#endif  //HEADER_INTERFACETV

//=====================================
//application.cpp
//=====================================
#include "interfacetv.h"
//-------------------------------------
void f(InterfaceTV& tv){
```

```
    tv.adjustVolume();
    tv.switchChannel();
}//----------------------------------------
```

所有其他的创建事务都可以交给 interfacetv.cpp 去做。类的实现者做的任何修改，都不会影响到应用编程，如果要切换电视机厂家，只要切换创建的 InterfaceTV 对象就可以了。无论什么厂家，在 application.cpp 中的函数 f 中都会反映出多态来。

❑ 14.7.2 静多态设计模式（Static Polymorphism Design Patterns）

对于切换的电视机厂家，如果在编译成程序之前事先知道，则还可以借助于模板的方式实现而带来更实惠的性能和类型安全性，甚至还可以免于更高类层次结构的搭建，如图 14-4 所示。

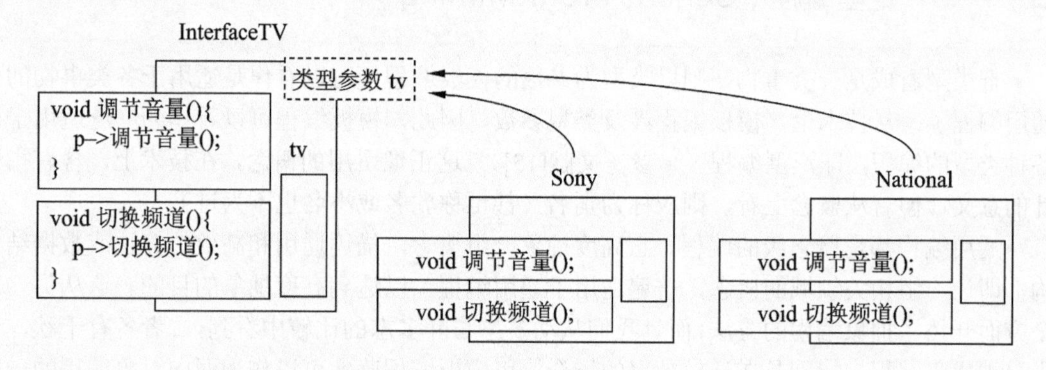

图 14-4　静多态设计模式

对于一个个独立的类，如 Sony 或者 National 类，模板 InterfaceTV 都能很好地作为参数融进系统中。其模板的示意代码如下：

```
//=======================================
//interfacetv.h
//=======================================
#ifndef HEADER_INTERFACETV
#define HEADER_INTERFACETV
template<typename T>
class InterfaceTV{
  T tv;
public:
  void adjustVolume(){ tv.adjustVolume(); }
  void switchChannel(){ tv.switchChannel(); }
};//=======================================
#endif  //HEADER_INTERFACETV
```

在相关的应用中，或使用 Sony，或使用 National，可以视情节需要而随意置换，其示意代码如下：

```
//======================================
//application.cpp
//======================================
#include "interfacetv.h"
#include "sony.h"
//--------------------------------------
void f(){
  InterfaceTV<Sony> tv;
  tv.adjustVolume();
  tv.switchChannel();
}//=====================================
```

❑ 14.7.3 泛型编程（Generic Programming）

把类型看成是一类事物，则以类型为参数的模板编程便可以看作是适用于各类事物的通用编程了。从技术上，模板编程涉及类型参数，因此，模板编程可以看作为广泛适用于各种类型的编程，即泛型编程（☞参考文献[15]）。这正像引用的概念，在技术上，含有指针的意义，但若从概念上看，则应称为别名（甚至称乳名或小名也不为过）。

通用编程都是概念级的编程，它高度抽象一组概念，描述通用和高效的算法或数据结构，即让一组相关领域的概念，普遍适用于通用编程，以达到高度抽象的目的。这从另一个方面开拓了抽象编程的方法，而且我们从动多态与静多态的比较中看到，二者各有千秋，当寻求优雅编程，特别是在计较效率的场合，用模板编程确实可以作为面向对象编程的一个重要补充，因为C++把效率看作是自己的生命。

模板编程就是泛型编程。就好像虚函数编程就是面向对象编程一样。于是，只要程序中用到了模板声明和定义，就属于泛型编程了。然而从广义上说，泛型编程更讲求目的：模板设计的目的是能得到多种类型的有效通用。

这就是为什么 C++ 把 STL 纳入自己的标准库中的原因了。STL 是一个独特的、以模板为基础堆积起来的类型框架，它提供许多通用的操作（标准算法），而这些操作是作用在数据结构（容器）之上的，而且所有的这些操作和数据结构都是模板做的。

按理，一个类（甚至数据结构），其操作都做成成员函数，不同的类有不同效能的成员函数（算法）。但是这样一来，算法就不能抽象出来，面对新的数据结构，仍然做不到通用，而且也面临着类库规模不必要的庞大。

STL 的设计者在每个容器类中都做了一个遍历器（类），将逐个罗列容器中元素的操作标准化，以使算法可以脱颖而出而通用化，如图 14-5 所示。

遍历器的操作是通用的，然而，遍历器的操作的内在处理是不同的，因为数据结构的不同决定了元素访问策略的不同。因而也就决定了各个不同的数据结构具有不同的遍历器，这些遍历器都继承自一个抽象的老祖宗 iterator 类。在老祖宗中，含有遍历器的标准操作。这些标准操作返回的值也是标准的，可以提供作为算法的参数。因此，遍历器的通用性导致了算法的通用性。

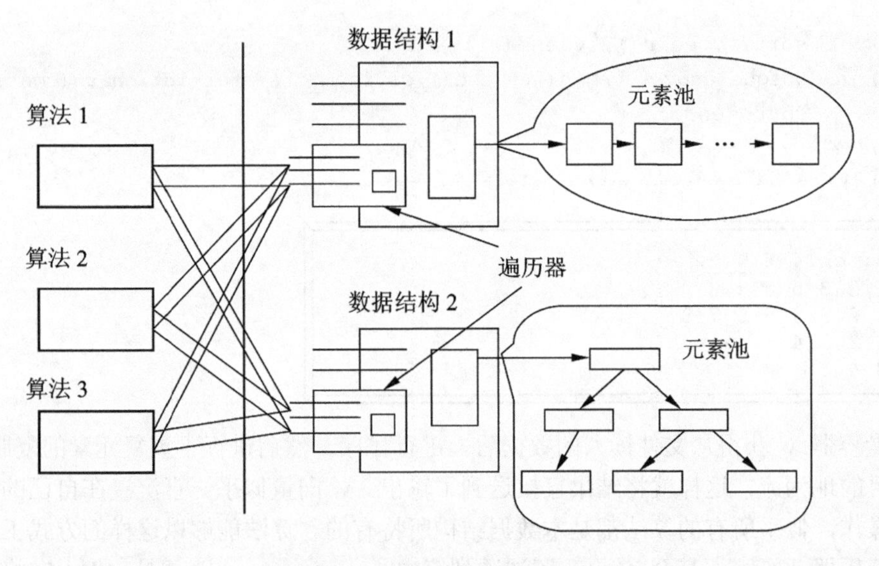

图 14-5　遍历器做中介的数据操作

算法通用之后，便成为各个容器共同拥有的财产，数据结构的操作集合从本身的成员函数一下子扩展到所有通用的算法，而且付出的性能代价是最小的。C++ 完全是利用了自己的语言优势，充分运用了类机制、函数机制和模板机制，凭空添置了可以大大强化编程的诸数据结构，即 STL 容器、算法、遍历器等代码实体。

运用 STL 中的遍历器和算法，发挥容器的优势，这就是一种泛型编程。任何使用和运用模板的编程就是模板编程，若以模板的形式建立通用的数据结构（容器）为目标，以图解决一类特殊的问题，则为泛型编程。

例如，文件中有许多组整数序列，每组序列中的数据杂乱无章，希望将数据整理成从小到大的且没有重复的序列，并依次输出。这时候，用 STL 的容器将如何得到简洁的代码呢？见下面代码：

```
(1)  //=====================================
(2)  //f1412.cpp
(3)  //继承和模板
(4)  //=====================================
(5)  #include<iostream>   //cout
(6)  #include<sstream>    //istringstream
(7)  #include<iterator>   //ostream_iterator
(8)  #include<algorithm>  //sort & unique_copy
(9)  #include<vector>    //vector
(10) #include<fstream>   //ifstream
(11) using namespace std;
(12) //-------------------------------------
(13) int main(){
(14)  ifstream cin("uaa.txt");
(15)  for(string s; getline(cin,s); ){
(16)   vector<int> v;  int a;
(17)   for(istringstream sin(s); sin>>a; v.push_back(a));
```

```
5 8 5 7 2 3 6 2 1 1
8 8 7 6 5 2 3 4 1 2
1 1 2 2 3 2 2 2 3 4
3 3 3 3 4 5 4 4
```

uaa.txt

```
(18)      sort(v.begin(), v.end());
(19)      unique_copy(v.begin(),v.end(),ostream_iterator<int,char>(cout," "));
(20)      cout<<endl;
(21)    }
(22) }//====================================
```

```
E:\ch14>f1412↙
1 2 3 5 6 7 8
1 2 3 4 5 6 7 8
1 2 3 4
3 4 5
```

向量容器 v 获得从文件读入的数据后，进行排序，然后进行不重复元素的复制工作，复制的目的地为流，这样就将结果直接送到了输出。v 向量似乎一直沉浸在自己的数据结构中做操作，似乎所有的算法都是本数据结构所特有的。算法能够以这样的方式工作，全依赖于遍历器 iterator。甚至 iterator 还渗透到流中，ostream_iterator 便是一例，它将同类型元素的顺序流输出看作是线性序列的数据结构。事实上，遍历器可以用在任何数据结构中。

因此，我们其实早就卷入了模板编程，甚至泛型编程。在面向对象编程中，无论是简短的模板定义形式，还是借助于 C++ STL 的数据结构，都已经融入了模板使用的编程。我们从一个基类派生许多子类，构成类层次结构，然后创建许多系列对象，用 STL 容器聚集这些对象的地址，从而多态地处理各不相同的对象。我们又可以使用模板编写针对某种类型的对象的专门处理，以适应非同一个基类派生的对象处理要求。

14.8　目的归纳（Conclusion）

模板使 C++ 更神气了，因为模板作为高级编程的一种手段，充分强调性能和安全，也只有 C++ 才这么有耐心，周密、细致地去发展它，使之成为当之无愧的面向对象编程的极好补充。

模板分函数模板和类模板，函数模板的类型参数强调数据实参演绎，而类模板没有数据实参，只有类型实参。调用模板函数的参数匹配规则比调用普通函数的规则严格多了，这种严格是一种很好的类型检查，在生成自动代码之前，做越严格的类型检查就越能保证程序的质量，模板因而也受到青睐。模板的数据形参与函数形参类似，当传递类类型时，多用引用参数，它能使传递效率和类型安全兼顾。

类模板的一个很好用途是发展通用的数据结构，这种用法笼统地称为泛型编程。因此有一种观点认为泛型编程只是模板编程的一种。类模板在 C++ 中的流行，使得程序的组织也格外受到关注，包含方式已经在用，分离方式已经写入 C++ 标准，今后的编译器都将提供模板分离方式编译的支持。

模板因为发展空间还有很大，所以可以展望，C++ 编译器今后的发展，变动最大的将莫过于模板。

模板定做，使得模板可以很好地融入动多态编程之中。将一些孤立的类、特殊的类也纳入通用的范畴，就使编程更加得体和到位。

多态是面向对象编程强调的要点之一，模板就是因为将孤立和特殊的类也纳入多态，以及简化一部分静多态编程而成为面向对象编程的很好补充。它没有虚函数的间接访问开销，性能相对优越，在 C++ 的编程中，人们乐意使用模板。

事实上，程序员已经离不开模板了，STL 所包含的强大模板类库，使其在编程中如虎添翼。模板甚至影响了设计模式，采用模板进行高级程序设计的所占比重必将越来越大。

练习 14（Exercises 14）

1．以 STL 中的栈容器为资源，编程创建一个 double 栈，压入范围在 100.0～200.0 的 10 个随机浮点数，去掉最后压入的 3 个数据，将剩下的栈中数据退栈输出；再创建一个 string 栈，压入 5 个朋友的名字，按相反的顺序输出。

2．试用模板表示一类函数族，它有两个同类实体的参数，返回与参数类型相同的实体，其结果是两个参数中的较小值。因为两个参数只需要读入操作，所以参数形式最好是怎样的？

3．以下是一个整数栈类的定义：

```
const unsigned int SIZE=100;
class stack{
public:
  stack();
  ~stack();
  bool empty()const;
  void push(int);
  void pop();
  int& top();
  const int& top() const;
private:
  int s[SIZE];
  int tos;
};
```

试编写一个栈的类模板（包括其成员函数定义），以便为任何类型的对象提供栈结构数据的操作。

4．以包含方式组织含有本章第 3 题栈模板的程序，以本章第 1 题的应用编程要求，实现整个程序。

第15章　异常（Exception）

面向对象编程是一门深不见底的学问。它有许多技术细节需要在宏观学习中补充。人们尝到了抽象编程的甜头，就想千方百计地完善它。可是，在抽象作用中，明摆着函数模块、类模块、程序文件模块在一层层相互作用，当模块不能正常运作时，现场一般是没有能力恢复的，应该尽可能快地返回到想要知道处理结果的模块，而且该模块具备对出错进行处理的能力。然而，出现错误和处理错误相隔遥远，回馈途中将饱受函数机制的制约，可函数机制却仍心安理得地按着固有的节奏在冷冷地低吟。

让一种新的机制满足程序运行中的结构跳跃吧，它就是异常机制。异常机制相对独立，与函数机制谈不上互相制约，但应算得上互相补充。

在弥漫着类层次结构信息的程序空间中，异常处理必须要能进化，有层次，因而也必须要有多态，这是对异常要求的底线。同时，先入为主的函数所构建的程序运行结构，必须在异常的破坏性处理中，保留可运行程序部分的数据和恢复先前分发出去的资源。

我们对异常似乎充满了厚望，希望它能实质性地帮助面向对象编程，解决彼此独立的程序世界中更融洽地相处的问题。没想到，它不但能胜任这个职责，而且还给了我们另一种过程控制的方式，令我们惊喜。

15.1　错误处理的复杂性(Complexity of Error Handling)

□ 15.1.1　错误种类（Type of Errors）

编程是预先设定一个动作序列，让计算机执行。因此，产生什么结果，应在人们的意料之中。即使错误，只要能够预先给它一个处理方案，也是意料之中的。

C++ 语言是按函数调用机制展开程序执行的，在这种结构化的框架中，一般对处理错误的编程有这么一些常规手段：

（1）遇到错误，立即中止程序运行。

这种方式是最粗暴的。如果出现错误，程序员认为已经没有有效手段可以恢复状态以让程序继续运行下去，那么中止是迫不得已的。在我们的教学例子中，这种情况比较容易出现。例如，打不开文件，或者读不到所要求的数据，则只能中止运行：

```
//======================================
//f1501.cpp
//遇错退出
//======================================
#include<fstream>
#include<iostream>
#include<cmath>
using namespace std;
//--------------------------------------
void fn(){
  ifstream in("abc.txt");
  if(!in){ cout<<"Error: open file failure.\n"; exit(1); }
  for(int a; in>>a; cout<<sqrt(a*1.0)<<"\n")
    if(a<0){ cout<<"Error: read in illegle data.\n"; exit(1); }
}//-------------------------------------
int main(){ fn(); }
//======================================
```

```
E:\ch15>f1501↙
3.4641
5.91608
Error: read in illegle data.
```

该程序如果打不开文件，将显示“Error: open file failure.”并停止运行。在读入数据过程中，一旦读入失败，也将在显示错误信息后，无情地中止程序。

（2）返回一个表示错误的值给上层函数。

最常见的是逻辑值返回函数。例如：判断是否素数 isPrime，判断是否字母 isAlpha，栈操作中判断是否栈空 isEmpty。对不同要求的程序来说，很难说一定是错误的。难道说，我要一些非素数进行运算时，这些非素数都是 isPrime 出错之后获得的？

除此之外，函数返回类型是一定的，所以若有些值是错误的，有些值是对的，那么，必须预先规定一个范围，让调用者去判断。这是很残酷的，应把问题上交，让主体函数去处理。例如，日期的年月日用整型数表示，对于复制过来的值需要判断其值是否有效。但在类定义中为了规定数据类型的表示范围，这种操作是必要的。

然而，真正做起来会很麻烦，因为每次调用都要进行错误检查，程序规模不知不觉就庞大起来了。因此，这种方法只能在编程中做点缀，不能当作灵丹妙药。

（3）返回一个合法值，但通过全局沟通手段，设置错误状态。

这种方式这里没有用到过，那是为了远距离传递错误信息而采用的一种以破坏程序结构为代价的编程手法。例如，在 C 中，有一个全局变量 errno，专门存放错误代码，由于是全局的，所以任何函数都能使用它，当调用一个库函数后，为了确认其运行的正常性，便可以通过查访 errno 实现。

（4）调用预先准备好的错误处理函数，让它去决定是停止运行还是继续往下。

此时，错误处理函数处理完后便要返回到调用处，即出错处。但很多错误都不是现场能恢复的，如文件不能打开，或许是因为硬件错误，或许是文件布局失当造成，错误处理后就能打开了吗？因此，就地做了错误处理，便让程序继续执行下去是天真的想法。最后，或许也不得不粗暴地中止程序了事。

❑ 15.1.2　模块的隔绝性（Module Isolation）

上述手段对大规模程序来说是不够的，尤其在面向对象编程中。程序中的动作序列很多都是在高度抽象编程中完成的，每个动作可能包含着几十个子动作，每个子动作可能又包含着好多孙动作……一个动作还可能转而去调用一个完全封装且独立的模块，如图 15-1 所示。

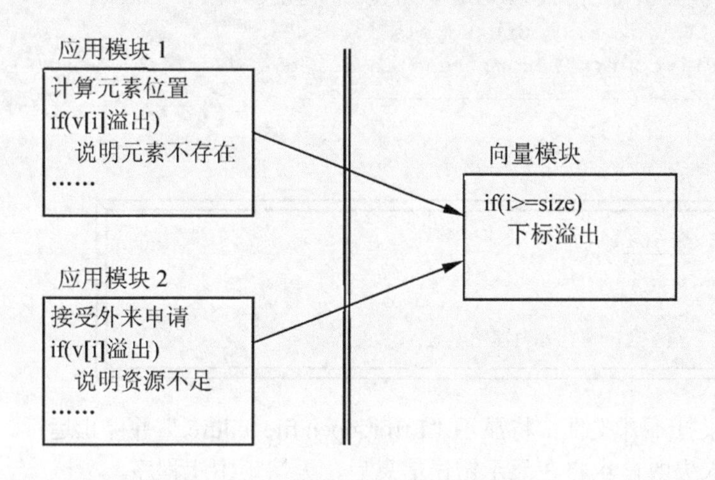

图 15-1　错误处理往往不在出错现场

在图中，一个应用模块调用向量处理模块，如果遇到下标溢出，则表示没有找到合理的元素；另一个应用模块调用同样的向量处理模块，如果遇到下标溢出，则表示数量不够。因此，出现错误是在向量模块，但解释和理解错误却在应用模块，而且根据不同的应用，其错误处理的内容也是不同的。

❑ 15.1.3　调用链的牵制（Containment of the Call-Chain）

我们都知道，若按常规方法处理，函数是栈式管理的，因此，从一个被调用的函数现场要把信息传递到相隔若干调用的主调函数，需要逐层退栈；一边退栈，一边通过函数返回值回馈，而且，每个函数都需要相应的接受判断以及接力传递的工作。例如，我们有一个简单的系列文件处理程序，假定文件在打开前，要经历文件名确定和打开方式确定的工作，如图 15-2 所示。

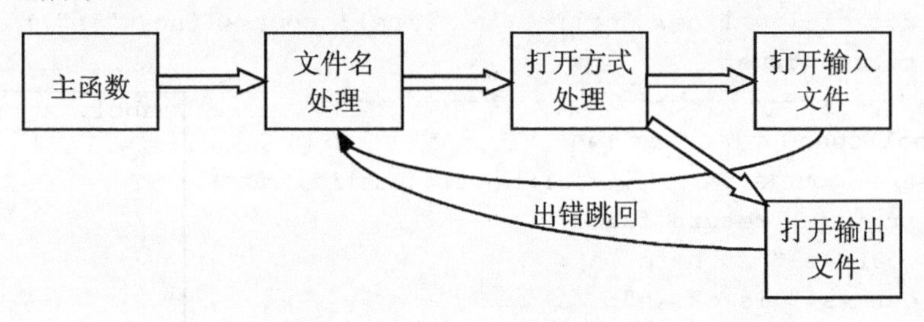

图 15-2　链式调用与出错后跳跃返回

其程序代码如下：

```
(1)  //=====================================
(2)  //f1502.cpp
(3)  //出错后的错误处理
(4)  //=====================================
(5)  #include<fstream>
(6)  #include<iostream>
(7)  using namespace std;
(8)  //-------------------------------------
(9)  void procFileName(string s);
(10) bool procOpenMode(string s);
(11) bool openIn(string s);
(12) bool openOut(string s);
(13) //-------------------------------------
(14) int main(){
(15)   procFileName("iabc");
(16)   procFileName("oabc");
(17) }//-------------------------------------
(18) void procFileName(string s){
(19)   for(char c='0'; c<='9'; c++)
(20)     if(!procOpenMode(s + c+".txt")){
(21)       cout<<"error opening "<<s<<" not existed.\n";
(22)     return;
(23)   }
(24) }//-------------------------------------
(25) bool procOpenMode(string s){
(26)   if(s[0]=='i')
(27)     if(!openIn(s))
(28)       return false;
(29)     else
(30)       return true;
(31)   else
(32)     if(!openOut(s))
(33)       return false;
(34)     else
(35)       return true;
(36) }//-------------------------------------
(37) bool openIn(string s){
(38)   ifstream in(s.c_str());
```

```
iabc0.txt is here.
```

iabc0.txt

```
iabc1.txt is here.
```

iabc1.txt

```
iabc2.txt is here.
```

iabc2.txt

```
oabc0.txt is ok.
```

oabc0.txt

```
(39)    if(!in) return false;
(40)    for(string line; getline(in, line); cout<<line<<"\n");
(41)    return true;
(42)  }//------------------------------------
(43)  bool openOut(string s){
(44)  fstream out(s.c_str(), ios::in|ios::out|ios::ate);
(45)    if(!out) return false;
(46)    cout<<s+" is here.\n";
(47)    out<<s+" is ok.\n";
(48)    return true;
(49)  }//====================================
```

```
oabc1.txt is ok.
```

oabc1.txt

```
E:\ch15>f1502↙
iabc0.txt is here
iabc1.txt is here
iabc2.txt is here
error opening iabc3.txt inFile not existed.
oabc0.txt is here
oabc1.txt is here
error opening oabc2.txt outFile not existed.
```

为了使 openIn 和 openOut 函数的错误能传递到 procFileName 函数，必须经历函数的返回值判断，而且，要不是 procFileName 自己可以还原出错原因，还须特地将出错信息从源头传递过来，会使得错误处理工作更加烦琐。

若调用链再长一点呢？这个错误处理工作就不那么雅观了。而且程序的易读性由于错误处理的多处渗透而受到影响。

15.2 使用异常（Using Exception）

程序中对意料中的和未意料到的错误处理本来就够复杂的，再加上面向对象编程所特有的抽象编程性，隔绝模块之间的联系，使得错误信息传递和错误处理的位置选定特别棘手。而且由于内部实现的函数机制的制约，使得我们面临着，要么就像 C 那样采用一种破坏结构的跨越函数的“longjmp”（它简单地放弃栈中的数据，使得运行中若遇到错误就好像大病一场一样）（☞参考文献[17]，CH6.8），要么就让函数调用链成为获得错误症状，捕捉错误信息的唯一渠道，从而承受程序规模扩大后发现错误和处理错误的困难。

在面向对象理念开始进入编程实战时，异常机制随之产生，它是专门针对抽象编程中的一系列错误处理的。显然，在 C++中，它不能借助函数机制，因为栈结构的本质是先进后出，依次访问，无法进行跳跃。但错误处理的特征却是遇到错误就想要转到若干级之上以便进行重新尝试，如图 15-3 所示。

异常超脱于函数机制，决定了其对函数的跨越式回跳。

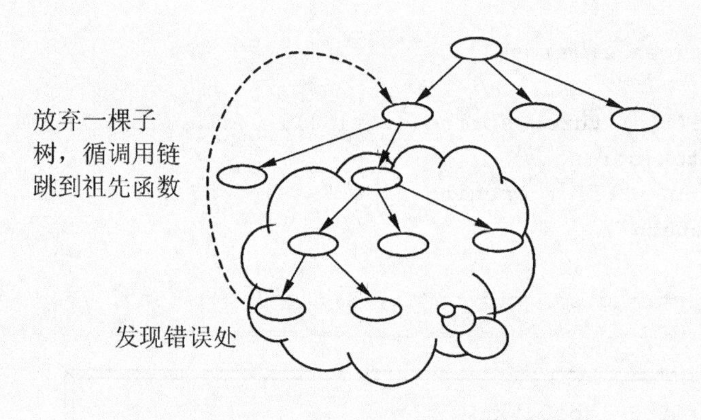

图 15-3　函数结构中发现错误的跳回示意

□ 15.2.1　异常使用三部曲（Three Steps on Using Exception）

（1）框定异常（try 语句块）。

在祖先函数处，框定可能产生错误的语句序列。它是异常的根据。若不框定异常，则没有异常这回事。

（2）定义异常处理（catch 语句块）。

将出现异常后的处理过程放在 catch 块中，以便当异常被抛出，因类型匹配而捕捉时，就处理之。

（3）抛掷异常（throw 语句）。

在可能产生异常的语句中进行错误检测，如果有错，则抛掷异常。

前两个步骤是在一个函数中定义的，try 语句与 catch 语句总是前后绑定，而抛掷异常则可以跨函数使用。当 throw 语句直接在 try 语句块中使用时，异常处理则退化为一般的错误处理模式；在 try 语句块中，若有一些语句调用了其他函数，它们之间则构成一个调用链，在调用链中的某一个结点上，如果出现抛掷语句，则便是一般意义上的异常了。

□ 15.2.2　退化为普通错误处理（Degenerate to Ordinary Error Handling）

简单错误处理由条件语句构成。而异常结构 try 中含的语句，包含有条件判断下的 throw 执行，而退出 try 之后便直接来到错误处理现场。例如，下面的程序是退化为普通错误处理的异常方式。

```
(1)  //========================================
(2)  //f1503.cpp
(3)  //单个函数中的异常
(4)  //========================================
(5)  #include<fstream>
(6)  #include<iostream>
(7)  using namespace std;
(8)  //----------------------------------------
(9)  int main(int argc, char** argv){
```

```
iabc0.txt is here.
```

iabc0.txt

```
(10)    ifstream in(argv[1]);
(11)    try{
(12)      if(!in) throw string(argv[1]);
(13)    }catch(string s){
(14)      cout<<"Error Opening File "<<s<<"\n";
(15)      return 1;
(16)    }
(17)    for(string s; getline(in, s); cout<<s<<endl );
(18)  }//========================================
```

```
E:\ch15>f1503 iabc0.txt↙
iabc0.txt is here.
```

```
E:\ch15>f1503 iabc5.txt↙
Error Opening File iabc5.txt
```

第一次运行中，因为文件 iabc0.txt 存在，所以没有触发异常，于是便去执行异常处理定义后面的 for 循环语句，从而获得所要的文件内容。

第二次运行中，iabc5.txt 文件不存在导致异常产生，该程序在产生异常后，简单地返回操作系统，即退出运行。

在这种简单应用的场合，没有必要使用异常，可以用以下代码替代：

```
if(!in){
  cout<<"Error Opening File "<<argv[1]<<"\n";
  return 1;
}
for(string s; getline(in, s); cout<<s<<endl);
```

❑ 15.2.3 跨越函数的异常处理（Exception Handling Across Functions）

当 try 语句含函数调用链时，例如，程序 f1502.cpp 的运行，是在出现错误时，从出现错误处到处理错误处，沿着函数调用链的足迹，一步一步地往上返回，几经周折，出错信息早已丢失，剩下的就只有出错状态。程序 f1504.cpp 改写为异常方式处理，这时候就可以实现跨函数的大转跳了：

```
(1)  //========================================
(2)  //f1504.cpp
(3)  //异常方式
(4)  //========================================
(5)  #include<fstream>
(6)  #include<iostream>
(7)  using namespace std;
(8)  //----------------------------------------
(9)  void procFileName(string s);
```

```
(10)  void procOpenMode(string s);
(11)  void openIn(string s);
(12)  void openOut(string s);
(13)  //-----------------------------------
(14)  int main(){
(15)    procFileName("iabc");
(16)    procFileName("oabc");
(17)  }//-----------------------------------
(18)  void procFileName(string s){
(19)    try{
(20)      for(char c='0'; c<='9'; c++) procOpenMode(s + c+".txt");
(21)    }catch(string s){
(22)      cout<<"error opening "<<s<<" not existed.\n";
(23)    }
(24)  }//-----------------------------------
(25)  void procOpenMode(string s){
(26)    if(s[0]=='i') openIn(s);
(27)    else openOut(s);
(28)  }//-----------------------------------
(29)  void openIn(string s){
(30)    ifstream in(s.c_str());
(31)    if(!in) throw s+" inFile";
(32)    for(string line; getline(in, line); cout<<line<<"\n");
(33)  }//-----------------------------------
(34)  void openOut(string s){
(35)    fstream out(s.c_str(),ios::in|ios::out|ios::ate);
(36)    if(!out) throw s+string(" outFile");
(37)    out<<s+" outFile is ok.\n";
(38)    cout<<s+" is here.\n";
(39)  }//===================================
```

```
E:\ch15>f1504↙
iabc0.txt is here
iabc1.txt is here
iabc2.txt is here
error opening iabc3.txt inFile not existed.
oabc0.txt is here
oabc1.txt is here
error opening oabc2.txt outFile not existed.
```

可以看到 f1504.cpp 运行结果与程序 f1502.cpp 是一样的，但程序更简洁。更主要的是，它可以直接将出错信息传递给遥远的捕捉器，即进行异常处理。

❑ 15.2.4 标准异常的用法（Usage of Standard Exception）

C++ 系统也带了一个异常类层次结构（☞CH15.5），可以利用现成的异常资源，对常见的一些异常进行处理，这样就可以不用程序员亲自抛掷异常了，而只要框定异常范围和

定义异常处理，就可以截获可能产生的错误。

例如，程序 f1505.cpp，对于内存申请操作过量，导致系统发出 bad_alloc 异常：

```
(1)  //======================================
(2)  //f1505.cpp
(3)  //申请内存出错
(4)  //======================================
(5)  #include<iostream>
(6)  #include<exception>
(7)  using namespace std;
(8)  //--------------------------------------
(9)  int main(){
(10)   try{
(11)     int* p = new int[1000000000];  //将导致异常
(12)     p[1000000]=1000;
(13)     cout<<p[1000000]<<"\n";
(14)   }catch(bad_alloc){
(15)     cout<<"Bad Allocation...\n";
(16)   }
(17)   cout<<"end of program.\n";
(18) }//======================================
```

```
E:\ch15>f1505↙
Bad Allocation!
End of program.
```

因为内存申请过猛，所以对第 11 行语句，系统发出 bad_alloc 异常，也就是系统执行了“throw bad_alloc;”语句，然后被第 14 行语句捕捉。不但第 11 行语句执行不了，第 12~13 行语句也不再执行（若执行便是操作错误），结果就避免了后续操作错误。但不管是否发生异常，第 17 行语句总是会执行的。

这里的头文件 exception 中包含了 bad_alloc 等子类。由于 iostream 流类中涉及内存申请，必然也涉及申请失败的异常，所以已经包含了该头文件，因此 #include<exception> 指令在此处可以省略。

15.3 捕捉异常（Catching Exception）

15.3.1 类型匹配（Type Match）

对于 try 块中的语句，只要是涉及类的，不管是对象创建（调用构造函数）还是操作符运算，本质上都是函数调用。若在那些函数体中，放置了异常的抛掷语句，各种各样的捕捉事件便会发生。

异常机制虽然与函数机制正交（互不干涉），但捕捉的方式仍然是模仿函数调用的类型匹配。捕捉相当于函数返回类型的匹配，而不是函数参数的匹配，所以捕捉不用考虑一个抛掷中的多种数据类型匹配问题。例如，f1506.cpp 就是各种类型对象的抛掷测试：

```
(1)  //=====================================
(2)  //f1506.cpp
(3)  //异常匹配
(4)  //=====================================
(5)  #include<iostream>
(6)  using namespace std;
(7)  //-------------------------------------
(8)  class A{};
(9)  class B{};
(10) //-------------------------------------
(11) int main(){
(12)   try{
(13)     int j=0;
(14)     double d=2.3;
(15)     char str[20]="Hello";
(16)     cout<<"Please input a exception number:" ;
(17)     int a; cin>>a;
(18)     switch(a){
(19)       case  1: throw d;
(20)       case  2: throw j;
(21)       case  3: throw str;
(22)       case  4: throw A();
(23)       case  5: throw B();
(24)       default: cout<<"No throws here.\n";
(25)     }
(26)   }catch(int){
(27)     cout<<"int exception.\n";
(28)   }catch(double){
(29)   cout<<"double exception.\n";
(30)   }catch(char*){
(31)     cout<<"char* exception.\n";
(32)   }catch(A){
(33)     cout<<"class A exception.\n";
(34)   }catch(B){
(35)     cout<<"class B exception.\n";
(36)   }
(37)   cout<<"That's ok.\n";
(38) }//=====================================
```

```
E:\ch15>f1506↙
Please input a exception number: 3↙
char* exception.
That's ok.
```

catch 代码块必须出现在 try 块之后，并且在 try 块之后可以出现多个 catch 代码块，每个 catch 对应一个类型参数，以捕捉各种不同类型的抛掷。就像美丽的公主在楼上抛掷绣球时，下面有许多等着捕捉绣球的人，毕竟抛中谁就嫁给谁啊。

异常机制是基于这样的原理：程序运行实质上是数据实体在做一些操作。因此发生异常现象的地方，一定是某个实体出了差错，该实体所对应的数据类型便作为抛掷和捕捉的依据。相应的实体便作为抛掷的“绣球”了。

因此，抛掷的实体已经存在，不需要通过类型转换创建一个临时实体。实参与形参之间就理所当然地不能用相容类型提升这一规则来套。在函数参数的匹配中，传递 char 型数可以匹配 int 型数，传递 int 型数可以匹配 double 型数的隐式转换规则在异常捕捉匹配中行不通。所以程序 f1506.cpp 中的 switch 语句中如果抛掷一个 char 类型的“绣球”，则没有一个捕捉类型被匹配。若捕捉不住则矛盾上交，即继续往函数的上层抛掷；若再没有捕捉到，则最后将以程序终止运行而告终。

另一方面，捕捉处理并不一定需要实参传递。捕捉在基于抛掷的类型匹配后，便着手处理异常了。而许多类总是具有自定义的特殊性在里面的。例如，日期类对象出现异常则往往是数据超过年月日范围，所以捕捉日期类异常的处理就是报告日期值不符合常规。在这样的情况下，捕捉就简单地匹配类型，而无须传递该类型的实体值了。程序 f1506.cpp 中每个捕捉的匹配类型都省略了形参实体名。

❑ 15.3.2 撒网捕捉（Cast a Net to Catch）

程序中可以设置一道道捕捉的关卡。如果抛掷的异常循着调用链往上，在最近的捕捉关卡未被捉住，则还会被更上端的捕捉关卡追捕，直逼到系统的最后一道防线。

例如，举一个层层设防捕捉异常的例子：稀有金属的加工报废率很高，需要一个加工过程中的报废和善后处理的通盘设计。以异常处理方式设计其善后处理，在过去看是特别的，而现在来看却是一般的。真实的加工过程也许没有这么密集的异常处理，这里为了说明异常处理设计的总体框架，故设计了一个相对抽象的过程，如图 15-4 所示。

函数一路的设计为：系统从主函数启动；调用成组金属加工过程；进而调用片金属加工过程，在片金属加工过程中，分别调用横向加工、性能测试和纵向加工这三个过程，而它们又分别调用横向尺寸大小判断、性能测试失败判断及纵向尺寸计算这三个过程，纵向尺寸计算又去调用纵向尺寸大小判断的过程，见图 15-4 中的方框和实线描述。

异常一路的设计为：主函数撒开硬件故障、性能测试失败和一切错误捕捉之网，捕捉从调用链传播来的一切异常。成组金属加工则撒开横向尺寸错误和性能测试失败的捕捉网。若横向尺寸错误则整组金属加工报废，而性能测试失败更将导致加工过程全面停止，因而在性能测试失败之时，先做好本组金属加工的善后处理是必要的，然后退回到更高一级的异常处理，实施停工。对于横向尺寸错误，则在成组金属加工过程中做本组金属的善后处理，随后进行下一组金属加工过程。片金属加工则捕捉纵向尺寸错误，因为纵向尺寸错误仅报废本片金属的加工，所以在做好善后处理之后，可以继续下一片金属的加工过程。见图 15-4 中的圆圈和虚线描述。异常捕捉网从另一个角度反映了系统设计方案的实现。

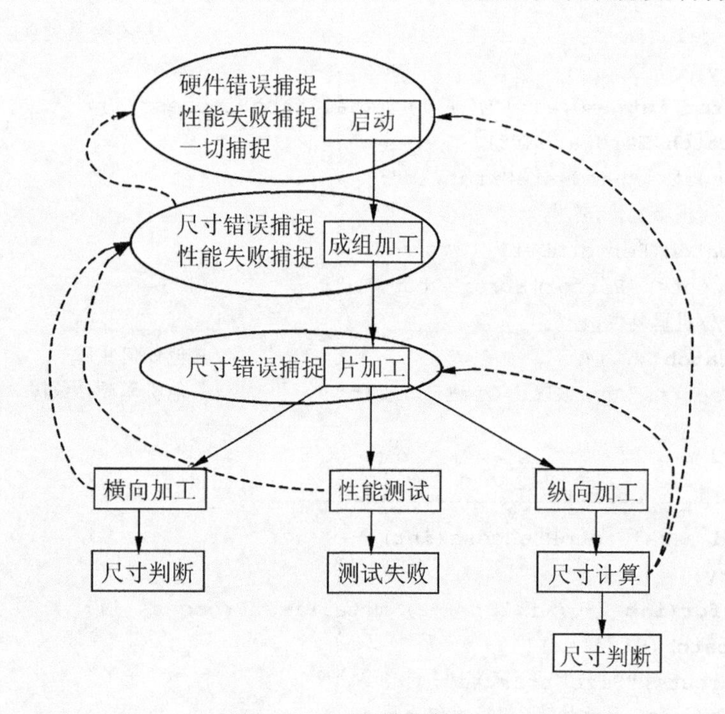

图 15-4　异常捕捉设计方案

其代码实现如下所示：

```
(1)  //======================================
(2)  //f1507.cpp
(3)  //异常捕捉网
(4)  //======================================
(5)  #include<iostream>
(6)  using namespace std;
(7)  //--------------------------------------
(8)  class HardwareErr{};    //硬件故障错误
(9)  class SizeErr{};        //尺寸错误
(10) class PerformErr{};     //性能不合要求
(11) class A{};              //其他意外错误
(12) //--------------------------------------
(13) void metalPieseProccess(int);              //金属片加工
(14) void metalGroupProccess(int);              //逐组加工稀有金属
(15) void calcVSize();                          //计算纵向尺寸
(16) void hProccess();                          //横向加工
```

```
(17)  void vProccess();                              //纵向加工
(18)  void performTest();                            //性能测试
(19)  bool tooSmallHSize(){ return false; }          //横向尺寸太小
(20)  bool performTestFail(){ return true; }         //性能测试失败
(21)  bool tooSmallVSize(){ return false; }          //纵向尺寸太小
(22)  //-------------------------------------
(23)  int main(){                                    //稀有金属处理
(24)    try{
(25)      for(int i=0; i<10; ++i) metalGroupProccess(i);
(26)    }catch(HardwareErr){
(27)      cout<<"HardwareError.\n";
(28)      //机器复位,停机
(29)    }catch(PerformErr){
(30)      cout<<"PerformError Stop.\n";
(31)      //机器复位,停机
(32)    }catch(...){                               //其他任何故障
(33)      cout<<"Any Kind Of Error.\n";            //其他机器硬件故障
(34)      //停机
(35)    }
(36)  }//-------------------------------------
(37)  void metalGroupProccess(int){
(38)    try{
(39)      for(int i=0; i<10; ++i) metalPieseProccess(i);
(40)    }catch(SizeErr){
(41)      cout<<"SizeError.\n";
(42)      //片加工尺寸故障,报废本组金属
(43)    }catch(PerformErr){
(44)      cout<<"PerformErr.\n";
(45)      //性能测试失败善后处理,加工件离机
(46)      throw;
(47)    }
(48)  }//-------------------------------------
(49)  void metalPieseProccess(int){
(50)    hProccess();
(51)    performTest();
(52)    try{
(53)      vProccess();
(54)      //metalPieseProccess
(55)    }catch(SizeErr){
(56)      cout<<"VSizeErrReport.\n";
(57)      //纵向尺寸错误,报废本片金属
(58)    }
(59)  }//-------------------------------------
(60)  void calcVSize(){
(61)    int a;
```

```
(62)     if(tooSmallVSize()) throw SizeErr();
(63)     if(a) throw A();
(64)     //...
(65)   }//-----------------------------------------
(66)   void vProccess(){
(67)     calcVSize();
(68)     //...
(69)   }//-----------------------------------------
(70)   void hProccess(){
(71)     if(tooSmallHSize()) throw SizeErr();
(72)     //...
(73)   }//-----------------------------------------
(74)   void performTest(){
(75)     if(performTestFail()) throw PerformErr();
(76)     //...
(77)   }//=========================================
```

```
E:\ch15>f1507↙
PerformErr.↙
PerformError Stop.
```

在主函数中，如果碰到硬件故障、性能测试失败的故障，以及莫名其妙的故障，则统统捕捉，予以机器复位和停机。这些故障和错误往往不是从所调用的函数（成组加工）中发生和直接返回的，而是在沿调用链一直下去的地方发生的。异常机制能够胜任沿调用链下去任何函数中发生的抛掷（throw）被捕捉（catch）。特别是 catch(…)，它捕捉任何类型的异常，也就是不让任何抛掷的异常逃逸。所以若发生任何故障，最坏的结果就是停机而不是无序的破坏。

在成组加工函数中捕捉的一个异常是性能测试失败，该错误并不是直接由所调用的片加工函数产生的，而是由片加工函数调用的若干下属函数产生的。捕捉住性能测试失败的异常后，由于性能测试失败非同小可，必须彻底检查金属性质，因此停机是必然的。但仓促停机会造成原材料损失，所以应先进行本组金属加工的退料善后处理，然后再抛掷同样类型的异常给启动函数。如果直接返回到启动函数，将被认为是正常返回，启动函数将进行下一组金属的加工或者其他加工处理。因此抛掷一个同样的异常成了一种分段善后处理的技术手段。由于抛掷的是同样的异常，所以抛掷类型可以省略（直接 throw，见第 46 行），而抛掷的对象实体会被再次沿调用链传播上去。

成组加工中捕捉的另一个异常是横向尺寸错误。遇到该错误后，本组金属加工就报废了，因此发现错误时，没有必要继续在尺寸计算中调校，也没有必要从发生错误的现场直接返回到上级——片加工，而是猛地跳跃到组加工现场，进行善后处理，然后正常返回到启动函数，以期做下一组金属加工。

片加工也设置了尺寸错误异常捕捉网，但那是捕捉纵向错误的，所以 try 块中放置了纵向加工模块。由于横向尺寸错误会导致组金属报废，因而直接抛掷给更高端的尺寸错误

捕捉是明智的。纵向尺寸错误只会导致片加工失败，因此，拦截了纵向尺寸错误，便可善后处理，以正常返回给组加工模块做下一片金属的加工。

第61行设置了一个变量，第63行做了一个虚拟的A类异常抛掷，这个异常也许是机械故障导致的卷带，它会使所有机器上的金属材料报废，因此该异常被狠命地抛掷出去，被启动函数的“彻底捕捉”catch(…)截获。

通过彻底捕捉的手段，通过重抛手段，我们确实可以建立一张多处捕捉的异常处理网来设计系统的框架，描述系统恢复及容错的能力。

15.4 异常的申述（Exception Description）

15.4.1 申述异常（Description Exception）

异常抛掷后总是沿着函数调用链往上，直到被某个函数捕捉住。因此，异常抛掷、捕捉以及处理都依附于函数，函数承载着异常。

异常沿着函数调用链向上抛掷的特点，给上游的函数造成了一定的压力，因为要做好捕捉的准备工作啊！由于模块的独立性，使得调用模块者有可能不清楚下游模块中抛掷出来的异常类型，因而即使采用彻底捕捉的手段捕捉住这种异常，也不会处理这种异常，最后只能仓促停机了事。上游函数的这种粗暴的异常处理源于对下游抛掷的异常类型的无知。如果能够建立起上下游函数的联系，及时通告可能抛掷的异常类型，那么上游函数就可以有的放矢地处理异常了。

上下游函数的联系，可以通过异常申述获得。异常申述就是在函数声明和函数定义的头部加上可能抛掷的异常集合。例如：

```
void f() throw(A,B);
void g();
void h() throw();
```

它说明f函数内可能会抛掷出A和B类型的异常；g函数内可能会抛掷出任何类型的异常；而h函数内不会抛掷出任何异常。如果h函数真的抛掷出异常，或者f函数抛掷出非A非B类型的异常，那么这是没有料到的，所以称其为未料到异常（unexpect exception）。

在这以前的函数，都是可能会抛掷出任何异常的，这在上下函数都是一个人编写的时候是不会有问题的，但在带有异常处理的大型开发中，情形多不是这样。

我们可以对程序f1507.cpp做一次修改，成为异常申述版本：

```
(1)  //======================================
(2)  //f1508.cpp
(3)  //异常申述
(4)  //======================================
(5)  #include<iostream>
(6)  #include<exception>
```

```
(7)  using namespace std;
(8)  //---------------------------------------
(9)  class HardwareErr{};
(10) class SizeErr{};
(11) class PerformErr{};
(12) class A{};
(13) //---------------------------------------
(14) void metalPieseProccess(int)throw(PerformErr,SizeErr);
(15) void metalGroupProccess(int)throw(PerformErr);
(16) void hProccess()throw(SizeErr);
(17) void vProccess()throw(SizeErr);
(18) void performTest()throw(PerformErr);
(19) void calcVSize()throw(SizeErr);
(20) bool tooSmallHSize(){ return false; }
(21) bool performTestFail(){ return false; }
(22) bool tooSmallVSize(){ return false; }
(23) void myUnexpectedHandler(){
(24)   cout<<"AnyKindOfError.\n";
(25)   //粗暴停机
(26) }//---------------------------------------
(27) int main(){
(28)   set_unexpected(myUnexpectedHandler);
(29)   try{
(30)     for(int i=0; i<10; ++i) metalGroupProccess(i);
(31)     //其他加工
(32)   }catch(PerformErr){
(33)     cout<<"PerformError Stop.\n";
(34)     //加工件离机,温柔停机
(35)   }
(36) }//---------------------------------------
(37) void metalGroupProccess(int)throw(PerformErr){
(38)   try{
(39)     for(int i=0; i<10; ++i) metalPieseProccess(i);
(40)   }catch(SizeErr){
(41)     cout<<"SizeError.\n";
(42)     //片加工尺寸故障,报废本组金属
(43)   }catch(PerformErr){
(44)     cout<<"PerformErr.\n";
(45)     //性能测试失败善后处理
(46)     throw;
(47)   }
(48) }//---------------------------------------
(49) void metalPieseProccess(int)throw(PerformErr,SizeErr){
(50)   hProccess();
(51)   performTest();
```

```
(52)    try{
(53)      vProccess();
(54)      //metalPieseProccess
(55)    }catch(SizeErr){
(56)      cout<<"VSizeErrReport.\n";
(57)      //纵向尺寸错误,报废本片金属
(58)    }
(59)  }//-----------------------------------
(60)  void calcVSize()throw(SizeErr){
(61)    //...
(62)    if(tooSmallVSize())throw SizeErr();
(63)    throw A();
(64)    //...
(65)  }//-----------------------------------
(66)  void vProccess()throw(SizeErr){
(67)    calcVSize();
(68)    //...
(69)  }//-----------------------------------
(70)  void hProccess()throw(SizeErr){
(71)    if(tooSmallHSize()) throw SizeErr();
(72)    //...
(73)  }//-----------------------------------
(74)  void performTest()throw(PerformErr){
(75)    if(performTestFail()) throw PerformErr();
(76)    //...
(77)  }//===================================
```

```
E:\ch15>f1508↙
AnyKindOfError.

Abnormal program termination
```

在下游函数中，横向加工，纵向加工，性能测试都单一地可能抛掷 SizeErr 和 PerformErr 异常，至于 A 类型异常完全是意料之外的，设计时不做考虑，若遇上该异常，则应认为倒霉，直接停机了事。

有了异常申述，则在前几个函数之上的片加工函数的异常处理就好写了：它自己捕捉纵向尺寸错误，放纵横向尺寸错误和性能测试失败异常的抛掷，因此做了异常申述。

随之组加工函数的异常处理也好写了：它自己捕捉横向尺寸错误和性能测试错误的异常，再抛掷性能测试异常，因此异常申述也即刻写成。

在启动函数中，对于意料到的异常做了处理，即性能测试失败的温柔停机。而对于未料到的异常，即越过了异常申述类型的异常，不再可能被彻底捕捉的 catch(…)捕捉到，它最终被系统截获转而去执行 unexpected 函数。为了亲自处理未料到事件的发生，可以通过

set_unexpected 函数（第 28 行），更换 unexpected 为自己定义的停机处理函数 myUnexpectedHandler（第 23~26 行）。程序 f1508.cpp 的运行结果正是这一未料到异常发生所导致的。

异常申述是一种对设计的描述，从而给程序员一个编程的参照，所以应作为界面放在函数声明中，并通过头文件的形式扩散到程序员那里。

其次，要使用异常申述，函数声明和函数定义中的异常申述必须保持一致，否则无法一一对应。这在程序 f1508.cpp 中已经反映出来了。例如，第 19 行“void calcVSize() throw(SizeErr);”声明与第 60 行定义的头部一致。

❑ 15.4.2 捉不住处理（Uncaught Handling）

如果代码中没有彻底捕捉的异常处理（程序 f1507.cpp 中的第 32~35 行），则对于抛掷的异常，有可能发生捕捉不住的情况。例如，向量的下标溢出时，系统会抛掷一个 runtime_error 异常，但许多程序都不屑一捕，因为程序都调通了，逻辑上可靠，不会出现下标溢出的错误了。若粗心大意的程序真的被系统抛掷这类异常，则该未捕捉的异常只能由系统默认的“强制捕捉器”terminate 捕捉了。terminate 是系统资源，它的默认操作是调用系统的 abort 函数，从而无条件地中止程序的执行。

另外，未料到异常，如果不去理它，被系统截获后会转而去执行 unexpected 函数，而 unexpected 函数的默认行为也是执行 terminate 函数。

一旦进入了 terminate 函数，就无法再回头，因为它已经完全脱离了原先函数的栈结构，而进入非常有限的异常处理机构。到达 terminate 之后，一般就是准备终止运行。

为了抗争终局时的粗暴停机，可以通过 set_terminate 函数修改捉不住异常的默认处理器，从而使得发生捉不住异常时，被自定义函数处理。例如：

```
void myTerminate(){ cout<<"HereIsMyTerminater.\n"; }
set_terminate(myTerminate);
```

set_terminate 函数在头文件 exception 中声明，其参数为函数指针 void(*)()，因此定义一个 myTerminate 函数后，便可以该函数名为参数，设置默认处理。set_terminate 函数的原理与 set_unexpected 函数相似，读者可以模仿程序 f1508.cpp 的 set_unexpected 函数的使用，对程序 f1507.cpp 稍加修改，实践自定义默认捉不住异常的处理。

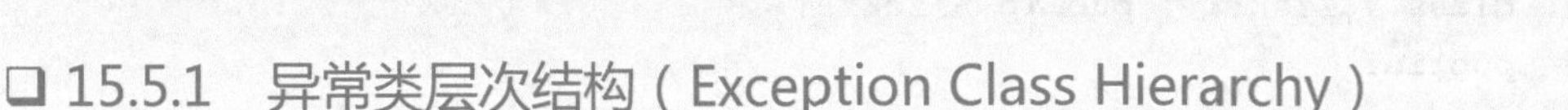

15.5 异常继承体系（Exception Inheritance System）

❑ 15.5.1 异常类层次结构（Exception Class Hierarchy）

异常设计一般是先根据程序中各种错误的分类和性质，定义一个异常的类继承体系。然后在进行了系统结构设计以后，就可以进行如图 15-4 那样的异常捕捉方案设计了。在对象操作发生异常时，将该对象的错误性质用某种异常对应，使错误处理更有目的性，且层

次化的异常本身带有错误处理中需要的一些操作。异常还可以设计为多态，这样处理起来就更能发挥类层次结构的优势了。设计异常类层次结构的好处是可以系统化地撒更大的网捕捉类层次结构中诸异常，并且多态地处理异常。现在我们就开始设计一个异常的类层次结构。例如，程序 f1507.cpp 中所用到的异常，完全可以归总到一个基类 MyException，然后，层层派生构造一个类层次，如图 15-5 所示。

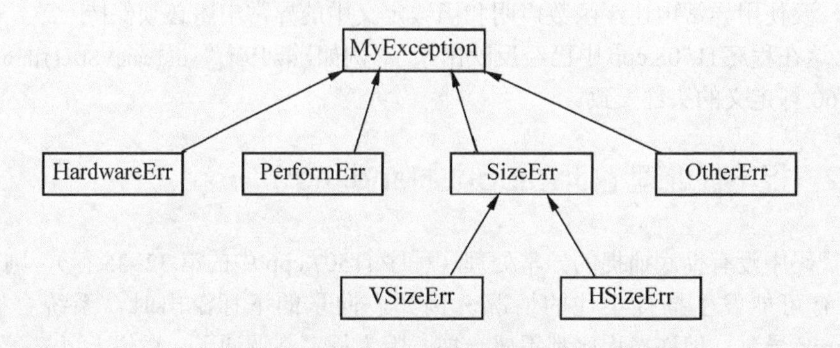

图 15-5　自定义的异常类层次

在此基础上，展开异常的设计（类似于图 15-4)，然后进行具体的编程。从中实践异常类层次的操作，并在异常使用中表现其多态性。多态的异常类层次结构代码如下：

```
(1)  //=======================================
(2)  //myexception.h
(3)  //=======================================
(4)  #ifndef HEADER_MYEXCEPTION
(5)  #define HEADER_MYEXCEPTION
(6)  class MyException{
(7)  public:
(8)    virtual const char* what(){ return "MyException"; }
(9)  };//-------------------------------------
(10) class HardwareErr : public MyException{
(11) public:
(12)   virtual const char* what(){ return "HardwareErr"; }
(13) };//-------------------------------------
(14) class SizeErr : public MyException{
(15) public:
(16)   virtual const char* what(){ return "SizeErr"; }
(17) };//-------------------------------------
(18) class VSizeErr : public SizeErr{
(19) public:
(20)   virtual const char* what(){ return "VSizeErr"; }
(21) };//-------------------------------------
(22) class HSizeErr : public SizeErr{
(23) public:
(24)   virtual const char* what(){ return "HSizeErr"; }
```

```
(25)  };//-----------------------------------
(26)  class PerformErr : public MyException{
(27)  public:
(28)    virtual const char* what(){ return "PerformErr"; }
(29)  };//-----------------------------------
(30)  class OtherErr : public MyException{
(31)  public:
(32)    virtual const char* what(){ return "OtherErr"; }
(33)  };//-----------------------------------
(34)  #endif  //HEADER_MYEXCEPTION
```

❑ 15.5.2 异常类层次结构的用法（Usage of Exception Class Hierarchy）

有了上述异常类层次结构，这时候，再将程序 f1507.cpp 修改成更具实用意义的错误处理系统如下：

```
(1)  //======================================
(2)  //f1509.cpp
(3)  //异常继承体系
(4)  //======================================
(5)  #include "myexception.h"
(6)  #include<iostream>
(7)  #include<exception>
(8)  #include<typeinfo>
(9)  using namespace std;
(10) //--------------------------------------
(11) void metalPieseProccess(int);
(12) void metalGroupProccess(int);
(13) void hProccess();
(14) void vProccess();
(15) void performTest();
(16) void calcVSize();
(17) bool tooSmallHSize(){ return false; }
(18) bool performTestFail(){ return false; }
(19) bool tooSmallVSize(){ return false; }
(20) //--------------------------------------
(21) int main(){
(22)   try{
(23)     for(int i=0; i<10; ++i) metalGroupProccess(i);
(24)     //其他加工
(25)   }catch(MyException& me){
(26)     if(string(me.what())=="HardwareErr")  ; //停机
(27)     if(string(me.what())=="PerformErr")   ; //加工件离机,温柔停机
(28)     if(string(me.what())=="OtherErr")    ; //粗暴停机
(29)     cout<<"MyException: "<<me.what()<<"\n";
```

```
(30)    }catch(exception& e){
(31)      cout<<"StandardException: "<<typeid(e).name()<<"\n";
(32)      //停机
(33)    }
(34)  }//----------------------------------------
(35)  void metalGroupProccess(int){
(36)    try{
(37)      for(int i=0; i<10; ++i) metalPieseProccess(i);
(38)    }catch(HSizeErr&){
(39)      cout<<"SizeError.\n";
(40)      //片加工尺寸故障,报废本组金属
(41)    }catch(PerformErr&){
(42)      cout<<"PerformErr.\n";
(43)      //性能测试失败善后处理
(44)      throw;
(45)    }
(46)  }//----------------------------------------
(47)  void metalPieseProccess(int){
(48)    hProccess();
(49)    performTest();
(50)    try{
(51)      vProccess();
(52)      //metalPieseProccess
(53)    }catch(VSizeErr&){
(54)      cout<<"VSizeErrReport.\n";
(55)      //纵向尺寸错误,报废本片金属
(56)    }
(57)  }//----------------------------------------
(58)  void calcVSize(){
(59)    int a=1;
(60)    //...
(61)    if(tooSmallVSize())throw VSizeErr();
(62)    //int* p = new int[1000000000];
(63)    if(a) throw OtherErr();
(64)    //...
(65)  }//----------------------------------------
(66)  void vProccess(){
(67)    calcVSize();
(68)    //...
(69)  }//----------------------------------------
(70)  void hProccess(){
(71)    if(tooSmallHSize()) throw HSizeErr();
(72)    //...
(73)  }//----------------------------------------
(74)  void performTest(){
(75)    if(performTestFail()) throw PerformErr();
```

```
(76)    //...
(77)  }//==========================================
```

```
E:\ch15>f1509↙
MyException: OtherErr
```

值得注意的是，异常定义中，声明了虚函数 what，那是为了实现类层次中的多态继承。

抛掷子类异常，由于子类对象就是基类对象这个铁板钉钉的事实，所以捕捉基类异常的行为也可以网捕到所有的子类异常。主函数展开基类 MyException 的捕捉正是这样做的。只要捕捉基类 MyException 对象，就可以捕捉一切 MyException 异常，而且还能分清抛掷的是什么异常，因为 MyException 是多态继承的。然而在组加工和片加工中，不能企图去捕捉基类 MyException，因为这样会使不应被捕捉的 OtherErr 也在片加工中被捕捉了。

为了表现异常处理的多态，这个例子中，异常捕捉的类型采用了异常的引用。这也是通常异常设计的做法。引用传递的另一个好处是，不需为了传递抛掷的对象而创建一个异常对象，因为本身已经出错的程序，或许根本无能力创建对象，而且，出错现场的系统资源可能已经枯竭，还有若从性能上考虑……

除此之外，还在主函数中使用了系统异常 exception 的捕捉。一般来说，自定义了异常类层次结构，设计了其捕捉网，如果再有漏网的异常，那么，那些异常就是来自系统的了。来自系统的异常从初学的角度来说，因为不大可能去用标准库以外的类资源，所以碰到的异常都是在使用标准类库中遇到的异常，它们是标准异常。因此要截获意想不到的异常，只要在程序将要结束的地方，设置一道捕捉系统 exception 异常的关卡就行了。因为 exception 是所有标准异常的老祖宗。

标准异常 exception 下有若干子类，它们都是多态继承的。所以，一旦捕捉到了标准异常，只要动态显示其类型名称 typeid(e).name()，就能知道是标准异常的哪个子类了。typeid(e) 表示描述 e 对象类型信息的类，对该类进行 name 操作，就是类型的 C-串表示了，因而用标准输出就能显示异常的名称，见程序 f1509.cpp 中第 31 行。

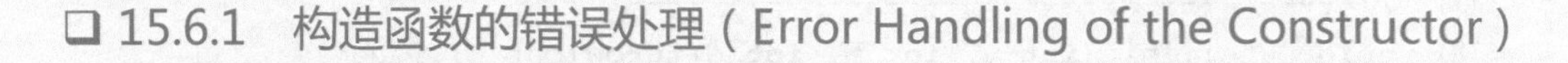

15.6 异常的应用（Exception Applications）

15.6.1 构造函数的错误处理（Error Handling of the Constructor）

构造函数是一个太特别的函数，对象创建时，便调用了构造函数，一旦启动调用，就开辟了对象的本体空间；然后，若有对象成员，就进行对象成员的构造，当对象本体不等于对象实体的时候（拥有数据指针或引用），则还要申请堆资源，构造过程中还要进行初始化的合法性检查。这一切操作都有可能产生错误，但产生错误后，却一筹莫展，因为返回就意味着对象创建成功。

异常可以帮我们处理构造函数创建的错误。首先要明确的是，创建失败，意味着所有以这个创建了的对象作为操作依据的代码段都必须放弃，因为对象并没有成功创建。第二，

构造函数中要敢于在创建错误时抛掷异常。第三，在使用类的代码中进行异常捕捉和处理。例如，日期型 Date 中，早就应该有日期的校验，并在校验失败后，终止对象的使用！于是，我们对程序 f0904.cpp 做如下修改：

```
(1)  //=====================================
(2)  //date.h
(3)  //=====================================
(4)  #ifndef HEADER_DATE
(5)  #define HEADER_DATE
(6)  #include<iostream>
(7)  #include<iomanip>
(8)  using namespace std;
(9)  //-------------------------------------
(10)  class Date{
(11)    int year, month, day;
(12)    void init(int y, int m, int d)throw(out_of_range);
(13)  public:
(14)    Date(const string& s)throw(out_of_range);
(15)    Date(int y=2000, int m=1, int d=1)throw(out_of_range);
(16)    bool isLeapYear()const;
(17)    friend ostream& operator<<(ostream& o, const Date& d);
(18)  };//-------------------------------------
(19)  inline ostream& operator<<(ostream& o, const Date& d){
(20)    o<<setfill('0')<<setw(4)<<d.year<<'-'<<setw(2)<<d.month<<'-';
(21)    return o<<setw(2)<<d.day<<'\n'<<setfill(' ');
(22)  }//-------------------------------------
(23)  #endif  //HEADER_DATE
```

```
(1)  //=====================================
(2)  //date.cpp
(3)  //=====================================
(4)  #include "date.h"
(5)  #include<exception>
(6)  using namespace std;
(7)  //-------------------------------------
(8)  void Date::init(int y, int m, int d)throw(out_of_range){
(9)    if(y>5000 || y<1 || m<1 || m>12 || d<1 || d>31) throw out_of_range;
(10)   year=y, month=m, day=d;
(11)  }//-------------------------------------
(12)  Date::Date(const string& s)throw(out_of_range){
(13)    int y = atoi(s.substr(0,4).c_str());
(14)    int m = atoi(s.substr(5,2).c_str());
(15)    int d = atoi(s.substr(8,2).c_str());
(16)    init(y,m,d);
(17)  }//-------------------------------------
(18)  Date::Date(int y, int m, int d)throw(out_of_range){ init(y,m,d); }
```

```
(19) //------------------------------------
(20) bool Date::isLeapYear()const{
(21)   return (year % 4==0 && year % 100 )|| year % 400==0;
(22) }//------------------------------------
```

```
(1)  //=====================================
(2)  //f1510.cpp
(3)  //构造函数中抛掷异常
(4)  //=====================================
(5)  #include "date.h"
(6)  #include<iostream>
(7)  using namespace std;
(8)  //-------------------------------------
(9)  int main(){
(10)   try{
(11)     Date c("abc");
(12)     Date d(2003,12,6);
(13)     Date e(2002);
(14)     Date f(2002,12);
(15)     Date g;
(16)   }catch(out_of_range&){
(17)     cout<<"BecauseOfCreateDateObjectError\n";
(18)     return 1;
(19)   }
(20)   cout<<c<<d<<e<<f<<g;
(21) }//=====================================
```

```
E:\ch15>f1510↙
BecauseOfCreateDateObjectError
```

因为第 11 句的日期不合法，导致构造函数抛掷了异常，之后，便被 out_of_range 异常捕捉，从而执行返回而结束运行。如果创建 Date 对象的不是主函数，则异常处理就不是简单地返回了，或许重新抛掷也不好说。总之，不再像程序 f0904.cpp 那样粗暴地停机了，或许返回到更高端的函数，通过另外的操作，给定其他日期参数，重新调用本模块。因此，异常处理给了程序恢复数据、重新运行的机会，也就体现了容错性。

主函数使用了 Date 类，Date 类中抛掷了异常，这是典型的下层抛掷、上层捕捉的异常处理方式。由于有了异常申述，完全可以在头文件的参照下进行细致的应用编程，在应该使用异常处理的地方出手，而如没有机会抛掷异常的对象输出语句，无须放入 try 块中。

构造函数因为没有返回类型，无法通过返回值报告运行状态，即使报告错误运行状态，在接下来的运行中，也不能使用状态错误的对象，所以只能通过一种非函数机制的途径，即异常机制，解决构造函数的出错问题。

□ 15.6.2 引用的动态转型（Reference dynamic_cast）

动态转型专门对付多态编程。在程序 f1213.cpp 中我们看到，动态转型一个基类指针到子类指针，通过测试指针值是否为 0，可以确定所指向的对象是子类对象还是其他对象。但是通过动态转型一个基类引用到子类引用，不能通过测试引用值断定引用的类型，因为引用值代表对象值转换的时刻，要么就运行出错，要么就初始化完成，代表了一个对象。因此，为了多态处理的完美性，系统应该支持引用动态转型失败的报告及处理，以让程序员能够对其失败进行编程。

引用动态转型失败时，C++ 运行系统会自发地抛掷出一个标准异常 exception 的子类 bad_cast 异常。因此进行引用动态转型时，一般总是伴随着捕捉 bad_cast 的异常处理。程序 f1511.cpp 是将程序 f1213.cpp 用引用动态转型实现：

```
(1)  //=======================================
(2)  //f1511.cpp
(3)  //引用的动态转型
(4)  //=======================================
(5)  #include<iostream>
(6)  #include<typeinfo>
(7)  using namespace std;
(8)  #include "savings_bro.h"
(9)  #include "checking_bro.h"
(10) #include "accountlist.h"
(11) //---------------------------------------
(12) int main(){
(13)   Savings s1("3277",3000), s2("3279", 5000);
(14)   Checking c1("888"), c2("398", 10000);
(15)   AccountList a;
(16)   a.add(s1);  a.add(s2);
(17)   a.add(c1);  a.add(c2);
(18)   Account* p;
(19)   if(p = a.find("3277")) p->deposit(100);
(20)   if(p = a.find("888"))  p->deposit(2000);
(21)   if(p = a.find("3279")) p->withdrawal(2500);
(22)   if(p = a.find("398"))  p->withdrawal(1555.5);
(23)   for(Node* p=a.getFirst(); p; p=p->next)
(24)     try{
(25)      dynamic_cast<Checking&>(p->acnt).deposit((p->acnt).getBalan()*0.05);
(26)     }catch(bad_cast&){
(27)       double temp = (p->acnt).getBalan()*0.1;
(28)       (p->acnt).deposit(temp);
(29)     }
(30)   a.display();
(31) }//=======================================
```

第 23 行的 for 语句中的 p 指针，不是指向 Checking 类对象就是指向 Savings 类对象，二者必居其一。所以在发生引用动态转型（第 25 行）失败时，毫无疑问地将其归结为另一种对象的操作。

其运行结果与程序 f1213.cpp 一致，但使用指针还是引用，完全视程序员编程现场的风格，实现的要求以及处理的方便程度。我们又一次看到，多态的标准异常给我们带来了不可多得的面向对象的编程方便。

❑ 15.6.3 typeid 的用法（Usage of typeid）

typeid 能够多态地抓取对象的类型信息。获取对象的类型信息，便可以进行所需的多态处理。这比直接操作虚函数要灵活得多，通过分枝编程，它可以从事对象本身所不具备的多态操作。

typeid 在 typeinfo 头文件中定义，typeid(objectName)为对象的类型，类型可以比较。typeid(objectName).name 为用 C-串表示的该类型的名称，可以用来打印类型信息，程序 f1512.cpp 是程序 f1213.cpp 多态编程的又一种实现方法：

```
(1)  //========================================
(2)  //f1512.cpp
(3)  //使用 typeid
(4)  //========================================
(5)  #include<iostream>
(6)  #include<typeinfo>
(7)  using namespace std;
(8)  #include "savings_bro.h"
(9)  #include "checking_bro.h"
(10) #include "accountlist.h"
(11) //----------------------------------------
(12) int main(){
(13)   Savings s1("3277",3000), s2("3279", 5000);
(14)   Checking c1("888"), c2("398", 10000);
(15)   AccountList a;
(16)   a.add(s1);  a.add(s2);
(17)   a.add(c1);  a.add(c2);
(18)   Account* p;
(19)   if(p = a.find("3277")) p->deposit(100);
(20)   if(p = a.find("888"))  p->deposit(2000);
(21)   if(p = a.find("3279")) p->withdrawal(2500);
(22)   if(p = a.find("398"))  p->withdrawal(1555.5);
(23)   try{
(24)     for(Node* p=a.getFirst(); p; p=p->next)
(25)      if(typeid(Checking)==typeid(&p->acnt))
(26)        (p->acnt).deposit((p->acnt).getBalan()*0.05);
(27)      else
```

```
(28)          (p->acnt).deposit((p->acnt).getBalan()*0.1);
(29)        a.display();
(30)      }catch(bad_typeid&){
(31)        cout<<"ZeroPointer\n";
(32)      }
(33)  }//=======================================
```

其运行结果仍与程序 f1213.cpp 一致。typeid 括号中的参数可以为对象、引用和指针，因为希望对象表现多态，所以，typeid 的参数多是指针和引用的。如果参数是指针，那么 0 值将引起 bad_typeid 标准异常。程序 f1512.cpp 中的异常捕捉处理实际上是不会执行到的，因为 AccountList 中的元素都是非空的，指针值非 0。在这里只是进行一次 bad_typeid 异常处理示意。bad_typeid 也是标准异常的一个子类。它与 bad_cast 异常一起，都在 typeinfo 头文件中定义。

15.7 非错误处理（Non-Error Handling）

15.7.1 另一种循环控制法（Another Loop Control Method）

在循环控制结构中，有些情况下，需要直接从循环体内的调用链的纵深处跳出循环。这不像多重循环的 goto 做法，因为 goto 只能在同一函数中转跳。调用链深处跳出循环的控制结构当然可以用普通的循环控制方法实现，但代价是，函数必须层层传递跳出信息，函数返回值的设计受到了牵制，而且函数的层层退栈开销，也影响了性能。这时候，异常机制就可以作为另一种控制结构来有效代替，如图 15-6 所示。

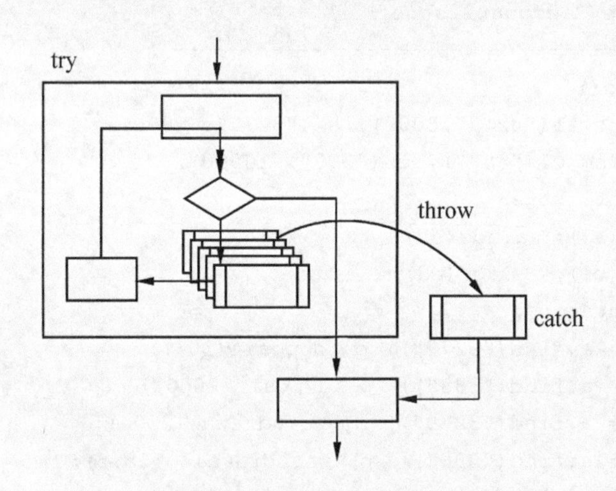

图 15-6　另一种控制结构

例如，对一个整数，打印其是否素数的处理过程，可以设计一个判断素数的 isPrime 逻辑值函数，亦可将判断过程与打印过程一气呵成。此时，循环判断过程便以“一票否决”制确定非素数，而直到终场才能确知是素数。因此，当终场来到的时候，便打印素数，而中途任何发生“异常”的时刻，都将转而去打印非素数，并且返回去等待下一个整数的处理。见下面实现代码：

```
//======================================
//f1513.cpp
//非错误异常
//======================================
#include<iostream>
using namespace std;
//--------------------------------------
void printYesOrNoPrime(int m){
  try{
    for(int i=2; i<m; ++i)
      if(m%i==0) throw "no";
    cout<<"yes\n";
  }catch(char* p){
    cout<<p<<"\n";
  }
}//-------------------------------------
int main(){
  printYesOrNoPrime(19);
}//=====================================
```

```
E:\ch15>f1513↙
Yes
```

不能说异常发生一定是一种错误，它已经成为了一种有效的过程控制手段。只不过许多时候我们还不太适应这种编程，因为往往有比较自然的普通控制结构替代；而且当调用链嵌套不深时，并没有明显影响程序的结构，更何况掺杂另一种控制结构可能会给易理解性蒙上一层阴影。

通过该异常的使用，读者应明白：异常并非仅仅是应对错误处理的一种机制。

❑ 15.7.2 递归控制法（Recursive Controlling）

递归往往是因为处理树状数据结构的需要，或处理栈的需要，它们有相同处理过程却有不同数据实例。递归最能引起调用链无节制地伸展，因此，异常在调用链中上下腾挪的特长，给了递归控制一种有效的手段。

例如，求解“n皇后问题”。在一个n×n的棋盘上，摆上n个国际象棋的皇后，使之处在互不攻击的状态中。从文件中不断读入n，不断解决n皇后问题。若找到解就输出方案，找不到就输出“NoSolutions.”。可以采用一种异常的手段构造递归控制设计，使之在找到解之后，能够迅速清退递归数据。程序如下：

```
(1)  //========================================
(2)  //f1514.cpp
(3)  //n queen's problem solution
(4)  //========================================
(5)  #include<iostream>
(6)  #include<vector>
(7)  #include<fstream>
(8)  using namespace std;
(9)  //----------------------------------------
(10) typedef vector<vector<int> > Mat;
(11) void queen(int r, int c, Mat);
(12) void print(const Mat& m);
(13) //----------------------------------------
(14) int main(){
(15)   ifstream in("queen.in");
(16)   for(int n; in>>n;)
(17)     try{
(18)       Mat m(n, vector<int>(n,0));
(19)       for(int i=0; i<n; ++i) queen(0,i,m);
(20)       cout<<"NoSolutions\n\n";
(21)     }catch(Mat& m){ print(m); }
(22) }//---------------------------------------
(23) void queen(int r, int c, Mat m){
(24)   m[r][c] = 2;
(25)   for(int k=1; k<m.size()-r; ++k){
(26)     m[r+k][c]=1;
(27)     if(c-k>=0) m[r+k][c-k]=1;
(28)     if(c+k<m.size()) m[r+k][c+k]=1;
(29)   }
(30)   for(int j=0; j<m.size(); ++j)
(31)     if(m[r+1][j]==0)
(32)       if(r+2==m.size()){ m[r+1][j]=2; throw m; }
(33)       else queen(r+1,j,m);
(34) }//---------------------------------------
(35) void print(const Mat& m){
(36)   for(int i=0; i<m.size(); ++i){
(37)     for(int j=0; j<m.size(); ++j)
(38)       cout<<(m[i][j]==2 ? '*' : '-');
(39)     cout<<"\n";
(40)   }
(41)   cout<<"\n";
(42) }//=======================================
```

```
3
5
```

queen.in

```
E:\ch15>f1514↙
NoSolutions

*----
--*--
----*
-*---
---*-
```

该程序采用了一种朴素的方法，在递归调用中，没有让数据有效地节省，每次进一步调用，总是奢侈地复制整张棋盘，相信熟悉 8 皇后问题解答的读者能够找出更好的解来。

在第 19 行的循环中，若没有找到任何解，则直接执行第 20 行语句，并回到第 16 行语句读入下一个 n；但只要有解，就会在得到解的一刹那间，抛掷 Mat 异常，以完成打印任务，然后，回到第 16 行读入下一个 n。

显然，递归在性能上的种种不足，在一种异常的控制结构中得到了一定程度的补偿。在一些原来只得放弃递归的简捷性而保留性能的场合，看来要重新审视其实现了。

15.8 目的归纳（Conclusion）

因为面向对象程序设计面世，才有了异常这个产物。程序中的错误是多样化的，但发现错误总想加以纠正。错误处理对于嵌套调用深处的独立模块来说，有点勉为其难，因为调用者的用意只有调用者自己明白，错误处理理当由调用者承担。

异常机制则通过规定异常发生的可能区域（try），以及异常捕捉（catch），来处理发生异常的善后问题。对于抛掷出来的异常，往往是跨越数个函数调用而被捕捉处理。捕捉是根据抛掷的对象类型与捕捉对象类型的匹配完成的。异常处理，虽然破坏了所跨越的若干函数的数据栈，但对于各个函数中的局部对象的析构是义不容辞的。所以，对象运作方式是应付异常蹦跳的很好手段。这与面向对象编程所自然要求的对象化不谋而合。

异常可以申述，可以在函数中规定抛掷异常的种类，以便让预料异常和未料到异常处于不同的捕捉区，让程序能够分门别类地处理突发事件。

抛掷的异常被捕捉后，还可以重新抛掷，因而可以形成一张捕捉网。在一个相对完整的程序中，异常一般构成一个用户的类层次体系，辅之以标准异常的类层次体系，就可以基本上满意地处理好程序中的各处异常了。

构造函数是必须借助于异常处理的典型示例，引用的动态转型和动态类型信息的获取也要靠异常帮忙，因为它们的一个共同点是，不能等到一个操作完整地执行完后，再来判断其成功与否，操作失败的结果相当于不可思议地创建整型变量（int a;）失败，对程序来说，在异常没有推出之前，这种意外只有粗暴停机。

异常终究给我们带来了另一份厚礼，那就是非错误处理。尤其是在递归函数中，嵌套搜索树结构中的结点时，在找到相应树结点后迅速撤离现场到原始发出搜索调用的函数处，异常处理表现得异常独特。然而，更深刻的意义在于，异常设计虽然源于错误处理的需求，但其实现机制并没有咬定非错误不做那么刻板。更何况，什么是错误没有定论？发生概率少的事件就是错误吗？还是程序表现怪异就是错误!？所以，我们深刻地认识异常，是非错误处理的异常带给我们的厚礼。

练习 15（Exercises 15）

1. 设有下列类声明：

```
class A{
  int* pn;
public:
  class Error{};
  A(){
    pn = new int;
    init();
  }
  init(){
    //do something
    throw Error();
  }
};
```

如果 init 触发异常，则应用程序中应如何示意性地表示其异常处理？

2. 设计一个自定义的捉不住异常的处理函数，设置捉不住异常默认处理器，完成 15.4.2 节中的编程实践。

3. 下列程序：

```
//======================================
//e1503.cpp
//======================================
#include<iostream>
using namespace std;
//--------------------------------------
class String{
  char* p;
  int len;
  static int max;
public:
```

```
  String(char*, int);
  //-------------------------
  class Range{        //异常类1
  public:
    Range(int j):index(j){}
    int index;
  };//-----------------------
  class Size{};       //异常类2
  //-------------------------
  char& operator[](int k){
    if(0<=k && k<len)
      return p[k];
    throw Range(k);
  }//-----------------------
};//-----------------------------------
int String::max = 20;
//-------------------------------------
String::String(char* str, int si){
  if(si<0 || max<si) throw Size();
  p = new char[si];
  strncpy(p, str, si);
  len = si;
}//------------------------------------
void g(String& str){
  for(int i=0; i<10; ++i)
    cout<<str[i];
  cout<<endl;
}//------------------------------------
void f(){
  try{
    String s("abcdefghijklmnop", 16);
    g(s);
  }catch(String::Range r){
    cerr <<"->out of range: " <<r.index <<endl;
  }catch(String::Size){
    cerr <<"size illegal!\n";
  }//----------------------------------
  cout <<"The program will be continued here.\n\n";
}//------------------------------------
int main(){
  f();
  cout <<"These code is not effected by probably exception in f().\n";
}//====================================
```

（1）输出其运行结果。

（2）如果在函数 f 中，构造 String 对象的定义为：

```
String s("abcdefghijklmnopqrstuvwxyz",26);
```

那么，输出的运行结果又是什么？

（3）试添加一个异常类型 Pastm，如果成员操作符[]在 String 对象中检测到一个 m 字符，该异常处理就在屏幕上显示一个错误。

附录

Appendices

附录A 语法导读（Guide to Grammar）

A.1 C++语言文法（C++ Language Grammar）

在参考文献[1]的附录 A 中，提供了一个帮助理解的文法描述。真正的 C++语言是用文法加规范说明描述的。

学习文法也很重要的，当有些程序代码的风格耐人寻味的时候，参看 C++语法就能迎刃而解。在深度理解和参研 C++语言时，其语法学习是必不可少的。

程序是由算法和数据结构组成的，算法是由表达式语句组成的，数据结构是由声明语句组成的，而表达式语句和声明语句是由更小的语法单位……因此，程序是由各个语言成分组成的，在 C++语法上也是这样规定的。

人们编制的程序源代码是通过编译器识别的。所以人们的编程必须符合其编译器的识别标准，识别标准就是语言规则。编译器识别程序时，是将源程序的字符一个个读入，然后，理解其中的各个词法成分，再拼接成句法成分，从而构成程序框架，最后分解成计算机的操作，以达到编译的目的。

A.2 语法图（Grammar Graph）

最早描述语言的语法规则用的是语法图。例如，编程中描述的十进制无符号整数，是一串阿拉伯数字，其中第一个数字不为 0。要识别十进制无符号整数，先要对“数字”和“非 0 数字”进行语法图描述，以此为基础，再描述十进制无符号整数。

图 A-1（a）和（b）中的椭圆是一个个实际可以被识别的数字，（c）中的方框表示一个个待识别的语法单位。它表示若遇到非 0 数字，则为十进制无符号整数，但该过程还没有结束，还有待于向前继续识别。继续识别中若遇到数字，则将该数字纳入识别的整数中，并又继续识别，直到遇到非数字，识别无符号整数过程结束，结束时获得了一个尽可能长的无符　　号整数。例如：无符号整数 123 按此语法不会被识别成 1 和 2 和 3 这三个整数。如果是 0123 也不会被识别成无符号整数，因为一开始的 0 就已经不被认为是无符号整数的成功识别标志了。

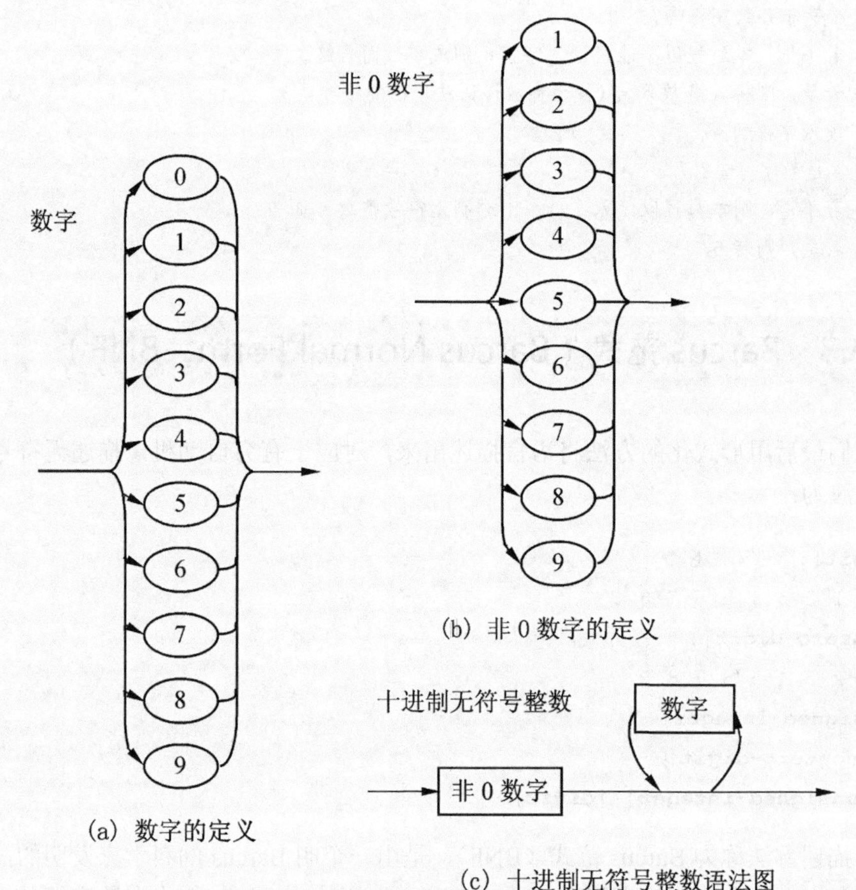

图 A-1　十进制无符号整数语法系列图

语法图后来演变成为专门描述语法的有穷自动机（☞参考文献[17]CH2.3），见图 A-2。

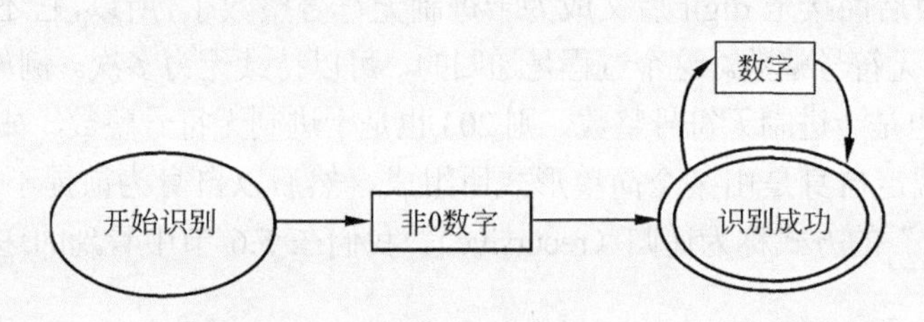

图 A-2　十进制无符号整数有穷自动机

图中的“开始识别”表示开始判断读入的字符是否符合非0数字，若是，则进入到双椭圆状态的“识别成功”处；若下一个读入的是“数字”，则依然识别成功，直到读入的字符非数字为止。于是就成功识别了一个十进制无符号整数。若在“开始识别”时，没有读到“非0数字”，那么该符号就不被当作是整数识别，也就是说读入的并非整数（可能是别的语法单位）。用有穷自动机描述语法，实际上，接近于完成用机器识别的设计工作，因为上述描述已经可以看成是一个可以编程的过程，该过程用非编程语言的文字描述为：

```
(1)  读入字符到 a。
(2)  a 是非 0 数字符吗?
(3)  若不是，本过程以不能将读入字符识别成整数而告终。
(4)  若是，则将 a 叠放入 s（s 为存放该语法单位的缓冲区）。
(5)  读入字符到 a。
(6)  a 是数字符吗?
(7)  若不是，则本过程以读入了一个十进制无符号整数 s 而告终。
(8)  若是，则转 5。
```

A.3　Barcus 范式（Barcus Normal Form，BNF）

专家们最后用形式化的方法将语言描述出来，对应于有穷自动机，描述无符号十进制整数的文法为：

```
[digit]:   //下述之一
  0 1 2 3 4 5 6 7 8 9
[nonzero-digit]:   //下述之一
  1 2 3 4 5 6 7 8 9
[unsigned-integer]:
   [nonzero-digit]
   [unsigned-integer] [digit]
```

这种描述方法称为Barcus范式（BNF），是由一个叫Barcus的科学家发明的，并以他的名字命名。文法中，digit由任意0，1，2，3，4，5，6，7，8，9十个数字符号之一所构成，nonzero-digit任由1，2，3，4，5，6，7，8，9九个数字符号之一所构成，十进制无符号整数可以是单个nonzero-digit，也可以是十进制无符号整数本身后面再接上digit。因为十进制无符号整数后面接上digit后又成为十进制无符号整数了，所以，它还可以再接上digit以构成新的十进制无符号整数。这个过程是递归的，可以持续无穷多次。例如：2是十进制无符号整数，则20也是十进制无符号整数，则203也是十进制无符号整数，如此等等。

像这种“先规定自身是由某个简单形式所组成，然后以自身为前提不断发展自身，从而完整地定义自身”的方式称为递归（recursive）。我们在5.6节中看到的递归函数，其思想是一致的。

方括号括起来的单词是一种概念，在编译器中表现为一个过程，显然，遇到非0数字就调用 unsigned-integer 过程。过程不是最终识别符，必须遇到实际的数字，才可能结束识别过程。也就是说，方括号的概念都被替换成了实实在在的读入字符，识别过程才有可能成功。

语法的堆积就是语言。单词的定义或识别规则（词法）也是语言的组成部分，C++ 语言中的关键字属于词法识别，也要一一描述清楚，基本符号如操作符、数字符、字母、标点符号也要描述清楚。它们都是语言用词，解决了语言用词，还要描述根据各种用词所组合成的句子，句子有各种各样，要一一描述，然后要描述由各种句子所组成的过程体，过程体也有各种各样，最后要描述程序，程序是由各个过程体所构成等。

A.4 C++关键字（C++ Keywords）

语法描述的基础是单词，在 C++中，就是一系列的关键字，如表 A-1 所示。

表 A-1 C++ 关键字

and	and_eq	asm	auto	bitand	bitor
bool	break	case	catch	char	class
compl	const	const_cast	continue	default	delete
do	double	dynamic_cast	else	enum	explicit
export	extern	false	float	for	friend
goto	if	inline	int	long	mutable
namespace	new	not	not_eq	operator	or
or_eq	private	protected	public	register	reinterpret_cast
return	short	signed	sizeof	static	static_cast
struct	switch	template	this	throw	true
try	typedef	typeid	typename	union	unsigned
using	virtual	void	volatile	wchar_t	while
xor	xor_eq				

我们在 C++ 编程中可能还会遇到一些关键字，那可能是某个编译器自己扩展的，因此就不是标准的关键字。例如：_int64 类型、fastcall 等。

除了关键字之外，C++ 的单词（token）还有字面值、操作符、标点符号和标识符，因此，语言中还必须描述何谓合法的单词，这种描述称为词法规则。例如，单词的定义和其中的标识符定义为：

```
[token]
   [identifier]
   [keyword]
   [literal]
   [operator]
   [punctuator]
[identifier]:
   [nondigit]
```

```
    [identifier] [nondigit]
    [identifier] [digit]
```

意即单词由标识符、关键字、字面值、操作符 及标点符号组成，而标识符的定义则是递归的，其中，数字和非数字在前面已经有了定义。

C++ 语言由一系列的词法、句法构成。句法又包括程序、表达式、语句、声明（包括函数机制)、类机制、模板机制、异常机制还有预处理指令组成。要全部描述这些语法，是一个复杂而庞大的系统（☞参考文献[1]附录 A)。

A.5 整数文法（Integer Grammar）

例如，在标准 C++文法中，无符号十进制整数定义为十进制整数加上后缀 U 或 u，而整数有十进制，八进制和十六进制三种形式，它们都有无符号和有符号形式。

一个整数字面值的文法描述如下：

```
[integer-literal]:
    [decimal-literal] [integer-suffix]*①
    [octal-literal] [integer-suffix]*
    [hexadecimal-literal] [integer-suffix]*
[decimal-literal]:
    [nonzero digit]
    [decimal-literal] [digit]
[octal-literal]:
    0
    [octal-literal] [octal-digit]
[hexadecimal-literal]:
    0X [hexadecimal-digit]
    0x [hexadecimal-digit]
    [hexadecimal-literal] [hexadecimal-digit]
[integer-suffix]:
    [unsigned-suffix] [long-suffix]*
    [long-suffix] [unsigned-suffix]*
[unsigned-suffix]:  one of
    u U
[long-suffix]:  one of
    l L
[digit]:  one of
    0 1 2 3 4 5 6 7 8 9
[nonzero-digit]:  one of
    1 2 3 4 5 6 7 8 9
[octal-digit]:  one of
    0 1 2 3 4 5 6 7
```

① *表示可有可无。

```
[hexadecimal-digit]:  one of
  0 1 2 3 4 5 6 7 8 9 a b c d e f A B C D E F
```

整数字面值由十进制、八进制、十六进制数组成，在该数后面还可以加整数后缀。其十进制数的定义则是非 0 数字打头的数字序列；八进制数是 0，或者 0 打头的八进数字序列；十六进制数是 0x 或 0X 打头的十六进数字序列。它们都是递归的。整数可以加后缀，后缀有 l、L、u、U 四种形式。

根据这一整数文法，可以写出一系列的合法整数形式：

```
十进制整数: 29、29U、29u、29l、29L、29UL、29ul、29uL、29Ul
八进制整数: 023、023U、023u、023l、023L、023UL、023ul、023uL、023Ul
十六进制整数: 0X2DU、0X23u、0X23L、0X23UL、0X23ul、0X23uL、0x2d、0x2DU、0x23L
```

其中后缀加 U 或 u 的，为无符号整数，后缀加 L 或 l 的，为长整数；整数前面加 0，表示八进制整数，整数前面加 0X 或 0x，表示十六进制整数。这与我们前面学过的整数字面值表示方法是吻合的。注意：如果写成“–23”，则不是字面值，而是带操作符的表达式。0 既是十进制数又是八进制数。

也可以判定下列描述不是整数字面值：

```
29x、2x9、x29
```

A.6　浮点数文法(Floating-Point Number Grammar)

一个浮点数的文法描述如下：

```
[floating-literal]:
  [fractional-constant] [exponent-part]* [floating-suffix]*
  [digit-sequence] [exponent-part] [floating-suffix]*
[fractional-constant]:
  [digit-sequence]* . [digit-sequence]
  [digit-sequence] .
[exponent-part]:
  e [sign]* [digit-sequence]
  E [sign]* [digit-sequence]
[sign]:  one of
  + -
[digit-sequence]:
  [digit]
  [digit-sequence] [digit]
[floating-suffix]:  one of
  f F l L
```

根据浮点数文法，下列各数都是合法的：

```
 .4e-5          4e-06          323.
 3.e2           300.0          .032
```

```
00.4e-5          4e-06          5E5
003.044e-005     3.044e-05      05E5
```

而下列各数都是非法的：

```
E15  1e0.5  .e05
```

然而，到了具体的编译器，语法是要受到约束的。例如，整数位数不可能无限递归地长，它受到两个因素的制约：

一个因素为一切单词的长度，编译器对单词识别有一个贪长的特性，但也不能超过一定的单词长度限制。语法中，虽然标识符可以是英文字符的递归构成，但具体的编译器受计算机硬件的限制，只能约束一个固定的长度，例如，30 个字符，更后面的版本对标识符长度的承受能力更大。

另一个因素是字面值的有效位数。例如，整数的有效位数为 7 位，7 位以上的整数就不精确了。此时，不同的编译器有不同的瞎理解处理，这就是为什么 3.1.4 节中的超长整型数有的编译时就报错，有的虽然不报错，但数值却不可预料的原因。

A.7 编译单位（Compiling Unit）

编译器只能理解到编译单位，而一个程序是由一组编译单位构成的，最终程序的生成还要靠链接器接着编译器继续工作而得到。所以，编译器最大的理解单位是“编译单元”，而编译单元是由声明序列组成的：

```
[translation-unit]:
   [declaration-seq]*
```

声明序列是递归定义的，它由许多声明组成：

```
[declaration-seq]:
   [declaration]
   [declaration-seq][declaration]
```

而声明又是由块声明、函数定义、模板声明、显式实例化、模板定做、链接说明、名空间等组成：

```
[declaration]:
   [block-declaration]
   [function-definition]
   [template-declaration]
   [explicit-instantiation]
   [explicit-specialization]
   [linkage-specification]
   [namespace-definition]
```

值得注意的是，函数定义也是声明的一种。例如，如果将函数定义放在main函数的前面，则该函数定义本身就是一种声明，main函数中理所当然地可以调用声明了的函数。注意，要区分我们在前面介绍的函数声明和这里的程序中的广义声明。函数声明是不包含函数定义体的函数名称、函数参数和函数返回类型的说明。而程序中的声明则是涵盖了上述语法定义中的诸语法现象。

附录B 标准模板库导用（Guide to Using STL）

B.1 仿函数与算法（Function Object & Algorithm）

1 仿函数的概念

将 Function Object 译做“仿函数”是翻译家侯杰先生的杰作。它本是一种对象（函数对象），一种拥有函数操作符的对象。在使用上，以参数传递为其要职，更以函数表现为其能事，所以，就好像智能指针（smart pointer）实际上也是一种对象而称其为指针一样，将这种用函数方式使用的对象称为仿函数是得体的。

仿函数作为参数传递时，其作用为函数指针式调用。但定义函数对象的类中必须定义函数操作符。例如，要按绝对日期的大小打印一系列的日期（存放在文件 functor.txt 中），若用函数操作符的方法实现，则先在日期类中定义函数操作符，然后像下面 b01.cpp 这样：

```
//======================================
//b01.cpp
//functor
//======================================
#include "date.h"
#include<algorithm>
#include<fstream>
#include<vector>
#include<iostream>
using namespace std;
```

```
765432
778921
781235
712356
791239
690129
779980
```

functor.txt

```
//----------------------------------------
int main(){
  ifstream cin("functor.txt");
  vector<int> v;
  for(int n; cin>>n; v.push_back(n));
  sort(v.begin(), v.end());
  for_each(v.begin(), v.end(), Date());
}//========================================
```

```
E:\b>b01↙
1890-07-05
1951-05-14
2096-09-06
2133-08-12
2136-07-06
2139-12-13
2167-05-04
```

在 date.h（f0904.cpp）中只要增加一个函数操作符公有成员：

```
void operator()(const Date& d)const{ std::cout<<d; }
```

便可以使该程序能顺利运行。

在 b01.cpp 中，for_each 是一个遍历算法，其中第三个参数 Date()便是仿函数，它是一个无名对象，只不过 Date 类中定义了函数操作符。

2 for_each 算法

for_each 算法（函数）的声明形式为：

```
template<typename 容器遍历器, typename 函数类>
void for_each(容器遍历器 容器起点，容器遍历器 容器终点，函数类 函数对象);
```

本来，for_each 算法第三个参数需要一个当作函数使用的函数对象，或者直接就是函数指针。作为参数的函数指针，也是有类型的，它以 for_each 的第一个参数所指向的实体类型为参数，即 int 型，所以作为参数的函数类型应为：

```
void (*)(int);
```

程序 b02.cpp 中按照该函数类型，打造了一个 print 函数。虽然该 print 函数的参数为 Date&，但通过 Date(int)的构造函数，使得调用中产生一个类型转换，从而使 print(10)这样的调用能够顺利匹配 void print(Date&)函数。于是在 for_each 中通过第三个参数的设置，使得 for_each 可以循环调用作为第三参数的函数，而使每个元素的处理顺利走过一遍：

```
//=====================================
//b02.cpp
//函数参数
//=====================================
#include "date.h"
#include<algorithm>
#include<fstream>
#include<vector>
#include<iostream>
using namespace std;
//-------------------------------------
void print(Date& d){ cout<<d; }
//-------------------------------------
int main(){
  ifstream cin("functor.txt");
  vector<int> v;
  for(int n; cin>>n; v.push_back(n));
  sort(v.begin(), v.end());
  for_each(v.begin(), v.end(), print);
}//=====================================
```

其运行结果与程序 b01.cpp 相同。for_each 算法的作用可以用图 B-1 说明。

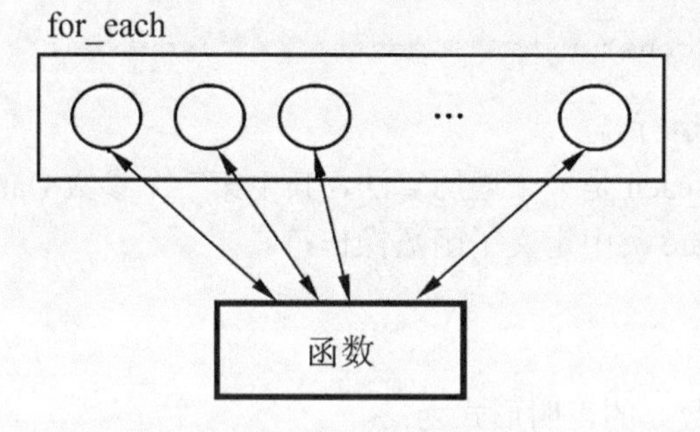

图 B-1　for_each 作用示意

在图 B-1 中的函数为 for_each 中的第三参数。for_each 的过程可以用下列代码表示：

```
for(vector<int>::iterator cit=v.begin(); cit!=v.end(); ++cit)
  print(*cit);
```

显然，for_each 算法的使用，使我们将一个循环变成了一个简单的算法调用。虽然最终计算机的工作量可能并没有减少多少，但于用户来说，简化了编程则是显然的。

for_each 的特点是针对元素个性，个别处理之。例如，打印元素值，若元素为银行存款，则可以批处理的方式用同一利率对所有元素进行调整等。

在 b01.cpp 中，Date()本是一个 Date 型的对象，但因为该对象拥有函数操作符，所以对象名可以捆绑为函数“调用”操作：

```
Date d;
d(10);         //表现为函数调用
```

或者：

```
Date()(10);   //省略d对象名
```

因为同样的原因，Date(10)相当于“Date().operator()(Date(10))”调用，匹配“void Date::operator()(Date&);”成员函数。

由于Date()(10)形式的调用合法，对象Date()完全像个函数名（充当函数指针），所以算法的函数参数也允许这样的仿函数参数。

STL中的算法允许仿函数作为参数的地方，必然允许函数指针参数，因为它是以模板的形式实现的函数对象类型。

在实际应用中，我们可能更多地遇到一个容器中的实体集合是某个类的对象需要处理的数据，就像上面的Date类，因此，在该类中简单地重载一个函数操作符会使程序更加优雅和自然。尤其是一个容器类，其函数操作符以元素为参数，做某种计算或打印工作，则更具象征意义。如果仅仅只是对容器中的数据进行遍历处理，那么，像b02.cpp那样设计一个print函数也就足够自然了。

仿函数给容器中每个元素的处理留下了扩展的空间，如果处理过程不单纯，需要许多相关的处理，则利用仿函数（一种对象）中对象数据的保存和操作选择，可以展开对每个元素复杂的操作处理。在大规模编程中尤其有用。

3 算法形式解读

例如，transform算法有两种形式，一种是调用一个参数的函数，从一个容器逐个读，到另一个容器逐个写；另一个是调用两个参数的函数，分别依次从这两个容器中读入元素，作为参数，再到第三个容器逐个写。

第一种transform如图B-2所示。

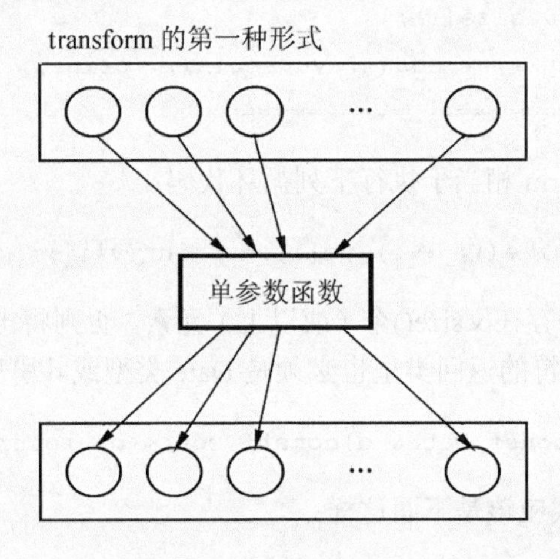

图B-2 transform作用示意

transform 的第一种形式为：

```
template<typename 输入容器遍历器, typename 输出容器遍历器, typename 单参函数类>
输出容器遍历器 transform(输入容器遍历器 输入容器起点, 输入容器遍历器 输入容器终点,
输出容器遍历器 输出容器起点, 单参函数类 函数对象);
```

图中的单参数函数即为传递的函数对象或者函数指针。

例如，根据整数向量 v 生成一个日期向量 vd，并随之打印，则代码如下：

```
//=======================================
//b03.cpp
//transform
//=======================================
#include "date.h"
#include<algorithm>
#include<fstream>
#include<vector>
#include<iostream>
using namespace std;
//---------------------------------------
Date& print(Date& d){ cout<<d; return d; }
//---------------------------------------
int main(){
  ifstream cin("functor.txt");
  vector<int> v;
  for(int n; cin>>n; v.push_back(n));
  sort(v.begin(), v.end());
  vector<Date> vd(v.size());
  transform(v.begin(), v.end(), vd.begin(), print);
}//=====================================
```

上面代码中的 transform 相当于执行下列循环代码：

```
for(int i=0; i<v.size(); ++i) vd[i] = print(v[i]);
```

显然，vd 中必须已经存在 v.size()个（或以上）元素，否则将出现运行错误。如果 print 改用仿函数，则函数操作符的返回类型也必须是 Date 类型或其引用：

```
Date& operator()(const Date& d)const{ cout<<d; return d; }
```

调用 transform 的形式应该是下面这样：

```
transform(v.begin(), v.end(), vd.begin(), Date());
```

transform 的第二种形式见图 B-3。

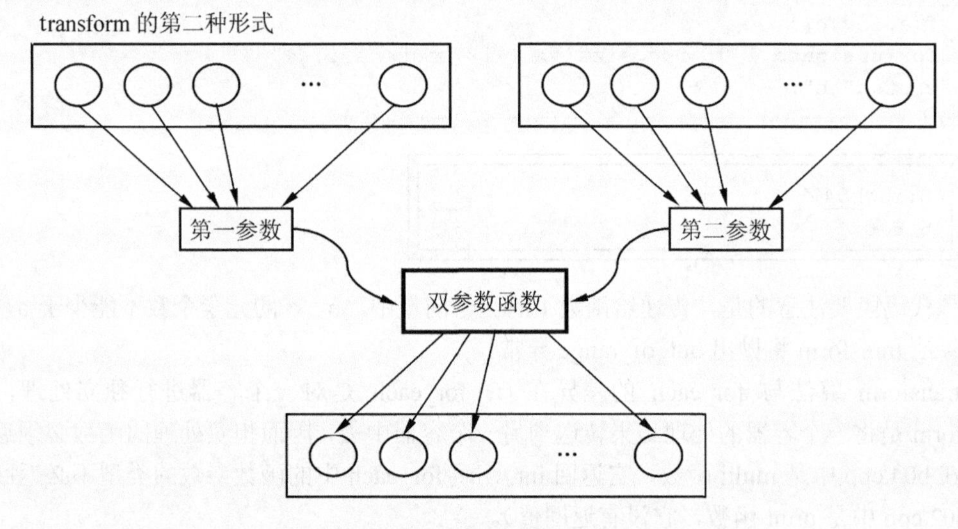

图 B-3　transform2 作用示意

其声明形式为：

```
template<typename 第一输入容器遍历器,
         typename 第二输入容器遍历器,
         typename 输出容器遍历器,
         typename 双参函数类>
输出容器遍历器 transform(第一输入容器遍历器   第一输入容器起点,
                        第一输入容器遍历器   第一输入容器终点,
                        第二输入容器遍历器   第二输入容器起点,
                        双参函数类    双参函数对象);
```

图中的双参数函数即为传递的函数对象或者函数指针。

例如，两个具有相等元素个数的整数容器，求其对应元素的积，并保存在第三个容器中，则代码段为：

```
//=====================================
//b04.cpp
//transform2
//=====================================
#include<vector>
#include<algorithm>
#include<iostream>
using namespace std;
//-------------------------------------
typedef vector<int> VI;
int multi(int x, int y){ return x * y; }
//-------------------------------------
void f(VI& a, VI& b, VI& c){
  transform(a.begin(), a.end(), b.begin(), c.begin(), multi);
}//-----------------------------------
```

```
int main(){
  VI a(3, 3), b(3, 2), c(3);
  f(a, b, c);
  for(unsigned i=0; i<c.size(); ++i) cout<<c[i]<<" ";
  cout<<"\n";
}//=======================================
```

```
E:\b>b04↙
6 6 6
```

该代码段要注意的是，传递给函数 f 的三个向量中，b、c 的元素个数不能少于 a，否则，算法 transform 将抛出 out_of_range 异常。

transform 算法与 for_each 的差异在于：for_each 是对一个容器进行独立处理，而 transform 是将一个容器的处理结果转送到另一个容器中去，因而担负处理的函数必须返回值（在 b04.cpp 中是 multi 函数，它返回 int），而 for_each 中的函数参数的类型不必返回值（在 b02.cpp 中是 print 函数，它没有返回值）。

4 STL 中用到仿函数的一些算法

需要函数或仿函数作为参数的算法还有 generate_n、accumulate、partial_sum、adjacent_difference、random_shuffle 等（☞**参考文献**[10]CH9）。

B.2 STL 仿函数（STL Default Function Objects）

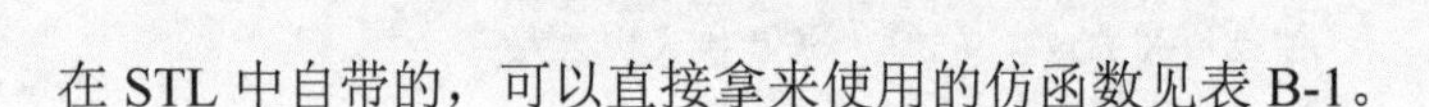

在 STL 中自带的，可以直接拿来使用的仿函数见表 B-1。

表 B-1 STL 库仿函数

序	仿 函 数	等 效 于
1	T negate<T>(const T& x);	return –x
2	T plus<T>(const T& x, const T& y);	return x + y;
3	T minus<T>(const T& x, const T& y);	return x – y;
4	T multiplies<T>(const T& x, const T& y);	return x * y;
5	T divide<T>(const T& x, const T& y);	return x / y;
6	T modules<T>(const T& x, const T& y);	return x % y;
7	bool logical_not<T>(const T& x);	return !x;
8	bool equal_to<T>(const T& x, const T& y);	return x ==y;
9	bool not_equal_to<T>(const T& x, const T& y);	return x != y;
10	bool less<T>(const T& x, const T& y);	return x < y;
11	bool greater<T>(const T& x, const T& y);	return x > y;
12	bool less_equal<T>(const T& x, const T& y);	return x <= y;
13	bool greater_equal<T>(const T& x, const T& y);	return x >= y;
14	bool Logical_and<T>(const T& x, const T& y);	return x && y;
15	bool logical_or<T>(const T& x, const T& y);	return x || y;

库中的仿函数都是从头文件 functional 中声明的，它们是模板，有一元的，也有二元的。其形式（例如 multiplies 仿函数）如下：

```
#include <functional>
template<typename Arg1, typename Arg2, typename Result>
struct binary_function{};

template<typename T>
struct multiplies : public binary_function<T, T, T>{
  T operator()(const T& x, const T& y)const{ return x *y; }
};
```

上述模板中用 struct 的原因是，可以默认 public 成员而直接写出函数操作符。于是，程序 b04.cpp 事实上可以使用该仿函数改写成 b05.cpp 而免去自定义的麻烦：

```
//=======================================
//b05.cpp
//transform2 VER2
//=======================================
#include<vector>
#include<algorithm>
#include<iostream>
#include<functional>
using namespace std;
//---------------------------------------
typedef vector<int> VI;
void f(VI& a, VI& b, VI& c){
  transform(a.begin(), a.end(), b.begin(), c.begin(), multiplies<int>());
}//--------------------------------------
int main(){
  VI a(3, 3), b(3, 2), c(3);
  f(a, b, c);
  for(unsigned i=0; i<c.size(); ++i) cout<<c[i]<<" ";
  cout<<"\n";
}//======================================
```

该程序中，记得必须包含 functional 头文件，而且仿函数作为参数时，记得在后面加括号，因为它必须是通过 multiplies<int> 类创建的对象。

B.3 谓词（Predicates）

1 谓词的概念

库仿函数（☞表 B-1）中，有些（第 7～15 行）仿函数返回 bool，它们是谓词仿函数。

在数理逻辑中，带有参数的命题表达式称为谓词，命题表达式在这儿即逻辑表达式，其值取 true 成 false。可以将谓词的概念扩展到凡是返回 bool 型的函数，甚至没有参数的命题（即无参布尔型函数）也是谓词的一种形式。

谓词在需要条件判断、过滤、比较等类型的算法中特别有用，搜索型算法中多需要谓词。例如，排序算法给定一个自定义的比较函数，该比较函数就是小于操作的谓词。我们在前面曾经看到过其使用。

又如，做删除容器中符合条件的元素的操作，使用 remove_if 算法。下列代码为整数向量中删除平方数元素：

```
//=======================================
//b06.cpp
//remove_if 算法
//=======================================
#include<algorithm>    //remove_if
#include<iostream>
#include<vector>
#include<iterator>     //ostream_iterator
#include<cmath>        //sqrt
using namespace std;
//---------------------------------------
bool sqareNum(int n){
  int x = sqrt(n*1.0);
  if(x*x==n) return true;
  return false;
}//--------------------------------------
int main(){
  vector<int> a(10);
  for(int i=0; i<a.size(); ++i) a[i] = i+2;
  copy(a.begin(), a.end(), ostream_iterator<int,char>(cout," "));
  cout<<"\n";
  vector<int>::iterator it = remove_if(a.begin(), a.end(), sqareNum);
  a.erase(it, a.end());
  copy(a.begin(),a.end(), ostream_iterator<int,char>(cout," "));
  cout<<"\n";
}//======================================
```

```
E:\b>b06↙
2 3 4 5 6 7 8 9 10 11
2 3 5 6 7 8 10 11
```

谓词可以看作是函数的一种。STL 中的谓词其实也是仿函数的一种（☞见表 B-1）。

2 STL 中用到谓词的一些算法

需要谓词作为参数的算法有 count_if，min_element，max_element，find_if，search，

search_n，find_end，find_first_of，adjacent_find，equal，mismatch，lexicographical_compare，replace_if，replace_copy_if，remove_if，remove_copy_if，unique，unique_copy，partition，stable_partition，sort，stable_sort，partial_sort，partial_sort_copy，nth_element（☞**参考文献**[10]CH9）。

B.4 函数配接器（Function Adapters）

许多 STL 库中的谓词都是两个参数的函数，但大多数使用谓词的 STL 算法都只希望谓词接受一个参数。

例如，统计向量中元素值小于 8 的个数，代码为：

```
//=======================================
//b07.cpp
//count_if
//=======================================
#include<algorithm>
#include<iostream>
#include<vector>
#include<iterator>
#include<functional>
using namespace std;
//---------------------------------------
bool lessThan8(int n){
  return less<int>()(n, 8);
}//-------------------------------------
int main(){
  vector<int> a(10);
  for(unsigned i=0; i<a.size(); ++i) a[i] = i+2;
  copy(a.begin(), a.end(), ostream_iterator<int,char>(cout," "));
  cout<<"\n";
  cout<<"lessThan8 : "<<count_if(a.begin(), a.end(), lessThan8)<<"\n";
}//=====================================
```

代码中，lessThan8 随即调用了库仿函数“less<int>()(n,8)”，该仿函数具有两个参数。less<int>()为新创函数对象，即仿函数。为何不直接在算法中调用呢？因为有参数个数不匹配问题。于是函数配接器就出来做“红娘”，用 bind2nd()绑定第二个参数到二元函数上，使得该二元函数只要再接受一个参数，作为其第一个参数就可满足调用规则。于是，b07.cpp 代码可以改为 b08.cpp：

```
//=======================================
//b08.cpp
//改写的 count_if
```

```
//=======================================
#include<algorithm>
#include<iostream>
#include<vector>
#include<iterator>
#include<functional>
using namespace std;
//---------------------------------------
int main(){
  vector<int> a(10);
  for(unsigned i=0; i<a.size(); ++i) a[i] = i+2;
  copy(a.begin(), a.end(), ostream_iterator<int,char>(cout," "));
  cout<<"\nlessThan8 : "
<<count_if(a.begin(), a.end(), bind2nd(less<int>(),8))<<"\n";
}//=======================================
```

对于每个元素 x，有 x<8，也可以表示成：对于每个元素 x，有 8>x。因此，也可以用仿函数 greater<int>()绑定第一个参数 8 的办法，也就是

```
bind1st(greater<int>(), 8);
```

与

```
bind2nd(less<int>(), 8);
```

等价。

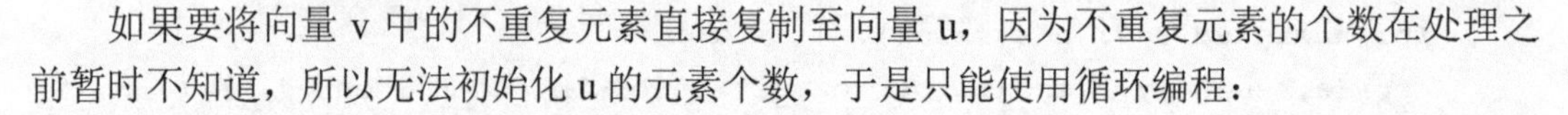

B.5 插入遍历器和流遍历器（Insert & Stream Iterator）

如果要将向量 v 中的不重复元素直接复制至向量 u，因为不重复元素的个数在处理之前暂时不知道，所以无法初始化 u 的元素个数，于是只能使用循环编程：

```
void f(const vector<int>& v, vector<int>& u){
  sort(v.begin(), v.end());
  if(!v.size()) return;
  int x = v[0];
  u.push_back(x);
  for(int i=0; i<v.size(); ++i)
    if(x!=v[i]){
      x = v[i];
      u.push_back(x);
    }
}//-------------------------
```

如果使用插入遍历器，那么编程将会很愉快：

```
void f(const vector<int>& v, vector<int>& u){
  sort(v.begin(), v.end());
  unique_copy(v.begin(), v.end(), back_inserter(u);
}//---------------------------
```

back_inserter 是一种容器的遍历器，容器以参数形式传递给它，每次加在其上的待操作元素（顺序罗列的操作），都将该容器从后面对罗列的元素进行插入。

如果是流遍历器，则将每次加在其上的元素送到输出设备上去输出（☞CH14.7.3）。

参考文献（References）

[1] Bjarne Stroustrup．C++程序设计语言[M].王刚，等译．北京：机械工业出版社，2016.
[2] Bjarne Stroustrup．C++程序设计语言[M]．王刚，等译．北京：机械工业出版社，2016.
[3] Donald E．Knuth．计算机程序设计艺术（第三版）第 1 卷：基本算法[M]．苏运霖，译．北京：国防工业出版社，2002.
[4] Michael Sipser．计算理论导引[M]．张立昂，等译．北京：机械工业出版社，2000.
[5] Abraham Silberschatz．操作系统概念（第六版影印）[M]．北京：高等教育出版社，2004.
[6] 左孝凌，等．离散数学[M]．上海：上海科技出版社，1982.
[7] John D．Carpinelli．计算机系统组成与体系结构[M]．李仁发，等译．北京：人民邮电出版社，2003.
[8] 钱能．C++程序设计教程（第 3 版）通用版．北京：清华大学出版社，2019.
[9] Herb Sutter．More Exceptional C++（中文版）[M]．於春景，译．武汉：华中科技大学出版社，2002.
[10] Willian Ford．Data Structure with C++ Using STL（第二版影印版）[M]．北京：清华大学出版社，2003.
[11] Nicolai M．Iosuttis．C++标准程序库自修教程与参考手册[M]．侯捷，孟岩，译．武汉：华中科技大学出版社，2002.
[12] Harold J．Rood．编程逻辑与结构化程序设计 [M]．3 版．杜大鹏，等译．北京：中国水利水电出版社，2004.
[13] David J，等．Visual C++ 6.0 技术内幕[M]．希望图书室，译．5 版．北京：北京希望电子出版社，1999.
[14] Charlie Calvert．C++ Builder 应用开发大全[M]．徐科，等译．北京：清华大学出版社，1999.
[15] David Vandevoorde．C++ Templates（中文版）[M]．陈伟柱，译．北京：人民邮电出版社，2004.
[16] Krzysztof Czarnecki．Generative Programming：Methods，Tools，and Applications [M]．Addison-Wesley，2000.
[17] Peter Van Der Linden．Expert C Programming[M]．徐波，译．北京：人民邮电出版社，2002.
[18] Kenneth C．Louden．编译原理及实践[M]．冯博琴，等译．北京：机械工业出版社，2000.
[19] Andrei Alexandrescu. C++设计新思维——泛型编程与设计模式之应用[M]. 侯捷，等译. 武汉：华中科技大学出版社，2003.
[20] Andrew Koenig．C 陷阱与缺陷[M]．高巍，译．北京：人民邮电出版社，2002.
[21] Andrew Koenig，Barbara Moo．C++沉思录[M]．黄晓春，译．北京：人民邮电出版社，2002.
[22] P．J．Plauger，et al．C++ STL（中文版）[M]．王昕，译．北京：中国电力出版社，2002.
[23] Bruce Eckel．C++编程思想 第 1 卷：标准 C++导引[M]．刘宗田，译．北京：机械工业出版社，2002.
[24] Bjarne Stroustrup．C++语言的设计与演化[M]．裘宗燕，译．北京：机械工业出版社，2002.
[25] 白中英．计算机组成原理（第三版）[M]．北京：科学出版社，2000.
[26] Clovis L．Tondo，Bruce P．Leung．C++ Primer 题解[M]．3rd ad．侯捷，译．武汉：华中科技大学出版社，2002.
[27] Dov Bulka，David Mayhew．提高 C++性能的编程技术[M]．常晓波，等译．北京：清华大学

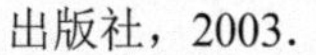

出版社，2003.

[28] David Vandevoorde．C++程序设计语言题解[M]．裘宗燕，译．北京：机械工业出版社，2003.

[29] R．Alexander，G．Bensley．C++高效编程：内存与性能优化[M]．王峰，等译．北京：中国电力出版社，2003.

[30] Herb Sutter．Exceptional C++（中文版）[M]．卓小涛，译．北京：中国电力出版社，2003.

[31] John Lakos．大规模 C++程序设计[M]．李师贤，等译．北京：中国电力出版社，2003.

[32] Matthew H． Austern．泛型编程与 STL[M]．侯捷，译．北京：中国电力出版社，2003.

[33] Kenneth H．Rosen．离散数学及其应用[M]．袁崇义，等译．4 版．北京：机械工业出版社，2002.

[34] Stephen C．Dewhurst．C++程序设计陷阱[M]．陈君，等译．北京：中国青年出版社，2003.

[35] Stanley B．Lippman，Josee Lajoie．C++ Primer（中文版）[M]．潘爱民，等译．3 版．北京：中国电力出版社，2002.

[36] Stanley B．Lippman．深度探索 C++对象模型[M]．侯捷，译．武汉：华中科技大学出版社，2001.

[37] Scott Meyers．Effective C++（中文版）[M]．侯捷，译．武汉：华中科技大学出版社，2001.

[38] Scott Meyers．More Effective C++ (2nd Edition)（中文版）[M]．侯捷，译．北京：中国电力出版社，2003.

[39] Scott Meyers．Effective STL（影印版）[M]．北京：中国电力出版社，2003.

[40] Stephen Prata．C++ Primer Plus（第 6 版）中文版．张海龙，等译．北京：人民邮电出版社，2012.

[41] Nicolai M．Josuttis．C++标准库（第 2 版）中文版．侯捷，译．北京：电子工业出版社，2015.

图书资源支持

感谢您一直以来对清华版图书的支持和爱护。为了配合本书的使用，本书提供配套的资源，有需求的读者请扫描下方的“书圈”微信公众号二维码，在图书专区下载，也可以拨打电话或发送电子邮件咨询。

如果您在使用本书的过程中遇到了什么问题，或者有相关图书出版计划，也请您发邮件告诉我们，以便我们更好地为您服务。

资源下载、样书申请

书圈

我们的联系方式：

地　　址：北京市海淀区双清路学研大厦A座701

邮　　编：100084

电　　话：010-83470236　010-83470237

资源下载：http://www.tup.com.cn

客服邮箱：2301891038@qq.com

QQ：2301891038（请写明您的单位和姓名）

扫一扫，获取最新目录

课　程　直　播

用微信扫一扫右边的二维码，即可关注清华大学出版社公众号“书圈”。